全国科学技术名词审定委员会

科学技术名词·工程技术卷（全藏版）

10

海峡两岸材料科学技术名词

海峡两岸材料科学技术名词工作委员会

国家自然科学基金资助项目

科学出版社

北京

内 容 简 介

本书是由海峡两岸材料科技界专家会审的海峡两岸材料科学技术名词对照本，是在全国科学技术名词审定委员会公布的《材料科学技术名词》的基础上加以增补修订而成。内容包括:材料科学技术基础、金属材料、无机非金属材料、高分子材料、复合材料、半导体材料、天然材料、生物材料等8部分，共8300余条。本书可供海峡两岸材料科技界和相关领域的人士使用。

图书在版编目(CIP)数据

海峡两岸材料科学技术名词/海峡两岸材料科学技术名词工作委员会编.—北京：科学出版社，2014.11

ISBN 978-7-03-042415-0

I. ①海… II. ①海… III. ①材料科学–名词术语 IV. ①TB3-61

中国版本图书馆CIP数据核字(2014)第259003号

责任编辑：才　磊　顾英利 / 责任校对：陈玉凤
责任印制：张　伟 / 封面设计：铭轩堂

科学出版社出版
北京东黄城根北街16号
邮政编码：100717
http://www.sciencep.com

北京厚诚则铭印刷科技有限公司 印刷
科学出版社发行　各地新华书店经销
*
2014年12月第　一　版　开本：787×1092 1/16
2014年12月第一次印刷　印张：32 1/2
2016年 1 月第二次印刷　字数：780 000

POD定价： 298.00元
(如有印装质量问题，我社负责调换)

海峡两岸材料科学技术名词工作委员会委员名单

大陆召集人：吴伯群

大陆委员(按姓氏笔画为序)：

才　磊　石力开　刘国权　俞耀庭　黄　勇

黄鹏程　韩雅芳

臺灣召集人：栗愛綱

臺灣委員(按姓氏筆畫為序)：

王玉瑞　王錫福　方旭偉　朱　瑾　呂福興

吳錫侃　林峯輝　林鴻明　周卓煇　段維新

洪敏雄　陳建光　陳學禮　張　立　黃志青

鄭憲清　賴宏仁　顏怡文

執行編輯：陳建民

序

科学技术名词作为科技交流和知识传播的载体，在科技发展和社会进步中起着重要作用。规范和统一科技名词，对于一个国家的科技发展和文化传承是一项重要的基础性工作和长期性任务，是实现科技现代化的一项支撑性系统工程。没有这样一个系统的规范化的基础条件，不仅现代科技的协调发展将遇到困难，而且，在科技广泛渗入人们生活各个方面、各个环节的今天，还将会给教育、传播、交流等方面带来困难。

科技名词浩如烟海，门类繁多，规范和统一科技名词是一项十分繁复和困难的工作，而海峡两岸的科技名词要想取得一致更需两岸同仁作出坚韧不拔的努力。由于历史的原因，海峡两岸分隔逾 50 年。这期间正是现代科技大发展时期，两岸对于科技新名词各自按照自己的理解和方式定名，因此，科技名词，尤其是新兴学科的名词，海峡两岸存在着比较严重的不一致。同文同种，却一国两词，一物多名。这里称“软件”，那里叫“软体”；这里称“导弹”，那里叫“飞弹”；这里写“空间”，那里写“太空”；如果这些还可以沟通的话，这里称“等离子体”，那里称“电浆”；这里称“信息”，那里称“资讯”，相互间就不知所云而难以交流了。“一国两词”较之“一国两字”造成的后果更为严峻。“一国两字”无非是两岸有用简体字的，有用繁体字的，但读音是一样的，看不懂，还可以听懂。而“一国两词”、“一物多名”就使对方既看不明白，也听不懂了。台湾清华大学的一位教授前几年曾给时任中国科学院院长周光召院士写过一封信，信中说：“1993 年底两岸电子显微学专家在台北举办两岸电子显微学研讨会，会上两岸专家是以台湾国语、大陆普通话和英语三种语言进行的。”这说明两岸在汉语科技名词上存在着差异和障碍，不得不借助英语来判断对方所说的概念。这种状况已经影响两岸科技、经贸、文教方面的交流和发展。

海峡两岸各界对两岸名词不一致所造成的语言障碍有着深刻的认识和感受。具有历史意义的“汪辜会谈”把探讨海峡两岸科技名词的统一列入了共同协议之中，此举顺应两岸民意，尤其反映了科技界的愿望。两岸科技名词要取得统一，首先是需要了解对方。而了解对方的一种好的方式就是编订名词对照本，在编订过程中以及编订后，经过多次的研讨，逐步取得一致。

全国科学技术名词审定委员会（简称全国科技名词委）根据自己的宗旨和任务，始终把海峡两岸科技名词的对照统一工作作为责无旁贷的历史性任务。近些年一直本着积极推进，增进了解；择优选用，统一为上；求同存异，逐步一致的精神来开展这项工作。先后接待和安排了许多台湾同仁来访，也组织了多批专家赴台参加有关学科的名词对照研讨会。工作中，按照先急后缓、先易后难的精神来安排。对于那些与“三通”有关的学科，以及名词混乱现象严重的学科和条件成熟、容易开展的学科先行开展名词对照。

在两岸科技名词对照统一工作中，全国科技名词委采取了“老词老办法，新词新办法”，即对于两岸已各自公布、约定俗成的科技名词以对照为主，逐步取得统一，编订两岸名词对照本即属此例。而对于新产生的名词，则争取及早在协商的基础上共同定名，避免以后再行对照。例如 101～109 号元素，从 9 个元素的定名到 9 个汉字的创造，都是在两岸专家的及时沟通、协商的基础上达成共识和一致，两岸同时分别公布的。这是两岸科技名词统一工作的一个很好的范例。

海峡两岸科技名词对照统一是一项长期的工作，只要我们坚持不懈地开展下去，两岸的科技名词必将能够逐步取得一致。这项工作对两岸的科技、经贸、文教的交流与发展，对中华民族的团结和兴旺，对祖国的和平统一与繁荣富强有着不可替代的价值和意义。这里，我代表全国科技名词委，向所有参与这项工作的专家们致以崇高的敬意和衷心的感谢！

值此两岸科技名词对照本问世之际，写了以上这些，权当作序。

2002 年 3 月 6 日

前　言

材料是人类现代文明三大支柱之一，是国民经济发展的基石。材料，特别是新材料的研究水平和产业发展规模，已经成为衡量一个国家综合实力的重要标志，是 21 世纪人类发展新能源、信息通信以及生命科学和生物技术、改善生存环境和国防安全的物质基础，是世界各国优先发展和竞争激烈的重要领域。海峡两岸都在进行材料科学技术名词的审定编译工作，中国材料研究学会(C-MRS)受全国科学技术名词审定委员会的委托，在师昌绪先生领导下，动员近 200 人，完成《材料科学技术名词》的编写。2009 年 6 月台湾中国材料科学学会(MRS-T) (秘书处设在工业技术研究院材料与化工研究所)邀请中国材料研究学会组团前往台湾，进行海峡两岸材料科学技术名词的交流，得到了台湾编写的材料科学技术名词英文、台湾名对照的电子版等资料。2010 年 9 月台湾材料专家到北京进行了回访，双方就海峡两岸名词的对照工作进行了充分的沟通，拟定了工作协议。2012 年 1 月 9 日在北京召开的海峡两岸科技名词学术研讨会上又进一步对大陆编写专家组海峡两岸材料科学技术名词对照初稿进行了认真讨论。2013 年 8 月得到台湾编写专家组讨论后的对照稿，9 月大陆编写专家组又进行了仔细审定，形成大陆版本终稿。

材料科学技术是一个大的综合性学科，金属材料、无机非金属材料、高分子材料、电子材料、半导体材料、复合材料、生物医用材料、天然材料等学科都已自成体系，相互之间虽有交叉，但是又有较大的差异。海峡两岸材料科学技术名词的对照工作确立以下收词原则：(1)以大陆和台湾各自公布的“材料科学技术名词”为基础进行对照工作。(2)主要收录具有本学科特点、构成本学科概念体系的专有名词，以及保持学科体系所必需、与材料科学技术密切相关的其他学科的名词。(3)派生词的收录原则为“宜粗不宜细”。(4)性能和测试部分原则上只出现性质、性能和方法，尽量不出现测试仪器。(5)已长期不用、淘汰或趋于淘汰的词不收。(6)缺少科学内涵的词不收。(7)电子材料、半导体材料只收录重要的器件和制品。(8)组合词选取与材料有密切关联的，删去简单叠加的组合词。(9)注意补充近年来出现的新的术语。对于新词，双方分别提出，共同讨论，争取定名一致。(10)不收概念不清的广告词。(11)英文共同采用美式英语。

根据以上收词原则，对于确立所收录的名词，简体字工作以大陆方面为主，繁体字方面的工作以台湾为主，英文双方共同审查。两岸习惯用语各自保留，只做对照，不强求统一。新的名词的命名尽量一致，由海峡两岸材料科学技术名词交流会共同讨论提出推荐名。双方在对照审定工作中，进行互审，提出有疑问的名词定名共同商议解决。

要说明的是：大陆编写的材料科学技术名词是以中文名词来选词的，再赋以合适的英文，而不是英文翻译成中文。有的材料科学技术名词术语受苏联的影响，如“有色金属”（non-ferrous metal），不用“非铁金属”；有的材料科学技术名词术语同国际标准化组织(ISO) 接轨，如不用“碳钢”而用“非合金钢”；mechanical property 淘汰早年的“机械性能”而称“力学性能”。

按照两岸习惯用语各自保留，只做对照，不强求统一的精神，在台湾编写专家认真审定的对照稿基础上形成了大陆版本。

《海峡两岸材料科学技术名词》对照的编写工作，吴伯群为召集人，由石力开、韩雅芳、刘国权、黄鹏程、黄 勇、俞耀庭、才磊组成大陆编写专家组。参加海峡两岸材料科学技术名词对照编写工作的大陆专家还有雍岐龙、白志民、石瑛、钱家骏。台湾编写专家组由栗愛綱为召集人，成员有：王玉瑞、王錫福、方旭偉、朱瑾、呂福興、吳錫侃、林峯輝、林鴻明、周卓煇、段維新、洪敏雄、陳建光、陳學禮、張立、黃志青、鄭憲清、賴宏仁和顏怡文。

我们希望《海峡两岸材料科学技术名词》能为海峡两岸材料科学技术的学术交流和经贸往来发挥积极作用。由于材料科学技术涉及面广，是一门大的综合性学科，难免有不妥之处，恳请多提宝贵意见，以便日后修订，使之日臻完善。

海峡两岸材料科学技术名词工作委员会

2014年3月

编排说明

一、本书是海峡两岸材料科学技术名词对照本。

二、本书分正篇和副篇两部分。正篇按汉语拼音顺序编排；副篇按英文的字母顺序编排。

三、本书[ ]中的字使用时可以省略。

正篇

四、本书中祖国大陆和台湾地区使用的科学技术名词以“大陆名”和“台湾名”分栏列出。

五、本书中大陆名正名和异名分别排序，并在异名处用(=)注明正名。

六、本书收录的汉文名对应英文名(包括缩写词)为多个时用“,”分隔。

副篇

七、英文名对应多个相同概念的汉文名时用“,”分隔，不同概念的用①、②、③分别注明。

八、英文名的同义词用(=)注明。

九、英文缩写词排在全称后的(　)内。

目　录

正　篇

A

大　陆　名	台　湾　名	英　文　名
阿伏伽德罗常量	亞佛加厥數	Avogadro number
阿克隆磨耗试验	阿克隆磨耗試驗	Akron abrasion test
阿隆结合刚玉制品	奧龍鍵結剛玉製品，氮氧化鋁鍵結剛玉製品	AlON-bonded corundum product
阿隆结合尖晶石制品	奧龍鍵結尖晶石製品，氮氧化鋁鍵結尖晶石製品	AlON-bonded spinel product
埃尔因瓦合金	恆彈性鋼	elinvar
埃莱门多夫法撕裂强度	艾門朵夫撕裂強度	Elmendorf tearing strength
埃洛石	多水高嶺石，禾樂石	halloysite
埃廷豪森效应	艾廷斯豪森效應	Ettingshausen effect
爱因斯坦温度	愛因斯坦溫度	Einstein temperature
安德森定域化	安德森侷域化[作用]	Anderson localization
安全玻璃	安全玻璃	safety glass
安山岩	安山岩	andesite
桉树油	桉樹油	eucalyptus oil
桉叶油	桉葉油	leaf oil of eucalyptus
氨基改性硅油	胺基改質矽氧油	amino-modified silicone oil
氨基树脂	胺基樹脂	amino resin
氨纶(=聚氨基甲酸酯纤维)		
凹坑	[小]凹坑，窩坑	dimple
凹模锥角	凹模錐角	angle of female die, cone angle of female die
凹凸棒黏土(=坡缕石黏土)		
凹凸棒石	鎂鋁海泡石，綠坡縷石	attapulgite
凹凸珐琅	壓花琺瑯	embossing enamel
螯合聚合物	螯合聚合體	chelate polymer

大　陆　名	台　湾　名	英　文　名
螯合树脂(=螯合型离子交换树脂)		
螯合型离子交换树脂	螯合離子交換樹脂	chelating ion-exchange resin
奥贝球铁	沃斯回火延性鑄鐵	austempered ductile iron
奥罗万过程	歐羅萬過程	Orowan process
奥氏体	沃斯田體，沃斯田鐵	austenite
奥氏体不锈钢	沃斯田體不鏽鋼	austenitic stainless steel
奥氏体沉淀硬化不锈钢	沃斯田體析出硬化不鏽鋼	austenitic precipitation hardening stainless steel
奥氏体钢	沃斯田體鋼	austenitic steel
奥氏体合金钢	沃斯田體合金鋼	austenitic alloy steel
奥氏体化	沃斯田體化	austenitising
奥氏体耐热钢	沃斯田體耐熱鋼	austenitic heat-resistant steel
奥氏体–铁素体相变	沃斯田體–肥粒體轉變	austenite-ferrite transformation
奥氏体稳定元素	沃斯田體安定化元素	austenite stabilized element
奥氏体形变热处理钢	沃斯成形鋼	ausforming steel
奥氏体铸铁	沃斯田體鑄鐵	austenitic cast iron

B

大　陆　名	台　湾　名	英　文　名
八甲基环四硅氧烷	八甲基環四矽氧烷	octamethylcyclotetrasiloxane
八面体间隙	八面體間隙位置	octahedral interstitial site
巴比特合金(=巴氏合金)		
巴丁–库珀–施里弗理论	巴丁–古柏–施里弗理論	Bardeen-Cooper-Schrieffer theory
巴拉塔胶	巴拉塔橡膠	balata rubber
巴勒斯效应	巴勒斯效應	Barus effect
巴氏合金	巴氏合金，巴比合金	Babbitt metal
钯合金	鈀合金	palladium alloy
靶材	靶材	target
靶室	靶腔室	target chamber
靶向药物释放系统	標靶藥物遞送系統	targeting drug delivery system
白斑	白斑	white spot
白点	白疵，小片	flake
白度	白度	whiteness
白垩	白堊	chalk
K 白金	白色 K 金	K-white gold

大　陆　名	台　湾　名	英　文　名
白口铸铁	白鑄鐵	white cast iron
白榴石	白榴子石	leucite
白湿革	濕白皮革	wet white leather
白铁皮(=镀锌钢板)		
白铜	白銅，銅鎳	cupro-nickel
白钨矿	白鎢礦	scheelite
白云母	白雲母	muscovite
白云石	白雲石	dolomite
白云石砖	白雲石磚	dolomite brick
白云陶	白雲石土陶器皿	dolomite earthenware
柏木油	杉木油，雪松木油，柏木油	cedar [wood] oil
摆锻	擺鍛	swing forging
摆辗	迴轉鍛造，旋轉鍛造	rotary forging
斑点	斑點	spot
斑铜矿	斑銅礦	bornite
板材	板	board
板钛矿	板鈦礦	brookite
板条马氏体	板條狀麻田散鐵，板條狀麻田散體	lath martensite
板岩	板岩	slate
板状燃料元件	板狀燃料元件	plate type fuel element
半奥氏体沉淀硬化不锈钢	半沃斯田鐵系析出硬化型不鏽鋼	semi-austenitic precipitation hardening stainless steel
半苯胺革	半苯胺皮革	semi-aniline leather
半磁半导体	半磁半導體	semimagnetic semiconductor
半导体	半導體	semiconductor
半导体材料	半導體材料	semiconductor materials
半导体传感器材料	轉換器用半導體材料，傳感器用半導體材料	semiconductor materials for transducer
半导体磁敏材料	半導體磁敏材料	semiconductor magneto-sensitive materials
半导体导电性	半導性	semiconductivity
半导体钝化玻璃	半導體用鈍化玻璃	passivation glass in semiconductor
半导体光敏材料	半導體光敏材料	semiconductor light sensitive materials
半导体激光器	半導體雷射	semiconductor laser
半导体晶片切口	半導體晶片切口	notch on a semiconductor wafer
半导体敏感材料(=半导体传感器材料)		

大　陆　名	台　湾　名	英　文　名
半导体热敏材料	半導體熱敏材料	semiconductor thermosensitive materials
半导体陶瓷	半導體陶瓷	semiconductive ceramics
半导体压力材料(=半导体压敏材料)		
半导体压敏材料	半導體壓敏材料	semiconductor pressure sensitive materials
半导体锗	半導體鍺	semiconductor germanium
半钢化玻璃	半強化玻璃	semi-tempered glass
半共格界面	半契合界面	semicoherent interface
半固态成形	半固態成形	semi-solid forming
半固态挤压	半固態擠製	semi-solid extrusion
半固态模锻	半固態模鍛	semi-solid die forging
半光漆	半光漆	semi-gloss paint
半硅砖	半矽磚	semisilica brick
半合成纤维	半合成纖維	semi-synthetic fiber
半化学浆	半化學漿	semi-chemical pulp
半环孔材	半環多孔木材	semi-ring porous wood
半结晶聚合物	半結晶聚合體	semi-crystalline polymer
半结晶时间	半結晶時間	half time of crystallization
半金属汽车刹车材料	車用半金屬刹車材	semi-metallic brake material for car
半绝缘砷化镓单晶	半絕緣砷化鎵單晶	semi-insulating gallium arsenide single crystal
半漂浆	半漂漿	semi-bleached pulp
半散孔材	半散佈多孔木材	semi-diffuse porous wood
半透明纸	半透明紙	translucent paper
半纤维素	半纖維素	hemicellulose
半硬磁材料	半硬磁材料	semi-hard magnetic materials
半镇静钢	半靜鋼	semikilled steel
半致密材料	半緻密材料	semidense materials
拌胶	摻合，拌合	blending
傍管薄壁组织	包圍狀柔組織	paratracheal parenchyma
棒材	棒，桿，條	bar
包布硫化	包裝固化	wrapped cure
包缠纱(=包覆弹性丝)		
包覆挤压	包覆擠製	cladding extrusion
包覆颗粒燃料	被覆顆粒燃料	coated particle fuel
包覆弹性丝	包覆彈性紗	covered elastomeric yarn
包灰	塗石灰法	painting with lime
包晶点	包晶點	peritectic point

大陆名	台湾名	英文名
包晶反应	包晶反應，包晶轉變	peritectic reaction, peritectic transformation
包晶凝固	包晶凝固	peritectic solidification
包卷法	包捲製程	jelly roll process
包酶	塗酶	enzyme painting
包套	袋，罐	bag, can
包套材料	裝罐材料，製罐材料	canning materials
包套挤压	護套擠製	sheath extrusion
包析点	包析點	peritectoid point
包析反应	包析反應	peritectoid reaction
包析转变	包析轉變	peritectoid transformation
包辛格效应	鮑辛格效應	Bauschinger effect
包银[合金]铋-2212 超导线[带]材	包銀[合金]鉍-2212 超導線	silver [alloy] sheathed Bi-2212 superconducting wire
胞间道	細胞間管道	intercellular canal
胞–枝转变	束管狀–樹枝狀界面轉換	cellular-dendrite interface transition
胞状结构	細胞狀結構，束管狀結構	cellular structure
胞状界面	細胞狀界面，束管狀界面	cellular interface
薄板成形性	薄板金屬成形性	sheet metal formability
薄板坯连铸连轧技术	薄扁胚連鑄及輥軋	thin slab continuous casting and rolling
薄层电阻	片電阻	sheet resistance
薄钢板	鋼片	steel sheet
薄膜电阻材料	薄膜電阻材料	thin film resistance materials
薄膜巨磁电阻材料	薄膜巨磁阻材料	thin film giant magnetoresistance materials
薄膜熔体拉伸黏度	膜熔體拉伸黏度	tensile viscosity of film melt
薄胎瓷	薄胎瓷，蛋殼瓷	eggshell procelain
宝石	寶石	gem
宝石级金刚石	寶石級金剛石，寶石級鑽石	gem diamond
宝石折射仪	折射儀	gem refractometer
饱和磁化强度	飽和磁化強度	saturation magnetization
饱和固溶体	飽和固溶體	saturated solid solution
饱和极化强度	飽和極化度	saturated polarization
饱和渗透率	飽和滲透度	saturated permeability
保护气氛钎焊	控制氣氛硬銲	brazing in controlled atmosphere
保护气氛热处理	保護氣氛熱處理	heat treatment in protective gas
保护渣	鑄造用粉，護模粉	casting powder, mold powder
保留时间	停留時間	residence time

大　陆　名	台　湾　名	英　文　名
鲍林规则	鮑林法則	Pauling rule
爆破强度	爆裂強度	burst strength
爆炸成形	爆炸成形	explosive forming
爆炸法	爆炸法	explosion method
爆炸固结	爆炸固結	explosive consolidation
爆炸焊	爆炸銲接	explosive welding
爆炸喷涂	爆炸火焰噴塗	detonation flame spraying
爆炸烧结法	爆炸燒結[作用]	explosion sintering
刨花	刨花，碎料	particle
刨花板	刨花板	shaving board
刨花模压制品	模製木屑板	molded particleboard
刨切单板	薄切單板	sliced veneer
贝氏体	貝氏體，變韌體，變韌鐵	bainite
贝氏体等温淬火	貝氏體沃斯回火，變韌體沃斯回火	bainitic austempering
贝氏体钢	貝氏體鋼，變韌體鋼	bainitic steel
贝氏体球铁	貝氏體延性鑄鐵，變韌體延性鑄鐵	bainitic ductile iron
贝氏体球铁	貝氏體球墨鑄鐵，變韌體球墨鑄鐵	bainitic nodular iron
背板	背[膠]薄板	back veneer
背封	背封	backseal
钡镉 1：11 型合金	鋇鎘 1：11 型合金	barium-cadmium 1：11 type alloy
钡铁氧体	鋇鐵氧磁體	barium ferrite
钡釉	鋇釉	barite glaze, barium glaze
被动靶向药物释放系统	被動式標靶藥物遞送系統	passive targeting drug delivery system
被粘物	黏附體，黏著體，黏著物	adherend
焙烧	焙燒	roasting
本构方程	組成方程式，本質方程式	constitutive equation
本色(=主色)		
本体降解	整體降解	bulk degradation
本体聚合	整體聚合[作用]	bulk polymerization, mass polymerization
本体黏度	整體黏度	bulk viscosity
本征半导体	本質半導體	intrinsic semiconductor
本征光电导	①本質光導電性 ②本質光導電率	intrinsic photoconductivity
本征硅	本質矽	intrinsic silicon

大陆名	台湾名	英文名
本征矫顽力	本質矯頑力	intrinsic coercive force
本征扩散系数	本質擴散係數	intrinsic diffusion coefficient
本征吸除	本質吸除	intrinsic gettering
本征锗	本質鍺	intrinsic germanium
本质细晶粒钢	細晶鋼	fine grained steel
苯胺革	苯胺皮革	aniline leather
苯胺甲醛树脂	苯胺甲醛樹脂	aniline-formaldehyde resin, AF resin
苯撑硅橡胶	伸苯基矽氧橡膠	phenylene silicone rubber
苯酚-甲醛树脂	酚甲醛樹脂	phenol-formaldehyde resin
苯基三氯硅烷	苯基三氯矽烷	phenyl trichlorosilane
苯乙烯-丙烯腈共聚物	苯乙烯丙烯腈共聚合體	styrene-acrylonitrile copolymer
苯乙烯类热塑性弹性体	苯乙烯類熱塑性彈性體	styrenic thermoplastic elastomer
崩边	①剝離 ②碎屑	chipping
崩裂强度	崩裂強度	bursting strength
绷板	繃緊[作用]	toggling
比表面	比表面	specific surface
比表面积	比表面積	specific surface area
比模量	比模數	specific modulus
比浓对数黏度	固有黏度，對數黏度數值	inherent viscosity, logarithmic viscosity number
比浓黏度	比濃黏度，黏度數	reduced viscosity, viscosity number
比强度	比強度	specific strength
比热容	比熱容量	specific heat capacity
比体积电阻	比容積電阻	specific volume resistance
闭孔孔隙度	閉孔孔隙度，閉孔孔隙率	closed porosity
闭式模锻	閉模鍛造	closed die forging
铋	鉍	bismuth
铋焊料	鉍軟銲料	bismuth solder
铋系超导体	鉍系超導體	Bi-system superconductor
碧玺(=电气石)		
碧玉岩	碧玉岩	jasper rock
壁滑效应	壁滑效應	wall slip effect
壁纸	壁紙	wall paper
边材	邊材	sapwood
边界层	邊界層	boundary layer
边界条件	邊界條件	boundary condition
边缘去除区域	邊緣剔除區	edge exclusion area
边缘凸起	邊凸	edge crown

大　陆　名	台　湾　名	英　文　名
边缘限定填料法	限邊薄片續填成長	edge-defined film-fed growth, EFG
编织导体	編織導體	braided conductor
扁挤压筒挤压(=扁坯料挤压)		
扁坯料挤压	扁平[料]擠製，扁坯料擠製	flat extrusion
扁丝(=切膜纤维)		
变薄拉延	熨平[作用]	ironing
变程跳跃电导	變程跳躍導電率	variable range hopping conductivity
变断面挤压	可變型材擠製	variable section extrusion
变色革	拉伸[變色]皮革	pull-up leather
变色釉	[光致]變色釉	photochromic glaze
变石	變石，變色石	alexandrite
变温法	變溫法	temperature variation method
变形	變形	deformation
变形程度	變形[程]度	deformation degree
变形高温合金	鍛軋超合金	wrought superalloy
变形抗力	抗變形性	deformation resistance
变形铝合金	鍛軋鋁合金	wrought aluminum alloy
变形镁合金	鍛軋鎂合金	wrought magnesium alloy
变形镍基高温合金	鍛軋鎳基超合金	wrought nickel based superalloy
变形铅合金	鍛軋鉛合金	wrought lead alloy
变形速率	變形速率	deformation rate
变形钛合金	鍛軋鈦合金	wrought titanium alloy
变形钛铝合金	鍛軋鋁化鈦合金	wrought titanium aluminide alloy
变形铜合金	鍛軋銅合金	wrought copper alloy
变形温度	變形溫度	deformation temperature
变形锡合金	鍛軋錫合金	wrought tin alloy
变形纤维	織構纖維	textured fiber
变形锌合金	鍛軋鋅合金	wrought zinc alloy
变形织构	變形織構	deformation texture
变形组织	變形結構	deformation structure
变性纤维(=改性纤维)		
变质处理	改質[作用]，修飾[作用]	modification
变质剂	改質劑	modifier
变质岩	變質岩	metamorphic rock
变质铸铁(=孕育铸铁)		
表观[剪]切黏度	視剪切黏度	apparent shear viscosity
表观黏度	視黏度	apparent viscosity

大　陆　名	台　湾　名	英　文　名
表面	表面	surface
表面层	表面層	surface layer
表面弛豫	表面鬆弛	surface relaxation
表面重构	表面重構	surface reconstruction
表面处理	表面處理	surface treatment
表面粗糙度	表面粗糙度	surface roughness
表面淬火	表面淬火	case quenching, surface quenching
表面等离子体聚合	表面電漿聚合[作用]	surface plasma polymerization
表面电子态	表面電子態，電子表面態	surface electronic state, surface state of electron
表面电阻系数	表面電阻係數	coefficient of surface resistance
表面覆盖率	表面覆蓋分率	fraction of surface coverage
表面改性	表面改質	surface modification
表面改性技术	表面改質技術	surface modification technique
表面改性纤维	表面改質纖維	surface modified fiber
表面活性剂	表面活性劑	surface active agent
表面机械强化	機械表面強化	mechanical surface strengthening
表面降解	表面降解	surface degradation
表面金属化	表面金屬化	surface metallization
表面裂纹	表面裂紋	surface crack
表面膜结合强度测试	結合強度測試	test of bond strength
表面纳米化	表面奈米結晶[作用]	surface nanocrystallization
表面能	表面能	surface energy
表面黏附系数	表面黏附係數	sticking coefficient of surface
表面疲劳磨损(=接触疲劳磨损)		
表面偏聚(=表面偏析)		
表面偏析	表面偏析	surface segregation
表面强化	表面強化	surface strengthening
表面热处理	表面熱處理	surface heat treatment
表面生物化	表面生物性改質	surface biological modification
表面生物活化	金屬表面生物活化[作用]	bioactivation of metallic surface
表面微缺陷	表面缺陷	surface defect
表面研磨	表面研磨	surface grinding
表面应力	表面應力	surface stress
表面硬化钢	表面硬化鋼	case hardening steel
表面再构(=表面重构)		
表面张力	表面張力	surface tension
表面织构	表面織構	surface texture

大　陆　名	台　湾　名	英　文　名
表面织构主方向	撚向	lay
表皮生长因子	表皮成長因子	epidermal growth factor
宾汉姆流体	賓漢流體	Bingham fluid
冰点下降法	冰點下降測定法	cryoscopy
冰花玻璃	冰花玻璃	ice glass
冰片	冰片，龍腦	borneol, camphol
冰洲石	冰島晶石，透明方解石	Iceland spar
丙纶(=聚丙烯纤维)		
丙烯腈–丁二烯–苯乙烯共聚物	丙烯腈丁二烯苯乙烯共聚體	acrylonitrile-butadiene-styrene copolymer, ABS copolymer
丙烯腈改性乙丙橡胶	腈改質乙烯丙烯橡膠	nitrile-modified ethylene propylene rubber
丙烯腈–氯乙烯共聚纤维	丙烯腈氯乙烯共聚體纖維	acrylonitrile-vinyl chloride copolymer fiber
丙烯酸氨基烘漆	丙烯胺烘烤塗層	acrylic amino baking coating
丙烯酸涂料	丙烯酸塗層	acrylic coating
丙烯酸酯改性乙丙橡胶	丙烯酸酯改質乙烯丙烯橡膠	acrylate-modified ethylene propylene rubber
丙烯–乙烯嵌段共聚物	丙烯–乙烯嵌共聚體	propylene-ethylene block copolymer, PEB
丙烯–乙烯无规共聚物	丙烯–乙烯隨機共聚體	propylene-ethylene random copolymer
并列型复合纤维	並列型複合纖維	side-by-side composite fiber
波长色散 X 射线谱法	波長色散 X 光光譜術	wavelength dispersion X-ray spectroscopy
波峰钎焊	熔流軟銲	flow soldering
波峰钎焊	波峰軟銲，熔錫波銲	wave soldering
波美度	波美[比重]度	baume degree
波特兰水泥(=硅酸盐水泥)		
波纹	波紋，波	wave
波纹板(=瓦楞钢板)		
玻尔磁子	波爾磁子	Bohr magneton
玻尔兹曼常数	波茲曼常數	Boltzmann constant
玻尔兹曼叠加原理	波茲曼疊加原理	Boltzmann superposition principle
玻化	玻化	vitrification
玻璃	玻璃	glass
玻璃表面处理	玻璃表面處理	surface treatment of glass
玻璃成型	玻璃成形	forming of glass
玻璃分相	玻璃中相分離	phase splitting in glass

大 陆 名	台 湾 名	英 文 名
玻璃/酚醛防热复合材料	玻璃/酚醛剝蝕複材	glass/phenolic ablative composite
玻璃化转变	玻璃轉換	glass transition
玻璃化转变温度	玻璃轉換溫度	glass transition temperature
玻璃基复合材料	玻璃基複材	glass matrix composite
玻璃锦砖(=锦玻璃)		
玻璃浸渗牙科陶瓷	玻璃浸滲牙科陶瓷	glass-infiltrated dental ceramics
玻璃晶化	玻璃結晶化[作用]	crystallization of glass
玻璃冷加工	玻璃冷加工	cold working of glass
玻璃离子水门汀	玻璃離子體膠合劑，玻璃聚鏈烯酸鹽膠合劑	glass ionomer cement, glass polyalkenoate cement
玻璃内耗	玻璃內耗	internal friction of glass
玻璃热处理	玻璃熱處理	heat treatment of glass
玻璃润滑挤压	玻璃潤滑[劑]擠製	glass lubricant extrusion
玻璃失透	玻璃失透，玻璃去玻化[作用]	devitrification of glass
玻璃态	玻璃態	glassy state
玻璃态离子导体	玻璃態離子導體	glassy ion conductor
玻璃陶瓷	玻璃陶瓷	glass ceramics
玻璃退火	玻璃徐冷	annealing of glass
玻璃微球增强体	玻璃微氣球強化體	glass microballoon reinforcement
玻璃微珠(=玻璃细珠)		
玻璃细珠	玻璃珠，玻璃微球	glass bead, glass microsphere
玻璃纤维	玻璃纖維	glass fiber
玻璃纤维增强聚合物基复合材料	玻璃纖維強化聚合體複材	glass fiber reinforced polymer composite, GFRP
玻璃纤维增强体	玻璃纖維強化體	glass fiber reinforcement
玻璃纸	玻璃紙，賽珞玢	cellophane
玻璃纸皮砖(=锦玻璃)		
玻璃着色	玻璃著色	coloring of glass
玻色子	玻色子	boson
剥离	剝離	desquamation
剥离强度	剝離強度	peel strength
伯格斯矢量	柏格斯向量	Burgers vector
伯氏矢量(=伯格斯矢量)		
铂钴永磁体	鉑鈷磁石	platinum-cobalt magnet
铂合金	鉑合金	platinum alloy
铂铁永磁合金	鉑鐵永磁合金	platinum-iron permanent magnet alloy

大 陆 名	台 湾 名	英 文 名
铂族金属	鉑金屬	platinum metal
箔材	箔	foil
薄荷油	薄荷油	mint oil, peppermint oil
薄荷原油(=薄荷油)		
补偿	補償	compensation
补偿掺杂	補償摻雜	compensation doping
补偿电阻材料	補償電阻材料	compensation resistance materials
补强剂(=增强剂)		
补伤	修補整理	mending
补缩边界	補料邊界	feeding boundary
补缩困难区	補料困難區	feeding difficulty zone
补缩通道	補料通道	feeding channel
补体活化能力	補體活化能力	complement activation ability
补体系统	補體系統	complement system
补体抑制能力	補體抑制能力	complement inhibition ability
不饱和聚酯模塑料	不飽和聚脂模料	unsaturated polyester molding compound
不饱和聚酯树脂	不飽和聚酯樹脂	unsaturated polyester resin
不饱和聚酯树脂基复合材料	不飽和聚酯樹脂複材	unsaturated polyester resin composite
不饱和聚酯树脂泡沫塑料	不飽和聚酯樹脂發泡體	unsaturated polyester resin foam
不饱和聚酯树脂装饰胶合板	不飽和聚酯樹脂裝飾合板	unsaturated polyester resin decorative plywood
不定形耐火材料	不定形耐火材	unshaped refractory
不干胶纸	非乾膠紙，非乾黏著紙	non-dry adhesive paper
不规则状粉	不規則粉	irregular powder
不均匀变形	非均勻變形	inhomogeneous deformation
不可逆过程	不可逆過程	irreversible process
不可逆回火脆性	350℃脆化，回火麻田散體脆化	350℃ embrittlement, tempered martensite embrittlement
不可逆析出	不可逆析出	irreversible precipitation
不连续脱溶	不連續析出，不連續沈澱	discontinuous precipitation
不连续相变	不連續相轉變	discontinuous phase transformation, discontinuous phase transition
不良溶剂	不良溶劑	poor solvent
不全位错	不完全位錯，不完全差排，部分位錯，部分差排	imperfect dislocation, partial dislocation

大　陆　名	台　湾　名	英　文　名
不烧耐火砖	未燒耐火磚	unfired refractory brick
不烧陶瓷(=化学结合陶瓷)		
不烧砖(=不烧耐火砖)		
不稳定流动	不穩定流動	instability flow
不下垂钨丝(=掺杂钨丝)		
不锈钢	不鏽鋼	stainless steel
不锈钢丝增强铝基复合材料	不鏽鋼絲強化鋁基複材	stainless steel filament reinforced aluminum matrix composite
不锈轴承钢(=耐蚀轴承钢)		
布拉本德塑化仪	布拉本德塑度計	Brabender plasticorder
布拉格定律	布拉格定律	Bragg law
布拉维点阵	布拉菲晶格	Bravais lattice
布里奇曼–斯托克巴杰法	布里奇曼–斯托克巴杰法	Bridgman-Stockbarger method
布氏硬度	勃氏硬度	Brinell hardness
布氏硬度试验	勃氏硬度試驗	Brinell hardness test
部分合金化粉	部分合金化粉	partially alloyed powder
部分交联型丁腈橡胶	部分交聯腈橡膠	partially crosslinked nitrile rubber
部分结晶聚合物(=半结晶聚合物)		
部分色散	部分分散	partial dispersion
部分稳定氧化锆陶瓷	部分穩定氧化鋯陶瓷	partially stabilized zirconia ceramics, PSZ ceramics
部分再结晶	部分再結晶	partial recrystallization

C

大　陆　名	台　湾　名	英　文　名
擦胶压延	摩擦軋光	friction calendering
擦色革	刷整皮革	brush-off leather
擦拭革	淨面皮革	cleaning leather
材料	材料	materials
材料表面	材料表面	surface of materials
[材料]脆性	材料脆性	embrittlement of materials
材料的辐照效应	材料輻射效應	radiation effect of materials
材料多尺度仿真	材料多尺度模擬	multi-scale simulation of materials

大　陆　名	台　湾　名	英　文　名
材料反应	材料反應	materials response
材料仿真(=材料模拟)		
材料计算学(=计算材料学)		
材料加工工程	材料加工工程	materials processing engineering
材料科学	材料科學	materials science
材料科学技术	材料科學與技術	materials science and technology
材料科学与工程	材料科學與工程	materials science and engineering
材料模拟	材料模擬	materials simulation
材料模型化	材料模組化，材料模擬	materials modeling
材料热力学	材料熱力學	thermodynamics of materials
材料设计	材料設計	materials design
材料设计专家系统	材料設計專家系統	expert system for materials design
材料生态设计	材料生態設計	materials ecodesign
材料体视学	材料科學立體測量學，材料科學體視學	stereology in materials science
材料物理与化学	材料物理與化學	materials physics and chemistry
材料学	材料	materials
彩绘	彩飾	decoration
彩色玻璃	有色玻璃	color glass
彩色涂层钢板	彩色塗層鋼板，彩色漆塗鋼帶	color coated steel sheet, color painted steel strip
彩陶	彩陶	faience pottery
彩涂	彩色塗層	color coating
彩涂钢板(=彩色涂层钢板)		
采矿	採礦	mining
蔡–希尔失效判据	蔡–希爾破壞準則	Tsai-Hill failure criteria
残留机械损伤	殘餘機械損傷	residual mechanical damage
残留树枝晶组织	殘留枝狀晶	residual dendrite
残余奥氏体	殘留沃斯田體，殘留沃斯田鐵	retained austenite
残余线变化(=重烧线变化)		
残余应力	殘留應力	residual stress
槽钢	槽鋼	channel steel
槽浸	槽瀝浸	vat leaching
槽形玻璃	槽形玻璃	channel-section glass
草浆	草漿	straw pulp

大　陆　名	台　湾　名	英　文　名
侧吹转炉	側吹轉爐	side blown converter
侧链型铁电液晶高分子	側鏈型強介電液晶聚合體，側鏈型鐵電液晶聚合體	side chain-type ferroelectric liquid crystal polymer
侧[向]挤压	側向擠製	lateral extrusion, side extrusion
侧向外延	磊晶側向延長成長	epitaxial lateral overgrowth, ELO
测试片	測試晶片	test wafer
测温环	[燒成]測溫環	firing ring
测温三角锥(=测温锥)		
测温锥	可熔[測溫]錐	fusible cone
层	薄層，[單]層	lamina, ply
层–层生长模式	逐層成長，層–層成長模式	layer-by-layer growth, layer-layer growth mode
层错能	疊差能	stacking fault energy
层错硬化	疊差硬化	stacking fault hardening
层–岛生长	層–島狀成長	layer-island growth
层–岛生长模式	層–島狀成長模式	layer-island growth mode
层合板	積層[板]	laminate
π/4 层合板	π/4 積層板	π/4 laminate
层合板边缘效应	積層板邊緣效應	edge effect of laminate
层合板蔡–吴失效判据	積層板蔡–吳破壞準則	Tsai-Wu failure criteria of laminate
层合板层间应力	積層板積層間應力	interlaminar stress of laminate
层合板充填孔抗压强度	積層板填孔壓縮強度	filled-hole compression strength of laminate
层合板冲击后抗压强度	積層板衝擊後抗壓強度	compressive strength after impact of laminate
层合板充填孔拉伸强度	積層板填孔拉伸強度	filled-hole tension strength of laminate
层合板冲击损伤	積層板衝擊損傷	impact damage of laminate
层合板冲击损伤阻抗	積層板耐衝擊損傷性	impact damage resistance of laminate
层合板等代设计	積層板當量設計，積層板替代品設計	equivalent design of laminate, replacement design of laminate
层合板等刚度设计	積層板等剛度設計	isostiffness design of laminate
层合板开孔抗压强度	積層板開孔壓縮強度	open hole compression strength of laminate
层合板开孔拉伸强度	積層板開孔拉伸強度	open hole tension strength of laminate
层合板拉–剪耦合	積層板剪切耦合	shear coupling of laminate
层合板拉–弯耦合分析	積層板拉彎耦合分析	coupled stretching-bending analysis of laminate

大 陆 名	台 湾 名	英 文 名
层合板面内刚度	積層板面向剛性	in-plane stiffness of laminate
层合板面内柔度	積層板面向柔度	in-plane compliance of laminate
层合板目视可检损伤	難以目視的衝擊損傷	barely visible impact damage, BVID
层合板耦合刚度	積層板耦合剛性	coupling stiffness of laminate
层合板耦合柔度	積層板耦合柔度	coupling compliance of laminate
层合板排序法设计	積層板排序設計	ranking design of laminate
层合板泊松比	積層板帕松比	Poisson ratio of laminate
层合板强度比	積層板強度比	strength ratio of laminate
层合板屈曲	積層板翹曲	buckling of laminate
层合板失效包线	積層板破損包絡線	failure envelope of laminate
层合板损伤力学	積層板損傷力學	damage mechanics of laminate
层合板弯–扭耦合	積層板彎扭耦合	bending-twisting coupling of laminate
层合板弯曲刚度	積層板彎曲剛度	bending stiffness of laminate
层合板弯曲柔度	積層板彎曲柔度	bending compliance of laminate
层合板Ⅰ型层间断裂韧性	積層板模型Ⅰ層間破裂韌性	model Ⅰ interlaminar fracture toughness of laminate
层合板Ⅱ型层间断裂韧性	積層板模型Ⅱ層間破裂韌性	model Ⅱ interlaminar fracture toughness of laminate
层合板中面曲率	積層板中平面曲度	midplane curvature of laminate
层合板中面应变	積層板中平面應變	midplane strain of laminate
层合板逐层失效	積層板逐層失效	successive ply failure of laminate
层合板主应力设计	積層板主應力設計	main stress design of laminate, principal stress design of laminate
层合板准网络设计	積層板網狀設計	netting design of laminate
层合板族	積層[板]族	laminate family
层合板最大应变失效判据	積層板最大應變失效準則	maximum strain failure criteria of laminate
层合板最先一层失效包线	積層板第一單層破損包絡線	first ply failure envelope of laminate, first ply failure load of laminate
层合板最终失效	積層板最終層失效	last ply failure of laminate
层合板最终失效包线	最終層失效包絡線	last ply failure envelope of laminate
层合结构耐久性设计	層狀結構耐久性設計	durability design of laminar structure
层积材(=胶合木)		
层间混杂纤维复合材料	層間混成複材	interply hybrid composite
层间剪切强度	積層間剪強度	interlaminar shear strength
层内混杂纤维复合材料	層內混成複材	intraply hybrid composite
层析 X 射线透照术	X 光斷層攝影術	X-ray tomography

大陆名	台湾名	英文名
层状共晶体	層狀共晶	lamellar eutectic
层状硅酸盐结构	層狀矽酸鹽結構	layered silicate structure
层状陶瓷材料	積層陶瓷	laminated ceramics
层状珠光体	層狀波來鐵	lamellar pearlite
插层复合材料	插層複材	intercalation composite
插层聚合	插層聚合[作用]	intercalation polymerization
差别化纤维	差別化纖維	differential fiber
差热分析	示差熱分析	differential thermal analysis
差示扫描量热法	示差掃描卡計	differential scanning calorimetry
差压铸造	差壓鑄造	counter pressure casting
掺铬氟铝酸钙锂晶体	鉻摻雜氟化鋁鋰鈣晶體	chromium-doped calcium lithium aluminum fluoride crystal
掺铬氟铝酸锶锂晶体	鉻摻雜氟化鋁鍶鋰晶體	chromium-doped lithium strontium aluminum fluoride crystal
掺铬石榴子石晶体	鉻摻雜石榴子石晶體	chromium-doped garnet crystal
掺钴氟化镁晶体	摻鈷氟化鎂晶體	cobalt-doped magnesium fluoride crystal
掺镍氟化镁晶体	摻鎳氟化鎂晶體	nickel-doped magnesium fluoride crystal
掺钕钒酸钇晶体	摻釹釩酸釔晶體	neodymium-doped yttrium vanadate crystal
掺钕氟化钙晶体	摻釹氟化鈣晶體	neodymium-doped calcium fluoride crystal
掺钕氟磷酸钙晶体	摻釹氟磷酸鈣晶體	neodymium-doped calcium fluorophosphate crystal
掺钕钨酸钙激光晶体	摻釹鎢酸鈣雷射晶體	neodymium-doped calcium tungstate laser crystal
掺铊碘化钠晶体	摻鉈碘化鈉晶體	thallium-doped sodium iodide crystal
掺铊碘化铯晶体	摻鉈碘化銫晶體	thallium-doped cesium iodide crystal
掺钛蓝宝石晶体	摻鈦藍寶石	titanium-doped sapphire
掺杂	摻雜[作用]	doping
δ掺杂	類德他函數摻雜，δ摻雜	delta function-like doping, δ-doping
掺杂剂	摻雜體，摻雜物	dopant
掺杂钼粉	摻雜鉬粉	doped molybdenum powder
掺杂钼丝	摻雜鉬線	doped molybdenum wire
掺杂片	摻雜晶片	doping wafer
掺杂钨粉	摻雜鎢粉	doped tungsten powder
掺杂钨丝	摻雜鎢絲	doped tungsten filament
掺杂锗酸铋晶体	摻雜鍺酸鉍晶體	doped bismuth germinate crystal
缠绕成型	長絲纏繞成型	filament winding
长程有序参量	長程有序參數	long-range order parameter

大　陆　名	台　湾　名	英　文　名
长弧泡沫渣操作	長弧泡沫渣操作，電弧爐煉鋼	long arc foaming slag operation
长石	長石	feldspar
长石类硅酸盐结构	長石類矽酸鹽結構	feldspar silicate structure
长石砂岩	長石砂岩	arkose
长石釉	長石釉	feldspathic glaze
长石质瓷	長石瓷	feldspathic porcelain
长丝	連續長絲，長絲	continuous filament, filament
长纤维增强聚合物基复合材料	長纖維強化聚合體複材	long fiber reinforced polymer composite
长窑(=龙窑)		
长油醇酸树脂	長油醇酸樹脂	long oil alkyd resin
长余辉发光材料	長餘輝發[冷]光材料	luminescent materials with long afterglow
长周期	長週期	long period
常压金属有机化合物气相外延	常壓金屬有機化合物氣相磊晶術	atmosphere pressure metalorganic vapor phase epitaxy
常压金属有机化学气相沉积	常壓金屬有機化學氣相沈積法	atmosphere pressure metalorganic chemical vapor phase deposition
常压烧结碳化硅(=无压烧结碳化硅陶瓷)		
场发射电子显微术	場發射電子顯微術	field emission electron microscopy
场离子显微术	場離子顯微術	field ion microscopy
场致发光材料(=电致发光材料)		
钞票纸	鈔票紙	banknote paper
超薄带(=箔材)		
超导材料	超導材料	superconducting materials
超导磁体	超導磁石	superconducting magnet
超导[电]线	超導線	superconducting wire
超导电性	超導性	superconductivity
超导复合材料	超導功能複材	superconducting functional composite
超导膜	超導膜	superconducting film
超导体	超導體	superconductor
1-2-3 超导体(=钇系超导体)		
超导[细]丝	超導絲	superconducting filament
超导芯丝(=超导[细]丝)		

大　陆　名	台　湾　名	英　文　名
超导性	超導性	superconductivity
超导元素	超導元素	superconducting element
ELI 钛合金	ELI 鈦合金	ELI titanium alloy
超低间隙元素钛合金	超低間隙[元素]鈦合金	extra low interstitial titanium alloy
超低密度聚乙烯	超低密度聚乙烯	ultralow density polyethylene, ULDPE
超低膨胀石英玻璃	超低熱膨脹石英玻璃	ultra-low thermal expansion quartz glass
超低膨胀微晶玻璃陶瓷	超低熱膨脹玻璃陶瓷	ultra-low thermal expansion glass ceramics
超低碳贝氏体钢	超低碳變韌鋼	ultra-low carbon bainite steel
超低碳贝氏体(=无碳化物贝氏体)		
超低碳不锈钢	超低碳不鏽鋼	extra low carbon stainless steel
超电位	過電位	overpotential
超分子结构	超分子結構	super molecular structure
超辐射发光二极管	超發光二極體	super luminescent diode
超高纯度不锈钢	超高純度不鏽鋼	ultra high purity stainless steel
超高分子量聚乙烯	超高分子量聚乙烯	ultrahigh molecular weight polyethylene, UHMWPE
超高分子量聚乙烯纤维	超高分子量聚乙烯纖維	ultrahigh molecular weight polyethylene fiber
超高分子量聚乙烯纤维增强聚合物基复合材料	超高分子量聚乙烯纖維強化聚合體複材	ultrahigh molecular weight polyethylene fiber reinforced polymer composite
超高分子量聚乙烯纤维增强体	超高分子量聚乙烯纖維強化體	ultrahigh molecular polyethylene fiber reinforcement
超高亮度发光二极管	超高亮度發光二極體	super high brightness light emitting diode
超高强度钢	超高強度鋼	ultra-high strength steel
超高强度聚乙烯纤维(=超高分子量聚乙烯纤维)		
超高强钛合金	超高強度鈦合金	ultra-high strength titanium alloy
超高压水雾化	超高壓水霧化[法]	super high pressure water atomization
超固溶[热]处理	超固溶線熱處理	supersolvus heat treatment
超固相线烧结	超固相線液相燒結	supersolidus liquid phase sintering
超合金(=高温合金)		
超滑导丝	超滑導線	super smooth guide wire
超混杂复合材料	超混成複材	super hybrid composite
超基性岩	超基性岩	ultrabasic rock

大　陆　名	台　湾　名	英　文　名
超洁净钢	超清淨鋼	super clean steel
超晶格	超晶格，超結構	superlattice, superstructure
超巨磁电阻效应	巨磁阻效應	colossal magnetoresistance effect, CMR effect
超离心沉降平衡法	超離心沈降平衡法	ultracentrifugal sedimentation equilibrium method
超离心沉降速度法	超離心沈降速度法	ultracentrifugal sedimentation velocity method
超离子导体	超離子導體	superionic conductor
超临界萃取脱脂	超臨界萃取脫脂，超臨界萃取去脂	supercritical extraction debinding, supercritical extraction degreasing
超临界干燥	超臨界乾燥	supercritical drying
超轻镁合金(=镁锂合金)		
超深冲钢	超深抽鋼	extra deep drawing steel, EDDS
超深冲钢板	超深抽鋼板	extra deep drawing sheet steel
超声波滚压	超音波輥軋擠製	ultrasonic rolling extrusion
超声波焊	超音波銲接	ultrasonic welding
超声波检测	超音波測試法	ultrasonic testing
超声粉碎法	超音波粉碎法	ultrasonic comminution
超声气体雾化	超音波氣體霧化[法]	ultrasonic gas atomization
超声 C 扫描检验	超音波 C 掃描檢驗	ultrasonic C-scan inspection
超声振动雾化	超音波振動霧化[法]	ultrasonic vibration atomization
超顺磁性	超順磁性	super paramagnetism
超速冷却法(=淬冷法)		
超塑锌合金	超塑性鋅合金	superplastic zinc alloy
超塑性	超塑性	superplasticity
超塑性成形	超塑性成形	superplastic forming
超塑性钢	超塑性鋼	superplastic steel
超塑性能指标	超塑性能指標	superplastic performance index
超塑性失稳	超塑不穩定性	superplasticity instability
超位错	超差排	superdislocation
超细粉	超細粉體	ultrafine powder
超细晶钢	超細晶粒鋼	ultrafine grained steel
超细晶粒硬质合金	超細[晶粒]燒結碳化物	ultrafine cemented carbide
超细纤维	超細纖維	superfine fiber, ultrafine fiber
超细银粉	超細銀粉	ultrafine silver powder
超音速等离子喷涂	超音速電漿噴塗	supersonic plasma spray
超硬高速钢	超硬高速鋼	super hard high speed steel

大 陆 名	台 湾 名	英 文 名
超硬晶体	超硬晶體	superhard crystal
超硬铝	超高強度鋁合金	ultra-high strength aluminium alloy
超硬陶瓷	超硬陶瓷	super hard ceramics, ultrahard ceramics
超支化聚合物	超枝化聚合體	hyperbranched polymer
超重力凝固	高重力凝固	high-gravity solidification
扯断伸长率	最大伸長百分率	maximum percentage elongation
沉淀(=脱溶)		
沉淀分级	沈澱分級	precipitation fractionation
沉淀粉	沈澱粉體	precipitated powder
沉淀聚合	沈澱聚合[作用]	precipitation polymerization
沉淀强化	析出強化	precipitation strengthening
沉淀脱氧	沈澱脱氧	precipitation deoxidation
沉淀硬化不锈钢	析出硬化型不鏽鋼，PH 不鏽鋼	precipitation hardening stainless steel
沉积物	沈澱物，析出物	precipitate
沉积岩	沈積岩	sedimentary rock
沉降法	沈降法，沈積法	sedimentation method
沉析纤维(=纤条体)		
辰砂	辰砂	cinnabar
衬底	基材，基板	substrate
成分波	成分波[動]	compositional wave
成分过冷	組成過冷	constitutional undercooling
成核剂	成核劑	nucleating agent, nucleator
成核孕育期	成核潛伏期，孕核期	incubation period for nucleation
成荒料率	成石材率	stone block yield
成膜物	接合劑	binder
成熟材	成熟材	mature wood
成体干细胞	成體幹細胞	adult stem cell
成纤维细胞生长因子	纖維母細胞生長因子	fibroblast growth factor
成纤性	纖維成形性質	fiber forming property
成形	成形	forming
成形极限图	成形極限圖	forming limit diagram, FLD
成形晶体生长	定型晶體成長	shaped crystal growth
成形性	成形性	formability
成型	模製，成型，定型	molding, shape forming, shaping
成型胶合板	成型合板	formed plywood
成型收缩	模製收縮	molding shrinkage
弛豫谱	鬆弛譜	relaxation spectrum
弛豫时间	鬆弛時間	relaxation time

大 陆 名	台 湾 名	英 文 名
弛豫时间谱	鬆弛時間譜	relaxation time spectrum
弛豫铁电陶瓷	弛豫強介電陶瓷	relaxor ferroelectric ceramics
持久强度	應力驟斷強度	stress rupture strength
持久强度试验	應力驟斷試驗	stress rupture test
持久寿命	潛變驟斷壽命	creep rupture life
尺寸稳定性	尺寸穩定性	dimensional stability
赤铁矿	赤鐵礦	hematite
充型	填充	filling
充型能力	充模能力	mold filling capacity
充氧压铸	無[氣]孔壓鑄法，鋁合金充氧壓鑄法	pore-free die casting
冲击挤压	衝擊擠製	impact extrusion
冲击磨损	衝擊磨耗	impact wear
冲击韧性	衝擊韌性	impact toughness
冲击式弹性计	衝擊彈性計	impact elastometer, impact resiliometer
冲击试验	衝擊試驗	impact test
冲蚀	沖蝕	erosion
冲蚀腐蚀	沖蝕腐蝕	erosion corrosion
冲蚀磨损	沖蝕磨耗	erosive wear
冲裁	裁切	blanking
冲压	衝孔，沖壓	punching, stamping
冲压模具	沖壓工具	stamping tool
虫胶(=紫胶)		
重构型相变	重構相轉變，重構相轉換	reconstructive phase transformation, reconstructive phase transition
重结晶碳化硅陶瓷	溶析碳化矽陶瓷	dissolution-precipitation silicon carbide ceramics
重结晶碳化硅制品(=自结合碳化硅制品)		
重结晶氧化铝陶瓷	溶析氧化鋁陶瓷	dissolution-precipitation alumina ceramics
重烧结氮化硅陶瓷	後燒結反應鍵結氮化矽陶瓷	post-sintered reactive bonded silicon nitride ceramics
重烧结法	液相再結晶燒結，後燒結法	liquid recrystallization sintering, post-sintering method
重烧线变化	重燒線性變化	linear change on reheating
重组装饰单板	重組裝飾薄板	reconstituted decorative veneer
H 抽出试验	簾子線 H 抽出試驗，H 拉試驗	cord-H-pull test, H-pull test
臭氧老化	臭氧老化	ozone aging

大陆名	台湾名	英文名
出钢	出鋼，攻螺絲	tapping
初次渗碳体(=一次渗碳体)		
初次石墨(=一次石墨)		
初级结晶(=主期结晶)		
初晶态非晶硅	初生態結晶矽	protocrystalline silicon
初熔	初熔	incipient melting
初生纤维	原生纖維	as-formed fiber
初生相	初生相	primary phase
初始过渡区	啟始過渡區	initial transient region
初始强度	生胚強度，濕砂強度	green strength
初轧	初軋	blooming
初值条件	啟始條件	initial condition
除臭剂	除臭劑	deodorant
除鳞	除垢，除氧化皮	descaling
储能模量	儲存模數	storage modulus
触变成形	觸變成形	thixo-forming
触变剂	觸變減黏劑	thixotropic agent
触变性流体	觸變減黏流體	thixotropic fluid
氚	氚	tritium
氚增殖材料	氚增殖材料	tritium fertile materials
穿晶断裂	穿晶破斷	transgranular fracture
穿孔	穿孔	piercing
穿孔力	穿孔荷重	piercing load
穿孔针	穿孔針，鑽孔器	piercer
传统熔融法	傳統融合法	traditional fusion method
传统陶瓷	傳統陶瓷	traditional ceramics
船用钢	船用鋼	shipbuilding steel
串晶结构	烤肉串結構	shish-kebab structure
吹塑成形(=气压成形法)		
吹塑成型	吹氣模製	blow molding
吹塑机	吹氣模製機	blow molding machine
垂熔	自電阻加熱	self-resistance heating
垂直腔面发射激光器	垂直[共振]腔面射型雷射	vertical cavity surface emitting laser, VCSEL
垂直燃烧法	垂直燃燒法	vertical burning method
垂直梯度凝固法	垂直梯度凝固法	vertical gradient freeze method
垂直移动因子	垂直移位因子	vertical shift factor

大　陆　名	台　湾　名	英　文　名
锤击	鎚擊	hammer blow
锤砧法	錘砧式急冷法	piston-anvil quenching method
纯铁	純鐵	pure iron
纯铜	純銅	pure copper
纯钨丝(=钨丝)		
醇酸树脂	醇酸樹脂	alkyd resin
醇酸涂料	醇酸塗層	alkyd coating
瓷漆	珐瑯	enamel
瓷器	瓷器，瓷	china, porcelain
瓷石	瓷石	china stone
瓷胎画珐琅	有色珐瑯，胭脂紅，粉彩	color enamel, famille rose
瓷土	瓷土	china clay, porcelain clay
瓷牙	陶瓷牙	ceramic tooth
磁场热处理	磁[場]熱處理	magnetic heat treatment
磁场直拉法	磁場柴可斯基法，單晶成長法	magnetic field Czochralski method
磁畴	磁域	magnetic domain
磁导率	磁導率	magnetic permeability
磁电陶瓷	磁電陶瓷	magnetoelectric ceramics
磁电效应	磁電效應	magnetoelectric effect
磁电阻效应	磁阻效應	magnetoresistance effect
磁粉检测	磁粒檢測，磁粉探傷	magnetic particle testing
磁粉探伤(=磁粉检测)		
磁钢	磁石用鋼	magnet steel
磁光晶体	磁光晶體	magneto-optical crystal
磁光效应	磁光效應	magneto-optic effect
磁化	磁化	magnetization
磁化率	磁化率	magnetic susceptibility
磁化强度	磁化強度	magnetization intensity
磁黄铁矿	磁黃鐵礦	pyrrhotite
磁极化	磁極化	magnetic polarization
磁晶各向异性	磁晶異向性	magnetocrystalline anisotropy
磁晶各向异性能	磁晶異向性能量	energy of magnetocrystalline anisotropy
磁控溅射	磁控濺鍍	magnetron sputtering
磁控直拉硅单晶	磁控柴氏長晶法	Czochralski crystal growth in an axial magnetic field
磁力探伤(=磁粉检测)		
磁力探伤检验	磁力[探傷]檢驗，磁通量[探傷]檢驗	magnaflux inspection

大陆名	台湾名	英文名
磁流体	磁流體	magnetic fluid, magnetofluid
磁能积	磁能[乘]積	magnetic energy product
磁盘基片铝合金	磁碟鋁合金	aluminum alloy for magnetic disk
磁泡材料	磁泡材料	magnetic bubble materials
磁铅石型结构	磁鉛礦結構	magnetoplumbite structure
磁损耗吸波材料	磁損雷達波吸收材	magnetic loss radar absorbing materials
磁损耗吸收剂	磁損吸收劑	magnetic loss absorber
磁铁矿	磁鐵礦	magnetite
磁丸铸造(=磁型铸造)		
磁温度补偿合金	溫度補償合金	temperature compensation alloy
磁型铸造	磁模鑄造	magnetic mold casting
磁性	磁性	magnetism
磁性薄膜	磁性薄膜	magnetic thin film
磁性材料	磁性材料	magnetic materials
磁性复合材料	磁性複材	magnetic composite
磁性高分子	磁性聚合體	magnetic polymer
磁性合金	磁性合金	magnetic alloy
磁性铝合金	磁性鋁合金	magnetic aluminum alloy
磁性生物材料	磁性生物材料	magnetic biomaterials
磁性陶瓷	磁性陶瓷	magnetic ceramics
磁性纤维	磁性纖維	magnetic fiber
磁性橡胶	磁性橡膠	magnetic rubber
磁约束聚变	磁侷限融合	magnetic confinement fusion
磁致伸缩	磁致伸縮	magnetostriction
磁致伸缩材料	磁致伸縮材料	magnetostrictive materials
磁致伸缩镍合金	磁致伸縮鎳基合金	magnetostrictive nickel based alloy
磁致伸缩陶瓷	磁致伸縮陶瓷	magnetic strictive ceramics, magnetostrictive ceramics
磁致伸缩铁氧体	磁致伸縮鐵氧體	magnetostrictive ferrite
磁致伸缩系数	磁致伸縮係數	magnetostriction coefficient
磁滞回线	磁滯迴路	magnetic hysteresis loop
磁滞损耗	磁滯損失	magnetic hysteresis loss
磁滞损失	遲滯損失	hysteresis loss
磁阻	磁阻	magnetic reluctance
雌黄	雌黃	orpiment
次级弛豫	次級鬆弛	secondary relaxation
次级转变	二階轉換	secondary order transition
次级转变温度	次級轉換溫度	secondary transition temperature
次期结晶	次級結晶，二次結晶	secondary crystallization

大　陆　名	台　湾　名	英　文　名
次生黏土	次生黏土，移積黏土	redeposited clay, secondary clay
次生相	第二相	second phase
刺激	刺激[作用]	irritation
刺杉油(=杉木油)		
从头计算法	從頭計算法	*ab initio* calculation
重结晶氧化铝陶瓷	溶析氧化鋁陶瓷	dissolution-precipitation alumina ceramics
粗粉	粗粉	coarse powder
粗晶环	粗晶環	coarse grain ring
粗晶粒钢	粗晶粒鋼	coarse grained steel
粗晶硬质合金	粗晶燒結碳化物	coarse grain size cemented carbide
粗镁	粗鎂	crude magnesium
粗面岩	粗面岩	trachyte
粗坯	粗生坯	crude green body
粗铅	鉛合金塊	lead bullion
粗陶	粗陶	crude pottery
粗锗锭(=还原锗锭)		
粗珠光体	粗波來體，粗波來鐵	coarse pearlite
促进石墨化元素(=石墨化元素)		
促染剂	加速劑,促進劑	accelerating agent
醋酸丙酸纤维素	醋酸丙酸纖維素	cellulose acetate-propionate, CAP
醋酸丁酸纤维素	醋酸丁酸纖維素	cellulose acetate-butyrate, CAB
醋酸纤维(=醋酯纤维)		
醋酸纤维素	醋酸纖維素	cellulose acetate, CA
醋酯纤维	醋酸纖維，纖維素醋酸纖維	acetate fiber, cellulose acetate fiber
催干剂	乾燥劑，乾燥器	dryer
催化	催化作用，觸媒作用	catalysis
催化剂	催化劑，觸媒	catalyst
脆性断口	脆性斷面	brittle fracture surface
脆性断裂	脆性破斷	brittle fracture
淬火	淬火	quenching
淬火硬化	淬火硬化	quench hardening
淬冷法	淬火法	quenching method
淬冷烈度	淬火強度	quenching intensity
淬冷时效	淬火時效	quench aging
淬透性	可硬化性，硬化能[力]	hardenability
淬透性带	可硬化帶	hardenability band

大　陆　名	台　湾　名	英　文　名
淬透性曲线	可硬化曲線	hardenability curve
淬硬性	硬化能力	hardening capacity
萃取	萃取	extraction
萃取复型	萃取複製模	extraction replica
萃取冶金学	提煉冶金學	extractive metallurgy
搓纹	搓紋	boarding
搓纹革	搓紋皮革	boarded leather
搓制成型	輥軋製程	rolling process

D

大　陆　名	台　湾　名	英　文　名
搭接接头	搭接接頭	lap joint
[搭接接头]拉伸剪切强度	搭接剪強度	lap shear strength
搭桥生长机制	層狀共晶橋接成長	bridging growth of lamellar eutectic
打光	上釉，施釉	glazing
打光革	上光皮革	glazed leather
打浆	打漿	beating
打结强度(=结节强度)		
大白粉	天然碳酸鈣	natural calcium carbonate
大分子(=高分子)		
大分子单体	巨分子單體	macromer, macromonomer
大分子引发剂	巨分子啟始劑	macroinitiator
大光腔激光二极管	大光學[共振]腔雷射二極體	large optical cavity laser diode
大颗粒金刚石	大尺寸金剛石，大尺寸鑽石	large size diamond
大孔型交换树脂	巨孔型離子交換樹脂	macroporous ion exchange resin
大理石(=大理岩)		
大理岩	大理石，大理岩	marble
大片刨花板(=华夫刨花板)		
大片刨花定向层积材	積層股木材	laminated strand lumber
大漆	中國漆，中國漆器	Chinese lacquer
大气腐蚀	大氣腐蝕	atmospheric corrosion
大气老化(=自然气候老化)		
大体积混凝土	巨積混凝土	mass concrete

大 陆 名	台 湾 名	英 文 名
大线能量焊接用钢	高熱入量銲接用鋼	steel for high heat input welding
带钢	鋼帶，帶鋼	steel strip, strip steel
带尾[态]	帶尾[態]	band tail [state]
带隙态	能隙態，能帶間隙態	band gap state
带状偏析	帶狀偏析	band segregation
带状组织	帶狀化結構	banded structure
袋压成型	袋模製	bag molding
单板	薄板	veneer
单板层积材	積層薄板木材	laminated veneer lumber
单板陈化时间	薄板[膠合]陳置時間	veneer assembly time
单板叠层	薄板疊合，薄板疊層	veneer overlap
单板封边	薄板封邊	veneer sealing edge
单板剪裁	薄板剪裁	veneer clipping
单板拼接	薄板拼接	veneer splicing
单板柔化处理	薄板柔化處理	veneer tenderizing
单板条定向层积材	平行條材	parallel strand lumber
单板透胶	透膠	glue penetration
单板斜接	薄板嵌接，薄板斜接	veneer scarf joint
单板修补	薄板補修	veneer patching
单板指接	薄板指接，薄板榫接	veneer finger joint
单层(=层)		
单层板(=层)		
单层剪切耦合系数	薄板剪切耦合係數	shear coupling coefficient of lamina
单层偏轴	單層離軸	off-axis of lamina
单层偏轴刚度	單層離軸剛度	off-axis stiffness of lamina
单层偏轴柔度	單層離軸柔度	off-axis compliance of lamina
单层偏轴弹性模量	單層離軸彈性模數	off-axis elastic modulus of lamina
单层偏轴应力–应变关系	單層離軸應力應變關係	off-axis stress-strain relation of lamina
单层弹性主方向	單層板主方向	principle direction of lamina
单层正轴	單層正軸	on-axis of lamina
单层正轴刚度	單層正軸剛度	on-axis stiffness of lamina
单层正轴工程常数	單層正軸工程常數	on-axis engineering constant of lamina
单层正轴柔度	單層正軸柔度	on-axis compliance of lamina
单层正轴应力–应变关系	單層正軸應力應變關係	on-axis stress-strain relation of lamina
单分子终止	單分子終止	unimolecular termination
单官能硅氧烷单元	單官能矽氧烷單元	monofunctional siloxane unit
单辊激冷法	單輥驟冷[作用]，熔體紡	single roller chilling, melt spinning

大陆名	台湾名	英文名
	絲[作用]	
单金属电镀	單金屬電鍍	single metal electroplating
单晶	單晶	single crystal
单晶半导体	單晶半導體	monocrystalline semiconductor
单晶材料	單晶材料	single crystal materials
单晶高温合金	單晶超合金	single crystal superalloy
单晶光纤	單晶光纖	single crystal optical fiber
单晶硅	單晶矽	monocrystalline silicon
单晶镍基高温合金	鎳基單晶超合金	nickel based single crystal superalloy
单晶 X 射线衍射术	單晶 X 光繞射，單晶 X 射線繞射	single crystal X-ray diffraction
单量子阱激光器	單量子井雷射	single quantum well laser
单面点焊	單面點銲	indirect spot welding
单模激光二极管	單模雷射二極體	single mode laser diode
单宁胶黏剂	丹寧基黏著劑	tannin based adhesive
单片光电子集成电路	單晶片光電積體電路	single-chip optoelectronic integrated circuit
单丝	單絲	monofilament
单体	單體	monomer
单体浇铸聚酰胺	單體澆鑄聚醯胺	monomer-casting polyamide
单相黄铜(=α黄铜)		
单向板	單向積層板	unidirectional laminate
单向导电胶	異向導電黏結劑，異向導電膠	anisotropic conductive adhesive
单向压制	單動壓製	single-action pressing
单异质结激光器	單異質結構雷射	single-heterostructure laser
单异质结激光器二极管	單異質結構雷射二極體	single-heterostructure laser diode, SHLD
D 单元(=双官能硅氧烷单元)		
Q 单元(=四官能硅氧烷单元)		
T 单元(=三官能硅氧烷单元)		
单元相图	單相位圖，單元相圖	single-phase diagram, unitary phase diagram
单质矿物	天然元素礦物	native element minerals
单轴磁各向异性	單軸磁異向性	uniaxial magnetic anisotropy
单轴取向	單軸定向	uniaxial orientation

大 陆 名	台 湾 名	英 文 名
单轴取向膜	單軸定向膜	uniaxial oriented film
单纵模激光二极管	單縱模雷射二極體	single longitudinal mode laser diode
蛋白石	蛋白石	opal
蛋白质纤维	蛋白質纖維	protein fiber
氮化(=渗氮)		
氮化钢(=渗氮钢)		
氮化铬铁	含氮鉻鐵	nitrogen containing ferrochromium
氮化硅结合碳化硅制品	氮化矽結合碳化矽製品	silicon nitride bonded silicon carbide product
氮化硅陶瓷	氮化矽陶瓷	silicon nitride ceramics
氮化硅纤维增强体	氮化矽纖維強化體	silicon nitride fiber reinforcement
氮化镓	氮化鎵	gallium nitride
氮化铝	氮化鋁	aluminum nitride
氮化铝颗粒增强铝基复合材料	氮化鋁顆粒強化鋁基複材	aluminium nitride particulate reinforced aluminium matrix composite
氮化铝颗粒增强体	氮化鋁顆粒強化體	aluminum nitride particle reinforcement
氮化硼	氮化硼	boron nitride
氮化硼基复合制品	氮化硼基複材製品	boron nitride based composite product
氮化硼晶须增强体	氮化硼鬚晶強化體	boron nitride whisker reinforcement
氮化硼制品	氮化硼製品	boron nitride product
氮化钛晶须增强体	氮化鈦鬚晶強化體	titanium nitride whisker reinforcement
氮化铟	氮化銦	indium nitride
氮化铀	氮化鈾	uranium nitride
弹壳黄铜	彈殼黃銅	cartridge brass
氮碳共渗	滲氮碳化[法]	nitrocarburizing
氮氧自由基调控聚合	氮氧媒介聚合[作用]	nitroxide mediated polymerization, NMP
当量厚度	當量厚度，等效厚度	equivalent thickness
刀痕	刀痕，鋸痕	saw mark
氘	氘	deuterium
导电玻璃	導電玻璃	conductive glass
导电复合材料	導電複材	conductive composite
导电高分子	導電聚合體，導電高分子	conductive polymer
导电高分子吸波材料	導電聚合體雷達[波]吸收材料	conductive polymer radar absorbing materials
导电胶	導電黏合劑，導電膠	electrically conductive adhesive
导电类型	導電性型	conductivity type
导电碳黑吸收剂	碳黑吸收劑	carbon black absorber
导电陶瓷	導電陶瓷	conductive ceramics

大　陆　名	台　湾　名	英　文　名
导电涂层	導電塗層	conducting coating
导电纤维	導電纖維	electroconductive fiber
导管	導管	①catheter ②vessel
导管电缆导体	導管內電纜導體	cable-in-conduit conductor, CICC
导管鞘	導管鞘	catheter sheath
导模提拉法	限邊薄片續填晶體成長法	edge-defined film-fed crystal growth method
导纳	導納	admittance
导热硅脂	熱導矽氧油脂	heat-conducting silicone grease
导丝	導線	guide wire
导卫	導護	guide and guard
岛状硅酸盐结构	島狀矽酸鹽結構	island silicate structure
岛状生长	島狀成長	island growth
岛状生长模式	島狀成長模式	island growth mode
倒格矢	倒[置]晶格向量	reciprocal lattice vector
倒模法(=边缘限定填料法)		
倒逆过程	拍轉過程	umklapp process
倒焰窑	倒焰窯	up-and-down draught kiln
倒易点阵	倒[置]晶格	reciprocal lattice
倒易矢(=倒格矢)		
道次	道次	pass
德拜温度	德拜溫度	Debye temperature
德尔夫特型撕裂强度	德夫特撕裂強度	Delft tearing strength
德哈斯–范阿尔芬效应	德哈斯–凡阿芬效應	de Haas-van Alphen effect
德化白瓷	德化脂白瓷	lard white of Dehua
灯用发光材料	燈用螢光材料	phosphor for lamp
等电子杂质	等電子雜質	isoelectronic impurity
等规聚丙烯	同排聚丙烯	isotactic polypropylene, IPP
等规聚 1-丁烯	同排聚 1-丁烯	isotactic poly(1-butene)
等规聚合物(=全同立构聚合物)		
等静压制	等均壓	isostatic pressing
等离子合成法制粉	電漿法製粉	plasma process for powder making
等离子弧	電漿弧	plasma arc
等离子弧重熔	電漿弧重熔	plasma arc remelting
等离子弧焊	電漿弧銲	plasma arc welding
等离子弧喷焊	電漿弧噴塗銲	plasma arc spray welding
等离子冷床熔炼	電漿冷床熔煉	plasma cold-hearth melting

大陆名	台湾名	英文名
等离子喷枪	電漿噴塗槍	plasma spraying gun
等离子喷涂	電漿噴塗	plasma spraying
等离子喷涂钛多孔表面	電漿噴塗多孔鈦塗層	plasma sprayed porous titanium coating
等离子鞘离子注入	電漿鞘離子佈植	plasma sheath ion implantation
等离子熔融还原	電漿熔融還原	plasma molten reduction
等离子束重熔法	電漿束重熔	plasma-beam remelting
等离子体辅助外延	電漿輔助磊晶術	plasma assisted epitaxy
等离子体辅助物理气相沉积	電漿輔助物理氣相沈積	plasma assisted physical vapor deposition
等离子体浸没离子注入	電漿浸没離子佈植	plasma immersion ion implantation
等离子体喷涂涂层	電漿噴塗塗層	plasma sprayed coating
等离子体冶金	電漿熔煉	plasma melting
等离子体增强化学气相沉积	電漿增強化學氣相沈積	plasma enhanced chemical vapor deposition
等离子雾化	電漿霧化[法]	plasma atomization
等离子旋转电极雾化工艺	電漿旋轉電極製程	plasma rotating electrode process
等离子焰(=非转移弧)		
等离子源离子注入	電漿源離子佈植	plasma source ion implantation
等离子增强金属有机物化学气相外延	電漿增強金屬有機氣相磊晶術	plasma enhanced metalorganic vapor phase epitaxy
等通道转角挤压	等通道轉角壓製	equal channel angular pressing
等温淬火	沃斯回火，恆溫淬火	austempering, isothermal quenching
等温锻造	恆溫鍛造	isothermal forging
等温纺丝拉伸黏度	等溫紡絲拉伸黏度	tensile viscosity of isothermal spinning
等温挤压	恆溫擠製	isothermal extrusion
等温热机械处理	恆溫熱機處理	isothermal thermomechanical treatment, TMT
等温形变珠光体化处理	異構重組[作用]	isoforming
等温转变图	恆溫轉變圖	isothermal transformation diagram
等效球	等效球體，當量球體	equivalent sphere
等轴晶	等軸晶	equiaxed crystal
等轴晶铸造高温合金	等軸晶鑄造超合金，傳統鑄造超合金	conventional cast superalloy
等轴晶组织	等軸結構	equiaxed structure
等轴状铁素体	等軸肥粒體	equiaxed ferrite

大　陆　名	台　湾　名	英　文　名
低磁性钢(=无磁钢)		
低淬透性钢	低硬化能鋼	low hardenability steel
低反射玻璃(=减反射玻璃)		
低分子量聚乙烯	低分子量聚乙烯	low molecular weight polyethylene, LMPE
低辐射玻璃(=低辐射镀膜玻璃)		
低辐射镀膜玻璃	低放射玻璃	low-emission glass
低共溶温度	低共溶溫度	lower consolute temperature
低共熔共聚物	共熔共聚體	eutectic copolymer
低合金超高强度钢	超高強度低合金鋼	ultra-high strength low alloy steel
低合金高强度钢	高強度低合金鋼，HSLA 鋼	high strength low alloy steel, HSLA steel
低合金高速钢	低合金高速鋼	low alloy high speed steel
低合金铸钢	低合金鑄鋼	low alloy cast steel
低活化材料	低活化材料	low activation materials
低碱度渣	低鹼性渣	low basic slag
低聚木糖	木質寡醣	xylooligosaccharide
低聚物	寡聚體	oligomer
低聚物发光材料	寡聚體發光材料，寡[聚]聚合體發光材料	oligomer light-emitting material, oligopolymer light-emitting materials
低密度防热复合材料	低密度剝蝕複材	low density ablative composite
低密度聚乙烯	低密度聚乙烯	low density polyethylene, LDPE
低密度烧蚀材料(=低密度防热复合材料)		
低能电子衍射	低能量電子繞射	low-energy electron diffraction, LEED
低膨胀合金	低膨脹合金	low expansion alloy
低膨胀耐磨铝硅合金(=耐磨铝合金)		
低膨胀石英玻璃(=超低膨胀石英玻璃)		
低偏析高温合金	低偏析超合金	low segregation superalloy
低偏析铸造高温合金	低偏析鑄造超合金	low segregation cast superalloy
低氢型焊条	低氫銲條	low hydrogen electrode
低屈服点钢	低降伏點鋼	low yield point steel
低屈强比钢	低降伏比鋼	low yield ratio steel
低熔点玻璃(=焊料玻璃)		

大 陆 名	台 湾 名	英 文 名
低熔点合金	易熔合金	fusible alloy
低熔搪瓷	低熔[點]琺瑯	low melting enamel
低弹[变形]丝	低伸縮紗	low stretch yarn
低碳低硅无取向电工钢	低碳低矽無方向性電氣鋼	non-oriented electrical steel with low carbon and low silicon
低碳电工钢	低碳電氣用鋼	low carbon electrical steel
低碳钢	低碳鋼	low carbon steel
低维材料	低維材料	low-dimensional materials
低维磁性体	低維[度]磁石	low-dimensional magnet
低温奥氏体不锈钢	低溫沃斯田體不鏽鋼	cryogenic austenitic stainless steel
低温不锈钢	深冷用不鏽鋼	cryogenic stainless steel
低温超导体	低溫超導體	low temperature superconductor
低温超塑性	低溫超塑性	low temperature superplasticity
低温度系数磁体	低溫度係數磁石	low temperature coefficient magnet
低温度系数恒弹性合金	低溫度係數恆模數合金	low temperature coefficient constant modulus alloy
低温辐照损伤回复	低溫輻照損傷回復	recovery of low temperature irradiation damage
低温钢	深冷用鋼	cryogenic steel
低温高强度钢	低溫高強度鋼	cryogenic high-strength steel
低温回火	低溫回火，第一階段回火	low temperature tempering, first stage tempering
低温回火脆性(=不可逆回火脆性)		
低温马氏体时效不锈钢	低溫麻時效不鏽鋼	cryogenic maraging stainless steel
低温镍钢	低溫鎳鋼	cryogenic nickel steel
低温双相不锈钢	低溫雙相不鏽鋼	low temperature duplex stainless steel
低温钛合金	深冷用鈦合金	cryogenic titanium alloy
低温钛酸钡系热敏陶瓷	低溫鈦酸鋇系熱敏陶瓷	low temperature barium titanate based thermosensitive ceramics
低温搪瓷(=低熔搪瓷)		
低温铁镍基超合金	低溫鐵鎳基超合金	cryogenic iron-nickel based superalloy
低温铁素体钢	低溫肥粒體鋼	cryogenic ferritic steel
低温无磁不锈钢	深冷用無磁性不鏽鋼	cryogenic non-magnetic stainless steel
低温轧制	低溫輥軋	low temperature rolling
低锡锆-4 合金(=改进锆-4 合金)		
低压电瓷	低[電]壓電瓷，低壓用	low-voltage electric porcelain, low

大陆名	台湾名	英文名
	電瓷	tension electrical porcelain
低压电弧喷涂	低壓電弧噴塗	low pressure arc spraying
低压化学气相沉积	低壓化學氣相沈積	low pressure chemical vapor deposition, LP-CVD
低压金属有机化合物气相外延	低壓金屬有機氣相磊晶術	low pressure metalorganic vapor phase epitaxy, LP-MOVP
低压金属有机化学气相沉积	低壓金屬有機化學氣相沈積	low pressure metalorganic chemical vapor phase deposition
低压铸造	低壓鑄造	low pressure casting
低周疲劳	低週[期]疲勞	low-cycle fatigue
迪开石	狄克石，二重高嶺土	dickite
底胶	底漆	primer
底款	陶瓷器皿底印	bottom stamp of ceramics ware
底漆	底漆	primer
底色	底色	undertone
地板基材用纤维板	地板用纖維板	fiberboard for flooring
地图纸	地圖紙	map paper
弟窑	弟窯	Di kiln
第二参考面(=副参考面)		
第二代高温超导线[带]材(=涂层超导体)		
第二法向应力差	第二正向應力差	second normal stress difference
第二类回火脆性(=可逆回火脆性)		
第二相	次生相	secondary phase
第二相聚集长大	第二相奧斯華熟化	Ostwald ripening of secondary phase
第Ⅰ类超导体	第一型超導體	type Ⅰ superconductor
第Ⅱ类超导体	第二型超導體	type Ⅱ superconductor
第一壁材料	第一壁材料	first wall materials
第一代高温超导线[带]材(=包银[合金]铋-2212 超导线[带]材)		
第一法向应力差	第一正向應力差	first normal stress difference
第一类回火脆性(=不可逆回火脆性)		
缔合聚合物	締合聚合體	association polymer

大　陆　名	台　湾　名	英　文　名
碲镉汞	碲化鎘汞	mercury cadmium telluride
碲化铋	碲化鉍	bismuth telluride
碲化镉	碲化鎘	cadmium telluride
碲化铅	碲化鉛	lead telluride
碲化锑	碲化銻	antimony telluride
碲化锡	碲化錫	tin telluride
碲锡铅	碲化錫鉛	lead tin telluride
碲锌镉	碲化鎘鋅	zinc cadmium telluride
点焊	點補銲	dot welding
点缺陷	點缺陷	point defect
点群	點群	point group
点蚀	點蝕，孔蝕	pitting
点阵波	晶格波	lattice wave
点阵气	晶格氣態	lattice gas
点阵热传导	晶格熱傳導	lattice thermal conduction
点着温度	點燃溫度	ignition temperature
碘化法钛	碘化製程鈦	iodide-process titanium
碘酸钾晶体	碘酸鉀晶體	potassium iodate crystal
电爆成形	電爆成形	electro-explosive forming
电沉积	電沈積	electrodeposition
电触头材料	電接點材料，電接觸材料	electric contact materials
电瓷	電瓷	electric procelain
电瓷釉	電瓷釉	glaze for electric porcelain
电磁波吸收涂层	電磁波吸收塗層	electromagnetic wave absorbing coating
电磁成形	電磁成形	electromagnetic forming
电磁纯铁	電磁[純]鐵	electromagnetic iron
电磁搅拌	電磁攪拌	electromagnetic stirring, EMS
电磁屏蔽玻璃	電磁遮蔽玻璃	electromagnetic shielding glass
电磁屏蔽复合材料	電磁遮蔽複材	electromagnetic shielding composite
电磁悬浮	電磁懸浮	electromagnetic levitation
电磁约束成形	電磁形塑	electromagnetic shaping
电导率	導電率	electric conductivity
电镀	電鍍	electroplating
电镀层	電鍍層	electrodeposit
电镀铬	鉻電鍍	chromium electroplating
电镀液	電鍍溶液	electroplating solution
电镀用阳极镍	電鍍用鎳陽極板	nickel anode plate for electroplating
电镀浴	電鍍浴	electroplating bath
电纺丝	電紡絲	electro-spinning

大　陆　名	台　湾　名	英　文　名
电工钢	電工鋼	electrical steel
电工陶瓷(=电瓷)		
电光彩	光彩裝飾	luster color decoration
电光晶体	電光晶體	electro-optic crystal
电光水	電光水，液態光澤顏料	liquid luster
电光陶瓷	電光陶瓷	electro-optic ceramics
电光效应	電光效應	electro-optic effect
电荷密度波	電荷密度波	charge density wave
电荷转移聚合	電荷轉移聚合[作用]	charge transfer polymerization
电弧等离子枪	電弧電漿槍	arc plasma gun
电弧焊	電弧銲接	arc welding
电弧离子镀	電弧離子鍍，電弧離子沈積	arc ion plating, arc ion deposition
电弧炉炼钢(=电炉炼钢)		
电弧喷涂	電弧噴塗[作用]	arc spraying
电弧钎焊	電弧硬銲	arc brazing
电弧蒸发	電弧蒸發	arc evaporation
电化学反应法	電化學反應	electrochemical reaction
电化学腐蚀	電化學腐蝕	electrochemical corrosion
电化学腐蚀磨损	電化學腐蝕磨耗	electrochemical corrosion wear
电化学工艺	電化學技術	electrochemical technology
电活性杂质	電活性雜質	electro-active impurity
电火花烧结	電火花燒結	electric spark sintering
电解电容器纸	電解電容器紙	electrolytic capacitor paper
电解法	電解製程	electrolytic process
电解粉	電解粉末	electrolytic powder
电解铝	電解鋁	electrolytic aluminum
电解抛光	電解拋光	electrolytic polishing, electro-polishing
电解渗碳	電解滲碳	electrolytic carburizing
电解铁	電解鐵	electrolytic iron
电解铜	電解銅	electrolytic copper
电解铜箔	電解銅箔	electrodeposited copper foil
电解质陶瓷	陶瓷電解質	ceramic electrolyte
电解着色	電解著色	electrolytic coloring
电介质(=介电体)		
电缆纸	電纜紙	cable paper
电离射线透照术	離子[沈積]成像術	ionography
电力陶瓷(=电瓷)		

大　陆　名	台　湾　名	英　文　名
电流深能级瞬态谱	深能階電流暫態譜術，深能階電流瞬態譜術	current deep level transient spectroscopy
电炉钢	電爐鋼	electric furnace steel
电炉炼钢	電爐煉鋼	electric furnace steelmaking
电木粉(=酚醛模塑料)		
电偶腐蚀	電池腐蝕，伽凡尼腐蝕	galvanic corrosion
电气石	電氣石	tourmaline
电迁移	電遷移	electromigration
电热玻璃	電[加]熱玻璃	electric heating glass
电热电阻材料	抗電熱性材料	electrothermal resistance materials
电容电压法	電容電壓法	capacitance-voltage method, C-V method
电容率(=介电常数)		
电容器用钽	電容器用鉭	tantalum for capacitor
电容器用钽丝	電容器用鉭線	tantalum wire for capacitor
电容器纸	電容器紙，電容器薄紙	condenser paper, capacitor tissue paper
电熔锆刚玉砖(=熔铸锆刚玉砖)		
电熔砖	電熔融磚	electrically fused brick
电渗析膜	電透析透膜	electrodialysis membrane
电刷镀	刷覆電鍍	brush plating
电损耗吸波材料	電損耗雷達[波]吸收材料	electric loss radar absorbing materials
电损耗吸收剂	電損耗吸收劑	electric loss absorber
电冶金	電冶金學	electrometallurgy
电液成形(=液电成形)		
电泳成型	電泳成形	electrophoretic forming
电泳漆	電沈積塗層，電鍍塗層	electrodeposition coating
电泳涂装	電泳塗裝	electrophoretic painting
电渣重熔	電渣重熔	electroslag remelting, ESR
电渣焊	電渣銲接	electroslag welding
电致变色玻璃	電致變色玻璃	electrochromic glass
电致变色染料	電致變色染料	electrochromic dye
电致变色陶瓷	電致變色陶瓷	electrochromic ceramics
电致变色涂层	電致變色塗層	electrochromic coating
电致发光材料	電致發光材料	electroluminescent materials
电致发光搪瓷	電致發光琺瑯	electroluminescent enamel
电致伸缩材料	電致伸縮材料	electrostriction materials
电致伸缩陶瓷	電致變形陶瓷	electrostrictive ceramics
电致伸缩系数	電致伸縮係數	electrostriction coefficient

大　陆　名	台　湾　名	英　文　名
电中性杂质	電中性雜質	electro-neutrality impurity
电子背散射衍射	電子背向散射繞射	electron backscattering diffraction
电子材料	電子材料	electronic materials
电子弛豫极化	電子鬆弛極化	electronic relaxation polarization
电子导电性	電子導電性	electronic conduction
电子-核双共振	電子-核子雙共振	electron-nuclear double resonance
电子-核双共振谱	電子-核子雙共振譜	electron-nuclear double resonance spectrum
电子轰击	電子轟擊	electron bombardment
电子交换树脂	電子交換樹脂	electron exchange resin
电子空穴复合	電子電洞復合	recombination of electron and hole
电子能量损失谱	電子能量損失能譜	electron energy loss spectrum
电子平均自由程	電子平均自由徑	mean free path of electron
电子束表面淬火	電子束表面淬火	electron beam surface quenching
电子束表面非晶化	電子束表面非晶化	electron beam surface amorphorizing
电子束表面改性	電子束表面改質	electron beam surface modification
电子束表面合金化	電子束表面合金化	electron beam surface alloying
电子束表面熔覆	電子束表面包層[處理]	electron beam surface cladding
电子束表面熔凝	電子束表面熔融	electron beam surface fusion
电子束重熔	電子束重熔	electron beam remelting
电子束辐照连续硫化	電子束輻射連續火煅，電子束輻射連續硫化	electron beam irradiation continuous vulcanization
电子束固化涂料	電子束固化塗層	electron beam cured coating
电子束焊	電子束銲接	electron beam welding
电子束蒸发	電子束蒸發	electron beam evaporation, e-beam evaporation
电子顺磁共振谱	電子順磁共振頻譜	electron paramagnetic resonance spectrum
电子隧道谱法	電子穿隧譜術	electron tunneling spectroscopy
电子隧道效应	電子穿隧效應	electron tunneling effect, tunnel effect of electron
电子探针微区分析	電子探針微區分析	electron probe microanalysis, EPMA
电子陶瓷	電子陶瓷	electronic ceramics
电子微探针分析	電子微探針分析	electron microprobe analysis
电子位移极化	電子位移極化	electronic displacement polarization
电子显微术	電子顯微鏡術	electron microscopy
电子衍射	電子繞射	electron diffraction
电子自旋共振谱	電子自旋共振頻譜	electron spin resonance spectrum
电阻	電阻	electric resistance, resistance

大 陆 名	台 湾 名	英 文 名
[电阻]点焊	點銲	spot welding
电阻对焊	[端壓]對頭銲接	upset welding
[电阻]缝焊	有縫銲接	seam welding
电阻焊	電阻銲	resistance welding
电阻合金	電阻合金	electrical resistance alloy
电阻加热蒸发	電阻加熱蒸發	resistance heating evaporation
电阻率	電阻率，電阻係數	resistivity, electric resistivity
电阻率条纹(=杂质条纹)		
电阻率温度系数	電阻率溫度係數	temperature coefficient of resistivity
电阻率允许偏差	容許電阻率公差	allowable resistivity tolerance
电阻钎焊	電阻硬銲	resistance brazing
淀粉胶黏剂	澱粉黏著劑	starch adhesive
丁苯吡胶乳	丁二烯苯乙烯乙烯吡啶乳膠	butadiene-styrene-vinylpyridine latex
丁苯胶乳	苯乙烯丁二烯乳膠	styrene-butadiene latex
丁苯橡胶	苯乙烯丁二烯橡膠	styrene-butadiene rubber
丁吡橡胶	丁二烯乙烯基吡啶橡膠	butadiene-vinylpyridine rubber
丁基橡胶	異丁基橡膠	isobutylene rubber, butyl rubber
丁腈胶乳	丙烯腈丁二烯乳膠	acrylonitrile-butadiene latex
丁腈橡胶	丙烯腈丁二烯橡膠	acrylonitrile-butadiene rubber
丁腈酯橡胶	丙烯腈丁二烯丙烯酸酯橡膠	acrylonitrile-butadiene-acrylate rubber
丁锂橡胶	鋰丁二烯橡膠	lithium-butadiene rubber
丁钠橡胶	鈉丁二烯橡膠	sodium-butadiene rubber
顶吹转炉炼钢	頂吹轉爐煉鋼	top blown converter steelmaking
顶点模型	頂點模型	vertex model
顶镦	鍛粗	heading
定长热定型	恆長熱定[作用]	heat setting at constant length
定负荷压缩疲劳试验	定負荷壓縮疲勞試驗	compression fatigue test with constant load
定负荷压缩疲劳温升	定荷重壓縮疲勞溫升	temperature rise by constant load compression fatigue
定径带	校準帶	calibrating strap
定量金相	定量金相學	quantitative metallography
定膨胀合金	可控膨脹合金，恆膨脹合金	controlled expansion alloy, constant expansion alloy
Fe-Ni-Co 定膨胀合金	鐵鎳鈷可控膨脹合金	Fe-Ni-Co controlled-expansion alloy
定伸强度	特定伸長拉伸應力	tensile stress at specific elongation

大　陆　名	台　湾　名	英　文　名
定向刨花板	定向刨花板	oriented strandboard
定向凝固	方向性凝固	directional solidification
定向凝固高温合金	方向性凝固超合金	directionally solidified superalloy
定向凝固共晶高温合金	方向性凝固共晶超合金	directionally solidified eutectic superalloy
定向凝固共晶金属基复合材料	方向性凝固共晶強化金屬基複材	directionally solidified eutectic reinforced metal matrix composite
定窑	定窯	Dingyao
定域态	局域態	localized state
东陵石	砂金石	aventurine quartz
东陵玉(=东陵石)		
动静刚度比	動靜剛度比	ratio of dynamic and static stiffness
动力学链长	動力學鏈長	kinetic chain length
动力学细化	動態晶粒細化	dynamic grain refinement
动力学限制生长	動力學限制成長	kinetically limited growth
动态大气老化	動態風化［作用］	dynamic weathering
动态单模激光二极管	動態單模態雷射二極體	dynamic single mode laser diode
动态回复	動態回復	dynamic recovery
动态介电分析	動態介電分析	dynamic dielectric analysis
动态力学热分析	動態機械熱分析	dynamic mechanical thermal analysis
动态力学性能	動態機械性質	dynamic mechanical property
动态量热法	動態熱量測定法	dynamic calorimetry
动态硫化	動態固化，動態火煅，動態硫化	dynamic cure, dynamic vulcanization
动态硫化热塑性弹性体	動態火煅熱塑性彈性體，動態硫化熱塑性彈性體	dynamically vulcanized thermolplastic elastomer
动态模量	動態模數	dynamic modulus
动态黏度	動態黏度	dynamic viscosity
动态黏弹性	動態黏彈性	dynamic viscoelasticity
动态应变时效	動態應變時效	dynamic strain aging
动态再结晶	動態再结晶	dynamic recrystallization
动物胶	動物膠	animal glue
动物纤维	動物纖維	animal fiber
冻胶	凝膠，膠凍	jelly
洞衬剂	蛀牙孔襯劑	cavity liner
洞石	石灰華，鈣華	travertine
斗彩	鬥彩對比色	doucai contrasting color
毒砂	毒砂，砷黃鐵礦	arsenopyrite

大 陆 名	台 湾 名	英 文 名
毒重石(=碳酸钡矿)		
独晶反应(=偏晶反应)		
独居石	獨居石，磷鈰鑭礦	monazite
独山玉	獨山玉	dushan jade
独玉(=独山玉)		
杜拉铝(=硬铝合金)		
杜隆–珀蒂定律	杜隆–珀蒂定律	Dulong-Petit law
杜仲胶	杜仲橡膠	eucommia ulmoides rubber
镀层保护	鍍層保護	deposit protection
镀层钢板(=涂层钢板)		
镀层内应力	塗層內應力	coating internal stress
镀镉钢	鍍鎘鋼	cadmium-coated steel
镀金	鍍金	gilding
镀铝钢板	鍍鋁板	aluminium coated sheet
镀膜玻璃	鍍膜玻璃	coated glass
镀铅–锡合金钢板	鍍鉛錫合金鋼片，[鍍]鉛錫合金鋼片	terne coated sheet, terne sheet
镀锡钢板	鍍錫鋼片，馬口鐵	tin-plated sheet, tinplate
镀锌钢板	鍍鋅鋼片	zinc-plated steel sheet, galvanized steel
镀锌铁皮(=镀锌钢板)		
端淬试验	端面淬火試驗，喬米尼[端面淬火]試驗	end quenching test, Jominy test
端基分析法	端基分析程序	end group analysis process
端羟基液体聚丁二烯橡胶	羥基終端化液態聚丁二烯橡膠	hydroxyl-terminated liquid polybutadiene rubber
端羧基液体聚丁二烯橡胶	終端化羧基液體聚丁二烯橡膠	carboxyl-terminated liquid polybutadiene rubber
端员矿物	端元礦物	end-member mineral
短程有序参量	短程有序參數	short-range order parameter
短梁层间剪切强度	短樑剪切強度	short-beam shear strength
短期静液压强度	短期靜液壓強度	short-time static hydraulic pressure strength
短切纤维增强体	短纖強化體	chopped fiber reinforcement
短纤维	短纖維	staple fiber
短纤维增强金属基复合材料	短纖強化金屬基複材	short fiber reinforced metal matrix composite
短纤维增强聚合物基复合材料	短纖強化聚合體複材	short fiber reinforced polymer composite
短纤维增强体	短纖維強化體	short fiber reinforcement, staple

大陆名	台湾名	英文名
		reinforcement
短油醇酸树脂	短油醇酸樹脂	short oil alkyd resin
断后伸长率	斷後伸長率	elongation after fracture
断口分析	斷面相術分析	fractography analysis
断口河流花样	破斷面河流圖樣	river pattern on fracture surface
断离状珠光体	分離型波來鐵	divorced pearlite
断裂	破斷	fracture
断裂功	破斷功	work of fracture
断裂力学	破斷力學，破壞力學	fracture mechanics
断裂强度	破斷強度	fracture strength
断裂韧度	破斷韌度，破斷韌性，破壞韌性	fracture toughness
断裂韧度试验	破斷韌度試驗，破壞韌度試驗	fracture toughness test
断裂伸长率	斷裂伸長率	elongation at fracture
断裂物理学	破斷物理學	fracture physics
断裂应力	破斷應力	fracture stress
断裂真应力(=断裂应力)		
断面收缩率	斷[裂]面縮率	reduction of area
锻件缺陷	鍛件缺陷，鍛造缺陷	forging defect
锻铝 LD××(=铝镁硅系变形铝合金)		
锻模钢	鍛模鋼	forging die steel
锻铁(=熟铁)		
锻造	鍛造，鍛件	forging
锻造比	鍛造比	forging ratio
锻造力	鍛造力	forging force
锻造模具	鍛造模	forging die
堆垛层错	疊差	stacking fault
堆垛层错序列	疊差序列	stacking fault sequence
堆垛层序(=堆垛序列)		
堆垛序列	疊積序列	stacking sequence
堆焊	堆銲，堆銲，塗覆	surfacing, overlaying
堆浸	礦堆瀝浸，堆集瀝浸	dump leaching, heap leaching
堆内构件材料	反應器內構件材料	materials for reactor internal component
对称层合板	對稱積層板	symmetric laminate
对称非均衡层合板	對稱非平衡積層板	symmetric-unbalanced laminate
对辊粉碎	對輥粉碎	roller crushing

大　陆　名	台　湾　名	英　文　名
对接接头	對接，對接接頭	butt joint
对数减量	對數減量	logarithmic decrement
对位黄碲矿晶体	副黄碲礦晶體	para-tellurite crystal
镦粗	鍛粗，開放模鍛造	upsetting
镦挤	擠鍛，鍛粗擠製	extrusion forging, upsetting extrusion
钝化	鈍化	passivation
钝化处理	鈍化處理	passivation treatment
钝化膜	鈍態膜	passive film
多壁纳米管	多壁奈米管	multiwall nanotube, MWNT
多边形化	多邊形化	polygonization
多边形铁素体	多邊形肥粒體	polygonal ferrite
多层吹塑成型	多層吹模成型，多層擠製	multilayer blow molding, multilayer extrusion
多层陶瓷	多層陶瓷	multilayer ceramics
多层注射成型	多層射出成型	multilayer injection molding
多功能激光晶体	多功能雷射晶體	multifunctional laser crystal
多光子发光材料	多光子螢光粉	multiphoton phosphor
多弧离子镀	多弧離子鍍	multi-arc ion plating
多晶	多晶	polycrystal
多晶半导体	多晶半導體	polycrystalline semiconductor
多晶材料	多晶材料	polycrystal materials
多晶硅	多晶矽	polycrystalline silicon
多晶体金刚石(=聚晶金刚石)		
多晶锗	多晶鍺	polycrystalline germanium
多孔材料	多孔材料	porous materials
多孔硅	多孔矽	porous silicon
多孔陶瓷	多孔陶瓷	porous ceramics
多孔钨	多孔鎢	porous tungsten
多孔质中空纤维膜(=中空纤维膜)		
多孔轴承	多孔軸承	porous bearing
多量子阱激光二极管	多量子井雷射二極體	multi-quantum-well laser diode
多炉连浇	序列澆鑄	sequence casting
多模拉拔	多模拉製	multi-die drawing
多数载流子	多數載子	majority carrier
多水高岭石(=埃洛石)		
多态波茨蒙特卡罗模型	多態博茲蒙地卡羅模型	multi-state Potts Monte Carlo model

大　陆　名	台　湾　名	英　文　名
多涂层合金	多塗層合金	multilayer coating alloy
多向模锻	多芯鍛造，多撞鎚鍛造，多向鍛造	multicored forging, multi-ram forging
多相复合陶瓷	多相陶瓷複材	multiphase composite ceramics
多组分复合纤维增强体	多組成纖維強化體，雙組成纖維強化體	multicomponent fiber reinforcement, biconstituent fiber reinforcement
惰性气体保护电子束焊	惰性氣氛電子束銲接	inert atmosphere electron beam welding
惰性气体保护焊	惰性氣[弧]銲接	inert-gas [arc] welding

E

大　陆　名	台　湾　名	英　文　名
俄歇电子能谱法	歐傑電子能譜術	Auger electron spectrometry, AES
俄歇跃迁	歐傑躍遷	Auger transition
锇合金	鋨合金	osmium alloy
二苯基二氯硅烷	二苯基二氯矽烷	diphenyldichlorosilane
二步煅烧	二階段煅燒	two-step calcination
二层革	次層皮革	split leather
二次成型	後成形	post forming
二次挤压	二次擠製，雙擠製	second extrusion, double extrusion
二次结晶(=次期结晶)		
二次硫化	二次固化，次級固化	secondary cure
二次燃烧	二次燃燒，後燃燒	postcombustion
二次渗碳体	二次雪明碳體，二次雪明碳鐵	secondary cementite
二次石墨	二次石墨	secondary graphite
二次硬化	二次硬化	secondary hardening
二次再结晶	二次再結晶	secondary recrystallization
二硅烯	二矽烯	silylene
二硅氧烷	二矽氧烷	disiloxane
二级相变	二階相變，二階相轉換	second-order phase transformation, second-order phase transition
二极溅射	二極體濺鍍[法]	diode sputtering
二甲基二氯硅烷	二甲基二氯矽烷	dimethyldichlorosilane
二甲基二乙氧基硅烷	二甲基二乙氧基矽烷	dimethyldiethoxysilane
二甲基硅橡胶	二甲基矽氧橡膠	dimethyl silicone rubber
二甲基硅油	二甲基矽氧油	dimethyl silicone oil
二硼化镁超导体	二硼化鎂超導體	magnesium diboride superconductor

大　陆　名	台　湾　名	英　文　名
二色镜	二色鏡，雙色鏡	dichroscope
二探针法	雙探針量測[法]	two-probe measurement
二维形核生长	二維成核成長	growth by two dimensional nucleation
二氧化碲晶体	二氧化碲晶體	tellurium dioxide crystal
二氧化硅透波复合材料	二氧化矽透波複材	silica wave-transparent composite
二氧化碳气体保护电弧焊	二氧化碳弧銲	carbon dioxide arc welding
二氧化铀	二氧化鈾	uranium dioxide
二元相图	二元相圖，二元相平衡圖	binary phase diagram
二元乙丙橡胶	乙烯丙烯橡膠	ethylene-propylene rubber

F

大　陆　名	台　湾　名	英　文　名
发光材料	發[冷]光材料	luminescent materials
发光二极管	發光二極體	light emitting diode, LED
发光珐琅	發[冷]光琺瑯，發[冷]光搪瓷	luminescent enamel
发光纤维	發光纖維，發[冷]光纖維	luminous fiber, luminescent fiber
发黑(=发蓝处理)		
发蓝处理	發藍處理	bluing
发泡玻璃	泡沫玻璃，發泡玻璃	foamed glass
发泡成型	膨脹模製	expansion molding
发泡剂	發泡劑	foaming agent
发热剂	發熱混合物	exothermic mixture
发热剂法	發熱粉體法	exothermic powder method
乏燃料	用過[核]燃料	spent fuel
阀门钢	閥用鋼	valve steel
筏排化	筏排化，筏流化	rafting
法向应力差	正向應力差	normal stress difference
珐琅	琺瑯	enamel
珐琅彩(=瓷胎画珐琅)		
翻边	摺緣	flanging
矾红	礬紅	alum red, fan hong
矾土水泥	礬土水泥，氧化鋁水泥	alumina cement
矾土砖	鋁礬土磚	bauxite brick
钒	釩	vanadium
钒氮合金	釩氮合金	vanadium nitrogen alloy

大　陆　名	台　湾　名	英　文　名
钒合金	釩合金	vanadium alloy
钒基固溶体储氢合金	固溶型釩基儲氫合金	solid solution type vanadium based hydrogen storage alloy
钒金属间化合物	釩介金屬化合物	vanadium intermetallic compound
钒三镓化合物超导体	鎵化三釩化合物超導體	tri-vanadium gallium compound superconductor
钒铁	釩鐵	ferrovanadium
反常霍尔效应	異常霍爾效應	abnormal Hall effect
反常晶粒长大	異常晶粒成長	abnormal grain growth
反常偏析	異常偏析	abnormal segregation
反常组织	異常結構	abnormal structure
反萃	逆洗萃取器	backwash extractor
反对称层合板	反對稱積層板	anti-symmetric laminate
反复弯曲试验	反覆彎曲試驗	reverse bend test
反极图	反極圖	inverse pole figure
反射玻璃(=镀膜玻璃)		
反射层材料	反射層材料	reflector materials
反射差分光谱	反射差分光譜術	reflectance difference spectroscopy, RDS
反式 1,4-聚丁二烯橡胶	反式 1,4-聚丁二烯橡膠	*trans*-1,4-polybutadiene rubber
反式 1,4-聚异戊二烯橡胶	反式 1,4-聚異戊二烯橡膠	*trans*-1,4-polyisoprene rubber
反铁磁性	反鐵磁性	antiferromagnetism
反铁磁性恒弹性合金	反鐵磁性恆模數合金	anti-ferromagnetic constant modulus alloy
反铁电陶瓷	反強介電陶瓷，反鐵電陶瓷	anti-ferroelectric ceramics
反铁电性	反強介電性，反鐵電性	antiferroelectricity
反铁电液晶材料	反強介電液晶材料，反鐵電液晶材料	anti-ferroelectric liquid crystal material
反位缺陷	反位缺陷	antisite defect
反[向]挤压	反[向]擠製，間接擠製	backward extrusion, indirect extrusion
反相畴	逆相域	antiphase domain
反相畴边界	逆相域邊界	antiphase domain boundary
反相畴界	逆相域壁	antiphase domain wall
反相乳液聚合	反[相]乳化聚合[作用]	inverse emulsion polymerization
反相悬浮聚合	反[相]懸浮聚合[作用]	inverse suspension polymerization
反应爆炸固结	反應爆炸固結	reactive explosion consolidation

大 陆 名	台 湾 名	英 文 名
反应纺丝	反應紡絲[法]	reaction spinning
反应溅射	反應濺鍍[法]	reactive sputtering
反应热等静压	反應熱均壓[法]	reactive hot isostatic pressing
反应热压	反應熱壓[法]	reactive hot pressing
反应烧结	反應燒結	reaction sintering
反应烧结氮化硅陶瓷	反應鍵結氮化矽陶瓷	reaction bonded silicon nitride ceramics, reaction sintered silicon nitride ceramics
反应烧结碳化硅陶瓷	反應鍵結碳化矽陶瓷	reaction bonded silicon carbide ceramics, reaction sintered silicon carbide ceramics
反应型活性纤维	反應性纖維	reactive fiber
反应型胶黏剂	反應黏著劑	reactive adhesive
反应性稳定剂	反應性安定劑	reactive stabilizer
反应研磨	反應研磨	reaction milling
反应蒸镀	反應蒸鍍	reactive evaporation deposition
反应注射成型	反應射出成型	reaction injection molding, RIM
反应注塑成型聚酰胺	反應射出成型聚醯胺	reaction injection molding polyamide
反萤石型结构	反螢石結構	anti-fluorite structure
反增塑作用	抗塑化作用	anti-plasticization
反重力铸造	反重力鑄造	counter gravity casting
范德瓦尔斯键	凡得瓦鍵	van der Waals bond
方材	方材	square
WLF 方程	威廉斯–藍道–費利方程式	Williams-Landel-Ferry equation
方解石	方解石	calcite
方晶锆石(=合成立方氧化锆)		
方块电阻	片電阻	square resistance
方镁石	方鎂石	periclase
方铅矿	方鉛礦	galena
方钍石	方釷石	thorianite
芳纶(=芳香族聚酰胺纤维)		
芳纶 1414(=聚对苯二甲酰对苯二胺纤维)		
芳纶 14(=聚对苯甲酰胺纤维)		
芳纶 1313(=聚间苯二		

大　陆　名	台　湾　名	英　文　名
甲酰间苯二胺纤维)		
芳酰胺纤维增强聚合物基复合材料	醯胺纖維強化聚合體複材	aramid fiber reinforced polymer composite
芳香油(=精油)		
芳香族聚酰胺	聚芳基醯胺	polyarylamide
芳香族聚酰胺纤维	芳香族聚醯胺纖維	aromatic polyamide fiber
芳香族聚酰胺纤维增强体	芳香族聚醯胺纖維強化體	aromatic polyamide fiber reinforcement
芳香族聚酯纤维	芳香族聚酯纖維	aromatic polyester fiber
芳樟醇	芳樟醇	linalool
防白剂(=防潮剂)		
防爆铝合金	防爆鋁合金	anti-blast aluminum alloy
防爆镁合金	防爆鎂合金	anti-blast magnesium alloy
防潮剂	防潮劑	moisture-proof agent
防氚渗透材料	防氚滲透材料	tritium-permeation-proof material
防弹玻璃	防彈玻璃	bullet-proof glass
防冻早强剂	防凍及硬化加速劑	anti-freezing and hardening accelerating agent
防辐射混凝土	輻射屏蔽混凝土	radiation shielding concrete
防腐剂	防腐劑	antiseptic agent, rot resist
防腐木	防腐處理木材	preservative-treated timber
防腐蚀涂料	抗蝕塗層	anticorrosion coating
防火玻璃	耐火玻璃	fire-resistance glass
防火涂层	防火塗層	fire-proofing coating
防火涂料	阻燃塗層	fire retardant coating
防焦剂	防焦劑，阻焦劑	scorch retarder
防老剂	抗老化劑	antiager
防流挂剂	防垂流劑	anti-sagging agent
防热复合材料	耐熱複材	heat-resistant composite
防热隐身复合材料	耐熱隱形複材	heat-resistant stealth composite
防水革	防水皮革	waterproof leather
防水混凝土	防水混凝土，不透水混凝土	waterproof concrete, watertight concrete
防水涂料	防水塗層	waterproof coating
防碎玻璃(=夹丝玻璃)		
防伪纸	安全紙	safety paper
防污涂料	防污塗層	antifouling coating
防雾剂	防霧劑	antifogging agent
防锈铝 LF××(=铝镁系		

大陆名	台湾名	英文名
变形铝合金)		
防锈涂料(=防腐蚀涂料)		
防锈颜料	抗蝕顏料	anticorrosive pigment
防锈纸	防鏽紙	anti-tarnish paper
防眩玻璃(=减反射玻璃)		
防油纸	防脂紙	grease proof paper
防粘连剂	抗結塊劑	antiblock agent
防粘纸	離型紙	release paper
仿麻纤维	類亞麻纖維	flax-like fiber
仿毛纤维	類羊毛纖維	wool-like fiber
仿射形变	仿似變形	affine deformation
仿生材料	仿生材料	biomimetic materials
仿生沉积磷灰石涂层	仿生氫氧基磷灰石塗層，仿生羥基磷灰石塗層	biomimetic hydroxyapatite coating
仿生复合材料	仿生複材	biomimetic composite
仿生纤维	仿生纖維	biomimetic fiber
仿丝纤维	類絲纖維	silk-like fiber
仿形斜轧	仿偏斜輥軋	copy skew rolling
纺丝	纖維紡絲	fiber spinning
纺丝牵伸比	紡絲拉伸比	spin draw ratio
纺丝甬道	紡絲管道	spinning channel
纺丝原液	紡絲溶液	spinning solution
纺织纤维	織物纖維	textile fiber
放电等离子烧结	火花電漿燒結	spark plasma sintering, SPS
放热式气氛	放熱式氣氛	exothermic atmosphere
放热–吸热式气氛	放熱吸熱式氣氛	exo-endothermic atmosphere
放射性发光材料(=高能粒子发光材料)		
放射性管腔内支架	放射性支架	radioactive stent
放射自显像术	自動放射攝影術	autoradiography
非饱和渗透率	不飽和滲透率	unsaturated permeability
非本征吸除	外質吸氣[作用]	extrinsic gettering
非磁性钢(=无磁钢)		
非对称层合板	非對稱積層板	asymmetric laminate
非公度结构	非正配結構，非相稱性結構	incommensurate structure
非共格界面	非契合界面	incoherent interface

大 陆 名	台 湾 名	英 文 名
非共格析出物	非契合析出物	incoherent precipitate
非规则共晶体	非規則共晶	non-regular eutectic
非合金钢	非合金鋼	unalloyed steel
非合金化钨丝(=钨丝)		
非合金铸钢	非合金鑄鋼	non-alloy cast steel
非结构胶黏剂	非結構接著劑	non-structure adhesive
非金属夹杂物	非金屬夾雜物	nonmetallic inclusion
非晶材料	非晶質材料	amorphous materials
非晶硅	非晶矽	amorphous silicon
非晶硅薄膜晶体管	薄膜電晶體，含氫非晶矽薄膜電晶體	α-Si：H thin film transistor, TFT
非晶硅叠层太阳能电池	疊層太陽能電池，非晶矽疊層太陽能電池	α-Si based tandem solar cell
非晶硅/非晶锗硅/非晶锗硅三结叠层太阳能电池	非晶矽/非晶矽鍺/非晶矽鍺三接面太陽能電池，多接面太陽能電池	α-Si/α-SiGe/α-SiGe triple junction solar cell, multi-junction solar cell
非晶硅/晶体硅异质结太阳能电池	非晶質/晶質矽異質接面太陽能電池，本質薄層異質接面太陽能電池	amorphous/crystalline silicon heterojunction solar cell, heterojunction with intrinsic thin layer solar cell
非晶铝合金	非晶質鋁合金	amorphous aluminum alloy
非晶镁合金	非晶質鎂合金	amorphous magnesium alloy
非晶态半导体漂移迁移率	非晶態半導體漂移遷移率	drift mobility of amorphous semiconductor
非晶态恒弹性合金	非晶質恆模數合金	amorphous constant modulus alloy
非晶态离子导体	非晶質離子導體	amorphous ion conductor
非晶碳硅膜	非晶矽碳膜，非晶碳化矽膜	amorphous silicon carbon film, amorphous silicon carbide film
非晶涂层	非晶質塗層	amorphous coating
非晶锗硅膜	非晶矽鍺膜	amorphous silicon germanium film
非均相聚合	非均質聚合[作用]，異質聚合[作用]	heterogeneous polymerization
非均匀形核	非均質成核	heterogeneous nucleation
非均质材料	非均質材料	heterogeneous materials
非扩散转变	非擴散[型]轉變	diffusionless transformation, diffusionless transition
非理想溶体(=非理想溶液)		
非理想溶液	非理想溶液	non-ideal solution

大　陆　名	台　湾　名	英　文　名
非木材纤维板	非木質纖維板	non-wood based fiberboard
非木质人造板	非木質板	non-wood based board
非牛顿流动	非牛頓型流動	non-Newtonian flow
非牛顿指数	非牛頓型指數	non-Newtonian index
非平衡磁控溅射	非平衡磁控濺鍍	unbalanced magnetron sputtering
非平衡化聚合	非平衡聚合[作用]	non-equilibrium polymerization
非平衡晶界偏聚临界时间	非平衡晶界偏析臨界時間	critical time of non-equilibrium grain boundary segregation
非平衡凝固	非平衡凝固	non-equilibrium solidification
非强制性晶体生长	無抑制性晶體生長，自由晶體成長	non-constrained crystal growth, free crystal growth
非溶剂型增塑剂(=辅助增塑剂)		
非石墨化元素(=阻碍石墨化元素)		
非碳化物形成元素	非碳化物形成元素	non-carbide forming element
非调质钢	熱軋高強度鋼，非淬火回火鋼，非調質鋼	hot rolled high strength steel, non-quenched and tempered steel
非铁磁性因瓦合金	非鐵磁性恆範合金	non-ferrous magnetic Invar alloy
非稳态燃烧	非穩態燃燒	unstable combustion
非线性厚度变化	非線性厚度變異	nonlinear thickness variation, NTV
非线性晶体	非線性晶體	nonlinear crystal
非线性黏弹性	非線性黏彈性	nonlinear viscoelasticity
非线性折射率	非線性折射率	nonlinear refractivity
非血管支架	非血管支架	non-vascular stent
非氧化物耐火材料	非氧化物耐火材	non-oxide refractory
非氧化物陶瓷	非氧化物陶瓷	non-oxide ceramics
非织造布增强体(=无纺布增强体)		
非转移弧	非轉移弧	nontransferred arc
非自发过程	非自發過程	nonspontaneous process
非组织结构敏感性能	非結構敏感性	non-structure sensitivity
菲克定律	費克定律	Fick law
翡翠(=硬玉)		
废钢	廢鋼	scrap steel
废纸浆	回收紙漿	recycled pulp
废纸脱墨	脱墨	de-inking
沸点升高法	沸點上升測定法	ebullioscopy
沸石	沸石	zeolite

大　陆　名	台　湾　名	英　文　名
沸石类硅酸盐结构	矽酸鹽結構沸石	silicate structure zeolite
沸水封孔	沸水封孔	boiling water sealing
沸水收缩	沸水收縮[率]	shrinkage in boiling water
沸腾钢	淨面鋼	rimmed steel, rimming steel
费米能级	費米能階	Fermi level
费米子	費米子	fermion
费氏法	費雪次篩尺寸	Fisher subsieve size
分布反馈半导体激光器	分佈回饋半導體雷射	distributed feedback semiconductor laser
分布混合	分佈混合	distributive mixing
分步沉淀	分級沈澱	fractional precipitation
分步降温生长	過冷磊晶成長	undercooling epitaxial growth
分光镜	光譜儀，光譜鏡	spectroscope
分级	分餾	fractionation
分级淬火	麻淬火，麻回火	marquenching, martempering
分离共晶体	分離型共晶	divorced eutectic
分离渗碳体	分離型雪明碳體	divorced cementite
分离限制异质结构	分離侷限異質結構	separated confinement heterostructure
分离限制异质结构多量子阱激光器	分離侷限異質結構多量子井雷射	separated confinement heterostructure multiple quantum well laser
分离限制异质结构激光	分離侷限異質結構雷射	separated confinement heterostructure laser
分流比	分流比	split ratio
分流模挤压	分流模擠製	split-flow die extrusion
分凝因数	溶質分配係數	solute partition coefficient
分散剂	分散劑	dispersant
分析电子显微术	分析電子顯微鏡術	analytical electron microscopy, AEM
分子层外延	分子層磊晶術	molecular layer epitaxy
分子动力学方法	分子動力學法	molecular dynamics method
分子量分布	分子量分佈	molecular weight distribution, MWD
分子取向极化	分子取向極化	molecular orientation polarization
分子生物相容性	分子生物相容性	molecular biocompatibility
分子束外延	分子束磊晶術	molecular beam epitaxy, MBE
分子组装	分子組裝	molecular assembly
酚醛–丁腈胶黏剂	腈酚醛黏著劑	nitrile-phenolic adhesive
酚醛胶黏剂	酚基黏著劑	phenolic adhesive
酚醛模塑料	酚基模塑料	phenolic molding compound
酚醛树脂(=苯酚–甲醛树脂)		

大陆名	台湾名	英文名
酚醛树脂基复合材料	酚基樹脂複材	phenolic resin composite
酚醛-缩醛胶黏剂	乙烯酚醛黏著劑	vinyl phenolic adhesive
酚醛涂料	酚基塗層	phenolic coating
酚醛纤维	酚基纖維	phenolic fiber
粉彩	粉彩裝飾	famille rose decoration
粉煤灰	飛灰	fly ash
粉煤灰[硅酸盐]水泥	波特蘭飛灰水泥	Portland fly-ash cement
粉煤灰砖	飛灰磚	fly ash brick
粉末	粉，粉體	powder
粉末掺杂剂	粉體添加劑，粉體摻雜劑	powder dopant
粉末成形性	粉體成形性	powder formability
粉末法预浸料	粉體預浸體	powder prepreg
粉末光散射法	粉體光散射技術	light scattering technique of powder
粉末挤压	粉體擠製	powder extrusion
[粉末]颗粒	粉體顆粒	powder particle
粉末模锻	粉體鍛造	powder forging
粉末黏结剂	粉體黏結劑	powder binder
粉末熔化法	粉體熔融法	powder melting process
粉末烧结	粉末燒結	powder sintering
粉末钛铝[基]合金	鈦鋁[介金屬]粉末，鋁化鈦粉末	titanium aluminide powder
粉末套管[法]	粉體填管[法]	powder-in tube, PIT
粉末涂料	粉體塗層	powder coating
粉末压缩性	粉體壓縮性	powder compressibility
粉末冶金	粉末冶金[學]	powder metallurgy, PM
粉末[冶金]高速钢	粉末冶金[製]高速鋼	powder metallurgy high speed steel
粉末冶金高温合金	粉末冶金[製]超合金，P/M 超合金	powder metallurgy superalloy, P/M superalloy
粉末冶金镍基高温合金	粉末冶金[製]鎳基超合金	powder metallurgy nickel based superalloy
粉末轧制	粉體輥軋	powder rolling
粉末注射成形	粉體射出成型	powder injection molding
粉砂岩	粉砂岩	siltstone
粉石英	粉石英	silt quartz
粉碎粉	粉碎粉	comminuted powder
粉体包覆技术	粉體塗層技術	powder coating technique
粉体表面修饰	粉體表面改質	powder surface modification
粉体分散剂	分散劑	dispersing agent
风干浆	風乾紙漿	air-dry pulp

大陆名	台湾名	英文名
封闭系统	封閉系統	closed system
封端	端封，尾封	end capping
封接玻璃	熔封玻璃	sealing glass
封接合金(=定膨胀合金)		
封孔	封孔，封口，密封	sealing
封套纸板	封套紙板	envelope paper board
蜂窝板	蜂巢芯板	honeycomb core board
蜂窝夹层复合材料	蜂巢芯夾層複材	honeycomb core sandwich composite
蜂窝纸板	蜂巢板	honeycomb board
缝隙腐蚀	微間隙腐蝕	crevice corrosion
缝隙浇口	縫隙澆口	slot gate
呋喃甲醛(=糠醛)		
呋喃树脂	呋喃樹脂	furan resin
弗兰克不全位错	法蘭克部份差排	Frank partial dislocation
弗兰克–里德[位错]源	法蘭克–瑞德[差排]源	Frank-Read source
弗仑克尔对	佛蘭克對	Frenkel pair
弗仑克尔缺陷	佛蘭克缺陷	Frenkel defect
弗洛利–哈金斯溶液理论	弗洛里–赫金斯理論	Flory-Huggins theory
芙蓉石	玫瑰石英	rose quartz
氟硅橡胶	氟矽氧橡膠	fluoro-silicone rubber
氟化钡晶体	氟化鋇晶體	barium fluoride crystal
氟化钙结构	氟化鈣結構	calcium fluoride structure
氟化钙晶体	氟化鈣晶體	calcium fluoride crystal
氟化锂晶体	氟化鋰晶體	lithium fluoride crystal
氟化磷腈橡胶	氟磷腈橡膠	fluoro-phosphazene rubber
氟化镁晶体	氟化鎂晶體	magnesium fluoride crystal
氟化铅晶体	氟化鉛晶體	lead fluoride crystal
氟化铈晶体	氟化鈰晶體	cerium fluoride crystal
氟化钇锂晶体	氟化鋰釔晶體	yttrium lithium fluoride crystal
氟弹性体(=氟橡胶)		
氟碳代血浆–全氟碳乳剂	全氟碳基替代物–全氟碳乳劑	perfluorocarbon based substitute-perfluorocarbon emulsion
氟碳铈矿	氟碳鈰礦	bastnaesite
氟橡胶	氟橡膠	fluororubber
浮雕纤维板	浮雕纖維板	relief fiberboard
浮动芯头拉管	浮動芯管拉製	floating mandrel tube drawing
浮法玻璃	浮製玻璃	float glass

大 陆 名	台 湾 名	英 文 名
浮石(=浮岩)		
浮岩	浮石	pumice
辐射度量学	輻射計量學	radiometry
辐射孔材	徑向多孔木材	radial porous wood
辐射率	熱發射率	thermal emissivity
辐射屏蔽复合材料	輻射屏蔽複材	radiation shielding composite
辐照脆化	輻照脆化	irradiation embrittlement
辐照降解	輻射降解，輻照劣化	radiation degradation, irradiation degradation
辐照蠕变	輻照潛變	irradiation creep
辐照生长	輻照成長	irradiation growth
辐照试验	輻照試驗	irradiation test
辐照损伤	輻照損傷	irradiation damage
辐照诱发相变	輻照誘發轉換	irradiation induced transition
辐照肿胀	輻照腫脹	irradiation swelling
辅助抗氧剂(=预防型抗氧剂)		
辅助增塑剂	次要塑化劑	secondary plasticizer
腐蚀	腐蝕	corrosion
腐蚀电位	腐蝕電位，腐蝕電勢	corrosion potential
腐蚀电位序	腐蝕電位序	corrosion potential series
腐蚀防护	腐蝕防護	corrosion prevention
腐蚀金	酸性鍍金	acid gilding
腐蚀坑	蝕坑	etch pit
腐蚀磨损(=磨蚀)		
腐蚀疲劳	腐蝕疲勞	corrosion fatigue
腐蚀速率	腐蝕速率	corrosion rate
负离子聚合	陰離子聚合[作用]	anionic polymerization
负离子配位多面体	陰離子配位多面體	coordination polyhedron of anion
负偏析	負偏析	negative segregation
负温度系数热敏陶瓷	負溫度係數熱敏陶瓷	negative temperature coefficient thermosensitive ceramics
负相关能	負關聯能	negative correlation energy
负压造型	真空密封模製	vacuum sealed molding
复合	配料混合	compounding
复合材料	複合材料，複材	composite materials, composite
复合材料比模量	複材比模數	specific modulus of composite
复合材料比强度	複材比強度	specific strength of composite
复合材料残碳率	複材碳殘留量，複材碳產	carbon residue content of composite,

大陆名	台湾名	英文名
	出率	carbon yield ratio of composite
复合材料超声 C-扫描检验	複材超音波 C-掃描檢驗	ultrasonic C-scan inspection of composite
复合材料电子束固化	複材電子束固化	electron beam curing of composite
复合材料二次胶接	複材二次黏結	secondary bonding of composite
复合材料分层	複材脫層	composite delamination
复合材料辐射固化	複材輻射固化	radiation curing of composite
复合材料富树脂区	複材富樹脂區	resin-rich area of composite
复合材料隔离膜	複材離形膜	composite release film
复合材料共固化	共固化複材	co-curing composite
复合材料共胶接	共接合複材	co-bonding composite
复合材料固化	複材固化	composite cure
复合材料固化残余应力模型	殘留應力模型	residual stress model of composite
复合材料固化模型	複材固化模型	composite cure model
复合材料固化收缩	複材固化收縮	curing shrinkage of composite
复合材料光固化	複材光聚合[作用]	photopolymerization of composite
复合材料横向强度	複材橫向強度	transverse strength of composite
复合材料横向弹性模量	複材橫向模數	transverse modulus of composite
复合材料后固化	複材後固化	post-curing of composite
复合材料混合定律	複材混合物定則	rule of mixtures of composite
复合材料基体	複材基質，複材基材	composite matrix, matrix of composite
复合材料加压窗口	複材[製作]加壓範圍	pressure window of composite
复合材料界面	複材界面	composite interface
复合材料界面残余应力	複材界面殘留應力	residual stress of composite interface
复合材料界面反应	複材界面反應	interfacial reaction of composite, reaction of composite interface
复合材料界面改性	複材界面改質	modification of composite interface
复合材料界面结合力试验方法	複材界面結合強度試驗	interfacial bonding strength testing of composite
复合材料界面力学	複材界面力學	mechanics of composite interface
复合材料界面黏接强度	複材界面結合強度	bonding strength of composite interface
复合材料界面热应力	複材界面熱應力	thermal stress of composite interface
复合材料界面脱黏	複材界面剝離	interfacial debonding of composite
复合材料界面相	複材中間相	interphase of composite
复合材料界面相容性	複材界面相容性	interfacial compatibility of composite

大 陆 名	台 湾 名	英 文 名
复合材料空隙率	複材空隙含量	void content of composite
复合材料空隙率模型	複材空隙含量模型	void content model of composite
复合材料离型纸	複材離型紙	release paper of composite
复合材料耐介质性	耐流質性複材	fluid resistant composite
复合材料黏弹性力学	複材黏彈性力學	viscoelastic mechanics of composite
复合材料偶联剂	複材耦合劑	coupling agent of composite
复合材料贫树脂区	複材貧樹脂區	resin-starved area of composite
复合材料平衡吸湿率	複材平衡含水量	moisture equilibrium content of composite
复合材料气动弹性剪裁优化设计	複材氣體動力彈性客製最佳化設計	aerodynamic elasticity tailor optimum design of composite
复合材料热固化	複材熱固化	thermal curing of composite
复合材料热化学模型	複材熱化學模型	thermo-chemical model of composite
复合材料设计许用值	複材設計容許值	design allowable of composite
复合材料设计制造一体化	複材製造設計	design for composite manufacture
复合材料湿膨胀系数	複材濕膨脹係數	moisture expansion coefficient of composite
复合材料湿热效应	複材水熱效應	hydrothermal effect of composite
复合材料树脂流动模型	複材樹脂流動模型	resin flow model of composite
复合材料损伤阻抗	複材抗損傷性	damage resistance of composite
复合材料脱模剂	複材脫模劑	mold release agent of composite
复合材料微波固化	複材微波固化[作用]	microwave curing of composite
复合材料吸湿率	複材含水量	moisture content of composite
复合材料吸湿平衡	複材濕度平衡	moisture equilibrium of composite
复合材料细观-宏观一体化设计	複材微觀-巨觀設計	micro-macro design of composite
复合材料线烧蚀速率	複材線性剝蝕速率	linear ablating rate of composite
复合材料修理容限	複材修復容限	repair tolerance of composite
复合材料许用值	複材可容許值	allowable value of composite
复合材料液体成型	液態複材成型	liquid composite molding, LCM
复合材料预固化	複材預固化	precuring of composite
复合材料增强体体积分数	複材強化體體積分率	reinforcement volume fraction of composite
复合材料质量烧蚀速率	複材質量剝蝕速率	mass ablating rate of composite
复合材料主泊松比	複材主柏松比	main Poisson ratio of composite
复合材料准静态压痕	複材準靜態集中壓痕力	concentrated quasi-static indentation

大陆名	台湾名	英文名
力试验	試驗	force testing of composite
复合材料紫外线固化	複材紫外線固化	ultraviolet curing of composite
复合材料纵横剪切强度	複材縱橫向剪切強度	longitudinal-transverse shear strength of composite
复合材料纵横剪切弹性模量	複材縱橫向剪切模數	longitudinal-transverse shear modulus of composite
复合材料纵向强度	複材縱向強度	longitudinal strength of composite
复合材料纵向弹性模量	複材縱向模數	longitudinal modulus of composite
复合材料组分	複材成分	component of composite
复合材料组元(=复合材料组分)		
复合超导体	複合超導體	composite superconductor
复合吹炼转炉炼钢	頂底複合吹[氧]轉爐煉鋼	top and bottom combined blown converter steelmaking
复合纺丝	複合紡絲	compound spinning
复合粉	複合粉體	composite powder
复合钢板	包層鋼板，包層鋼片	clad steel plate, clad steel sheet
复合焊丝	組合[銲]線	combined wire
复合树脂充填材料	複合樹脂充填材料	composite resin filling materials
复合碳化物陶瓷	複合碳化物陶瓷	composite carbide ceramics
复合体	玻璃離子體複材	compomer
复合涂层	複合塗層，複合鍍層，複合被覆	composite coating
复合稳定剂	錯合安定劑	complex stabilizer
复合纤维	複合纖維	composite fiber
复合效应	錯合效應，成分效應	complex effect, composition effect
复合型减振合金	複合型阻尼合金	composite damping alloy
复合中心	復合中心	recombination center
复合组织	複合組織	composite tissue
复介电常数	複[數]介電常數	complex dielectric constant
复鞣	再鞣[作用]	retanning
复写纸	複寫紙，碳紙	carbon paper
复压	再壓	repressing
复印纸	複印紙	copy paper
复杂黄铜	合金黃銅	alloyed brass
副参考面	次平面，次定向平面	secondary flat, secondary orientation flat
副扩散层(=埋层)		
傅里叶变换红外吸收	傅立葉轉換紅外吸收光	Fourier transform infrared absorption

大　陆　名	台　湾　名	英　文　名
光谱	譜術	spectroscopy
富集铀	濃縮鈾	enriched uranium
富勒烯	富勒烯	fullerene
富勒烯[化合物]超导体	富勒烯超導體	fullerene [compound] superconductor
富锌底漆	富鋅底漆	zinc-rich primer
富氧鼓风	富氧鼓風	oxygen enriched blast
覆盖材料	囊封材料	encapsulated materials
覆盖剂	囊封劑	encapsulated agent
覆盖义齿	覆蓋式假牙，[活動]全口假牙	overdenture, overlay denture
覆膜砂	預覆砂	precoated sand
覆膜支架	被覆支架植體	coated stent graft

G

大　陆　名	台　湾　名	英　文　名
钆镓石榴子石晶体	釓鎵石榴子石晶體	gadolinium gallium garnet crystal
改进锆-4 合金	改良式鋯-4 合金	improved zircaloy-4
改性(=变质处理)		
改性玻璃	調質玻璃	modified glass
改性锆钛酸铅热释电陶瓷	改質 PZT 焦電陶瓷	modified PZT pyroelectric ceramics
改性聚苯醚	改質聚苯醚	modified polyphenyleneoxide, MPPO
改性聚丙烯腈纤维	改質聚丙烯腈纖維	modacrylic fiber
改性松香	改質松香	modified rosin
改性纤维	改質纖維	modified fiber
钙长石	鈣長石，鈣斜長石	anorthite
钙矾石	鈣礬石	ettringite
钙芒硝	鈣芒硝	glauberite
钙钛矿[化合物]超导体	鈣鈦礦[化合物]超導體	perovskite [compound] superconductor
钙钛矿结构	鈣鈦礦結構	perovskite structure
钙铁石(=铁铝酸四钙)		
钙铁石榴子石	鈣鐵石榴子石	andradite
盖地釉(=乳浊釉)		
盖髓材料	蓋髓材料	pulp capping materials
干板皮	乾燥[生]皮	dried skin
干净超导体	清淨超導體	clean superconductor
干热空气定型	乾空氣熱定型	dry air heat setting
干热拉伸	乾熱拉製，乾熱抽延	dry heat drawing

大　陆　名	台　湾　名	英　文　名
干[砂]型	乾砂模	dry sand mold
干–湿法纺丝	乾噴濕紡紗	dry-jet wet spinning
干式捣打料	乾式搗實耐火材	dry-ramming refractory
干式振动料	乾式振動耐火材	dry-vibrating refractory
干熄焦	焦炭乾淬法	coke dry quenching
干性油	乾性油，快乾油	drying oil
干压成形	乾壓[成型]	dry-pressing
甘蔗渣浆	蔗渣漿	bagasse pulp
坩埚加速旋转技术	加速坩堝旋轉技術	accelerated crucible rotation technique, ACRT
坩埚下降法(=布里奇曼–斯托克巴杰法)		
感温电阻材料	溫敏電阻材料	temperature-sensitive resistance material
感应淬火	感應硬化，感應淬火	induction hardening
感应焊接	感應銲接	induction welding
感应耦合等离子发射谱	感應耦合電漿原子發射光譜術	inductively coupled plasma atomic emission spectrometry, ICP-AES
感应钎焊	感應硬銲	induction brazing
橄榄石	橄欖石	olivine
橄榄石类硅酸盐结构	橄欖石類矽酸鹽結構	olivine silicate structure
橄榄岩	橄欖岩	peridotite
干细胞	幹細胞	stem cell
刚度不变量	剛度不變量	stiffness invariant
刚性模量(=剪切模量)		
刚性因子	剛性因子，立體阻礙參數	rigidity factor, steric hindrance parameter
刚玉	剛玉，金剛砂	corundum
刚玉瓷	剛玉陶瓷	corundum ceramics
刚玉–尖晶石浇注料(=铝镁耐火浇注料)		
刚玉耐火浇注料	可澆鑄剛玉耐火材	castable corundum refractory
刚玉型结构	剛玉結構	corundum structure
刚玉砖	剛玉磚	corundum brick
钢	鋼	steel
钢板	鋼板	steel plate
钢包处理	盛鋼桶處理	ladle treatment
钢包精炼	盛鋼桶精煉	ladle refining
钢包喷粉	盛鋼桶噴粉[給料]	ladle powder injection
钢包脱气	盛鋼桶脱氣[作用]	ladle degasing

大　陆　名	台　湾　名	英　文　名
钢包喂丝	盛鋼桶線材給料	ladle wire feeding
钢材	鋼品	steel product
钢带(=带钢)		
钢锭	鑄錠	ingot
钢轨钢	鐵軌鋼	rail steel
钢号	鋼號，鋼等級	steel designation, steel grade
钢化玻璃	回火玻璃	tempered glass
钢结硬质合金	鋼結合碳化物	steel bonded carbide
钢筋	鋼筋	reinforcing bar
钢筋钢	混凝土鋼筋，鋼筋用鋼	concrete bar steel, reinforcing bar steel
钢类	鋼類	steel group
钢球轧制	鋼球輥軋	steel ball rolling
钢丝	線	wire
钢铁脱硫	鋼鐵脫硫	desulfurization for iron and steel
钢铁脱碳	鋼鐵脫碳	decarburization for iron and steel
钢纤维	鋼纖[維]	steel fiber
钢纤维增强耐火浇注料	可澆鑄鋼纖[維]強化耐火材	castable steel fiber-reinforced refractory
钢纸	硬化紙板，剛紙	vulcanized paper
高饱和丁腈橡胶(=氢化丁腈橡胶)		
高苯乙烯丁苯橡胶	高苯乙烯–苯乙烯丁二烯橡膠	styrene-rich styrene-butadiene rubber
高苯乙烯胶乳	高苯乙烯乳膠	high styrene latex
高比重合金(=高密度钨合金)		
高超声速喷涂	高超音速噴塗	hypersonic spraying
高纯铝	高純度鋁	high purity aluminum
高纯镁合金	高純度鎂合金	high purity magnesium alloy
高纯钼	高純度鉬	high purity molybdenum
高纯铁素体不锈钢	高純度肥粒鐵系不鏽鋼	high purity ferritic stainless steel
高纯铜	高純度銅	high purity copper
高纯钨	高純度鎢	high purity tungsten
高纯氧化铝陶瓷	高純度氧化鋁陶瓷	high-purity alumina ceramics
高磁导率合金	高導磁率合金，高導磁合金，高磁化合金	high permeability alloy, permalloy, supermalloy
高磁致伸缩合金	高磁致伸縮合金	high magnetostriction alloy
高导电复合材料	高導電性複材，高電導複材	highly conductive composite, high electrical conducting composite

大　陆　名	台　湾　名	英　文　名
高等向性模具钢	高等向性模具鋼	high isotropy die steel
高电阻铝合金	高電阻鋁合金	high resistance aluminum alloy
高钒高速钢(=高碳高钒高速钢)		
高反式丁苯橡胶	高反式苯乙烯丁二烯橡膠	high *trans*-styrene-butadiene rubber
高反式聚氯丁二烯橡胶	高反式氯丁二烯橡膠	high *trans*-chloroprene rubber
高分辨电子显微术	高解析電子顯微術	high resolution electron microscopy
高分子	巨分子	macromolecule
高分子半透膜	聚合體半透膜	polymeric semipermeable membrane
高分子表面活性剂	聚合體表面活性劑	polymer surfactant
高分子材料	聚合體材料	polymer materials
高分子超滤膜	聚合體超過濾透膜	polymeric ultrafiltration membrane
高分子催化剂	聚合體催化劑	polymeric catalyst
高分子单离子导体	聚合體單離子導體	polymeric single-ionic conductor
高分子电光材料	聚合體電光材料	polymeric electro-optical materials
高分子对称膜(=高分子各向同性膜)		
高分子反渗透膜	聚合體逆滲透膜	polymeric reverse osmosis membrane
高分子分离膜	聚合體分離透膜	polymeric separate membrane
高分子分散剂	聚合體分散劑	polymeric dispersant agent
高分子各向同性膜	對稱透膜	symmetric membrane
高分子冠醚	冠狀醚聚合體	crown ether polymer
高分子合金	聚合體合金	polymer alloy, polyalloy
高分子化学	巨分子化學，聚合體化學	macromolecular chemistry, polymer chemistry
高分子机敏材料(=高分子智能材料)		
高分子胶束	聚合體微胞	polymeric micelle
高分子金属络合物催化剂	聚合體金屬錯合物觸媒	polymeric metal complex catalyst
高分子绝缘材料	聚合體絕緣材料	polymeric insulating materials
高分子快离子导体	聚合體快速離子導體	polymeric fast ion conductor
高分子链结构	聚合體鏈結構	polymer chain structure
高分子量高密度聚乙烯	高分子量高密度聚乙烯	high molecular weight high density polyethylene, HMWHDPE
高分子量聚氯乙烯	高分子量聚氯乙烯	high molecular weight polyvinylchloride, HMPVC

大　陆　名	台　湾　名	英　文　名
高分子凝胶	聚合體凝膠	polymeric gel
高分子气体分离膜	聚合體氣體分離透膜	polymeric gas separation membrane
高分子添加剂	聚合體添加劑	polymeric additive
高分子透析膜	聚合體透析透膜	polymeric dialysis membrane
高分子涂层	聚合體塗層	polymer coating
高分子微孔烧结膜	聚合體微孔燒結透膜	polymeric microporous sintered membrane
高分子微滤膜	聚合體微濾透膜	polymeric microfiltration membrane
高分子微球	聚合體微球	polymer microsphere
高分子物理学	聚合體物理	polymer physics
高分子相转移催化剂	聚合體相轉移觸媒	polymeric phase transfer catalyst
高分子镶嵌膜	聚合體壓透析透膜	polymeric piezodialysis membrane
高分子颜料	聚合體顏料	polymer pigment
高分子药物	聚合體藥物	polymer medicine
高分子[异质]同晶现象	巨分子同構現象	macromolecular isomorphism
高分子隐身材料	聚合體隱形材料	polymeric stealth materials
高分子支撑膜	聚合體支撐透膜	polymeric support membrane
高分子致密膜	聚合體緻密透膜	polymeric dense membrane
高分子智能材料	聚合體智慧材料	polymeric intelligent materials
高分子驻极体	聚合體駐極體	polymer electret
高辐射涂层	高輻射塗層	high radiating coating
高钙镁砖(=镁钙砖)		
高功率半导体激光器	高功率半導體雷射	high power semiconductor laser
高功率密度焊接	高功率密度銲接	high power density welding
高固体分涂料	高固含量塗層	high solid content coating
高硅钢	高矽鋼	high silicon steel
高硅氧玻璃	高氧化矽玻璃	high-silica glass
高硅氧/酚醛防热复合材料	高氧化矽玻璃/酚醛剝蝕複材	high-silica glass/phenolic ablative composite
高合金超高强度钢	超高強度高合金鋼	ultra-high strength high alloy steel
高合金铸钢	高合金鑄鋼	high alloy cast steel
高级相变	高階相轉換	high order phase transition
高技术材料(=先进材料)		
高技术陶瓷	高科技陶瓷	high technology ceramics
高减振合金	高阻尼合金，高減振合金	high damping alloy
高减振钛合金	高減振鈦合金，高阻尼鈦合金	high damping titanium alloy

大 陆 名	台 湾 名	英 文 名
高碱度渣	高鹼度爐渣	high basic slag
高碱水泥	高鹼水泥	high-alkali cement
高抗冲聚苯乙烯	高衝擊聚苯乙烯	high impact polystyrene, HIPS
高磷铸铁	高磷鑄鐵	high phosphorus cast iron
高岭石	高嶺石	kaolinite
高岭土	高嶺土	kaolin
高炉矿渣	高爐爐渣	blast furnace slag
高炉利用系数	高爐利用係數	utilization coefficient of blast furnace
高炉炼铁	高爐煉鐵	blast furnace ironmaking
高炉煤气	高爐煤氣，高爐爐氣	top gas, blast furnace gas
高炉喷煤	高爐粉煤噴吹	pulverised coal injection into blast furnace
高炉有效容积	高爐有效容積	effective volume of blast furnace
高炉余压回收	高爐餘壓回收渦輪機	top-pressure recovery turbine
高铝堇青石砖	高氧化鋁堇青石磚	high alumina cordierite brick
高铝耐火材料	高氧化鋁耐火材	high alumina refractory
高铝耐火浇注料	可澆鑄高氧化鋁耐火材	castable high alumina refractory
高铝耐火纤维制品	高氧化鋁耐火纖維製品	high alumina refractory fiber product
高铝水泥	高鋁水泥，高氧化鋁水泥	high alumina cement
高铝砖	高鋁磚，高氧化鋁磚	high alumina brick
高锰钢	高錳鋼	high manganese steel
高密度聚乙烯	高密度聚乙烯	high density polyethylene, HDPE
高密度钨合金	高密度鎢合金	high density tungsten alloy
高敏感型热双金属	高熱敏感雙金屬，高熱敏雙金屬	bimetal with high thermal sensitive, high thermal sensitive bimetal
高模量碳纤维增强体(=石墨纤维增强体)		
高能粒子发光材料	輻射致光螢光體	radioluminescent phosphor
高能率成形(=高速成形)		
高能球磨	高能球磨	high energy ball milling
高能束焊	高階能銲接	high-grade energy welding
高能束热处理	高能熱處理	high energy heat treatment
高硼低碳高温合金	高硼低碳超合金	high boron-low carbon superalloy
高频磁控溅射	高頻磁控濺鍍，高週波磁控濺鍍	high frequency magnetron sputtering
高频等离子枪	高頻電漿槍，高週波電漿槍	high frequency plasma gun
高频感应加热蒸发	高頻感應加熱蒸發	high frequency induction heating

大陆名	台湾名	英文名
		evaporation
高频光电导衰退法	光電導衰減高頻測量法	high frequency measurement method of photoconductivity decay
高频焊	高頻感應銲接，高週波感應銲接	high frequency induction welding
高强度不锈钢	高強度不鏽鋼	high strength stainless steel
高强度高模量纤维	高強度高模數纖維	high strength and high modulus fiber
高强度金刚石	高強度金剛石，高強度鑽石	high strength diamond
高强度铸造镁合金	高強度鑄造鎂合金	high strength cast magnesium alloy
高强高导电铜合金	高強度高導電銅合金	high strength high conduction copper alloy
高强混凝土	高強度混凝土	high strength concrete
高强铝合金	高強度鋁合金	high strength aluminum alloy
高强耐热铝合金	高強度耐熱鋁合金	high strength heat resistant aluminum alloy
高强钛合金	高強度鈦合金	high strength titanium alloy
高强铸造铝合金	高強度鑄造鋁合金	high strength cast aluminum alloy
高强铸造钛合金	高強度鑄造鈦合金	high strength cast titanium alloy
高热流材料	高熱通量材料	high heat flux materials
高润滑性聚甲醛	高潤滑聚甲醛	high lubrication polyoxymethylene
高石英瓷	富石英瓷	quartz enriched porcelain
高收缩纤维	高收縮纖維	high shrinkage fiber
高顺丁橡胶	高順式 1,4 聚丁二烯橡膠	high-*cis*-1,4-polybutadiene rubber
高斯链	高斯鏈	Gaussian chain
高速成形	高速成形	high speed forming
高速锤锻造	高速錘鍛	high speed hammer forging
高速电弧喷涂	高速電弧噴塗	high velocity arc spraying
高速钢	高速鋼	high speed steel
高速工具钢	高速工具鋼	high speed tool steel
高速模锻	高速模鍛	high speed die forging
高速凝固法	高速凝固法	high rate solidification method
高速压制	高速壓實	high velocity compaction
高塑低强钛合金	高塑性低強度鈦合金	high plasticity low strength titanium alloy
高弹变形丝	高伸縮紗	high stretch yarn
高弹平台区	高彈性平坦區	high elastic plateau
高弹丝(=高弹变形丝)		
高弹态	高彈性狀態，彈性體	high elastic state, elastomeric state

大 陆 名	台 湾 名	英 文 名
	[狀]態	
高弹性	高彈性	high elasticity
高弹性模量铝合金	高彈性模數鋁合金	high elastic modulus aluminum alloy
高弹性铜合金	高彈性銅合金	high elasticity copper alloy
高碳钢	高碳鋼	high carbon steel
高碳高钒高速钢	高釩高速鋼	high-vanadium high speed steel
高碳铬轴承钢	高碳鉻軸承鋼	high carbon chromium bearing steel
高温超导复合材料	高溫超導複材，高臨界溫度超導複材	high temperature superconducting composite
高温超导陶瓷	高溫超導陶瓷	high temperature superconducting ceramics
高温超导体	高溫超導體	high temperature superconductor
高温磁体	高溫磁石	high temperature magnet
高温等静压烧结碳化硅陶瓷	熱均壓碳化矽	hot isostatic pressed silicon carbide
高温防腐蚀涂层	高溫耐腐蝕塗層	high temperature corrosion-resistant coating
高温合金	高溫合金，超合金	high temperature alloy, superalloy
高温荷重变形温度(=荷重软化温度)		
高温恒弹性合金	高溫恆模數合金	high temperature constant modulus alloy
高温回火	高溫回火	high temperature tempering
高温回火脆性(=可逆回火脆性)		
高温节能涂料	高溫節能塗料	high temperature and energy-saving coating materials
高温结构金属间化合物	高溫結構用介金屬化合物	high temperature structural intermetallics
高温绝缘漆	高溫絕緣漆，耐熱電絕緣漆	high temperature insulating paint, heat-resistant electric insulating paint
高温抗氧化涂层	高溫抗氧化塗層	high temperature anti-oxidation coating
高温硫化硅橡胶	高溫硫化矽氧橡膠，高溫火煅化矽氧橡膠	high temperature vulcanized silicone rubber
高温铌合金	高溫鈮合金	high temperature niobium alloy
高温强制水解	高溫強制水解	high temperature forced hydrolysis
高温热敏陶瓷	高溫熱敏陶瓷	high temperature thermal sensitive ceramics
高温润滑涂层	高溫潤滑塗層	high temperature lubricating coating
高温钛合金	高溫鈦合金	high temperature titanium alloy

大 陆 名	台 湾 名	英 文 名
高温体积稳定性	高溫體積穩定性	volume stability at elevated temperatures
高温吸波材料	高溫雷達[波]吸收材料	high temperature radar absorbing materials
高温型热双金属	高溫型雙金屬，高溫雙金屬	high temperature bimetal, bimetal for high temperature
高温氧化	高溫氧化	high temperature oxidation
高温应用软磁合金	高溫用軟磁合金	soft magnetic alloy for high temperature application
高温应用稀土永磁体	高溫用稀土永磁石	rare earth permanent magnet used at elevated temperatures
高温蒸气封孔	高溫蒸氣封孔[作用]	high temperature steam sealing
高温轴承钢	高溫軸承鋼	high temperature bearing steel
高吸水纤维	吸水纖維	water absorbing fiber
高吸水性树脂	超吸收性樹脂，超吸收性聚合體	superabsorbent resin, super absorbent polymer
高吸油性聚合物	超吸油性聚合體	super oil absorption polymer
高效减水剂	高幅度減水摻合物	high range water-reducing admixture
高性能钢	高性能鋼	high performance steel
高性能混凝土	高性能混凝土	high performance concrete
高性能陶瓷	高性能陶瓷，精密陶瓷	high performance ceramics
高性能纤维	高性能纖維	high performance fiber
高性能永磁体	高性能永久磁石，高性能永磁	high performance permanent magnet
高压氨浸	高壓氨瀝浸	high pressure ammonium leaching
高压布里奇曼法	高壓布里吉曼法	high pressure Bridgman method
高压操作	高頂壓操作	high top-pressure operation
高压电瓷	高壓電瓷，高壓礙子	high-voltage electric porcelain, high tension insulator
高压电容器陶瓷	高壓電容器陶瓷	high-voltage capacitor ceramics
高压电子显微术	高電壓電子顯微術	high-voltage electron microscopy
高压釜浸出	壓力釜瀝浸	autoclave leaching
高压浸出	高壓瀝浸	high pressure leaching
高压凝固	高壓凝固	high pressure solidification
高压湿法冶金	高壓濕法冶金，高壓濕冶	high pressure hydrometallurgy
高压造型	高壓模製	high pressure molding
锆	鋯	zirconium
锆刚玉砖	剛玉氧化鋯磚	corundum-zirconia brick
锆合金	鋯合金	Zircaloy, zirconium alloy

大　陆　名	台　湾　名	英　文　名
锆-2 合金	鋯錫系合金-2	Zircaloy-2
锆-4 合金	鋯錫系合金-4	Zircaloy-4
锆铌锡铁合金	鋯鈮錫鐵合金	zirconium-niobium-tin-iron alloy
锆–铌系合金	鋯鈮合金	zirconium-niobium alloy
锆–铌–氧合金	鋯鈮氧合金	zirconium-niobium-oxygen alloy
锆青铜	鋯青銅	zirconium bronze
锆石	鋯石，鋯英石	zircon
锆钛酸铅压电陶瓷	鋯鈦酸鉛壓電陶瓷	lead zirconate titanate piezoelectric ceramics
锆炭砖	氧化鋯碳磚	zirconia-carbon brick
锆铜合金	鋯銅	zirconium copper
锆英石砖	鋯石磚	zirconite brick
锆砖	鋯[英]石磚	zircon brick
戈里科夫–耶利亚什贝尔格理论	戈里科夫–伊利埃伯格理論	Gorkov-Eliashberg theory
戈斯织构	戈斯織構	Goss texture
哥窑	哥窯	Ge kiln
割阶	差階	jog
隔离剂(=防粘连剂)		
隔热复合材料	熱絕緣複材	thermal insulation composite
隔热耐火材料	隔熱耐火材	heat insulating refractory
隔热涂层	隔熱塗層	heat insulation coating
隔热涂料	熱障塗層材料	thermal barrier coating materials
隔声材料	隔音材	acoustic insulating materials
镉	鎘	cadmium
镉汞合金	鎘汞齊	cadmium-mercury amalgam
镉焊料	鎘軟銲料	cadmium solder
镉青铜	鎘青銅	cadmium bronze
各向同性材料	等向性材料	isotropic materials
各向同性腐蚀	等向性蝕刻	isotropic etching
各向同性吸波材料	等向性雷達波吸收材	isotropic radar absorbing materials
各向异性磁电阻材料	異向性磁阻材料，AMR 材料	anisotropic magnetoresistance materials, AMR materials
各向异性磁电阻效应	異向性磁阻效應	anisotropic magnetoresistance effect, AMR effect
各向异性腐蚀	異向性蝕刻	anisotropic etching
各向异性吸波材料	異向性雷達[波]吸收材料	anisotropic radar absorbing materials
铬刚玉砖	剛玉[氧化]鉻磚	corundum-chrome brick
铬钢	鉻鋼	chromium steel

大　陆　名	台　湾　名	英　文　名
铬黄(=铅铬黄)		
铬基变形高温合金	鉻基鍛軋超合金	chromium based wrought superalloy
铬基铸造高温合金	鉻基鑄造超合金	chromium based cast superalloy
铬青铜	鉻青銅	chromium bronze
铬铁	鉻鐵	ferrochromium
铬铁矿	鉻鐵礦	chromite
铬砖	鉻磚	chrome brick
给硫剂	供硫劑	sulfur donor
根管充填材料	根管填充材料	root canal filling materials
耿氏二极管	耿恩二極體	Gunn diode
工程干态	工程乾燥試片	engineering dry specimen
工程木制品	工程設計木製品	engineered wood product
工程塑料	工程用塑膠	engineering plastics
工程应力–应变曲线	工程應力應變曲線	engineering stress-strain curve
工具钢	工具鋼	tool steel
工业纯铝	商用純鋁	commercial purity aluminum
工业纯镁	商用純鎂	commercial purity magnesium
工业纯钛	商用純鈦	commercial purity titanium
工业纯铁	工業用純鐵，亞姆克鐵	ingot iron, Armco iron
工业矿物	工業礦物	industrial mineral
工业岩石	工業岩石	industrial rock
工业氧化铝	工業[級]氧化鋁	industrial alumina
工艺润滑	潤滑技術	lubrication technology
工艺性能	加工性質	processing property
工字钢	工型鋼	I-beam steel
工作带(=定径带)		
功率降低法	功率降低法，定向凝固法	power down method
功率因子	功率因子	power factor
功能材料	功能性材料	functional materials
功能复合材料	功能性複材	functional composite
功能高分子材料	功能聚合體材料	functional polymer materials
功能合金钢(=特殊物理性能钢)		
功能胶合板	多功能性合板，功能夾板	multi-function plywood, function plywood
功能耐火材料	功能性耐火材	functional refractory
功能陶瓷	功能性陶瓷	functional ceramics
功能梯度复合材料	功能性梯度複材	functional gradient composite
功能纤维	功能性纖維	functional fiber

大　陆　名	台　湾　名	英　文　名
供气砖	透氣塞磚	porous plug brick
共沉淀	共沈澱	coprecipitation
共纺丝	共紡絲	co-spinning
共格界面	契合界面，連貫界面	coherent interface
共格脱溶	契合析出	coherent precipitation
共格硬化	契合硬化	coherent hardening
共混	掺合，拌合	blending
共挤出	共擠製	coextrusion
共价键	共價鍵	covalent bond
共晶点	共晶點	eutectic point
共晶反应	共晶反應	eutectic reaction
共晶间距	共晶間距	eutectic spacing
共晶凝固	共晶凝固	eutectic solidification
共晶渗碳体	共晶雪明碳體，共晶雪明碳鐵	eutectic cementite
共晶石墨	共晶石墨	eutectic graphite
共晶转变	共晶轉變	eutectic transformation
共聚芳酯	共聚丙烯酸酯	copolyacrylate
共聚合	共聚合[反應]	copolymerization
共聚甲醛	甲醛共聚體	oxymethylene copolymer
共聚物	共聚體	copolymer
共聚型氯醚橡胶	共聚表氯醇環氧乙烷橡膠	copolymerized epichlorohydrin-ethylene oxide rubber
共生区	耦合成長區	coupled growth zone
共析点	共析點	eutectoid point
共析反应	共析反應	eutectoid reaction
共析钢	共析鋼	eutectoid steel
共析渗碳体	共析雪明碳體，共析雪明碳鐵	eutectoid cementite
共析铁素体	共析肥粒體，共析肥粒鐵	eutectoid ferrite
共析转变	共析轉變	eutectoid transformation
共析组织	共析結構	eutectoid structure
沟道效应(=通道效应)		
钩接强度	環扣強度	loop tenacity
古马龙–茚树脂	薰草哢–茚樹脂，苯并呋喃–茚樹脂	coumarone-indene resin
古塔波胶	馬來樹膠，硬質橡膠	gutta percha
古塔波式氯丁橡胶(=高反式聚氯丁二		

大陆名	台湾名	英文名
烯橡胶)		
古月轩(=瓷胎画珐琅)		
骨板	骨板	bone plate
骨传导	骨傳導[性]	osteoconduction
骨钉	骨釘	bone pin
骨灰瓷(=骨质瓷)		
骨键合	骨接合	bone bonding
骨螺钉	骨螺釘	bone screw
骨水泥	骨水泥	bone cement
骨髓间充质干细胞	骨髓幹細胞	bone marrow stem cell
骨填充材料	骨填充材料	bone filling materials
骨外科合金	骨外科合金	anatomical alloy
骨性结合(=骨整合)		
骨诱导	骨誘導[性]	osteoinduction
骨诱导性生物陶瓷	骨誘導性生物陶瓷	osteoinduction bioceramics
骨针	骨針	bone needle
骨整合	骨整合[性]	osseointegration
骨质瓷	骨灰瓷	bone china
钴	鈷	cobalt
钴基磁记录合金	鈷基磁記錄合金	cobalt based magnetic recording alloy
钴基磁性合金	鈷基磁性合金	cobalt based magnetic alloy
钴基非晶态磁头合金	鈷基非晶磁頭合金	cobalt based noncrystalline magnetic head alloy
钴基非晶态软磁合金	鈷基非晶軟磁合金	cobalt based noncrystalline soft magnetic alloy
钴基高弹性合金	鈷基高彈性合金	cobalt based high elasticity alloy
钴基铬钨合金(=司太立特合金)		
钴基合金	鈷基合金	cobalt based alloy
钴基恒弹性合金	鈷基恆彈性合金	cobalt based constant elasticity alloy
钴基耐热合金	鈷基耐熱合金	cobalt-base heat-resistant alloy
钴基轴尖合金	鈷基軸合金	cobalt based axle alloy
钴基铸造高温合金	鈷基鑄造超合金	cobalt based cast superalloy
鼓肚(=胀形)		
鼓式硫化机	鼓式硫化器，鼓式火煅器	drum type vulcanizer
鼓式硫化机硫化	鼓式火煅器火鍛，鼓式硫化器硫化	vulcanization by drum type vulcanizer
固定垫片挤压	固定墊片擠製	fixed dummy block extrusion
固定局部义齿	固定局部假牙	fixed partial denture

大 陆 名	台 湾 名	英 文 名
固定桥	固定局部牙橋	fixed partial bridge
固定义齿(=固定局部义齿)		
固化	固化，熟化	curing
固化促进剂	固化加速劑	cure accelerator
固化剂(=交联剂)		
固化周期	固化週期	curing cycle
固溶处理	固溶處理	solution treatment
固溶度	固溶度	solid solubility
固溶度积	溶度積	solubility product
固溶度线	固溶度線	solvus
固溶强化	固溶強化[作用]	solid solution strengthening
固溶强化高温合金	固溶強化超合金	solid solution strengthening superalloy
固溶体	固溶體	solid solution
γ 固溶体	伽瑪固溶體	gamma solid solution
固溶体半导体材料	半導固溶材料	semiconducting solid solution material
固态焊接(=固相焊)		
固态化学(=固体化学)		
固态离子学	固態離子學	solid state ionics
固态源分子束外延	固態源分子束磊晶術	solid source molecular beam epitaxy
固体电解质	固態電解質	solid electrolyte
固体粉末含量	固體負載	solid loading
固体化学	固態化學	solid state chemistry
固体键合理论	固體鍵結理論	bonding theory of solid
固体能带论	固態能帶理論	band theory of solid
固体热力学(=合金热力学)		
固体物理学	固態物理學	solid state physics
固体氧化物燃料电池	固態氧化物燃料電池	solid oxide fuel cell, SOFC
固体与分子经验电子理论	固體與分子經驗電子理論	empirical electron theory of solid and molecule
固相法制粉	固態反應製粉	solid state reaction for powder making
固相反应法	固態反應法	solid state reaction method
固相分数	固相分率	solid fraction
固相焊	固態銲接	solid-state welding
固相面	固相面	solidus surface
固相烧结	固態燒結	solid-state sintering
固相外延	固相磊晶[術]	solid phase epitaxy
固相线	固相線	solidus

大　陆　名	台　湾　名	英　文　名
官能度	官能度，功能性	functionality
官窑	官窯	official kiln
管胞	管胞	tracheid
管材	管材，管	tube, pipe
管材挤压	管材擠製	tube extrusion
管材冷拔	管材冷抽	tube cold drawing
管材轧制	管材輥軋	tube and pipe rolling
管孔式	孔圖型	pore pattern
管式法	管材製程	tube process
管线钢	管線鋼	pipe line steel
惯析面	晶癖面	habit plane
惯性摩擦焊	慣性摩擦銲接	inertia friction welding
惯性约束聚变	慣性侷限融合	inertial confinement fusion
光波导耦合器	光波導耦合器，光耦合器	optical waveguide coupler, optical coupler
光传输复用器	光多工器	optical multiplexer
光导热塑高分子材料	光[致]導電熱塑性聚合體	photoconductive thermoplastic polymer
光导纤维	光纖	optical fiber
光导纤维固化监测	光纖固化監測	optical fiber cure monitoring
光点缺陷(=局部光散射体)		
光[电]导聚合物	光[致]導電聚合體	photoconductive polymer
光电导性	光電導性	photoconductivity
光电二极管	光電二極體	photoelectric diode, PD
PIN 光电二极管	PIN 光電二極體	PIN photoelectric diode
光电晶体管	光電電晶體	photoelectric transistor
光电探测器	光電偵測器	optoelectronic detector
光电效应	光電效應	photoelectric effect
光电子集成回路	光電積體電路	optoelectronic integrated circuit, OEIC
光电子器件	光電元件	optoelectronic device
光电子陶瓷	光電陶瓷	opto-electronic ceramics
光伏效应	光伏效應	photovoltaic effect
光化学气相沉积	光化學氣相沈積	photo chemical vapor deposition
光活性聚合物(=手性聚合物)		
光激发瞬态电流谱	光暫態電流圖譜	optical transient current spectrum
光激励发光材料	光激發螢光材	photostimulated phosphor
光降解	光降解	photodegradation
光降解聚合物	光可降解聚合體	photodegradable polymer

大　陆　名	台　湾　名	英　文　名
光交联	光致交聯[作用]	photocrosslinking
光交联聚合物	光交聯聚合體	photocrosslinking polymer
光晶体管	光電晶體	optical transistor
光开关	光開關	optical switch
光开关阵列	光交換矩陣	optical switch matrix
光老化	光老化，光致老化	photoaging, light aging
光亮剂	光澤劑	brightening agent, brightener
光亮热处理	輝面熱處理	bright heat treatment
光卤石	光鹵石	carnallite
光敏半导体陶瓷	光敏半導體陶瓷	light sensitive semiconductive ceramics
光敏变色纤维	感光變色纖維，變色龍纖維	chameleon fiber
光敏玻璃	光敏玻璃	photosensitive glass
光敏电阻	光敏電阻器	photoresistor
光敏电阻材料	光敏電阻材	photosensitive resistance materials
光敏电阻器材料	光敏電阻器材料	photoresistor materials
光敏剂	光敏劑	photosensitizer
光敏胶黏剂	光敏接著劑	photosensitive adhesive
光敏聚合	光敏聚合[作用]	photosensitized polymerization
光敏聚合物	光敏性聚合體	photosensitive polymer
光敏引发剂	光啟始劑	photoinitiator
光盘存储材料	光碟儲存材料	optical disk storage materials
光屏蔽剂	光屏蔽劑	light screener
光谱纯锗(=还原锗锭)		
光谱选择性吸收涂层	選擇性吸收光譜塗層	selective absorption spectrum coating
光热电离谱	光熱離子化光譜術	photothermal ionization spectroscopy, PTIS
光散射法	光散射法	light scattering method
光声光谱	光聲波頻譜術	photoacoustic spectroscopy
光弹性聚合物	光彈性聚合體	photoelastic polymer
光弹性应力分析	光彈[性]應力分析	photo-elastic stress analysis
光调制解调器	光調變/解調器	optical modulator/demodulator
光调制器	光調變器	optical modulator
光稳定剂	光穩定劑	light stabilizer
光学玻璃	光學玻璃	optical glass
光学发射光谱	光發射光譜	optical emission spectrum
光学活性高分子(=旋光性高分子)		
光学金相	光學金相學	optical metallography

大陆名	台湾名	英文名
光学晶体	光學晶體	optical crystal
光学陶瓷	光學陶瓷	optical ceramics
光学纤维(=光导纤维)		
光学织构	光學織構	optical texture
光氧化降解	光氧化[性]降解	photo oxidative degradation
光引发聚合	光啟始聚合[作用]	photo-initiated polymerization
光泽度	光亮	gloss
光增强金属有机化合物气相外延	光增強金屬有機氣相磊晶	photo-enhanced metalorganic vapor epitaxy
光折变记录材料	光折射記錄材	photo-refractive recording materials
[光致]变色玻璃	光致變色玻璃	photochromic glass
光致变色复合材料	光致變色複材	photochromic composite
光致变色染料	光致變色染料	photochromic dye
光致发光	光致發光	photoluminescence
光致发光材料	光致發光材料	photoluminescent materials
光致发光复合材料	光致發光複材	photoluminescent composite
光致发光谱	光致發光譜	photoluminescence spectrum
光致高分子液晶	光誘發液晶聚合體	photo-induced liquid-crystal polymer
光子倍增发光材料	光子倍增螢光材	photon multiplication phosphor
光子晶体	光子晶體	photonic crystal
光子器件	光子元件	photonic device
广彩	廣彩	Guangdong decoration
广钧	廣東鈞釉	jun glaze of Guangdong
龟裂	龜裂，裂解	cracking
规则层合板	週期性積層板	periodic laminate
规则共晶体	規則共晶體	regular eutectic
规则状粉	規則狀粉體	regular powder
硅	矽	silicon
硅醇	矽醇	silanol
硅氮烷	矽氮烷	silazane
硅氮橡胶	含氮矽氧橡膠	nitrogenous silicone rubber
硅钙合金	鈣矽合金，矽鈣鐵合金，矽鈣鐵	calcium-silicon alloy, calcium-silicon ferroalloy, ferrosilicocalcium
硅钢	矽鋼	silicon steel
硅铬合金	矽鉻鐵	ferrosilicochromium
硅工艺技术	矽科技	silicon technology
[硅工艺中的]硅晶锭	矽錠	silicon ingot
硅化物陶瓷	矽化物陶瓷	silicide ceramics
硅灰	氧化矽灰	silica fume

大 陆 名	台 湾 名	英 文 名
硅灰石	矽灰石	wollastonite
硅基半导体材料	矽基半導體材料	silicon based semiconductor materials
硅胶	[氧化]矽凝膠	silica gel
硅铝明合金(=铝硅系铸造铝合金)		
硅氯仿(=三氯硅烷)		
硅凝胶	矽氧樹脂凝膠	silicone gel
硅硼橡胶	硼矽氧橡膠	boron-silicone rubber
硅漆	矽氧樹脂塗層	silicone coating
硅氢加成反应	氫矽化[作用]	hydrosilylation
硅溶胶	[氧化]矽溶膠	silica sol
硅石	氧化矽岩	silica rock
硅树脂	聚矽氧樹脂	silicone resin
硅酸铋晶体	矽酸鉍晶體	bismuth silicate crystal
硅酸二钙	矽酸二鈣，二鈣矽酸鹽	dicalcium silicate
硅酸镓镧晶体	矽酸鎵鑭晶體	lanthanum gallium silicate crystal
硅酸铝耐火材料	鋁矽酸鹽耐火材	aluminosilicate refractory
硅酸铝耐火纤维制品	鋁矽酸鹽纖維耐火製品	aluminosilicate fiber refractory product
硅酸铝纤维增强铝基复合材料	鋁矽酸鹽纖維強化鋁基複材	aluminum silicate fiber reinforced aluminium matrix composite
硅酸镁晶体	矽酸鎂晶體	magnesium silicate crystal
硅酸钠(=水玻璃)		
硅酸三钙	矽酸三鈣	tricalcium silicate
硅酸盐结构单位	矽酸鹽結構單位	structure unit of silicate
硅酸盐水泥	波特蘭水泥	Portland cement
硅铁	矽鐵	ferrosilicon
硅酮密封胶(=有机硅密封胶)		
硅烷	矽烷	silane
硅烷法多晶硅	矽烷製程多晶矽	polycrystalline silicon by silane process
硅烷化活化改性	矽烷生物活化改質	bioactivation modification by silane
硅烷偶联剂	矽烷耦合劑	silane coupling agent
硅烷水解缩合反应	矽烷水解縮合	hydrolytic condensation of silane
硅线石砖	矽線石磚	sillimanite brick
硅线石族矿物	矽線石族礦物	mineral of sillimanite group
硅橡胶	聚矽氧橡膠	silicone rubber
硅橡胶印模材料(=聚硅基印模材料)		
硅油	聚矽氧油	silicone oil

大 陆 名	台 湾 名	英 文 名
硅藻土	矽藻土	diatomite
硅藻土砖	矽藻土磚	diatomite brick
硅锗合金	矽鍺合金	silicon-germanium alloy
硅脂	矽氧樹脂油脂	silicone grease
硅质耐火材料	矽質耐火材	siliceous refractory
硅砖	氧化矽磚	silica brick
贵金属	貴[重]金屬	precious metal, noble metal
贵金属靶材	貴[重]金屬靶材	precious metal target materials
贵金属测温材料	貴[重]金屬熱電偶材料	precious metal thermocouple materials
贵金属磁性材料	貴[重]金屬磁性材料	precious metal magnetic materials
贵金属催化剂	貴[重]金屬觸媒	precious metal catalyst
贵金属电极材料	貴[重]金屬電極材料	precious metal electrode materials
贵金属电接触材料	貴[重]金屬接點材料	precious metal contact materials
贵金属电阻材料	貴[重]金屬電阻材料	precious metal resistance materials
贵金属复合材料	貴[重]金屬基複材	precious metal matrix composite
贵金属化合物	貴[重]金屬化合物	precious metal compound
贵金属浆料	貴[重]金屬膏	precious metal paste
贵金属器皿材料	貴[重]金屬器皿材料，貴[重]金屬五金材料	precious metal hardware materials
贵金属钎料	貴[重]金屬軟銲料	precious metal solder
贵金属氢气净化材料	貴[重]金屬氫氣純化材料	precious metal hydrogen purifying materials
贵金属烧结材料	貴金屬燒結材	noble metal sintered materials
贵金属弹性材料	貴[重]金屬彈性材料	precious metal elastic materials
贵金属透氢材料(=贵金属氢气净化材料)		
贵金属药物	貴[重]金屬藥物，貴[重]金屬醫藥	precious metal drug, precious metal medicine
贵金属引线材料	貴[重]金屬引線材料	precious metal lead materials
贵金属蒸发材料	貴[重]金屬蒸鍍材料	precious metal evaporation materials
辊道窑	輥平爐	roller hearth furnace
辊底窑(=辊道窑)		
辊锻	輥鍛	roll forging
辊弯成形	輥軋成形	roll forming
辊形(=滚锻)		
滚动摩擦磨损	滾動摩擦磨耗	rolling friction and wear
滚锻	輥軋成形	roll forming
滚花玻璃(=压花玻璃)		
滚锯末	鋸屑研磨	sawdust milling

大　陆　名	台　湾　名	英　文　名
滚模拉拔	輥[模]拉製	drawing by roller, roller die drawing
滚塑成型	旋轉模製	rotational molding
滚压	輥軋鎚擊	roll peening
滚压成形	輥壓成形	roller forming
滚釉	滾釉	rollaway glaze
滚珠轴承钢	滾珠軸承鋼	ball bearing steel
锅炉钢	鍋爐用鋼	boiler steel
过饱和比	過飽和比	supersaturation ratio
过饱和度	過飽和度	supersaturation
过饱和固溶体	過飽和固溶體	supersaturated solid solution
过饱和溶液	過飽和溶液	supersaturated solution
过渡金属催化剂	過渡金屬催化劑	transition metal catalyst
过渡型钛合金	過渡型鈦合金	transitional titanium alloy
过渡液相扩散焊(=瞬时液相扩散焊)		
过渡液相烧结	暫態液相燒結	transient liquid phase sintering
过共晶合金	過共晶合金	hypereutectic alloy
过共晶体	過共晶[混合]體	hypereutectic
过共晶铸铁	過共晶鑄鐵	hypereutectic cast iron
过共析钢	過共析鋼	hypereutectoid steel
过冷	過冷	supercooling, undercooling
过冷奥氏体	過冷沃斯田體	undercooling austenite
过冷度	過冷度	supercooling degree, undercooling degree
过硫酸盐引发剂	過硫酸鹽啟始劑	persulphate initiator
过滤和脱泡	過濾和除氣	filtration and deaeration
过热处理	過熱處理，過熱[作用]	superheat treatment, superheating
过热度	過熱溫度	superheating temperature
过热区	過熱區	overheated zone
过热组织	過熱組織	overheated structure
过烧	過燒	oversintering
过时效	過時效	over aging
过氧化物引发剂	過氧化物啟始劑	peroxide initiator

H

大　陆　名	台　湾　名	英　文　名
铪	鉿	hafnium
铪电极	鉿電極	hafnium electrode

大 陆 名	台 湾 名	英 文 名
铪粉	鉿粉	hafnium powder
铪合金	鉿合金	hafnium alloy
铪控制棒	鉿控制棒	hafnium control rod
哈金斯参数	赫金斯參數	Huggins parameter
哈氏合金	赫史特合金，耐酸耐熱鎳基超合金	Hastelloy alloy
海岛型复合纤维	海島型複合纖維	sea-island composite fiber
海蓝宝石	海藍寶石	aquamarine
海绿石	海綠石	glauconite
海绿石砂岩	海綠石砂岩	glauconite sandstone
海绿石质岩	海綠石岩	glauconitic rock
海绵粉	海綿粉體	sponge powder
海绵锆	海綿鋯	sponge zirconium
海绵铪	海綿鉿	sponge hafnium
海绵钛	海綿鈦	sponge titanium
海绵铁	海綿鐵	sponge iron
海绵橡胶	發泡橡膠	foaming rubber
海泡石	海泡石	sepiolite
海泡石黏土	海泡石黏土	sepiolite clay
海水镁砂	海水鎂砂	seawater magnesia
海洋腐蚀	海洋腐蝕，海域腐蝕	marine corrosion
海藻纤维	海藻纖維	alginate fiber
亥姆霍兹自由能	亥姆霍茲自由能	Helmholtz free energy
氦-3	氦-3	helium-3
氦弧焊	氦弧銲	helium-arc welding
含氮不锈钢	含氮不鏽鋼	nitrogen containing stainless steel
含氮铁合金	含氮化物鐵合金	nitride-containing ferroalloy
含氟丙烯酸酯橡胶	氟丙烯酸酯橡膠	fluoroacrylate rubber
含氟纤维	氟纖維	fluorofiber
含铬硅酸铝耐火纤维制品	含鉻鋁矽酸鹽耐火纖維製品	chrome-containing aluminosilicate refractory fiber product
含钴高速钢	含鈷高速鋼	cobalt high speed steel
含胶量	樹脂含量，樹脂質量含量	resin content, resin mass content
含晶粒非晶硅	[同質]多形矽，[同質]異相矽	polymorphous silicon
VOC 含量(=挥发有机化合物含量)		
含氯纤维	含氯纖維	chlorofiber
含萘共聚芳酯	含萘共聚芳酯	naphthalene-containing copolyarylate

大　陆　名	台　湾　名	英　文　名
含碳耐火材料	含碳耐火材	carbon-bearing refractory
含钨硬质合金	含鎢燒結碳化物	cemented carbide with tungsten
含香金属	含香多孔金屬	scented porous metal
含油轴承(=多孔轴承)		
焓	焓	enthalpy
汉白玉	漢白玉，白色大理石	white marble
CO_2 焊(=二氧化碳气体保护电弧焊)		
TIG 焊(=钨极惰性气体保护电弧焊)		
焊缝晶间腐蚀	銲接[晶]粒間腐蝕	weld intercrystalline corrosion
焊剂	助銲劑	welding flux
焊接	銲接	welding
焊接变形	銲接變形	welding deformation
焊接残余应力	銲接殘留應力	welding residual stress
焊接钢管	銲接鋼管	welded steel pipe
焊接管	銲接管	welded pipe, welded tube
焊接裂纹	銲接裂痕	weld crack
焊接温度场	銲接溫度場	field of weld temperature
焊接无裂纹钢	無銲接裂痕鋼	welding-crack free steel
焊接性	可銲接性	weldability
焊料玻璃	玻璃軟銲料	glass solder
焊丝	銲線	welding wire
焊条	銲條，包覆銲條	electrode, covered electrode
焊芯	芯線	core wire
焊趾	銲趾	toe of weld
航天材料	太空材料	aerospace materials
耗尽层	空乏層	depletion layer
耗散结构	耗散結構	dissipative structure
合成宝石	合成寶石	synthetic gemstone
合成立方氧化锆	合成立方氧化鋯	synthetic cubic zirconia
合成树脂	合成樹脂	synthetic resin
合成树脂牙	合成樹脂牙	synthetic resin tooth
合成天然橡胶(=顺式1,4-聚异戊二烯橡胶)		
合成纤维	合成纖維	synthetic fiber
合格质量区	合格品質區	fixed quality area, FQA
合金	合金	alloy

大　陆　名	台　湾　名	英　文　名
合金白口铸铁	合金白鑄鐵	alloy white cast iron
合金超导体	合金超導體	alloy superconductor
合金的填隙有序	合金填隙[原子]序化	interstitial ordering in alloy
合金电镀	合金電鍍	alloy electroplating
合金发色(=整体发色)		
合金粉	合金粉末	alloyed powder
合金钢	合金鋼	alloy steel
合金工具钢	合金工具鋼	alloy tool steel
合金过渡系数	合金轉換效率	alloy transfer efficiency
合金结构钢	結構用合金鋼	structural alloy steel
合金热力学	合金熱力學	thermodynamics of alloy
合金渗碳体	合金雪明碳體	alloyed cementite
合金铸铁	合金鑄鐵	alloy cast iron
和田玉	和闐玉	Hetian jade
核材料	核材料	nuclear materials
核磁共振	核磁共振	nuclear magnetic resonance
[核]反应堆	核反應器	nuclear reactor
核反应分析	核反應分析	nuclear reaction analysis
核燃料	核燃料	nuclear fuel
核用不锈钢	核反應器用不鏽鋼	stainless steel for nuclear reactor
核用锆合金	核反應器用鋯合金	zirconium alloy for nuclear reactor
核用铪	核反應器用鉿	hafnium for nuclear reactor
核用锂	核反應器用鋰	lithium for nuclear reactor
核用锂-铅合金	核反應器用鋰鉛合金	lithium-lead alloy for nuclear reactor
核用铍	核反應器用鈹	beryllium for nuclear reactor
核用偏铝酸锂	核反應器用鋰鋁酸鹽，核反應器用鋁酸鋰	lithium aluminate for nuclear reactor
核用石墨	核反應器用石墨	graphite for nuclear reactor
核用碳化硼	核反應器用碳化硼	boron carbide for nuclear reactor
核用氧化锂	核反應器用氧化鋰	lithium oxide for nuclear reactor
核用氧化铍	核反應器用氧化鈹	beryllium oxide for nuclear reactor
核用银铟镉合金	核反應器用銀銦鎘合金	silver-indium-cadmium alloy for nuclear reactor
颌面[缺损]修复材料(=颌面赝复材料)		
颌面赝复材料	顱顏面膺復材料	maxillofacial prosthetic materials
荷重软化温度	荷重耐火度	refractoriness under load
赫斯定律	赫斯定律	Hess law
褐铁矿	褐鐵礦	limonite

大陆名	台湾名	英文名
褐钇铌矿	褐釔鈮礦	fergusonite
黑斑	斑點	freckle
黑光灯用发光材料	黑光燈用螢光材料	phosphor for black light lamp
黑晶	黑色晶粒	black grain
黑十字花样	馬爾他十字	Maltese cross
黑陶	黑陶	black pottery, carbonized pottery
黑钨矿	鎢錳鐵礦	wolframite
黑稀金礦	黑稀金礦	euxenite
黑曜岩	黑曜岩	obsidian
黑釉瓷	黑釉瓷	black glazed porcelain
黑云母	黑雲母	biotite
痕迹	標記	mark
恒磁导率合金	恆[磁]導率合金	constant permeability alloy
恒速释放(=零级释放)		
恒速蒸发区	定速蒸發	vaporization with invariable velocity
恒弹性合金	等彈性合金	isoelastic alloy
恒位移试样	定位移試片	constant displacement specimen
恒温层(=乳头层)		
恒温超塑性(=组织超塑性)		
恒载荷试样	定負荷試片，定荷重試片	constant load specimen
横剪强度(=木材横纹抗剪强度)		
横浇道	澆道	runner
横截面	横向截面	transverse section
横拉强度(=木材横纹抗拉强度)		
横流	横向流	transverse flow
横切面	横切面，横截面	cross section
横纹胶合板	横紋合板，横紋膠合板	cross grain plywood, perpendicular to grain plywood
横向变形系数(=泊松比)		
横向展宽	側向擴寬	lateral broadening
横向折断强度	横斷強度	cross-breaking strength
横轧	横輥軋，横向輥軋	cross rolling, transverse rolling
烘漆	烤漆，烘烤琺瑯	baking enamel
红宝石	紅寶石	ruby
红丹	氧化鉛，紅丹，鉛丹	lead oxide, red lead

大 陆 名	台 湾 名	英 文 名
红木	紅木	hongmu
红黏土	紅黏土	red clay
红外辐射涂层	紅外線輻射塗層	infrared radiation coating
红外光谱法	紅外線光譜術	infrared spectroscopy
红外光学用锗	紅外光學用鍺	germanium for infrared optics
红外激光玻璃	紅外線雷射玻璃	infrared laser glass
红外检测	紅外線檢測	infrared testing
红外热成像术	紅外線熱成像術	infrared thermography
红外散射缺陷	散射形貌術	scattering topography
红外探测器用半导体材料	紅外線探測器用半導體材料	semiconductor materials for infrared detector
红外陶瓷	紅外線陶瓷	infrared ceramics
红外透过石英玻璃	紅外線穿透石英玻璃	infrared transmitting silica glass
红外吸收光谱	紅外線吸收光譜	infrared absorption spectrum
红外线干燥	紅外線輻射乾燥	infrared radiation drying
红外隐身材料	紅外線隱形材料	infrared stealth materials
红外隐身复合材料	紅外線隱形複材	infrared stealth composite
红外用半导体材料	紅外線光學用半導體材料	semiconductor materials for infrared optics
红柱石	紅柱石	andalusite
宏观尺度	巨觀尺度	macroscale
宏观偏析	巨觀偏析	macro-segregation
宏观组织	巨觀組織	macrostructure
洪德定则	洪德定則	Hund rule
后过渡金属催化剂	後過渡金屬觸媒	late transition metal catalyst
后聚合	後聚合[作用]	post polymerization
后硫化	後固化，後火煅，後硫化，後硬化	after cure, after vulcanization, post cure
后收缩率	後收縮	post-shrinkage
厚度允许偏差	容許厚度公差	allowable thickness tolerance
厚钢板	重鋼板	heavy steel plate
厚膜	厚膜	thick film
厚膜电阻材料	厚膜電阻材料	thick film resistance materials
厚向异性系数(=塑性应变比)		
弧坑	凹坑	crater
胡克定律	虎克定律	Hook law
糊状胶黏剂	膏狀黏著劑	paste adhesive
糊状凝固	糊狀區域凝固	mushy zone solidification

大陆名	台湾名	英文名
糊状区	糊狀區	mushy zone
琥珀	琥珀	amber
互补色	互補色	complementary color
互穿网络聚合物	互穿型聚合體	interpenetrating polymer
互穿网络聚合物复合材料	互穿型網絡聚合體複材	interpenetrating network polymer composite
互扣强度(=钩接强度)		
花岗岩	花崗岩	granite
花纹玻璃(=压花玻璃)		
花样孔材	花樣孔木	figured porous wood
花釉	花釉	fancy glaze
划痕测试法	刮痕試驗法	scratch test method
划伤	刮痕	scratch
华夫刨花板	[大片]刨花板	waferboard
华蓝(=铁蓝)		
滑动摩擦磨损	滑動摩擦磨耗	sliding friction and wear
滑动水口	滑動閥門噴嘴	slide gate nozzle
滑开型开裂(=II型开裂)		
滑石	滑石	talc
滑石菱镁片岩	滑石菱鎂片岩	listwanite
滑石菱镁岩(=滑石菱镁片岩)		
滑石片岩	滑石片岩	talc schist
滑石陶瓷	滑石陶瓷	steatite ceramics, talc ceramics
滑移	滑移	slip
滑移带	滑移帶	slip band
滑移面	滑移面	slip plane
滑移系	滑移系統	slip system
化工搪瓷	珐瑯[襯裡]化工裝置	enamelled chemical engineering apparatus
化工陶瓷	化工用陶瓷	ceramics for chemical industry
化合物半导体	化合物半導體	compound semiconductor
化合物半导体材料	化合物半導體材料	compound semiconductor materials
化合物超导体	化合物超導體	compound superconductor
A-15[化合物]超导体	A-15[化合物]超導體	A-15 [compound] superconductor
B-1[化合物]超导体	B-1[化合物]超導體	B-1 [compound] superconductor
化合物–硅材料	化合物–矽材料	compound-silicon materials
化合物雪崩光电二	化合物崩潰光二極體	compound avalanche photo-diode

大 陆 名	台 湾 名	英 文 名
极管		
化学沉淀法	化學沈澱法	chemical precipitation method
化学镀	無電鍍	electroless plating
化学发泡法	化學膨脹	chemical expansion
化学发泡剂	化學發泡劑	chemical foaming agent
化学反应法	化學反應法	chemical reaction method
化学纺丝[法] (=反应纺丝)		
化学功能性聚合物	化學功能性聚合體	polymer with chemical function
化学共沉淀法	化學共沈[澱]法	chemical coprecipitation method
化学共沉淀法制粉	化學共沈[澱]法製粉	chemical coprecipitation process for powdermaking
化学固化型义齿基托聚合物	化學固化假牙座聚合體	chemical-curing denture base polymer
化学固化型义齿基托树脂	自固化牙托樹脂	self-curing denture base resin
化学机械浆	化學機械製漿	chemi-mechanical pulping
化学–机械抛光	化學機械拋光	chemical mechanical polishing, CMP
化学激发胶凝材料	化學活化膠結材料	chemically activated cementitious materials
化学浆	化學漿料	chemical pulp
化学降解	化學降解	chemical degradation
化学交联	化學交聯	chemical crosslinking
化学结合陶瓷	化學鍵結陶瓷	chemical bonded ceramics
化学控制药物释放系统	化學控制藥物遞送系統	chemically controlled drug delivery system
化学扩散	化學擴散	chemical diffusion
化学抛光	化學拋光	chemical polishing
化学气相沉积	化學氣相沈積	chemical vapor deposition, CVD
化学气相沉积法制粉	化學氣相沈積法製粉，CVD 法製粉	chemical vapor deposition process for powdermaking, CVD process for powdermaking
化学热处理	化學熱處理，熱化學熱處理	chemical heat treatment, thermo-chemical heat treatment
化学势	化學勢	chemical potential
化学束外延	化學束磊晶術	chemical beam epitaxy, CBE
化学外加剂	化學添加劑	chemical additive, chemical admixture
化学吸附	化學吸附	chemical adsorption, chemisorption
化学纤维	化學纖維	chemical fiber

大　陆　名	台　湾　名	英　文　名
化学增塑剂	化學塑化劑	chemical plasticizer
化学转化膜	化學轉化膜	chemical conversion film
化学着色	化學著色	chemical coloring
化妆土	化粧土，釉底料	engobe
还原沉淀	還原沈澱	reduction precipitation
还原粉	還原粉體	reduced powder
还原气氛	還原氣氛	reducing atmosphere
还原渣	還原渣	reducing slag
还原锗锭	還原鍺錠	reduced germanium ingot
还原制粉法	還原製程	reduction process
环化加聚(=环加成聚合)		
环化天然橡胶	環化天然橡膠	cyclized natural rubber
环加成聚合	環狀加成聚合[作用]	cycloaddition polymerization
环境补偿系数	環境補償因子	environmental compensation factor
环境断裂	環境破斷	environmental fracture
环境矿物	環境礦物	environmental mineral
环境应力开裂	環境應力破裂	environmental stress cracking
环聚硅氧烷	環狀聚矽氧烷	cyclopolysiloxane
环聚硅氧烷的非平衡化聚合	環聚矽氧烷非平衡聚合[作用]	non-equilibrium polymerization of cyclopolysiloxane
环聚硅氧烷的平衡化聚合	環聚矽氧烷平衡聚合[作用]	equilibrium polymerization of cyclopolysiloxane
环孔材	環形多孔材	ring porous wood
环戊二烯树脂	聚環戊二烯樹脂	polycyclopentadiene resin
环形激光器	環形雷射	ring laser
环氧–丁腈胶黏剂	腈環氧[樹酯]黏著劑	nitrile-epoxy adhesive
环氧化天然胶乳	環氧化天然橡膠乳膠	epoxidized natural rubber latex
环氧化天然橡胶	環氧化天然橡膠	epoxidized natural rubber
环氧胶黏剂	環氧黏著劑	epoxy adhesive
环氧树脂	環氧樹脂	epoxy resin
环氧树脂基复合材料	環氧樹脂複材	epoxy resin composite
环氧涂料	環氧塗層	epoxy coating
缓聚作用	阻滯	retardation
荒料	採石場原石，粗石	quarry stone
黄变	黃化	yellowing
黄饼	黃餅	yellowcake
黄晶	黃水晶，黃晶	citrine
黄昆散射	黃昆散射，黃氏散射	Huang scattering

大　陆　名	台　湾　名	英　文　名
黄色指数	黄色指數，黄化指數	yellow index, yellowness index
黄水晶(=黄晶)		
黄铁矿	黄鐵礦	pyrite
黄铜	黄銅	brass
α黄铜	α黄銅，阿爾發黄銅	alpha brass, αbrass
α+β黄铜	α+β黄銅，阿爾發+貝他黄銅	α+βbrass, alpha+beta brass
黄铜矿	黄銅礦	chalcopyrite
黄土	黄土	loess
黄钇钽矿	黄釔鉭礦	formanite
黄玉	黄晶	topaz
煌斑岩	煌斑岩	lamprophyre
灰[口]铸铁	灰鑄鐵	grey cast iron
灰皮	灰皮，[石]灰生皮	limed skin, limed hide
挥发油(=精油)		
挥发有机化合物	揮發性有機化合物	volatile organic compound, VOC
挥发有机化合物含量	揮發性有機化合物含量	volatile organic compound content
辉铋矿	輝鉍礦	bismuthinite
辉长岩	輝長岩	gabbro
辉光放电沉积	輝光放電沈積	glow discharge deposition
辉光放电渗碳	輝光放電滲碳	glow discharge carburizing
辉绿岩	輝綠岩	diabase
辉钼矿	輝鉬礦	molybdenite
辉石	輝石類	pyroxene
辉石类硅酸盐结构	輝石類矽酸鹽結構	pyroxene silicate structure
辉石岩	輝石岩	pyroxenite
辉锑矿	輝銻礦	stibnite
辉铜矿	輝銅礦	chalcocite
辉银矿	輝銀礦	argentite
回潮	回潮	conditioning
回复	回復	recovery
回归	逆轉	reversing
回火	回火	tempering
回火贝氏体	回火變韌鐵，回火變韌體	tempered bainite
回火脆性	回火脆性	temper brittleness, tempering brittleness
回火马氏体	回火麻田散鐵，回火麻田散體	tempered martensite
回火屈氏体	回火吐粒散體	tempered troostite
回火索氏体	回火糙斑體	tempered sorbite

大　陆　名	台　湾　名	英　文　名
回火稳定性	耐回火性	tempering resistance
回磷	復磷作用	rephosphorization
回硫	復硫	resulfurization
回黏	回黏	after tack
回熔	回熔	melting back
回弹	回彈	spring back
回弹性	回彈	resilience
回旋共振	迴旋[加速器]粒子共振	cyclotron resonance
回转半径	迴旋半徑，旋轉半徑	radius of gyration
回转成形	迴轉成形，旋轉成形	rotary forming
回转成型(=滚塑成型)		
回转屈挠疲劳失效	迴轉撓曲疲勞失效，旋轉撓曲疲勞失效	rotational flex fatigue failure
回转屈挠疲劳实验	迴轉撓曲疲勞試驗，旋轉撓曲疲勞試驗	rotary flex fatigue test
回转屈挠疲劳温升	迴轉撓曲疲勞溫升	temperature rise by rotating flex fatigue
回转窑	迴轉窯，旋轉窯	rotary kiln
绘画珐琅	彩繪琺瑯，利摩日彩繪琺瑯	painted enamel, Limoges painted enamel
绘图珐琅(=绘画珐琅)		
混合材	摻合物	admixture
混合粉	混合粉	mixed powder
混合位错	混合差排	mixed dislocation
混合氧化物燃料	混合氧化物燃料	mixed oxide fuel
混晶材料	混晶材料	mixed crystal materials
混晶组织	混合晶粒微結構	mixed grain microstructure
混炼	混合[作用]	mixing
混炼型聚氨酯弹性体	可混煉聚氨酯彈性體	millable polyurethane elastomer
混炼型聚氨酯橡胶	可混煉聚氨酯橡膠	millable polyurethane rubber
混凝土	混凝土	concrete
混凝土拌和物(=新拌混凝土)		
混凝土模板	營建用模板	panel for construction
混溶间隙(=溶解度间隙)		
混杂比	混成比率	hybrid ratio
混杂界面数	混成界面數	hybrid interface number
混杂纤维复合材料	混成複材	hybrid composite
混杂纤维增强聚合物	混成纖維強化聚合體	hybrid fiber reinforced polymer

大　陆　名	台　湾　名	英　文　名
基复合材料	複材	composite
混杂增强金属基复合材料	混成強化金屬基複材	hybrid reinforced metal matrix composite
活度	活[性]度，活[性]量	activity
活化(=激活)		
活化剂	活性劑	activator
活化胶粉	活性癈棄橡膠粉	active waste rubber powder
活化能(=激活能)		
活化烧结	活化燒結	activated sintering
活套轧制	迴控輥軋	loop rolling
活性反应蒸镀	活化反應性蒸鍍	activated reactive evaporation deposition
活性粉末混凝土	反應性粉末混凝土	reactive powder concrete
活性气体保护电弧焊	金屬活性氣體電弧銲	metal active gas arc welding
活性炭	活性炭，活性木炭，活性碳	activated charcoal, active carbon, activated carbon
活性炭纤维	活性炭纖維	activated carbon fiber
活性种	活性種	reactive species
火成岩	火成岩	igneous rock
火法冶金	火法冶金學，高溫冶金學	pyrometallurgy
火花塞电极镍合金	火星塞電極鎳合金	spark plug electrode nickel alloy
火花源质谱法	火花源質譜術	spark source mass spectrometry
火泥(=耐火泥)		
火山灰	火山灰	volcanic ash
火山灰质[硅酸盐]水泥	波特蘭火山灰水泥	Portland pozzolana cement
火山灰质混合材	火山灰摻合物	pozzolanic admixture
火山岩	火山岩	volcanic rock
火山渣	火山渣	scoria
火石(=燧石)		
火焰重熔	火焰重熔	flame remelting
火焰粉末喷焊	粉體火焰噴塗銲接	powder flame spray welding
火焰粉末喷涂	粉體火焰噴塗法	powder flame spraying
火焰合成法	粉體火焰合成法	flame synthesis of powder
火焰喷枪	火焰噴塗槍	flame spraying gun
火焰喷涂	火焰噴塗	flame spraying
火焰钎焊	火焰軟銲	flame soldering
霍尔–佩奇关系	霍爾–貝曲關係	Hall-Petch relationship
霍尔迁移率	霍爾遷移率	Hall mobility
霍尔系数	霍爾係數	Hall coefficient

大　陆　名	台　湾　名	英　文　名
霍尔系数测量	霍爾係數測量	measurement of Hall coefficient
霍尔效应	霍爾效應	Hall effect

J

大　陆　名	台　湾　名	英　文　名
机电耦合系数	機電耦合因子	electromechanical coupling factor
机敏材料	智慧型材料	smart materials
机敏复合材料	智慧型複材	smart composite
机械粉碎	機械粉碎	mechanical comminution
机械合金化	機械合金化	mechanical alloying
机械合金化粉	機械合金化粉	mechanically alloyed powder
机械合金化高温合金	機械合金化超合金	mechanically alloyed superalloy
机械浆	機械紙漿	mechanical pulp
机械力化学法制粉	機械化學製粉	powder making by mechanochemistry
机械细化	機械晶粒細化	mechanical grain refinement
机械应力缺陷	機械應力缺陷	mechanical stress defect
机械增强超导线	機械強化超導線	mechanically reinforced superconducting wire
鸡血石	血滴石，血石髓	bloodstone
J 积分	J 積分	J-integral
积木式方法	建構塊法	building block approach, BBA
PS[基]板	預敏化板	presensitized plate
基–超导体[体积]比	基材–超導體[體積]比	matrix to superconductor [volume] ratio
基料	接合劑	binder
基片	基材，基板	substrate
基体钢	基材鋼	matrix steel
基体–微纤型复合纤维(=海岛型复合纤维)		
基体[相]	基材[相]	matrix [phase]
基团转移聚合	團基轉移聚合[作用]	group transfer polymerization, GTP
基托	基座	baseplate
基因传递系统	基因遞送系統	gene delivery system
基因导入系统(=基因传递系统)		
基因载体	基因載體，基因媒介體	gene vector
基因治疗	基因治療	gene therapy
基质型药物释放系统(=整体型药物释放		

大 陆 名	台 湾 名	英 文 名
系统)		
基座	基座	susceptor
激光	雷射	laser
激光表面淬火	雷射表面淬火	laser surface quenching
激光表面改性	雷射表面改質	laser surface modification
激光表面回火	雷射表面回火	laser surface tempering
激光表面清理	雷射表面清潔	laser surface cleaning
激光表面退火	雷射表面退火	laser surface annealing
激光表面修饰	雷射表面修飾	laser surface adorning
激光玻璃	雷射玻璃	laser glass
激光玻璃光纤	雷射玻璃纖維	laser glass fiber
激光冲击成形	雷射衝擊成形	laser shock forming
激光冲击硬化	雷射衝擊硬化	laser shock hardening
激光二极管	雷射二極體	laser diode, LD
激光非晶化	雷射非晶化	laser amorphizing
激光分子束外延	雷射分子束磊晶術	laser molecular beam epitaxy, LMBE
激光辅助等离子体分子束外延	雷射輔助電漿分子束磊晶	laser assisted plasma molecular beam epitaxy
激光辅助化学气相沉积	雷射輔助化學氣相沈積	laser assisted chemical vapor deposition
激光焊	雷射銲接	laser welding
激光合金化	雷射合金化	laser alloying
激光化学气相沉积	雷射化學氣相沈積	laser chemical vapor deposition
激光晶体	雷射晶體	laser crystal
激光刻蚀	雷射刻蝕	laser engraving
激光快速成形	雷射快速原型製作	laser rapid prototyping
激光气相沉积	雷射氣相沈積	laser vapor deposition
激光钎焊	雷射硬銲	laser brazing
激光热化学气相沉积	雷射熱化學氣相沈積	laser thermal chemical vapor deposition
激光熔覆	雷射包覆	laser cladding
激光熔凝	雷射熔融	laser fuse
激光三维成形	三維雷射成形	three-dimensional laser forming
激光散射缺陷	雷射散射形貌缺陷	laser scattering topography defect
激光上釉	雷射釉化	laser glazing
激光烧结	雷射燒結	laser sintering
激光陶瓷	雷射陶瓷	laser ceramics
激光微探针质谱法	雷射微探針質譜術	laser microprobe mass spectrometry
激光相变硬化	雷射相變硬化	laser phase-transformation hardening
激光血管成形术	雷射血管成形術	laser angioplasty

大　陆　名	台　湾　名	英　文　名
激光诱导化学反应	雷射誘導化學反應	laser induced chemical reaction
激光诱导化学气相反应制粉	雷射誘導氣相反應製粉	powder making by laser inducing gas reaction
激光原子层外延	雷射原子層磊晶[術]	laser atomic layer epitaxy
激光增强化学气相沉积	雷射增強化學氣相沈積	laser enhanced chemical vapor deposition
激光蒸发沉积	雷射蒸發沈積	laser evaporation deposition
激活	活化	activation
激活能	活化能	activation energy
激冷	驟冷	shock chilling
激冷层	冷硬層	chill zone
激子	激子	exciton
吉布斯–汤姆孙系数	吉布斯–湯姆森因子	Gibbs-Thomson factor
吉布斯相律	吉布斯相律	Gibbs phase rule
吉布斯自由能	吉布斯自由能	Gibbs free energy
即刻义齿	即時假牙	immediate denture
极化电位	極化電位	polarization potential
极化率	極化率	polarizability
极化强度	極化強度	intensity of polarization
极化子	偏極子	polaron
极化子电导	偏極子電導	polaron conductivity
极谱法	極譜法，極譜術	polarography
极射赤面投影	立體投影	stereographic projection
极图	極圖	pole figure
极限拉延比	極限拉伸比	limit drawing ratio
极限黏度	極限黏度	limiting viscosity
急冷凝固铝合金(=快速冷凝铝合金)		
急性毒性	急毒性	acute toxicity
集成材(=胶合木)		
集成材地板	拼花地板	block-jointed flooring
集成电路	積體電路	integrated circuit, IC
集成电路引线铝合金	積體電路下引線鋁合金	aluminum alloy for integrated circuit down-lead
集成橡胶	集成橡膠	integral rubber
瘠性原料	低黏性原料，非塑性材料	lean materials, non-plastic materials
几何软化	幾何軟化	geometrical softening
挤出层压复合	擠製積層	extrusion lamination
挤出成型	擠製	extrusion

大 陆 名	台 湾 名	英 文 名
挤出机	擠製機	extruder
挤出–拉伸吹塑成型	擠抽吹模製	extrusion drawing blow molding
挤出胀大	擠出脹大	extrudate swell
挤出胀大比	模頭溶脹率	die swelling ratio
挤水	擠水[法]	samming
挤压	擠製	extrusion
挤压包覆	擠製包層	extrusion cladding
挤压比	擠製比	extrusion ratio
挤压残料	殘料	discard
挤压成型	擠製成形	extrusion forming
挤压垫	隔塊	dummy block
挤压杆	擠製椿，擠製桿	extrusion ram, extrusion stem
挤压力	擠製壓力	extrusion pressure
挤压模	擠製模	extrusion die
挤压模角	擠製模錐角	extrusion die cone angle
挤压死区	擠製死角滯區	dead zone in extrusion
挤压速度	擠製速度	extrusion speed
挤压缩尾	擠製漏斗	extrusion funnel
挤压筒	容器	container
挤压脱水	擰擠脱水，壓浸瀝	squeeze dehydration, press leaching
挤压针(=穿孔针)		
脊形波导激光二极管	脊形波導雷射二極體	ridge waveguide laser diode
脊柱矫形材料	脊柱融合[術]生物材	biomaterials in spinal fusion
计算材料学	計算材料科學	computational materials science
计算机断层扫描术	電腦斷層攝影術	computer tomography
计算机仿真(=计算机模拟)		
计算机建模	電腦建模	computer modeling
计算机模拟	電腦模擬	computer simulation
记忆合金支架	記憶合金支架	memory alloy stent
记忆效应自膨胀支架(=记忆合金支架)		
加成硫化型硅橡胶	添加型火煅矽氧橡膠，添加型硫化矽氧橡膠	addition vulcanized silicone rubber
加成型硅橡胶	添加型矽氧橡膠	addition type silicone rubber
加工软化	加工軟化	work softening
加工铜合金(=变形铜合金)		
加工硬化	加工硬化	work hardening

大陆名	台湾名	英文名
加工硬化指数	應變硬化指數	strain hardening exponent
加捻	加撚，扭轉[作用]	twisting
加气混凝土	充氣混凝土	gas concrete
加速大气老化	加速風化	accelerated weathering
加速老化	加速老化	accelerated aging
加速冷却	加速冷卻[作用]	accelerated cooling, AC
加压淬火	加壓硬化，模硬化	press hardening, die hardening
加压熔浸	加壓溶滲，加壓熔滲	infiltration by pressure
加脂	乳狀加脂	fatliquoring
夹层玻璃	積層玻璃	laminated glass
夹层模塑	夾心模製	sandwich molding
夹痕	夾痕	chuck mark
夹砂	夾砂	sand inclusion
夹丝玻璃	夾網玻璃	wired glass
夹心板	三夾板	sandwich board
夹芯混杂复合材料	夾心混成複材	sandwich hybrid composite
夹杂物(=内含物)		
镓反位缺陷	鎵反位缺陷	gallium antisite defect
镓空位	鎵空位	gallium vacancy
镓铝砷	砷化鎵鋁	aluminium gallium arsenide
镓砷磷	磷砷化鎵	gallium arsenide phosphide
镓铟磷	磷化銦鎵	galium indium phosphide
镓铟铝氮	氮化銦鎵鋁	aluminium gallium indium nitride
镓铟砷	砷化銦鎵	gallium indium arsenide
镓铟砷磷	磷砷化銦鎵	gallium indium arsenide phosphide
镓铟砷锑	銻砷化銦鎵	gallium indium arsenide antimonide
甲硅烷	單矽烷	monosilane
甲基苯基硅油	甲基苯基矽氧油	methyl phenyl silicone oil
甲基丙烯酸甲酯–丁二烯–苯乙烯共聚物	甲基丙烯酸甲酯丁二烯苯乙烯共聚體	methylmethacrylate-butadiene-styrene copolymer
甲基丙烯酸甲酯–丁二烯–苯乙烯共聚物	甲基丙烯酸甲酯丁二烯苯乙烯共聚體	methylmethacrylate-butadiene-styrene copolymer, MBS
甲基硅橡胶	甲基矽氧橡膠	methyl silicone rubber
甲基含氢硅油	甲基氫矽氧油	methyl hydrogen silicone oil
甲基铝氧烷	甲基鋁氧烷	methylaluminoxane, MAO
甲基氢二氯硅烷	甲基氫二氯矽烷	methyl-hydrogen-dichlorosilane
甲基三氯硅烷	甲基三氯矽烷	methyl trichlorosilane
甲基纤维素	甲基纖維素	methyl cellulose, MC
甲基乙烯基硅橡胶	甲基乙烯基矽氧橡膠	methyl vinyl silicone rubber

大　陆　名	台　湾　名	英　文　名
甲基乙烯基三氟丙基硅橡胶	甲基乙烯基三氟丙基矽氧橡膠	methyl vinyl trifluoropropyl silicone rubber
钾长石	鉀長石	potassium feldspar
钾盐	鉀鹽	sylvite
假捻	假撚	false twisting
假捻变形丝	假撚締捲紗	false-twist textured yarn
假捻定型变形丝	假撚定型締捲紗	false-twist stabilized textured yarn
假捻度	假撚度	degree of false twisting
假塑性流体	擬塑性流體	pseudoplastic fluid
假体	義肢	prosthesis
架状硅酸盐结构	框架狀矽酸鹽結構	framework silicate structure
尖晶石	尖晶石	spinel
间规聚苯乙烯	間規聚苯乙烯	syndiotactic polystyrene, SPS
间规聚丙烯	間規聚丙烯	syndiotactic polypropylene, SPP
间规聚合物(=间同立构聚合物)		
间接还原	間接還原	indirect reduction
间接脱氧(=扩散脱氧)		
间接跃迁型半导体材料	間接躍遷型半導體材料	indirect transition semiconductor materials
间同立构聚合物	間規聚合體	syndiotactic polymer
间隙固溶强化	填隙固溶強化，置換型[固]溶體強化	interstitial solid solution strengthening, substitutional solution strengthening
间隙固溶体	填隙固溶體	interstitial solid solution
间隙化合物	填隙化合物	interstitial compound
间隙原子	填隙原子	interstitial atom
减反射玻璃	抗反射玻璃	anti-reflective glass
减磨铸铁(=耐磨铸铁)		
减水剂	減水摻合物	water reducing admixture
减振合金	制震合金，阻尼合金	damping alloy
减振铜合金	制震銅合金，阻尼銅合金	damping copper alloy
减振锌合金	制震鋅合金，阻尼鋅合金	damping zinc alloy
剪切	剪切[作用]	shearing
剪切模量	剪切模數	shear modulus
剪切黏度(=切黏度)		
剪切速率	剪切速率	shear rate
剪切稀化	剪切稀化	shear thinning
剪切增稠	剪切增稠	shear thickening
简支梁冲击强度	沙丕衝擊強度	Charpy impact strength

大陆名	台湾名	英文名
碱脆	鹼脆，鹼脆性	caustic embrittlement, alkali embrittlement
碱回收	鹼回收	alkali recovery
碱激发矿渣胶凝材料	鹼活化爐渣膠結材，鹼活化爐渣水泥材	alkali-activated slag cementitious materials
碱热处理活化改性	鹼性熱處理生物活化改質	bioactivation modification by alkaline-heat treatment
碱式硫酸镁晶须增强体	鹼性硫酸鎂鬚晶強化體	basic magnesium sulfate whisker reinforcement
碱洗	鹼洗	alkali cleaning
碱性焊条	①鹼性銲條 ②鹼性電極	basic electrode
碱性耐火材料	鹼性耐火材	basic refractory
碱性渣	鹼性渣	basic slag
建白(=德化白瓷)		
建筑玻璃	建築用玻璃	architectural glass
建筑钢	建築用鋼	building steel
建筑陶瓷	建材用陶瓷，營建用陶瓷	ceramics for building material, construction ceramics
润滑剂	潤滑劑	lubricant
溅射沉积	濺射沈積	sputtering deposition
溅射清洗	濺射清潔	sputtering cleaning
溅渣护炉	濺渣護爐	slag splashing
键合技术	黏合技術	bonding technique
键合界面	鍵結界面，結合界面	bonding interface
键合金丝	金接線	gold bonding wire
键合晶片	黏合晶片	bonded wafer
键能	鍵能	bond energy
浆料法预浸料	漿料預浸料	slurry prepreg
浆粕增强体	紙漿強化體	pulp reinforcement
降冰片烯封端聚酰亚胺	降莰烯酐終端化聚醯亞胺	norbornene anhydride-terminated polyimide
降解	降解	degradation
降速蒸发区	減速蒸發	vaporization with decreasing velocity
交变应力	交替應力，反覆應力	alternating stress
交滑移	交叉滑動	cross-slip
交换耦合	交換耦合	exchange coupling
交换弹簧永磁体(=纳米晶复合永磁体)		
交换作用	交換交互作用	exchange interaction

大　陆　名	台　湾　名	英　文　名
交联	交聯化	crosslinking
交联丁基橡胶	交聯丁基橡膠	crosslinked butyl rubber
交联度	交聯度，網絡密度	degree of crosslinking, network density
交联剂	交聯劑	crosslinking agent
交联聚合物	交聯聚合體	crosslinked polymer
交联聚乙烯	交聯聚乙烯	crosslinked polyethylene
交流电解着色	脈衝電流電解著色	pulse current electrolytic coloring
交络丝	交織絲，糾纏紗	interlaced yarn, tangled yarn
交替丁腈橡胶	腈丁二烯交替共聚合體橡膠	nitrile-butadiene alternating copolymer rubber
交替共聚物	交替共聚體	alternating copolymer
交直流叠加阳极氧化	交流疊加直流陽極處理	anodizing using alternating-current superimposed direct-current
浇口杯	澆口杯，澆盆，澆槽	pouring cup, pouring basin
浇注成型(=注浆成型)		
浇注系统	澆注系統	casting gating system
浇注型聚氨酯橡胶	可澆注聚氨酯橡膠，可澆注聚氨酯彈性體	castable polyurethane rubber, castable polyurethane elastomer
浇铸温度	澆鑄溫度	pouring temperature
胶版印刷纸	平版印刷紙	offset printing paper
胶合板	合板	plywood
胶合板分层	合板剝層	plywood delamination
胶合板鼓泡	合板起泡，合板鼓凸	plywood blister, plywood bump
胶合板预压	合板預壓	plywood prepressing
胶合板组坯	合板組裝，合板疊層	plywood assembly, plywood layup
胶合木	膠合積層木材	glued laminated timber, glued laminated wood, glulam
胶合强度	鍵強度	bond strength
胶接(=黏接)		
胶接接头	黏結接點	adhesive joint
胶接体系	黏結接合系統	adhesive bonding system
胶瘤	填角料	fillet
胶膜	黏結膜	adhesive film
胶黏剂	黏結劑	adhesive
EVA 胶黏剂	乙烯乙酸乙烯酯共聚體黏著劑	ethylene-vinylacetate copolymer adhesive
胶凝材料	膠結材料	cementitious materials
胶凝剂	凝膠劑	gelling agent
胶态成型	膠態成形	colloidal forming

大　陆　名	台　湾　名	英　文　名
胶态注射成型	膠態射出成型	colloidal injection moulding
胶衣树脂	凝膠塗布樹脂	gel coated resin
胶原蛋白	膠原蛋白	collagen
胶原纤维	膠原[蛋白]纖維	collagen fiber
焦宝石	焦寶石	jiaobao stone
焦比	焦炭比	coke ratio
焦耳效应	焦耳效應	Joule effect
焦化(=炼焦)		
焦料	焦料	coke charge
焦绿石结构(=烧绿石结构)		
焦平面	焦平面	focal plane
焦烧	焦化[作用]	scorching
焦烧时间	焦化時間	scorching time
焦炭	焦炭	coke
角钢	角鋼	angle steel
角砾云母橄榄岩(=金伯利岩)		
角膜接触镜	隱形眼鏡	contact lens
角闪石类硅酸盐结构	角閃石矽酸鹽結構	amphibole silicate structure
角闪石岩	角閃石岩	hornblendite
角岩	角頁岩	hornfels
角状粉	角狀粉	angular powder
矫顽力	矯頑力，保磁力	coercive force
矫形器	矯正器[具]	orthosis
矫直	矯直	straightening
搅拌摩擦焊	摩擦攪拌銲接	friction stir welding
搅拌磨	攪磨機	attrition mill
校形	校形，校正，尺度矯正	correcting, sizing
疖状腐蚀	瘤狀腐蝕	nodular corrosion
接触反应钎焊	接觸反應硬銲	contact reaction brazing
接触腐蚀(=电偶腐蚀)		
接触角	接觸角	contact angle
接触黏性	黏性	tack
接触疲劳	接觸疲勞	contact fatigue
接触疲劳磨损	接觸疲勞磨耗	contact fatigue wear
接触型胶黏剂	接觸黏著劑	contact adhesive
接缝密封胶	填縫黏著劑	gap-filling adhesive
接骨板	體內接骨板，體內固定板	internal fixation plate

大 陆 名	台 湾 名	英 文 名
接骨钉(=骨针)		
接骨丝	接骨線	bone wire
接枝点	接枝點	grafting site
接枝度	接枝度	grafting degree
接枝共聚物	接枝共聚體	graft copolymer
接枝胶原蛋白改性	接枝膠原蛋白改質	collagen grafted modification
接枝聚丙烯	接枝聚丙烯	graft polypropylene
接枝聚合物	接枝聚合體	graft polymer
接枝天然橡胶	接枝天然橡膠	grafted natural rubber
接枝效率	接枝效率	efficiency of grafting
洁净钢	清淨鋼	clean steel
洁净区	剝蝕區	denuded zone
结构材料	結構[用]材料	structural materials
结构复合材料	結構[用]複材	structural composite
结构钢	結構鋼	structural steel
结构胶黏剂	結構[用]黏著劑	structural adhesive
结构起伏	結構起伏	structural fluctuation
结构人造板	結構板	structural panel
结构陶瓷	結構陶瓷	structural ceramics
结构相变	結構性相變，結構性相轉換	structural phase transformation, structural phase transition
结构隐身复合材料	結構性隱形複材	structural stealth composite
结构阻尼复合材料	結構性阻尼複材	structural damping composite
结合胶	結合橡膠	bonded rubber
结合强度	鍵結強度，結合強度	bonding strength
结节强度	[纖維]結強度	knot tenacity
结晶	結晶[作用]	crystallization
结晶度	結晶度，結晶性	degree of crystallinity, crystallinity
结晶界面	結晶界面	crystallization interface
结晶聚合物	結晶型聚合體	crystalline polymer
结晶器液面控制	鋼液面高度控制	molten steel level control
结晶热	結晶熱	heat of crystallization
结晶温度区间	凝固溫度區間	solidification temperature region
结晶釉	結晶釉	crystalline glaze
结晶雨	結晶雨	crystal shower
结石收集器	結石收集器	stone dislodger
解聚	解聚合[作用]	depolymerization
解聚橡胶(=液体天然橡胶)		

大　陆　名	台　湾　名	英　文　名
解理断裂	解理破斷，劈裂破斷	cleavage fracture
解捻	解撚	untwisting
解取向	無取向，非取向	disorientation
解团聚	去團聚製程	deaggregating process
介电常数	介電常數	dielectric constant
介电弛豫	介電弛豫	dielectric relaxation
介电法固化监测	介電法固化監測	dielectric cure monitoring
介电击穿	介電崩潰	dielectric breakdown
介电松弛(=介电弛豫)		
介电损耗	介電損失	dielectric loss
介电损耗角正切	介電損耗角正切	tangent of dielectric loss angle
介电陶瓷	介電陶瓷	dielectric ceramics
介电体	介電[質]	dielectric
介电吸收	介電吸收	dielectric absorption
介电相位角	介電相位角	dielectric phase angle
介电应力	介電應力	dielectric stress
介观尺度	介觀尺度	mesoscale
介入材料	介入治療材料	intervention materials
介入放射学	介入治療放射學	interventional radiology
介质绝缘晶片	介電絕緣晶片	dielectric insulation wafer
介质色散率	色散介質	dispersion medium
界面	界面	interface
界面电子态	界面電子態	interface electronic state
界面反应	界面反應	interfacial reaction
界面聚合	界面聚合[作用]	interfacial polymerization
界面能	界面能	interfacial energy
界面缩聚	界面聚縮合[作用]	interfacial polycondensation
界面稳定性	界面穩定性	interface stability
界面自由能	界面自由能	interface free energy
金	金	gold
金伯利岩	金伯利岩	kimberlite
金瓷冠(=金属烤瓷冠)		
金刚石	金剛石	diamond
金刚石多晶薄膜	多晶鑽石薄膜	polycrystalline diamond film
金刚石复合刀具	鑽石複合切削工具	diamond composite cutting tool
金刚石复合合金	金屬接合鑽石	metal bonded diamond
金刚石结构	鑽石結構	diamond structure
金红石	金紅石	rutile
金红石晶体	金紅石晶體	rutile crystal

大　陆　名	台　湾　名	英　文　名
金红石型结构	金紅石結構	rutile structure
金基合金	金基合金	gold based alloy
金绿宝石	金綠寶石	chrysoberyl
金绿宝石猫眼	金綠寶石貓眼	chrysoberyl cat’s eye
金砂釉	砂金石釉，耀石英釉	aventurine glaze
金水	金水，金液	liquid gold
金相检查	金相檢查	metallographic examination
金相学	金相學	metallography
金云母	金雲母	phlogopite
金属–半导体–金属光电探测器	金屬–半導體–金屬光偵測器	metal-semiconductor-metal photo-detector
金属材料	金屬材料	metallic materials
金属沉淀法	金屬沈澱[法]，金屬析出[法]	metal precipitation
金属导电性	金屬導電率	metallic conductivity
金属电子论	金屬電子理論	electron theory of metal
金属分离膜	金屬分離透膜	metal separation membrane
金属复合耐火材料	耐高溫金屬複材	refractory metal composite
金属汞齐(=镉汞合金)		
金属过滤器	金屬濾材	metal filter
金属基复合材料	金屬基複材	metal matrix composite
[金属基复合材料]热压制备工艺	金屬基複材熱壓製程	hot pressing of metal matrix composite
金属基复合材料无压浸渗制备工艺	無壓滲入製作	pressureless infiltration fabrication
金属基复合材料预制带制备法	金屬基複材生胚帶製備法	metal matrix composite green tape preparation method
金属基复合材料预制丝制备法	金屬基複材前驅物製備法	metal matrix composite precursor preparation method
金属基复合材料原位复合工艺	臨場反應製作金屬基複材	metal matrix composite by in situ reaction
金属基复合材料增强体表面涂浸处理	金屬基複材強化體製備法	metal matrix composite reinforcement preparation method
金属基复合材料真空吸铸	金屬基複材真空吸鑄	vacuum suction casting of metal matrix composite
金属间化合物	介金屬化合物	intermetallic compound
金属键	金屬鍵	metallic bond
金属–金刚石合金(=金刚石复合合金)		

大　陆　名	台　湾　名	英　文　名
金属晶须增强体	金屬鬚晶強化體	metallic whisker reinforcement
金属烤瓷粉	陶瓷熔覆金屬牙冠	ceramic-fused-to-metal crown
金属烤瓷冠	金屬陶瓷牙冠	metal-ceramic crown
金属离子注入	金屬離子佈植	metallic ion implantation
金属络合离子电镀	金屬錯離子電鍍	metal complex ion electroplating
金属配合物发光材料	金屬錯合物發光材料	light emitting metal materials
金属氢化物	金屬氫化物	metal hydride
金属熔渗钨	金屬熔滲鎢	metal infiltrated tungsten
金属熔体	金屬熔體	metal melt
金属丝增强高温合金基复合材料	金屬絲強化超合金基複材	metal filament reinforced superalloy matrix composite
金属丝增强金属间化合物基复合材料	金屬絲強化介金屬化合物基複材	metal filament reinforced intermetallic compound matrix composite
金属丝增强难熔金属基复合材料	金屬絲強化耐高溫金屬基複材	metal filament reinforced refractory metal matrix composite
金属塑性	金屬塑性	plasticity of metal
金属陶瓷	金屬性陶瓷，陶金	metallic ceramics, cermet, ceramal
金属陶瓷法	金屬陶瓷技術	metal ceramic technique
金属/陶瓷粒子复合电镀	金屬/陶瓷複合電鍍	metal/ ceramic composite electroplating
金属物理学	金屬物理學	metal physics
金属纤维增强体	金屬絲強化[體]	metal filament reinforcement
金属型燃料	金屬類型燃料	metallic fuel
金属型铸造	永久模鑄	permanent mold casting
金属学(=物理冶金[学])		
金属颜料	金屬[性]顏料	metallic pigment
金属永磁体	金屬基磁石	metal based magnet
金属有机高分子	有機金屬巨分子	organometallic macromolecule
金属有机化合物	金屬有機化合物	metalorganic compound
金属有机化合物气相外延	金屬有機氣相磊晶術	metalorganic vapor phase epitaxy, MOVPE
金属有机化合物原子层外延	金屬有機原子層磊晶術	metalorganic atomic layer epitaxy
金属有机源分子束外延	金屬有機分子束磊晶術	metalorganic molecular beam epitaxy, MOMBE
金属有机源	金屬有機源	metalorganic source
金属主盐	主金屬鹽	main metal salt
紧凑带钢生产	緊湊型金屬帶生產	compact strip production
堇青石	堇青石	cordierite

大 陆 名	台 湾 名	英 文 名
锦玻璃	馬賽克玻璃	mosaic glass
锦纶(=脂肪族聚酰胺纤维)		
锦纶 4 纤维(=聚丁内酰胺纤维)		
锦纶 6 纤维(=聚己内酰胺纤维)		
锦纶 66 纤维(=聚己二酰己二胺纤维)		
近表面层	近表面層	near surface layer
近程分子内相互作用	短程分子內交互作用	short-range intramolecular interaction
近程结构	短程結構	short-range structure
近红外伪装材料	近紅外線偽裝材料	near-infrared camouflage materials
近净成形	近淨型成形	near-net shape forming
近快速凝固	近快速凝固	near rapid solidification
近平衡凝固	近平衡凝固	near-equilibrium solidification
近 α 钛合金	近 α 鈦合金	near α titanium alloy
近 β 钛合金	近 β 鈦合金	near β titanium alloy
浸出	浸濾	leaching
浸出率	瀝浸率	leaching rate
浸灰	浸[石]灰法，加石灰處理	liming
浸料树脂流动度	預浸體樹脂流動[度]	resin flow of prepreg
浸润层	潤濕層	wetting layer
浸酸	浸酸	pickling
浸涂	浸漬塗層，浸鍍	dip coating
浸渍	浸漬	impregnation
浸渍法	溶滲製程，熔滲製程	infiltration process
浸渍法成型	溶滲成形，熔滲成形	infiltration forming
浸渍胶膜纸覆面人造板	熱固樹脂浸漬紙覆面木質板	surface decorated wood based panel with paper impregnated thermosetting resin
浸渍纸	浸漬紙，飽和紙	saturating paper
浸渍纸板	浸漬紙板，飽和紙板	saturating paper board
浸渍纸层压木质地板	積層地板[材料]	laminate flooring
经典层合板理论	積層板理論	laminated plate theory
经济型不锈钢	資源節約型不鏽鋼	resource-saving stainless steel
经济型高速钢(=低合金高速钢)		
经皮器件	經皮器具	percutaneous device

大陆名	台湾名	英文名
经验势函数	原子間位能經驗函數	empirical interatomic potential function
茎纤维(=韧皮纤维)		
晶胞	[結晶]晶胞	crystal cell
晶格	晶格	lattice
晶格反演	晶格反轉	lattice inversion
晶格畸变	晶格畸變	lattice distortion
晶格失配	晶格失配	lattice mismatch
晶核	晶核	crystal nucleus
晶间断裂(=沿晶断裂)		
晶间腐蚀	粒間腐蝕，沿晶腐蝕	intergranular corrosion
晶间开裂	沿晶破裂，晶間破裂	intercrystalline crack
晶界	晶界	grain boundary
晶界层电容器陶瓷	晶界層電容器陶瓷	grain boundary layer capacitor ceramics
晶界能	晶界能	grain boundary energy
晶界散射	晶界散射	grain boundary scattering
晶粒	晶粒	grain
晶粒长大	晶粒成長	grain growth
晶粒大小测量	晶粒大小量測法	grain size measure
晶粒细化	晶粒細化	grain refinement
晶粒细化强化	晶粒細化強化[作用]	grain refinement strengthening
晶粒增殖	晶粒增殖	grain multiplication
晶面	晶面，晶體表面	crystal plane, crystal face
晶面交角守恒定律	晶面交角守恆定律	conservation law of crossing angle of crystal plane
晶面指数(=米勒指数)		
晶内铁素体	晶粒內肥粒體	intragranular ferrite
晶片厚度	切片厚度	thickness of slice
晶片机械强度	晶片機械強度	mechanical strength of slice
晶体	晶體	crystal
晶体材料	結晶材料	crystalline materials
晶体场理论	晶體場理論	crystal-field theory
晶体的对称性	晶體對稱性	symmetry of crystal
晶体点阵(=晶格)		
晶体各向异性	晶體異向性	anisotropy of crystal
晶体结构	晶體結構	crystal structure
晶体结合力	晶體內聚力	cohesive force of crystal
晶体结合能	晶體內聚能	cohesive energy of crystal
晶体缺陷	晶體缺陷	crystal defect
晶体生长	晶體成長	crystal growth

大　陆　名	台　湾　名	英　文　名
晶体塑性模型	晶體塑性模型	crystal plastic model
晶体纤维(=单晶光纤)		
晶体原生凹坑	晶體源生微坑	crystal originated pit, COP
晶系	晶系	crystal system
晶向	晶向	crystal direction
晶向偏离	晶向偏離	off-orientation
晶型转变热	多型態轉變熱	heat of polymorphic transformation
晶须	鬚晶	whisker
晶须补强陶瓷基复合材料	鬚晶強化陶瓷基複材	whisker reinforced ceramic matrix composite
晶须增强金属基复合材料	鬚晶強化金屬基複材	whisker reinforced metal matrix composite
晶须增强体	鬚晶強化體	whisker reinforcement
晶质铀矿	瀝青鈾礦	uraninite
晶种	晶種，種晶	seed crystal
腈硅橡胶	腈矽氧橡膠	nitrile silicone rubber
腈氯纶(=丙烯腈–氯乙烯共聚纤维)		
腈纶(=聚丙烯腈纤维)		
精炼	精煉，精製，二次冶煉	refining, secondary metallurgy
精密电阻合金	精密電阻合金	precision electrical resistance alloy
精密模锻	精密模鍛	precision die forging
精陶	精陶	fine pottery
精细陶瓷	精密陶瓷	fine ceramics
精油	精油，揮發油	essential oil, volatile oil
精整	精整，最後加工，篩選	finishing, sizing
肼–甲醛胶乳	聯胺–甲醛乳膠	hydrazine-formaldehyde latex
颈缩记录	頸縮	necking
景泰蓝	景泰藍	cloisonne
净面	淨面[作用]	cleaning
净载流子浓度	淨載子濃度	net carrier concentration
径切面	徑向截面	radial section
径向电阻率变化	徑向電阻率變異	radial resistivity variation
径向锻造	徑向鍛造	radial forging
竞聚率	反應速率常數比	reactivity ratio
静电纺丝(=电纺丝)		
静电粉末喷涂	粉體靜電噴塗法	powder electrostatic spraying
静电流化床浸涂	靜電流體床浸塗裝	electrostatic fluidized bed dipping painting

大陆名	台湾名	英文名
静电喷涂	靜電噴塗	electrostatic spraying
静电射线透照术	乾式放射攝影術，靜電放射攝影術	xeroradiography
静脉滤器	靜脈濾器	vein filter
静态回复	靜態回復	static recovery
静态黏弹性	靜態黏彈性	static viscoelasticity
静态应变时效	靜態應變時效，靜態應變老化	static strain aging
静态再结晶	靜態再結晶	static recrystallization
静压头	靜壓頭	static pressure head
静液挤压	靜液壓擠製	hydrostatic extrusion
静置	靜置	holding
镜面光泽度	鏡面光澤度	degree of specular gloss
居里定律	居里定律	Curie law
居里温度	居里溫度	Curie temperature
局部腐蚀	局部腐蝕	localized corrosion
局部光散射体	局部光散射點，表面光點缺陷	localized light-scatterer, LLS
局部纳米晶铝合金	局部奈米晶鋁合金	local nanocrystalline aluminum alloy
局部平整度	部位平整度	site flatness
局部热处理	局部熱處理	partial heat treatment, local heat treatment
橘皮	橘皮	orange peel
矩磁铁氧体	矩形迴路鐵氧磁石	rectangular loop ferrite
巨磁电阻半导体	巨磁阻半導體	giant magnetoresistance semiconductor
巨磁电阻材料	巨磁阻材料	giant magnetoresistance materials, GMR materials
巨磁电阻效应	巨磁阻效應	giant magnetoresistance effect
拒水剂	撥水劑	water repellent agent
锯材	鋸材	sawed timber, sawn timber
聚氨基甲酸酯(=聚氨酯)		
聚氨酯	聚氨酯	polyurethane
聚氨酯胶黏剂	聚氨酯黏著劑	polyurethane adhesive
聚氨酯密封胶	聚氨酯封膠	polyurethane sealant
聚氨酯泡沫塑料	聚氨酯發泡材	polyurethane foam
聚氨酯树脂基复合材料	聚氨酯樹脂複材	polyurethane resin composite
聚氨酯涂料	聚氨酯塗層	polyurethane coating

大 陆 名	台 湾 名	英 文 名
聚氨酯纤维	聚氨酯纖維	polyurethane fiber
聚氨酯橡胶	聚氨酯橡膠	polyurethane rubber
聚倍半硅氧烷	聚矽倍半氧烷	polysilsesquioxane
聚苯	聚苯，聚伸苯	polyphenylene
聚苯胺	聚苯胺	polyanilene
聚苯并噁唑	聚苯并噁唑	polybenzoxazole, PBO
聚苯并噁唑纤维增强体	聚苯并噁唑纖維強化體	polybenzoxazole fiber reinforcement
聚苯并咪唑	聚苯并咪唑	polybenzoimidazole, PBI
聚苯并咪唑基复合材料	聚苯并咪唑複材	polybenzimidazole composite
聚苯并咪唑纤维	聚苯并咪唑纖維	polybenzimidazole fiber
聚苯并咪唑纤维增强体	聚苯并咪唑纖維強化體	polybenzimidazole fiber reinforcement
聚苯并咪唑酰亚胺	聚苯并咪唑醯亞胺	poly(benzimidazole-imide)
聚苯并噻唑	聚苯并噻唑	polybenzothiazole, PBT
聚苯并噻唑纤维增强体	聚苯并噻唑纖維強化體	polybenzothiazole fiber reinforcement
聚苯硫醚	聚苯硫醚，聚伸苯硫醚	polyphenylene sulfide, PPS
聚苯硫醚基复合材料	聚苯硫醚複材，聚伸苯硫醚複材	polyphenylene sulfide composite
聚苯醚	聚苯醚，聚伸苯醚	polyphenyleneoxide, PPO
聚苯乙烯	聚苯乙烯	polystyrene, PS
聚苯乙烯纤维	聚苯乙烯纖維	polystyrene fiber
聚吡咯	聚吡咯	polypyrrole
聚变堆	[核]融合反應器	fusion reactor
聚变堆材料	[核]融合反應器材料	fusion reactor materials
聚变堆绝缘材料	[核]融合反應器阻絕體材料	insulator materials of fusion reactor
聚变堆冷却剂材料	融合反應器冷卻劑材料	coolant materials of fusion reactor
聚变堆用超导材料	融合反應器用超導材料	superconducting material for fusion reactor
聚变堆用磁体材料	融合反應器用磁性材料	magnet materials for fusion reactor
聚变核燃料	[核]融合燃料	fusion fuel
聚丙烯	聚丙烯	polypropylene, PP
聚丙烯基复合材料	聚丙烯複材	polypropylene composite
聚丙烯腈基碳纤维增强体	聚丙烯腈基碳纖維強化體	polyacrylonitrile based carbon fiber reinforcement
聚丙烯腈纤维	聚丙烯腈纖維	polyacrylonitrile fiber

大　陆　名	台　湾　名	英　文　名
聚丙烯腈预氧化纤维	聚丙烯腈預氧化纖維	polyacrylonitrile preoxidized fiber
聚丙烯酸钠	聚丙烯酸鈉	sodium polyacrylate
聚丙烯酸锌水门汀(=聚羧酸锌水门汀)		
聚丙烯酸酯纤维	聚丙烯酸酯纖維	polyacrylate fiber
聚丙烯酸酯橡胶	聚丙烯酸酯橡膠	polyacrylate rubber
聚丙烯纤维	聚丙烯纖維	polypropylene fiber
聚丙烯纤维增强体	聚丙烯纖維強化體	polypropylene fiber reinforcement
聚丙烯酰胺	聚丙烯醯胺	polyacrylamide
聚电解质	聚合電解質	polyelectrolyte
聚丁二烯橡胶	聚丁二烯橡膠	polybutadiene rubber
1, 2-聚丁二烯橡胶(=乙烯基聚丁二烯橡胶)		
聚丁内酰胺纤维	聚丁內醯胺纖維	polybutyrolactam fiber
聚对苯二甲酸丙二酯	聚對苯二甲酸丙二酯	polypropylene terephthalate, PTT
聚对苯二甲酸丙二酯纤维	聚對苯二甲酸三亞甲基酯纖維	polytrimethylene terephthalate fiber
聚对苯二甲酸丁二酯	聚對苯二甲酸丁二酯	polybutyleneterephthalate, PBT
聚对苯二甲酸丁二酯纤维	聚對苯二甲酸丁二酯纖維	polybutyleneterephthalate fiber
聚对苯二甲酸乙二酯	聚對苯二甲酸乙二酯，聚對酞酸乙二酯	polyethylene terephthalate, PET
聚对苯二甲酸乙二酯-3,5-二甲酸二甲酯苯磺酸钠共聚纤维	對苯二甲酸乙二酯–3,5-二甲基磺酸異酞酸鈉共聚纖維	ethylene terephthalate-3, 5-dimethyl sodium sulfoisophthalate copolymer fiber
聚对苯二甲酸乙二酯纤维	聚對苯二甲酸乙二酯纖維，聚對酞酸乙二酯纖維	polyethylene terephthalate fiber
聚对苯二甲酰对苯二胺纤维	聚對伸苯基對苯二胺纖維	poly(*p*-phenylene terephthalamide)fiber
聚对苯二甲酰三甲基己二胺	聚對苯二甲醯六亞甲基三甲基酯	polytrimethyl hexamethylene terephthalamide
聚对苯甲酰胺纤维	聚對苯甲醯胺纖維	poly(*p*-benzamide) fiber
聚对苯硫醚纤维	聚對伸苯基硫化物纖維	poly(*p*-phenylene sulfide) fiber
聚对二甲苯	聚對二甲苯	poly(*p*-xylylene)
聚对羟基苯甲酸	聚對羥基苯甲酸	poly(*p*-hydroxybenzoic acid)
聚对亚苯基苯并双噁	聚對伸苯基苯雙噁唑	poly(*p*-phenylene benzobisoxazole)

大 陆 名	台 湾 名	英 文 名
唑纤维	纖維	fiber
聚对亚苯基苯并双噻唑纤维	聚對伸苯基苯雙噻唑纖維	poly(*p*-phenylene benzobisthiazole) fiber
聚二甲基硅氧烷	聚二甲基矽氧烷	polydimethylsiloxane
聚芳砜	聚芳基碸	polyarylsulfone, PASF
聚芳醚酮	聚芳基醚酮	polyaryletherketone, PAEK
聚芳醚酮基复合材料	聚芳基醚酮複材	polyaryletherketone composite
聚芳酰胺浆粕增强体	芳香族聚醯胺漿料強化體	aromatic polyamide pulp reinforcement
聚芳酰胺浆粕增强体	聚芳胺漿料強化體	polyaromatic amide pulp reinforcement
聚芳酰胺纤维增强体	聚芳胺纖維強化體	polyaromatic amide fiber reinforcement
聚芳杂环纤维增强体	聚芳雜環纖維強化體	polyaromatic heterocyclic fiber reinforcement
聚芳酯纤维(=芳香族聚酯纤维)		
聚芳酯纤维增强体	聚芳酯纖維強化體	polyaromatic ester fiber reinforcement
聚酚醛纤维增强体	聚酚醛纖維強化體	polyphenol-aldehyde fiber reinforcement
聚砜(=双酚 A 聚砜)		
聚砜基复合材料	聚碸複材	polysulfone composite
聚氟乙烯	聚氟乙烯	polyvinyl fluoride, PVF
聚硅氮烷	聚矽氮烷	polysilazane
聚硅基印模材料	聚矽氧基印模材料	silicone based impression materials
聚硅碳烷	聚碳矽烷	polycarbosilane
聚硅烷	聚矽烷	polysilane
聚硅氧烷	聚矽氧烷	polysiloxane
聚合	聚合[作用]	polymerization
聚合度	聚合[作用]度	degree of polymerization, DP
聚合极限温度(=聚合最高温度)		
聚合物	聚合體	polymer
聚合物半导体材料	聚合體半導體材料	polymer semiconductor materials
聚合物电致发光材料	聚合體發光材	polymer light emitting materials
聚合物共混物	聚合體混合物，聚摻合物	polymer blend, polyblend
聚合物混凝土	聚合體混凝土，混凝土聚合體材料	polymer concrete, concrete-polymer materials
聚合物基复合材料	聚合體基複材	polymer matrix composite
聚合物加工	聚合體加工	polymer processing
聚合物浸渍混凝土	聚合體浸漬混凝土	polymer impregnated concrete

大 陆 名	台 湾 名	英 文 名
聚合物 LB 膜	聚合體 LB 膜，聚合體朗謬–布洛傑膜	polymeric Langmuir-Blodgett film
聚合物/无机层状氧化物复合材料	聚合體/插入層狀無機氧化物複材	polymer/intercalated layered inorganic oxide composite
聚合物/无机层状氧化物纳米复合材料	聚合體/無機層狀氧化物奈米複材	polymer/inorganic layered oxide nanocomposite
聚合型稳定剂(=反应性稳定剂)		
聚合最高温度	聚合最高溫度，聚合上限溫度	ceiling temperature of polymerization
聚环氧乙烷纤维	聚環氧乙烷纖維	polyethylene oxide fiber
聚集态结构(=超分子结构)		
聚己二酰己二胺纤维	聚六亞甲己二醯胺纖維	polyhexamethylene adipamide fiber
聚己内酰胺纤维	聚己內醯胺纖維	polycaprolactam fiber
聚甲基丙烯酸甲酯	聚甲基丙烯酸甲酯	polymethylmethacrylate, PMMA
聚甲基丙烯酸甲酯模塑料	聚甲基丙烯酸甲酯模製材料	polymethylmethacrylate molding materials
聚 4-甲基-1-戊烯	聚 4-甲基 1-戊烯	poly(4-methyl-1-pentene)
聚甲醛	聚甲醛	polyoxymethylene
聚甲醛树脂基复合材料	聚甲醛複材	polyformaldehyde composite
聚甲醛纤维	聚甲醛纖維	polyoxymethylene fiber, polyformalolehyole fiber
聚间苯二甲酸二烯丙酯	聚間苯二甲酸二烯丙酯	polydiallylisophthalate, DAIP
聚间苯二甲酰间苯二胺纤维	聚間苯二甲醯間苯二胺纖維	poly(*m*-phenylene isophthalamide) fiber
聚晶金刚石	多晶鑽石密實體	polycrystalline compact diamond
聚(卡硼烷硅氧烷)(=聚(碳硼烷硅氧烷))		
聚喹噁啉基复合材料	聚喹喔啉複材	polyquinoxaline composite
聚邻苯二甲酸二烯丙酯	聚苯二甲酸二烯丙酯	polydiallylphthalate, PDAP
聚硫基印模材料	聚硫基印模材料	polysulfide based impression materials
聚硫密封胶	聚硫封膠	polysulfide sealant
聚硫橡胶	聚硫橡膠	polysulfide rubber
聚硫橡胶印模材料(=聚硫基印模材料)		

大 陆 名	台 湾 名	英 文 名
聚氯乙烯	聚氯乙烯	polyvinyl chloride, PVC
聚氯乙烯薄膜覆面人造板	聚氯乙烯膜覆面木質板	surface decorated wood based panel with polyvinyl chloride film
聚氯乙烯糊	聚氯乙烯膏	polyvinyl chloride paste, PVCP
聚氯乙烯基复合材料	聚氯乙烯複材	poly(vinyl chloride) composite
聚氯乙烯纤维	聚氯乙烯纖維	poly(vinyl chloride) fiber
聚醚	聚醚	polyether
聚醚砜	聚醚碸	polyethersulfone, PESF
聚醚砜基复合材料	聚醚碸複材	polyethersulfone composite
聚醚砜酮	聚醚碸酮	polyether sulfoneketone, PESK
聚醚改性硅油	聚醚改質矽氧油	polyether-modified silicone oil
聚醚基印模材料	聚醚基壓印材料	polyether based impression materials
聚醚醚酮	聚醚醚酮	polyetheretherketone, PEEK
聚醚醚酮酮	聚醚醚酮酮	polyetheretherketoneketone, PEEKK
聚醚醚酮纤维	聚醚醚酮纖維	polyetheretherketone fiber
聚醚醚酮纤维增强体	聚醚醚酮纖維強化體	polyetheretherketone fiber reinforcement
聚醚酮	聚醚酮	polyetherketone, PEK
聚醚酮醚酮酮	聚醚酮醚酮酮	polyetherketoneetherketoneketone, PEKEKK
聚醚酮酮	聚醚酮酮	polyetherketoneketone, PEKK
聚醚酰亚胺	聚醚醯亞胺	polyetherimide, PEI
聚醚酰亚胺树脂基复合材料	聚醚醯亞胺樹脂複材	polyetherimide resin composite
聚醚酰亚胺纤维	聚醚醯亞胺纖維	polyetherimide fiber
聚醚橡胶印模材料(=聚醚基印模材料)		
聚醚酯弹性纤维	聚醚酯彈性纖維	polyether ester elastic fiber
聚 2,6-萘二甲酸乙二酯纤维	聚 2,6-萘二甲酸乙二酯纖維	poly(ethylene-2,6-naphthalate) fiber
聚偏二氟乙烯	聚二氟亞乙烯	poly(vinylidene fluoride), PVDF
聚偏二氯乙烯	聚二氯亞乙烯	Poly(vinylidene chloride), PVDC
聚偏二氯乙烯纤维	聚二氯亞乙烯纖維	poly(vinylidene chloride) fiber
聚噻吩	聚噻吩	polythiophene
聚三氟氯乙烯	聚氯三氟乙烯	polychlorotrifluoroethylene, PCTFE
聚十二内酰胺(=聚酰胺-12)		
聚四氟乙烯	聚四氟乙烯	polytetrafluoroethylene, PTFE
聚四氟乙烯基复合	聚四氟乙烯複材	polytetrafluoroethylene composite

大 陆 名	台 湾 名	英 文 名
材料		
聚四氟乙烯纤维	聚四氟乙烯纖維	polytetrafluoroethylene fiber
聚四氟乙烯纤维增强体	聚四氟乙烯纖維強化體	polytetrafluoroethylene fiber reinforcement
聚四氢呋喃(=四氢呋喃均聚醚)		
聚羧酸锌水门汀	聚羧酸鋅水泥	zinc polycarboxylate cement
聚缩醛纤维	聚縮醛纖維	polyacetal fiber
聚(碳硼烷硅氧烷)	聚碳硼烷矽氧烷	polycarboranesiloxane
聚碳酸酯(=双酚 A 聚碳酸酯)		
聚烯烃纤维	聚烯烴纖維	polyolefin fiber
聚烯烃纤维增强体	聚烯烴纖維強化體	polyolefin fiber reinforcement
聚烯烃型热塑性弹性体	烯烴熱塑性彈性體	olefinic thermoplastic elastomer
聚酰胺	聚醯胺	polyamide, PA
聚酰胺-6	聚醯胺-6	polyamide-6
聚酰胺-66	聚醯胺-66	polyamide-66
聚酰胺-12	聚十二[基]內醯胺	polylauryllactam
聚酰胺-1010	聚癸亞甲基癸二胺	polydecamethylene sebacamide
聚酰胺纤维	聚醯胺纖維	polyamide fiber
聚酰胺纤维增强体	聚醯胺纖維強化體	polyamide fiber reinforcement
聚酰胺酰亚胺	聚醯胺醯亞胺	polyamide-imide, PAI
聚酰胺–酰亚胺基复合材料	聚醯胺醯亞胺複材	polyamide-imide composite
聚酰胺酰亚胺纤维	聚醯胺醯亞胺纖維	polyamide-imide fiber
聚酰亚胺	聚醯亞胺	polyimide, PI
聚酰亚胺胶黏剂	聚醯亞胺黏著劑	polyimide adhesive
聚酰亚胺泡沫塑料	聚醯亞胺發泡體	polyimide foam
聚酰亚胺树脂基复合材料	聚醯亞胺樹脂複材	polyimide resin composite
聚酰亚胺纤维	聚醯亞胺纖維	polyimide fiber
聚酰亚胺纤维增强体	聚醯亞胺強化體	polyimide fiber reinforcement
聚氧亚乙基纤维(=聚环氧乙烷纤维)		
聚乙炔	聚乙炔	polyacetylene
聚乙烯	聚乙烯	polyethylene, PE
聚乙烯醇	聚乙烯醇	polyvinyl alcohol
聚乙烯醇缩丁醛	聚乙烯丁醛	polyvinyl butyral

大 陆 名	台 湾 名	英 文 名
聚乙烯醇缩丁醛胶膜	聚乙烯丁醛黏著膜	polyvinyl butyral adhesive film
聚乙烯醇缩甲醛	聚乙烯甲醛	polyvinyl formal, PVF
聚乙烯醇缩甲醛纤维	縮甲醛聚乙烯醇纖維	formalized polyvinyl alcohol fiber
聚乙烯醇缩乙醛	聚乙烯縮醛	polyvinyl acetal, PVA
聚乙烯醇纤维	聚乙烯醇纖維	polyvinyl alcohol fiber
聚乙烯蜡(=低分子量聚乙烯)		
聚乙烯纤维	聚乙烯纖維	polyethylene fiber
聚己内酯	聚己內酯	polycaprolactone, PCL
聚异丁烯橡胶	聚異丁烯橡膠	polyisobutylene rubber
聚异戊二烯橡胶	聚異戊二烯橡膠	polyisoprene rubber
聚酯树脂	聚酯樹脂	polyester resin
聚酯涂料	聚酯塗層	polyester coating
聚酯纤维	聚酯纖維	polyester fiber
聚酯纤维增强体	聚酯纖維強化體	polyester fiber reinforcement
聚酯酰亚胺	聚酯醯亞胺	polyesterimide
聚酯型热塑性弹性体	聚醚酯熱塑性彈性體	polyether ester thermoplastic elastomer
卷材	鋼捲	steel coil
卷曲度	捲曲度，捲曲指數	degree of crimp, crimp index
卷曲率(=卷曲度)		
卷曲数	皺褶數	number of crimp
卷绕丝	纏繞紗	winding yarn
卷绕速度	捲取速度	take-up velocity
卷绕张力	捲取張力	take-up tension
绢云母	絹雲母	sericite
绢云母片岩	絹雲母片岩	sericite schist
绢云母质瓷	絹雲母瓷	sericite porcelain
绝对稳定性	絕對穩定性	absolute stability
绝干材含水率(=全干材含水率)		
绝热变形	絕熱變形	adiabatic deformation
绝热去磁	絕熱去磁[作用]	adiabatic demagnetization
绝热燃烧温度	絶熱燃燒溫度	adiabatic combustion temperature
绝缘磁体	絕緣磁石	insulating magnet
绝缘复合材料	電絕緣複材	electrical insulation composite, insulating composite
绝缘体上硅	矽覆絕緣體	silicon on insulator, SOI
均苯型聚酰亚胺	聚苯四甲酸醯亞胺	polypyromellitimide, PPMI
均方根末端距	端距均方根	root mean square of end-to-end distance

大　陆　名	台　湾　名	英　文　名
均方回转半径	均方迴轉半徑	mean square radius of gyration
均方末端距	均方末端距	mean square end-to-end distance
Z 均分子量	Z 平均分子量，Z 平均莫耳質量，Z 平均相對分子質量	Z-average molecular weight, Z-average molar mass, Z-average relative molecular mass
均衡层合板	均衡積層板，平衡積層板	balanced laminate
均衡对称层合板	均衡對稱積層板，平衡對稱積層板	balanced-symmetric laminate
均衡非对称层合板	平衡非對稱積層板，均衡非對稱積層板	balanced-asymmetric laminate
均衡凝固	比例凝固	proportional solidification
均聚反应	同質聚合[作用]	homopolymerization
均聚物	同質聚合體	homopolymer
均聚型氯醚橡胶	同質聚合表氯醇橡膠	homopolymerized epichlorohydrin rubber
均染剂	均染劑	leveling agent
Z 均相对分子质量(=Z 均分子量)		
均相聚合	均質聚合[作用]	homogeneous polymerization
均匀变形	均勻變形	homogeneous deformation, uniform deformation
均匀腐蚀	均勻腐蝕，全面腐蝕，一般腐蝕	uniform corrosion, general corrosion
均匀化(退火)	均質化	homogenizing
均匀化热处理	均質化熱處理	homogenizing heat treatment
均匀结构硬质合金	均勻結構燒結碳化物	uniform structure cemented carbide
均匀伸长率	均勻伸長率	uniform elongation
均匀形核	均質成核	homogeneous nucleation
均质材料	均質材料	homogeneous materials
均质形核(=均匀形核)		
钧瓷	鈞瓷	jun porcelain
钧红釉	鈞紅釉	jun red glaze

K

大　陆　名	台　湾　名	英　文　名
卡环	卡環	clasp
开放系统	開放系統	open system
开环聚合	開環聚合[作用]	ring opening polymerization

大　陆　名	台　湾　名	英　文　名
开孔孔隙度	連通孔隙率	open porosity
开口气孔率(=显气孔率)		
开炼机	開放式混煉機，混合粉碎機	open mill, mixing mill
开坯锻造	大鋼坯鍛造	bloom forging
开式模锻	開模鍛造，開模鍛件	open die forging
凯芙拉	克維拉	Kevlar
凯芙拉 49	克維拉 49	Kevlar 49
康普顿散射	康普頓散射	Compton scattering
康铜	康史登銅，康史登銅合金	constantan, constantan alloy
糠醇树脂	糠醇樹脂	furfuryl alcohol resin
糠脲树脂	糠醇改質脲甲醛樹脂	furfuralcohol-modified urea formaldehyde resin
糠醛	糠醛	furfural
糠醛树脂	糠醛樹脂	furfural resin
糠酮树脂	丙酮糠醛樹脂	acetone furfural resin
抗层状撕裂钢(=Z 向钢)		
抗冲击剂(=增韧剂)		
抗臭氧剂	抗臭氧化劑	antiozonant
抗磁性	反磁性	diamagnetism
抗辐射纤维	抗輻射纖維	radiation-resistant fiber
抗腐蚀功能复合材料	抗蝕功能性複材	anticorrosive functional composite
抗龟裂剂	抗裂劑	anticracking agent
抗剪强度	剪切強度	shear strength
抗静电剂	抗靜電劑	antistatic agent
抗静电纤维	抗靜電纖維	antistatic fiber
抗菌不锈钢	抗菌不鏽鋼，抗生不鏽鋼	anti-bacterial stainless steel, antibiosis stainless steel
抗菌剂	抗菌劑，抗微生物劑	anti-bacterial, anti-microbial
抗菌陶瓷	抗菌陶瓷	anti-bacterial ceramics
抗菌性	抗菌性，抗真菌性，抗微生物性	bacterial resistance, fungus resistance, micro-organism resistance
抗菌性生物陶瓷	抗菌生物陶瓷	anti-bacterial bioceramics
抗拉强度	抗拉強度	tensile strength
抗硫酸盐水泥	抗硫酸鹽波特蘭水泥，抗硫水泥	sulphate resisting Portland cement
抗凝剂	抗凝劑	anticoagulant
抗凝血表面改性	抗凝血表面改質	anti-thrombogenetic surface

大　陆　名	台　湾　名	英　文　名
		modification
抗凝血高分子材料	抗凝血聚合體	anti-thrombogenetic polymer
抗凝血生物材料	抗凝血生物材料	anti-thrombogenetic biomaterials
抗扭强度	扭轉強度，抗扭強度	torsional strength
抗起球纤维	抗起毛球纖維	anti-pilling fiber
抗氢脆高温合金	抗氫脆超合金	anti-hydrogen embrittlement superalloy
抗燃纤维	防焰纖維	antiflame fiber
抗热腐蚀铸造高温合金	耐熱腐蝕鑄造超合金	hot corrosion resistant cast superalloy
抗热震性	抗熱震性	thermal shock resistance
抗日晒牢度剂	抗日曬牢固劑	antisolarization fastness agent
抗溶剂银纹性	抗溶劑裂隙性	solvent craze resistance
抗蠕变性	抗潛變性	creep resistance
抗烧蚀性	抗剝蝕[性]，耐剝蝕性	antiablation, ablation resistance
抗声呐复合材料	反聲納複材	anti-sonar composite
抗弯强度	抗彎強度	bending strength
抗微生物剂	生物滅除劑，除生物劑	biocide
抗微生物纤维	抗微生物纖維	anti-microbial fiber
抗细菌纤维	抗菌纖維	anti-bacterial fiber
抗下垂钨丝(=掺杂钨丝)		
抗压强度	抗壓強度	compressive strength
抗氧化钢	耐氧化鋼	oxidation-resistant steel
抗氧化高温合金	耐氧化超合金	oxidation-resistant superalloy
抗氧化剂(=抗氧剂)		
抗氧化碳/碳复合材料	抗氧化碳/碳複材	oxidation-resistant carbon/carbon composite
抗氧剂	抗氧化劑	antioxidant
抗银纹性	抗紋裂性	crazing resistance
抗渣性	抗渣性	slag resistance
抗震钢	耐衝擊鋼	shock-resisting steel
抗震钨丝(=耐震钨丝)		
抗中子辐射高温合金	抗中子輻射超合金	anti-neutron radiation superalloy
抗紫外线纤维	抗紫外線纖維	ultraviolet-resistant fiber
钪铁镓 1：6：6 型合金	鈧鐵鎵 1：6：6 型合金	scandium-iron-gallium 1：6：6 type alloy
拷贝纸	複印紙	copying paper
栲胶	丹寧萃取物	tannin extract, tanning extract
烤瓷	瓷	porcelain

大　陆　名	台　湾　名	英　文　名
烤瓷粉	陶瓷粉，瓷粉	ceramic powder, porcelain powder
烤瓷合金	陶瓷金屬合金	ceramic-metal alloy
烤瓷熔附金属全冠	瓷熔覆金屬牙冠	porcelain-fused-to-metal crown
烤花	彩燒	decorating firing
柯垂尔气团	柯瑞爾氣氛	Cottrell atmosphere
科恩–派尔斯失稳	科恩–皮爾斯不穩定性	Kohn-Peierls instability
科尔坦耐大气腐蚀钢	科騰耐候鋼	Corten steel
颗粒级配	顆粒分級	particle grading composition
颗粒弥散强化陶瓷	顆粒散布強化陶瓷	particle dispersion strengthened ceramics
颗粒增强金属基复合材料	顆粒強化金屬基複材	particulate reinforced metal matrix composite
颗粒增强聚合物基复合材料	顆粒填充聚合體複材	particulate filled polymer composite
颗粒增强钛合金	顆粒強化鈦合金	particle reinforced titanium alloy
颗粒增强体	顆粒強化體	particle reinforcement
颗粒增强铁基复合材料	顆粒強化鐵基複材	particulate reinforced iron matrix composite
颗粒状多晶硅	粒狀多晶矽	granular polysilicon
壳芯	殼芯	shell core
壳型铸造	殼模鑄造	shell mold casting
壳状凝固	殼狀凝固	shell solidification
可变光衰减器	可變光[學]衰減器	variable optical attenuator
可变形磁体(=可加工磁体)		
可锻化退火	展性化處理	malleablizing
可锻性	鍛造性	forgeability
可锻铸铁	展性鑄鐵，可鍛鑄鐵	malleable cast iron
可纺性	可紡性	spinability
可焊铝合金	可銲鋁合金	weldable aluminum alloy
可机械加工全瓷材料	可切削[加工]全陶瓷材料	machinable all-ceramic materials
可挤压性	可擠製性	extrudability
可加工磁体	可加工磁石	workable magnet
可见光半导体激光器	可見光半導體雷射	visible light semiconductor laser
可见光发光二极管	可見[光]發光二極體	visible light-emitting diode
可见光激光二极管	可見光雷射二極體	visible light laser diode
可见光伪装材料(=可见光隐形材料)		
可见光隐形材料	可見光隱形材料	visible light stealth materials
可降解医用金属材料	生物可降解醫用金屬材料	biodegradable medical metal materials

大　陆　名	台　湾　名	英　文　名
可控气氛热处理	控制氣氛熱處理	controlled atmosphere heat treatment
可控自由基聚合	受控自由基聚合[作用]	controlled radical polymerization
可逆过程	可逆過程	reversible process
可逆回火脆性	可逆回火脆性	reversible temper brittleness
可逆加成断裂链转移聚合	可逆加成碎鏈轉移聚合[作用]	reversible addition fragmentation chain transfer polymerization
可切削陶瓷	可切削[加工]陶瓷	machinable ceramics
可切削微晶玻璃	可切削[加工]玻璃陶瓷	machinable glass-ceramics
可燃冰	可燃冰，[天然]氣水合物	gas hydrate
可燃性	可燃性	flammability
可染聚酯纤维(=聚对苯二甲酸乙二酯–3,5-二甲酸二甲酯苯磺酸钠共聚纤维)		
可熔性聚酰亚胺	可熔性聚醯亞胺	meltable polyimide, MPI
可视化仿真	視覺化模擬	visualization simulation
可塑度	可塑性，塑性	plasticity
可调谐激光晶体	可調雷射晶體	tunable laser crystal
可瓦合金	柯華合金	Kovar alloy
可吸收生物材料	生物可吸收材料	bioabsorbable materials
可吸收生物陶瓷	可吸收生醫陶瓷	absorbable bioceramics
可吸收纤维	可吸收纖維	absorbable fiber
可压力加工铝合金(=变形铝合金)		
可摘局部义齿	局部活動假牙	removable partial denture
克肯达尔效应	克根達效應	Kirkendall effect
刻划花	刻花[加工]，雕飾	engraving, incising decoration
空洞(=孔洞)		
空化腐蚀	孔蝕	cavitation corrosion
空间点阵	空間晶格，空間格子	space lattice
空间电荷层	空間電荷層	space charge layer
空间群	空間群	space group
空间位阻参数(=刚性因子)		
空拉	空拉，無心軸拉製，空心拉製	sink drawing, mandrelless drawing, hollow drawing
空冷	空冷，氣冷	air cooling
空气喷涂	空氣噴塗[作用]	air spraying
空气燃料比	空氣燃料比	air-fuel ratio

大　陆　名	台　湾　名	英　文　名
空蚀(=空化腐蚀)		
空心球砖	空心球磚	bubble brick
空心微球增强体	中空微球強化體	hollowed microballoon reinforcement
空心型材挤压	空心型材擠製	hollow section extrusion
空心阴极电子枪	空心陰極電子槍	hollow cathode electron-gun
空心阴极离子镀	空心陰極[離子]沈積	hollow cathode deposition
空心圆柱积材	空心圓柱木材	hollow cylindrical lumber
空心注浆	空心注漿，空心鑄造，空鑄法	hollow casting, drain casting
空穴	空穴，電洞，孔	hole
空穴导电性	電洞電導	hole conduction
空位	空位	vacancy
空位–溶质原子复合体	空位–溶質錯合體	vacancy-solute complex
空位团	空位團簇	vacancy cluster
空隙率	空隙含量	void content
空隙率模型	空隙含量模型	void content model
孔洞	孔洞，空隙	void
孔雀石	孔雀石	malachite
孔隙度(=孔隙率)		
孔隙率	孔隙率	porosity
孔型	溝槽	groove
孔型轧制	溝槽輥軋	groove rolling
控制棒导向管	控制棒導套管	control rod guide thimble
控制棒组件	控制棒組	control rod assembly
控制材料	控制材料	control materials
控制冷却	控制冷卻	controlled cooling
控制释放膜	控制釋放透膜	controlled released membrane
控制轧制	控制輥軋	controlled rolling
控制张力热定型	張力下熱定[作用]	heat setting under tension
口腔植入材料	牙科植體材料	dental implant materials
库尼非合金	銅鎳鐵合金	cunife alloy
库珀电子对	庫柏電子對	Cooper electron pair
库珀对	庫柏對	Cooper pair
裤形撕裂强度	褲形撕裂強度	trousers tearing strength
块形相变	整塊[相]轉變	massive transformation
块状转变(=块形相变)		
快离子导体	快離子導體	fast ionic conductor
快离子导体材料	快離子導體材料	fast ion conducting materials
快速均染剂(=促染剂)		

大　陆　名	台　湾　名	英　文　名
快速冷凝粉	快速凝固粉體	rapid solidification powder, rapidly solidified powder
快速冷凝铝合金	急速凝固鋁合金	rapidly solidified aluminum alloy
快速冷凝耐磨铝合金	耐磨快速凝固鋁合金	wear-resistant rapidly solidified aluminum alloy
快速凝固	快速凝固	rapid solidification
快速全向压制	快速全向壓製	rapid omnidirectional pressing
快速原型	快速原型法	rapid prototyping
快中子增殖堆燃料组件	快中子滋生反應器燃料組	fast neutron breeder reactor fuel assembly
宽带隙半导体材料	寬能隙半導體材料	wide bandgap semiconductor materials
宽禁带半导体	寬能隙半導體	wide bandgap semiconductor
宽展	擴展，塗抹	spread
宽砧锻造	寬砧鍛造	wide anvil forging
矿料	礦料	ore charge
矿石浸出	礦石浸濾	leaching of ore
矿物	礦物	mineral
矿物材料	礦物材料	mineral materials
矿物掺和料	礦物摻合物，礦物添加劑	mineral admixture, mineral additive
矿物光性	礦物光學性質	optical property of mineral
矿物加工	礦物加工，選礦	mineral processing
矿物鞣革	礦物鞣革	mineral-tanned leather
矿物药(=医药矿物)		
矿物原料	礦物原材	raw minerals
矿用钢	採礦用鋼	mining steel
矿渣	礦渣	slag
矿渣刨花板	礦渣木屑板	slag particleboard
矿渣[硅酸盐]水泥	波特蘭爐渣水泥	Portland slag cement
矿渣微晶玻璃	礦渣玻璃陶瓷	slag glass-ceramics
溃散性	崩潰性	collapsibility
晒料	時效，老化	aging
扩大奥氏体相区元素(=奥氏体稳定元素)		
扩大铁素体相区元素(=铁素体稳定元素)		
扩孔处理	擴孔[處理]	pore-enlarging
扩孔试验	擴孔試驗	hole expansion test
扩口	膨脹	expansion
扩散	擴散	diffusion

大　陆　名	台　湾　名	英　文　名
扩散边界层	擴散邊界層	diffusion boundary layer
扩散层	擴散層	diffused layer
扩散粉	擴散合金粉	diffusion alloyed powder
扩散焊	擴散銲接，擴散接合	diffusion welding, diffusion bonding
扩散激活能	擴散活化能	diffusion activation energy
扩散剂	擴散劑	diffusion agent
扩散控制型药物释放系统	擴散控制型藥物遞送系統	diffusion controlled drug delivery system
扩散退火	擴散退火	diffusion annealing
扩散脱氧	擴散脱氧	diffusion deoxidation
扩散系数	擴散係數	diffusion coefficient
扩散型转变	擴散[型]轉變	diffusional transformation, diffusional transition
扩展电阻	展佈電阻	spreading resistance
扩展电阻法	展佈電阻分佈曲線	spreading resistance profile
扩展 X 射线吸收精细结构	延伸 X 光吸收精細結構	extended X-ray absorption fine structure
扩展态	擴展態	extended state
扩展位错	延伸差排，延伸位錯	extended dislocation
扩张因子	膨脹因子	expansion factor
阔叶树材	闊葉木材	broad-leaved wood

L

大　陆　名	台　湾　名	英　文　名
拉拔	拉製，抽延	drawing
拉拔力	抽拉力	drawing force
拉拔模具	拉模	drawing die
拉拔速度	抽拉速度	drawing speed
拉拔应力	抽拉應力	drawing stress
拉长	拉製，抽延	drawing
拉弗斯相[化合物]超导体	拉弗氏相[化合物]超導體	Laves phase [compound] superconductor
拉弗斯相贮氢合金	拉弗斯相儲氫合金	Laves phase hydrogen storage alloy
拉挤–缠绕成型	拉擠–繞線成形	pultrusion-filament winding
拉挤成型	拉擠成形製程	pultrusion process
拉曼光谱法	拉曼光譜術	Raman spectroscopy
拉曼激光二极管	拉曼雷射二極體	Raman laser diode
拉曼散射	拉曼散射	Raman scattering

大 陆 名	台 湾 名	英 文 名
拉曼效应	拉曼效應	Raman effect
拉坯	拉坯	throwing
拉森–米勒参数	拉森–米勒參數	Larson Miller parameter
拉伸倍数	牽伸比，抽延比	draft ratio, draw ratio
拉伸比(=拉伸倍数)		
拉伸变形丝	抽延撚紗	draw textured yarn
拉伸流动	伸長流動	elongational flow
拉伸黏度	拉伸黏度	tensile viscosity
拉伸取向	抽延取向	draw orientation
拉伸试验	抗拉試驗，拉伸試驗	tensile test
拉深(=拉延)		
拉脱法(=撕裂法)		
拉弯成形	拉伸纏繞成形	stretch-wrap forming
拉乌尔定律	拉午耳定律	Raoult law
拉延	拉製，抽延	drawing
蜡模	蠟模	wax pattern
莱氏体	粒滴斑鐵	ledeburite
莱氏体钢	粒滴斑鐵鋼	ledeburitic steel
铼	錸	rhenium
铼效应	錸效應	rhenium effect
兰伯恩磨耗试验	蘭伯恩磨耗試驗	Lambourn abrasion test
蓝宝石	藍寶石	sapphire
蓝宝石上硅	藍寶石基底矽晶[薄膜]	silicon on sapphire, SOS
蓝脆	藍脆性	blue brittleness
蓝晶石	藍晶石	kyanite
蓝湿革	藍濕[皮革]	wet blue
蓝铜矿	藍銅礦，石青	azurite
镧钴 1∶13 型合金	鑭鈷 1∶13 型合金	lanthanum-cobalt 1∶13 type alloy
镧钨(=钨镧合金)		
劳厄法	勞厄法	Laue method
老化性能变化率	時效性質變化[百分]率	property variation percentage during aging
老化性能试验	老化特性測試	aging characteristic test
铑合金	銠合金	rhodium alloy
酪素胶黏剂	酪蛋白膠	casein glue
雷达波吸收剂	雷達[波]吸收材	radar absorber
雷达吸波材料(=雷达隐形材料)		
雷达隐身复合材料	雷達[波]隱形複材	radar stealth composite

大　陆　名	台　湾　名	英　文　名
雷达隐形材料	雷達[波]吸收材料	radar absorbing materials
雷蒙磨粉碎	雷蒙研磨法	Raymond milling
累托石黏土	累托石黏土	rectorite clay
类骨磷灰石	類骨磷灰石	bone-like apatite
类金刚石碳膜	類鑽碳膜	diamond-like carbon film
类晶结构	類晶結構	crystalline-like structure
棱锥	稜錐	pyramid
冷壁外延	冷壁磊晶術	cold wall epitaxy
冷变形	冷變形	cold deformation
冷冲裁模具钢	冷切料工具鋼	cold blanking tool steel
冷处理	冷處理，深冷處理，零下處理	cold treatment, subzero treatment
冷等静压成型	冷均壓模製	cold isostatic pressing molding, CIP molding
冷等静压制	冷均壓	cold isostatic pressing, CIP
冷[顶]镦钢	冷鍛鋼	cold forging steel
冷冻干燥	冷凍乾燥	freeze drying
冷冻干燥法	冷凍乾燥製程	freeze drying process
冷冻浇注成型	冷凍澆注成形	frozen casting forming
冷镦	冷作[釘]頭	cold heading
冷镦模具钢	冷作[釘]頭工具鋼	cold heading tool steel
冷封孔	冷封	cold sealing
冷坩埚晶体生长法	冷坩堝晶體成長法	cold crucible crystal growth method
冷隔	冷接紋	cold shut
冷挤压	冷擠製	cold extrusion
冷挤压模具钢	冷擠工具鋼	cold extrusion tool steel
冷拉	冷抽，冷伸展	cold drawing, cold stretching
冷裂	冷[破]裂	cold cracking
冷流	冷流	cold flow
冷却剂材料	冷卻劑材料	coolant materials
冷却模挤压	冷卻模擠製	cooling die extrusion
冷却曲线	冷卻曲線	cooling curve
冷却速度	冷卻速率	cooling rate
冷却制度	冷卻排程	cooling schedule
冷杉胶	加拿大香膠	Canada balsam
冷铁	冷淬鐵，冷硬鐵	chilled iron
冷弯试验	冷彎試驗	cold bending test
冷弯型材	成型材段	formed section
冷芯盒法	冷匣法	cold box process

大　陆　名	台　湾　名	英　文　名
冷压	冷壓	cold pressing
冷压焊	冷壓銲	cold pressure welding
冷硬铸铁	冷硬鑄鐵，硬面鑄鐵	chilled cast iron
冷轧	冷輥軋	cold rolling
冷轧钢材	冷軋鋼	cold rolled steel
冷轧管材	冷軋管	cold rolled tube
冷作模具钢	冷作模具鋼	cold working die steel
离管薄壁组织	離管薄壁組織	apotracheal parenchyma
离心沉降(=离心脱水)		
离心浇铸成形	離心鑄造製程	centrifugal casting process
离心脱水	離心脫水，離心沈降	centrifugal dewatering, centrifugal sedimentation
离心雾化	離心霧化	centrifugal atomization
离心注浆成型	離心注漿法	centrifugal slip casting
离心铸铁管	離心鑄鐵管	centrifugal cast iron pipe
离心铸造	離心鑄造	centrifugal casting
离型纸	隔離紙	separating paper
离子半径	離子半徑	ionic radius
离子弛豫极化	離子鬆弛極化	ionic relaxation polarization
离子导电性	離子導電	ionic conduction
离子镀	離子鍍	ion plating
离子辅助沉积	離子輔助沈積	ion assisted deposition
离子沟道背散射谱法	離子通道背向散射譜術	ion channeling backscattering spectrometry
离子轰击	離子轟擊	ion bombardment
离子轰击热处理	輝光放電熱處理，電漿熱處理	glow discharge heat treatment, plasma heat treatment
离子极化	離子極化	ionic polarization
离子键	離子鍵	ionic bond
离子交换法	離子交換法	ion exchange process
离子交换膜(=电渗析膜)		
离子交换树脂	離子交換樹脂	ion exchange resin
离子交换纤维	離子交換纖維	ion exchange fiber
离子交联聚合物	離子聚合物	ionomer
离子刻蚀	離子蝕刻[作用]	ion etching
离子散射分析	離子散射分析	ion scattering analysis
离子渗氮	電漿滲氮，離子氮化[作用]，輝光放電滲氮	plasma nitriding, ion carburizing, ion nitriding, glow discharge nitriding

大　陆　名	台　湾　名	英　文　名
离子束表面改性	離子束表面改質	ion beam surface modification
离子束掺杂	離子束摻雜	ion beam doping
离子束辅助沉积	離子束輔助沈積	ion beam assisted deposition
离子束混合	離子束混合[作用]	ion beam mixing
离子束溅射	離子束濺射	ion beam sputtering
离子束外延	離子束磊晶術	ion beam epitaxy, IBE
离子束增强沉积	離子束增強沈積	ion beam enhanced deposition
离子微探针分析	離子微探束分析	ion microprobe analysis
离子选择性透过膜(=电渗析膜)		
离子源	離子源	ion source
离子注入	離子佈植	ion implantation
离子注入掺杂	離子佈植摻雜	ion implantation doping
里纪–勒迪克效应	瑞紀–勒杜克效應	Righi-Leduc effect
EET 理论(=固体与分子经验电子理论)		
理论密度	理論密度，實體密度，全密度	theoretical density, solid density
理想溶体(=理想溶液)		
理想溶液	理想溶液	ideal solution
锂离子漂移迁移率	鋰離子漂移動率	lithium ion drift mobility
锂铝硅系微晶玻璃	Li_2O-Al_2O_3-SiO_2 系玻璃陶瓷	Li_2O-Al_2O_3-SiO_2 system glass-ceramics
锂–铅合金	鋰鉛合金	lithium-lead alloy
锂云母	鱗雲母	lepidolite
力化学降解	機械化學降解	mechanochemical degradation
力学性能	機械性質	mechanical property
立德粉(=锌钡白)		
立方氮化硼晶体	氮化硼立方晶體	cubic boron nitride crystal
立方棱织构	立方稜織構，立方體對邊織構	cube-on-edge texture
立方硫化锌结构	硫化鋅立方結構	cubic zinc sulphide structure
立方面织构(=立方织构)		
立方氧化锆晶体	氧化鋯立方晶體	cubic zirconia crystal
立方氧化锆陶瓷	立方氧化鋯陶瓷	cubic zirconia crystal ceramics
立方织构	立方織構	cube texture
立构规整度	立體規則性，立體異構性	stereo-regularity, tacticity
立式反应室	立式反應器	vertical reactor

大　陆　名	台　湾　名	英　文　名
立式挤压	立式擠製	vertical extrusion
立体螺旋形卷曲(=三维卷曲)		
立轧	輥邊，邊緣輥軋	edge rolling
沥青混凝土	瀝青混凝土	asphalt concrete
沥青基碳纤维增强体	瀝青基碳纖維強化體	pitch based carbon fiber reinforcement
沥青涂料	瀝青塗層	asphalt coating
沥青岩	瀝青岩	pitch rock
砾岩	礫岩	conglomerate
粒度	粒度	particle size
粒度范围	粒度範圍	particle size range
粒度分布	粒度分佈	particle size distribution
粒面	[皮革]紋理面	grain surface
粒面层(=乳头层)		
粒状贝氏体	粒狀變韌鐵，粒狀變韌體	granular bainite
粒状粉	粒狀粉	granular powder
粒状珠光体	粒狀波來鐵，粒狀波來體	granular pearlite
连锁聚合(=链式聚合)		
连通孔隙度	連通孔隙度，連通孔隙率	interconnected porosity
连续定向凝固	連續方向性凝固	continuous directional solidification
连续固溶体	完全固溶體	complete solid solution
连续激光沉积	連續雷射沈積	continuous laser deposition
连续激光焊	連續雷射銲接	continuous laser welding
连续挤压	連續擠製	continuous extrusion
连续冷却转变	連續冷卻轉變	continuous cooling transformation, CCT
连续冷却转变图	連續冷卻轉變圖	continuous cooling transformation diagram, CCT diagram
连续离子注入	穩態離子佈植	steady ion implantation
连续炼钢法	連續煉鋼製程	continuous steelmaking process
连续硫化	連續火鍛，連續硫化	continuous vulcanization
连续生长	連續成長	continuous growth
连续体近似方法	連續近似[法]	continuum approximation
连续脱溶	連續析出	continuous precipitation
连续纤维增强金属基复合材料	連續纖維強化金屬基複材	continuous fiber reinforced metal matrix composite
连续纤维增强聚合物基复合材料	連續纖維強化聚合體基複材	continuous fiber reinforced polymer matrix composite
连续纤维增强体	連續纖維強化體	continuous fiber reinforcement
连续相变	連續相變	continuous phase transformation

大 陆 名	台 湾 名	英 文 名
连续铸钢	連鑄鋼	continuous casting steel
连续铸挤	連續鑄擠	continuous cast extrusion
连续铸造	連續鑄造法，連續鑄造	continuous casting
连轧	連軋，串列輥軋，連續輥軋	tandem rolling, continuous rolling
连铸(=连续铸造)		
连铸连轧	連續鑄造輥軋	continuous casting and rolling
[连铸]流	[連鑄]流道	strand
帘子线	輪胎簾布	tyre cord
练泥	捏練	pugging
炼钢	煉鋼	steelmaking
炼钢生铁	煉鋼用生鐵	steelmaking pig iron
炼钢添加剂	煉鋼添加劑	addition reagent of steelmaking
炼焦	煉焦	coking
炼铁	煉鐵	ironmaking
链缠结	鏈纏結	chain entanglement
链段	鏈段	chain segment
链构象	鏈構形	chain conformation
链式聚合	鏈聚合[作用]	chain polymerization
链引发	鏈引發	chain initiation
链增长	鏈增長，鏈成長	chain propagation, chain growth
链终止	鏈終止	chain termination
链终止剂	鏈終止劑	chain termination agent
链转移	鏈轉移	chain transfer
链转移常数	鏈轉移常數	chain transfer constant
链转移剂	鏈轉移劑	chain transfer agent
链状硅酸盐结构	鏈狀矽酸鹽結構	chain silicate structure
良溶剂	優良溶劑	good solvent
两亲聚合物	雙親聚合體	amphiphilic polymer
两亲嵌段共聚物	雙親嵌段共聚體	amphiphilic block copolymer
两性杂质	雙性雜質	amphoteric impurity
晾置时间	[黏合前]晾置時間	open assemble time
量尺	面積量測	area measuring
量子点	量子點	quantum dot, QD
量子点结构	量子點結構，QD 結構	quantum dot structure, QD structure
量子阱	量子井	quantum well, QW
量子阱红外光电探测器	量子井紅外光偵測器	quantum well infrared photo-detector
量子阱激光二极管	量子井雷射二極體	quantum well laser diode

大　陆　名	台　湾　名	英　文　名
量子微腔	量子微腔	quantum microcavity
量子线	量子線	quantum wire
辽三彩	遼三彩	Liao sancai
钌合金	釕合金	ruthenium alloy
料垛阻力	料堆阻力	resistance of setting
料石	角石	squared stone
裂变核燃料	分裂燃料	fission fuel
裂化气	裂解氣體	cracked gas
裂膜纤维(=膜裂纤维)		
裂纹顶端张开位移	裂縫頂端開口位移	crack-tip opening displacement
裂纹扩展	裂縫擴展，裂縫延伸，裂縫成長	crack propagation, crack growth
裂纹扩展动力	裂縫成長驅動力	crack growth driving force
裂纹扩展能量释放率	裂縫延伸能量釋放速率	energy release rate of crack propagation
裂纹扩展速率	裂縫成長速率	crack growth rate
裂纹扩展阻力	抗裂縫成長性	crack growth resistance
裂纹敏感性	龜裂易感性，裂縫易感性	cracking susceptibility, crack susceptibility
裂纹形核	裂縫成核	crack nucleation
裂纹应力场	裂縫應力場	crack stress field
裂纹釉	裂紋釉	crack glaze, cracked glaze
邻位面生长	相鄰界面成長	adjacent interface growth
临界点(=临界温度)		
A_1 临界点	A_1 臨界點	A_1 critical point
A_3 临界点	A_3 臨界點	A_3 critical point
A_{cm} 临界点	A_{cm} 臨界點	A_{cm} critical point
临界分切应力	臨界分解剪應力	critical resolved shear stress
临界分子量	臨界分子量	critical molecular weight
临界剪切速率	臨界剪切速率	critical shear rate
临界晶核半径	臨界晶核半徑，[晶]核臨界半徑	critical nucleus radius, critical radius of nucleus
临界冷却速度	臨界冷卻速率	critical cooling rate
临界裂纹扩展力	臨界裂縫擴展力	critical crack propagation force
临界区淬火(=亚温淬火)		
临界温度	臨界溫度	critical temperature
临界相对分子质量	臨界相對分子質量	critical relative molecular mass
临界应力强度因子	臨界應力強度因子	critical stress intensity factor
临界直径	臨界直徑	critical diameter

大 陆 名	台 湾 名	英 文 名
磷化	磷酸鹽處理	phosphating
磷化镓	磷化鎵	gallium phosphide
磷化硼	磷化硼	boron phosphide
磷化铟	磷化銦	indium phosphide
磷灰石	磷灰石	apatite
磷块岩	磷塊岩	phosphatic rock
磷青铜	磷青銅	phosphorus bronze
磷酸二氢钾晶体	磷酸二氫鉀晶體	potassium dihydrogen phosphate crystal
磷酸钙基生物陶瓷	磷酸鈣基生物陶瓷	calcium phosphate based bioceramics
磷酸三钙生物陶瓷	磷酸三鈣生物陶瓷，TCP 生物陶瓷	tricalcium phosphate bioceramics, TCP bioceramics
磷酸锌水门汀	磷酸鋅水泥	zinc phosphate cement
磷酸氧钛钾晶体	磷酸鈦鉀晶體	potassium titanium phosphate crystal
磷铁	磷鐵	ferrophosphorus
磷脱氧铜	磷脫氧銅	deoxidized copper by phosphor, phosphor deoxidized copper
磷质岩(=磷块岩)		
玲珑瓷	玲瓏瓷，穿孔裝飾	rice perforation, pierced decoration
玲珑珐琅	玲瓏琺瑯	dainty enamel
菱镁矿	菱鎂礦	magnesite
菱锰矿	菱錳礦	rhodochrosite
菱锶矿(=碳酸锶矿)		
菱铁矿	菱鐵礦	siderite
菱锌矿	菱鋅礦	smithsonite
零电阻特性	零電阻率	zero resistivity
零级释放	零級釋放	zero-order release
零剪切速率黏度	零剪切黏度	zero shear viscosity
零膨胀微晶玻璃	零熱膨脹玻璃陶瓷	zero thermal expansion glass ceramics
零位错单晶	零差排單晶	zero dislocation monocrystal
领先相	領先相位	leading phase
流变成形	流變成形	rheoforming
流动双折射	流動雙折射，流動性雙折射	streaming birefringence, flow birefringence
流动图形缺陷	流動圖案缺陷	flow pattern defect, FPD
流动温度	流動溫度	flow temperature
流动性	流動性	flow ability
流痕	流痕	flow mark
流化床浸涂	流體化床浸塗	fluidized bed dip painting
流化床硫化	流體床火鍛，流體床硫化	fluid bed vulcanization

大陆名	台湾名	英文名
流平性	整平，調平，均染	leveling
流态床热处理	流體化床熱處理	heat treatment in fluidized bed
流态化技术	流體化技術	fluidization technology
流态砂造型	流態砂模製	fluid sand molding
流体力学体积	流體動力體積	hydrodynamic volume
流纹岩	流紋岩	rhyolite
流线	流線	stream line
流延成型	流涎成型，刮刀成型	doctor blading, tape casting
琉璃	色釉	colored glaze
琉璃瓦	琉璃面磚，釉面磚	glazed tile
硫化	火煅，硫化	vulcanization
硫化沉淀	硫化物沈澱[作用]	sulfide precipitation
硫化程度	固化度	curing degree
硫化迟延剂	抗焦劑，硫化遲延劑	anti-scorching agent
硫化促进剂	火煅加速劑，硫化加速劑	vulcanization accelerator
硫化返原	固化回復，固化逆轉	cure reversion
硫化钙：铕(Ⅱ)	銪活化硫化鈣	calcium sulfide activated by europium
硫化镉	硫化鎘	cadmium sulphide
硫化活性剂	火煅活化劑，硫化活化劑	vulcanization activator
硫化剂	火煅劑，硫化劑	vulcanizator
硫化胶	硫化橡膠，火煅橡膠	vulcanized rubber
硫化胶粉	固化橡膠粉	cured rubber powder
硫化平坦期	高原期固化	plateau cure
硫化铅	硫化鉛	lead sulfide
硫化物陶瓷	硫化物陶瓷	sulfide ceramics
硫化锌	硫化鋅	zinc sulfide, zinc sulphide
硫化锌晶体	硫化鋅晶體	zinc sulfide crystal
硫化仪	硫化儀，火煅儀，流變儀，固化儀	vulcameter, rheometer, curemeter
硫黄混凝土	硫磺混凝土	sulfur concrete
硫铝酸盐水泥	硫鋁酸鈣水泥	calcium sulfoaluminate cement
硫酸盐浆	硫酸鹽漿料	sulfate pulp
硫系玻璃	硫屬玻璃	chalcogenide glass
硫印法	硫印[法]	sulphur print
瘤状粉	瘤狀粉	nodular powder
锍	冰銅，鎳銅	matte
六方金刚石	六方金剛石，六方鑽石	hexagonal diamond
六方硫化锌结构	六方硫化鋅結構	hexagonal zinc sulfide structure
六氟化铀	六氟化鈾	uranium hexafluoride

大 陆 名	台 湾 名	英 文 名
六甲基环三硅氧烷	六甲基環三矽氧烷	hexamethylcyclotrisiloxane
六角网络	塔晶網絡	turret network
龙泉青瓷	龍泉青瓷	Longquan ware
龙窑	龍窯	Long kiln
笼状聚倍半硅氧烷	多面體寡聚矽倍半氧烷	polyhedral oligomeric silsesquioxane, POSS
卢瑟福电缆	拉塞福電纜	Rutherford cable
卢瑟福离子背散射谱法	拉塞福背向散射能譜術	Rutherford backscattering spectrometry
炉冷	爐冷	furnace cooling
炉料	爐料，進爐料	charge, burden
炉渣(=渣)		
颅骨板	顱骨板	cranial plate
颅骨修复体	顱骨植體	cranial graft
卤化丁基橡胶	鹵化丁基橡膠	halogenated butyl rubber
卤化物玻璃	鹵化物玻璃	halide glass
卤化乙丙橡胶	鹵化乙烯丙烯二烯三元聚合體橡膠	halogenated ethylene-propylene-diene-terpolymer rubber
卤水镁砂	滷水鎂石	brine magnesite
卤素阻燃剂	鹵素阻焰劑	halogen-flame retardant
路径相关性	路徑相依性	path-dependency
铝	鋁	aluminium, aluminum
铝白铜	鋁白銅	aluminum white copper
铝箔	鋁箔	aluminum foil
铝箔衬纸	鋁箔襯紙	aluminum foil backing paper
铝矾土	鋁礬土岩石	bauxitic rock
铝矾土水泥	鋁礬土水泥	bauxite cement
铝膏	鋁膏	aluminum paste
铝铬砖	氧化鋁鉻磚	alumina chrome brick
铝硅酸盐玻璃	鋁矽酸鹽玻璃	aluminosilicate glass
铝硅炭砖	剛玉碳化矽磚，鋁矽碳磚	corundum-silicon carbide brick, Al-Si carbon brick
铝硅系变形铝合金	鋁矽鍛軋鋁合金	aluminum-silicon wrought aluminum alloy
铝硅系铸造铝合金	鋁矽鑄造鋁合金	aluminum-silicon cast aluminum alloy
铝合金	鋁合金	aluminum alloy
铝合金抑爆材料(=防爆铝合金)		

大　陆　名	台　湾　名	英　文　名
铝黄铜	鋁黃銅	aluminium brass
铝基轴瓦合金	鋁基軸承合金	aluminum based bearing alloy
铝锂合金	鋁鋰合金	aluminum-lithium alloy
铝镁硅系变形铝合金	鋁鎂矽鍛軋鋁合金	aluminum-magnesium-silicon wrought aluminum alloy
铝镁合金粉	鋁鎂合金粉	aluminum-magnesium alloy powder
铝镁耐火浇注料	可澆鑄鋁鎂耐火材	castable alumina magnesite refractory
铝镁炭砖	鋁鎂碳酸鹽碳磚	aluminum magnesite carbon brick
铝镁系变形铝合金	鋁鎂鍛軋鋁合金	aluminum-magnesium wrought aluminum alloy
铝镁系铸造铝合金	鋁鎂鑄造鋁合金	aluminum-magnesium cast aluminum alloy
铝锰系变形铝合金	鋁錳鍛軋鋁合金	aluminum-manganese wrought aluminum alloy
铝镍钴永磁体	鋁鎳鈷永久磁石	alnico permanent magnet
铝铅合金	鋁鉛合金	aluminum-lead alloy
铝青铜	鋁青銅	aluminium bronze
铝热焊(=热剂焊)		
铝塑复合板	鋁塑膠複合積層板	aluminum-plastic composite laminate
铝塑复合管	鋁塑膠複合管	aluminum-plastic composite tube
铝酸钙水化物	水合鋁酸鈣	calcium aluminate hydrate
铝酸三钙	鋁酸三鈣	tricalcium aluminate
铝炭砖	氧化鋁碳磚	alumina carbon brick
铝铜硅系铸造铝合金	鋁銅矽鑄造鋁合金	aluminum- copper-silicon cast aluminum alloy
铝铜系变形铝合金	鋁銅鍛軋鋁合金	aluminum-copper wrought aluminum alloy
铝铜系铸造铝合金	鋁銅鑄造鋁合金	aluminum-copper cast aluminum alloy
铝土矿	鋁礬土礦	bauxite
铝锡系铸造铝合金	鋁錫鑄造鋁合金	aluminum-tin cast aluminum alloy
铝锌镁铜系合金	鋁鋅鎂銅合金	aluminum-zinc-magnesium-copper alloy
铝锌镁系合金	鋁鋅鎂合金	aluminum-zinc-magnesium alloy
铝锌系变形铝合金	鋁鋅鍛軋鋁合金	aluminum-zinc wrought aluminum alloy
铝锌系铸造铝合金	鋁鋅鑄造鋁合金	aluminum-zinc cast aluminum alloy
绿砂	海綠石砂	glauconite sand
绿松石	綠松石	turquoise
绿藤(=原藤)		
绿柱石	綠柱石	beryl
氯苯基硅油	氯苯基矽氧油	chlorophenyl silicone oil

大陆名	台湾名	英文名
氯丙纤维(=丙烯腈-氯乙烯共聚纤维)		
氯醇橡胶(=氯醚橡胶)		
氯丁胶黏剂	聚氯丁二烯黏著劑	neoprene adhesive
氯丁橡胶	氯丁二烯橡膠，氯平橡膠	chloroprene rubber
氯丁橡胶胶乳	氯丁二烯橡膠乳膠	chlorobutadiene rubber latex
氯化聚丙烯	氯化聚丙烯	chlorinated polypropylene, CPP
氯化聚氯乙烯	氯化聚氯乙烯	chlorinated polyvinylchloride, CPVC
氯化聚乙烯	氯化聚乙烯	chlorinated polyethylene, CPE
氯化聚乙烯橡胶	氯化聚乙烯彈性體	chlorinated polyethylene elastomer
氯化钠结构	氯化鈉結構	sodium chloride structure
氯化铯结构	氯化銫結構	cesium chloride structure
氯化亚铜晶体	氯化亞銅晶體	cuprous chloride crystal
氯化冶金	氯化冶金	chloridizing metallurgy
氯磺化聚乙烯橡胶	氯磺化聚乙烯橡膠	chlorosulfonated polyethylene rubber
氯磺化乙丙橡胶	氯磺化乙烯丙烯橡膠	chlorosulfonated ethylene propylene rubber
氯磺酰化聚乙烯	氯磺化聚乙烯	chlorosulfonated polyethylene
氯腈橡胶	氯丁二烯丙烯腈橡膠，氯腈橡膠	chlorobutadiene-acrylonitrile rubber
氯纶(=聚氯乙烯纤维)		
氯镁胶凝材料	氯化鎂膠結材料	magnesium chloride cementitious materials
氯醚橡胶	表氯醇橡膠，氧氯丙烷橡膠	epichlorohydrin rubber
氯乙烯-醋酸乙烯酯共聚物	氯乙烯-醋酸乙烯酯共聚體	vinylchloride vinylacetate copolymer, VC-VAC
滤光片(=滤色镜)		
滤色镜	濾光片，濾光板	color filter
滤色片(=滤色镜)		
滤芯纸板	濾芯[紙]板	filter core board
滤纸	濾紙	filter paper
孪晶	雙晶，孿晶	twin
孪晶马氏体	雙晶麻田散體，孿晶麻田散體	twin martensite
孪晶生长机制	雙晶[促成晶體]成長機制	growth mechanism by twin
孪晶型减振合金	雙晶型阻尼合金	twin type damping alloy
孪生	雙晶化，孿晶化	twinning
孪生靶磁控溅射	雙靶磁控濺鍍	twin targets magnetron sputtering

大　陆　名	台　湾　名	英　文　名
孪生变形	雙晶變形，孿晶變形	twin deformation
卵石	卵石，小礫	pebble
轮碾	輥軋研磨	roll grinding
螺圈	線圈	coil
螺纹钢	螺紋鋼	screw-thread steel
螺[型]位错	螺旋錯位，螺旋差排	screw dislocation
裸硫化	裸固化	open cure
裸皮	裸皮	pelt
洛伦兹力	勞倫兹力	Lorentz force
洛氏硬度	洛氏硬度	Rockwell hardness
络合剂	錯合劑	complex agent, complexing agent
落镖冲击试验	鏢錘衝擊試驗	dart impact test
落锤试验	墜落試驗	drop test
落球测黏法	落球式黏度測定法	falling ball viscometry
落重冲击试验	落重衝擊試驗	falling weight impact test

M

大　陆　名	台　湾　名	英　文　名
麻纤维	韌皮纖維	bast fiber
马蒂亚斯定则	馬替厄斯定則	Matthias rule
马赫–曾德尔电光调制器	馬赫–岑得干涉儀電光調制器	Mach-Zehnder interferometer electro-optic modulator
马赫–曾德尔干涉仪	馬赫–岑得干涉儀	Mach-Zehnder interferometer, MZI
马克–豪温克方程	馬克–豪溫克方程	Mark-Houwink equation
马口铁(=镀锡钢板)		
马林斯效应	默林斯效應	Mullins effect
马氏体	麻田散體，麻田散鐵	martensite
马氏体不锈钢	麻田散鐵不鏽鋼	martensitic stainless steel
马氏体沉淀硬化不锈钢	麻田散鐵析出硬化不鏽鋼	martensitic precipitation hardening stainless steel
马氏体钢	麻田散鐵鋼	martensitic steel
马氏体耐热钢	麻田散鐵耐熱鋼	martensitic heat-resistant steel
马氏体时效不锈钢	麻時效不鏽鋼	maraging stainless steel
马氏体时效钢	麻時效鋼	maraging steel
马氏体相变	麻田散體轉換	martensitic transition
马氏体相变温度	麻田散體轉變溫度，麻田散體變態溫度	martensitic transformation temperature
马氏体转变起始温度	麻田散體[變態]起始溫度	martensite start temperature

大　陆　名	台　湾　名	英　文　名
马氏体转变完成温度	麻田散體[變態]完成溫度	martensite finish temperature
玛钢(=可锻铸铁)		
玛瑙	瑪瑙	agate
埋层	埋層	buried layer
埋粉硫化	埋粉硬化	powder embedded cure
埋弧焊	潛弧銲接	submerged-arc welding
迈斯纳效应	麥士納效應	Meissner effect
麦饭石	麥飯石	maifan stone
麦克斯韦模型	馬克士威模型	Maxwell model
脉冲磁控溅射	脈衝磁控濺鍍	pulsed magnetron sputtering
脉冲激光沉积	脈衝雷射沈積	pulsed laser deposition
脉冲激光焊	脈衝雷射銲接	impulse laser welding
脉冲搅拌法	脈衝攪拌製程	pulsating mixing process
脉冲释放	脈衝釋放	pulsed release
脉冲氩弧焊	脈衝氬弧銲	pulsed argon arc welding
脉冲阳极氧化	脈衝電流陽極處理	pulse current anodizing
脉冲注入	脈衝離子佈植	pulsed ion implantation
脉石英	脈石英	vein quartz
脉岩	脈岩	vein rock
慢化剂材料	減速劑材料，緩和劑材料	moderator materials
慢性毒性	慢性毒性	chronic toxicity
慢应变速率拉伸	慢應變速率拉伸	slow strain rate tension
漫散界面	瀰散界面	diffused interface
芒硝	芒硝，硫酸鈉礦	mirabilite
猫眼(=金绿宝石猫眼)		
毛边材	帶[毛]邊材	unedged lumber
毛玻璃	毛玻璃，噴砂玻璃，磨砂玻璃	frosted glass, ground glass
毛方材	毛方材	cant
毛革	雙面皮革	double face leather
毛孔	孔	pore
毛皮	皮草	fur
毛细管测黏法	毛細管黏度測定法	capillary viscometry
毛型纤维	羊毛型纖維	wool type fiber
毛竹材	毛竹材	moso bamboo wood
锚链钢	錨鋼	anchor steel
铆螺钢	冷作[釘]頭鋼	cold heading steel
茂金属催化剂	茂金屬觸媒	metallocene catalyst
茂金属线型低密度聚	茂金屬[催化]線性低密度	metallocene linear low density polyethylene,

大 陆 名	台 湾 名	英 文 名
乙烯	聚乙烯	MLLDPE
冒口	冒口	riser
梅片(=冰片)		
煤	煤	coal
煤矸石	脈石	gangue
煤精	煤精，煤玉	jet
煤系高岭土	煤系高嶺石	coal series kaolinite
煤玉(=煤精)		
镁	鎂	magnesium
镁白云石碳砖	[氧化]鎂白雲石碳磚	magnesia dolomite carbon brick
镁白云石砖	菱鎂礦白雲石磚	magnesite-dolomite brick
镁钙碳砖	[氧化]鎂[氧化]鈣碳磚	magnesia calcia carbon brick
镁钙砖	[氧化]鎂[氧化]鈣磚	magnesia calcia brick
镁橄榄石	鎂橄欖石	forsterite
镁橄榄石砖	鎂橄欖石磚	forsterite brick
镁锆稀土系变形镁合金	鎂鋯稀土金屬鍛軋鎂合金	magnesium-zirconium-rare earth metal wrought magnesium alloy
镁铬砖	菱鎂礦鉻磚	magnesite-chrome brick
镁合金抑爆材料(=防爆镁合金)		
镁合金铸件	鎂合金鑄造	magnesium alloy casting
镁尖晶石砖	菱鎂礦尖晶石磚	magnesite-spinel brick
镁锂合金	鎂鋰合金	magnesium-lithium alloy
镁铝硅[锰]系[铸造]合金	鎂鋁矽錳[鑄造]合金	magnesium-aluminum-silicon-manganese [cast] alloy
镁铝硅系微晶玻璃	$MgO-Al_2O_3-SiO_2$ 系玻璃陶瓷	$MgO-Al_2O_3-SiO_2$ system glass-ceramics
镁铝锰系[铸造]合金	鎂鋁錳[鑄造]合金	magnesium-aluminum-manganese [cast] alloy
镁铝稀土系[铸造]合金	鎂鋁稀土[鑄造]合金	magnesium-aluminum-rare earth [cast] alloy
镁铝锌系变形镁合金	鎂鋁鋅[鍛造]鎂合金	magnesium-aluminum-zinc wrought magnesium alloy
镁铝锌系铸造镁合金	鎂鋁鋅[鑄造]鎂合金	magnesium-aluminum-zinc cast magnesium alloy
镁铝钇稀土锆系[铸造]合金	鎂鋁釔稀土鋯[鑄造]合金	magnesium-aluminum-yttrium-rare earth-zirconium [cast] alloy
镁铝砖	菱鎂礦[氧化]鋁磚	magnesite-alumina brick
镁锰稀土系变形镁合金	鎂錳稀土金屬鍛軋鎂合金	magnesium-manganese-rare earth metal

大 陆 名	台 湾 名	英 文 名
		wrought magnesium alloy
镁锰系变形镁合金	鎂錳鍛軋鎂合金	magnesium-manganese wrought magnesium alloy
镁碳砖	菱鎂礦碳磚	magnesite-carbon brick
镁牺牲阳极	鎂犧牲陽極	sacrificial magnesium anode
镁稀土合金	鎂稀土合金	magnesium-rare earth alloy
镁稀土银锆系[铸造]合金	鎂稀土銀鋯[鑄造]合金	magnesium-rare earth-silver-zirconium [cast] alloy
镁系贮氢合金	鎂基儲氫合金	magnesium based hydrogen storage alloy
镁锌锆系变形镁合金	鎂鋅鋯鍛軋鎂合金	magnesium-zinc-zirconium wrought magnesium alloy
镁锌稀土系变形镁合金	鎂鋅稀土金屬鍛軋鎂合金	magnesium-zinc-rare earth metal wrought magnesium alloy
镁砖	菱鎂礦磚	magnesite brick
门槛应力	門檻應力，閾應力	threshold stress
门槛应力强度因子	門檻應力強度因子，閾應力強度因子	threshold stress intensity factor
门尼焦烧	慕尼焦化	Mooney scorch
门尼黏度	慕尼黏度	Mooney viscosity
蒙特卡罗法	蒙地卡羅法	Monte Carlo method
蒙脱石	蒙脫石	montmorillonite
蒙囿	遮蔽	masking
锰白铜(=康铜)		
锰铋膜	錳鉍膜	manganese-bismuth film
锰硅合金	矽錳鐵	ferrosilicomanganese
锰硅铁合金(=锰硅合金)		
锰青铜	錳青銅	manganese bronze
锰铁	錳鐵	ferromanganese
锰锌铁氧体	錳鋅鐵氧[磁]體	Mn-Zn ferrite
弥散界面	瀰散界面，粗糙界面	diffused interface, rough interface
弥散强化	散布強化[作用]	dispersion strengthening
弥散强化材料	散布強化材料	dispersion strengthened materials
弥散强化铜合金	散布強化銅合金	dispersion strengthened copper alloy
弥散强化相	散布強化相	dispersion strengthening phase
弥散强化质点间距	散布強化顆粒間距	distance of dispersion strengthening particle
弥散输运	瀰散輸運	dispersive transport
弥散相	分散相	dispersed phase
弥散型燃料	散布型燃料	dispersion fuel

大　陆　名	台　湾　名	英　文　名
米德马模型	米德馬模型	Miedema model
米勒–布拉维指数	米勒–布拉維指數	Miller-Bravais indices
米勒指数	米勒指數	Miller indices
米特罗波利斯–蒙特卡罗算法	美特羅波利–蒙地卡羅演算法	Metropolis-Monte Carlo algorithm
密闭式吹氩成分微调法	密封式吹氬成分調節法	composition adjustment by sealed argon bubbling
密度	密度	density
密度法结晶度	密度量測法結晶度	crystallinity by density measurement
密度偏析	密度偏析	density segregation
密封功能复合材料	密封功能性複材，密封複材	sealed functional composite, sealed composite
密封胶(=密封胶黏剂)		
密封胶黏剂	密封膠	sealant
密炼机	密封混練機	internal mixer
密排六方结构	六方最密堆積結構	hexagonal close-packed structure
棉花(=棉纤维)		
棉漆(=熟漆)		
棉纤维	棉纖	cotton fiber
棉型纤维	棉類纖維	cotton type fiber
免疫传感器	免疫感測器	immuno-sensor
免疫吸附	免疫吸附	immunoadsorption
面板	表層薄板	face veneer
面漆	面塗層，面漆	top coating
面向等离子体材料(=第一壁材料)		
面心立方结构	面心立方結構	face-centered cubic structure
描图纸	描圖紙	tracing paper
敏感陶瓷	敏感陶瓷	sensitive ceramics
明矾	明礬	alum
明矾石	明礬石	alunite
膜	透膜	membrane
LB 膜	朗謬–布洛傑膜	Langmuir-Blodgett film
膜反应器	透膜反應器	membrane reactor
膜裂纤维	裂膜纖維，分裂纖維	split-film fiber, split fiber
膜渗透法	透膜滲透法	membrane osmometry
膜下扩散层(=埋层)		
膜蒸馏	透膜蒸餾	membrane distillation
膜状胶黏剂	膜狀黏著劑	film adhesive

大　陆　名	台　湾　名	英　文　名
摩擦复合材料	摩擦複材	friction composite
摩擦功能复合材料	摩擦功能性複材	friction functional composite
摩擦焊	摩擦銲接	friction welding
磨革	擦亮，拋光	buffing
磨光玻璃	拋光玻璃	polished glass
磨耗系数	磨耗係數	wear coefficient
磨耗指数	磨損指數	abrasion index
磨料	磨料,研磨劑	abrasive
磨料磨损	磨料磨耗，磨損	abrasive wear, abrasion
磨木浆	磨木漿	groundwood pulp
磨砂革	磨砂皮革	nubuck leather
磨损	磨損，腐蝕磨耗，磨耗	abrasion, corrosion wear,wear
磨损[耗]量	磨損量	abrasion loss
磨损率	磨耗率	wear rate
磨损试验	磨耗試驗	wear test
末端过渡区	最終過渡區，最終暫態區	final transient region
末端距	端距	end-to-end distance
莫来石	富鋁紅柱石，莫來石	mullite
莫来石晶片补强陶瓷基复合材料	莫來石纖維強化陶瓷基複材	mullite fiber reinforced ceramic matrix composite
莫来石晶须增强体	莫來石鬚晶強化體	mullite whisker reinforcement
莫来石耐火浇注料	可澆鑄莫來石耐火材	castable mullite refractory
莫来石耐火纤维制品	莫來石耐火纖維製品	mullite refractory fiber product
莫来石砖	莫來石磚	mullite brick
莫内尔合金	蒙乃爾合金	Monel alloy
莫氏硬度	莫氏硬度	Mohs hardness scale
模板聚合	模板聚合[作用]	template polymerization
模锻	模鍛	die forging
模锻件	模鍛	die forging
模后收缩(=成型收缩)		
模口膨胀	模頭溶脹	die swell
模塑料	模塑料	molding compound
模具	模具	mold
模具钢	模具鋼	die steel
模具锌合金	模具用鋅合金	die zinc alloy
模压成型	壓縮模製	compression molding
模压淬火(=加压淬火)		
模压机	壓縮模製機，壓縮模製壓機	compression molding machine, compression molding press

大　陆　名	台　湾　名	英　文　名
母合金	母合金	master alloy
母合金粉	母合金粉末	master alloy powder
木[质]素	木[質]素	lignin
木薄壁组织	木質部薄壁組織	xylem parenchyma
木材	木材	wood
木材白腐	木材白腐	white rot of wood
木材变色	木材變色，木材色斑	discoloration of wood, wood stain
木材变色防治	木材變色防治	wood discoloration controlling
木材变异性	木材變異性	variability of wood
木材层积塑料板	木材積層塑膠板	wood laminated plastic board
木材常规干燥	木材常用乾燥法	conventional drying of wood
木材尺寸稳定性	木材尺寸穩定性	dimensional stability of wood
木材冲击抗剪强度	木材衝擊剪強度	impact shear strength of wood
木材抽提物	木材萃取物	wood extractive
木材垂直剪切强度	木材垂直剪切強度	vertical shear strength of wood
木材大气干燥	木材大氣風乾	air seasoning of wood
木材防腐	木材防腐	wood preservation
木材防霉	木材防霉	wood anti-mold
木材风化	木材風化	weathering of wood
木材腐朽	木材腐朽，木材腐敗	wood rot, wood decay
木材改性(=木材功能性改良)		
木材干存法	木材乾存法	dry storage of wood
木材干燥	木材乾燥	wood drying, wood seasoning
木材干燥基准	木材乾燥排程	drying schedule of wood
木材高温干燥	高溫木材乾燥[法]	high temperature wood drying
木材各向异性	木材異向性	anisotropy of wood
木材功能性改良	木材改質	wood modification
木材构造	木材構造，木材結構	wood structure, structure of wood
木材光激发	木材光致發光	photoluminescence of wood
木材过热蒸气干燥	過熱蒸氣木材乾燥法	wood drying with superheated steam
木材含水率	木材含水量	moisture content of wood
木材褐腐	木材褐朽	brown rot of wood
木材横纹抗剪强度	木材紋理横切剪力強度	lateral-cut shear strength to the grain of wood
木材横纹抗拉强度	木材横紋抗拉強度	tensile strength perpendicular to the grain of wood
木材横纹抗压强度	木材横紋抗壓強度	compressive strength perpendicular to the grain of wood

大　陆　名	台　湾　名	英　文　名
木材花纹	木材花紋	wood figure
木材化学组分	木材化學成分	chemical composition of wood
木材缓冲容量	木材緩衝能力	buffer capacity of wood
木材灰分	木材灰分	wood ash
木材机械应力分等	木材機器應力分級	machine stress grading of wood
木材基本密度	木材基本密度	basic density of wood
木材加工	木材加工	wood processing
木材抗劈力	木材抗劈裂性	splitting resistance of wood, cleavage resistance of wood
木材抗弯强度	木材抗彎強度	bending strength of wood
木材蓝变	木材藍變	log blue, blue stain
木材磷光现象	木材磷光[現象]	phosphorescence of wood
木材流变性质	木材流變性質	rheological property of wood
木材炉气干燥	木材爐氣乾燥	furnace gas drying of wood
木材密度	木材密度	density of wood
木材耐光性	木材耐光性	lightfastness of wood
木材漂白	木材漂白	wood bleaching
木材平衡含水率	木材平衡含水量	equilibrium moisture content of wood
木材缺陷	木材缺陷	wood defect
木材染色	木材染色	wood dyeing
木材热解	木材熱解	wood pyrolysis
木材热值	木材熱值	calorific value of wood
木材人工干燥	木材人工乾燥	artificial drying of wood
木材软腐	木材軟腐	soft rot of wood
木材软化	木材軟化	wood softening
木材渗透性	木材滲透性	permeability of wood
木材声学性质	木材聲學性質	acoustic property of wood
木材湿存法	木材濕存法	wet storage of wood
木材识别	木材識別	wood identification
木材水存法	木材濕存法	wet storage of timber
木材水解	木材水解	wood hydrolysis
木材顺纹抗拉强度	木材順紋抗拉強度	tensile strength parallel to the grain of wood
木材顺纹抗压强度	木材順紋抗壓強度	compressive strength parallel to the grain of wood
木材陶瓷	木紋陶瓷	wood ceramics
木材特种干燥	木材特殊乾燥[法]	special drying of wood
木材天然耐久性	木材天然耐久性	natural durability of wood
木材透声系数	木材透聲係數	coefficient of acoustic permeability of

大陆名	台湾名	英文名
		wood
木材涂饰	木材塗飾	wood finishing
木材纹理	木材紋理	wood grain
木材握钉力	木材握釘力	nail and screw holding power of wood
木材吸湿性	木材吸濕性	hygroscopicity of wood
木材吸湿滞后	木材吸附遲滯	adsorption hysteresis of wood
木材吸水性	木材吸水量	water-absorbing capacity of wood
木材细胞壁	木材細胞壁	wood cell wall
木材纤维饱和点	木纖維飽和點	fiber saturation point of wood
木材熏蒸处理	木材燻蒸處理	fumigation of wood
木材液化	木材液化	wood liquidation
木材荧光现象	木材螢光性	fluorescence of wood
木材 pH 值	木材 pH 值	pH value of wood
木材滞火处理(=木材阻燃处理)		
木材轴向薄壁组织	木材軸向薄壁組織	longitudinal parenchyma of wood
木材着色	木材著色	wood coloring
木材阻燃处理	木材阻燃處理	fire-retarding treatment of wood
木基复合材料	木基複材	wood based composite
木姜子油(=山苍子油)		
木浆	木漿	wood pulp
木节土	木節土，木櫛土	kibushi clay, mujie clay
木射线	木質部放射紋組織	wood ray
木栓(=栓皮)		
木塑复合材料	木材塑膠複材	wood plastic composite
木纤维	木材纖維	wood fiber
木纤维瓦楞板	瓦楞纖維板	corrugated fiber board
木质部	木質部	xylem
目视光学检测	目視光學檢測	visual optical testing
钼	鉬	molybdenum
钼顶头	鉬合金穿孔心軸	molybdenum alloy piercing mandrel
钼锆铪碳合金	鉬鋯鉿碳合金	molybdenum-zirconium-hafnium-carbon alloy
钼铪碳合金	鉬鉿碳合金	molybdenum-hafnium-carbon alloy
钼合金	鉬合金	molybdenum alloy
钼铼合金	鉬錸合金	molybdenum-rhenium alloy
钼镧合金	鉬鑭合金	molybdenum-lanthanum alloy
钼丝	鉬絲，鉬線	molybdenum filament, molybdenum wire
钼酸铅晶体	鉬酸鉛晶體	lead molybdate crystal

大　陆　名	台　湾　名	英　文　名
钼钛锆合金	鉬鈦鋯合金	molybdenum-titanium-zirconium alloy
钼钛锆碳合金	鉬鈦鋯碳合金	molybdenum-titanium-zirconium-carbon alloy
钼钛合金	鉬鈦合金	molybdenum-titanium alloy
钼铁	鉬鐵	ferromolybdenum
钼铜材料	鉬銅材料	molybdenum-copper materials
钼铜复合材料(=钼铜材料)		
钼钨合金	鉬鎢合金	molybdenum-tungsten alloy
钼稀土合金	鉬稀土[金屬]合金	molybdenum-rare earth metal alloy
钼系高速钢	鉬高速鋼	molybdenum high speed steel
钼钇合金	鉬釔合金	molybdenum-yttrium alloy
穆斯堡尔谱法	梅斯堡譜術	Mössbauer spectroscopy

N

大　陆　名	台　湾　名	英　文　名
纳巴革	納帕皮革	nappa leather
纳观尺度	奈米尺度	nanoscale
纳米材料	奈米材料	nanomaterials
纳米粉	奈米級粉	nanosized powder
纳米复合材料	奈米複材	nanocomposite
纳米复合支架	奈米複合支架	nano-composite scaffold
纳米管	奈米管	nanotube
纳米技术	奈米技術	nanotechnology
纳米晶复合永磁体	奈米晶複合永磁	nanocrystalline composite permanent magnet
纳米晶金属	奈米晶金屬	nanocrystalline metal
纳米晶软磁合金	奈米晶軟磁合金	nanocrystalline soft magnetic alloy
纳米晶体	奈米晶	nanocrystal
纳米晶硬质合金	奈米級黏結碳化物	nanosized cemented carbide
纳米人工骨	奈米人工骨	nano-artificial bone
纳米生物材料	奈米生物材料	nano-biomaterials
纳米碳管吸收剂(=碳纳米管吸收剂)		
纳米陶瓷	奈米陶瓷	nano-ceramics
纳米吸波薄膜	雷達[波]吸收奈米透膜	radar absorbing nano-membrane
纳米吸收剂	奈米粉體吸收劑	nano-powder absorber
钠长石	鈉長石	albite

大陆名	台湾名	英文名
钠钙玻璃	鹼鈣玻璃，鹼鈣氧化矽玻璃	soda-lime glass, soda-lime-silica glass
钠硼解石	硼酸鈉方解石	ulexite
钠硝石	鈉硝石	nitronatrite, soda niter
奈尔温度	尼爾溫度	Néel temperature
耐冲击工具钢	耐衝擊工具鋼	shock resistant tool steel
耐冲蚀性	抗沖蝕性	erosion resistance
耐大气腐蚀钢(=耐候钢)		
耐辐照光学玻璃	耐輻射光學玻璃，防輻射光學玻璃	radiation resistant optical glass, radiation protection optical glass
耐腐蚀型热双金属	抗蝕雙金屬	anticorrosion bimetal
耐[腐]蚀性	耐蝕性	corrosion resistance
耐高温纤维	耐高溫纖維	high temperature resistant fiber
耐海水腐蚀钢	耐海水腐蝕鋼	seawater corrosion resistant steel
耐候钢	氣候鋼，耐候鋼	weathering steel
耐候胶合板	耐候合板	weather proof plywood
耐环境应力开裂	抗環境應力破裂	environmental stress cracking resistance
耐回火性	耐回火性	temper resistance
耐火材料	耐火材料	refractory materials
耐火捣打料	耐火搗實材料	refractory ramming materials
耐火度	耐火度，耐火性	refractoriness
耐火钢	耐火鋼，FR 鋼	fire-resistant steel, FR steel
耐火混凝土	耐火混凝土	refractory concrete
耐火浇注料	可澆注耐火材，非定形耐火材	castable refractory
耐火可塑料	耐火塑膠	refractory plastic
耐火泥	耐火泥	refractory mortar
耐火黏土	耐火黏土，火黏土	fire clay, refractory clay
耐火喷补料	耐火材噴補料	refractory gunning mix
耐火投射料	投擲耐火材	slinging refractory
耐火纤维喷涂料	耐火纖維噴塗材料	refractory fiber spraying materials
耐火纤维毯	耐火纖維毯	refractory fiber blanket
耐火纤维毡	耐火纖維氈	refractory fiber felt
耐火纤维制品	耐火纖維製品	refractory fiber product
耐火压入料	壓入[型]耐火材	press-in refractory
耐火原料	耐火原料	refractory raw materials
耐碱耐火浇注料	可澆鑄耐鹼耐火材	castable alkali-resistant refractory
耐纶(=脂肪族聚酰胺		

大 陆 名	台 湾 名	英 文 名
纤维)		
耐纶 4(=聚丁内酰胺纤维)		
耐纶 6(=聚己内酰胺纤维)		
耐纶 66(=聚己二酰己二胺纤维)		
耐磨铝合金	耐磨鋁合金	wear-resistant aluminum alloy
耐磨耐蚀高温合金	耐磨耐蝕超合金	wear and corrosion resistant superalloy
耐磨强度	耐磨[損]性	abrasion resistance
耐磨铜合金	耐磨銅合金	wear-resistant copper alloy
耐磨涂层	耐磨塗層，耐磨[損]塗層	wear-resistant coating, abrasion-resistant coating
耐磨锌合金	耐磨鋅合金	wear-resistant zinc alloy
耐磨性	耐磨性	wear resistance
耐磨铸钢	耐磨鑄鋼	wear-resistant cast steel
耐磨铸铁	耐磨鑄鐵	wear-resistant cast iron
耐气蚀钢	耐孔損鋼	cavitation damage resistant steel
耐热不起皮钢(=抗氧化钢)		
耐热钢	耐熱鋼	heat-resistant steel
耐热合金	耐熱合金	heat-resistant alloy
耐热混凝土	耐熱混凝土	heat-resistant concrete
耐热铝合金	耐熱鋁合金	heat-resistant aluminum alloy
耐热镁合金	耐熱鎂合金	heat-resistant magnesium alloy
耐热钛合金	耐熱鈦合金	heat-resistant titanium alloy
耐热弹簧钢	耐熱彈簧鋼	heat-resistant spring steel
耐热钽合金	耐熱鉭合金	heat-resistant tantalum alloy
耐热温度	耐熱溫度	heat resisting temperature
耐热轴承钢(=高温轴承钢)		
耐热铸钢	耐熱鑄鋼	heat-resistant cast steel
耐热铸铁	耐熱鑄鐵	heat-resistant cast iron
耐热铸造铝合金(=热强铸造铝合金)		
耐热铸造钛合金	耐熱鑄造鈦合金	heat-resistant cast titanium alloy
耐溶剂性	抗溶劑性	solvent resistance
耐溶剂–应力开裂性	抗溶劑應力破裂性	solvent stress cracking resistance
耐晒坚牢度	受光色固性	color fastness to light

大　陆　名	台　湾　名	英　文　名
耐湿胶合板	防潮合板	humidity proof plywood
耐蚀钢	耐蝕鋼	corrosion resisting steel
耐蚀锆合金	耐蝕鋯合金	corrosion resistant zirconium alloy
耐蚀合金	抗蝕合金	anticorrosion alloy
耐蚀金属间化合物	耐蝕介金屬化合物	corrosion resistant intermetallic compound
耐蚀铝合金(=铝镁系铸造铝合金)		
耐蚀镁合金	耐蝕鎂合金	corrosion resistant magnesium alloy
耐蚀镍合金	耐蝕鎳合金	corrosion resistant nickel alloy
耐蚀铅合金	耐蝕鉛合金	corrosion resistant lead alloy
耐蚀钛合金	耐蝕鈦合金	corrosion resistant titanium alloy
耐蚀钽合金	耐蝕鉭合金	corrosion resistant tantalum alloy
耐蚀铜合金	耐蝕銅合金	corrosion resistant copper alloy
耐蚀轴承钢	耐蝕軸承鋼	corrosion resistant bearing steel
耐蚀铸钢	耐蝕鑄鋼	corrosion resistant cast steel
耐蚀铸铁	耐蝕鑄鐵	corrosion resistant cast iron
耐酸耐火浇注料	可澆鑄耐酸耐火材	castable acid-resistant refractory
耐洗性能	耐洗性	washing fastness
耐液态金属腐蚀不锈钢	耐液態金屬腐蝕鋼	liquid metal corrosion resistant steel
耐震钨丝	耐衝擊鎢絲	shock resistant tungsten filament
南阳玉(=独山玉)		
难变形高温合金	難變形超合金	difficult-to-deform superalloy
难溶盐沉淀法	不溶鹽[類]沈澱法	insoluble salt precipitation
难熔金属	耐火金屬	refractory metal
难熔金属粉末	耐火金屬粉	refractory metal powder
内禀性标度	本質尺度	intrinsic scale
内含物	內含物，夾雜物	inclusion
内耗	內耗	internal friction
内浇道	進模口	ingate
内聚破坏	內聚破壞	cohesive failure
内能	內能	internal energy
内墙涂料	內牆塗層	interior coating
内树皮(=韧皮部)		
内吸除(=本征吸除)		
内锡法	內錫法	internal tin process
内压成形	內壓成形	internal pressure forming
内氧化	內氧化[作用]	internal oxidation
内应力	內應力	internal stress

大　陆　名	台　湾　名	英　文　名
内增塑作用	內塑化[作用]	internal plasticization
能量色散 X 射线谱	X 光能量散布能譜	X-ray energy dispersive spectrum
能量释放速率	能量釋放速率	energy release rate
能量守恒定律	能量守恆定律	law of conservation of energy
能斯特效应	能斯特效應	Nernst effect
能源材料	能源應用材料	materials for energy application
尼龙纤维增强体(=聚酰胺纤维增强体)		
泥灰岩	泥灰岩	marl
泥煤(=泥炭)		
泥炭	泥炭	peat
铌	鈮	niobium
铌锆超导合金	鈮鋯超導合金	niobium-zirconium superconducting alloy
铌锆系合金	鈮鋯合金	niobium-zirconium alloy
铌硅系合金	鈮矽合金	niobium-silicon alloy
铌铪系合金	鈮鉿合金	niobium-hafnium alloy
铌合金	鈮合金	columbium alloy, niobium alloy
铌镁酸铅–钛酸铅–锆酸铅压电陶瓷	鈮酸鎂鉛–鈦酸鉛–鋯酸鉛壓電陶瓷	lead magnesium niobate-lead titanate-lead zirconate piezoelectric ceramics
铌三铝化合物超导体	鋁化三鈮化合物超導體	tri-niobium aluminide compound superconductor
铌三锡化合物超导体	鈮三錫化合物超導體	tri-niobium-tin compound superconductor
铌酸钾晶体	鈮酸鉀晶體	potassium niobate crystal
铌酸锂结构	鈮酸鋰結構，鋰鈮酸鹽結構	lithium niobate structure
铌酸锂晶体	鈮酸鋰晶體，鋰鈮酸鹽晶體	lithium niobate crystal
铌酸锶钡晶体	鈮酸鋇鍶晶體	strontium barium niobate crystal
铌酸锶钡热释电陶瓷	$Sr_{1-x}Ba_xNb_2O_6$ 焦電陶瓷	$Sr_{1-x}Ba_xNb_2O_6$ pyroelectric ceramics
铌钛超导合金	鈮鈦超導合金	niobium-titanium superconducting alloy
铌钛合金	鈮鈦合金	niobium-titanium alloy
铌钛钽超导合金	鈮鈦鉭超導合金	niobium-titanium-tantalum superconducting alloy
铌钽钨系合金	鈮鉭鎢合金	niobium-tantalum-tungsten alloy
铌铁	鈮鐵	ferroniobium
铌铁矿	鈮鐵礦	columbite
铌钨锆系合金	鈮鎢鋯合金	niobium-tungsten-zirconium alloy
铌钨铪系合金	鈮鎢鉿合金	niobium-tungsten-hafnium alloy
铌钨钼锆合金	鈮鎢鉬鋯合金	niobium-tungsten-molybdenum-zirconium

大　陆　名	台　湾　名	英　文　名
		alloy
铌锡超导体	鈮錫超導體	niobium-tin superconductor
铌钇矿	鈮釔礦	samarskite
逆偏析	逆偏析	inverse segregation
逆压电效应	逆壓電效應	converse piezoelectric effect
逆张力	逆張力	back tension
逆转变奥氏体	逆轉變沃斯田體，逆轉變沃斯田鐵	reverse transformed austenite
腻子	油灰，補土	putty
年轮	年輪	annual ring, year ring
黏度	黏度	viscosity
黏度比(=相对黏度)		
黏度法	黏度法	viscosity method
黏度系数(=黏滞系数)		
黏附破坏	黏結失效	adhesive failure
黏附系数	黏附係數	sticking coefficient
黏合强度	附著強度，黏結強度	adhesion strength
黏胶基碳纤维增强体	縲縈基碳纖維強化體	rayon based carbon fiber reinforcement
黏胶纤维	黏液纖維，黏液嫘縈	viscose fiber, viscose rayon
黏接	鍵結，結合	bonding
黏接剂(=胶黏剂)		
黏结磁体	膠合磁石	bonded magnet
黏结剂	接合劑	binder
黏结金属	黏結金屬	binder metal
黏结相	接合相	binder phase
黏均分子量	黏度平均分子量，黏度平均莫耳質量	viscosity-average molecular weight, viscosity-average molar mass
黏均相对分子质量	黏度平均相對分子質量	viscosity-average relative molecular mass
黏流态	黏流態	viscous flow state
黏砂	黏砂	sand adhering
黏数(=比浓黏度)		
黏弹性	黏彈性	viscoelasticity
黏弹性力学	黏彈性力學	viscoelastic mechanics
黏土	黏土	clay
黏土结合耐火浇注料	可澆鑄黏土結著耐火材	castable clay bonded refractory
黏土结合碳化硅	黏土結著碳化矽製品	clay bonded silicon carbide product

大　陆　名	台　湾　名	英　文　名
制品		
黏土类硅酸盐结构	黏土類矽酸鹽結構	clay silicate structure
黏土砂	黏土砂	clay sand
黏土岩	黏土岩	clay rock
黏土砖	火黏土磚	fire clay brick
黏滞流体	黏結流體	adhesive fluid
黏滞系数	黏度係數	viscosity coefficient
黏着磨损	黏結磨耗	adhesive wear
捻度	撚度，扭轉	twist
碾压混凝土	碾壓混凝土	roller compacted concrete
脲甲醛胶黏剂	脲甲醛黏著劑	urea-formaldehyde adhesive
脲甲醛泡沫塑料	脲甲醛發泡體	urea-formaldehyde foam
脲甲醛树脂	脲甲醛樹脂	urea-formaldehyde resin, UF resin
脲甲醛树脂基复合材料	脲甲醛樹脂複材	urea-formaldehyde resin composite
脲三聚氰胺甲醛树脂	脲三聚氰胺甲醛樹脂	urea melamine formaldehyde resin
捏合	捏揉[作用]	kneading
捏合机	捏揉機	kneader
镍	鎳	nickel
镍当量	鎳當量	nickel equivalent
镍铬电偶合金	鎳鉻合金，克鉻美合金	chromel alloy
镍合金	鎳合金	nickel alloy
镍黄铜	鎳黃銅	nickel brass
镍基变形高温合金	鎳基鍛軋超合金	nickel based wrought superalloy
镍基电热合金	鎳基電熱合金	nickel based electrical thermal alloy
镍基电阻合金	鎳基電阻合金	nickel based electrical resistance alloy
镍基高导电高弹性合金	鎳基高導電高彈性合金	nickel based high electrical conducting and high elasticity alloy
镍基高弹性合金	鎳基彈性合金	nickel based elastic alloy
镍基高温合金	鎳基超合金	nickel based superalloy
镍基恒磁导率软磁合金	鎳基恆[磁]導率合金	nickel based constant permeability alloy
镍基精密电阻合金	鎳基精密電阻合金	nickel based precision electrical resistance alloy
镍基矩磁合金	鎳基矩型遲滯迴路合金	nickel based rectangular hysteresis loop alloy
镍基膨胀合金	鎳基膨脹合金	nickel based expansion alloy
镍基热电偶合金	鎳基熱電偶合金	nickel based thermocouple alloy
镍基软磁合金	鎳基軟磁合金	nickel based soft magnetic alloy

大 陆 名	台 湾 名	英 文 名
镍基应变电阻合金	鎳基應變電阻合金	nickel based strain electrical resistance alloy
镍铝合金	鎳鋁合金	alumel
镍铝–镍铬热电偶	鎳鋁–鎳鉻熱電偶	alumel-chromel thermocouple
镍盐电解着色	鎳鹽電解著色	electrolytic coloring in nickel salt
TD 镍(=氧化钍弥散强化镍合金)		
凝固	凝固	solidification
凝固动态曲线	動態凝固曲線	dynamic solidification curve
凝固界面(=液固界面)		
凝固界面形貌	液固界面形貌	liquid-solid interface morphology
凝固偏析	凝固偏析	solidification segregation
凝固前沿	凝固前沿	solidification front
凝固潜热	凝固潛熱	solidification latent heat
凝胶	凝膠	gel, gelatin
凝胶点	凝膠點	gel point
凝胶纺丝	凝膠紡絲	gel spinning
凝胶渗透色谱法	凝膠滲透層析術	gel permeation chromatography, GPC
凝胶效应(=自动加速效应)		
凝胶型离子交换树脂	凝膠離子交換樹脂	gel ion exchange resin
凝胶型氯丁橡胶	凝膠氯丁二烯橡膠，凝膠氯平橡膠	gel chloroprene rubber
凝胶注模成型	凝膠注模成型	gel casting
凝聚缠结	凝聚纏結，物理纏結	cohesional entanglement, physical entanglement
凝聚剂	凝聚劑	coagulating agent
凝聚体	凝體	condensed matter
凝聚体物理学	凝聚體物理[學]，凝態物理[學]	condensed matter physics
牛角式浇口	號角形進模口，號角形澆口	horn gate
牛皮浆(=硫酸盐浆)		
牛皮纸	牛皮紙	kraft paper
扭摆法	扭錘法	torsion-pendulum method
扭辫法	扭辮法	torsion-braid method
扭转超导线	絞撚超導線	twisted superconducting wire
扭转模量	扭轉模數	torsional modulus
农具钢	農用鋼	agricultural steel

大　陆　名	台　湾　名	英　文　名
农业矿物	農業礦物	agriculture mineral
浓度起伏	組成起伏	constitutional fluctuation
浓缩铀(=富集铀)		
努氏硬度	羅普硬度，努氏硬度	Knoop hardness
钕铁硼快淬粉	釹鐵硼快淬粉	neodymium-iron-boron rapidly quenched powder
钕铁硼永磁体	釹鐵硼永久磁石，NdFeB 永久磁石	neodymium-iron-boron permanent magnet, NdFeB permanent magnet
钕铁钛 3：29 型合金	釹鐵鈦 3：29 型合金	neodymium-iron-titanium 3：29 type alloy
钕永磁体	釹永久磁石	neodymium magnet
诺梅克斯	諾梅克斯	Nomex

O

大　陆　名	台　湾　名	英　文　名
欧拉定律	歐拉定律	Euler law
欧泊	蛋白石	opal
偶氮类引发剂	偶氮啟始劑	azo-initiator
偶氮染料	偶氮染料	azo dye
偶氮苯染料	偶氮苯染料	azobenzene dye, azobenzol dye
偶合终止	耦合終止	coupling termination
偶联剂	耦合劑	coupling agent

P

大　陆　名	台　湾　名	英　文　名
排除体积	排除體積	excluded volume
排胶(=脱脂)		
派-纳力	皮爾斯-拉巴諾力	Peierls-Nabarro force
盘条(=线材)		
庞磁电阻材料	巨磁阻材料	colossal magnetoresistance materials, CMR materials
抛光革	抛光皮革	polished leather
抛光面	抛光面	polished surface
抛光片	抛光晶片	polished wafer
泡花碱(=水玻璃)		
泡碱	泡鹼，天然碳酸鹽混合物	natron
泡沫玻璃	泡沫玻璃，發泡玻璃	foam glass

大　陆　名	台　湾　名	英　文　名
泡沫刚玉砖(=泡沫氧化铝砖)		
泡沫混凝土	泡沫混凝土，發泡混凝土	foam concrete, foamed concrete
泡沫夹层结构复合材料	泡芯夾層複材	foam core sandwich composite
泡沫金属	發泡金屬	foamed metal, metal foam
泡沫铝	發泡鋁	aluminum foam, foamed aluminum
泡沫镁合金	發泡鎂合金	foamed magnesium alloy
泡沫塑料	發泡塑膠	foamed plastics
泡沫氧化铝砖	發泡氧化鋁磚	foamed alumina brick
泡沫渣	發泡渣	foaming slag
泡生法	凱羅波洛斯法，長晶法	Kyropoulus method
胚胎干细胞	胚胎幹細胞	embryonic stem cell
佩尔捷效应	貝爾蒂效應	Peltier effect
配位沉淀	配位沈澱	coordinate precipitation
配位聚合	配位聚合[作用]	coordination polymerization
配位聚合物	配位聚合體	coordination polymer
配位数	配位數	coordination number
喷彩	著色噴塗	color spraying
喷出岩(=火山岩)		
喷吹燃料	燃料噴射	fuel injection
喷粉冶金(=喷射冶金)		
喷焊	噴銲	spray welding
喷煤比	粉煤噴吹速率	pulverized coal injection rate
喷墨打印纸	噴墨列印紙	inkjet printing paper
喷气交缠纱(=交络丝)		
喷砂	噴砂	sand blasting
喷砂玻璃	噴砂玻璃，毛玻璃	sanded glass
喷射沉积	噴霧沈積	spray deposition
喷射成形	噴霧成形	spray forming
喷射混凝土	噴凝土	shotcrete
喷射现象	噴射現象	jetting phenomenon
喷射冶金	射出冶金術	injection metallurgy
喷石灰粉顶吹氧气转炉炼钢	噴石灰吹氧轉爐煉鋼法	oxygen lime process
喷霜	噴霜	blooming
喷涂	噴塗	spray coating
喷丸	珠擊，噴砂[處理]	peening, shot blasting

大 陆 名	台 湾 名	英 文 名
喷雾干燥	噴霧乾燥	spray drying
喷雾热分解法制粉	噴霧裂解製粉	powder making by spray pyrolysis
喷雾造粒	噴霧造粒	spray granulation
硼钢	硼鋼	boron steel
硼硅酸铝晶须增强体	硼矽酸鋁鬚晶強化體	aluminum borosilicate whisker reinforcement
硼硅酸盐玻璃	硼矽酸鹽玻璃	borosilicate glass
硼化钛晶须增强钛基复合材料	硼化鈦鬚晶強化鈦基複材	titanium boride whisker reinforced titanium matrix composite
硼化钛晶须增强体	硼化鈦鬚晶強化體	titanium boride whisker reinforcement
硼化钛颗粒增强体	硼化鈦顆粒強化體	titanium boride particle reinforcement
硼化钛纤维增强体	硼化鈦纖維強化體	titanium boride fiber reinforcement
硼化物陶瓷	硼化物陶瓷	boride ceramics
硼镁石	硼鎂石	szaibelyite
硼镁铁矿	硼鎂鐵礦	ludwigite
硼砂	硼砂	borax
硼酸铝晶须增强铝基复合材料	硼酸鋁鬚晶強化鋁基複材	aluminium borate whisker reinforced aluminium matrix composite
硼酸铝晶须增强体	硼酸鋁鬚晶強化體	aluminum borate whisker reinforcement
硼酸镁晶须增强体	硼酸鎂鬚晶強化體	magnesium borate whisker reinforcement
硼酸铯锂晶体	硼酸鋰銫晶體，銫鋰硼酸鹽晶體	cesium lithium borate crystal
硼碳化合物超导体	碳化硼超導體	boron carbide superconductor
硼铁	硼鐵	ferroboron
硼纤维增强聚合物基复合材料	硼纖維強化聚合體複材	boron fiber reinforced polymer composite
硼纤维增强铝基复合材料	硼纖維強化鋁基複材	boron fiber reinforced aluminum matrix composite
硼纤维增强体	硼纖維強化體	boron fiber reinforcement
膨润土	膨[潤]土，皂土	bentonite
膨体纱	膨體紗	bulk yarn
膨胀掺合物	膨脹摻合物	expansive admixture
膨胀计法	膨脹測定術	dilatometry method
膨胀剂	膨脹劑	expansive agent
膨胀性流体	流變增黏流體，剪力增黏流體	dilatant fluid
碰撞	碰撞	collision
坯革	皮革外層	crust
坯料接坯料挤压(=无		

大　陆　名	台　湾　名	英　文　名
压余挤压)		
皮肤刺激	皮膚刺激	skin irritation
皮革	皮革	leather
皮革白霜	皮革白霜	spew of leather
皮革成型性能	皮革成型性	moldability of leather
皮革的等电点	等電點	isoelectric point
皮革丰满性能	皮革充實度	fullness of leather
皮革管皱	皮革管[狀皺]紋	piping of leather
皮革肋条纹	皮革肋條紋理	ribbed grain of leather
皮革粒面伤残	皮革紋理損傷	damage of leather grain
皮革粒纹	皮革紋理	grain of leather
皮革裂面	皮革裂紋	crack grain of leather
皮革柔软性能	皮革柔性	softness of leather
皮革撕裂强度	皮革撕裂強度	tearing strength of leather
皮革松面	皮革鬆面	loose grain of leather
皮革血筋	皮革經脈痕	vein mark of leather
皮克磨耗试验	皮克磨耗試驗	Pico abrasion test
皮内反应	皮內反應性	intracutaneous reactivity
皮–芯结构	皮–芯結構	skin-core structure
皮芯型复合纤维	鞘芯型複合纖維	sheath-core composite fiber
皮质含量	皮質含量	hide substance content
铍青铜	鈹青銅	beryllium bronze
铍铜合金	鈹銅合金	beryllium-copper alloy
疲劳	疲勞	fatigue
疲劳断裂	疲勞破斷	fatigue fracture
疲劳极限	疲勞限	fatigue limit
疲劳裂纹长大速率	疲勞裂縫成長速率	fatigue crack growth rate
疲劳裂纹扩展	疲勞裂縫延伸	fatigue crack propagation
疲劳强度	疲勞強度	fatigue strength
疲劳失效	疲勞破損	fatigue failure
疲劳试验	疲勞試驗	fatigue test
疲劳寿命	疲勞壽命	fatigue life
疲劳温升	疲勞溫升	temperature rise by fatigue
匹规过程(=正常过程)		
偏二氟乙烯–三氟乙烯共聚物	二氟乙烯–三氟乙烯共聚體	difluoroethylene-trifluoroethylene copolymer
偏光镜	偏光鏡	polariscope
偏光显微镜	偏光顯微鏡	polarization microscope
偏光显微镜法	偏光顯微鏡術	polarization microscopy

大 陆 名	台 湾 名	英 文 名
偏晶反应	偏晶反應	monotectic reaction
偏晶凝固	偏晶凝固[作用]	monotectic solidification
偏氯纶(=聚偏氯乙烯纤维)		
偏硼酸钡晶体	偏硼酸鋇	barium metaborate
偏位错(=不全位错)		
偏析	偏析	segregation
偏心材(=应力木)		
偏轴	離軸	off-axis
偏轴刚度	離軸剛度	off-axis stiffness
偏轴柔度	離軸柔度	off-axis compliance
偏轴弹性模量	離軸彈性模數	off-axis elastic modulus
偏轴应力-应变关系	離軸應力應變關係	off-axis stress-strain relation
片晶厚度	層片厚度	lamella thickness
片晶增强金属基复合材料	片晶強化金屬基複材	platelet reinforced metal matrix composite
片晶增强体	片晶強化體	platelet crystalline reinforcement
片麻岩	片麻岩	gneiss
片皮	片皮，劈裂，撕裂	splitting
片岩	片岩	schist
片状粉	片狀粉	flaky powder, lamellar powder
片状模塑料	薄板模製[塑]料	sheet molding compound, SMC
片状增强体	片狀強化體	flake reinforcement
漂白[黏]土	漂白黏土	bleaching clay
漂珠砖(=粉煤灰砖)		
拼合宝石	複合石材	composite stone
拼合石(=拼合宝石)		
贫化铀	耗竭鈾，耗乏鈾	depleted uranium
频率常数	頻率常數	frequency constant
品质因数 (=温差电优值)		
平板玻璃	平板玻璃	flat glass
平-胞转变	平面-胞狀界面轉換	planar-cellular interface transition
平衡电位	平衡電位，平衡勢	equilibrium potential
平衡分凝系数	平衡偏析係數	equilibrium segregation coefficient
平衡高弹性	平衡高彈性	equilibrium high elasticity
平衡化聚合	平衡聚合[作用]	equilibrium polymerization
平衡降温生长	平衡冷卻磊晶成長	equilibrium cooling epitaxial growth
平衡凝固	平衡凝固	equilibrium solidification

大 陆 名	台 湾 名	英 文 名
平衡溶胀比	平衡溶脹比	equilibrium swelling ratio
平衡溶胀法交联度	平衡溶脹交聯，平衡溶脹	crosslinkage by equilibrium swelling, equilibrium swelling
平衡熔点	平衡熔點	equilibrium melting point
平均粗糙度	平均粗糙度	average roughness
平均分子量	平均分子量，平均莫耳質量	average molecular weight, average molar mass
平均粒度	平均粒度	mean particle size
平均色散	平均色散，平均分散	mean dispersion
平均相对分子质量	平均相對分子質量	average relative molecular mass
平均应变速率	平均變形速率	average deformation rate
平炉钢	平爐鋼	open hearth steel
平炉炼钢	平爐煉鋼	open hearth steelmaking
平面界面	平面界面	planar interface
平面流动铸造法	平面流動鑄造法	planar flow casting
平面液固界面	平面液固界面	planar liquid-solid interface
平面应变断裂韧性	平面應變破斷韌性	plane strain fracture toughness
平行板测黏法	平行板測黏法	parallel plate viscometry
平行度(=锥度)		
平移因子	平移因子，水平平移因子	shift factor, horizontal shift factor
平砧拔长	平砧伸展	flat anvil stretching
平砧镦粗	平砧鍛粗	flat anvil upsetting
平整	回火輥軋，調質整平	temper rolling
平整度	平整度	flatness
屏蔽材料	遮蔽材料	shielding materials
屏蔽混凝土(=防辐射混凝土)		
坡口(=孔型)		
坡缕石	軟纖石，坡縷石	palygorskite
坡缕石黏土	綠坡縷石黏土，鎂鋁海泡石黏土	attapulgite clay
泊松比	帕松比	Poisson ratio
迫冷超导线	強制冷卻超導線	force-cooled superconducting wire
破断	驟斷	rupture
破乳剂	去乳化劑	demulsifier
剖面密度	剖面密度，截面密度	cross section density
铺层	鋪層	lay up
铺层比	[疊]層比	ply ratio

大　陆　名	台　湾　名	英　文　名
铺层角	[疊]層交角	ply angle
铺层设计	層面設計	layer design, lay-up design
铺层顺序	[疊]層堆疊順序	ply stacking sequence
铺层组	[疊]層組	ply group
铺装成型	鋪墊成型，擴展成形	mat forming, spread forming
普硅水泥(=普通硅酸盐水泥)		
普朗克常量	浦朗克常數	Planck constant
普鲁士蓝(=铁蓝)		
普适标定	通用校正	universal calibration
普通钢	普通鋼	plain steel
普通硅酸盐水泥	普通波特蘭水泥	ordinary Portland cement
普通陶瓷(=传统陶瓷)		
普通氧化铝陶瓷	普通氧化鋁陶瓷	ordinary alumina ceramics
普通质量钢	基本鋼	base steel
蹼晶(=蹼状硅晶体)		
蹼状硅晶体	蹼狀矽晶體	web silicon crystal

Q

大　陆　名	台　湾　名	英　文　名
漆革	漆皮[革]	patent leather
漆蜡	漆樹脂，漆樹蠟	urushi tallow, urushi wax
漆料	漆料	vehicle
漆脂(=漆蜡)		
齐格勒–纳塔催化剂	齊格勒–納他催化劑	Ziegler-Natta catalyst
齐聚物发光材料(=低聚物发光材料)		
奇异面	小平面界面，刻面界面	facet interface
歧化终止	歧化[作用]終止，自身氧化還原[作用]終止	disproportionation termination
起搏电极	[心臟]起搏電極	pacing electrode
起始蒸发区	起始蒸發區	first zone of vaporization
起皱	起皺[作用]	wrinkling
气阀钢	氣閥用鋼	gas valve steel
气干密度	風乾密度	air-dry density
气候曝露试验	氣候曝露試驗	weather exposure test
气孔	氣孔	gas hole
气孔率(=孔隙率)		

大 陆 名	台 湾 名	英 文 名
气流粉碎	噴射研磨機	jet mill
气敏电阻器材料	氣敏電阻[器]材料	gas sensitive resistor materials
气敏陶瓷	氣敏陶瓷	gas sensitive ceramics
气敏元件	氣敏元件，氣體感測器	gas sensitive component, gas sensor
气蚀(=空化腐蚀)		
气态源分子束外延	氣態源分子束磊晶術	gas source molecular beam epitaxy
气体保护电弧焊	氣護弧銲	gas shielded arc welding
气体保护焊(=气体保护电弧焊)		
气体分解法	氣相分解	decomposition of vapor phase
气体辅助注射成型	氣體輔助射出成型	gas-assisted injection molding
气体合成法	氣相合成，[蒸]氣相合成	gas phase synthesis, vapor phase synthesis
气体冷却剂	氣體冷卻劑	gas coolant
气体渗碳	氣體滲碳[作用]	gas carburizing
气体输运系统	氣體輸運系統	gas handling system
气体雾化	氣體霧化[法]	gas atomization
气体悬浮	氣流懸浮	gas flow levitation
气相掺杂	氣相摻雜，[蒸]氣相摻雜	gas phase doping, vapor phase doping
气相等离子辅助反应法	電漿輔助化學氣相沈積	plasma assisted chemical vapor deposition
气相反应法	氣相反應法	gas phase reaction method
气相反应法制粉	氣體反應製粉	gas reaction preparation of powder
气相激光辅助反应法	雷射誘導化學氣相沈積	laser induced chemical vapor deposition
气相色谱–质谱法	氣相層析術–質譜術	gas chromatography-mass spectrometry
气相生长	[蒸]氣相成長	vapor growth
气相生长碳纤维增强体	[蒸]氣相長成碳纖強化體	vapor grown carbon fiber reinforcement
气相外延	[蒸]氣相磊晶術，氣相磊晶	vapor phase epitaxy
气相外延生长	[蒸]氣相磊晶成長	vapor phase epitaxial growth
气压成形法	氣動壓力成形技術	pneumatic pressure forming technology
气压烧结	氣壓燒結	gas pressure sintering
气液固法	氣液固成長法	vapor-liquid-solid growth method
气硬性胶凝材料	非水硬性膠結材料	nonhydraulic cementitious materials
气胀成形	氣脹成形	gas bulging forming
汽车大梁钢	汽車底盤鋼	car chassis steel
砌筑水泥	墁砌水泥	masonry cement
千枚岩	千枚岩	phyllite
迁移率边	遷移率邊	mobility edge

大　陆　名	台　湾　名	英　文　名
迁移率隙	遷移率[能]隙	mobility gap
迁移增强外延	遷移增強磊晶術	migration enhanced epitaxy, MEE
钎焊	硬銲	brazing, soldering
钎焊性	硬銲性，軟銲性	brazability, solderability
钎剂	硬銲助銲劑，軟銲助劑	brazing flux, soldering flux
钎料	硬銲合金，軟銲合金	brazing alloy, soldering alloy
牵引流		
铅	鉛	lead
铅丹(=红丹)		
铅铬黄	鉛鉻黄	lead chrome yellow
铅铬绿	鉛鉻綠	lead chrome green
铅焊料	鉛軟銲料	lead solder
铅合金	鉛合金	lead alloy
铅基巴氏合金	鉛基巴氏合金，鉛基巴比合金	lead based Babbitt
铅基轴承合金	鉛基軸承合金	lead based bearing alloy
铅锑合金	鉛銻合金	lead antimony alloy
铅浴处理	鉛浴處理，韌化退火，韌化	lead-bath treatment, patenting
铅浴淬火(=铅浴处理)		
铅字合金	活字合金，鑄字合金	type metal alloy
前端弹性变形区(=挤压死区)		
前滑	向前滑動	forward slip
前末端基效应	次末端基效應	penultimate effect
前体细胞	前驅細胞	precursor cell
潜伏性固化剂	潛伏性固化劑	latent curing agent
浅能级	淺能階	shallow level
浅能级杂质	淺能階雜質	shallow level impurity
欠烧	欠燒，燒結不足	undersintering
嵌段共聚物	嵌段共聚體	block copolymer
嵌段聚合物(=嵌段共聚物)		
嵌晶	嵌晶	imbedded crystal
嵌入磨料颗粒	嵌入磨料顆粒	imbedded abrasive grain
嵌体	嵌體，鑲嵌	inlay
强化玻璃(=钢化玻璃)		
强化地板(=浸渍纸层压木质地板)		

大 陆 名	台 湾 名	英 文 名
强碳化物形成元素	強碳化物形成元素	strong carbide forming element
强制性晶体生长	受拘晶體生長	constrained crystal growth
蔷薇彩(=瓷胎画珐琅)		
蔷薇石英(=芙蓉石)		
羟基硅油	羥基矽氧油	hydroxyl silicone oil
羟基磷灰石	氫氧基磷灰石，羥基磷灰石	hydroxyapatite
羟基磷灰石生物活性陶瓷	羥基磷灰石生物活性陶瓷	hydroxyapatite bioactive ceramics
羟基磷灰石涂层	羥基磷灰石塗層	hydroxyapatite coating
羟乙基纤维素	羥乙基纖維素	hydroxyethyl cellulose, HEC
强迫非共振法	強制非共振法	forced non-resonance method
强迫共振法	強制共振法	forced resonance method
乔赫拉尔斯基法	柴可斯基法，單晶成長直拉法	Czochralski method
桥梁钢	橋樑鋼	bridge steel
翘曲	翹曲	warpage
翘曲度	翹曲度	warp
切变模量(=剪切模量)		
切割	切割	cutting
切割球囊	刀片氣球[裝置]，切割用球囊	cutting balloon
切粒机	製粒機	pelletizer
切膜纤维	切割膜纖維	slit-film fiber
切黏度	剪切黏度	shear viscosity
切片纺丝法	塑粒紡絲	chip spinning
青白瓷	青白瓷	bluish white porcelain
青变(=木材蓝变)		
青瓷	青瓷	celadon
青花瓷	青花瓷	blue and white porcelain
青石(=石灰岩)		
青铜	青銅	bronze
青铜法	青銅製程	bronze process
青铜焊	青銅銲接	bronze welding
氢脆	氫脆性，氫脆化	hydrogen embrittlement
氢脆敏感性	氫脆易感性	hydrogen embrittlement susceptibility
氢化丁腈橡胶	氫化腈橡膠	hydrogenated nitrile rubber
氢化非晶硅	氫化非晶矽	hydrogenated amorphous silicon
氢化纳米晶硅	氫化奈米晶矽	hydrogenated nanocrystalline silicon

大　陆　名	台　湾　名	英　文　名
氢化−脱氢粉	氫化−脱氫粉	hydride-dehydride powder
氢化微晶硅	氫化微晶矽	hydrogenated microcrystalline silicon
氢化物气相外延	氫化物氣相磊晶術	hydride vapor phase epitaxy, HVPE
氢键	氫鍵	hydrogen bond
氢氯化天然橡胶	天然橡膠氫氯化物	natural rubber hydrochloride
氢气沉淀	①氫析出 ②氫致沈澱	hydrogen precipitation
氢蚀	氫侵蝕	hydrogen attack
氢损伤	氫損害	hydrogen damage
氢致开裂	氫致破裂，氫誘導破裂	hydrogen induced cracking
氢致软化	氫致軟化	hydrogen softening
氢致塑性损失	氫致延性損失，氫致延性減損	hydrogen induced ductility loss
氢致应力开裂	氫應力破裂	hydrogen stress cracking
氢致硬化	氫致硬化	hydrogen hardening
氢转移聚合	氫轉移聚合[作用]	hydrogen transfer polymerization
轻革	輕皮革	light leather
轻骨料混凝土	輕質骨材混凝土	light weight-aggregate concrete
轻金属	輕金屬	light metal
轻量涂布纸	輕量塗布紙	light weight coated paper
轻烧	輕燒，輕度灼燒	light burning, soft burning
轻水	輕水	light water
轻水堆燃料组件	輕水反應器燃料組	light water reactor fuel assembly
轻型印刷纸	低密度印刷紙	low density printing paper
轻质耐火材料	輕質耐火材	light weight refractory
轻质耐火浇注料	可澆鑄輕質耐火材	castable light weight refractory
轻质陶瓷(=白云陶)		
清漆	清漆	varnish
氰化浸出	氰化瀝浸	cyanide leaching
氰基丙烯酸酯胶黏剂	氰基丙烯酸酯黏著劑	cyanoacrylate adhesive
氰酸酯树脂基复合材料	氰酸鹽樹脂複材	cyanate resin composite
氰乙基纤维素	氰乙基纖維素	cyanoethyl cellulose, CEC
琼脂[基]印模材料	瓊脂基印模材料，洋菜基印模材料	agar based impression materials
球焊金丝(=键合金丝)		
球化	球化[處理]	spheroidizing
球化剂	球化劑	nodulizer, spheroidal agent
球化退火	球化退火	spheroidizing annealing
球晶	球晶	spherulite

大　陆　名	台　湾　名	英　文　名
球磨	球磨機	ball mill
球磨粉	球磨粉	ball milled powder
球墨铸铁	球[狀石]墨鑄鐵，球狀化石墨鑄鐵	nodular iron, spheroidizing graphite cast iron
球囊扩张式支架	球囊擴張式支架	balloon-expandable stent
球囊血管成形术	球囊血管擴張術	percutaneous transluminal angioplasty
球铁(=球墨铸铁)		
球团工艺	製粒製程	pelletizing process
球团矿	團塊，小丸	pellet
球压式硬度	球[壓]式硬度	ball hardness
球状渗碳体	球狀雪明碳鐵	globular cementite
球状珠光体	球狀波來鐵	globular pearlite
球状组织	球狀結構	spheroidal structure
球状粉	球狀粉末	spherical powder
G-P 区	G-P 區，紀尼埃–普雷斯頓區	Guinier-Preston zone
区熔精炼	區域精煉	zone refining
区熔锗锭	區域精煉鍺錠	zone-refined germanium ingot
区域偏析	區域偏析	regional segregation
区域沾污	汙染區	contamination area
屈服点	降伏點	yield point
屈服点现象(=屈服效应)		
屈服强度	降伏強度	yield strength
屈服伸长	降伏伸長	yield elongation
屈服效应	降伏效應	yield effect
屈服准则	降伏準則	yield criterion
屈挠龟裂	撓曲破裂	flex cracking
屈挠龟裂试验	撓曲破裂試驗	flex cracking test
屈挠疲劳寿命	撓曲疲勞壽命	flex fatigue life
屈强比	降伏比	yield ratio
屈氏体	吐粒散體，吐粒散鐵	troostite
取向	取向，指向，方位	orientation
取向度	取向度	degree of orientation
取向硅钢	方向性矽鋼	oriented silicon steel
去漆剂	去除劑	remover
去应力退火	應力釋放退火，應力釋放[作用]	stress relief annealing, stress relieving
全瓷牙冠	全瓷牙冠	all-porcelain dental crown

大 陆 名	台 湾 名	英 文 名
全方位离子注入(=等离子体浸没离子注入)		
全氟离子交换膜	全氟化離子聚合體透膜	perfluorinated ionomer membrane
全氟醚橡胶	氟醚橡膠	fluoroether rubber
全氟碳乳剂	全氟碳乳劑	perfluorocarbon emulsion
全氟乙丙共聚物纤维(=四氟乙烯六氟丙烯共聚纤维)		
全干材含水率	爐乾材含水量	moisture content of oven dry wood
全口义齿	全口假牙	complete denture, full denture
全拉伸丝	全延伸紗	fully drawn yarn
全粒面革	全紋面皮革	full grain leather
全密度材料(=全致密材料)		
全密度(=理论密度)		
全漂浆	全漂[紙]漿	fully bleached pulp
全取向丝	全定向紗	fully oriented yarn
全树利用	全樹利用	whole-tree utilization
全β钛合金	穩定β鈦合金	stable β titanium alloy
全陶瓷牙冠	全陶瓷牙冠	all-ceramics dental crown
全同立构聚合物	同排聚合體	isotactic polymer
全稳定氧化锆	全穩定氧化鋯	fully stabilized zirconia
全稳定氧化锆陶瓷	全穩定氧化鋯陶瓷	fully stabilized zirconia ceramics
全息检测	全像試驗	holographic testing
全致密材料	全緻密材料，全密度材料	fully dense materials, full density materials
缺口	壓痕，凹痕	indent
缺口敏感性	缺口敏感度	notch sensitivity
确定性模拟方法	確定型模擬法	deterministic simulation method
群青	群青	ultramarine

R

大 陆 名	台 湾 名	英 文 名
燃料包壳	燃料包覆	fuel cladding
燃料比	燃料比，燃料耗用率	fuel ratio, fuel rate
燃料芯块	燃料丸，燃料粒	fuel pellet
燃料元件	燃料元件	fuel element

大陆名	台湾名	英文名
燃料组件	燃料組	fuel assembly
燃烧波速率	燃燒波速率	combustion wave rate
燃烧合成	燃燒合成	combustion synthesis
燃烧室高温合金	燃燒室用高溫合金	high temperature alloy for combustion chamber
染料	染料	dyestuff
染色体畸变(=染色体诱变)		
染色体诱变	染色體突變誘發	chromatosome mutagenesis
热爆	熱爆炸	thermal explosion
热壁外延	熱壁式磊晶術	hot wall epitaxy, HWE
热边界层(=温度边界层)		
热变形	熱變形	thermal deformation, hot deformation
热变形温度	熱變形溫度	heat distorsion temperature
热成型	熱成形	thermoforming
热处理	熱處理	heat treatment
热处理保护涂层	熱處理保護塗層	heat treatment protective coating
热处理[工艺]周期	熱處理週期	heat treatment cycle
热磁补偿合金(=磁温度补偿合金)		
热磁合金(=磁温度补偿合金)		
热导率	熱傳導率，熱傳導度	thermal conductivity
热等静压	熱均壓	hot isostatic pressing, HIP
热等静压烧结	熱均壓燒結	hot isostatic pressing sintering, HIP sintering
热电材料(=热电体)		
热电发电	熱電發電	thermoelectric power generation
热电高分子	焦電聚合體	pyroelectric polymer
热电模块(=温差电模块)		
热电偶材料	熱電偶材料	thermocouple materials
热电偶法固化监测	熱電偶固化監測	thermal couple cure monitoring
热电体	熱電材料	thermoelectric materials
热电效应	熱電效應	thermoelectric effect
热电致冷(=温差电制冷)		
热电子发射	熱電子發射	thermal electron emission

大 陆 名	台 湾 名	英 文 名
热顶偏析	熱頂偏析	hot-top segregation
热定型	熱定[作用]，熱固[作用]	heat setting
热镀锡	熱浸鍍錫	hot dip tinning
热镀锌	熱浸鍍鋅	hot-dip galvanizing
热镀锌铝	熱浸鍍鋅鋁合金	hot dip zinc-aluminum alloy
热堆(=热中子反应堆)		
热反射玻璃	熱反射玻璃	heat reflective glass
热反射涂层	熱反射塗層	thermal reflective coating
热分解法	熱分解法	thermal decomposition method
热[分]解法制粉	熱裂解製粉製程	pyrolysis process for powder making
热分解反应	熱分解反應	thermal decomposition reaction
热分析	熱分析	thermal analysis
热辐射功率(=辐射率)		
热腐蚀	熱腐蝕	hot corrosion
热固化型义齿基托聚合物	熱固化假牙基座聚合體	heat-curing denture base polymer
热固性树脂	熱固性樹脂	thermosetting resin
热固性树脂基复合材料	熱固性樹脂複材，熱固性複材	thermosetting resin composite, thermosetting composite
热光开关	熱光開關	thermo-optic switch
热光稳定光学玻璃	熱光穩定光學玻璃	thermo-optical stable optical glass
热光效应	熱光效應	thermo-optical effect
热焓法结晶度	焓量測法結晶度	crystallinity by enthalpy measurement
热核燃料(=聚变核燃料)		
热核燃料容器材料	熱核燃料容器材料	materials for thermal nuclear fuel container
热红外伪装材料	熱紅外線偽裝材料	thermo-infrared camouflage materials
热化学气相沉积	熱化學氣相沈積	thermal chemical vapor deposition
热机械控制工艺	熱機控制製程	thermomechanical control process
热激电流谱	熱激電流譜	thermally stimulated current spectrum
热激电容谱	熱激電容譜	thermally stimulated capacitance spectrum
热激活	熱活化	thermal activation
热挤压	熱擠製	hot extrusion
热挤压模具钢	熱擠製用模具鋼	hot extrusion die steel
热剂焊	鋁熱劑熔接，鋁熱劑銲接	thermit welding
热剪切工具钢	熱剪切用工具鋼	hot shearing tool steel
热降解	熱降解	thermal degradation
热解法	熱裂解	pyrolysis

大 陆 名	台 湾 名	英 文 名
热解反应	熱解反應	pyrolytic reaction
热浸镀	熱浸鍍	hot dipping
热聚合	熱聚合[作用]	thermal polymerization
热空气老化	空氣烘箱老化，空氣烘箱時效	air oven aging
热控涂层	熱控塗層	thermal control coating
热扩散系数	熱擴散係數	thermal diffusivity
热拉	熱拉製	hot drawing
热力学过程	熱力學過程	thermodynamic process
热力学平衡	熱力學平衡	thermodynamic equilibrium
热力学评估	熱力學評估，熱力學評價	thermodynamic evaluation, thermodynamic assessment
热力学优化	熱力學最佳化	thermodynamic optimization
热量输运方程	熱輸送方程	heat transport equation
热裂	熱裂，熱裂解，熱撕裂	hot cracking, hot tearing
热敏变色纤维	多色纖維	polychromatic fiber
热敏电阻	熱敏電阻	thermistor
热敏电阻材料	熱敏電阻材料	thermistor materials
热敏器件	熱敏元件	thermosensitive device
热敏陶瓷	熱敏陶瓷	thermosensitive ceramics
热敏纸	熱敏紙	thermal-sensitive paper
热喷涂	熱噴塗	thermal spray
热喷涂粉末	熱噴塗粉體	thermal spray powder
热膨胀系数	熱膨脹係數	coefficient of thermal expansion, CTE
热疲劳	熱疲勞	thermal fatigue
热谱图	熱譜圖	thermogram
热强钢	高溫高強度鋼	high temperature strength steel
热强化玻璃	熱強化玻璃	heat-strengthened glass
热强钛合金(=耐热钛合金)		
热强铸造铝合金	高強度耐熱鑄造鋁合金	high strength heat resistant cast aluminum alloy
热容[量]	熱容[量]	heat capacity
热熔法预浸料	熔融預浸材	melting prepreg
热熔胶(=热熔胶黏剂)		
热熔胶黏剂	熱熔黏著劑，熱熔膠	hot-melt adhesive
热生长氧化物	熱成長氧化物	thermally grown oxide
热施主缺陷	熱施體缺陷，熱予體缺陷	thermal donor defect

大 陆 名	台 湾 名	英 文 名
热释电流	熱激放電電流	thermal stimulated discharge current
热释电流法	熱激放電電流法	thermal stimulated discharge current method
热[释]电陶瓷	焦電陶瓷	pyroelectric ceramics
热释电系数	焦電係數	pyroelectric coefficient
热释电效应	焦電效應	pyroelectric effect
热释光发光材料	熱致發光螢光體	thermoluminescence phosphor
热双金属	熱雙金屬，雙金屬恆溫器	thermal bimetal
热塑性聚氨酯	熱塑性聚胺酯	thermoplastic polyurethane, TPU
热塑性聚氨酯弹性体	熱塑性聚氨酯彈性體	thermoplastic polyurethane elastomer
热塑性聚氨酯橡胶	熱塑性聚氨酯橡膠	thermoplastic polyurethane rubber
热塑性树脂	熱塑性樹脂	thermoplastic resin
热塑性树脂基复合材料	熱塑性樹脂複材，熱塑性複材	thermoplastic resin composite, thermoplastic composite
热塑性弹性体	熱塑性彈性體	thermoplastic elastomer
热弹性相变	熱彈性相變，熱彈性相轉換	thermoelastic phase transformation, thermoelastic phase transition
热探针法	熱探針法	thermal probe method
热脱脂	熱脫脂，熱去脂	thermal debinding, thermal degreasing
热弯玻璃	熱彎玻璃	hot bending glass
热弯型钢	熱彎型鋼	hot bending section steel
热稳定剂	熱穩定劑，熱安定劑	heat stabilizer
热戊橡胶(=环化天然橡胶)		
热芯盒法	熱匣製程	hot box process
热压	熱壓製	hot pressing
热压成型	熱壓製程	hot press processing
热压罐成型	壓力釜製程	autoclave process
热压焊	熱壓力銲接	hot pressure welding
热压烧结	熱壓燒結	hot press sintering
热压烧结氮化硅陶瓷	熱壓氮化矽	hot pressed silicon nitride
热压烧结碳化硅	熱壓製燒結碳化矽	hot pressing sintered silicon carbide
热压铸成型	熱射出成型，低壓射出成型	hot injection molding, low pressure injection molding
热氧化降解	熱氧化降解 ，熱氧化劣化	thermal-oxidative degradation
热氧老化	熱氧化老化	thermal-oxidative aging
热应力	熱應力	thermal stress

大 陆 名	台 湾 名	英 文 名
热影响区	熱影響區	heat affected zone, HAZ
热诱导孔洞	熱致孔洞	heat-induced pore
热原	熱原質	pyrogen
热再生离子交换树脂	熱再生離子交換樹脂	heat regenerable ion exchange resin
热轧	熱軋	hot rolling
热轧钢材	熱軋鋼	hot rolled steel
热轧无缝钢管	熱軋無縫鋼管	hot rolled seamless steel tube
热障涂层	熱障塗層	thermal barrier coating
热致变色染料	熱致變色著色劑	thermochromic colorant
热致发光	熱致發光	thermoluminescence
热中子反应堆	熱中子反應器	thermal neutron reactor
热中子控制铝合金	熱中子控制鋁合金	thermal neutron control aluminum alloy
热阻	熱阻	thermal resistance
热阻率	熱阻率	thermal resistivity
热作模具钢	熱作模具鋼	hot working die steel
人工宝石	人工寶石	artificial gem
人工玻璃体	人工玻璃體	artificial vitreous
人工钉扎中心	人工釘扎中心	artificial pinning center, APC
人工耳蜗	人工耳蝸，耳蝸植體，電子耳蝸植體	artificial cochlear, cochlear implant, electronic cochlear implant
人工肺	人工肺臟，人工供氧器	artificial lung, artificial oxygenator
人工肝	人工肝臟	artificial liver
人工肝支持系统	人工肝臟維持系統	artificial liver support system
人工骨	人工骨，骨替代體	bone substitute, artificial bone
人工关节	人工關節	artificial joint
人工晶体	人工晶體	artificial crystal
人工晶状体	人工水晶體	intraocular lens
人工颅骨假体	人工顱骨植體	artificial cranial graft
人工皮肤	人工皮膚	artificial skin
人工气候老化	人工風化	artificial weather aging
人工器官	人工器官	artificial organ
人工肾	人工腎臟	artificial kidney
人工时效	人工時效，人工老化	artificial aging
人工水晶	合成石英	synthetic quartz
人工细胞	人工細胞	artificial cell
人工心脏	人工心臟	artificial heart
人工心脏瓣膜	人工心臟瓣膜	prosthetic heart valve, artificial heart valve
人工血管	人工血管	vascular prosthesis, artificial blood vessel
人工牙	人工牙，假牙	artificial tooth, denture tooth

大 陆 名	台 湾 名	英 文 名
人工胰	人工胰臟	artificial pancreas
人工种皮	種皮	seed coat
人造板	木基板	wood based panel
人造板表面加工	木基板表面加工	surface processing of wood based panel
人造板表面装饰	木基板表面整飾	surface finishing of wood based panel
人造板甲醛释放限量	木質板甲醛釋放量	formaldehyde emission content from wood based panel
人造板热压	木基[人造]板熱壓製程	hot pressing for wood based panel
人造蛋白质纤维=人造蛋白质纤维)		
人造冠	人工牙冠	artificial crown
人造金刚石	合成金剛石，合成鑽石	synthetic diamond
人造金刚石触媒用镍合金	人造鑽石用鎳合金	nickel alloy for artificial diamond
人造牙(=人工牙)		
刃[型]位错	刃狀差排	edge dislocation
韧脆转变温度	延脆轉換溫度	ductile-brittle transition temperature
韧皮部	靭皮部	phloem
韧皮纤维	幹纖維，莖纖維	stem fiber
韧窝断口	靭窩斷面	dimple fracture surface
韧性断口	延性破斷面	ductile fracture surface
韧性断裂	延性破斷	ductile fracture
日光石	日長石	sunstone
日用搪瓷	日用琺瑯器皿	domestic enamelware
日用陶瓷	日用陶瓷	ceramics for daily use, domestic ceramics
绒毛浆	絨毛漿	fluff pulp
绒面革	絨面皮革，麂皮	suede leather
溶合比	滲透比	penetration ratio
θ溶剂	θ溶劑	theta solvent
溶剂脱脂	溶劑脫脂，溶劑去黏結	solvent debinding, solvent degreasing
溶剂型胶黏剂	溶劑型黏著劑	solvent adhesive
溶剂蒸发法	溶劑蒸發法	solvent evaporation method
溶胶凝胶法	溶膠凝膠法	sol-gel method
溶胶凝胶法制粉	溶膠凝膠法製粉	powder making by sol-gel process
溶胶凝胶活化改性	溶膠凝膠生物活化改質	bioactivation modification by sol-gel
溶胶凝胶涂层工艺	溶膠凝膠塗層技術	sol-gel coating technology
溶解度	溶解度	solubility
溶解度参数	溶解度參數	solubility parameter
溶解度间隙	兩相共存區間	miscibility gap

大　陆　名	台　湾　名	英　文　名
溶聚丁苯橡胶	溶液聚合苯乙烯丁二烯橡膠	solution polymerized styrene-butadiene rubber
溶血	溶血[作用]	hemolysis
溶液法预浸料(=湿法预浸料)		
溶液纺丝	溶液紡絲	solution spinning
溶液聚合	溶液聚合[作用]	solution polymerization
溶液生长	溶液成長	solution growth
溶液涂膜	溶液澆注	solution casting
溶胀	溶脹	swelling
溶胀比	溶脹比	swelling ratio
溶胀度	溶脹度	degree of swelling
溶胀控制药物释放系统	溶脹控制藥物遞送系統	swelling-controlled drug delivery system
溶质富集	溶質增富	solute enrichment
溶质扩散系数	溶質擴散係數	solute diffusion coefficient
溶质浓度	溶質濃度	solute concentration
溶质再分配	溶質再分佈	solute redistribution
溶质再分配系数(=分凝因数)		
熔池	[金屬]熔池	puddle, molten pool
熔池搅拌	熔池攪拌	molten pool stirring
熔点	熔點	melting point
熔法纺丝(=单辊激冷法)		
熔敷金属	沈積金屬，鍍著金屬	deposited metal
熔敷系数	沈積效率	deposition efficiency
熔覆层	包覆層	cladding layer
熔合区	熔融帶	fusion zone
熔合线	結合線，銲接接面	bond line, weld junction
熔化	熔化[作用]，熔融[作用]	melting
熔[化]焊	熔融銲接	fusion welding
熔化极惰性气体保护电弧焊	金屬惰性氣體弧銲	metal inert-gas arc welding
熔化热	熔解熱	heat of fusion, melting heat
熔剂	①助熔劑，銲劑，熔劑 ②通量	flux
熔浸	溶滲，熔滲	infiltration
熔浸复合材料	溶滲複材，熔滲複材	infiltrated composite

大　陆　名	台　湾　名	英　文　名
熔块	熔塊，玻料	frit
熔模	可熔模型	fusible pattern
熔模铸造	精密鑄造	investment casting
熔凝硅石纤维增强体(=石英玻璃纤维增强体)		
熔融(=熔化)		
熔融玻璃净化法	玻璃熔流技術	glass fluxing technique
熔融法预浸料(=热熔法预浸料)		
熔融纺丝(=单辊激冷法)		
熔融还原	熔融還原，熔煉還原製程	fusion reduction, smelting reduction process
熔融还原炼铁	熔煉還原製鐵法	smelting reduction process for ironmaking
熔融石英制品	熔融石英製品	fused quartz product
熔融缩聚	熔相聚縮合[作用]	melt phase polycondensation
熔融温度	熔解溫度	melting temperature
熔融织构生长法	熔體織構生長製程	melt-textured growth process
熔深	熔融深度	depth of fusion
熔渗(=熔浸)		
熔石英陶瓷	熔融石英陶瓷	fused quartz ceramics
熔体纺丝(=单辊激冷法)		
熔体纺丝结晶	熔體紡絲結晶	melt spinning crystallization
熔体纺丝取向	熔體紡絲取向	melt spinning orientation
熔体流率(=熔体指数)		
熔体凝固	熔體凝固	solidification of melt
熔体破裂	熔體破斷	melt fracture
熔体强度	熔體強度	melt strength
熔体生长法	熔體成長法	melt growth method
熔体拖出法	熔融萃取	melt extraction
熔体指数	熔體指數	melt index
熔透法(=熔透型等离子弧焊)		
熔透型等离子弧焊	熔融式電漿弧銲	fusion type plasma arc welding
熔限	熔解溫度範圍	melting temperature range
熔盐电镀	熔鹽電鍍	molten salt electroplating
熔盐电解	熔融電解	fusion electrolysis

大 陆 名	台 湾 名	英 文 名
熔盐法	熔鹽法	molten salt method
熔盐腐蚀	熔鹽腐蝕	fused salt corrosion
熔焰法	伐諾伊法，火焰熔融長晶法	Verneuil method
熔渣	熔渣	slag
熔渣流动性	熔渣流動性	slag fluidity
熔铸锆刚玉砖	熔鑄氧化鋯剛玉磚	fused cast zirconia corundum brick
熔铸耐火材料	熔鑄耐火材	fused cast refractory
熔铸砖	熔鑄磚	fused cast brick
柔度不变量	柔度不變量	compliance invariant
柔软剂(=软化剂)		
柔性衬底非晶硅太阳能电池	可撓性基板非晶矽太陽能電池	α-Si based solar cell on flexible substrate
柔性多点成形	可撓多點成型	flexible multi-point forming
柔性链	可撓鏈	flexible chain
鞣制	鞣製	tanning
肉面	肉面	flesh side
蠕变	潛變	creep
蠕变脆性	潛變脆化	creep embrittlement
蠕变断裂	潛變破斷	creep fracture
蠕变极限(=蠕变强度)		
蠕变强度	潛變強度	creep strength
蠕变柔量	潛變柔度	creep compliance
蠕变试验	潛變試驗	creep test
蠕变数据外推法	潛變數據外插法	extrapolation of creep data
蠕变速率	潛變率	creep rate
蠕化剂	蠕化劑	vermiculizer
蠕墨铸铁	縮墨鑄鐵，蠕蟲狀石墨鑄鐵	compacted graphite cast iron, vermicular graphite cast iron
汝窑	汝窯	Ru kiln
乳白玻璃	乳白玻璃	opal glass
乳化剂	乳化劑	emulsifier
乳胶漆	乳膠漆	latex paint
乳聚丁苯橡胶	乳化聚合苯乙烯–丁二烯橡膠	emulsion polymerized styrene-butadiene rubber
乳聚丁二烯橡胶	乳化聚合聚丁二烯	emulsion polymerized polybutadiene
乳头层	乳頭層，粒面層	papillary layer
乳液法制粉	乳化法製粉	powder making by emulsion process
乳液纺丝	乳化紡絲	emulsion spinning

大 陆 名	台 湾 名	英 文 名
乳液胶黏剂	乳膠黏著劑	latex adhesive
乳液聚合	乳化聚合[作用]	emulsion polymerization
乳浊釉	蛋白石釉，不透明釉	opal glaze, opaque glaze
入口效应	入口效應	entrance effect
软材	軟木	softwood
软磁材料	軟磁性材料	soft magnetic materials
软磁铁氧体	軟磁性鐵氧磁體	soft magnetic ferrite
软磁性复合材料	軟磁性複材	soft magnetic composite
软钢	軟鋼	mild steel
软化	軟皮法，鞣法	bating
软化剂	軟化劑	softening agent
软聚氯乙烯	可撓性聚氯乙烯，可撓性 PVC	flexible polyvinylchloride, flexible PVC
软锰矿	軟錳礦	pyrolusite
软模	軟模式	soft mode
软模成型	可撓模具成型	flexible die forming
软木(=栓皮)		
软钎焊	軟銲	soldering
软铁(=熟铁)		
软物质	軟物質	soft matter
软玉	軟玉	nephrite
软组织填充材料	軟組織填充材料	filling materials of soft tissue
软组织修复材料	軟組織修復材料	repairing materials of soft tissue
锐钛矿	銳鈦礦	anatase
锐钛矿结构	銳鈦礦結構	anatase structure
瑞利比	瑞立比	Rayleigh ratio
瑞利散射	瑞立散射	Rayleigh scattering
瑞利因子	瑞立因子	Rayleigh factor
润滑挤压	潤滑擠製	lubrication extrusion
润滑颜料	潤滑顏料	lubricant pigment
润湿	潤濕	wetting
润湿层(=浸润层)		
润湿剂	潤濕劑	wetting agent
润湿角	潤濕角	wetting angle
润湿热	潤濕熱	heat of wetting
润湿性	潤濕性	wettability
弱碳化物形成元素	弱碳化物形成元素	weak carbide forming element

S

大 陆 名	台 湾 名	英 文 名
塞棒	塞桿	stopper rod
赛隆结合刚玉制品	賽瓏結合剛玉製品	sialon-bonded corundum product
赛隆结合碳化硅制品	賽瓏結合碳化矽製品	sialon-bonded silicon carbide product
赛隆陶瓷	賽隆陶瓷	sialon
赛璐玢(=玻璃纸)		
赛璐珞(=硝酸纤维素塑料)		
三次渗碳体	三次雪明碳體，三次雪明碳鐵	tertiary cementite
三次再结晶	三次再結晶	tertiary recrystallization
三点弯曲试验	三點彎曲試驗	three-point bending test
三官能硅氧烷单元	三官能基矽氧烷單元	trifunctional siloxane unit
三甲基氯硅烷	三甲基氯矽烷	trimethyl chlorosilane
三聚氰胺甲醛树脂	三聚氰胺甲醛樹脂	melamine formaldehyde resin, MF
三聚氰胺甲醛树脂基复合材料	三聚氰胺甲醛樹脂複材	melamine formaldehyde resin composite
三氯硅烷	三氯矽烷	trichlorosilane
三硼酸锂晶体	鋰硼酸鹽，硼酸鋰	lithium borate
三探针法	三探針量測法	three-probe measurement
三 T 图	固化溫度–固化時間–玻璃轉換溫度圖	curing temperature-curing time-glass transition temperature diagram
三维卷曲	三維捲曲，螺旋捲曲	three-dimensional crimp, helical crimp
三维细胞培养	3D 細胞培養	3D cell culture
三阳开泰瓷	三陽開泰瓷	San Yang Kai Tai porcelain
三元相图	三元相圖	ternary phase diagram
三组元超导线	三[組]元超導線	three-component superconducting wire
散孔材	散孔木材	diffuse-porous wood
散状耐火材料(=不定形耐火材料)		
扫描电子显微术	掃描電子顯微術	scanning electron microscopy
扫描隧道显微术	掃描穿隧顯微術	scanning tunnelling microscopy
扫描探针显微术	掃描探針顯微術	scanning probe microscopy
色斑	色斑，著色劑	stain
色差	顏色差異性	color difference
色淀染料	色澱染料	lake dye
色纺纤维	紡前染色纖維	spun-dyed fiber

大 陆 名	台 湾 名	英 文 名
色母粒(=色母料)		
色母料	色母	color concentrate
色漆	漆	paint
色散本领	色散[能]力，分散[能]力	dispersive power
色心	發色中心	color center
沙木油(=杉木油)		
砂金石英(=东陵石)		
砂金釉(=金砂釉)		
砂型铸造	砂鑄	sand casting
砂岩	砂岩	sandstone
砂眼	砂孔	sand hole
鲨鱼皮现象	鯊魚皮現象	sharkskin phenomenon
筛分析	篩分析，篩選分析	screen analysis, sieve analysis
晒图纸	曬圖紙，重氮類紙	diazo-type paper
山苍子油	山胡椒油，山雞椒油	*Litsea cubeba* oil
杉木油	杉木油	Cunninghamia lanceolata oil
钐钴 1：5 型磁体	釤鈷 1：5 型磁石	samarium-cobalt 1：5 type magnet
钐钴 2：17 型磁体	釤鈷 2：17 型磁石	samarium-cobalt 2：17 type magnet
钐钴磁体	釤鈷磁石	samarium-cobalt magnet
钐铁氮磁体	釤鐵氮磁石	samarium-iron-nitrogen magnet
珊瑚	珊瑚	coral
闪长岩	閃長岩	diorite
闪光对焊	閃光對銲，閃銲	flash butt welding, flash welding
闪光射线透照术	閃光放射攝影術	flash radiography
闪石	角閃石，閃石類	amphibole
闪烁晶体	閃爍晶體	scintillation crystal
闪烁体	閃爍體	scintillator
闪锌矿	閃鋅礦	sphalerite
闪锌矿型结构	閃鋅礦結構	zinc blende structure
闪蒸蒸镀	閃蒸鍍	flash evaporation
熵	熵	entropy
熵弹性	熵彈性	entropy elasticity
上贝氏体	上變韌體	upper bainite
上屈服点	上降伏點	upper yield point
上转换发光材料	上轉換螢光體	up-conversion phosphor
烧成	燒成，燒製	firing
烧成砖	燒成磚	burnt brick
烧结	燒結	sintering
烧结白铜	燒結白銅，燒結德國銀	sintered nickel silver

大　陆　名	台　湾　名	英　文　名
烧结不锈钢	燒結不鏽鋼	sintered stainless steel
烧结磁体	燒結磁石	sintered magnet
烧结电触头材料	燒結電接點材料	sintered electrical contact materials
烧结电工材料	燒結電工材料	sintered electrical engineering materials
烧结钢	燒結鋼	sintered steel
烧结铬钴铁磁体	燒結鉻鈷鐵磁石	sintered chromium-cobalt-iron magnet
烧结工艺	燒結製程	sintering process
烧结合金	燒結合金	sintered alloy
烧结合金钢	燒結合金鋼	sintered alloy steel
烧结黄铜	燒結黃銅	sintered brass
烧结活塞环	燒結活塞環	sintered piston ring
烧结畸变	燒結變形	sintering distortion
烧结减摩材料	燒結抗磨擦材料	sintered antifriction materials
烧结金属石墨	含金屬碳	metal bearing carbon
烧结颈	燒結頸	sintering neck
烧结矿	燒結礦	sintered ore
烧结连接	燒結結合	sinter bonding
烧结铝	燒結鋁	sintered aluminum
烧结铝-镍-钴磁体	燒結鋁鎳鈷磁石	sintered alnico magnet
烧结镁砂	燒結鎂砂	sintered magnesite
烧结摩擦材料	燒結摩擦材料	sintered friction materials
烧结钕-铁-硼磁体	燒結釹鐵硼磁石	sintered neodymium-iron-boron magnet
烧结气氛	燒結氣氛	sintering atmosphere
烧结铅青铜	燒結鉛青銅	sintered lead bronze
烧结青铜	燒結青銅	sintered bronze
烧结-热等静压(=气压烧结)		
烧结软磁材料	燒結軟磁材料	sintered soft magnetic materials
烧结碳化氮	燒結碳化氮	cemented nitrogen carbide
烧结碳化铬	燒結碳化鉻	cemented chromium carbide
烧结碳化钨	燒結碳化鎢	cemented tungsten carbide
烧结铁	燒結鐵	sintered iron
烧结铜	燒結銅	sintered copper
烧结硬磁材料	燒結硬磁材料	sintered hard magnetic materials
烧绿石	燒綠石，焦綠石	pyrochlore
烧绿石结构	焦綠石結構	pyrochlore structure
烧青(=景泰蓝)		
烧蚀防热复合材料	剝蝕複材	ablative composite
烧蚀后退率(=复合材		

大陆名	台湾名	英文名
料线烧蚀速率)		
少数载流子	少數載子	minority carrier
少数载流子寿命	少數載子壽命	minority carrier lifetime
少子扩散长度	少數載子擴散長度	minority carrier diffusion length
邵坡尔磨耗试验	蕭伯磨耗試驗	Schopper abrasion test
邵氏硬度	蕭氏硬度	Shore hardness
邵氏硬度 A	蕭氏硬度 A	Shore hardness A
邵氏硬度 D	蕭氏硬度 D	Shore hardness D
蛇纹石	蛇紋石	serpentine
蛇纹岩	蛇紋岩	serpentinite
蛇窑(=龙窑)		
射频等离子体辅助分子束外延	射頻電漿輔助分子束磊晶術	radio frequency plasma assisted molecular beam epitaxy
射频等离子体化学气相沉积	射頻電漿化學氣相沈積	radio frequency plasma chemical vapor deposition
射频等离子体增强化学气相沉积	射頻電漿增強化學氣相沈積	radio frequency plasma enhanced chemical vapor deposition
射频溅射	射頻濺鍍	radio frequency sputtering
X 射线粉末衍射术	X 光粉末繞射	X-ray powder diffraction
X 射线光电子能谱法	X 光光電子能譜術	X-ray photoelectron spectroscopy, XPS
射线[活动]电影摄影术	電影放射攝影術	cine-radiography
X 射线检测	X 光檢測，X 光分析	X-ray testing, X-ray analysis
X 射线漫散射	X 光漫散射	X-ray diffuse scattering
射线敏材料	輻射敏感材料	radiation sensitive materials
X 射线吸收近边结构	X 光吸收近緣結構	X-ray absorption near edge structure
X 射线吸收谱法	X 光吸收光譜術	X-ray absorption spectroscopy
X 射线形貌术	X 光形貌術	X-ray topography
X 射线衍射	X 光繞射	X-ray diffraction
X 射线衍射法结晶度	X 光繞射量測法結晶度	crystallinity by X-ray diffraction
X 射线荧光谱法	X 光螢光光譜術	X-ray fluorescence spectroscopy
X 射线照相术	X 光放射攝影術	X-ray radiography
伸缩性变形丝	伸縮變形紗	stretch textured yarn
伸展	伸展	stretching
伸展链晶体	伸展鏈晶體	extended-chain crystal
伸直链长度	鏈伸直長度	contour length
砷反位缺陷	砷反位缺陷	arsenic antisite defect
砷化镓	砷化鎵	gallium arsenide
砷化铟	砷化銦	indium arsenide

大陆名	台湾名	英文名
砷空位	砷空位	arsenic vacancy
深成岩	深成岩體	pluton
深冲	深抽	deep drawing
深冲钢	深抽鋼	deep drawing steel, DDS
深冲钢板	深抽板，深抽片鋼	deep drawing plate, deep drawing sheet steel
深过冷	深過冷	deep undercooling
深过冷快速凝固	深過冷快速凝固	deep undercooling rapid solidification
深冷处理	深冷處理	cryogenic treatment
深能级	深[能]階	deep level
深能级瞬态谱	深[能]階暫態譜術，深[能]階瞬態譜術	deep level transient spectroscopy, DLTS
深能级杂质	深[能]階雜質	deep level impurity
神经生长因子	神經生長因子	nerve growth factor
渗氮	氮化[法]	nitriding
渗氮钢	可氮化鋼	nitriding steel
渗镀	擴散金屬化	diffusion metallizing
渗金属	擴散金屬化，金屬膠結	diffusion metallizing, metal cementation
渗硫	滲硫[作用]	sulphurizing
渗铝	滲鋁法	calorizing
渗铝钢	滲鋁鋼	aluminized steel
渗硼	滲硼處理	boriding, boronizing
渗硼钢	滲硼鋼	boronized steel
渗碳	滲碳	carburizing
渗碳钢	滲碳鋼	carburized steel
渗碳体	雪明碳體，雪明碳鐵	cementite
渗碳轴承钢	滲碳軸承鋼	carburizing steel of bearing
渗透检测	滲透［探傷］測試	penetrate testing
渗透率	滲透率	permeability
渗透气压膜(=透析蒸发膜)		
渗透燃烧	滲透燃燒	filtration combustion
渗透压控制药物释放系统	滲透壓控制藥物遞送系統	osmotically controlled drug delivery system
渗铝	滲鋁法	aluminizing
渗碳剂	滲碳劑	carburizer
升华干燥(=冷冻干燥)		
升华–凝结法	昇華晶體成長	sublimation crystal growth

大陆名	台湾名	英文名
升华再结晶法	昇華再結晶法	sublimate recrystallization method
生胶	生膠，天然橡膠	crude rubber
生理环境	生理環境	physiological environment
生坯	生胚	green compact
生漆	生漆	raw lacquer
生态环境材料	生態材料	ecomaterials
生态皮革	生態皮革	ecological leather
生铁	生鐵	pig iron
生物玻璃	生物玻璃	bioglass
生物玻璃涂层	生物玻璃塗層	bioglass coating
生物材料	生物材料	biomaterials
[生物材料]表面内皮化	表面內皮化	endothelialization of surface
生物材料快速成型	生物材料快速原型法	rapid prototyping of biomaterials
生物材料诱导作用	生物材料誘發效應	inducing effect of biomaterials
生物传感器	生物感測器	biosensor
生物大分子	生物巨分子	bio-macromolecule
生物惰性材料	生物惰性材料	bioinert materials
生物反应器	生物反應器	bioreactor
生物腐蚀	生物腐蝕，生物沖蝕	biological corrosion, bioerosion
生物附着	生物附著[體]	bioattachment
生物[工程]钛合金	生物[工程]鈦合金	biological [engineering] titanium alloy
生物功能膜	生物功能性透膜	bio-functional membrane
生物化学信号	生物化學信號	biochemical signal
生物活性	生物活性	bioactivity
生物活性玻璃陶瓷	生物活性玻璃陶瓷	bioactive glass ceramics
生物活性材料	生物活性材料	bioactive materials
生物活性结合	生物活性固定	bioactive fixation
生物活性梯度涂层	生物活性梯度塗層	bioactive gradient coating
生物活性涂层	生物活性塗層	bioactive coating
生物活性微晶玻璃(=生物活性玻璃陶瓷)		
生物假体	生物義肢	bioprosthesis
生物降解	生物降解	biodegradation
生物降解材料	生物可降解材料	biodegradable materials
生物降解高分子	生物可降解聚合體	biodegradable polymer
生物降解性管腔支架	生物可降解支架	biodegradable stent
生物结合	生物固定	biological fixation
生物矿化	生物礦化[作用]	biomineralization

大　陆　名	台　湾　名	英　文　名
生物老化	生物老化	biological aging
生物力学	生物力學	biomechanics
生物力学相容性	生物力學相容性	biomechanical compatibility
生长	成長	growth
生长界面	成長界面	growth interface
生长轮	生長[年]輪	growth ring
生长速率	生長速率，成長速率	growth rate
生长因子	成長因子	growth factor
生物弹性体	生物彈性體	bioelastomer
生物陶瓷	生物陶瓷學	bioceramics
生物陶瓷涂层	生物陶瓷塗層	bioceramics coating
生物相容性	生物相容性	biocompatibility
生物相容性材料	生物相容性材料	biocompatible materials
生物芯片	生物晶片	biochip
生物修复体	生物修復	biorestoration
生物学环境	生物環境	biological environment
生物衍生骨	生物衍生骨	biologically derived bone, bioderived bone
生物医学材料(=生物材料)		
生物医学贵金属材料	生醫貴金屬材料	biomedical precious metal materials
生物医用材料	生醫材料	biomedical materials
生物医用高分子材料	生醫聚合體	biomedical polymer
生物医用金属材料(=医用金属材料)		
生物抑制剂(=抗微生物剂)		
生物粘连	生物黏結性，生物黏結度	bioadhesion
生物制造	生物製造	biomanufacture
生物质材料	生質材料	biomass materials
生殖毒性	生殖毒性	reproductive toxicity
声表面波	表面聲波	surface acoustic wave
声发射技术	聲發射技術，音洩技術	acoustic emission technique
声光晶体	聲光晶體	acousto-optic crystal
声光陶瓷	聲光陶瓷	acousto-optic ceramics
声光效应	聲光效應	acousto-optic effect
声速法弹性模量	聲速法[量測]彈性模數	elastic modulus by sonic velocity method
声悬浮	聲致懸浮	acoustic levitation
声学显微术	聲波顯微術	acoustic microscopy

大　陆　名	台　湾　名	英　文　名
声致疲劳	音波疲勞	acoustic fatigue
声子	聲子	phonon
声子晶体	聲子晶體	phononic crystal
声子谱	聲子頻譜	phonon spectrum
声子散射	聲子散射	phonon scattering
声阻抗率	比聲阻抗	specific acoustic impedance
剩余电阻	殘餘電阻	residual resistance
剩余极化强度	殘餘極化	remanent polarization
失蜡铸造	脫蠟鑄造	lost-wax casting
失配位错	錯合差排	misfit dislocation
失效包线	破損包絡線	failure envelope
失效分析	破壞分析，破損分析	failure analysis
施主能级	施子[能]階	donor level
施主杂质	施子雜質	donor impurity
湿法纺丝	濕式紡絲，濕紡	wet spinning
湿法冶金	濕法冶金	hydrometallurgy
湿法预浸料	溶液預浸料	solution prepreg
湿纺(=湿法纺丝)		
湿化学法制粉	濕化學製粉	powder making by wet chemistry
湿敏电阻材料	濕敏電阻材料	humidity-sensitive resistance materials
湿敏电阻器材料	濕敏電阻器材料	humidity-sensitive resistor materials
湿敏陶瓷	濕敏陶瓷	humidity-sensitive ceramics
湿膨胀系数	濕膨脹係數	moisture expansion coefficient
湿热拉伸	濕熱抽製	wet heat drawing
湿热老化试验	熱濕老化試驗	hot-humid aging test
湿[砂]型	濕砂模	green sand mold
湿心材	細菌濕[心]木	bacterial wetwood
湿胀系数	濕脹係數	coefficient of wet expansion
石材	石材	dimension stone
石材工艺	石材加工	stone process
石膏	石膏	gypsum
石膏刨花板	石膏木屑板	gypsum particleboard
石膏浆初凝	石膏漿初凝	initial setting of gypsum slurry, initial setting of plaster slip
石膏浆终凝	石膏漿終凝	final setting of gypsum slurry
石膏浆终凝	石膏漿終凝	final setting of plaster slip
石膏型	石膏模	plaster mold
石膏型铸造	石膏模鑄造	plaster mold casting
石膏纸板	石膏板	gypsum board

大　陆　名	台　湾　名	英　文　名
石灰碱釉	石灰鹼釉	lime-alkali glaze
石灰石(=石灰岩)		
石灰岩	石灰岩，石灰石	limestone
石灰釉	石灰釉	lime glaze
石榴子石	石榴子石	garnet
石榴子石型激光晶体	石榴子石雷射晶體	garnet laser crystal
石榴子石型结构	石榴子石結構	garnet structure
石煤	無煙煤	stone coal
石棉	石綿	asbestos
石棉纤维增强体	石棉纖維強化體	asbestos fiber reinforcement
石墨	石墨	graphite
石墨电极	石墨電極	graphite electrode
石墨钢	石墨鋼，可石墨化鋼	graphitic steel, graphitizable steel
石墨化度	石墨化程度	graphitization degree
石墨化退火	促石墨化退火，促石墨化處理	graphitizing annealing, graphitizing treatment
石墨化元素	促石墨化元素，石墨安定化元素	graphitizing element, graphite stabilized element
石墨结构	石墨結構	graphite structure
石墨晶须增强体	石墨鬚晶強化體	graphite whisker reinforcement
石墨黏土砖	石墨黏土磚	graphite clay brick
石墨片岩	石墨片岩	graphite schist
石墨球化处理	石墨球化處理	nodularizing treatment of graphite
石墨纤维增强体	石墨纖維強化體	graphite fiber reinforcement
石炭(=石煤)		
石盐	岩鹽	halite
石英	石英	quartz
石英玻璃	石英玻璃	quartz glass
石英玻璃纤维增强体	石英纖維強化體	quartz glass fiber reinforcement
石英砂	石英砂	quartz sand
石英砂岩	石英砂岩	quartz sandstone
石英陶瓷(=熔石英陶瓷)		
石英纤维/二氧化硅透波复合材料	石英透波複材	quartz wave-transparent composite
石英纤维增强聚合物基复合材料	石英纖維強化聚合物複材	quartz fiber reinforced polymer composite
石英岩	石英岩	quartzite
石油树脂	石油樹脂	petroleum resin

大　陆　名	台　湾　名	英　文　名
时间分辨光致发光谱	時間解析光致發光譜	time-resolution photoluminescence spectrum
时间–温度–转变图	時間–溫度–轉變圖，TTT 圖	time-temperature-transformation diagram
时–温等效原理	時溫等效定理，時溫疊加定理	time-temperature equivalent principle, time-temperature superposition principle
时–温叠加原理(=时–温等效原理)		
时效	時效，老化	aging
时效处理	時效處理	aging treatment
时效硬化	時效硬化[作用]	age hardening
时效硬化合金剪力模数	時效硬化合金剪力模數	shear modulus of age hardened alloy
实木地板	實木地板	solid wood flooring
实木复合地板	嵌木地板	parquet
实心注浆	實心澆注，實心鑄造	solid casting
实型铸造	全模鑄造	full mold casting
炻瓷	石器皿	stoneware
食品包装纸	食品包裝紙	food wrapping paper
使用性能	性能	performance
示差扫描量热法(=差示扫描量热法)		
饰面玻璃	裝飾玻璃	decorative glass
室温硫化硅橡胶	室溫火煅矽氧橡膠，室溫硫化矽氧橡膠	room temperature vulcanized silicone rubber
适用期	適用期限	pot life
铈镍硅 2：17：9 型合金	鈰鎳矽 2：17：9 型合金	cerium-nickel-silicon 2：17：9 type alloy
铈钨(=铈钨合金)		
收缩补偿混凝土	收縮補償混凝土	shrinkage-compensating concrete
收缩痕	縮痕	sink mark
收缩温度	收縮溫度	shrink temperature
手糊成型	手糊製程	hand lay-up process
手性聚合物	對掌型聚合體	chiral polymer
寿命预测	壽命預測	life prediction
寿山石	壽山石	shoushan stone
受激态寿命	激態壽命	excited state lifetime
受控热变试验	受控熱酷試驗	controlled thermal severity test
受冷籽晶法(=泡生法)		

大 陆 名	台 湾 名	英 文 名
受扰角关联	擾動角關聯	perturbed angular correlation
受限非晶相	受拘非晶相	constrained amorphous phase
受主能级	受體能階	acceptor level
受主杂质	受體雜質	acceptor impurity
书写纸	書寫紙	writing paper
梳形聚合物	梳型聚合體	comb polymer
疏松	微孔隙度，孔隙率	micro-porosity, porosity
输运剂	輸送劑	transportation agent
熟料	熟料，熔結塊	clinker
熟漆	熟漆	ripe lacquer
熟铁	熟鐵，鍛軋鐵	wrought iron
树枝状粉	[樹]枝狀粉	dendritic powder
树脂	樹脂	resin
H 树脂	H 樹脂	H-resin
树脂插层蒙脱土复合材料	樹脂/蒙脫土插層複材	resin/montmorillonite intercalation composite
树脂插层蒙脱土纳米复合材料	樹脂/蒙脫土奈米複材	resin/montmorillonite nanocomposite
树脂传递模塑	樹脂轉注模製	resin transfer molding, RTM
树脂含量(=含胶量)		
树脂基复合材料(=聚合物基复合材料)		
树脂基体固化度	樹脂固化度	curing degree of resin
树脂膜浸渍成型	樹脂膜浸漬	resin film infusion, RFI
树脂体系黏度模型	樹脂黏度模型	resin viscosity model
树脂稀释剂	樹脂稀釋劑	resin diluent
树脂牙	樹脂牙	resin tooth
树状高分子	樹枝狀體，[樹]枝狀聚合體	dendrimer, dendritic polymer
竖炉直接炼铁	豎爐直接還原[煉鐵]製程	direct reduction process in shaft furnace
数均分子质量	數均分子量	number-average molecular weight
摔纹	摔纹	milling
摔纹革	摔紋皮革	milled leather
栓皮	軟木，軟木塞，瓶塞	cork
栓塞材料(=栓塞剂)		
栓塞剂	栓塞材料	embolic materials
双重组织热处理	雙[相]微結構熱處理	dual microstructure heat treatment
双层玻璃(=中空玻璃)		

大　陆　名	台　湾　名	英　文　名
双酚 A 聚砜	雙酚 A 型聚碸	bisphenol A type polysulfone
双酚 A 聚碳酸酯	聚碳酸酯	polycarbonate, PC
双酚 A 型不饱和聚酯树脂	雙酚 A 型不飽和聚酯樹脂	bisphenol A type unsaturated polyester resin
双酚 A 型环氧树脂	雙酚 A 環氧樹脂	bisphenol A epoxy resin
双沟道平面隐埋异质结构激光二极管	雙通道平面內埋異質結構雷射二極體	double-channel planar-buried-heterostructure laser diode
双官能硅氧烷	雙官能基矽氧烷	difunctional siloxane
双官能硅氧烷单元	雙官能基矽氧烷單元	difunctional siloxane unit
双辊激冷法	雙輥鑄造法，雙輥淬火	twin roller casting, double roller quenching
双交滑移	雙交叉滑移	double cross slip
双结点	雙結點	binodal point
双结线	雙結點曲線	binodal curve
双金属	雙金屬	bimetal
双金属铸造	雙金屬鑄造	bimetal casting
双扩散对流	雙擴散對流	double diffusion convection
双马来酰亚胺树脂	雙馬來醯亞胺樹脂	bismaleimide resin
双马来酰亚胺树脂基复合材料	雙馬來醯亞胺樹脂複材	bismaleimide resin composite
双面点焊	直接點銲法	direct spot welding
双稳态半导体激光二极管	雙穩態半導體雷射二極體	bistable semiconductor laser diode
双相不锈钢	雙相不鏽鋼	duplex stainless steel
双相钢	雙相鋼	dual-phase steel
双相磷酸钙陶瓷	雙相磷酸鈣陶瓷	biphasic calcium phosphate ceramics
双向压制	雙向壓製	double-action pressing
双芯焊条	雙芯銲條	twin electrode
双性能涡轮盘	雙性能盤	dual property disk
双性杂质(=两性杂质)		
双药皮焊条	雙塗層銲條	double coated electrode
双异质结构光电子开关	雙異質結構光電開關	double heterostructure optoelectronic switch
双异质结激光二极管	雙異質結構雷射二極體	double heterostructure laser diode
双折射度	雙折射度	degree of birefringence
双蒸发蒸镀	雙源電子束蒸鍍	double source electron beam evaporation
双轴拉伸膜	雙軸定向膜	biaxial oriented film
双轴取向	雙取向，雙軸定向	biorientation, biaxial orientation
双轴应力	雙軸應力	biaxial stress
水玻璃	水玻璃	water glass

大陆名	台湾名	英文名
水玻璃模数	矽酸鈉模數	modulus of sodium silicate
水玻璃砂	矽酸鈉鍵結砂	sodium silicate-bonded sand
水封挤压	水封擠製	water sealed extrusion
水化硅酸钙	水合矽酸鈣	hydrated calcium silicate
水化热	水合熱	heat of hydration
水基胶黏剂	水媒黏著劑	water borne adhesive
水胶体印模材料	水膠體壓印材料	hydrocolloid impression materials
水解沉淀	水解沈澱	hydrolysis precipitation
水解反应	水解反應	hydrolysis reaction
水介质[中]腐蚀	水環境腐蝕	corrosion in aqueous environment
水晶	水晶，石英	rock crystal
水冷炉壁	水冷爐壁	water cooled furnace wall
水冷炉盖	水冷爐頂	water cooled furnace roof
水力旋流法	水力旋流法	hydraulic cyclone method
水镁石	氫氧鎂石	brucite
水锰矿	水錳礦	manganite
水泥刨花板	水泥木屑板	cement particleboard
水泥基复合材料	水泥基複材	cement matrix composite
水泥木丝板	木材膠合板	wood cement board
水平法[生长]锗单晶	水平布里吉曼法生長單晶鍺	horizontal Bridgman-grown monocrystalline germanium
水平反应室	水平反應器	horizontal reactor
水平[晶体]生长法	水平晶體成長法	horizontal crystal growth method
水平燃烧法	水平燃燒法	horizontal burning method
水平砷化镓单晶	水平砷化鎵單晶	horizontal Bridgman GaAs single crystal
水染革	全染皮革	fully dyed leather
水热法制粉	水熱法製粉	hydrothermal process for powder making
水热合成	水熱合成	hydrothermal synthesis
水韧处理	水韌化	water toughening
水溶性纤维	水溶性纖維	water soluble fiber
水雾化	水霧化[法]	water atomization
水洗	水洗	water rinse
水性涂料	水媒塗層	water borne coating
水硬性胶凝材料	水硬性膠結材料	hydraulic cementitious materials
水蒸气渗透率	水蒸氣滲透係數	steam permeability coefficient
水蒸气湿热定型	水蒸氣熱定型	steam heat setting
顺磁恒弹性合金	順磁恆模數合金	paramagnetic constant modulus alloy
顺磁性	順磁性	paramagnetism

大 陆 名	台 湾 名	英 文 名
顺拉强度(=木材顺纹抗拉强度)		
顺流(=拖曳流)		
顺式 1,4-聚异戊二烯橡胶	順–1,4-聚異戊二烯橡膠	cis-1,4-polyisoprene rubber
顺纹胶合板	縱向紋合板，順向紋合板，順紋合板	longitudinal grain plywood, long grained plywood
瞬时液相扩散焊	暫態液相擴散接合	transient liquid phase diffusion bonding
瞬时液相烧结(=过渡液相烧结)		
瞬态液相外延	暫態液相磊晶術	transient liquid phase epitaxy
FDY 丝(=全拉伸丝)		
FOY 丝(=全取向丝)		
POY 丝(=预取向丝)		
丝斑	纖斑	fiber speckle
丝束	纖維束，絲束	tow
司太立特合金	史泰勒合金，鈷鉻鎢系列合金	stellite alloy
斯诺克效应	史諾克效應	Snoek effect
斯皮诺达点	離相點	spinodal point
斯皮诺达分解	離相分解	spinodal decomposition
斯皮诺达线	離相曲線	spinodal curve
锶铬黄	鍶黃	strontium yellow
撕开型开裂(=III型开裂)		
撕裂法	拉脱法	pull off method
撕裂强度	撕裂強度	tearing strength
死烧	死燒，僵燒	dead burning, hard burning
四丙氟橡胶	四氟乙烯丙烯橡膠	terafluoroethylene-propylene rubber
四点探针法	四點探針量測	four-point probe measurement
四点弯曲试验	四點彎曲試驗	four-point bending test
四端电极法	四探針法	four-probe method
四方氧化锆多晶体	正方氧化鋯多晶體	tetragonal zirconia polycrystals, TZP
四氟乙烯六氟丙烯共聚物	四氟乙烯六氟丙烯共聚體	tetrafluoroethylene-hexafluoroprop-ylene copolymer
四氟乙烯六氟丙烯共聚纤维	四氟乙烯六氟丙烯共聚體纖維	tetrafluoroethylene-hexafluoropropylene copolymer fiber
四氟乙烯–全氟烷基乙烯基醚共聚纤维	四氟乙烯全氟烷基乙烯基醚共聚體纖維	tetrafluoroethylene-perfluorinated alkylvinylether copolymer fiber

大 陆 名	台 湾 名	英 文 名
四官能硅氧烷单元	四官能基矽氧烷單元	quadrifunctional siloxane unit
四磷酸锂钕晶体	鈥鋰四磷酸鹽晶體，四磷酸鋰鈥晶體	neodymium lithium tetraphosphate crystal
四六黄铜	六四黃銅，孟慈合金	Muntz metal
四氯化硅	四氯化矽	silicon tetrachloride
四氯化锗	四氯化鍺	germanium tetrachloride
四氢呋喃均聚醚	糠基聚醚	furfuryl polyether
四探针法	四探針量測	four-probe measurement
四乙氧基硅烷	四乙氧矽烷	tetraethoxysilane
四元相图	四元相圖	quarternary phase diagram
松弛热定型	鬆弛熱定型	relaxed heat setting
松焦油	松焦油	pine tar
松节油	松節油	turpentine
松香	松香，松脂	colophony, rosin
松香衍生物	松香衍生物	rosin derivative
松香酯	松香酯	rosin ester
松油醇	松油醇	terpineol, terpineol
松针油	松針油	pine needle oil
松脂	松脂，油脂塗料，松膠	naval store, pine gum
松脂岩	松脂岩	pitchstone
松装密度	視密度	apparent density
苏打(=泡碱)		
素烧	素燒	biscuit firing
速度边界层	速度邊界層	velocity boundary layer
速凝剂	①加速劑，促進劑 ②加速器	accelerator
速凝水泥	速凝水泥，快乾水泥	accelerated cement
宿主反应	宿主反應	host response
塑化过程	塑化製程	plasticating process
塑炼	捏和	mastication
塑料	塑料，塑膠	plastics
塑料白度	塑膠白度	plastic whiteness
塑料表面电镀	塑膠電鍍	plastic electroplating
塑料光导纤维	塑膠光纖	plastic optical fiber
塑料焊接	塑膠熔接	plastic welding
塑料模具钢	塑料成形模具鋼	die steel for plastic material forming
塑料闪烁器	塑膠閃爍體	plastic scintillator
塑料牙	塑膠牙	plastic tooth
塑溶胶	塑溶膠	plastisol

大　陆　名	台　湾　名	英　文　名
塑性变形	塑性變形	plastic deformation
塑性加工	塑性加工	plastic working
塑性流体	塑性流體	plastic fluid
塑性区	塑性區	plastic zone
塑性图	塑性圖	plastic diagram
塑性应变比	塑性應變比	plastic strain ratio
塑性原料	塑膠原料	plastic raw materials
塑性状态图	塑性狀態圖	plastic condition diagram
酸皮	浸酸生皮	pickled skin
酸洗	酸洗	acid pickling, pickling
酸性焊条	酸性銲條	acid electrode
酸性耐火材料	酸性耐火材	acid refractory
酸性耐火浇注料	酸性耐火澆注材	acid-resistant refractory castable
酸性渣	酸性渣	acid slag
随机模拟方法	隨機模擬法	random simulation method
随炉件	隨爐件	processing control panel
髓内钉	髓內釘	intramedullary nail
碎料(=刨花)		
碎料板(=刨花板)		
隧道磁电阻效应	穿隧磁阻效應	tunnel magnetoresistance effect
隧道窑	隧道窯	tunnel kiln
燧石	燧石，打火石	chert
损耗模量	耗損模數	loss modulus
损耗因子	損耗因子	loss factor
损伤力学	損傷力學	damage mechanics
损伤容限	損傷容忍度	damage tolerance
损伤阻抗	抗損傷性	damage resistance
梭式窑	梭子窯	shuttle kiln
羧胺胶乳	羧胺化乳膠	carboxylation and amination latex
羧基丁苯橡胶胶乳	羧基化苯乙烯丁二烯橡膠乳膠	carboxylated styrene-butadiene rubber latex
羧基丁腈胶乳	羧基化丙烯腈丁二烯乳膠	carboxylated acrylonitrile-butadiene latex
羧基丁腈橡胶	羧基丁腈橡膠	carboxyl nitrile rubber
羧基氯丁橡胶	羧基化氯丁腈橡膠	carboxylated chloroprene rubber
羧甲基纤维素	羧甲基纖維素鈉	sodium carboxymethyl cellulose
缩合聚合反应(=缩聚反应)		
缩合型硅橡胶	縮合型矽氧橡膠	condensation type silicone rubber

大　陆　名	台　湾　名	英　文　名
缩聚反应	聚縮合反應，縮合聚合[作用]	polycondensation, condensation polymerization
缩孔	縮孔	shrinkage cavity
缩口	頸縮	necking
缩纹革	縮紋皮革	shrunk grain leather
缩釉(=滚釉)		
索氏体	糙斑體，糙斑鐵	sorbite
锁相激光器阵列	相位鎖定雷射陣列	phase locking laser array
锁相外延	相位鎖定磊晶[術]	phase-locked epitaxy, PLE

T

大　陆　名	台　湾　名	英　文　名
铊系超导体	鉈系超導體	thallium-system superconductor
塌边	邊緣下削	edge subside
胎	坯[胎]	body
胎釉中间层	釉體界面	glaze body interface
台阶聚集	階褶	step bunching
台阶流	階流	step flow
台阶生长	臺面臺階扭折成長	terrace-ledge-kink growth
太阳热收集搪瓷	太陽熱珐瑯收集器	solar heat enamel collector
θ态	θ態	theta state
钛	鈦	titanium
钛白粉	氧化鈦，鈦白	titanium oxide
钛钙型焊条	鈣鈦型銲條	lime-titania type electrode
钛硅碳陶瓷(=碳化钛硅陶瓷)		
钛合金	鈦合金	titanium alloy
α 钛合金	α 鈦合金，阿爾發鈦合金	alpha titanium alloy
α-β 钛合金	α-β 鈦合金，阿爾發–貝他鈦合金	alpha-beta titanium alloy, α-β titanium alloy
β 钛合金	β 鈦合金	β titanium alloy
钛合金 β 斑	鈦合金 β 斑	titanium alloy β fleck
ELI 钛合金(=超低间隙元素钛合金)		
钛合金等温锻造	鈦合金恆溫鍛造	titanium alloy isothermal forging
钛合金粉	鈦合金粉	titanium alloy powder
钛合金冷床炉熔炼	鈦合金冷爐床熔煉	titanium alloy cold-hearth melting

大陆名	台湾名	英文名
钛合金 α/β 热处理	鈦合金 α/β 熱處理	α/β heat treatment of titanium alloy
钛合金双重退火	鈦合金雙退火	titanium alloy double annealing
钛及钛合金快速激光成形	鈦及鈦合金雷射快速成形	titanium & titanium alloy laser rapid forming
钛及钛合金冷坩埚熔炼	鈦及鈦合金冷模電弧熔煉	titanium & titanium alloy cold-mold arc melting
钛铝金属间化合物	鈦鋁介金屬化合物	titanium-aluminum intermetallic compound
γ 钛铝金属间化合物	γ 鈦鋁介金屬化合物	γ titanium-aluminum intermetallic compound
钛铝碳陶瓷(=碳化钛铝陶瓷)		
钛镍系形状记忆合金	鈦鎳形狀記憶合金	titanium-nickel shape memory alloy
钛青铜	鈦青銅	titanium bronze
钛三铝基合金	鋁化三鈦基合金	tri-titanium aluminide based alloy
钛三铝金属间化合物	鋁化三鈦介金屬化合物	tri-titanium aluminide intermetallic compound
钛丝烧结多孔表面	燒結鈦線的多孔表面	porous surface of sintered titanium wire
钛酸钡热敏陶瓷	鈦酸鋇熱敏陶瓷	barium titanate thermosensitive ceramics
钛酸钡压电陶瓷	鈦酸鋇壓電陶瓷	barium titanate piezoelectric ceramics
钛酸钾晶须增强体	鈦酸鉀鬚晶強化體	potassium titanate whisker reinforcement
钛酸钾纤维增强体	鈦酸鉀纖維強化體	potassium titanate fiber reinforcement
钛酸铅热释电陶瓷	鈦酸鉛焦電陶瓷	lead titanate pyroelectric ceramics
钛铁	鈦鐵	ferrotitanium
钛铁矿	鈦鐵礦	ilmenite
钛铁矿结构	鈦鐵礦結構，鉛尖鈦鐵礦	titanic iron ore structure, mohsite
钛铁矿型焊条	鈦鐵礦銲條	ilmenite electrode
钛铁矿型结构	鈦鐵礦結構	ilmenite structure
钛铁贮氢合金	鈦鐵儲氫合金	titanium-iron hydrogen storage alloy
钛珠烧结微孔表面	燒結鈦珠微孔表面	micro-porous surface of sintered titanium bead
泰伯磨耗试验	塔柏磨耗試驗	Taber abrasion test
酞菁染料	酞青素	phthalocyanine
弹簧钢	彈簧鋼	spring steel
弹性	彈性	elasticity
弹性变形	彈性變形	elastic deformation
弹性波	彈性波	elastic wave
弹性常数	彈性常數	elastic constant

大　陆　名	台　湾　名	英　文　名
弹性合金	彈性合金	elastic alloy
弹性模量	彈性模數	elastic modulus
弹性铌合金	彈性鈮合金	elastic niobium alloy
弹性丝	彈性紗	elastic yarn
弹性体印模材料	彈性體印模材料	elastomeric impression materials
弹性纤维	彈性纖維	elastic fiber
弹性限	彈性限	elastic limit
弹性滞后	彈性遲滯	elastic hysteresis
钽	鉭	tantalum
钽靶材	鉭靶材	tantalum target
钽合金	鉭合金	tantalum alloy
钽基电阻薄膜	鉭基電阻膜	tantalum based resistance film
钽基介电薄膜	鉭基介電膜	tantalum based dielectric film
钽钪酸铅热释电陶瓷	鉭酸鈧鉛焦電陶瓷	lead scandium tantanate pyroelectric ceramics
钽铌合金	鉭鈮合金	tantalum-niobium alloy
钽酸锂晶体	鉭酸鋰晶體，鋰鉭酸鹽晶體	lithium tantalate crystal
钽钛合金	鉭鈦合金	tantalum-titanium alloy
钽铁矿	鉭鐵礦	tantalite
钽钨铪合金	鉭鎢鉿合金	tantalum-tungsten-hafnium alloy
钽钨合金	鉭鎢合金	tantalum-tungsten alloy
毯式曲线	地毯圖，毯式圖	carpet plot
探针损伤	探針損傷	probe damage
碳氮共渗	滲碳氮化	carbonitriding
碳氮化物基硬质合金	碳化氮基燒結碳化物	cemented carbide based on carbonitride
碳当量	碳當量	carbon equivalent
碳/二氧化硅防热复合材料	碳/二氧化矽剝蝕複材	carbon/silica ablative composite
碳/酚醛防热复合材料	碳/酚醛剝蝕複材	carbon/phenolic ablative composite
碳化铬基硬质合金	碳化鉻基燒結碳化物	cemented carbide based on carbochronic
碳化硅	碳化矽	silicon carbide
α 碳化硅	α 碳化矽	α-silicon carbide
β 碳化硅	β 碳化矽	β-silicon carbide
碳化硅晶片补强陶瓷基复合材料	碳化矽板晶強化陶瓷複材	silicon carbide platelet reinforced ceramic matrix composite
碳化硅晶须增强铝基复合材料	碳化矽鬚晶強化鋁基複材	silicon carbide whisker reinforced aluminum matrix composite

大 陆 名	台 湾 名	英 文 名
碳化硅晶须增强体	碳化矽鬚晶強化體	silicon carbide whisker reinforcement
碳化硅颗粒增强铝基复合材料	碳化矽顆粒強化鋁基複材	silicon carbide particulate reinforced aluminum matrix composite
碳化硅颗粒增强镁基复合材料	碳化矽顆粒強化鎂基複材	silicon carbide particulate reinforced magnesium matrix composite
碳化硅颗粒增强体	碳化矽顆粒強化體	silicon carbide particle reinforcement
碳化硅类吸波材料	碳化矽基雷達[波]吸收材	silicon carbide based radar absorbing materials
碳化硅耐火制品	碳化矽耐火製品	silicon carbide refractory product
碳化硅片晶增强体	碳化矽板晶強化體	silicon carbide platelet reinforcement
碳化硅陶瓷	碳化矽陶瓷	silicon carbide ceramics
碳化硅纤维增强钛基复合材料	碳化矽纖絲強化鈦基複材	silicon carbide filament reinforced titanium matrix composite
碳化硅纤维增强体	碳化矽纖維強化體	silicon carbide fiber reinforcement
碳化硅压敏陶瓷	碳化矽電壓敏感陶瓷	silicon carbide voltage-sensitive ceramics
碳化硼晶须增强体	碳化硼鬚晶強化體	boron carbide whisker reinforcement
碳化硼颗粒增强铝基复合材料	碳化硼顆粒強化鋁基複材	boron carbide particulate reinforced aluminium matrix composite
碳化硼颗粒增强镁基复合材料	碳化硼顆粒強化鎂基複材	boron carbide particulate reinforced magnesium matrix composite
碳化硼颗粒增强体	碳化硼顆粒強化體	boron carbide particle reinforcement
碳化硼控制棒	碳化硼控制棒	boron carbide control bar
碳化硼纤维增强体	碳化硼纖維強化體	boron carbide fiber reinforcement
碳化钛硅陶瓷	碳化矽鈦陶瓷	titanium silicon carbide ceramics
碳化钛颗粒增强铝基复合材料	碳化鈦顆粒強化鋁基複材	titanium carbide particle reinforced aluminum matrix composite
碳化钛颗粒增强体	碳化鈦顆粒強化體	titanium carbide particle reinforcement
碳化钛铝陶瓷	碳化鋁鈦陶瓷	titanium aluminum carbide ceramics
碳化钨基硬质合金	碳化鎢基燒結碳化物	cemented carbide based on tungsten carbide
ε 碳化物	ε 碳化物	ε-carbide
χ 碳化物	χ 碳化物	χ-carbide
碳化物弥散强化铜合金	碳化物散布強化銅合金	carbide dispersion strengthened copper alloy
碳化物强化高温合金	碳化物強化超合金	carbide-strengthening superalloy
碳化物生成反应	碳化物反應	carbide reaction
碳化物陶瓷	碳化物陶瓷	carbide ceramics
碳化物形成元素	碳化物形成元素	carbide forming element
碳基复合材料	碳基複材	carbon matrix composite

大　陆　名	台　湾　名	英　文　名
碳晶须增强体	碳鬚晶強化體	carbon whisker reinforcement
碳链聚合物	碳鏈聚合體	carbon chain polymer
碳链纤维	碳鏈纖維	carbon chain fiber
碳纳米管	碳奈米管	carbon nanotube
碳纳米管聚合物基复合材料	碳奈米管聚合體複材	carbon nanotube polymer composite
碳纳米管吸收剂	碳奈米管吸收劑	carbon nanotube absorber
碳纳米管增强体	碳奈米管強化體	carbon nanotube reinforcement
碳纳米贮氢材料	儲氫用碳奈米材料	carbon nanomaterials for hydrogen storage
碳热还原	碳热還原	carbon thermal reduction, carbothermic reduction
碳势	碳勢，碳位能	carbon potential
碳素工具钢	碳工具鋼	carbon tool steel
碳素结构钢	結構用碳鋼	structural carbon steel
碳酸钡矿	碳酸鋇礦，毒重石	witherite
碳酸锶矿	菱鍶礦	strontianite
碳酸岩	碳酸岩	carbonatite
碳酸盐岩	碳酸鹽岩石	carbonate rock
碳/碳防热复合材料	碳/碳剝蝕複材	carbon/carbon ablative composite
碳/碳复合材料石墨化度	碳/碳複材石墨化程度	graphitization degree of carbon/carbon composite
碳/碳复合摩擦材料	碳/碳複材摩擦材料	carbon/carbon composite friction materials
碳涂层	碳塗層	carbon coating
碳微球增强体	碳微球囊強化體	carbon microballoon reinforcement
碳纤维	碳纖維	carbon fiber
碳纤维表面处理	碳纖表面處理	surface treatment of carbon fiber
碳纤维等离子体表面处理	碳纖電漿表面處理	surface treatment of carbon fiber by plasma
碳纤维电解氧化表面处理	碳纖電解氧化表面處理	surface treatment of carbon fiber by electrolytic oxidation
碳纤维气相氧化表面处理	碳纖氣相氧化表面處理	surface treatment of carbon fiber by gas phase oxidation
碳纤维热解碳涂层表面处理	碳纖熱解碳塗層表面處理	surface treatment of carbon fiber by pyrolytic carbon coating
碳纤维/石墨增强铝基复合材料	碳/石墨纖維強化鋁基複材	carbon/graphite fiber reinforced aluminum matrix composite
碳纤维/石墨增强镁基复合材料	碳/石墨纖維強化鎂基複材	carbon/graphite fiber reinforced magnesium matrix composite
碳纤维阳极氧化表面	碳纖陽極氧化表面處理	surface treatment of carbon fiber by

大 陆 名	台 湾 名	英 文 名
处理		anodizing
碳纤维增强聚合物基复合材料	碳纖維強化聚合體複材，CFRP 複材	carbon fiber reinforced polymer composite, CFRP composite
碳纤维增强碳基复合材料	碳纖維強化碳基複材	carbon fiber reinforced carbon matrix composite
碳纤维增强体	碳纖維強化體	carbon fiber reinforcement
碳砖	碳磚	carbon brick
汤姆逊热量	湯姆森熱	Thomson heat
汤姆逊效应	湯姆森效應	Thomson effect
羰基法	羰基製程	carbonyl process
羰基粉	羰基粉末	carbonyl powder
羰基铁吸收剂	羰基鐵吸收材	carbonyl iron absorber
唐三彩	唐三彩	Tang tricolor, tri-color glazed pottery of the Tang dynasty
搪瓷	瓷質琺瑯	porcelain enamel
搪瓷烧皿	琺瑯[襯裡]廚具	enamelled cooking utensil
烫毛	熨平[作用]	ironing
陶瓷棒火焰喷涂	陶瓷棒火焰噴塗	ceramic rod flame spray coating
陶瓷超声加工	陶瓷超音波加工	ultrasonic machining of ceramics
陶瓷电火花加工	陶瓷放電加工[處理]	electric discharge machining of ceramics
陶瓷雕金(=腐蚀金)		
陶瓷基复合材料	陶瓷基複材	ceramic matrix composite, CMC
陶瓷–金属复合材料	陶瓷金屬複材	ceramic-metal composite
陶瓷燃料电池	陶瓷燃料電池	ceramic fuel cell
Cu_2S-CdS 陶瓷太阳能电池	硫化銅–硫化鎘陶瓷太陽能電池	copper sulfide-cadmium sulfide ceramics solar cell
陶瓷吸波材料	陶瓷雷達[波]吸收材	ceramic radar absorbing materials
陶瓷型燃料	陶瓷燃料	ceramic fuel
陶瓷釉	陶瓷彩釉	ceramic color glaze
陶瓷与金属焊接	用金屬接合陶瓷，陶瓷以金屬軟銲	joining of ceramics with metal, soldering of ceramics with metal
陶瓷与陶瓷焊接	陶瓷接合，陶瓷軟銲	joining of ceramics with ceramics, soldering of ceramics
陶粒	陶瓷粒	ceramisite
陶器	土器，瓦器，陶	earthenware, pottery
陶土	陶土，土陶器皿	pottery clay, syderolite
淘洗	淘析	elutriation
特定电阻型热双金属	特定電阻率之雙金屬	bimetal with specified electric resistivity
特氟纶纤维增强体	鐵氟龍纖維強化體	teflon fiber reinforcement

大　陆　名	台　湾　名	英　文　名
特殊钢(=优质钢)		
特殊弹簧钢	特殊彈簧鋼	special spring steel
特殊物理性能钢	特殊物理功能鋼	special physical functional steel
特殊效应革	特效皮革	special effect leather
特殊性能钢	特殊鋼	specialty steel
特殊性能铸铁(=合金铸铁)		
特殊质量钢	超品質鋼	super quality steel
特性黏度	本質黏度，本質黏滯性，極限黏度數值	intrinsic viscosity, limiting viscosity number
特性黏数(=特性黏度)		
特性声阻	特性聲阻	characteristic acoustic resistance
特异性	特異性，特定性，專一性	specificity
特异性[生物材料]表面	特定生物材料表面	specific biomaterial surface
特种陶瓷	特殊陶瓷	special ceramics
特种冶金	特殊冶金術	special metallurgy
特种铸造	特殊鑄造	special casting
铽铜 1：7 型合金	鋱銅 1：7 型合金	terbium-copper 1：7 type alloy
藤材	藤	rattan
藤制品	藤製品	rattan product
剔花珐琅(=凹凸珐琅)		
梯度功能材料	功能性梯度材料	functionally graded materials
梯度共聚物	梯度共聚體	gradient copolymer
梯度结构硬质合金	功能梯度燒結碳化物	functional gradient cemented carbide
梯形聚合物	梯式聚合體	ladder polymer
锑	銻	antimony
锑化镓	銻化鎵	gallium antimonide
锑化铟	銻化銦	indium antimonide
提碱	鹼化[作用]	basification
提拉速率	拉取速率	pulling rate
体积电阻率	體積電阻率，體積電阻係數	volume resistivity, coefficient of volume resistance
体积电阻系数(=体积电阻率)		
体积分数	體積分率，容積分率	volume fraction
体积模量	體積模數，體模數	volume modulus, bulk modulus
体积黏度	體積黏度	volume viscosity, volumetric viscosity

大陆名	台湾名	英文名
体积弹性模量	容積彈性模數，體積彈性模數	modulus of volume elasticity
体积颜料	量販顏料	bulk pigment
体扩散	體擴散	volume diffusion
体细胞核移植	體細胞核轉移	somatic cell nuclear transfer
体心立方结构	體心立方結構	body-centered cubic structure
体心四方结构	體心正方結構	body-centered tetragonal structure
体心斜方结构	體心斜方結構	body-centered orthorhombic structure
体型聚合物	三維聚合體	three-dimensional polymer
体型缩聚	三維縮聚	three-dimensional polycondensation
天河石	天河石	amazonite
天甲胶乳	天甲乳膠，甲基丙烯酸甲酯接枝天然橡膠乳膠	grevertex
天目釉	天目釉	tianmu glaze
天青石	天青石	celestite
天然宝石	天然寶石	natural gemstone
天然材料	天然材料	natural materials
天然蛋白质纤维(=动物纤维)		
天然干燥(=木材大气干燥)		
天然高分子	天然巨分子	natural macromolecule
天然碱	天然鹼	trona
天然胶乳	天然橡膠乳膠	natural rubber latex
天然气水合物(=可燃冰)		
天然生物材料	天然生物材料	natural biomaterials
天然树脂	天然樹脂	natural resin
天然水(=轻水)		
天然稳定化处理	季化，風乾	seasoning
天然纤维	天然纖維	natural fiber
天然橡胶	天然橡膠	natural rubber
天然橡胶胶黏剂	天然橡膠黏著劑	natural rubber adhesive
天然铀	天然鈾	natural uranium
天然有机宝石	天然有機寶石	natural organic gemstone
天然玉石	天然玉石	natural jade
田黄	田黃石	tianhuang stone
填充	填充	filling

大　陆　名	台　湾　名	英　文　名
填充剂	填充料	filler
填料(=填充剂)		
条带织构	帶狀化織構	banded texture
条件疲劳极限	條件疲勞極限	conditional fatigue limit
条形结构激光器	條形幾何結構雷射	stripe-geometry structure laser
调合漆	調合漆	ready-mixed paint
调凝剂	調合摻合物	adjusting admixture
调压铸造	調壓鑄造	adjusted pressure casting
调制掺杂	調制摻雜	modulation doping
调质	淬火與高溫回火	quenching and high temperature tempering
调质钢	淬火回火鋼	quenched and tempered steel
跳跃电导	跳躍導電率	hopping conductivity
贴花	印花	decal
贴胶压延	表面塗層壓延	skin-coating calendering
贴膜玻璃	貼膜玻璃	stick-film glass
萜品醇(=松油醇)		
萜烯树脂	聚萜烯樹脂	polyterpene resin
铁	鐵	iron
α铁	α鐵，阿爾發鐵	alpha iron, α-iron
δ铁	德他鐵	delta iron, δ-iron
γ铁	γ鐵	γ-iron
铁磁相变	鐵磁相轉變	ferromagnetic phase transformation, ferromagnetic phase transition
铁磁性	鐵磁性，強磁性	ferromagnetism
铁磁性减振合金	制震鐵磁性合金，阻尼鐵磁性合金	damping ferromagnetic alloy
铁电畴	強介電域，鐵電域	ferroelectric domain
铁电陶瓷	強介電陶瓷，鐵電陶瓷	ferroelectric ceramics
铁电体	強介電體，鐵電體	ferroelectrics
铁电–铁磁体	強介電磁體，鐵電鐵磁體	ferroelectric-ferromagnetics
铁电性	強介電性，鐵電性	ferroelectricity
铁电液晶高分子	強介電液晶聚合體，鐵電液晶聚合體	ferroelectric liquid crystal polymer
铁淦氧(=铁素体)		
铁铬钴永磁体	鐵鉻鈷永久磁石	iron-chromium-cobalt permanent magnet
铁钴钒永磁合金	鐵鈷釩永久磁石	iron-cobalt-vanadium permanent magnet
铁合金	鐵合金	ferroalloy
铁红釉	鐵紅釉	iron-red glaze

大　陆　名	台　湾　名	英　文　名
铁基变形高温合金	鐵基鍛軋超合金	iron based wrought superalloy
铁基高弹性合金	鐵基彈性合金	iron based elastic alloy
铁基摩擦材料	鐵基摩擦材料	iron based friction materials
铁基铸造高温合金	鐵基鑄造超合金	iron based cast superalloy
铁矿石	鐵礦石	iron ore
铁蓝	鐵藍	iron blue
铁磷共晶	鐵–磷化物共晶	iron-phosphide eutectic
铁铝酸四钙	鋁鐵氧四鈣	tetracalcium aluminoferrite
铁镍钴超因瓦合金	鐵鎳鈷超恆範合金	iron-nickel-cobalt super Invar alloy
铁镍基恒弹性合金	鐵鎳基恆模數合金	iron-nickel based constant modulus alloy
铁三铝基合金	鋁化三鐵基合金	tri-iron aluminide based alloy
铁–渗碳体相图	鐵–雪明碳鐵相圖	Fe-Fe_3C phase diagram
铁–石墨相图	鐵–石墨相圖	Fe-graphite phase diagram
铁水热装	熱鐵水進料	hot metal charge
铁水脱硅	[鐵水]離線脫矽	external desiliconization
铁水预处理	熱鐵水預處理	hot metal pretreatment
铁素体	鐵氧磁體，肥粒體，肥粒鐵	ferrite
δ铁素体	δ肥粒鐵	δ-ferrite
铁素体不锈钢	肥粒體不鏽鋼	ferritic stainless steel
铁素体耐热钢	肥粒體耐熱鋼	ferritic heat-resistant steel
铁素体稳定元素	肥粒體穩定元素	ferrite stabilized element
铁素体–珠光体钢	肥粒體–波來體鋼	ferrite-pearlite steel
铁酸钡硬磁铁氧体	硬鋇鐵氧體，$BaFe_{12}O_{19}$永久磁石	hard barium ferrite, $BaFe_{12}O_{19}$ permanent magnet
铁损	鐵損	iron loss
铁弹陶瓷	鐵彈性陶瓷	ferroelastic ceramics
铁弹相变	鐵彈[性]相轉變，鐵彈[性]相轉換	ferroelastic phase transformation, ferroelastic phase transition
铁弹效应	鐵彈[性]效應	ferroelastic effect
铁弹性	鐵彈性	ferroelasticity
铁–碳平衡图	鐵碳[平衡]圖	iron-carbon diagram
铁–碳相图	鐵碳相圖	iron-carbon phase diagram
铁纤维吸收剂	鐵纖維吸收材	iron fiber absorber
铁芯(=芯[子])		
铁氧体(=铁素体)		
铁氧体吸波材料	鐵氧磁體雷達[波]吸收材料	ferrite radar absorbing materials
通道效应	通道效應	channeling effect

大　陆　名	台　湾　名	英　文　名
通用塑料	通用塑膠	general purpose plastics
同步送粉	同步送粉	synchronous powder feeding
同素异构(=同位异构)		
同位素	同位素	isotope
同位异构	同素異形現象，同素異形	allotropism, allotropy
同质多晶现象	[同質]疊異多形性，多晶型性	polytropism, polymorphism
同质外延	同質磊晶術	homoepitaxy
同种移植物	同種異體移植	allograft
同轴圆筒测黏法	同軸圓柱黏度測定術	coaxial cylinder viscometry
铜	銅	copper
铜版纸(=涂布美术印刷纸)		
铜–超导体[体积]比	銅–超導體[體積]比	copper to superconductor [volume] ratio
铜合金	銅合金	copper alloy
铜红釉	銅紅釉	copper red glaze
铜基摩擦材料	銅基摩擦材料	copper based friction materials
铜基形状记忆合金	銅基形狀記憶合金	copper based shape memory alloy
铜镍铁永磁合金	銅鎳鐵永磁合金	copper-nickel-iron permanent magnetic alloy
铜胎掐丝珐琅(=景泰蓝)		
铜氧层	銅氧層	copper-oxygen sheet
铜氧化物超导体	銅氧化物超導體	copper-oxide superconductor, cuprate superconductor
铜氧面	銅氧面	copper-oxygen plane
统计线团	統計線團	statistic coil
头层革	頂層皮革	full grain leather
透波复合材料(=透电磁波复合材料)		
透淬	透實硬化	through hardening
透底珐琅(=玲珑珐琅)		
透电磁波复合材料	電磁波穿透複材	electromagnetic wave transparent composite
透光珐琅(=玲珑珐琅)		
透光复合材料	透光複材	light-transparent composite
透过性	滲透性	permeability
透过性表面积	滲透率表面積	permeability surface area

大 陆 名	台 湾 名	英 文 名
透辉石	透輝石	diopside
透明剂	透明劑	transparent agent
透明氧化铝陶瓷	透明氧化鋁陶瓷	transparent alumina ceramics
透明釉	透明釉，清釉	clear glaze
透气度	透氣性	gas permeability
透气性	透氣性	air permeability
透气砖	透氣磚	gas permeable brick
透闪石	透閃石	tremolite
透射电子显微术	穿透式電子顯微術	transmission electron microscopy
透 X 射线复合材料	透 X 光複材	X-ray transparent composite
透水气性	蒸氣滲透性，透氣性	vapor permeability
透析蒸发膜	滲透蒸發透膜	pervaporation membrane
透氧膜	氧氣透過膜	oxygen permeable membrane
凸耳(=制耳)		
凸焊	突點熔接	projection welding
突变性	突變性	mutagenicity
TTT 图(=时间–温度–转变图)		
图像分析	影像分析	image analysis
涂布白卡纸	塗布象牙白紙板	coated ivory board
涂布白纸板	塗布白紙板	coated white board
涂布率	擴張速率	spreading rate
涂布美术印刷纸	塗布美術紙	coated art paper
涂布纸和纸板	塗布紙和塗布板	coated paper and coated board
涂层	塗層	coating
涂层超导体	被覆超導體	coated superconductor
涂层钢板	塗層鋼片	coated steel sheet
涂层纤维	被覆纖維	coated fiber
涂层硬质合金	塗層燒結碳化物	coated cemented carbide
涂覆型吸波材料	雷達[波]吸收塗層	radar absorbing coating
涂料	包覆料，護膜	coating
涂漆	塗層用漆	coating paint
涂装	塗佈，包覆	coating
土壤腐蚀	土壤腐蝕	soil corrosion
吐液量	體積流出量	volume outflow
钍	釷	thorium
钍锰 1∶12 型合金	釷錳 1∶12 型合金	thorium-manganese 1∶12 type alloy
钍钨(=钨钍合金)		
团聚	團聚，造粒	agglomeration

大 陆 名	台 湾 名	英 文 名
团聚体	團聚，造粒	agglomeration
团状模塑料	塊狀模料	bulk molding compound, BMC
推板窑	推板窯，推式窯	pusher kiln
推迟时间	阻滯時間	retardation time
推光漆(=熟漆)		
退磁曲线	去磁曲線，消磁曲線	degaussing curve, demagnetization curve
退刀痕	退刀痕，退鋸痕	saw exit mark
退火	①退火 ②徐冷	annealing
退火孪晶	退火雙晶	annealing twin
退火织构	退火織構	annealing texture
托帕石(=黄玉)		
拖曳流	拖曳流，牽引流	drag flow
脱碳层	脫碳層	decarburized layer
脱碳深度	脫碳深度	decarburized depth
脱碳组织	脫碳[組織]結構	decarburized structure
脱附	脫附	desorption
脱钙骨基质	脫鈣骨基質	decalcified bone matrix
脱灰	去石灰	deliming
脱磷	脫磷，去磷作用	dephosphorization
脱硫	脫硫，去硫作用	desulfurization, desulphurization
脱毛	脫毛	unhairing
脱模斜度	脫模錐度	draw taper
脱皮挤压	剝離擠製	peeling extrusion
脱氢	脫氫[作用]	dehydrogenation
脱氢退火	脫氫退火	dehydrogenation annealing
脱溶	沈澱[法]，析出	precipitation
脱溶序列	析出順序，沈澱順序	precipitation sequence
脱鞣	去鞣[作用]	de-tanning
脱色剂	脫色劑，剝除劑	stripping agent
脱碳	脫碳	decarburization
脱细胞支架	去細胞基質支架	decellularized matrix scaffold
脱箱造型	脫型模製	removable flask molding
脱氧	脫氧，去氧作用	deoxidation
脱氧核糖核酸杂化材料	去氧核糖核酸混成材料	deoxyribonucleic acid hybrid materials
脱氧剂	脫氧劑	deoxidizer
脱脂	脫脂，去脂	debinding, degreasing
椭圆缺陷	卵形缺陷	oval defect

W

大 陆 名	台 湾 名	英 文 名
瓦楞钢板	浪形鋼片	corrugated steel sheet
瓦楞原纸	瓦楞芯[紙]	corrugating medium
瓦楞纸板	瓦楞紙板	corrugated containerboard
外科手术缝合线	手術縫合線	surgical suture
外墙涂料	外牆塗層	exterior coating
外吸除(=非本征吸除)		
外延	磊晶術	epitaxy
外延薄膜	磊晶薄膜	epitaxy thin film
外延层	磊晶層	epitaxial layer
外延层厚度	磊晶層厚度	thickness of epitaxial layer
外延衬底	磊晶基材，磊晶基板	epitaxial substrate
外延片	磊晶晶圓	epitaxial wafer
SOS 外延片	矽覆藍寶石磊晶片	silicon on sapphire epitaxial wafer
外增塑作用	離線塑化[作用]	external plasticization
外助气相沉积法	氣體輔助蒸氣相沈積法	gas assisted vapor phase deposition
弯曲	彎曲	bending
弯曲度	弓，弧形物	bow
弯曲模量	彎曲模數	bending modulus
弯曲试验	彎曲試驗	bend test
完全合金化粉	完全合金化粉	completely alloyed powder
完全退火	完全退火	full annealing
完全再结晶温度(=再结晶温度)		
网络聚合物	網絡聚合體	network polymer
网络密度(=交联度)		
网络丝(=交络丝)		
网状层	網狀層	reticular layer
网状内皮系统	網狀內皮系統	reticulo-endothelial system
网状渗碳体	網狀雪明碳體，網狀雪明碳鐵	network cementite
网状纤维	網狀[蛋白]纖維	reticulin fiber
网状组织	網絡結構	network structure
威氏塑性计	威廉斯塑性試驗機	Williams plasticity tester
微波等离子体辅助分子束外延	微波電漿輔助分子束磊晶術	microwave plasma assisted molecular beam epitaxy

大陆名	台湾名	英文名
微波等离子体化学气相沉积	微波電漿化學氣相沈積	microwave plasma chemical vapor deposition
微波电子回旋共振等离子体化学气相沉积	電子迴旋共振電漿化學氣相沈積	electron cyclotron resonance plasma chemical vapor deposition
微波干燥	微波乾燥[作用]	microwave drying
微波检测	微波試驗	microwave testing
微波介质陶瓷	微波介電陶瓷	microwave dielectric ceramics
微波烧结	微波燒結[作用]	microwave sintering
微波铁氧体	微波鐵氧體	microwave ferrite
微波预热连续硫化	微波預熱連續火鍛，微波預熱連續硫化	microwave pre-heating continuous vulcanization
微粗糙度	微粗糙度	microroughness
微导管	微導管	micro catheter
微导丝	微導線	micro-guide wire
微动磨损	微動磨損，微動侵蝕	fretting, fretting wear
微动疲劳	微動磨損疲勞	fretting fatigue
微动损伤(=微动磨损)		
微观尺度	微尺度	microscale
微观可逆性	微觀可逆性	microscopic reversibility
微观偏析	微偏析	micro-segregation
微观组织模拟	微結構模擬	microstructure simulation
微合金钢	微量合金鋼	microalloying steel
微合金化	微量合金化	microalloying
微合金化钢	微量合金鋼	microalloyed steel
微合金碳氮化物	微合金碳氮化物	microalloy carbonitride
微弧阳极氧化	微弧[陽極]氧化	micro-arc oxidation
微弧氧化活化改性	微[電]弧氧化生物活化改質	bioactivation modification by micro-arc oxidation
微环境	微環境	microenvironment
微胶囊	微膠囊	microcapsule
微焦点射线透照术	微焦放射線攝影術	microfocus radiography
微晶半导体	微晶半導體	microcrystalline semiconductor
微晶玻璃	微晶玻璃	microcrystalline glass
微晶/非晶硅叠层电池	微晶/非晶疊層電池	micromorph cell
微漏	微漏	microleakage
微囊化	微囊化[作用]	microencapsulation
微腔激光器	微[共振]腔雷射	microcavity laser
微缺陷	微缺陷	microdefect

大 陆 名	台 湾 名	英 文 名
微蠕变(=滞弹性蠕变)		
微乳液聚合	微乳化聚合[作用]	micro-emulsion polymerization
微生物传感器	微生物感測器	microbial sensor
微生物分解纤维	微生物可分解纖維	micro-organism decomposable fiber
微束等离子弧焊	微電漿弧銲	micro-plasma arc welding
微通道板	微通道板	microchannel plate
微纤丝角	微原纖角	microfibril angle
微振压实造型	振動壓擠模製	vibratory squeezing molding
微重力凝固	微重力凝固	micro-gravity solidification
韦伯模数	維布模數	Weibull modulus
韦森堡效应	威森堡效應	Weissenberg effect
维管形成层	維管形成層	vascular cambium
维加洛合金	維凱合金	vicalloy
维卡软化温度	菲卡軟化溫度	Vicat softening temperature
维纶(=聚乙烯醇缩甲醛纤维)		
维氏硬度	維氏硬度，維克氏硬度	Vickers hardness
伟晶岩	偉晶花崗岩	pegmatite
伪共晶体	擬共晶	pseudoeutectic
伪珠光体	擬波來體	pseudo-pearlite
伪装材料	偽裝材料	camouflage materials
伪装涂层	偽裝塗層	camouflage coating
苇浆	葦漿	reed pulp
卫生搪瓷	衛浴[器皿]琺瑯	sanitary enamel
卫生陶瓷	衛浴[器皿]陶瓷	sanitaryware ceramics
未漂浆	未漂白紙漿	unbleached pulp
未取向丝	無定向紗	unoriented yarn
未再结晶控制轧制	非再結晶控制輥軋	non-recrystallization controlled rolling
未再结晶温度(=无再结晶温度)		
位错	位錯，差排	dislocation
位错胞	位錯胞，差排胞	dislocation cell
位错动力学方法	位錯動力學方法，差排動力學方法	dislocation dynamics method
位错对	位錯對，差排對	dislocation pair
位错割阶	位錯階差，差排階差	dislocation jog
位错环	位錯環，差排環	dislocation loop
位错交割	位錯交叉，差排交叉	dislocation intersection
位错马氏体	位錯麻田散體，差排麻	dislocation martensite

大　陆　名	台　湾　名	英　文　名
	田散體	
位错密度	位錯密度，差排密度	dislocation density
位错扭折	位錯彎折，差排彎折	dislocation kink
位错排	位錯陣列，差排陣列	dislocation array
位错攀移	位錯爬升，差排爬升	dislocation climb
位错塞积	位錯堆積，差排堆積	dislocation pile-up
位错生长	差排[促成晶體]成長	growth by dislocation
位错蚀坑	位錯蝕穴，差排蝕穴	dislocation etch pit
位错线张力	位錯線張力，差排線張力	dislocation line tension
位错型减振合金	位錯型阻尼合金，差排型阻尼合金	dislocation type damping alloy
位错应变能	差排應變能	strain energy of dislocation
位错源	位錯源，差排源	dislocation source
位力系数	維里係數	Virial coefficient
位移型相变	位移型相轉變	displacive phase transformation, displacive phase transition
魏氏组织	費德曼組織	Widmanstätten structure
温变形	溫變形	warm deformation
温差电材料(=热电体)		
温差电动势	熱電動勢	thermoelectromotive force
温差电模块	熱電模組	thermoelectric module
温差电优值	熱電優值	thermoelectric figure of merit
温差电制冷	熱電致冷	thermoelectric cooling
温差电转换	熱電轉換	thermoelectric conversion
温差法	溫差法	temperature difference method
θ温度	θ溫度	theta temperature
温度边界层	熱邊界層	thermal boundary layer
温度处理	溫度處理	temperature treatment
温度敏感高分子	溫感聚合體	temperature-sensitive polymer
温挤压	溫擠製	warm extrusion
温控涂层	溫控塗層	temperature control coating
温拉	溫拉製	warm drawing
温压	溫壓實，溫壓製	warm compaction, warm pressing
温轧	溫輥軋	warm rolling
稳定化	穩定作用	stabilizing
稳定化不锈钢	安定化不鏽鋼	stabilized stainless steel
稳定化超导线	安定化超導線	stabilized superconducting wire
稳定化热处理	穩定處理	stabilizing treatment

大　陆　名	台　湾　名	英　文　名
稳定剂	穩定劑，安定劑	stabilizer
稳定生长区	穩態區	steady state region
稳定钛合金(=全β钛合金)		
稳态燃烧	穩定燃燒	stable combustion
稳态相分离	雙結點分解	binodal decomposition
稳态液相外延	穩態液相磊晶術	steady-state liquid phase epitaxy
涡流检测	渦電流試驗	eddy current testing
窝沟封闭剂	坑隙填封劑	pit and fissure sealant
沃伊特–开尔文模型	佛伊格特–凱文模型	Voigt-Kelvin model
卧式挤压	臥式擠製	horizontal extrusion
乌金釉	烏金釉	mirror black glaze
钨	鎢	tungsten
钨钢	鎢鋼	tungsten steel
钨合金	鎢合金	tungsten alloy
钨基重合金(=高密度钨合金)		
钨极惰性气体保护电弧焊	鎢[極]惰性氣體弧焊	tungsten inert gas arc welding
钨铼合金	鎢錸合金	tungsten-rhenium alloy
钨镧合金	鎢鑭合金	tungsten-lanthanum alloy
钨锰铁矿(=黑钨矿)		
钨钼合金	鎢鉬合金	tungsten-molybdenum alloy
钨镍铁合金	鎢鎳鐵合金	tungsten-nickel-iron alloy
钨镍铜合金	鎢鎳銅合金	tungsten-nickel-copper alloy
钨铈合金	鎢鈰合金	tungsten-cerium alloy
钨丝	鎢絲，鎢線	tungsten filament, tungsten wire
钨丝增强铀金属基复合材料	鎢絲強化鈾基複材	tungsten filament reinforced uranium matrix composite
钨铁	鎢鐵	ferrotungsten
钨铜材料	鎢銅材料	tungsten-copper materials
钨铜假合金	鎢銅擬合金	tungsten-copper pseudoalloy
钨铜梯钨铈合金度材料	鎢銅梯度材料	tungsten-copper gradient materials
钨钍合金	鎢釷合金	tungsten-thorium alloy
钨钍阴极材料	鎢釷陰極材料	tungsten-thorium cathode materials
钨稀土合金	鎢稀土金屬合金	tungsten rare earth metal alloy
钨系高速钢	鎢系高速鋼	tungsten high speed steel
钨钇合金	鎢釔合金	tungsten-yttrium alloy

大　陆　名	台　湾　名	英　文　名
钨银材料	鎢銀材料	tungsten-silver materials
无边模锻	熱無閃焰模鍛	hot flashless die forging
无残余挤压(=无压余挤压)		
无衬胶膜	無支撐黏著膜	unsupported adhesive film
无磁钢	非磁性鋼	non-magnetic steel
无纺布增强体	非織物強化體，不織布強化體	non-woven fabrics reinforcement
无缝钢管	無縫鋼管	seamless steel pipe
无缝管	無縫管	seamless tube
无辐射跃迁	無輻射躍遷	radiationless transition
无光釉	無光釉	matt glaze
无规共聚物	隨機共聚體	random copolymer
无规聚苯乙烯	雜排聚苯乙烯	atactic polystyrene, APS
无规聚丙烯	雜排聚丙烯	atactic polypropylene, APP
无规立构聚合物	雜排聚合體	atactic polymer
无规线团	無規則線團	random coil
无宏观缺陷钢	無巨觀缺陷鋼	macrodefect-free steel
无机层状材料增强体	無機層材強化體	inorganic layered material reinforcement
无机非金属材料	無機非金屬材料	inorganic nonmetallic materials
无机高分子	無機巨分子	inorganic macromolecule
无机染色	無機顏料著色	coloring with inorganic pigment
无机涂层	無機塗層	inorganic coating
无机物封孔	無機物封孔[作用]	inorganic sealing
无间隙原子钢	無填隙[原子]鋼，IF 鋼	interstitial-free steel, IF steel
无孔材	無孔木材	non-pored wood
无卤阻燃剂	無鹵阻燃劑	non-halogen-flame retardant
无模成形	無模成形	free forming
无扭轧制	無扭輥軋	no twist rolling
无气喷涂	無［空］氣噴塗[作用]	airless spraying
无铅焊料	無鉛軟銲料	lead-free solder
无氰电镀	無氰化物電鍍	non-cyanide electroplating
无取向硅钢	無方向性矽鋼	non-oriented silicon steel
无扰尺寸	無擾維度，無擾尺度	unperturbed dimension
无溶剂漆	無溶劑漆	solvent-less paint
无乳化剂乳液聚合	無乳化劑乳化聚合[作用]	emulsifier free emulsion polymerization
无色光学玻璃	無色光學玻璃	colorless optical glass
无水芒硝	無水芒硝	thenardite
无损检测	非破壞性檢驗	non-destructive inspection

大 陆 名	台 湾 名	英 文 名
无碳复写纸	無碳複寫紙	carbonless copy paper
无碳化物贝氏体	無碳化物變韌體，無碳化物貝氏體	carbide-free bainite
无位错单晶	無位錯單晶，無差排單晶	dislocation free monocrystal
无钨硬质合金	無鎢燒結碳化物	cemented carbide without tungsten
无锡钢板	無錫鋼片	tin-free steel sheet
无相互作用点阵气(=点阵气)		
无箱造型	無箱造模法	flaskless molding
无序固溶体	無序固溶體	disordered solid solution
无压烧结	無壓燒結	pressureless sintering
无压烧结氮化硅陶瓷	常壓燒結氮化矽陶瓷	pressureless sintered silicon nitride ceramics
无压烧结碳化硅陶瓷	常壓燒結碳化矽陶瓷	pressureless sintered silicon carbide ceramics
无压余挤压	無餘料擠製	extrusion without remnant material
无焰燃烧	餘輝	after glow
无氧铜	無氧銅	oxy gen free copper
无再结晶温度	非再結晶溫度	non-recrystallization temperature
无皂乳液聚合(=无乳化剂乳液聚合)		
无渣出钢	無渣出鋼	slag-free tapping
无转子硫化仪	無轉子固化儀，延展[式]流變儀，無轉子火煅儀，無轉子硫化儀	curemeter without rotator, extensional rheometer, vulcameter without rotator
蜈蚣窑(=龙窑)		
伍德合金	伍氏金屬，低熔點合金	Wood’s metal
物理缠结(=凝聚缠结)		
物理发泡法	物理膨脹[法]	physical expansion
物理发泡剂	物理發泡劑	physical foaming agent
物理化学	物理化學	physical chemistry
物理交联	物理交聯[作用]	physical crosslinking
物理老化	物理老化	physical aging
物理气相沉积	物理氣相沈積	physical vapor deposition
物理软化	物理軟化[作用]	physical softening
物理吸附	物理吸附	physical adsorption, physisorption
物理冶金[学]	物理冶金[學]	physical metallurgy

大　陆　名	台　湾　名	英　文　名
物态方程	狀態方程[式]	equation of state
雾度	霾	haze
雾化法	霧化[法]	atomization
雾化粉	霧化粉	atomized powder
雾化金属粉	霧化金屬粉	atomized metal powder
雾化值	霧化值	fogging value
雾化制粉	霧化製粉[法]	atomization process
雾化铸造	噴霧鑄造	spray casting
雾缺陷(=雾度)		

X

大　陆　名	台　湾　名	英　文　名
夕线石	矽線石	sillimanite
西门子法多晶硅	西門子製程多晶矽	polycrystalline silicon by Siemens process
吸波涂层(=涂覆型吸波材料)		
吸除	吸氣[作用]	gettering
吸附	吸附 [作用]	adsorption
吸附比表面测试法	布–厄–特法，BET 法	Brunauer-Emmett-Teller method
吸附表面积	吸附表面積	adsorption surface area
吸附纤维	吸附纖維	adsorptive fiber
吸留胶	吸留橡膠	occluded rubber
吸气剂	吸氣劑	getter
吸热玻璃	吸熱玻璃，吸熱型玻璃磚	heat absorption glass, endothermic glass
吸热式气氛	吸熱式氣氛	endothermic atmosphere
吸湿纤维	吸濕纖維	hygroscopic fiber
吸收材料	吸收材，吸收器	absorber
吸收剂(=雷达波吸收剂)		
吸收区倍增区分置雪崩光电二极管	分置吸光區及倍增區崩潰光電二極體	separated absorption and multiplication avalanche photodiode
吸收体(=吸收材料)		
吸收系数	吸收係數	absorption coefficient
吸水厚度膨胀率	吸水[導致]厚度膨脹速率	thickness expansion rate of water absorbing
吸水率	吸水[性]	water absorption
吸音材料	音材，聲材	acoustic materials

大 陆 名	台 湾 名	英 文 名
吸油纤维	吸油纖維	oil absorbent fiber
吸着	吸附	sorption
析出强化高温合金	析出硬化超合金	precipitation hardening superalloy
矽青铜	矽青銅	silicon bronze
牺牲阳极用锌合金	鋅犧牲陽極	sacrificial zinc anode
烯类聚合物	乙烯基聚合體	vinyl polymer
硒化铋	硒化鉍	bismuth selenide
硒化镉	硒化鎘	cadmium selenide
硒化铅	硒化鉛	lead selenide
硒化锡	硒化錫	tin selenide
硒化锌	硒化鋅	zinc selenide
稀磁半导体	稀磁半導體	dilute magnetic semiconductor
稀释剂	稀釋劑	diluent
稀释率	稀釋速率	rate of dilution
稀土 123 超导体[块]材	稀土 123 塊狀超導體	rare earth 123 bulk superconductor
稀土钴磁体	稀土鈷磁石	rare earth cobalt magnet
稀土钴永磁合金	稀土鈷永磁合金	rare earth cobalt permanent magnetic alloy
稀土光学玻璃	稀土光學玻璃	rare earth optical glass
稀土硅铁合金	稀土矽鐵	rare earth ferrosilicon
稀土化学热处理	稀土化學熱處理，稀土元素化學熱處理	rare-earth element thermo-heat treatment, chemical heat treatment with rare earth element
稀土金属	稀土金屬	rare earth metal
稀土铝合金	鋁稀土金屬合金	aluminum-rare earth metal alloy
稀土镁硅铁合金	稀土鎂矽鐵	rare earth ferrosilicomagnesium
稀土-镍系贮氢合金	稀土鎳基儲氫合金	rare earth nickel based hydrogen storage alloy
稀土铁合金	稀土合金鐵，含稀土元素鐵合金	rare earth ferroalloy, ferroalloy with rare earth element
稀土钨(=钨稀土合金)		
稀有放射性金属	放射性稀有金屬	radioactive rare metal
稀有放射性元素(=稀有放射性金属)		
稀有分散金属	稀有分散金屬	rare-dispersed metal
稀有金属	稀有金屬	rare metal, less common metal
锡	錫	tin
锡合金	錫合金	tin alloy
锡黄铜	錫黃銅	tin brass

大　陆　名	台　湾　名	英　文　名
锡基巴氏合金	錫基巴氏合金	tin based Babbitt
锡基白合金	錫基白[色]合金	tin based white alloy
锡基轴承合金	錫基軸承合金	tin based bearing alloy
锡偶联溶聚丁苯橡胶	錫耦合溶液苯乙烯丁二烯橡膠	Sn-coupled solution styrene-butadiene rubber
锡青铜	錫青銅	tin bronze
锡石	錫石	cassiterite
锡盐电解着色	錫鹽電解著色	electrolytic coloring in tin salt
洗脱分级	溶析分餾	elution fractionation
洗脱体积	溶析體積	elution volume
1×××系铝合金	1×××鋁合金	1××× aluminum alloy
2×××系铝合金	2×××鋁合金	2××× aluminum alloy
3×××系铝合金	3×××鋁合金	3××× aluminum alloy
4×××系铝合金	4×××鋁合金	4××× aluminum alloy
5×××系铝合金	5×××鋁合金	5××× aluminum alloy
6×××系铝合金	6×××鋁合金	6××× aluminum alloy
7×××系铝合金	7×××鋁合金	7××× aluminum alloy
8×××系铝合金	8×××鋁合金	8××× aluminum alloy
系统毒性	全身性毒性	systemic toxicity
系属结构	譜系	lineage
细胞毒性	細胞毒性	cytotoxicity
细胞分化	細胞分化	cell differentiation
细胞亲和性	細胞親和性	cell affinity
细胞诱导	細胞誘導	cell induction
细胞治疗	細胞治療	cell therapy
细瓷	細瓷	fine porcelain
细粉	細粉	fine powder
细化剂	晶粒細化劑	grain refiner
细晶超塑性(=组织超塑性)		
细晶粒钢	細晶鋼	fine grained steel
细晶岩	細晶岩，半花岡岩	aplite
细晶硬质合金	細晶燒結碳化物	fine grain cemented carbide
细晶铸造高温合金	細晶鑄造超合金	fine grain cast superalloy
细菌降解	細菌降解	bacterial degradation
细木工板	塊板	blockboard
细陶器	精陶	fine pottery
细杂皮	毛皮	furskin
细珠光体(=屈氏体)		

大 陆 名	台 湾 名	英 文 名
匣钵	匣缽	saggar
霞石	霞石	nepheline
霞石正长岩	霞石正長岩	nepheline syenite
下贝氏体	下變韌鐵，下變韌體	lower bainite
下屈服点	下降伏點	lower yield point
夏比冲击试验	沙丕衝擊試驗	Charpy impact test
先共晶渗碳体	先共晶雪明碳鐵	proeutetic cementite
先共析渗碳体	先共析雪明碳鐵	proeutectoid cementite
先共析铁素体	先共析肥粒鐵	proeutectoid ferrite
先进材料	先進材料，尖端材料	advanced materials
先进复合材料	先進複材	advanced composite
先进陶瓷	精密陶瓷，尖端陶瓷	advanced ceramics
纤度	細度	fineness
纤条体	纖條體	fibrid
PBI 纤维(=聚苯并咪唑纤维)		
PBO 纤维(=聚对亚苯基苯并双噁唑纤维)		
PBT 纤维(=聚对苯二甲酸丁二酯纤维)		
PBZT 纤维(=聚对亚苯基苯并双噻唑纤维)		
PEEK 纤维(=聚醚醚酮纤维)		
PEI 纤维(=聚醚酰亚胺纤维)		
PEN 纤维(=聚 2,6-萘二甲酸乙二酯纤维)		
POM 纤维(=聚甲醛纤维)		
PPS 纤维(=聚对苯硫醚纤维)		
PTT 纤维(=聚对苯二甲酸丙二酯纤维)		
纤维板	纖維板	fiberboard
纤维板后处理	纖維板後處理	fiberboard post treatment
纤维表面改性	纖維表面改質	fiber surface modification
纤维补强陶瓷基复合	纖維強化陶瓷基複材	fiber reinforced ceramic matrix composite

大陆名	台湾名	英文名
材料		
纤维粗度	纖維粗[大]度	fiber coarseness
纤维单晶(=单晶光纤)		
纤维独石结构陶瓷材料	纖維整塊結構陶瓷	fibrous monolithic structural ceramics
纤维分级	纖維分級	fiber classification
纤维分离	纖維分離，纖維分離作用	fiber separation, defibrating
纤维分离度	纖維分離度，打漿度	fiber separative degree, beating degree
纤维间质	原纖維間物質	interfibrillary substance
纤维晶	纖維狀晶體	fibrous crystal
纤维可压缩性	纖維[可]壓縮性	compressibility of fiber
纤维面板	纖維板	fiber plate
纤维取向(=铺层角)		
纤维筛分值	纖維篩選分級	fiber screen classification value
纤维湿[态]强度	纖維濕強度	fiber wet strength
纤维素	纖維素	cellulose
纤维素结晶度	纖維素結晶度	crystallinity of cellulose
纤维素结晶区	纖維素結晶區	crystalline region of cellulose
纤维素-聚硅酸纤维	纖維素基聚矽酸纖維	cellulosic matrix polysilicic acid fiber
纤维素无定形区	纖維素非晶質區	amorphous region of cellulose
纤维素型焊条	纖維素型銲條	cellulose electrode
纤维体积含量	纖維體積含量，纖維體積分率	fiber volume content, fiber volume fraction
纤维预制体	纖維預形體	fiber preform
纤维增强混凝土	纖維強化混凝土	fiber reinforced concrete
纤维增强水泥复合材料	纖維強化水泥基複材	fiber reinforced cement matrix composite
纤维增强钛合金	纖維強化鈦合金	fiber reinforced titanium alloy
纤维增强体	纖維強化體	fiber reinforcement
纤维帚化	纖維化	fibrillation
纤维状粉	纖維狀粉	fibrous powder
纤维状活性炭	纖維活性碳	fiber active carbon
纤维组织	纖維結構	fiber structure
纤锌矿型结构	纖鋅礦結構	wurtzite structure
鲜皮	生皮	green hide, green skin
弦切面	正切截面	tangential section
显气孔率	視孔隙度	apparent porosity
显微偏析(=微观偏析)		

大　陆　名	台　湾　名	英　文　名
显微缩松(=疏松)	孔隙率	porosity
显微硬度	微硬度	microhardness
显微组织	微結構	microstructure
显像管玻璃	映像管玻璃	picture tube glass
线材	線棒	wire rod
线材拉拔	線材拉製	wire drawing
线长大速度	線性成長速率	linear growth rate
线膨胀系数	線性熱膨脹係數	linear coefficient of thermal expansion
线型低密度聚乙烯	線性低密度聚乙烯	linear low density polyethylene, LLDPE
线型聚合物	線性聚合體	linear polymer
线性厚度变化	線性厚度變異	linear thickness variation, LTV
线性摩擦焊	線性摩擦銲接	linear friction welding
线性黏弹性	線性黏彈性	linear viscoelasticity
陷阱	陷阱	trap
相对部分色散	相對部分色散	relative partial dispersion
相对分子质量多分散性	相對分子質量聚合度分佈性	polydispersity of relative molecular mass
相对分子质量多分散性指数	相對分子質量聚合度分佈性指數	polydispersity index of relative molecular mass
相对分子质量分布	相對分子質量分佈	relative molecular mass distribution
相对分子质量累积分布	相對分子質量累積分佈	cumulative relative molecular mass distribution
相对分子质量微分分布	相對分子質量示差分佈	differential distribution of relative molecular mass
相对密度	相對密度	relative density
100%相对密度(=理论密度)		
相对黏度	相對黏度，黏度比	relative viscosity, viscosity ratio
相对黏度增量	相對黏度增量	relative viscosity increment
相对折射率	相對折射率	relative refractive index
相关能	關聯能量	correlation energy
相互扩散	交互擴散	interdiffusion
相互影响系数(=单层剪切耦合系数)		
相容剂	相容劑	compatibilizer
相容性	相容性	compatibility
相容性条件	相容條件	compatible condition
相溶性	互溶性	miscibility
相似准则	相似準則	similarity criterion

大 陆 名	台 湾 名	英 文 名
香精油(=精油)		
箱式渗碳法	箱式滲碳	box carburizing
箱式退火	箱式退火	box annealing
箱纸板	掛面紙板，瓦楞紙外層	linerboard
镶铸法	鑲鑄製程，鑲嵌製程	cast-in process, insert process
向错	向錯	disclination
Z 向钢	Z 向鋼，抗層狀撕裂鋼	Z-direction steel
相	相	phase
B2 相	B2 相	B2 phase
γ′相	γ′相	γ′ phase
δ 相	δ 相	δ phase
η 相	η 相	η phase
μ 相	μ 相	μ phase
π 相	π 相	π phase
相变	相變，相轉換	phase transformation, phase transition
相变超塑性	轉變超塑性	transformation superplasticity
相变潜热	相轉換潛熱	latent heat of phase transition
相变强化	轉變強化	transformation strengthening
相变韧化	轉變韌化	transformation toughening
相变应力	轉變應力	transformation stress
相变硬化	轉變硬化	transformation hardening
相变诱发塑性	相變誘發塑性	phase transformation induced plasticity
相变诱发塑性钢	轉變誘發塑性鋼，TRIP 鋼	transformation induced plasticity steel, TRIP steel
相场动力学模型	相場動力學模型	phase field kinetics model
相场方法	相場方法	phase field method
相分离纺丝	相分離紡絲	phase separation spinning
相分析	相分析	phase analysis
相间沉淀(=相间脱溶)		
相间脱溶	相間析出	interphase precipitation
相界	相界，相介面	phase boundary, phase interface
相律	相律	phase rule
相图	相圖	phase diagram
相图计算技术	相圖電腦計算	computer calculation of phase diagram
α 相稳定元素	α 相穩定元素	α stable element
β 相稳定元素	β 相穩定元素	β stable element
象牙	象牙	ivory
象牙白(=德化白瓷)		
橡胶	橡膠	rubber

大 陆 名	台 湾 名	英 文 名
橡胶补强剂	橡膠強化劑	rubber-strengthening agent
橡胶国际硬度	國際橡膠硬度	international rubber hardness
橡胶软化剂	橡膠軟化劑	rubber softener, softener of rubber
橡胶态	橡膠態狀態	rubbery state
橡胶弹性	橡膠態彈性	rubbery elasticity
橡胶圆弧撕裂强度	橡膠弧形撕裂強度	arc tearing strength of rubber
橡胶再生	橡膠回收	rubber reclaiming
橡胶助剂	橡膠原料	rubber ingredient
橡木	橡木，橡樹	oak
肖克莱不全位错	肖克萊部分錯位，肖克萊部分差排	Schockley partial dislocation
肖氏 W 型硬度	阿斯克 C 型硬度	Asker-C hardness
肖氏-C 型硬度(=肖氏 W 型硬度)		
肖特基缺陷	肖特基缺陷，肖特基無序	Schottky defect, Schottky disorder
肖特基势垒	肖特基阻障	Schottky barrier
肖特基势垒光电二极管	肖特基阻障光電二極體	Schottky barrier photodiode
削匀	刨花	shaving
消臭纤维	除臭纖維	offensive odour eliminating fiber
消除聚合	去除聚合[作用]	elimination polymerization
消光剂	消光劑	flatting agent
消光纤维	無光纖維，無光澤纖維	matt fiber, dull fiber
消泡剂	消泡劑	defoamer
消声合金(=减振合金)		
消失模铸造	消失泡模鑄造	lost foam casting
硝皮	硝皮	taw
硝酸纤维素	硝化纖維素	cellulose nitrate
硝酸纤维素塑料	硝化纖維素塑膠	cellulose nitrate plastic, CN plastic
小分子有机电致发光材料	小分子有機發光材料	small molecular organic light-emitting materials
小角度晶界	低角度晶界	low angle grain boundary
小角度位错结构	低角度差排結構	low angle dislocation structure
小角激光光散射法	低角度雷射光散射，小角度雷射光散射	low angle laser light scattering, small angle laser light scattering
小坑	坑	pit
小孔法(=小孔型等离子弧焊)		

大　陆　名	台　湾　名	英　文　名
小孔型等离子弧焊	電漿鎖孔銲接	plasma keyhole welding
小平面界面(=奇异面)		
小平面生长	小平面成長，刻面成長	facet growth
小平面效应	小平面效應，刻面效應	facet effect
小丘	小丘	mound
楔横轧	楔形横輥軋	cross wedge rolling
楔子试验	楔形試驗	wedge test
协同增韧	協同增韌，加乘增韌	synergistic toughening
斜长石	斜長石	plagioclase
斜交层合板	斜交積層板	angle-ply laminate
斜轧	斜輥軋	skew rolling
泄流	漏流	leakage flow
谢弗雷尔相[化合物]超导体	謝夫爾相[化合物]超導體	Chevrel phase [compound] superconductor
心材	心材	heartwood
心血管系统生物材料	心血管系統生物材	biomaterials of cardiovascular system
心脏封堵器	心臟缺孔封堵器	occluder
芯板	芯木薄板	core veneer
芯板离缝	薄板間縫，薄板留縫接合，薄板開口接合	veneer gap, veneer open joint
芯棒拔长	芯棒伸展	core bar stretching
芯棒扩孔	芯棒擴孔	core bar expanding
芯棒拉管	芯棒抽管	tube drawing with mandrel
芯[子]	芯	core
锌	鋅	zinc
锌白	鋅白	zinc white
锌白铜	鋅白銅，銅鎳鋅合金	zinc cupronickel
锌钡白	鋅鋇白，立德粉	lithopone
锌黄(=锌铬黄)		
锌汞合金	鋅汞合金，鋅汞齊	zinc-mercury amalgam
锌汞齐(=锌汞合金)		
锌铬黄	鋅黃	zinc yellow
锌铜合金(=四六黄铜)		
新拌混凝土	混凝土混合物	concrete mixture
新能源材料	新能源材料	materials for new energy
新施主缺陷	新予體缺陷	new donor defect
新闻纸	新聞用紙	newsprint
新型材料(=先进材料)		
信封用纸	信封紙	envelope paper

大　陆　名	台　湾　名	英　文　名
信息材料	資訊材料	information materials
星形苯乙烯热塑性弹性体	星狀苯乙烯熱塑性彈性體	star styrenic thermoplastic elastomer
星形结构	星形結構	star structure
星形聚合物	星狀聚合體	star polymer
星形支化丁基橡胶	星狀分枝丁基橡膠	star-branched butyl rubber
行星轧制	行星式輥軋	planetary rolling
邢窑白瓷	邢窯白瓷	white porcelain from Xing kiln
形变储[存]能	儲存能量	stored energy
形变淬火	沃斯成形	ausforming
形变带	變形帶	deformation band
形变孪晶	變形雙晶	deformation twin
形变取向	變形取向	deformation orientation
形变热处理	熱機處理	thermomechanical treatment
形变诱导马氏体相变	變形誘發麻田散體轉變	deformation induced martensite transformation
形变诱导铁素体相变	變形誘發肥粒體轉變	deformation induced ferrite transformation
形变诱导脱溶	變形誘發析出	deformation induced precipitation
形变诱导相变	變形誘發相轉換	deformation induced phase transition
形成层	形成層	cambium
形核	成核，孕核	nucleation
形核基底	成核基材	nucleation substrate
形核激活能	成核活化能	activation energy of nucleation
形核率	成核率	nucleation rate
形态结合	形態固定[作用]	morphological fixation
形状记忆聚合物	形狀記憶聚合體	shape memory polymer
n 型半导体	n 型半導體	n-type semiconductor
p 型半导体	p 型半導體	p-type semiconductor
型材挤压	型材擠製	section extrusion
型材拉拔	型材抽製，剖面圖	section drawing
n 型导电杂质(=施主杂质)		
p 型导电杂质(=受主杂质)		
型钢	型鋼	section steel
H 型钢	H 型鋼	H-shaped steel
Ⅰ型开裂	Ⅰ型開裂	mode Ⅰ cracking
Ⅱ型开裂	Ⅱ型開裂	mode Ⅱ cracking
Ⅲ型开裂	Ⅲ型開裂	mode Ⅲ cracking

大　陆　名	台　湾　名	英　文　名
型腔	模腔	mold cavity
型砂	模砂	molding sand
n 型锗单晶	n 型單晶鍺	n-type monocrystalline germanium
p 型锗单晶	p 型單晶鍺	p-type monocrystalline germanium
Sm(Co,M) 1 ∶ 7 型中间相	釤(鈷合金)1 ∶ 7 型介金屬	samarium-(cobalt, M) 1 ∶ 7 type intermetallic
雄黄	雄黃	realgar
修边	修邊	trimming
修复体	復原	restoration
修面革	修面皮革	corrected grain leather
岫玉	岫玉	xiuyan jade
序参量	有序參數	order parameter
序列长度分布	序列長度分佈	sequence length distribution
叙永石(=埃洛石)		
絮凝剂(=胶凝剂)		
蓄电池铅合金	蓄電池鉛合金	accumulator lead alloy
蓄光材料	蓄光材料	light-retaining materials
蓄热纤维	蓄熱纖維	heat accumulating fiber
宣纸	宣紙	xuan paper
玄武岩	玄武岩	basalt
玄武岩纤维增强体	玄武岩纖維強化體	basalt fiber reinforcement
悬臂梁	懸臂樑	cantilever beam
悬臂梁冲击强度	愛曹特衝擊強度	Izod impact strength
悬滴法表面张力和界面张力	懸滴法[計算]表面和界面張力	surface and interface tension by pendant drop method
悬浮聚合	懸浮聚合[作用]	suspension polymerization
悬浮区熔法	浮熔帶法	floating-zone method
悬浮区熔硅	浮熔帶長矽	floating-zone grown silicon
悬浮熔炼法	懸浮熔融法	levitation melting
旋磁铁氧体(=微波铁氧体)		
旋光性高分子	光學活性聚合體	optically active polymer
旋切单板	旋剝薄板	peeled rotary veneer
旋涡缺陷	漩渦缺陷	swirl defect
旋压	旋壓[成形]，紡絲	spinning
旋转电极雾化	旋轉電極霧化[法]	rotating electrode atomization
旋转锻造	旋轉型鍛	rotary swaging
旋转坩埚雾化	旋轉杯霧化[法]	rotating cup atomization
旋转模锻	迴轉模鍛，旋轉模鍛	rotary die forging

大 陆 名	台 湾 名	英 文 名
旋转盘雾化	旋轉盤霧化[法]	rotating disk atomization
选矿	選礦	mineral dressing
选择分离聚合物膜复合材料	選擇分離聚合體型複材	selective separative polymeric composite
选择滤光功能复合材料	選擇性濾光複材	selective light filtering composite
选择性腐蚀	選擇性腐蝕	selective corrosion
选择性外延生长	選擇性磊晶成長	selective epitaxy growth
雪崩光电二极管	雪崩光二極體	avalanche photodiode
血管成形术	血管成形術	angioplastry
血管腔内斑块旋切术	血管腔內斑塊旋切術	transluminal extraction-atherectomy therapy
血管生长因子	血管生長因子	angiogenesis factor
血管支架	血管支架	vascular stent
血浆置换	血漿置換[術]	plasma exchange
血液代用品	血液替代品	blood substitute
血液灌流	血液灌洗	hemoperfusion
血液灌流吸附材料	血液灌流吸附材	adsorbent for hemoperfusion
血液过滤膜	血液過濾[用]透膜	membrane for hemofiltration
血液净化材料	血液淨化材料	blood cleansing materials
血液滤过	血液過濾	hemo-filtration
血液透析膜	血液透析[用]透膜	membrane for hemodialysis
血液相容性	血液相容性	blood compatibility
血液相容性生物材料	血液相容性生物材料	blood compatible biomaterials

Y

大 陆 名	台 湾 名	英 文 名
压边浇口	壓邊澆口	lip runner
压电常数	壓電常數	piezoelectric constant
压电复合材料	壓電複材	piezoelectric composite
压电高分子	壓電聚合體	piezoelectric polymer
压电晶体	壓電晶體	piezoelectric crystal
压电生物陶瓷	壓電生物陶瓷	piezoelectric bioceramics
压电陶瓷	壓電陶瓷	piezoelectric ceramics
压电体	壓電體，壓電學	piezoelectrics
压电性	壓電性	piezoelectricity
压痕硬度	壓痕硬度	indentation hardness
压花	壓花[加工]，壓紋[加工]	embossing

大 陆 名	台 湾 名	英 文 名
压花玻璃	壓花玻璃	patterned glass
压花革	壓花皮革	embossed leather
压力加工(=塑性加工)		
压力注浆成型	壓力注漿法	pressure slip casting
压力铸造锌合金	壓力鑄造鋅合金	press cast zinc alloy
压滤成型	壓濾	pressure filtration
压敏电阻	壓阻，壓阻器	piezo-resistance, piezo-resistor
压敏电阻合金	壓敏電阻合金	pressure sensitive resistance alloy
压敏胶(=压敏胶黏剂)		
压敏胶带	壓敏黏著帶	pressure sensitive adhesive tape
压敏胶黏剂	壓敏黏著劑	pressure sensitive adhesive, PSA
压敏陶瓷	變阻器陶瓷	varistor ceramics
压模	模	die
压坯	粉壓坯	compact
压缩比	壓縮比	compression ratio
压缩和低温回复试验	壓縮及低溫回復試驗	compression and low-temperature recovery test
压缩模量(=体积模量)		
压缩耐温实验	壓縮及回復在低溫試驗	compression and recovery in low temperature test
压缩耐温系数	低溫壓縮及回復係數	coefficient of compression and recovery in low temperature
压缩疲劳试验	壓縮疲勞試驗	compression fatigue test
压缩性	[可]壓縮性	compressibility
压缩性曲线	壓縮曲線	compression curve
压头	壓[力]頭	pressure head
压洗	壓力清洗	pressure washing
压型金属板	軋形金屬板	roll-profiled metal sheet
压延效应	壓延效應	calender effect
压余(=挤压残料)		
压制	壓製	pressing
压注料(=耐火压入料)		
压铸	壓鑄	die casting
压铸镁合金	壓鑄鎂合金	die casting magnesium alloy
压铸模	壓鑄模	die casting mold
压铸模用钢	壓鑄模用鋼	steel for die-casting mold
压力容器钢	壓力容器鋼	pressure vessel steel
鸦爪	鴉爪[紋]	crow feet
牙科材料	牙科材料	dental materials

大 陆 名	台 湾 名	英 文 名
牙科充填材料	牙科充填材料	dental filling materials
牙科分离剂	牙科分離劑	dental separating agent
牙科固定桥	固定牙橋	dental fixed bridge
牙科蜡	牙科用蠟	dental wax
牙科模型材料	牙科模型材料	dental model materials
牙科烧结全瓷材料	燒結全陶瓷牙科材料	sintered all-ceramic dental materials
牙科水门汀	牙科黏合劑	dental cement
牙科酸蚀剂	牙科蝕劑	dental etching agent
牙科修复材料	牙科修複材料	dental restorative materials
牙科银汞合金	牙科汞齊合金，牙科用汞齊	dental amalgam alloy, dental amalgam
牙科印模材料	牙科印模材料	dental impression materials
牙科用金	牙科用金	dental gold
牙科植入体	牙科植體	dental implant
牙科铸造包埋材料	牙科用精密鑄造材料	dental investment casting materials
牙科铸造陶瓷	可澆鑄牙科陶瓷	castable dental ceramics
牙托粉	假牙基座聚合體粉，牙托粉	denture base polymer powder
牙托水	假牙基座聚合體液，牙托水	denture base polymer liquid
牙线	牙線	dental floss
牙种植体(=牙科植入体)		
牙周塞治剂	牙周塞治劑，牙周敷料	periodontal pack, periodontal dressing
哑光漆	無光澤漆	lusterless paint
亚共晶合金	亞共晶合金	hypoeutectic alloy
亚共晶体	亞共晶[混合]體	hypoeutectic
亚共晶铸铁	亞共晶鑄鐵	hypoeutectic cast iron
亚共析钢	亞共析鋼	hypoeutectoid steel
亚固溶[热]处理	亞固溶度熱處理	subsolvus heat treatment
亚急性毒性	亞急性毒性	sub-acute toxicity
亚晶界	次晶界	subgrain boundary
亚晶[粒]	次晶粒	subgrain
亚历山大石(=变石)		
亚临界淬火(=亚温淬火)		
亚慢性毒性	亞慢性毒性	subchronic toxicity
亚铁磁性	亞鐵磁性	ferrimagnetism
亚微粉	次微米粉末	submicron powder

大　陆　名	台　湾　名	英　文　名
亚温淬火	臨界間淬火，臨界間硬化	intercritical hardening
亚稳奥氏体(=过冷奥氏体)		
亚稳β钛合金	介穩β鈦合金	metastable βtitanium alloy
亚稳相	介穩相	metastable phase
亚相变点退火	次臨界退火	subcritical annealing
亚硝基氟橡胶	亞硝基氟橡膠	nitroso fluororubber
亚硝酸钠晶体	亞硝酸鈉晶體	sodium nitrite crystal
氩弧焊	氬弧銲接	argon arc welding
氩氧脱碳法	氬氧脫碳法	argon-oxygen decarburization, AOD
烟密度	煙密度	smoke density
烟密度试验	煙密度試驗	smoke density test
烟雾生成性	煙生成性	smoke producibility
延迟断裂	延遲破斷	delayed fracture
延迟裂纹	延遲裂紋	delayed crack
延迟氢脆	延遲氫化物開裂	delayed hydride cracking
延迟氢化开裂(=延迟氢脆)		
延迟作用(=缓聚作用)		
延性断裂(=韧性断裂)		
岩浆岩	岩漿岩	magmatic rock
岩石构造	岩石構造	structure of rock
岩石结构	岩石織構	texture of rock
岩相分析	岩相分析	petrographic analysis
岩盐型结构(=氯化钠结构)		
岩渣(=火山渣)		
沿晶断裂	沿晶破斷，粒間破斷	intergranular fracture
沿晶开裂	沿晶破裂	intergranular crack
炎性反应	焰性反應	inflammatory reaction
研磨	研磨[作用]，精磨	grinding, lapping
盐干皮	乾鹽漬皮	dry salted skin
盐模	鹽模	salt pattern
盐湿皮	鹽漬皮，鹽漬生皮	salted skin, salted hide
盐雾试验	鹽霧試驗	salt spray test
盐釉	鹽釉	salt glaze
盐浴硫化	鹽浴固化	salt bath cure
盐浴热处理	鹽浴熱處理	salt bath heat treatment

大陆名	台湾名	英文名
颜基比	顏料黏結劑比	pigment binder ratio
颜料	顏料	pigment
颜料体积浓度	顏料體積濃度	pigment volume concentration
[颜料]吸油量	吸油量	oil absorption volume
颜色坚牢度	顏色牢固性，色固性，不褪色性	color fastness
衍射	繞射	diffraction
眼刺激	眼睛刺激	eye irritation
厌氧胶黏剂	厭氧黏結劑	anaerobic adhesive
砚石	硯石	inkstone
阳极溶解	陽極溶解	anodic dissolution
阳极氧化	陽極氧化	anodic oxidation
阳极氧化膜	陽極氧化膜	anodic oxidation film
阳极氧化涂层	陽極處理塗層	anodizing coating
阳离子交换树脂	陽離子交換樹脂	cation exchange resin
阳离子聚合(=正离子聚合)		
阳离子可染纤维(=聚对苯二甲酸乙二酯-3,5-二甲酸二甲酯苯磺酸钠共聚纤维)		
阳起石	陽起石	actinolite
杨氏模量	楊氏模數	Young modulus
杨–特勒效应	楊–泰勒效應	Jahn-Teller effect
洋蓝(=群青)		
氧氮化物玻璃	氧氮化物玻璃	oxynitride glass
氧化	氧化	oxidation
氧化层错	氧化誘發疊差	oxidation induced stacking fault, OSF
氧化沉淀	氧化沈澱，氧化析出	oxidation precipitation
氧化锆复合耐火材料	氧化鋯複合耐火材	zirconia composite refractory
氧化锆晶须增强体	氧化鋯鬚晶強化體	zirconia whisker reinforcement
氧化锆陶瓷	氧化鋯陶瓷	zirconia ceramics
氧化锆系气敏陶瓷	氧化鋯氣敏陶瓷	zirconia gas sensitive ceramics
氧化锆纤维增强体	氧化鋯纖維強化體	zirconia fiber reinforcement
氧化锆相变增韧陶瓷	相變增韌氧化鋯陶瓷	phase transformation toughened zirconia ceramics
氧化锆相变增韧陶瓷	氧化鋯相變增韌陶瓷	zirconia phase transformation toughened ceramics

大 陆 名	台 湾 名	英 文 名
氧化锆氧化铝砖	氧化鋯氧化鋁磚，鋯鋁磚	zirconia-alumina brick
氧化锆增韧氮化硅陶瓷	氧化鋯增韌氮化矽陶瓷	zirconia toughened silicon nitride ceramics
氧化锆增韧莫来石陶瓷	氧化鋯增韌莫來石陶瓷	zirconia toughened mullite ceramics, ZTM ceramics
氧化锆增韧氧化铝陶瓷	氧化鋯增韌氧化鋁陶瓷	zirconia toughened alumina ceramics, ZTA ceramics
氧化硅晶须增强体	氧化矽鬚晶強化體	silica whisker reinforcement
氧化还原聚合	氧化還原聚合[作用]	redox polymerization
氧化还原型交换树脂	氧化還原交換樹脂	redox exchange resin
氧化还原引发剂	氧化還原啟始劑	redox initiator
氧化铝晶须增强体	氧化鋁鬚晶強化體	alumina whisker reinforcement
氧化铝颗粒增强铝基复合材料	氧化鋁顆粒強化鋁基複材	alumina particulate reinforced aluminium matrix composite
氧化铝颗粒增强体	氧化鋁顆粒強化體	alumina particle reinforcement
氧化铝耐火纤维制品	氧化鋁纖維耐火製品	alumina fiber refractory product
氧化铝–碳化硅耐火浇注料	可澆鑄氧化鋁碳化矽耐火材	castable alumina-silicon carbide refractory
氧化铝陶瓷	氧化鋁陶瓷	alumina ceramics
85 氧化铝陶瓷	85 氧化鋁陶瓷	85 alumina ceramics
95 氧化铝陶瓷	95 氧化鋁陶瓷	95 alumina ceramics
99 氧化铝陶瓷	99 氧化鋁陶瓷	99 alumina ceramics
氧化铝纤维增强金属间化合物基复合材料	氧化鋁纖維強化介金屬化合物基複材	alumina fiber reinforced intermetallic compound matrix composite
氧化铝纤维增强体	氧化鋁纖維強化體	alumina fiber reinforcement
氧化铝砖	氧化鋁磚	alumina brick
氧化镁晶须增强体	氧化鎂鬚晶強化體	magnesia whisker reinforcement
氧化锰基负温度系数热敏陶瓷	氧化錳基負溫度係數熱敏陶瓷	manganese oxide based negative temperature coefficient thermosensitive
氧化膜着色	陽極處理膜著色	coloring of anodized film
氧化磨损	氧化磨耗	oxidation wear
氧化纳米晶硅	摻氧奈米矽晶	oxygenated nanocrystalline silicon
氧化气氛	氧化氣氛	oxidizing atmosphere
[氧化]钛型焊条	氧化鈦型銲條	titania electrode
氧化铁型焊条	氧化鐵型銲條	iron oxide electrode
氧化钍弥散强化镍合金	氧化釷散布鎳，TD 鎳	thoria dispersion nickel, TD nickel

大陆名	台湾名	英文名
氧化钍弥散硬化镍	氧化釷散布硬化鎳	thoria dispersion hardened nickel
氧化物半导体	氧化物半導體	oxide semiconductor
氧化物半导体材料	氧化物半導體材料	oxide semiconductor materials
氧化物超导体	氧化物超導體	oxide superconductor
氧化物共晶陶瓷	氧化物共晶陶瓷	oxide eutectic ceramics
氧化物基金属陶瓷	氧化物基金屬陶瓷，氧化物基陶金	oxide based cermet
氧化物结合碳化硅制品	氧化物鍵結碳化矽製品	oxide bonded silicon carbide product
氧化物弥散强化高温合金	氧化物散布強化超合金	oxide dispersion strengthened superalloy
氧化物弥散强化高温合金定向再结晶	氧化物散布強化超合金方向性再結晶[作用]	directional recrystallization of oxide dispersion strengthened superalloy
氧化物弥散强化合金超高温等温退火	氧化物散布強化超合金超高溫等溫退火	super high temperature isothermal annealing of oxide dispersion strengthened superalloy
氧化物弥散强化合金超高温区域退火	氧化物散布強化超合金超高溫區域退火	super high temperature zone annealing of oxide dispersion strengthened superalloy
氧化物弥散强化合金热固实化	氧化物散布強化超合金熱固化	hot solidification of oxide dispersion strengthened superalloy
氧化物弥散强化镍基高温合金	氧化物散布強化鎳基超合金	oxide dispersion strengthened nickel based superalloy
氧化物弥散强化铜合金	氧化物散布強化銅合金	oxide dispersion strengthened copper alloy
氧化物缺失	氧化物不全，氧缺失	oxide deficiency, oxide incomplete,
氧化物陶瓷	氧化物陶瓷	oxide ceramics
氧化锡系气敏陶瓷	氧化錫氣敏陶瓷	tin oxide gas sensitive ceramics
氧化锌	氧化鋅	zinc oxide
氧化锌丁香酚水门汀	氧化鋅丁香酚膠結劑	zinc oxide eugenol cement
氧化锌晶须增强体	氧化鋅鬚晶強化體	zinc oxide whisker reinforcement
氧化锌压敏陶瓷	氧化鋅電壓敏感陶瓷	zinc oxide voltage-sensitive ceramics
氧化诱导时间	氧化誘發時間	oxidation induced time
氧化渣	氧化[性爐]渣	oxidizing slag
氧气吹炼	氧氣吹煉	oxygen blowing, OB
氧气底吹转炉炼钢	底吹氧氣轉爐煉鋼	bottom blown oxygen converter steelmaking
氧气顶吹转炉炼钢	頂吹氧轉爐煉鋼	top blown oxygen converter steelmaking
氧指数	氧指數	oxygen index
窑具	窯具	kiln furniture

大 陆 名	台 湾 名	英 文 名
遥爪聚合物	遙螯聚合體	telechelic polymer
咬合磨损(=黏着磨损)		
药皮	銲條塗層	coating of electrode
药物控释材料	藥物控制遞送材料	materials for drug controlled delivery
药物控制释放系统(=药物释放系统)		
药物释放系统	藥物遞送系統	drug delivery system
药物洗脱支架	藥物流釋支架	drug eluting stent
药物载体	藥物載體	drug carrier
药芯焊丝	助熔劑芯銲線	flux cored wire
药用矿物(=医药矿物)		
药物缓释材料	藥物遞送材料	materials for drug delivery
药物控释材料	藥物控制遞送	drug controlled delivery
曜变天目釉	曜變天目釉	yohen tenmoku
冶金焦	冶金級焦碳	metallurgical coke
冶金溶剂	冶金用溶劑	metallurgical solvent
冶金熔体	冶金熔體	metallurgical melt
冶金学	冶金學	metallurgy
冶炼	熔煉	smelting
叶蜡石	葉蠟石	pyrophyllite
[叶]蜡石砖	葉蠟石磚	pyrophyllite brick
叶纤维	葉纖維	leaf fiber
页岩	頁岩	shale
液电成形	電液壓成形	electrohydraulic forming
液封覆盖直拉长晶法	液相封蓋柴氏法晶體成長	liquid encapsulated Czochralski crystal growth
液封覆盖直拉法	液封柴可斯基法	liquid encapsulated Czochralski method
液固界面	凝固界面	solidification interface
液固界面能	液固界面能	liquid-solid interface energy
液晶	液晶	liquid crystal
液晶材料	液晶材料	liquid crystal materials
液晶纺丝	晶態纖維紡絲	fiber spinning from crystalline state
液晶高分子	液晶聚合體	liquid crystal polymer
液晶聚合物原位复合材料	液晶聚合體原位複材	liquid crystalline polymer in-situ composite
液态挤压	液態擠製	liquid extrusion
液态金属腐蚀	液態金屬腐蝕	liquid metal corrosion
液态金属结构	液態金屬結構	structure of liquid metal
液态金属冷却法	液態金屬冷却法	liquid metal cooling method

大陆名	台湾名	英文名
液态金属冷却剂	液態金屬冷却劑	liquid metal coolant
液态金属致脆	液態金屬脆化	liquid metal embrittlement
液态模锻	液態模鍛	liquid die forging
液体丁苯橡胶	液態苯乙烯丁二烯橡膠	liquid styrene-butadiene rubber
液体丁腈橡胶	液態丙烯腈丁二烯橡膠	liquid acrylonitrile-butadiene rubber
液体硅橡胶(=加成硫化型硅橡胶)		
液体聚氨酯橡胶(=浇注型聚氨酯橡胶)		
液体冷却剂	液體冷凍劑	liquid coolant
液体连续硫化(=盐浴硫化)		
液体氯丁橡胶	液態氯丁二烯橡膠	liquid chloroprene rubber
液体栓塞剂	液態栓塞劑	liquid embolism agent
液体天然橡胶	液態天然橡膠	liquid natural rubber
液相反应法	液相反應	liquid-phase reaction
液相分数	液相分率	liquid fraction
液相面	液相面	liquidus surface
液相烧结	液相燒結	liquid-phase sintering
液相外延	液相磊晶術	liquid-phase epitaxy, LPE
液相线	液相線	liquidus
液压成形	液壓成形	hydraulic forming
液压–机械成形	液壓機械成形	hydromechanical forming
液压塑性成型	液壓塑性成形	hydroplastic forming
液压–橡皮模成形	液壓橡膠[模]成形	hydro-rubber forming
一步炼钢法(=直接炼钢法)		
一次渗碳体	初晶雪明碳體，初析雪明碳體	primary cementite
一次石墨	一次石墨，初生石墨	primary graphite
一级相变	一階相轉變	first-order phase transformation, first-order phase transition
一体化超导线	整體型超導線	monolithic superconducting wire
伊利石	伊萊石	illite
伊利石黏土	伊萊石黏土	illite clay
伊辛模型	伊辛模型	Ising model
医药矿物	醫藥礦物	medicine mineral
医用金属材料	生醫金屬材料	biomedical metal materials
医用纤维	醫用纖維	medical fiber

大 陆 名	台 湾 名	英 文 名
铱合金	銥合金	iridium alloy
宜钧	宜興鈞釉	jun glaze of Yixing
移动因子(=平移因子)		
移膜革	轉塗皮革	transfer coating leather
移植物	移植物，接枝	graft
遗传毒性	遺傳毒性	genotoxicity
乙基纤维素	乙基纖維素	ethyl cellulose, EC
乙纶(=聚乙烯纤维)		
乙炔基封端聚酰亚胺	終端化乙炔基聚醯亞胺	ethynyl-terminated polyimide
乙烯–醋酸乙烯酯共聚物	乙烯乙酸乙烯酯共聚體	ethylene-vinylacetate copolymer, EVA
乙烯–醋酸乙烯酯橡胶	乙烯乙酸乙烯酯橡膠	ethylene-vinylacetate rubber
乙烯基硅油	乙烯基矽氧油	vinyl silicone oil
乙烯基聚丁二烯橡胶	乙烯聚丁二烯橡膠	vinyl polybutadiene rubber
乙烯基咔唑树脂	聚 N-乙烯基咔唑樹脂	poly(*N*-vinyl carbazole) resin
乙烯–三氟氯乙烯共聚物	乙烯氯三氟乙烯共聚體	ethylene-chlorotrifluoroethylene copolymer, ECTFE
乙烯–三氟氯乙烯共聚纤维	乙烯三氟氯乙烯共聚體纖維	ethylene-trifluorochloroethylene copolymer fiber
乙烯–四氟乙烯共聚物	乙烯四氟乙烯共聚體	ethylene-tetrafluoroethylene copolymer
乙酰化竹材	乙醯化竹材	acetylated bamboo
钇铝石榴子石晶体	釔鋁石榴子石晶體，YAG 晶體	yttrium aluminum garnet crystal
钇系超导体	釔系超導體，釔鋇銅氧超導體	yttrium-system superconductor
义齿	假牙	denture
义齿材料	假牙材料	denture materials
义齿基托	假牙托	denture base
义齿基托聚合物	假牙基座聚合體	denture base polymer
义齿软衬材料	軟假牙襯材	soft denture lining material
艺术搪瓷	藝術琺瑯	art enamel, artistic enamel
异步轧制	非對稱軋延	asymmetrical rolling
异金属腐蚀(=电偶腐蚀)		
异物反应	異物反應	foreign body reaction
异型管	特殊型管	special section tube
异型截面纤维	修飾截面纖維	cross section modified fiber

大 陆 名	台 湾 名	英 文 名
异质结	異質接面	heterojunction
$Si_{1-x}Ge_x$/Si 异质结构材料	$Si_{1-x}Ge_x$/Si 異質接面材料	$Si_{1-x}Ge_x$/Si heterojunction materials
异质结光电晶体管	異質接面光電晶體	heterojunction phototransistor
异质结激光器	異質結構雷射	heterostructure laser
异质外延	異質磊晶術	heteroepitaxy
异质形核(=非均匀形核)		
异种移植物	異種移植體	xenograft
易解石	易解石	aeschynite
易裂变材料	易裂材料	fissile materials
易切削不锈钢	易切不鏽鋼	free-cutting stainless steel
易切削非调质钢	易切熱軋高強度鋼	free-cutting hot rolled high strength steel
易切削钢	易加工鋼，易切鋼，易削鋼	free machining steel, free-cutting steel
易切削铜合金	易切銅合金	free-cutting copper alloy
易熔合金(=低熔点合金)		
逸度	逸壓	fugacity
溢流法	熔體溢流製程	melt overflow process
因瓦合金	恆範合金	Invar alloy
因瓦效应	反常低熱膨脹效應	Invar effect
阴极沉积	陰極沈積	cathodic deposition
阴极腐蚀	陰極腐蝕	cathodic corrosion
阴极溅射法	陰極濺鍍	cathode sputtering
阴极铜(=电解铜)		
阴离子交换树脂	陰離子交換樹脂	anion exchange resin
阴离子聚合(=负离子聚合)		
铟	銦	indium
铟镓氮	氮化銦鎵	indium gallium nitride
铟砷磷	磷砷化銦	indium arsenide phosphide
铟银焊料	銦銀軟銲料	indium-silver solder
银	銀	silver
银基合金	銀基合金	silver-based alloy
银菊胶	銀菊[橡]膠	guayule rubber
银纹	裂紋	craze
引发剂	啟始劑	initiator
引发剂效率	啟始劑效率	initiator efficiency

大陆名	台湾名	英文名
引发–转移剂	啟始轉移劑	initiator-transfer agent
引发–转移–终止剂	啟始轉移終止劑	initiator- transfer- terminator agent
引气剂	輸氣劑	air entraining agent
隐埋多量子阱	埋入式多層量子井	buried multiple quantum well
隐身玻璃	隱形玻璃，雷達波吸波玻璃	stealth glass, invisible glass
隐身涂层	隱形塗層	invisible coating
隐形玻璃	隱形玻璃	invisible glass
隐形材料	隱形材料	stealth materials
隐形复合材料	隱形複材	stealth composite
隐形涂料	隱形塗層	stealth coating
隐形眼镜(=角膜接触镜)		
印花革	印花皮革	printed leather
印模膏	[壓]印模膏	impression compound
印坯	衝壓模製，手壓製	molding by stamping, hand-pressing
印刷合金(=铅字合金)		
[英国牌号]镍铬系高温合金	鎳蒙克合金	Nimonic alloy
荧光材料	螢光材料	fluorescence materials
荧光分析	螢光分析	fluorescence analysis
荧光量子效率	螢光量子轉換效率	fluorescence quantum conversion efficiency
荧光能量转换效率	螢光能量轉換效率	fluorescence energy conversion efficiency
荧光寿命	螢光壽命	fluorescence lifetime
荧光图电影摄影术	電影螢光攝影術	cine-fluorography
荧光颜料	螢光顏料	fluorescent pigment
荧光增白剂	螢光增白劑	fluorescent whitening agent
荧光转换效率	螢光轉換效率	fluorescence conversion efficiency
萤石	螢石	fluorite
萤石型结构	螢石結構	fluorite structure
影青瓷	影青釉瓷，影青器皿	shadowy blue glaze porcelain, shadowy blue ware
应变层	應變層	strain layer
应变层单量子阱	應變層單量子井	strained-layer single quantum well
应变电阻材料	應變電阻材料	strain resistance materials
应变能	應變能	strain energy
应变疲劳	應變疲勞	strain fatigue
应变软化	應變軟化	strain softening

大 陆 名	台 湾 名	英 文 名
应变时效	應變時效，應變老化	strain aging
应变[速]率	應變速率	strain rate
应变速率敏感性指数	應變速率敏感指數	strain rate sensitivity exponent
应变硬化	應變硬化	strain hardening
应变硬化指数(=加工硬化指数)		
应变诱发的塑料–橡胶转变	應變誘發塑膠橡膠轉換	strain induced plastic-rubber transition
应力弛豫	應力鬆弛	stress relaxation
应力弛豫模量	應力鬆弛模數	stress relaxation modulus
应力弛豫时间	應力鬆弛時間	stress relaxation time
应力弛豫试验	應力鬆弛試驗	stress relaxation test
应力弛豫速率	應力鬆弛速率	stress relaxation rate
应力发白	應力致白[作用]	stress whitening
应力腐蚀开裂	應力腐蝕開裂	stress corrosion cracking
应力腐蚀敏感性	應力腐蝕開裂感受性，應力腐蝕開裂易感性	stress corrosion cracking susceptibility
应力光学系数	光學效應應力係數	stress coefficient of optical effect
应力集中	應力集中	stress concentration
应力开裂	應力開裂	stress cracking
应力木	[應力]反應木	reaction wood
应力疲劳	應力疲勞	stress fatigue
应力强度因子	應力強度因子	stress intensity factor
应力–溶剂银纹	應力–溶劑裂紋	stress-solvent craze
应力–应变曲线	應力應變曲線	stress-strain curve
硬材	硬木	hardwood
硬磁材料	硬磁材料	hard magnetic materials
硬磁铁氧体	硬鐵氧體，永磁鐵氧體	hard ferrite, permanent magnetic ferrite
硬度	硬度	hardness
硬度试验	硬度試驗	hardness test
硬化区	硬化區	hardened zone
硬聚氯乙烯	硬質聚氯乙烯，硬質 PVC	rigid polyvinylchloride, rigid PVC
硬铝(=硬铝合金)		
硬铝合金	硬質鋁合金，杜拉鋁	hard aluminum alloy, Duralumin
硬面材料	硬面材料	hardface materials
硬钎焊	硬銲	brazing
硬铅	硬鉛	hard lead
硬铅合金	硬鉛合金	hard lead alloy

大陆名	台湾名	英文名
硬石膏	硬石膏，無水石膏	anhydrite
硬线钢	硬質鋼線	hard steel wire
硬玉	硬玉，翡翠	jadeite
硬质瓷	硬質瓷	hard porcelain
硬质反应性注塑成型聚氨酯塑料	硬質反應射出成型聚胺酯塑膠	rigid reaction injection molding polyurethane plastic
硬质合金	硬金屬，燒結碳化物	hard metal, cemented carbide
硬质合金拉丝模	碳化物拉模	carbide drawing die
硬质合金模具	碳化物模具	carbide die
硬质合金钻齿	碳化物鑽頭凸齒	carbide drilling bit
硬质胶	硬橡膠	hard rubber
硬质黏土	燧石黏土	flint clay
硬组织填充材料	硬組織填充材料	filling materials of hard tissue
硬组织修复材料	硬組織修復材料	repairing materials of hard tissue
永磁材料	永磁材料	permanent magnetic materials
永磁复合材料	永磁複材	permanent magnetic composite
永磁铁氧体(=硬磁铁氧体)		
永久型铸造(=金属型铸造)		
永久性发光材料	持久性發光材料	persistent luminescent materials
[甬道中]溶剂蒸气浓度	紡絲通道溶劑蒸氣濃度	concentration of solvent vapor in spinning channel
涌泉流动	湧泉流動	fountain flow
优化系数(=温差电优值)		
优势区图	優勢區圖	predominance area diagram
优质钢	優質鋼，特殊鋼	quality steel, special steel
油淬火	油淬火	oil quenching
油度	油含量，油長	oil content, oil length
油光革	脂光皮革	grease glazed leather
油鞣革	油鞣皮革	oil-tanned leather
油石	油[磨]石	oil stone
油页岩	油頁岩	oil shale
油脂含量	油含量	oil content
铀	鈾	uranium
铀合金	鈾合金	uranium alloy
游离石灰(=游离氧化钙)		

大　陆　名	台　湾　名	英　文　名
游离碳	游離碳	free carbon
游离氧化钙	游離石灰	free lime
有光漆	亮光漆	gloss paint
有光纤维	亮光纖維，光亮纖維	bright fiber
有规立构聚合物	立體規則聚合體，立體異構聚合物	stereoregular polymer, tactic polymer
有机半导体	有機半導體	organic semiconductor
有机半导体材料	有機半導體材料	organic semiconductor materials
有机超导体	有機超導體	organic superconductor
有机单线态发光材料	有機單態發光材料	organic singlet state luminescent materials
有机导体	有機導體	organic conductor
有机电荷转移络合物	有機電荷轉移錯合體	organic charge transfer complex
有机电致发光材料	有機電致發光材料	organic electroluminescence materials
有机电子传输材料	有機電子傳輸材料	organic electron transport materials
有机发光二极管	有機發光二極體	organic light emitting diode, OLED
有机非线性光学材料	有機非線性光學材料	organic nonlinear optical materials
有机光导材料	有機光導材料	organic photoconductive materials
有机光导纤维	有機光波導纖維	organic optical waveguide fiber
有机光电子材料	有機光電材料	organic optoelectronic materials
有机光伏材料	有機光伏材料	organic photovoltaic materials
有机光纤(=有机光导纤维)		
有机光致变色材料	有機光致變色材料	organic photochromic materials
有机硅化合物	有機矽化合物	organosilicon compound
有机硅密封胶	聚矽氧封膠	silicone sealant
有机硅乳液	矽氧樹脂乳化	silicone emulsion
有机硅树脂基复合材料	聚矽氧樹脂複材	silicone resin composite
有机硅脱模剂	聚矽氧脫模劑	silicone releasing agent
有机金属化合物	有機金屬化合物	organometallic compound
有机磷光材料(=有机三线态发光材料)		
有机氯硅烷直接法合成	氯矽烷直接合成，氯矽烷	direct synthesis of chlorosilane, chlorosilane
有机染色	有機染料著色	coloring with organic dyestuff
有机三线态发光材料	有機三重態發光材料，有機三重態光發射材料	organic triplet state light-emitting materials
有机无机复合半导体	有機無機混成半導體	organic-inorganic hybrid semiconductor

大　陆　名	台　湾　名	英　文　名
材料	材料	materials
有机物封孔	有機物封孔	organic materials sealing
有机纤维增强体	有機纖維強化體	organic fiber reinforcement
有机盐反应法制粉	有機鹽反應製粉	powder making by reaction of organic salt
有机荧光材料(=有机单线态发光材料)		
有孔材	有孔木材	pored wood
有理指数定律	有理指數定律	law of rational index
有色金属	非鐵金屬	non-ferrous metal
有限元法	有限元素法	finite element method, FEM
有限元分析	有限元素分析	finite element analysis
有效补缩距离	有效供料距離	effective feeding distance
有效淬硬深度	有效硬化深度	effective hardening depth
有效分凝系数	有效偏析係數	effective segregation coefficient
有效浓度(=活度)		
有序固溶体	有序固溶體	ordered solid solution
有序化	序化	ordering
有序能	序化能	ordering energy
有序无序转变	有序無序轉變	order-disorder transformation
有焰燃烧	移火[續燃]	after flame
有转子硫化仪	轉子固化儀，旋轉[式]流變儀，有轉子火煅儀，有轉子硫化儀	curemeter with rotator, rotational rheometer, vulcameter with rotator
幼龄材	幼齡木材	juvenile wood
诱变性(=突变性)		
诱导期	誘導期	induction period
釉	釉	glaze
釉浆	釉漿	glaze slurry
釉里红	釉裡紅	under-glaze red
釉料	釉料	glaze materials
釉面玻璃	陶瓷琺瑯玻璃	ceramic enameled glass
釉上彩	釉上彩	over-glaze decoration
釉下彩	釉下彩	under-glaze decoration
釉中彩	釉中彩[飾]	in-glaze decoration
淤浆聚合	漿料聚合[作用]	slurry polymerization
余辉(=无焰燃烧)		
余焰(=有焰燃烧)		
鱼眼	魚眼	fisheye
逾渗	滲濾	percolation

大　陆　名	台　湾　名	英　文　名
逾渗阈值	滲透閾值，滲透門檻值	permeation threshold
雨淋浇口	噴灑式進模口	shower gate
玉髓	玉髓	chalcedony
浴液定型	液浴熱定型	liquid bath heat setting
预备热处理	預調熱處理	conditioning heat treatment
预成形坯	預成形坯	preform
预成义齿(=即刻义齿)		
预锻模槽	鍛坯模槽	blocker cavity
预防白点退火	消氫退火	hydrogen relief annealing
预防型抗氧剂	預防型抗氧化劑	preventive antioxidant
预合金粉	預合金粉	prealloyed powder
预浸单向带	預浸體帶	prepreg tape
预浸料	預浸體	prepreg
预浸料单层厚度	預浸料薄層厚度	lamina thickness of prepreg
预浸料挥发分含量	預浸料揮發物含量	volatile content of prepreg
预浸料挥发物含量(=预浸料挥发分含量)		
预浸料黏性	預浸體黏性	prepreg tack
预浸料凝胶点	預浸體凝膠點	gel point of prepreg
预浸料凝胶时间	預浸體凝膠時間	gel time of prepreg
预浸料适用期	預浸體適用期限	pot life of prepreg
预浸料树脂含量	預浸體樹脂含量	resin content of prepreg
预浸料纤维面密度	織物面密度，纖維單位面積重	fabric areal density, weight per area of fiber
预浸织物	預浸織物	preimpregnated fabric
预聚合	預聚合[作用]	prepolymerization
预聚物	預聚合體	prepolymer
预马氏体相变	先麻田散體轉變	premartensitic transformation, premartensitic transition
预取向丝	預取向絲，部分定向絲	pre-oriented yarn, partially oriented yarn
预热	預熱	preheating
预烧	預燒	presintering
预氧化聚丙烯腈纤维增强体	預氧化聚丙烯腈纖維強化體	preoxidized polyacrylonitrile fiber reinforcement
元胞自动机法	網格自動法	cell automation method
元素粉	元素粉	elemental powder
元素[有机]高分子	元素巨分子	element macromolecule
原料皮	原料皮，原料皮革	rawskin, rawhide

大　陆　名	台　湾　名	英　文　名
原料皮草刺伤	生皮毛邊	burr of raw skin
原料皮浸水	生皮革浸泡	soaking of raw hide
原料皮路分	生皮來源	rawhide source
原料皮虻眼	原料皮虻眼	warble hole of raw hide
原料皮脱脂	生皮脫脂	degreasing of raw hide
原木	原木	log
原色	原色，主色	primary color
原始粉末颗粒边界	原始顆粒邊界	prior particle boundary, PPB
原丝	扁平紗，未加撚原絲	flat yarn
原藤	原藤莖	raw cane
原条	原木長度	tree-length
原位复合材料	原位複材，現場反應複材	in-situ composite
原位生长陶瓷基复合材料	原位成長陶瓷基複材	in-situ growth ceramic matrix composite
原纤维	原纖維	fibril
原子百分[比]数	原子百分比	atomic percent
原子层外延	原子層磊晶術	atomic layer epitaxy, ALE
原子磁矩	原子磁矩	atomic magnetic moment
原子簇聚	團簇化	clustering
原子发射光谱	原子發射光譜	atomic emission spectrum
原子间势	原子間勢，原子間位能	interatomic potential
原子间作用势模型	原子間勢模型，原子間位能模型	interatomic potential model
原子能级锆	核能用鋯	nuclear zirconium
原子能级铪	核能用鉿	nuclear hafnium
原子偏聚(=原子簇聚)		
原子平面掺杂(=δ掺杂)		
原子转移自由基聚合	原子轉移自由基聚合[作用]	atom transfer radical polymerization
圆弧撕裂强度	圓弧撕裂強度	circular arc tearing strength
圆盘磨粉碎	圓盤滾磨法	disc roll grinding
远程分子内相互作用	長程分子內交互作用	long-range intramolecular interaction
远程结构	長程結構	long-range structure
远端保护器	末端保護元件	distal protection device
远红外辐射搪瓷	遠紅外線輻射琺瑯	far infrared radiation enamel
约瑟夫森效应	約瑟夫森效應	Josephson effect
月光石	月長石	moon stone

大　陆　名	台　湾　名	英　文　名
云母类硅酸盐结构	雲母類矽酸鹽結構	mica silicate structure
云母陶瓷	雲母陶瓷	mica ceramics
云青(=群青)		
云英岩	雲英岩	greisen
允许应力	容許應力	allowable stress
陨铁	隕鐵，鈷碳鐵隕石	meteoric iron, cohenite
孕育处理	接種處理，接種製程	inoculation treatment, inoculation process
孕育剂	接種劑	inoculant
孕育期	孕育期，潛伏期	incubation period
孕育铸铁	接種鑄鐵	inoculated cast iron
熨平	熨平[作用]	ironing

Z

大　陆　名	台　湾　名	英　文　名
DNA 杂化材料(=脱氧核糖核酸杂化材料)		
杂化人工器官	混成人工器官	hybrid artificial organ
杂环聚合物	雜環聚合體	heterocyclic polymer
杂链聚合物	雜鏈聚合體	heterochain polymer
杂链纤维	雜鏈纖維	heterochain fiber
杂质分凝	雜質偏析	impurity segregation
杂质光电导	雜質光導電性	impurity photoconductivity
杂质浓度	雜質濃度	impurity concentration
杂质条纹	雜質條紋	impurity striation
载荷–位移曲线	荷重–位移曲線	load-displacement curve
载流子	載子	carrier
载流子浓度	載子濃度	carrier concentration
载流子迁移率	電流載子遷移率	mobility of current carrier
载热剂材料(=冷却剂材料)		
再结晶	再結晶	recrystallization
再结晶控制轧制	再結晶控制輥軋	recrystallization controlled rolling, RCR
再结晶图	再結晶圖	recrystallization diagram
再结晶温度	再結晶溫度	recrystallization temperature
再聚合	再聚合[作用]	repolymerization
再热裂纹	再熱裂紋	reheat crack
再生蛋白质纤维	再生蛋白質纖維	regenerated protein fiber

大　陆　名	台　湾　名	英　文　名
再生胶	再生橡膠	reclaimed rubber
再生铝	再生鋁	secondary aluminum
再生纤维	再生纖維	regenerated fiber
再生纤维素纤维	再生纖維素纖維	regenerated cellulose fiber
再生医学	再生醫學	regenerative medicine
再造宝石	再製石	reconstructed stone
錾胎珐琅(=凹凸珐琅)		
脏超导体	非純淨超導體	dirty superconductor
藻酸盐[基]印模材料	海藻基印模材料	alginate based impression materials
造孔剂	造孔材料	pore forming material
造粒	造粒	granulation
造粒工艺	造粒工藝	granulation technology
造型	模製	molding
造血干细胞	造血幹細胞	hematopoietic stem cell
造牙粉	[合成聚合體]造牙粉	powder for synthetic polymer tooth
造牙水	合成聚合體牙液，造牙水	liquid for synthetic polymer tooth
造渣	成渣[作用]	slag forming
造渣材料	造渣材料，造渣劑	slag making materials, slag former
[造纸]施胶	上漿	sizing
[造纸]碎浆	[造紙]碎漿[製程]	slushing
[造纸]填料	填料	filler
[造纸]压光	[造紙]壓光	calendering
[造纸]压榨	壓製	pressing
择优腐蚀	優選蝕刻	preferential etching
择优取向	優選結晶取向	preferred crystallographic orientation
择优溶解	優選溶解	preferred dissolution
泽贝克效应	席貝克效應	Seebeck effect
增比黏度(=相对黏度增量)		
增稠剂	增稠劑	thickening agent
增黏剂	增黏劑	tackifier
增强剂	強化劑	reinforcing agent
增强体	強化體，韌化體	reinforcement
增强纤维	強化纖維	reinforcing fiber
增强纤维上浆剂	纖維強化體上漿	sizing for fiber reinforcement
增韧剂	增韌劑	toughener
增容作用	相容[作用]	compatibilization
增深剂	增深劑	deepening agent

大　陆　名	台　湾　名	英　文　名
增塑粉末挤压	增塑粉末擠製	plasticized-powder extrusion
增塑剂	塑化劑	plasticizer
增透剂(=透明剂)		
渣	渣	slag
渣比	渣比	slag ratio
渣–金属反应	渣–金屬反應	slag-metal reaction
渣铁比	渣鐵比	slag to iron ratio
渣系	渣系	slag system
轧辊	軋輥	roll
轧膜成型	輥軋膜成形	rolling film forming
轧制	輥軋	rolling
轧制功率	輥軋功率	rolling power
轧制力	輥軋力	rolling force
轧制力矩	輥軋扭矩	rolling torque
窄淬透性钢	窄硬化性鋼	narrow hardenability steel
窄禁带半导体材料	窄能隙半導體材料	narrow band-gap semiconductor materials
毡状增强体	毛氈強化體	felt reinforcement
张开型开裂(=Ⅰ型开裂)		
樟脑	樟腦	camphor
胀形	鼓脹	bulging
赵氏硬度	趙氏硬度	Zhao hardness
遮盖力	遮蓋力，覆蓋力	covering power
折边胶	摺邊黏著劑	hemming adhesive
折叠链晶片	摺鏈片晶	chain-folded lamellae
折裂强度	龜裂強度	cracking strength
折射率	折射率	refractive index
折射率温度系数	折射率溫度係數	temperature coefficient of refractive index
折射指数均匀性	折射係數均勻性	homogeneity of refractive index
锗	鍺	germanium
锗单晶	單晶鍺	monocrystalline germanium
锗富集物	鍺富集物	germanium collection
锗酸铋晶体	鍺酸鉍晶體	bismuth germinate crystal
针孔	針孔	pin hole
针叶树材	針葉樹材	coniferous wood
针状马氏体	針狀麻田散體	acicular martensite
针状铁素体	針狀肥粒鐵	acicular ferrite
针状铁素体钢	針狀肥粒體鋼	acicular ferrite steel, AF steel
针状组织	針狀結構，針狀組織	acicular structure, needle structure

大　陆　名	台　湾　名	英　文　名
珍珠	珍珠	pearl
珍珠面型多孔表面	多孔類珍珠表面	porous pearl-like surface
珍珠岩(=珠光体)		
真空玻璃	真空玻璃	vacuum glass
真空成型	真空成形	vacuum forming
真空成型法	真空成形技術	vacuum forming technology
真空抽滤	真空過濾	vacuum filtration
真空吹氧脱碳法	真空[吹]氧脱碳	vacuum oxygen decarburization, VOD
真空袋成型	真空袋模製	vacuum bag molding
真空等离子喷涂	真空電漿噴塗[作用]	vacuum plasma spraying
真空电弧熔炼	真空電弧熔煉	vacuum arc melting
真空电弧脱气法	真空電弧脱氣	vacuum arc degassing, VAD
真空电渣重熔	真空電渣重熔	vacuum electroslag remelting
真空电渣熔炼	真空電渣熔煉	vacuum electroslag melting
真空电子束熔炼	真空電子束熔煉	vacuum electron beam melting
真空电阻熔炼	真空電阻熔煉	vacuum electric resistance melting
真空镀膜(=真空蒸镀)		
真空辅助渗透成型	真空壓力浸滲	vacuum pressure infiltration
真空干燥	真空乾燥[作用]	vacuum drying
真空精炼	真空精煉	vacuum refining
真空密封造型(=负压造型)		
真空钎焊	真空硬銲	vacuum brazing
真空热处理	真空熱處理，低壓熱處理	vacuum heat treatment, low pressure heat treatment
真空熔浸	真空溶滲，真空熔滲	vacuum infiltration
真空熔炼	真空熔煉	vacuum melting
真空渗碳	真空滲碳[作用]	vacuum carburizing
真空脱气	真空脱氣[作用]	vacuum degassing
真空脱氧	真空脱氧，真空去氧	vacuum deoxidation
真空脱脂	真空脱脂[作用]，真空去[油]脂	vacuum debinding, vacuum degreasing
真空雾化	真空霧化	vacuum atomization
真空吸铸	真空吸鑄	vacuum suction casting
真空循环脱气法	真空脱氣製程，RH 脱氣製程	Rheinstahl-Heraeus degassing process
真空压铸	抽空壓鑄，真空壓鑄	evacuated die casting, vacuum die casting
真空冶金	真空冶金學	vacuum metallurgy
真空蒸镀	真空蒸鍍	vacuum evaporation deposition

大 陆 名	台 湾 名	英 文 名
真空蒸馏	真空蒸餾	vacuum distillation
真密度	真密度	true density
真皮层	真皮層	corium layer
真应力–应变曲线	真應力應變曲線	true stress-strain curve
振动滚压	振動軋擠製	jolting roll extrusion
振动模	振動模式	vibration mode
振动热成像术	振動熱成像術	vibrathermography
振动压制	振動輔助壓實	vibration-assisted compaction
振实密度	敲實密度	tap density
镇静钢	全靜鋼，淨靜鋼	killed steel
震动磨	振動磨機	vibration mill
震凝性流体	觸變增黏流體	rheopectic fluid
蒸镀	蒸鍍	evaporation deposition
蒸发	蒸發	evaporation
蒸发凝聚法	蒸發凝聚[法]，蒸氣凝聚[法]	evaporation condensation, vapor condensation
蒸馏法	蒸餾法	distillation method
蒸汽压渗透法	蒸氣壓滲透術	vapor pressure osmometry
蒸汽氧脱碳法	蒸氣氧脫碳法，水蒸氣氧脫碳法	vapor oxygen decarburization, steam oxygen decarburization
蒸汽浴拉伸	蒸氣浴拉製	steam bath drawing
整皮聚氨酯泡沫塑料	集成皮聚胺甲酸酯[發]泡材，集成皮用聚胺甲酸酯泡材	integral skin polyurethane foam, polyurethane foam for integral skin
整平剂	整平劑，調平劑	leveling agent
整体发色	整體上色	mass coloring
整体型药物释放系统	整體型藥物遞送系統	monolithic drug delivery system
整体硬质合金工具	實心碳化物工具	solid carbide tool
正长岩	正長岩	syenite
正常过程	正常過程	normal process
正常晶粒长大	正常晶粒成長	normal grain growth
正常凝固	正常凍結	normal freezing
正常偏析	正常偏析	normal segregation
正电子湮没术	正子消滅能譜術	positron annihilation spectroscopy
正反联合挤压	正逆向擠製	forward and backward extrusion
正规溶液	正規溶液	regular solution
正规铁电体	正規強介電體，正規鐵電體	normal ferroelectrics

大　陆　名	台　湾　名	英　文　名
正硅酸乙酯(=四乙氧基硅烷)		
正火	正常化	normalizing
正火钢材	正常化鋼	normalized steel
正畸材料	齒顎矯正材料	orthodontic materials
正畸矫治器	齒顎矯正器[具]	orthodontic appliance
正畸丝	齒顎矯正線	orthodontic wire
正交层合板	正交積層板	cross-ply laminate
正交晶向偏离	正交錯向	orthogonal misorientation
正离子聚合	陽離子聚合[作用]	cationic polymerization
正硫化点	最佳固化點	optimum cure point
正片	正規晶片	prime wafer
正偏析	正偏析	positive segregation
正温度系数热敏陶瓷	正溫度係數熱敏陶瓷	positive temperature coefficient thermosensitive ceramics
正[向]挤压	順向擠製，直接擠製	forward extrusion, direct extrusion
正压电效应	正壓電效應	direct piezoelectric effect
正轴	正軸	on-axis
正轴刚度	正軸剛度	on-axis stiffness
正轴柔度	正軸柔度	on-axis compliance
证券纸	證券紙，銅版紙	bond paper
支化聚合物	支鏈聚合體	branched polymer
支架	支架	stent
支架输送系统	支架遞送系統	stent delivery system
支架植入术	支架植入	stent implanting
枝晶粗化	樹枝狀晶體粗化	dendrite coarsening
枝晶尖端半径	樹枝狀晶體尖端半徑	dendrite tip radius
枝晶间距	樹枝狀晶體間距	dendrite spacing
枝晶间偏析	樹枝狀間偏析	interdendritic segregation
枝晶偏析	樹枝狀晶體偏析	dendrite segregation
织构	織構	texture
织物增强聚合物基复合材料	織物強化聚合體複材	fabric reinforced polymer composite
织物增强体	織物強化體	fabric reinforcement
脂肪干细胞	脂肪衍生幹細胞	adipose derived stem cell
脂肪族聚酰胺纤维	脂肪聚醯胺纖維	fatty polyamide fiber
脂质体	微質體，脂質體	liposome
直浇道	豎澆道	sprue
直角撕裂强度	啟始撕裂強度	initial tearing strength

大陆名	台湾名	英文名
直接纺丝法	直接紡絲法	direct spinning
直接还原	直接還原	direct reduction
直接还原法	直接還原製程	direct reduction process
直接还原炼铁	直接還原煉鐵製程	direct reduction process for ironmaking
直接炼钢法	直接煉鋼製程	direct steelmaking process
直接凝固成型	直接凝聚澆注	direct coagulation casting
直接脱氧(=沉淀脱氧)		
直接印刷人造板	直接印刷板	direct printed panel
直接跃迁型半导体材料	直接躍遷型半導體材料	direct transition semiconductor materials
直拉单晶硅	柴氏法成長單晶矽	Czochralski grown monocrystalline silicon
直拉单晶锗	柴氏法成長單晶鍺	Czochralski grown monocrystalline germanium
直拉法	[垂]直拉法，長晶法	vertical pulling method
直拉砷化镓单晶	液相封蓋柴氏法長成砷化鎵單晶	liquid encapsulated Czochralski-grown gallium arsenide single crystal
直流电导机制	直流導電機制	direct current conduction mechanism
直流电弧放电蒸发	直流電弧蒸鍍	direct current arc evaporation
直流二极型离子镀	直流二極體離子沈積	direct current diode ion deposition
直流光电导衰退法	光電導衰退直流電量測法	direct current measurement of photoconductivity decay
直流热阴极等离子体化学气相沉积	直流熱陰極電漿化學氣相沈積	direct current hot cathode plasma chemical vapor deposition
植鞣革	植鞣皮革	vegetable-tanned leather
植入	植入，佈植	implantation
植入体	植入體	implant
植物胶	植物膠	vegetable glue
植物鞣料	植物鞣料	vegetable tanning materials
植物纤维	植物纖維	plant fiber
植物纤维聚合物基复合材料	植物纖維強化聚合體複材	plant fiber reinforced polymer composite
植物纤维增强体	植物纖維強化體	plant fiber reinforcement
止血纤维	止血纖維	stanch fiber
纸	紙	paper
纸板	板	board
纸幅	紙捲，紙筒	web
纸浆	紙漿	pulp
纸浆卡帕值	紙漿卡帕數	pulp kappa number

大 陆 名	台 湾 名	英 文 名
[纸浆]漂白	漂白	bleaching
[纸浆]筛选	[紙漿]篩選	screening
[纸浆]洗涤	[紙漿]洗滌	washing
纸浆游离度值	紙漿游離度值	pulp freeness value
纸料	紙料，儲料	stock
[纸张]尘埃	塵埃	dirt
[纸张]成形	版形	formatting
纸张定量	紙張克數	paper grammage
纸张光泽度	紙張光澤度	paper gloss
[纸张]灰分	①灰 ②灰分	ash
[纸张]紧度(=密度)		
纸张绝干物含量	紙張乾固含量	paper dry solid content
纸张拉毛	紙張[被]拉毛[作用]	paper picking
[纸张]亮度	亮度	brightness
纸张耐破度	紙張迸裂強度	paper bursting strength
纸张耐折度	紙張耐摺度	paper folding endurance
纸张平滑度	紙張平滑度	paper smoothness
纸张施胶度	紙張施膠值	paper sizing value
纸张撕裂度	紙張抗撕裂度	paper tearing resistance
纸张松厚度	紙張磅數	paper bulk
纸张挺度	紙張勁度	paper stiffness
纸张透气度	紙張透氣度	paper air permeance
纸张印刷适性	紙張可印刷性	paper printability
指接材	指接木料	finger joint wood
制耳	成耳，凸耳	earing
制浆废液	廢液	spent liquor
[制浆]蒸煮	[製漿]蒸煮	cooking
制粒(=造粒)		
制坯模槽	製坯鍛模槽	blank forging die cavity
制图纸	製圖紙	drawing paper
制芯	製芯	core making
治疗性克隆	治療性複製	therapeutic cloning
质量燃烧速率	質量燃燒速率	mass combustion rate
质量输运方程	質傳方程	mass-transport equation
质量输运限制生长	質傳限制成長	mass-transport-limited growth
质谱法	質譜術	mass spectrometry
质子 X 射线荧光发射	質子誘發 X 光發射	proton-induced X-ray emission
质子照相术	質子放射攝影術	proton radiography
致癌性	致癌性	carcinogenicity

大　陆　名	台　湾　名	英　文　名
致畸性	致畸胎性	teratogenicity
致宽效应	寬化效應	widening effect
致冷电堆	致冷堆	refrigeration pile
致密度	空間填充效率	efficiency of space filling
致密化	緻密化	densification
致密氧化铬砖	緻密[氧化]鉻磚	dense chrome brick
致敏性	敏化[處理]	sensitization
智能材料	智慧材料	intelligent materials
智能生物材料	智慧生物材料，智慧型生物材料	intelligent biomaterials, smart biomaterials
智能陶瓷	智慧陶瓷	intelligent ceramics, smart ceramics
智能型药物释放系统	智慧型藥物遞送系統	smart drug delivery system
智能支架	智慧[型]支撐架	smart scaffold
滞弹性	滯彈性	anelasticity
滞弹性内耗	滯彈性阻尼	anelasticity damping
滞弹性蠕变	滯彈性潛變	anelasticity creep
蛭石	蛭石	vermiculite
蛭石砖	蛭石磚	vermiculite brick
置换沉淀	置換沈澱	displacement precipitation
置换固溶体	置換型固溶體	substitutional solid solution
中长纤维	中長纖維	mid fiber
中合金超高强度钢	中合金超高強度鋼	medium alloy ultra-high strength steel
中和水解	中和水解	neutralizing hydrolysis
中间合金(=母合金)		
中间合金粉末(=母合金粉)		
中间退火	中間退火，製程退火	process annealing
中空玻璃	隔熱玻璃	insulating glass
中空吹塑成型(=吹塑成型)		
中空钢	中空鑽用鋼	hollow drill steel
中空纤维	中空纖維	hollow fiber
中空纤维膜	中空纖維透膜	hollow fiber membrane
中密度聚乙烯	中密度聚乙烯	medium density polyethylene, MDPE
中密度纤维板	中密度纖維板	medium density fiberboard
中强钛合金	中強度鈦合金	medium strength titanium alloy
中热水泥	中熱波特蘭水泥，平熱波特蘭水泥	moderate heat Portland cement
中碳钢	中碳鋼	medium carbon steel

大 陆 名	台 湾 名	英 文 名
中温封孔	中溫封口[作用]，中溫封孔[作用]	moderate temperature sealing
中温回火	中溫回火	medium temperature tempering
中心面	中面	median surface
中性包装纸	中性包裝紙	neutral wrapping paper
中性耐火材料	中性耐火材	neutral refractory
中性气氛	中性氣氛	neutral atmosphere
中性石蜡纸	中性石蠟紙	neutral paraffin paper
中子倍增材料	中子倍增材料	neutron multiplier materials
中子活化分析	中子活化分析	neutron activation analysis
中子检测[法]	中子檢測[法]	neutron testing
中子嬗变掺杂	中子遷變摻雜	neutron transmutation doping
中子吸收材料(=控制材料)		
中子衍射	中子繞射	neutron diffraction
中子照相术	中子放射攝影術	neutron radiography
终点控制	吹煉終點控制	blow end point control
终锻模槽	終鍛模穴	final forging die cavity
钟罩窑	鐘罩窯	bell top kiln
种子聚合	種子聚合[作用]	seed polymerization
种子细胞	種子細胞	seed cell
种子纤维	種子纖維	seed fiber
种毛纤维	種毛纖維	seed hair fiber
种植牙(=种植义齿)		
种植义齿	植體支撐假牙，植體假牙	implant supported denture, implant denture
重掺杂	重摻雜	heavy doping
重掺杂硅单晶	重摻雜矽單晶	heavily-doped monocrystalline silicon
重革	重皮革	heavy leather
重晶石	重晶石	barite
重均分子量	重量平均分子量，重量平均莫耳質量	weight-average molecular weight, weight-average molar mass
重力偏析	重力偏析	gravity segregation
重水	重水	heavy water
周边锯齿状凹痕	周邊壓痕	peripheral indent
周期换向阳极氧化	週期逆向陽極處理	period reverse anodizing
周期性边界条件	週期性邊界條件	periodic boundary condition
轴承腐蚀	軸承腐蝕	bearing corrosion
轴承钢	軸承鋼	bearing steel

大　陆　名	台　湾　名	英　文　名
轴承青铜	軸承[用]青銅	bearing bronze
轴分布图	軸分佈圖	axis distribution figure
轴瓦合金(=巴氏合金)		
轴向投影图(=反极图)		
骤燃温度	閃燃溫度	flash ignition temperature
珠光体	波來體，波來鐵	pearlite
珠光体耐热钢	波來體耐熱鋼	pearlitic heat-resistant steel
珠光体片间距	波來鐵層間距	interlamellar spacing of pearlite
珠光体渗碳体	波來體雪明碳體	pearlitic cementite
珠光颜料	珠光顏料	pearlescent pigment
竹壁	竹竿壁	bamboo culm wall
竹编胶合板	竹編合板	woven-mat plybamboo
竹材拼花板	竹材拼花板	bamboo parquet board
竹黄	竹內皮	bamboo inner skin
竹浆	竹漿	bamboo pulp
竹焦油	竹焦油	bamboo tar
竹篾	竹篾，竹細片	bamboo sliver
竹篾层压板	積層竹篾板	laminated bamboo sliver lumber
竹[木]材	竹質木材	bamboo wood
竹木复合制品	竹質木複材製品	bamboo-wood composite product
竹片	竹條	bamboo strip
竹青	竹外皮	bamboo outer skin
竹肉	竹肉	middle part of bamboo culm wall
竹丝	竹絲股	bamboo strand
竹丝板	竹絲板	bamboo thread board
竹塑复合材料	竹–塑膠複材	bamboo-plastic composite
竹炭	竹炭	bamboo charcoal
竹纤维	竹纖維	bamboo fiber
逐步聚合	階式成長聚合[作用]	step growth polymerization
逐层失效	逐層失效	successive ply failure
主侧链混合型铁电液晶高分子	主側鏈混合型強介電液晶聚合體，主側鏈混合型鐵電液晶聚合體	mixed in main and side chain of ferroelectric liquid crystal polymer
主动靶向药物释放系统	主動式標靶藥物遞送系統	active targeting drug delivery system
主管道材料	冷卻迴路材料	materials for coolant loop
主链型铁电液晶高分子	主鏈型強介電液晶聚合體，主鏈型鐵電液晶聚合體	main chain-type ferroelectric liquid crystal polymer

大　陆　名	台　湾　名	英　文　名
主期结晶	初始結晶	primary crystallization
主曲线	主曲線	master curve
主[取向]参考面	主取向平邊	primary orientation flat
主色	主色調	mass-tone
主增塑剂	主塑化劑	primary plasticizer
助剂	助劑	auxiliary
助剂功能高分子(=高分子添加剂)		
助溶剂	共溶劑	co-solvent
助溶剂法	共溶劑法	co-solvent method
注浆成型	注漿成型	slip casting
注射成型	射出成型	injection molding
注射成型硅橡胶	射出成形矽氧橡膠	injection molding silicone rubber
注射成型机(=注塑机)		
注射成型牙科陶瓷	可射出[成型]牙科陶瓷	injectable dental ceramics
注塑机	射出成型機	injection molding machine
贮库型药物释放系统	儲囊型藥物遞送系統	reservoir drug delivery system
贮氢材料	儲氫材料	hydrogen storage materials
贮氢合金	儲氫合金	hydrogen storage alloy
柱硼镁石	柱硼鎂石	pinnoite
柱塞挤出成型	柱塞擠製	ram extrusion
柱状晶	柱狀晶	columnar crystal
柱状铁素体	柱狀肥粒鐵	columnar ferrite
柱状组织	柱狀結構	columnar structure
铸钢	鑄鋼	cast steel
铸件	鑄造	casting
铸膜	膜鑄造	film casting
铸铁	鑄鐵	cast iron
铸铁管	鑄鐵管	cast iron pipe
铸涂纸	鑄塗紙	cast coated paper
铸型	模具	mold, mould
铸造	①鑄造 ②鑄造工場，半導體工廠	foundry, casting, cast
铸造磁体	鑄造磁石	cast magnet
铸造高温合金	鑄造超合金	cast superalloy
铸造合金	鑄造合金	cast alloy
铸造焦	鑄造用焦碳	foundry coke
铸造铝合金	鑄造鋁合金	cast aluminum alloy
铸造镁合金	鑄造鎂合金	cast magnesium alloy

大　陆　名	台　湾　名	英　文　名
铸造镍基高温合金	鎳基鑄造超合金	nickel based cast superalloy
铸造铅合金	鑄造鉛合金	cast lead alloy
铸造缺陷	鑄造缺陷	casting defect
铸造生铁	鑄造生鐵	casting pig iron
铸造钛合金	鑄造鈦合金	cast titanium alloy
铸造钛铝合金	鑄造鈦鋁[介金屬]合金	cast titanium aluminide alloy
铸造铜合金	鑄造銅合金	cast copper alloy
铸造锌合金	鑄造鋅合金	cast zinc alloy
铸造性能	可鑄性	castability
铸造应力	鑄造應力	casting stress
铸造织构	鑄造織構	casting texture
铸轧	鑄軋	cast rolling
专用胶合板	專用合板	specialized plywood
α 转变(=玻璃化转变)		
转移弧	轉移弧	transferred arc
转鼓试验	滾筒試驗	drum test
转炉钢	轉爐鋼	converter steel
转炉炼钢	轉爐煉鋼	converter steelmaking
桩核冠	樁核牙冠	post-and-core crown
装甲板	裝甲板	armor plate
装甲复合材料	裝甲複材	armor composite
装饰单板覆面人造板	彩飾薄層木基板	decorative veneered wood based panel
装饰搪瓷	裝飾琺瑯	decorative enamel
装饰铜合金	裝飾用銅合金	ornamental copper alloy
装填系数	裝填因子	fill factor
[状]态函数	狀態函數	state function
锥板测黏法	錐板黏度測定法	cone and plate viscometry
锥度	錐度	taper
准各向同性层合板	準等向性積層板	quasi-isotropic laminate
准解理断裂	準解理破斷，準劈裂破斷	quasi-cleavage fracture
准晶	準晶	quasicrystal
准晶材料	準晶材料	quasicrystal materials
灼烧性	可點燃性	ignitability
浊点	濁點	cloud point
浊点法	濁點法	cloud point method
着色剂	著色劑	colorant
着色力	著色強度	tinting strength
着色纤维(=色纺纤维)		

大陆名	台湾名	英文名
资源节约型不锈钢(=经济型不锈钢)		
子层合板	次積層板	sublaminate
子层屈曲	次積層板翹曲	buckling of sublaminate
紫胶	紫膠，蟲膠	lac, shellac
紫砂陶	紫砂器皿	zisha ware
紫铜	赤銅，紅銅	red copper
紫外高透过光学玻璃	紫外線高穿透光學玻璃	ultraviolet high transmitting optical glass
紫外光电子能谱法	紫外線光電子能譜術	ultraviolet photoelectron spectroscopy
紫外光固化	紫外線固化	ultraviolet curing
紫外光固化涂料	紫外線固化塗層	ultraviolet curing coating
紫外透过石英玻璃	紫外線穿透氧化矽玻璃	ultraviolet transmitting silica glass
字典纸	聖經紙	bible paper
自保护焊丝	自遮蔽銲線	self-shielded welding wire
自掺杂	自摻雜，自動摻雜	self-doping, autodoping
自催化反应	自催化反應	self-catalyzed reaction
自动加速效应	自動加速效應	autoacceleration effect
自发过程	自發過程	spontaneous process
自发极化	自發極化	spontaneous polarization
自回火	自回火	self-tempering
自交联	自交聯	self crosslinking
自洁搪瓷	自潔琺瑯塗層	self-cleaning enamel coating
自结合碳化硅制品	自結合碳化矽製品	self-bonded silicon carbide product
自聚焦[现象]	自聚焦	self-focusing
自扩散	自擴散	self diffusion
自冷淬火	自淬火硬化[作用]	self-quench hardening
自流耐火浇注料	可澆注自流耐火材	castable self-flowing refractory
自流平混凝土(=自密实混凝土)		
自蔓延高温燃烧合成法	自漫延燃燒高溫合成法	self-propagating combustion high temperature synthesis
自密实混凝土	自密實混凝土	self-compacting concrete
自凝型义齿基托树脂	自聚合假牙基樹脂	autopolymerizing denture base resin
自黏性	自黏性	self adhesion
自膨胀式支架	可自膨脹支架	self-expandable stent
自钎剂钎料	自助熔硬銲合金	self-fluxing brazing alloy
自然储存老化	自然儲存老化	natural storing aging
自然干燥(=木材大气干燥)		

大　陆　名	台　湾　名	英　文　名
自然气候老化	自然風化	natural weathering aging
自熔性合金喷涂粉末	自助熔合金噴塗粉體	self-fluxing alloy spray powder
自润滑	自潤滑	self-lubrication
自润滑轴承	自潤軸承	self-lubricating bearing
自体移植物	自體移植物	autograft
自调节药物释放系统	自調節藥物遞送系統	self-regulated drug delivery system
自旋玻璃	自旋玻璃體	spin glass
自旋电子学	自旋電子學	spintronics
自旋二极管	自旋二極體	spin diode
自旋晶体管	自旋電晶體	spin transistor
自旋量子态	自旋量子態	spin quantum state
自旋相关散射	自旋依存散射	spin dependent scattering
自硬砂	自硬砂	self hardening sand
自硬砂造型	自硬砂模製	self hardening sand molding
自由度	自由度	degree of freedom
自由锻	開放模鍛造，平模鍛造，開模鍛造，開模鍛件	flat die forging, open die forging
自由非晶相	自由非晶相	free amorphous phase
自由基共聚合	自由基共聚合[作用]	radical copolymerization
自由基聚合	自由基聚合[作用]	free radical polymerization
自由基引发剂	自由基啟始劑	radical initiator
自由连结链	自由連結鏈	freely-jointed chain
自由能(=吉布斯自由能)		
自由衰减振动法	自由衰減振盪法	free decay oscillation method
自组织	自組織	self-organization
自组织生长	自組織成長	self-organization growth
自组装	自組裝	self-assembly
自组装生长	自組裝成長	self-assembly growth
自组装系统	自組裝系統	self assembly system
棕(=棕榈纤维)		
棕榈纤维	棕櫚纖維	palm fiber
总厚度变化	總厚度變異[值]	total thickness variation, TTV
总指示读数	總指示[器]讀數	total indicator reading, TIR
纵向尺寸回缩率	縱向維度回復率	longitudinal dimension recovery ratio
纵轧	縱輥軋	longitudinal rolling
Ⅱ-Ⅵ族化合物半导体材料	Ⅱ-Ⅵ族化合物半導體	Ⅱ-Ⅵ compound semiconductor
Ⅲ-Ⅴ族化合物半导	Ⅲ-Ⅴ族化合物半導體	Ⅲ-Ⅴ compound semiconductor

大 陆 名	台 湾 名	英 文 名
体材料		
Ⅳ-Ⅳ族化合物半导体材料	Ⅳ-Ⅳ族化合物半導體	Ⅳ-Ⅳcompound semiconductor
阻碍石墨化元素	阻石墨化元素	anti-graphitized element
阻挡层	障壁層	barrier layer
阻聚期(=诱导期)		
阻聚作用	抑制[作用]	inhibition
阻抗	電阻抗	electric impedance
阻流剂	阻流劑	stop-off agent
阻尼复合材料	制震複材，阻尼複材	damping composite
阻尼合金(=减振合金)		
阻燃复合材料	阻焰複材	flame retardant composite
阻燃剂	阻燃劑，阻焰劑	fire retardant, flame retardant
阻燃镁合金	耐燃鎂合金	burn resistant magnesium alloy
阻燃钛合金	耐燃鈦合金	burn resistant titanium alloy
阻燃纤维	阻焰纖維	flame retardant fiber
组成过冷	組成過冷	constitutional supercooling
组分过冷(=组成过冷)		
组合曲线(=主曲线)		
组合烧结	組合燒結	assembled component sintering, combined sintering
组芯造型	組芯造模	core assembly molding
组元	成分，組件	component
组元空位	組成空位	constitutional vacancy
组织超塑性	結構超塑性	structural superplasticity
组织工程	組織工程	tissue engineering
组织工程支架	組織工程支架	scaffold for tissue engineering
组织构建与修复	組織重構與修復	tissue reconstruction and repair
组织结构敏感性能	結構敏感性	structure sensitivity
组织相容性	組織相容性	histocompatibility
组织相容性材料	組織相容性材料	tissue compatible materials
组织诱导性材料	組織誘導性材料	tissue inducing materials
祖母绿	祖母綠	emerald
祖细胞	原[始]細胞	progenitor
钻石	鑽石	diamond
钻石 4C 分级	鑽石 4C 分級	4Cs diamond grading
最低成膜温度	最低成膜溫度	minimum filming temperature, MFT
最低临界共溶温度	低臨界溶液溫度，低臨界共溶溫度	lower critical solution temperature, LCST

大 陆 名	台 湾 名	英 文 名
最高临界共溶温度	上臨界溶解溫度	upper critical solution temperature, UCST
最后一层失效(=层合板最终失效)		
最先一层失效包线	第一單層破損包絡線	first ply failure envelope
最小弯曲半径	最小彎曲半徑	minimum bending radius
最终失效	最終層失效	last ply failure, LPF
做软	柔化	staking

副　篇

A

英　文　名	大　陆　名	台　湾　名
ab initio calculation	从头计算法	從頭計算法
ablation resistance	抗烧蚀性	耐剝蝕性
ablative composite	烧蚀防热复合材料	剝蝕複材
abnormal grain growth	反常晶粒长大	異常晶粒成長
abnormal Hall effect	反常霍尔效应	異常霍爾效應
abnormal segregation	反常偏析	異常偏析
abnormal structure	反常组织	異常結構
abrasion	①磨损 ②磨料磨损	磨損
abrasion index	磨耗指数	磨損指數
abrasion loss	磨损[耗]量	磨損量
abrasion resistance	耐磨强度	耐磨[損]性
abrasion-resistant coating	耐磨涂层	耐磨[損]塗層
abrasive	磨料	磨料,研磨劑
abrasive wear	磨料磨损	磨料磨耗
ABS copolymer (=acrylonitrile-butadiene-styrene copolymer)	丙烯腈-丁二烯-苯乙烯共聚物	丙烯腈丁二烯苯乙烯共聚體
absolute stability	绝对稳定性	絕對穩定性
absorbable bioceramics	可吸收生物陶瓷	可吸收生醫陶瓷
absorbable fiber	可吸收纤维	可吸收纖維
absorber	吸收材料，吸收体	吸收材，吸收器
absorption coefficient	吸收系数	吸收係數
AC (=accelerated cooling)	加速冷却	加速冷卻[作用]
accelerated aging	加速老化	加速老化
accelerated cement	速凝水泥	速凝水泥，快乾水泥
accelerated cooling (AC)	加速冷却	加速冷卻[作用]
accelerated crucible rotation technique (ACRT)	坩埚加速旋转技术	加速坩堝旋轉技術
accelerated weathering	加速大气老化	加速風化
accelerating agent	促染剂，快速均染剂	加速劑,促進劑
accelerator	速凝剂	①加速劑，促進劑 ②加速器

英 文 名	大 陆 名	台 湾 名
acceptor impurity	受主杂质，p 型导电杂质	受體雜質
acceptor level	受主能级	受體能階
accumulator lead alloy	蓄电池铅合金	蓄電池鉛合金
acetate fiber	醋酯纤维，醋酸纤维	醋酸纖維
acetone furfural resin	糠酮树脂	丙酮糠醛樹脂
acetylated bamboo	乙酰化竹材	乙醯化竹材
acicular ferrite	针状铁素体	針狀肥粒鐵
acicular ferrite steel (AF steel)	针状铁素体钢	針狀肥粒體鋼
acicular martensite	针状马氏体	針狀麻田散體
acicular structure	针状组织	針狀結構，針狀組織
acid electrode	酸性焊条	酸性銲條
acid gilding	腐蚀金，陶瓷雕金	酸性鍍金
acid pickling	酸洗	酸洗
acid refractory	酸性耐火材料	酸性耐火材
acid-resistant refractory castable	酸性耐火浇注料	酸性耐火澆注材
acid slag	酸性渣	酸性渣
A_1 critical point	A_1 临界点	A_1 臨界點
A_3 critical point	A_3 临界点	A_3 臨界點
A-15 [compound] superconductor	A-15[化合物]超导体	A-15[化合物]超導體
acoustic emission technique	声发射技术	聲發射技術，音洩技術
acoustic fatigue	声致疲劳	音波疲勞
acoustic insulating materials	隔声材料	隔音材
acoustic levitation	声悬浮	聲致懸浮
acoustic materials	吸音材料	音材，聲材
acoustic microscopy	声学显微术	聲波顯微術
acoustic property of wood	木材声学性质	木材聲學性質
acousto-optic crystal	声光晶体	聲光晶體
acousto-optic ceramics	声光陶瓷	聲光陶瓷
acousto-optic effect	声光效应	聲光效應
A_{cm} critical point	A_{cm} 临界点	A_{cm} 臨界點
ACRT (=accelerated crucible rotation technique)	坩埚加速旋转技术	加速坩堝旋轉技術
acrylate-modified ethylene propylene rubber	丙烯酸酯改性乙丙橡胶	丙烯酸酯改質乙烯丙烯橡膠
acrylic amino baking coating	丙烯酸氨基烘漆	丙烯胺烘烤塗層
acrylic coating	丙烯酸涂料	丙烯酸塗層
acrylonitrile-butadiene-acrylate rubber	丁腈酯橡胶	丙烯腈丁二烯丙烯酸酯橡膠

英 文 名	大 陆 名	台 湾 名
acrylonitrile-butadiene latex	丁腈胶乳	丙烯腈丁二烯乳膠
acrylonitrile-butadiene rubber	丁腈橡胶	丙烯腈丁二烯橡膠
acrylonitrile-butadiene-styrene copolymer (ABS copolymer)	丙烯腈–丁二烯–苯乙烯共聚物	丙烯腈丁二烯苯乙烯共聚體
acrylonitrile-vinyl chloride copolymer fiber	丙烯腈–氯乙烯共聚纤维，氯丙纤维，腈氯纶	丙烯腈氯乙烯共聚體纖維
actinolite	阳起石	陽起石
activated carbon	活性炭	活性碳
activated carbon fiber	活性炭纤维	活性炭纖維
activated charcoal	活性炭	活性炭，活性木炭
activated reactive evaporation deposition	活性反应蒸镀	活化反應性蒸鍍
activated sintering	活化烧结	活化燒結
activation	激活，活化	活化
activation energy	激活能，活化能	活化能
activation energy of nucleation	形核激活能	成核活化能
activator	活化剂	活性劑
active carbon	活性炭	活性碳
active targeting drug delivery system	主动靶向药物释放系统	主動式標靶藥物遞送系統
active waste rubber powder	活化胶粉	活性癈棄橡膠粉
activity	活度，有效浓度	活[性]度，活[性]量
acute toxicity	急性毒性	急毒性
addition reagent of steelmaking	炼钢添加剂	煉鋼添加劑
addition type silicone rubber	加成型硅橡胶	添加型矽氧橡膠
addition vulcanized silicone rubber	加成硫化型硅橡胶，液体硅橡胶	添加型火煅矽氧橡膠，添加型硫化矽氧橡膠
adherend	被黏物	黏附體，黏著體，黏著物
adhesion strength	黏合强度	附著強度，黏結強度
adhesive	胶黏剂，黏接剂	黏結劑
adhesive bonding system	胶接体系	黏結接合系統
adhesive failure	黏附破坏	黏結失效
adhesive film	胶膜	黏結膜
adhesive fluid	黏滞流体	黏結流體
adhesive joint	胶接接头	黏結接點
adhesive wear	黏着磨损，咬合磨损	黏結磨耗
adiabatic combustion temperature	绝热燃烧温度	絕熱燃燒溫度

英 文 名	大 陆 名	台 湾 名
adiabatic deformation	绝热变形	絕熱變形
adiabatic demagnetization	绝热去磁	絕熱去磁[作用]
adipose derived stem cell	脂肪干细胞	脂肪衍生幹細胞
adjacent interface growth	邻位面生长	相鄰界面成長
adjusted pressure casting	调压铸造	調壓鑄造
adjusting admixture	调凝剂	調合摻合物
admittance	导纳	導納
admixture	混合材	摻合物
adsorbent for hemoperfusion	血液灌流吸附材料	血液灌流吸附材
adsorption	吸附	吸附 [作用]
adsorption hysteresis of wood	木材吸湿滞后	木材吸附遲滯
adsorption surface area	吸附表面积	吸附表面積
adsorptive fiber	吸附纤维	吸附纖維
adult stem cell	成体干细胞	成體幹細胞
advanced ceramics	先进陶瓷	精密陶瓷，尖端陶瓷
advanced composite	先进复合材料	先進複材
advanced materials	先进材料，新型材料，高技术材料	先進材料，尖端材料
AEM (=analytical electron microscopy)	分析电子显微术	分析電子顯微鏡術
aerodynamic elasticity tailor optimum design of composite	复合材料气动弹性剪裁优化设计	複材氣體動力彈性客製最佳化設計
aerospace materials	航天材料	太空材料
AES (=Auger electron spectrometry)	俄歇电子能谱法	歐傑電子能譜術
aeschynite	易解石	易解石
affine deformation	仿射形变	仿似變形
AF resin (=aniline-formaldehyde resin)	苯胺甲醛树脂	苯胺甲醛樹脂
AF steel (=acicular ferrite steel)	针状铁素体钢	針狀肥粒體鋼
after cure	后硫化	後固化
after flame	有焰燃烧，余焰	移火[續燃]
after glow	无焰燃烧	餘輝
after tack	回黏	回黏
after vulcanization	后硫化	後火煅，後硫化
agar based impression materials	琼脂[基]印模材料	瓊脂基印模材料，洋菜基印模材料
agate	玛瑙	瑪瑙
age hardening	时效硬化	時效硬化[作用]
agglomeration	①团聚 ②团聚体	團聚，造粒
aging	①时效 ②晒料	時效，老化
aging characteristic test	老化性能试验	老化特性測試

英 文 名	大 陆 名	台 湾 名
aging treatment	时效处理	時效處理
agricultural steel	农具钢	農用鋼
agriculture mineral	农业矿物	農業礦物
air cooling	空冷	空冷，氣冷
air-dry density	气干密度	風乾密度
air-dry pulp	风干浆	風乾紙漿
air entraining agent	引气剂	輸氣劑
air-fuel ratio	空气燃料比	空氣燃料比
airless spraying	无气喷涂	無［空］氣噴塗[作用]
air oven aging	热空气老化	空氣烘箱老化，空氣烘箱時效
air permeability	透气性	透氣性
air seasoning of wood	木材大气干燥，天然干燥，自然干燥	木材大氣風乾
air spraying	空气喷涂	空氣噴塗[作用]
Akron abrasion test	阿克隆磨耗试验	阿克隆磨耗試驗
albite	钠长石	鈉長石
ALE (=atomic layer epitaxy)	原子层外延	原子層磊晶術
alexandrite	变石，亚历山大石	變石，變色石
alginate based impression materials	藻酸盐[基]印模材料	海藻基印模材料
alginate fiber	海藻纤维	海藻纖維
alkali-activated slag cementitious materials	碱激发矿渣胶凝材料	鹼活化爐渣膠結材，鹼活化爐渣水泥材
alkali cleaning	碱洗	鹼洗
alkali embrittlement	碱脆	鹼脆性
alkali recovery	碱回收	鹼回收
alkyd coating	醇酸涂料	醇酸塗層
alkyd resin	醇酸树脂	醇酸樹脂
all-ceramics dental crown	全陶瓷牙冠	全陶瓷牙冠
allograft	同种移植物	同種異體移植
allotropism	同位异构，同素异构	同素異形現象
allotropy	同位异构	同素異形
allowable resistivity tolerance	电阻率允许偏差	容許電阻率公差
allowable stress	允许应力	容許應力
allowable thickness tolerance	厚度允许偏差	容許厚度公差
allowable value of composite	复合材料许用值	複材可容許值
alloy	合金	合金
alloy cast iron	合金铸铁，特殊性能铸铁	合金鑄鐵

英文名	大陆名	台湾名
alloyed brass	复杂黄铜	合金黃銅
alloyed cementite	合金渗碳体	合金雪明碳體
alloyed powder	合金粉	合金粉末
alloy electroplating	合金电镀	合金電鍍
alloy steel	合金钢	合金鋼
alloy superconductor	合金超导体	合金超導體
alloy tool steel	合金工具钢	合金工具鋼
alloy transfer efficiency	合金过渡系数	合金轉換效率
alloy white cast iron	合金白口铸铁	合金白鑄鐵
all-porcelain dental crown	全瓷牙冠	全瓷牙冠
alnico permanent magnet	铝镍钴永磁体	鋁鎳鈷永久磁石
AlON-bonded corundum product	阿隆结合刚玉制品	奧龍鍵結剛玉製品，氮氧化鋁鍵結剛玉製品
AlON-bonded spinel product	阿隆结合尖晶石制品	奧龍鍵結尖晶石製品，氮氧化鋁鍵結尖晶石製品
alpha+beta brass	α+β黄铜	α+β黃銅，阿爾發+貝他黃銅
alpha-beta titanium alloy	α−β钛合金	α−β鈦合金，阿爾發+貝他鈦合金
alpha brass	α黄铜	α黃銅，阿爾發黃銅
alpha iron	α铁	α鐵，阿爾發鐵
alpha titanium alloy	α钛合金	α鈦合金，阿爾發鈦合金
Al-Si carbon brick	铝硅炭砖	鋁矽碳磚
alternating copolymer	交替共聚物	交替共聚體
alternating stress	交变应力	交替應力，反覆應力
alum	明矾	明礬
alumel	镍铝合金	鎳鋁合金
alumel-chromel thermocouple	镍铝−镍铬热电偶	鎳鋁−鎳鉻熱電偶
alumina brick	氧化铝砖	氧化鋁磚
alumina carbon brick	铝炭砖	氧化鋁碳磚
alumina cement	矾土水泥	礬土水泥，氧化鋁水泥
alumina ceramics	氧化铝陶瓷	氧化鋁陶瓷
85 alumina ceramics	85 氧化铝陶瓷	85 氧化鋁陶瓷
95 alumina ceramics	95 氧化铝陶瓷	95 氧化鋁陶瓷
99 alumina ceramics	99 氧化铝陶瓷	99 氧化鋁陶瓷
alumina chrome brick	铝铬砖	氧化鋁鉻磚

英 文 名	大 陆 名	台 湾 名
alumina fiber refractory product	氧化铝耐火纤维制品	氧化鋁纖維耐火製品
alumina fiber reinforced intermetallic compound matrix composite	氧化铝纤维增强金属间化合物基复合材料	氧化鋁纖維強化介金屬化合物基複材
alumina fiber reinforcement	氧化铝纤维增强体	氧化鋁纖維強化體
alumina particle reinforcement	氧化铝颗粒增强体	氧化鋁顆粒強化體
alumina particulate reinforced aluminium matrix composite	氧化铝颗粒增强铝基复合材料	氧化鋁顆粒強化鋁基複材
alumina whisker reinforcement	氧化铝晶须增强体	氧化鋁鬚晶強化體
aluminium	铝	鋁
aluminium borate whisker reinforced aluminium matrix composite	硼酸铝晶须增强铝基复合材料	硼酸鋁鬚晶強化鋁基複材
aluminium brass	铝黄铜	鋁黃銅
aluminium bronze	铝青铜	鋁青銅
aluminium coated sheet	镀铝钢板	鍍鋁板
aluminium gallium arsenide	镓铝砷	砷化鎵鋁
aluminium gallium indium nitride	镓铟铝氮	氮化銦鎵鋁
aluminium nitride particulate reinforced aluminium matrix composite	氮化铝颗粒增强铝基复合材料	氮化鋁顆粒強化鋁基複材
aluminized steel	渗铝钢	滲鋁鋼
aluminizing	渗铝	滲鋁法
aluminosilicate fiber refractory product	硅酸铝耐火纤维制品	鋁矽酸鹽纖維耐火製品
aluminosilicate glass	铝硅酸盐玻璃	鋁矽酸鹽玻璃
aluminosilicate refractory	硅酸铝耐火材料	鋁矽酸鹽耐火材
aluminum	铝	鋁
aluminum alloy	铝合金	鋁合金
1××× aluminum alloy	1×××系铝合金	1×××鋁合金
2××× aluminum alloy	2×××系铝合金	2×××鋁合金
3××× aluminum alloy	3×××系铝合金	3×××鋁合金
4××× aluminum alloy	4×××系铝合金	4×××鋁合金
5××× aluminum alloy	5×××系铝合金	5×××鋁合金
6××× aluminum alloy	6×××系铝合金	6×××鋁合金
7××× aluminum alloy	7×××系铝合金	7×××鋁合金
8××× aluminum alloy	8×××系铝合金	8×××鋁合金
aluminum alloy for integrated circuit down-lead	集成电路引线铝合金	積體電路下引線鋁合金
aluminum alloy for magnetic disk	磁盘基片铝合金	磁碟鋁合金
aluminum based bearing alloy	铝基轴瓦合金	鋁基軸承合金

英 文 名	大 陆 名	台 湾 名
aluminum borate whisker reinforcement	硼酸铝晶须增强体	硼酸鋁鬚晶強化體
aluminum borosilicate whisker reinforcement	硼硅酸铝晶须增强体	硼矽酸鋁鬚晶強化體
aluminum-copper cast aluminum alloy	铝铜系铸造铝合金	鋁銅鑄造鋁合金
aluminum-copper-silicon cast aluminum alloy	铝铜硅系铸造铝合金	鋁銅矽鑄造鋁合金
aluminum-copper wrought aluminum alloy	铝铜系变形铝合金	鋁銅鍛軋鋁合金
aluminum foam	泡沫铝	發泡鋁
aluminum foil	铝箔	鋁箔
aluminum foil backing paper	铝箔衬纸	鋁箔襯紙
aluminum-lead alloy	铝铅合金	鋁鉛合金
aluminum-lithium alloy	铝锂合金	鋁鋰合金
aluminum magnesite carbon brick	铝镁炭砖	鋁鎂碳酸鹽碳磚
aluminum-magnesium alloy powder	铝镁合金粉	鋁鎂合金粉
aluminum-magnesium cast aluminum alloy	铝镁系铸造铝合金，耐蚀铝合金	鋁鎂鑄造鋁合金
aluminum-magnesium-silicon wrought aluminum alloy	铝镁硅系变形铝合金，锻铝 LD××	鋁鎂矽鍛軋鋁合金
aluminum-magnesium wrought aluminum alloy	铝镁系变形铝合金，防锈铝 LF××	鋁鎂鍛軋鋁合金
aluminum-manganese wrought aluminum alloy	铝锰系变形铝合金	鋁錳鍛軋鋁合金
aluminum nitride	氮化铝	氮化鋁
aluminum nitride particle reinforcement	氮化铝颗粒增强体	氮化鋁顆粒強化體
aluminum paste	铝膏	鋁膏
aluminum-plastic composite laminate	铝塑复合板	鋁塑膠複合積層板
aluminum-plastic composite tube	铝塑复合管	鋁塑膠複合管
aluminum-rare earth metal alloy	稀土铝合金	鋁稀土金屬合金
aluminum silicate fiber reinforced aluminium matrix composite	硅酸铝纤维增强铝基复合材料	鋁矽酸鹽纖維強化鋁基複材
aluminum-silicon cast aluminum alloy	铝硅系铸造铝合金，硅铝明合金	鋁矽鑄造鋁合金
aluminum-silicon wrought aluminum alloy	铝硅系变形铝合金	鋁矽鍛軋鋁合金
aluminum-tin cast aluminum alloy	铝锡系铸造铝合金	鋁錫鑄造鋁合金
aluminum white copper	铝白铜	鋁白銅
aluminum-zinc cast aluminum alloy	铝锌系铸造铝合金	鋁鋅鑄造鋁合金
aluminum-zinc-magnesium alloy	铝锌镁系合金	鋁鋅鎂合金
aluminum-zinc-magnesium-copper alloy	铝锌镁铜系合金	鋁鋅鎂銅合金
aluminum-zinc wrought aluminum alloy	铝锌系变形铝合金	鋁鋅鍛軋鋁合金

英　文　名	大　陆　名	台　湾　名
alum red	矾红	礬紅
alunite	明矾石	明礬石
amazonite	天河石	天河石
amber	琥珀	琥珀
amino-modified silicone oil	氨基改性硅油	胺基改質矽氧油
amino resin	氨基树脂	胺基樹脂
amorphous aluminum alloy	非晶铝合金	非晶質鋁合金
amorphous coating	非晶涂层	非晶質塗層
amorphous constant modulus alloy	非晶态恒弹性合金	非晶質恆模數合金
amorphous/crystalline silicon heterojunction solar cell	非晶硅/晶体硅异质结太阳能电池	非晶質/晶質矽異質接面太陽能電池
amorphous ion conductor	非晶态离子导体	非晶質離子導體
amorphous magnesium alloy	非晶镁合金	非晶質鎂合金
amorphous materials	非晶材料	非晶質材料
amorphous region of cellulose	纤维素无定形区	纖維素非晶質區
amorphous silicon	非晶硅	非晶矽
amorphous silicon carbide film	非晶碳硅膜	非晶碳化矽膜
amorphous silicon carbon film	非晶碳硅膜	非晶矽碳膜
amorphous silicon germanium film	非晶锗硅膜	非晶矽鍺膜
amphibole	闪石	角閃石，閃石類
amphibole silicate structure	角闪石类硅酸盐结构	角閃石矽酸鹽結構
amphiphilic block copolymer	两亲嵌段共聚物	雙親嵌段共聚體
amphiphilic polymer	两亲聚合物	雙親聚合體
amphoteric impurity	两性杂质，双性杂质	雙性雜質
AMR effect (=anisotropic magnetoresistance effect)	各向异性磁电阻效应	異向性磁阻效應
AMR materials (=anisotropic magnetoresistance materials)	各向异性磁电阻材料	異向性磁阻材料，AMR 材料
anaerobic adhesive	厌氧胶黏剂	厭氧黏結劑
analytical electron microscopy (AEM)	分析电子显微术	分析電子顯微鏡術
anatase	锐钛矿	銳鈦礦
anatase structure	锐钛矿结构	銳鈦礦結構
anatomical alloy	骨外科合金	骨外科合金
anchor steel	锚链钢	錨鋼
andalusite	红柱石	紅柱石
Anderson localization	安德森定域化	安德森侷域化[作用]
andesite	安山岩	安山岩
andradite	钙铁石榴子石	鈣鐵石榴子石
anelasticity	滞弹性	滯彈性

英　文　名	大　陆　名	台　湾　名
anelasticity creep	滞弹性蠕变，微蠕变	滯彈性潛變
anelasticity damping	滞弹性内耗	滯彈性阻尼
angiogenesis factor	血管生长因子	血管生長因子
angioplastry	血管成形术	血管成形術
angle of female die	凹模锥角	凹模錐角
angle-ply laminate	斜交层合板	斜交積層板
angle steel	角钢	角鋼
angular powder	角状粉	角狀粉
anhydrite	硬石膏	硬石膏，無水石膏
aniline-formaldehyde resin (AF resin)	苯胺甲醛树脂	苯胺甲醛樹脂
aniline leather	苯胺革	苯胺皮革
animal fiber	动物纤维，天然蛋白质纤维	動物纖維
animal glue	动物胶	動物膠
anion exchange resin	阴离子交换树脂	陰離子交換樹脂
anionic polymerization	负离子聚合，阴离子聚合	陰離子聚合[作用]
anisotropic conductive adhesive	单向导电胶	異向導電黏結劑，異向導電膠
anisotropic etching	各向异性腐蚀	異向性蝕刻
anisotropic magnetoresistance effect (AMR effect)	各向异性磁电阻效应	異向性磁阻效應
anisotropic magnetoresistance materials (AMR materials)	各向异性磁电阻材料	異向性磁阻材料，AMR 材料
anisotropic radar absorbing materials	各向异性吸波材料	異向性雷達[波]吸收材料
anisotropy of crystal	晶体各向异性	晶體異向性
anisotropy of wood	木材各向异性	木材異向性
annealing	退火	①退火 ②徐冷
annealing of glass	玻璃退火	玻璃徐冷
annealing texture	退火织构	退火織構
annealing twin	退火孪晶	退火雙晶
annual ring	年轮	年輪
anodic dissolution	阳极溶解	陽極溶解
anodic oxidation	阳极氧化	陽極氧化
anodic oxidation film	阳极氧化膜	陽極氧化膜
anodizing coating	阳极氧化涂层	陽極處理塗層
anodizing using alternating-current superimposed direct-current	交直流叠加阳极氧化	交流疊加直流陽極處理

英文名	大陆名	台湾名
anorthite	钙长石	鈣長石，鈣斜長石
antiablation	抗烧蚀性	抗剝蝕[性]
antiager	防老剂	抗老化劑
anti-bacterial	抗菌剂	抗菌劑
anti-bacterial bioceramics	抗菌性生物陶瓷	抗菌生物陶瓷
anti-bacterial ceramics	抗菌陶瓷	抗菌陶瓷
anti-bacterial fiber	抗细菌纤维	抗菌纖維
anti-bacterial stainless steel	抗菌不锈钢	抗菌不鏽鋼
antibiosis stainless steel	抗菌不锈钢	抗生不鏽鋼
anti-blast aluminum alloy	防爆铝合金，铝合金抑爆材料	防爆鋁合金
anti-blast magnesium alloy	防爆镁合金，镁合金抑爆材料	防爆鎂合金
antiblock agent	防粘连剂，隔离剂	抗結塊劑
anticoagulant	抗凝剂	抗凝劑
anticorrosion alloy	耐蚀合金	抗蝕合金
anticorrosion bimetal	耐腐蚀型热双金属	抗蝕雙金屬
anticorrosion coating	防腐蚀涂料，防锈涂料	抗蝕塗層
anticorrosive functional composite	抗腐蚀功能复合材料	抗蝕功能性複材
anticorrosive pigment	防锈颜料	抗蝕顏料
anticracking agent	抗龟裂剂	抗裂劑
anti-ferroelectric ceramics	反铁电陶瓷	反強介電陶瓷，反鐵電陶瓷
antiferroelectricity	反铁电性	反強介電性，反鐵電性
anti-ferroelectric liquid crystal material	反铁电液晶材料	反強介電液晶材料，反鐵電液晶材料
anti-ferromagnetic constant modulus alloy	反铁磁性恒弹性合金	反鐵磁性恆模數合金
antiferromagnetism	反铁磁性	反鐵磁性
antiflame fiber	抗燃纤维	防焰纖維
anti-fluorite structure	反萤石型结构	反螢石結構
antifogging agent	防雾剂	防霧劑
antifouling coating	防污涂料	防污塗層
anti-freezing and hardening accelerating agent	防冻早强剂	防凍及硬化加速劑
anti-graphitized element	阻碍石墨化元素，非石墨化元素	阻石墨化元素
anti-hydrogen embrittlement superalloy	抗氢脆高温合金	抗氫脆超合金
anti-microbial	抗菌剂	抗微生物劑
anti-microbial fiber	抗微生物纤维	抗微生物纖維

英　文　名	大　陆　名	台　湾　名
antimony	锑	銻
antimony telluride	碲化锑	碲化銻
anti-neutron radiation superalloy	抗中子辐射高温合金	抗中子輻射超合金
antioxidant	抗氧剂，抗氧化剂	抗氧化劑
antiozonant	抗臭氧剂	抗臭氧化劑
antiphase domain	反相畴	逆相域
antiphase domain boundary	反相畴边界	逆相域邊界
antiphase domain wall	反相畴界	逆相域壁
anti-pilling fiber	抗起球纤维	抗起毛球纖維
anti-plasticization	反增塑作用	抗塑化作用
anti-reflective glass	减反射玻璃，防眩玻璃，低反射玻璃	抗反射玻璃
anti-sagging agent	防流挂剂	防垂流劑
anti-scorching agent	硫化迟延剂	抗焦劑，硫化遲延劑
antiseptic agent	防腐剂	防腐劑
antisite defect	反位缺陷	反位缺陷
antisolarization fastness agent	抗日晒牢度剂	抗日曬牢固劑
anti-sonar composite	抗声呐复合材料	反聲納複材
antistatic agent	抗静电剂	抗靜電劑
antistatic fiber	抗静电纤维	抗靜電纖維
anti-symmetric laminate	反对称层合板	反對稱積層板
anti-tarnish paper	防锈纸	防鏽紙
anti-thrombogenetic biomaterials	抗凝血生物材料	抗凝血生物材料
anti-thrombogenetic polymer	抗凝血高分子材料	抗凝血聚合體
anti-thrombogenetic surface modification	抗凝血表面改性	抗凝血表面改質
AOD (=argon-oxygen decarburization)	氩氧脱碳法	氬氧脫碳法
apatite	磷灰石	磷灰石
APC (=artificial pinning center)	人工钉扎中心	人工釘扎中心
aplite	细晶岩	細晶岩，半花岡岩
apotracheal parenchyma	离管薄壁组织	離管薄壁組織
apparent density	松装密度	視密度
apparent porosity	显气孔率，开口气孔率	視孔隙度
apparent shear viscosity	表观[剪]切黏度	視剪切黏度
apparent viscosity	表观黏度	視黏度
APP (=atactic polypropylene)	无规聚丙烯	雜排聚丙烯
APS (=atactic polystyrene)	无规聚苯乙烯	雜排聚苯乙烯
aquamarine	海蓝宝石	海藍寶石
aramid fiber reinforced polymer composite	芳酰胺纤维增强聚合物基复合材料	醯胺纖維強化聚合體複材

英 文 名	大 陆 名	台 湾 名
arc brazing	电弧钎焊	電弧硬銲
arc evaporation	电弧蒸发	電弧蒸發
architectural glass	建筑玻璃	建築用玻璃
arc ion deposition	电弧离子镀	電弧離子沈積
arc ion plating	电弧离子镀	電弧離子鍍
arc plasma gun	电弧等离子枪	電弧電漿槍
arc spraying	电弧喷涂	電弧噴塗[作用]
arc tearing strength of rubber	橡胶圆弧撕裂强度	橡膠弧形撕裂強度
arc welding	电弧焊	電弧銲接
area measuring	量尺	面積量測
argentite	辉银矿	輝銀礦
argon arc welding	氩弧焊	氬弧銲接
argon-oxygen decarburization (AOD)	氩氧脱碳法	氬氧脫碳法
arkose	长石砂岩	長石砂岩
Armco iron	工业纯铁	工業用純鐵,亞姆克鐵
armor composite	装甲复合材料	裝甲複材
armor plate	装甲板	裝甲板
aromatic polyamide fiber	芳香族聚酰胺纤维,芳纶	芳香族聚醯胺纖維
aromatic polyamide fiber reinforcement	芳香族聚酰胺纤维增强体	芳香族聚醯胺纖維強化體
aromatic polyamide pulp reinforcement	聚芳酰胺浆粕增强体	芳香族聚醯胺漿料強化體
aromatic polyester fiber	芳香族聚酯纤维,聚芳酯纤维	芳香族聚酯纖維
arsenic antisite defect	砷反位缺陷	砷反位缺陷
arsenic vacancy	砷空位	砷空位
arsenopyrite	毒砂	毒砂,砷黃鐵礦
art enamel	艺术搪瓷	藝術琺瑯
artificial aging	人工时效	人工時效,人工老化
artificial blood vessel	人工血管	人工血管
artificial bone	人工骨	人工骨
artificial cell	人工细胞	人工細胞
artificial cochlear	人工耳蜗	人工耳蝸
artificial cranial graft	人工颅骨假体	人工顱骨植體
artificial crown	人造冠	人工牙冠
artificial crystal	人工晶体	人工晶體
artificial drying of wood	木材人工干燥	木材人工乾燥
artificial gem	人工宝石	人工寶石

英 文 名	大 陆 名	台 湾 名
artificial heart	人工心脏	人工心臟
artificial heart valve	人工心脏瓣膜	人工心臟瓣膜
artificial joint	人工关节	人工關節
artificial kidney	人工肾	人工腎臟
artificial liver	人工肝	人工肝臟
artificial liver support system	人工肝支持系统	人工肝臟維持系統
artificial lung	人工肺	人工肺臟
artificial organ	人工器官	人工器官
artificial oxygenator	人工肺	人工供氧器
artificial pancreas	人工胰	人工胰臟
artificial pinning center (APC)	人工钉扎中心	人工釘扎中心
artificial skin	人工皮肤	人工皮膚
artificial tooth	人工牙，人造牙	人工牙，假牙
artificial vitreous	人工玻璃体	人工玻璃體
artificial weather aging	人工气候老化	人工風化
artistic enamel	艺术搪瓷	藝術琺瑯
asbestos	石棉	石綿
asbestos fiber reinforcement	石棉纤维增强体	石棉纖維強化體
as-formed fiber	初生纤维	原生纖維
ash	[纸张]灰分	①灰 ②灰分
a-Si：H thin film transistor	非晶硅薄膜晶体管	含氫非晶矽薄膜電晶體
Asker-C hardness	肖氏 W 型硬度，肖氏-C 型硬度	阿斯克 C 型硬度
asphalt coating	沥青涂料	瀝青塗層
asphalt concrete	沥青混凝土	瀝青混凝土
assembled component sintering	组合烧结	組合燒結
association polymer	缔合聚合物	締合聚合體
asymmetrical rolling	异步轧制	非對稱軋延
asymmetric laminate	非对称层合板	非對稱積層板
atactic polymer	无规立构聚合物	雜排聚合體
atactic polypropylene (APP)	无规聚丙烯	雜排聚丙烯
atactic polystyrene (APS)	无规聚苯乙烯	雜排聚苯乙烯
atmosphere pressure metalorganic chemical vapor phase deposition	常压金属有机化学气相沉积	常壓金屬有機化學氣相沈積法
atmosphere pressure metalorganic vapor phase epitaxy	常压金属有机化合物气相外延	常壓金屬有機化合物氣相磊晶術
atmospheric corrosion	大气腐蚀	大氣腐蝕
atomic emission spectrum	原子发射光谱	原子發射光譜

英 文 名	大 陆 名	台 湾 名
atomic layer epitaxy (ALE)	原子层外延	原子層磊晶術
atomic magnetic moment	原子磁矩	原子磁矩
atomic percent	原子百分[比]数	原子百分比
atomization	雾化法	霧化[法]
atomization process	雾化制粉	霧化製粉[法]
atomized metal powder	雾化金属粉	霧化金屬粉
atomized powder	雾化粉	霧化粉
atom transfer radical polymerization	原子转移自由基聚合	原子轉移自由基聚合[作用]
attapulgite	凹凸棒石	鎂鋁海泡石，綠坡縷石
attapulgite clay	坡缕石黏土，凹凸棒石黏土	綠坡縷石黏土，鎂鋁海泡石黏土
attrition mill	搅拌磨	攪磨機
Auger electron spectrometry (AES)	俄歇电子能谱法	歐傑電子能譜術
Auger transition	俄歇跃迁	歐傑躍遷
ausforming	形变淬火	沃斯成形
ausforming steel	奥氏体形变热处理钢	沃斯成形鋼
austempered ductile iron	奥贝球铁	沃斯回火延性鑄鐵
austempering	等温淬火	沃斯回火
austenite	奥氏体	沃斯田體，沃斯田鐵
austenite-ferrite transformation	奥氏体–铁素体相变	沃斯田體–肥粒體轉變
austenite stabilized element	奥氏体稳定元素，扩大奥氏体相区元素	沃斯田體安定化元素
austenitic alloy steel	奥氏体合金钢	沃斯田體合金鋼
austenitic cast iron	奥氏体铸铁	沃斯田體鑄鐵
austenitic heat-resistant steel	奥氏体耐热钢	沃斯田體耐熱鋼
austenitic precipitation hardening stainless steel	奥氏体沉淀硬化不锈钢	沃斯田體析出硬化不鏽鋼
austenitic stainless steel	奥氏体不锈钢	沃斯田體不鏽鋼
austenitic steel	奥氏体钢	沃斯田體鋼
austenitising	奥氏体化	沃斯田體化
autoacceleration effect	自动加速效应，凝胶效应	自動加速效應
autoclave leaching	高压釜浸出	壓力釜瀝浸
autoclave process	热压罐成型	壓力釜製程
autodoping	自掺杂	自動摻雜
autograft	自体移植物	自體移植物
autopolymerizing denture base resin	自凝型义齿基托树脂	自聚合假牙基樹脂
autoradiography	放射自显像术	自動放射攝影術

英 文 名	大 陆 名	台 湾 名
auxiliary	助剂	助劑
avalanche photodiode	雪崩光电二极管	雪崩光二極體
aventurine glaze	金砂釉，砂金釉	砂金石釉，耀石英釉
aventurine quartz	东陵石，东陵玉，砂金石英	砂金石
average deformation rate	平均应变速率	平均變形速率
average molar mass	平均分子量	平均莫耳質量
average molecular weight	平均分子量	平均分子量
average relative molecular mass	平均相对分子质量	平均相對分子質量
average roughness	平均粗糙度	平均粗糙度
Avogadro number	阿伏伽德罗常量	亞佛加厥數
axis distribution figure	轴分布图	軸分佈圖
azobenzene dye	偶氮苯染料	偶氮苯染料
azobenzol dye	偶氮苯染料	偶氮苯染料
azo dye	偶氮染料	偶氮染料
azo-initiator	偶氮类引发剂	偶氮啟始劑
azurite	蓝铜矿	藍銅礦，石青

B

英 文 名	大 陆 名	台 湾 名
Babbitt metal	巴氏合金，巴比特合金，轴瓦合金	巴氏合金，巴比合金
backseal	背封	背封
back tension	逆张力	逆張力
back veneer	背板	背[膠]薄板
backward extrusion	反[向]挤压	反[向]擠製
backwash extractor	反萃	逆洗萃取器
bacterial degradation	细菌降解	細菌降解
bacterial resistance	抗菌性	抗菌性
bacterial wetwood	湿心材	細菌濕[心]木
$BaFe_{12}O_{19}$ permanent magnet	铁酸钡硬磁铁氧体，钡铁氧体	$BaFe_{12}O_{19}$ 永久磁石
bag	包套	袋
bagasse pulp	甘蔗渣浆	蔗渣漿
bag molding	袋压成型	袋模製
bainite	贝氏体	貝氏體，變韌體，變韌鐵
bainitic austempering	贝氏体等温淬火	貝氏體沃斯回火，變

英文名	大陆名	台湾名
		韌體沃斯回火
bainitic ductile iron	贝氏体球铁	貝氏體延性鑄鐵，變韌體延性鑄鐵
bainitic nodular iron	贝氏体球铁	貝氏體球墨鑄鐵，變韌體球墨鑄鐵
bainitic steel	贝氏体钢	貝氏體鋼，變韌體鋼
baking enamel	烘漆	烤漆，烘烤琺瑯
balanced-asymmetric laminate	均衡非对称层合板	平衡非對稱積層板，均衡非對稱積層板
balanced laminate	均衡层合板	均衡積層板，平衡積層板
balanced-symmetric laminate	均衡对称层合板	均衡對稱積層板，平衡對稱積層板
balata rubber	巴拉塔胶	巴拉塔橡膠
ball bearing steel	滚珠轴承钢	滾珠軸承鋼
ball hardness	球压式硬度	球[壓]式硬度
ball mill	球磨	球磨機
ball milled powder	球磨粉	球磨粉
balloon-expandable stent	球囊扩张式支架	球囊擴張式支架
bamboo charcoal	竹炭	竹炭
bamboo culm wall	竹壁	竹竿壁
bamboo fiber	竹纤维	竹纖維
bamboo inner skin	竹黄	竹內皮
bamboo outer skin	竹青	竹外皮
bamboo parquet board	竹材拼花板	竹材拼花板
bamboo-plastic composite	竹塑复合材料	竹–塑膠複材
bamboo pulp	竹浆	竹漿
bamboo sliver	竹篾	竹篾，竹細片
bamboo strand	竹丝	竹絲股
bamboo strip	竹片	竹條
bamboo tar	竹焦油	竹焦油
bamboo thread board	竹丝板	竹絲板
bamboo wood	竹[木]材	竹質木材
bamboo-wood composite product	竹木复合制品	竹質木複材製品
banded structure	带状组织	帶狀化結構
banded texture	条带织构	帶狀化織構
band gap state	带隙态	能隙態，能帶間隙態
band segregation	带状偏析	帶狀偏析
band tail [state]	带尾[态]	帶尾[態]

英 文 名	大 陆 名	台 湾 名
band theory of solid	固体能带论	固態能帶理論
banknote paper	钞票纸	鈔票紙
bar	棒材	棒，桿，條
Bardeen-Cooper-Schrieffer theory	巴丁–库珀–施里弗理论 BCS 理论	巴丁–古柏–施里弗理論
barely visible impact damage (BVID)	层合板目视可检损伤	難以目視的衝擊損傷
barite	重晶石	重晶石
barite glaze	钡釉	鋇釉
barium-cadmium 1：11 type alloy	钡镉 1：11 型合金	鋇鎘 1：11 型合金
barium ferrite	钡铁氧体	鋇鐵氧磁體
barium fluoride crystal	氟化钡晶体	氟化鋇晶體
barium glaze	钡釉	鋇釉
barium metaborate	偏硼酸钡晶体	偏硼酸鋇
barium titanate piezoelectric ceramics	钛酸钡压电陶瓷	鈦酸鋇壓電陶瓷
barium titanate thermosensitive ceramics	钛酸钡热敏陶瓷	鈦酸鋇熱敏陶瓷
barrier layer	阻挡层	障壁層
Barus effect	巴勒斯效应	巴勒斯效應
basalt	玄武岩	玄武岩
basalt fiber reinforcement	玄武岩纤维增强体	玄武岩纖維強化體
baseplate	基托	基座
base steel	普通质量钢	基本鋼
basic density of wood	木材基本密度	木材基本密度
basic electrode	碱性焊条	①鹼性銲條 ②鹼性電極
basic magnesium sulfate whisker reinforcement	碱式硫酸镁晶须增强体	鹼性硫酸鎂鬚晶強化體
basic refractory	碱性耐火材料	鹼性耐火材
basic slag	碱性渣	鹼性渣
basification	提碱	鹼化[作用]
bast fiber	麻纤维	韌皮纖維
bastnaesite	氟碳铈矿	氟碳鈰礦
bating	软化	軟皮法，鞣法
baume degree	波美度	波美[比重]度
Bauschinger effect	包辛格效应	鮑辛格效應
bauxite	铝土矿	鋁礬土礦
bauxite brick	矾土砖	鋁礬土磚
bauxite cement	铝矾土水泥	鋁礬土水泥
bauxitic rock	铝矾土	鋁礬土岩石
BBA (=building block approach)	积木式方法	建構塊法

英 文 名	大 陆 名	台 湾 名
B-1 [compound] superconductor	B-1[化合物]超导体	B-1[化合物]超導體
bearing bronze	轴承青铜	軸承[用]青銅
bearing corrosion	轴承腐蚀	軸承腐蝕
bearing steel	轴承钢	軸承鋼
beating	打浆	打漿
beating degree	纤维分离度	打漿度
bell top kiln	钟罩窑	鐘罩窯
bending	弯曲	彎曲
bending compliance of laminate	层合板弯曲柔度	積層板彎曲柔度
bending modulus	弯曲模量	彎曲模數
bending stiffness of laminate	层合板弯曲刚度	積層板彎曲剛度
bending strength	抗弯强度	抗彎強度
bending strength of wood	木材抗弯强度	木材抗彎強度
bending-twisting coupling of laminate	层合板弯-扭耦合	積層板彎扭耦合
bend test	弯曲试验	彎曲試驗
bentonite	膨润土	膨[潤]土，皂土
beryl	绿柱石	綠柱石
beryllium bronze	铍青铜	鈹青銅
beryllium-copper alloy	铍铜合金	鈹銅合金
beryllium for nuclear reactor	核用铍	核反應器用鈹
beryllium oxide for nuclear reactor	核用氧化铍	核反應器用氧化鈹
biaxial orientation	双轴取向	雙軸定向
biaxial oriented film	双轴拉伸膜	雙軸定向膜
biaxial stress	双轴应力	雙軸應力
bible paper	字典纸	聖經紙
biconstituent fiber reinforcement	多组分复合纤维增强体	雙組成纖維強化體
bimetal	双金属	雙金屬
bimetal casting	双金属铸造	雙金屬鑄造
bimetal for high temperature	高温型热双金属	高溫雙金屬
bimetal with high thermal sensitive	高敏感型热双金属	高熱敏感雙金屬
bimetal with specified electric resistivity	特定电阻型热双金属	特定電阻率之雙金屬
binary phase diagram	二元相图	二元相圖，二元相平衡圖
binder	①黏结剂 ②成膜物 ③基料	接合劑
binder metal	黏结金属	黏結金屬
binder phase	黏结相	接合相
Bingham fluid	宾汉姆流体	賓漢流體
binodal curve	双结线	雙結點曲線

英 文 名	大 陆 名	台 湾 名
binodal decomposition	稳态相分离	雙結點分解
binodal point	双结点	雙結點
bioabsorbable materials	可吸收生物材料	生物可吸收材料
bioactivation modification by alkaline-heat treatment	碱热处理活化改性	鹼性熱處理生物活化改質
bioactivation modification by micro-arc oxidation	微弧氧化活化改性	微[電]弧氧化生物活化改質
bioactivation modification by silane	硅烷化活化改性	矽烷生物活化改質
bioactivation modification by sol-gel	溶胶凝胶活化改性	溶膠凝膠生物活化改質
bioactivation of metallic surface	表面生物活化	金屬表面生物活化[作用]
bioactive coating	生物活性涂层	生物活性塗層
bioactive fixation	生物活性结合	生物活性固定
bioactive glass ceramics	生物活性玻璃陶瓷，生物活性微晶玻璃	生物活性玻璃陶瓷
bioactive gradient coating	生物活性梯度涂层	生物活性梯度塗層
bioactive materials	生物活性材料	生物活性材料
bioactivity	生物活性	生物活性
bioadhesion	生物粘连	生物黏結性，生物黏結度
bioattachment	生物附着	生物附著[體]
bioceramics coating	生物陶瓷涂层	生物陶瓷塗層
bioceramics	生物陶瓷	生物陶瓷學
biochemical signal	生物化学信号	生物化學信號
biochip	生物芯片	生物晶片
biocide	抗微生物剂，生物抑制剂	生物滅除劑，除生物劑
biocompatibility	生物相容性	生物相容性
biocompatible materials	生物相容性材料	生物相容性材料
biodegradable materials	生物降解材料	生物可降解材料
biodegradable medical metal materials	可降解医用金属材料	生物可降解醫用金屬材料
biodegradable polymer	生物降解高分子	生物可降解聚合體
biodegradable stent	生物降解性管腔支架	生物可降解支架
biodegradation	生物降解	生物降解
bioderived bone	生物衍生骨	生物衍生骨
bioelastomer	生物弹性体	生物彈性體
bioerosion	生物腐蚀	生物沖蝕

英　文　名	大　陆　名	台　湾　名
bio-functional membrane	生物功能膜	生物功能性透膜
bioglass	生物玻璃	生物玻璃
bioglass coating	生物玻璃涂层	生物玻璃塗層
bioinert materials	生物惰性材料	生物惰性材料
biological aging	生物老化	生物老化
biological corrosion	生物腐蚀	生物腐蝕
biological [engineering] titanium alloy	生物[工程]钛合金	生物[工程]鈦合金
biological environment	生物学环境	生物環境
biological fixation	生物结合	生物固定
biologically derived bone	生物衍生骨	生物衍生骨
bio-macromolecule	生物大分子	生物巨分子
biomanufacture	生物制造	生物製造
biomass materials	生物质材料	生質材料
biomaterials	生物材料，生物医学材料	生物材料
biomaterials in spinal fusion	脊柱矫形材料	脊柱融合[術]生物材
biomaterials of cardiovascular system	心血管系统生物材料	心血管系統生物材
biomechanical compatibility	生物力学相容性	生物力學相容性
biomechanics	生物力学	生物力學
biomedical materials	生物医用材料	生醫材料
biomedical metal materials	医用金属材料，生物医用金属材料	生醫金屬材料
biomedical polymer	生物医用高分子材料	生醫聚合體
biomedical precious metal materials	生物医学贵金属材料	生醫貴金屬材料
biomimetic composite	仿生复合材料	仿生複材
biomimetic fiber	仿生纤维	仿生纖維
biomimetic hydroxyapatite coating	仿生沉积磷灰石涂层	仿生氫氧基磷灰石塗層，仿生羥基磷灰石塗層
biomimetic materials	仿生材料	仿生材料
biomineralization	生物矿化	生物礦化[作用]
bioprosthesis	生物假体	生物義肢
bioreactor	生物反应器	生物反應器
biorestoration	生物修复体	生物修復
biorientation	双轴取向	雙取向
biosensor	生物传感器	生物感測器
biotite	黑云母	黑雲母
biphasic calcium phosphate ceramics	双相磷酸钙陶瓷	雙相磷酸鈣陶瓷
biscuit firing	素烧	素燒

英 文 名	大 陆 名	台 湾 名
bismaleimide resin	双马来酰亚胺树脂	雙馬來醯亞胺樹脂
bismaleimide resin composite	双马来酰亚胺树脂基复合材料	雙馬來醯亞胺樹脂複材
bismuth	铋	鉍
bismuth germinate crystal	锗酸铋晶体	鍺酸鉍晶體
bismuthinite	辉铋矿	輝鉍礦
bismuth selenide	硒化鉍	硒化鉍
bismuth silicate crystal	硅酸铋晶体	矽酸鉍晶體
bismuth solder	铋焊料	鉍軟銲料
bismuth telluride	碲化鉍	碲化鉍
bisphenol A epoxy resin	双酚 A 型环氧树脂	雙酚 A 環氧樹脂
bisphenol A type polysulfone	双酚 A 聚砜，聚砜	雙酚 A 型聚碸
bisphenol A type unsaturated polyester resin	双酚 A 型不饱和聚酯树脂	雙酚 A 型不飽和聚酯樹脂
bistable semiconductor laser diode	双稳态半导体激光二极管	雙穩態半導體雷射二極體
Bi-system superconductor	铋系超导体	鉍系超導體
black glazed porcelain	黑釉瓷	黑釉瓷
black grain	黑晶	黑色晶粒
black pottery	黑陶	黑陶
blank forging die cavity	制坯模槽	製坯鍛模槽
blanking	冲裁	裁切
blast furnace gas	高炉煤气	高爐爐氣
blast furnace ironmaking	高炉炼铁	高爐煉鐵
blast furnace slag	高炉矿渣	高爐爐渣
bleaching	[纸浆]漂白	漂白
bleaching clay	漂白[黏]土	漂白黏土
blending	①共混 ②拌胶	摻合，拌合
blockboard	细木工板	塊板
block copolymer	嵌段共聚物，嵌段聚合物	嵌段共聚體
blocker cavity	预锻模槽	鍛坯模槽
block-jointed flooring	集成材地板	拼花地板
blood cleansing materials	血液净化材料	血液淨化材料
blood compatibility	血液相容性	血液相容性
blood compatible biomaterials	血液相容性生物材料	血液相容性生物材料
bloodstone	鸡血石	血滴石，血石髓
blood substitute	血液代用品	血液替代品
bloom forging	开坯锻造	大鋼坯鍛造

英 文 名	大 陆 名	台 湾 名
blooming	①初轧 ②喷霜	①初軋 ②噴霜
blow end point control	终点控制	吹煉終點控制
blow molding	吹塑成型，中空吹塑成型	吹氣模製
blow molding machine	吹塑机	吹氣模製機
blue and white porcelain	青花瓷	青花瓷
blue brittleness	蓝脆	藍脆性
blue stain	木材蓝变，青变	木材藍變
bluing	发蓝处理，发黑	發藍處理
bluish white porcelain	青白瓷	青白瓷
BMC (=bulk molding compound)	团状模塑料	塊狀模料
board	①纸板 ②板材	板
boarded leather	搓纹革	搓紋皮革
boarding	搓纹	搓紋
body	胎	坯[胎]
body-centered cubic structure	体心立方结构	體心立方結構
body-centered orthorhombic structure	体心斜方结构	體心斜方結構
body-centered tetragonal structure	体心四方结构	體心正方結構
Bohr magneton	玻尔磁子	波爾磁子
boiler steel	锅炉钢	鍋爐用鋼
boiling water sealing	沸水封孔	沸水封孔
Boltzmann constant	玻尔兹曼常数	波茲曼常數
Boltzmann superposition principle	玻尔兹曼叠加原理	波茲曼疊加原理
bonded magnet	黏结磁体	膠合磁石
bonded rubber	结合胶	結合橡膠
bonded wafer	键合晶片	黏合晶片
bond energy	键能	鍵能
bonding	黏接，胶接	鍵結，結合
bonding interface	键合界面	鍵結界面，結合界面
bonding strength	结合强度	鍵結強度，結合強度
bonding strength of composite interface	复合材料界面黏接强度	複材界面結合強度
bonding technique	键合技术	黏合技術
bonding theory of solid	固体键合理论	固體鍵結理論
bond line	熔合线	結合線
bond paper	证券纸	證券紙，銅版紙
bond strength	胶合强度	鍵強度
bone bonding	骨键合	骨接合
bone cement	骨水泥	骨水泥
bone china	骨质瓷，骨灰瓷	骨灰瓷

英 文 名	大 陆 名	台 湾 名
bone filling materials	骨填充材料	骨填充材料
bone-like apatite	类骨磷灰石	類骨磷灰石
bone marrow stem cell	骨髓间充质干细胞	骨髓幹細胞
bone needle	骨针，接骨钉	骨針
bone pin	骨钉	骨釘
bone plate	骨板	骨板
bone screw	骨螺钉	骨螺釘
bone substitute	人工骨	人工骨，骨替代體
bone wire	接骨丝	接骨線
borax	硼砂	硼砂
boride ceramics	硼化物陶瓷	硼化物陶瓷
boriding	渗硼	滲硼處理
borneol	冰片，梅片	冰片
bornite	斑铜矿	斑銅礦
boron carbide control bar	碳化硼控制棒	碳化硼控制棒
boron carbide fiber reinforcement	碳化硼纤维增强体	碳化硼纖維強化體
boron carbide for nuclear reactor	核用碳化硼	核反應器用碳化硼
boron carbide particle reinforcement	碳化硼颗粒增强体	碳化硼顆粒強化體
boron carbide particulate reinforced aluminium matrix composite	碳化硼颗粒增强铝基复合材料	碳化硼顆粒強化鋁基複材
boron carbide particulate reinforced magnesium matrix composite	碳化硼颗粒增强镁基复合材料	碳化硼顆粒強化鎂基複材
boron carbide superconductor	硼碳化合物超导体	碳化硼超導體
boron carbide whisker reinforcement	碳化硼晶须增强体	碳化硼鬚晶強化體
boron fiber reinforced aluminum matrix composite	硼纤维增强铝基复合材料	硼纖維強化鋁基複材
boron fiber reinforced polymer composite	硼纤维增强聚合物基复合材料	硼纖維強化聚合體複材
boron fiber reinforcement	硼纤维增强体	硼纖維強化體
boronized steel	渗硼钢	滲硼鋼
boronizing	渗硼	滲硼處理
boron nitride	氮化硼	氮化硼
boron nitride based composite product	氮化硼基复合制品	氮化硼基複材製品
boron nitride product	氮化硼制品	氮化硼製品
boron nitride whisker reinforcement	氮化硼晶须增强体	氮化硼鬚晶強化體
boron phosphide	磷化硼	磷化硼
boron-silicone rubber	硅硼橡胶	硼矽氧橡膠
boron steel	硼钢	硼鋼
borosilicate glass	硼硅酸盐玻璃	硼矽酸鹽玻璃

英　文　名	大　陆　名	台　湾　名
boson	玻色子	玻色子
bottom blown oxygen converter steelmaking	氧气底吹转炉炼钢	底吹氧氣轉爐煉鋼
bottom stamp of ceramics ware	底款	陶瓷器皿底印
boundary condition	边界条件	邊界條件
boundary layer	边界层	邊界層
bow	弯曲度	弓，弧形物
box annealing	箱式退火	箱式退火
box carburizing	箱式渗碳法	箱式滲碳
B2 phase	B2 相	B2 相
Brabender plasticorder	布拉本德塑化仪	布拉本德塑度計
Bragg law	布拉格定律	布拉格定律
braided conductor	编织导体	編織導體
branched polymer	支化聚合物	支鏈聚合體
brass	黄铜	黃銅
α+β brass	α+β 黄铜	α+β 黃銅
α brass	α 黄铜，单相黄铜	α 黃銅
Bravais lattice	布拉维点阵	布拉菲晶格
brazability	钎焊性	硬銲性
brazing	①钎焊 ②硬钎焊	硬銲
brazing alloy	钎料	硬銲合金
brazing flux	钎剂	硬銲助銲劑
brazing in controlled atmosphere	保护气氛钎焊	控制氣氛硬銲
bridge steel	桥梁钢	橋樑鋼
bridging growth of lamellar eutectic	搭桥生长机制	層狀共晶橋接成長
Bridgman-Stockbarger method	布里奇曼–斯托克巴杰法，坩埚下降法	布里奇曼–斯托克巴杰法
brightener	光亮剂	光澤劑
brightening agent	光亮剂	光澤劑
bright fiber	有光纤维	亮光纖維
bright heat treatment	光亮热处理	輝面熱處理
brightness	[纸张]亮度	亮度
Brinell hardness	布氏硬度	勃氏硬度
Brinell hardness test	布氏硬度试验	勃氏硬度試驗
brine magnesite	卤水镁砂	滷水鎂石
brittle fracture	脆性断裂	脆性破斷
brittle fracture surface	脆性断口	脆性斷面
broad-leaved wood	阔叶树材	闊葉木材
bronze	青铜	青銅
bronze process	青铜法	青銅製程

英 文 名	大 陆 名	台 湾 名
bronze welding	青铜焊	青銅銲接
brookite	板钛矿	板鈦礦
brown rot of wood	木材褐腐	木材褐朽
brucite	水镁石	氫氧鎂石
Brunauer-Emmett-Teller method	吸附比表面测试法	布–厄–特法，BET 法
brush-off leather	擦色革	刷整皮革
brush plating	电刷镀	刷覆電鍍
bubble brick	空心球砖	空心球磚
buckling of laminate	层合板屈曲	積層板翹曲
buckling of sublaminate	子层屈曲	次積層板翹曲
buckyball	巴基球	巴克球
buckytube	巴基管	巴克管，碳管
buffer capacity of wood	木材缓冲容量	木材緩衝能力
buffing	磨革	擦亮，拋光
building block approach (BBA)	积木式方法	建構塊法
building steel	建筑钢	建築用鋼
bulging	胀形，鼓肚	鼓脹
bulk degradation	本体降解	整體降解
bulk modulus	体积模量，压缩模量	體模數
bulk molding compound (BMC)	团状模塑料	塊狀模料
bulk pigment	体积颜料	量販顏料
bulk polymerization	本体聚合	整體聚合[作用]
bulk viscosity	本体黏度	整體黏度
bulk yarn	膨体纱	膨體紗
bullet-proof glass	防弹玻璃	防彈玻璃
burden	炉料	進爐料
Burgers vector	伯格斯矢量，伯氏矢量	柏格斯向量
buried layer	埋层，副扩散层，膜下扩散层	埋層
buried multiple quantum well	隐埋多量子阱	埋入式多層量子井
burn resistant magnesium alloy	阻燃镁合金	耐燃鎂合金
burn resistant titanium alloy	阻燃钛合金	耐燃鈦合金
burnt brick	烧成砖	燒成磚
burr of raw skin	原料皮草刺伤	生皮毛邊
bursting strength	崩裂强度	崩裂強度
burst strength	爆破强度	爆裂強度
butadiene-styrene-vinylpyridine latex	丁苯吡胶乳	丁二烯苯乙烯乙烯吡啶乳膠
butadiene-vinylpyridine rubber	丁吡橡胶	丁二烯乙烯基吡啶橡

英 文 名	大 陆 名	台 湾 名
		膠
butt joint	对接接头	對接，對接接頭
butyl rubber	丁基橡胶	丁基橡膠
BVID (=barely visible impact damage)	层合板目视可检损伤	難以目視的衝擊損傷

C

英 文 名	大 陆 名	台 湾 名
CAB (=cellulose acetate-butyrate)	醋酸丁酸纤维素	醋酸丁酸纖維素
cable-in-conduit conductor (CICC)	导管电缆导体	導管內電纜導體
cable paper	电缆纸	電纜紙
CA (=cellulose acetate)	醋酸纤维素	醋酸纖維素
cadmium	镉	鎘
cadmium bronze	镉青铜	鎘青銅
cadmium-coated steel	镀镉钢	鍍鎘鋼
cadmium-mercury amalgam	镉汞合金，金属汞齐	鎘汞齊
cadmium selenide	硒化镉	硒化鎘
cadmium solder	镉焊料	鎘軟銲料
cadmium sulphide	硫化镉	硫化鎘
cadmium telluride	碲化镉	碲化鎘
calcite	方解石	方解石
calcium aluminate hydrate	铝酸钙水化物	水合鋁酸鈣
calcium fluoride crystal	氟化钙晶体	氟化鈣晶體
calcium fluoride structure	氟化钙结构	氟化鈣結構
calcium phosphate based bioceramics	磷酸钙基生物陶瓷	磷酸鈣基生物陶瓷
calcium-silicon alloy	硅钙合金	鈣矽合金
calcium-silicon ferroalloy	硅钙合金	矽鈣鐵合金
calcium sulfide activated by europium	硫化钙：铕(Ⅱ)	銪活化硫化鈣
calcium sulfoaluminate cement	硫铝酸盐水泥	硫鋁酸鈣水泥
calender effect	压延效应	壓延效應
calendering	[造纸]压光	[造紙]壓光
calibrating strap	定径带，工作带	校準帶
calorific value of wood	木材热值	木材熱值
calorizing	渗铝	滲鋁法
cambium	形成层	形成層
camouflage coating	伪装涂层	偽裝塗層
camouflage materials	伪装材料	偽裝材料
camphol	冰片，梅片	冰片，龍腦
camphor	樟脑	樟腦

英 文 名	大 陆 名	台 湾 名
can	包套	罐
Canada balsam	冷杉胶	加拿大香膠
canning materials	包套材料	裝罐材料，製罐材料
cant	毛方材	毛方材
cantilever beam	悬臂梁	懸臂樑
capacitance-voltage method (C-V method)	电容电压法	電容電壓法
capacitor tissue paper	电容器纸	電容器薄紙
CAP (=cellulose acetate-propionate)	醋酸丙酸纤维素	醋酸丙酸纖維素
capillary viscometry	毛细管测黏法	毛細管黏度測定法
χ-carbide	χ碳化物	χ碳化物
ε-carbide	ε碳化物	ε碳化物
carbide ceramics	碳化物陶瓷	碳化物陶瓷
carbide die	硬质合金模具	碳化物模具
carbide dispersion strengthened copper alloy	碳化物弥散强化铜合金	碳化物散布強化銅合金
carbide drawing die	硬质合金拉丝模	碳化物拉模
carbide drilling bit	硬质合金钻齿	碳化物鑽頭凸齒
carbide forming element	碳化物形成元素	碳化物形成元素
carbide-free bainite	无碳化物贝氏体，超低碳贝氏体	無碳化物變韌體，無碳化物貝氏體
carbide reaction	碳化物生成反应	碳化物反應
carbide-strengthening superalloy	碳化物强化高温合金	碳化物強化超合金
carbonate rock	碳酸盐岩	碳酸鹽岩石
carbonatite	碳酸岩	碳酸岩
carbon-bearing refractory	含碳耐火材料	含碳耐火材
carbon black absorber	导电碳黑吸收剂	碳黑吸收劑
carbon brick	碳砖	碳磚
carbon/carbon ablative composite	碳/碳防热复合材料	碳/碳剝蝕複材
carbon/carbon composite friction materials	碳/碳复合摩擦材料	碳/碳複材摩擦材料
carbon chain fiber	碳链纤维	碳鏈纖維
carbon chain polymer	碳链聚合物	碳鏈聚合體
carbon coating	碳涂层	碳塗層
carbon dioxide arc welding	二氧化碳气体保护电弧焊，CO_2焊	二氧化碳弧銲
carbon equivalent	碳当量	碳當量
carbon fiber	碳纤维	碳纖維
carbon fiber reinforcement	碳纤维增强体	碳纖維強化體
carbon fiber reinforced carbon matrix composite	碳纤维增强碳基复合材料	碳纖維強化碳基複材

英 文 名	大 陆 名	台 湾 名
carbon fiber reinforced polymer composite (CFRP composite)	碳纤维增强聚合物基复合材料	碳纖維強化聚合體複材，CFRP 複材
carbon/graphite fiber reinforced aluminum matrix composite	碳纤维/石墨增强铝基复合材料	碳/石墨纖維強化鋁基複材
carbon/graphite fiber reinforced magnesium matrix composite	碳纤维/石墨增强镁基复合材料	碳/石墨纖維強化鎂基複材
carbonitriding	碳氮共渗	滲碳氮化
carbonized pottery	黑陶	黑陶
carbonless copy paper	无碳复写纸	無碳複寫紙
carbon matrix composite	碳基复合材料	碳基複材
carbon microballoon reinforcement	碳微球增强体	碳微球囊強化體
carbon nanomaterials for hydrogen storage	碳纳米贮氢材料	儲氫用碳奈米材料
carbon nanotube	碳纳米管，巴基管	碳奈米管
carbon nanotube absorber	碳纳米管吸收剂，纳米碳管吸收剂	碳奈米管吸收劑
carbon nanotube polymer composite	碳纳米管聚合物基复合材料	碳奈米管聚合體複材
carbon nanotube reinforcement	碳纳米管增强体	碳奈米管強化體
carbon paper	复写纸	複寫紙，碳紙
carbon/phenolic ablative composite	碳/酚醛防热复合材料	碳/酚醛剝蝕複材
carbon potential	碳势	碳勢，碳位能
carbon residue content of composite	复合材料残碳率	複材碳殘留量
carbon/silica ablative composite	碳/二氧化硅防热复合材料	碳/二氧化矽剝蝕複材
carbon thermal reduction	碳热还原	碳热還原
carbon tool steel	碳素工具钢	碳工具鋼
carbon whisker reinforcement	碳晶须增强体	碳鬚晶強化體
carbon yield ratio of composite	复合材料残碳率	複材碳產出率
carbonyl iron absorber	羰基铁吸收剂	羰基鐵吸收材
carbonyl powder	羰基粉	羰基粉末
carbonyl process	羰基法	羰基製程
carbothermic reduction	碳热还原	碳熱還原
carboxylated acrylonitrile-butadiene latex	羧基丁腈胶乳	羧基化丙烯腈丁二烯乳膠
carboxylated chloroprene rubber	羧基氯丁橡胶	羧基化氯丁腈橡膠
carboxylated styrene-butadiene rubber latex	羧基丁苯橡胶胶乳	羧基化苯乙烯丁二烯橡膠乳膠
carboxylation and amination latex	羧胺胶乳	羧胺化乳膠
carboxyl nitrile rubber	羧基丁腈橡胶	羧基丁腈橡膠

英 文 名	大 陆 名	台 湾 名
carboxyl-terminated liquid polybutadiene rubber	端羧基液体聚丁二烯橡胶	終端化羧基液體聚丁二烯橡膠
carburized steel	渗碳钢	滲碳鋼
carburizer	渗碳剂	滲碳劑
carburizing	渗碳	滲碳
carburizing steel of bearing	渗碳轴承钢	滲碳軸承鋼
car chassis steel	汽车大梁钢	汽車底盤鋼
carcinogenicity	致癌性	致癌性
carnallite	光卤石	光鹵石
carpet plot	毯式曲线	地毯圖，毯式圖
carrier	载流子	載子
carrier concentration	载流子浓度	載子濃度
cartridge brass	弹壳黄铜	彈殼黃銅
case hardening steel	表面硬化钢	表面硬化鋼
casein glue	酪素胶黏剂	酪蛋白膠
case quenching	表面淬火	表面淬火
cassiterite	锡石	錫石
cast	铸造	鑄造
castability	铸造性能	可鑄性
castable acid-resistant refractory	耐酸耐火浇注料	可澆鑄耐酸耐火材
castable alkali-resistant refractory	耐碱耐火浇注料	可澆鑄耐鹼耐火材
castable alumina magnesite refractory	铝镁耐火浇注料，刚玉–尖晶石浇注料	可澆鑄鋁鎂耐火材
castable alumina-silicon carbide refractory	氧化铝–碳化硅耐火浇注料	可澆鑄氧化鋁碳化矽耐火材
castable clay bonded refractory	黏土结合耐火浇注料	可澆鑄黏土結著耐火材
castable corundum refractory	刚玉耐火浇注料	可澆鑄剛玉耐火材
castable dental ceramics	牙科铸造陶瓷	可澆鑄牙科陶瓷
castable high alumina refractory	高铝耐火浇注料	可澆鑄高氧化鋁耐火材
castable light weight refractory	轻质耐火浇注料	可澆鑄輕質耐火材
castable mullite refractory	莫来石耐火浇注料	可澆鑄莫來石耐火材
castable polyurethane elastomer	浇注型聚氨酯橡胶	可澆注聚氨酯彈性體
castable polyurethane rubber	浇注型聚氨酯橡胶，液体聚氨酯橡胶	可澆注聚氨酯橡膠
castable refractory	耐火浇注料	可澆注耐火材，非定形耐火材
castable self-flowing refractory	自流耐火浇注料	可澆注自流耐火材

英文名	大陆名	台湾名
castable steel fiber-reinforced refractory	钢纤维增强耐火浇注料	可澆鑄鋼纖[維]強化耐火材
cast alloy	铸造合金	鑄造合金
cast aluminum alloy	铸造铝合金	鑄造鋁合金
cast coated paper	铸涂纸	鑄塗紙
cast copper alloy	铸造铜合金	鑄造銅合金
casting	①铸造 ②铸件	鑄造
casting defect	铸造缺陷	鑄造缺陷
casting gating system	浇注系统	澆注系統
casting pig iron	铸造生铁	鑄造生鐵
casting powder	保护渣	鑄造用粉
casting stress	铸造应力	鑄造應力
casting texture	铸造织构	鑄造織構
cast-in process	镶铸法	鑲鑄製程
cast iron	铸铁	鑄鐵
cast iron pipe	铸铁管	鑄鐵管
cast lead alloy	铸造铅合金	鑄造鉛合金
cast magnesium alloy	铸造镁合金	鑄造鎂合金
cast magnet	铸造磁体	鑄造磁石
cast rolling	铸轧	鑄軋
cast steel	铸钢	鑄鋼
cast superalloy	铸造高温合金	鑄造超合金
cast titanium alloy	铸造钛合金	鑄造鈦合金
cast titanium aluminide alloy	铸造钛铝合金	鑄造鈦鋁[介金屬]合金
cast zinc alloy	铸造锌合金	鑄造鋅合金
catalysis	催化	催化作用，觸媒作用
catalyst	催化剂	催化劑，觸媒
catheter	导管	導管
catheter sheath	导管鞘	導管鞘
cathode sputtering	阴极溅射法	陰極濺鍍
cathodic corrosion	阴极腐蚀	陰極腐蝕
cathodic deposition	阴极沉积	陰極沈積
cation exchange resin	阳离子交换树脂	陽離子交換樹脂
cationic polymerization	正离子聚合，阳离子聚合	陽離子聚合[作用]
caustic embrittlement	碱脆	鹼脆
cavitation corrosion	空化腐蚀，空蚀，气蚀	孔蝕
cavitation damage resistant steel	耐气蚀钢	耐孔損鋼

英　文　名	大　陆　名	台　湾　名
cavity liner	洞衬剂	蛀牙孔襯劑
CBE (=chemical beam epitaxy)	化学束外延	化學束磊晶術
CCT (=continuous cooling transformation)	连续冷却转变	連續冷卻轉變
CCT diagram (=continuous cooling transformation diagram)	连续冷却转变图	連續冷卻轉變圖
CEC (=cyanoethyl cellulose)	氰乙基纤维素	氰乙基纖維素
cedar [wood] oil	柏木油	杉木油，雪松木油，柏木油
ceiling temperature of polymerization	聚合最高温度，聚合极限温度	聚合最高溫度，聚合上限溫度
celadon	青瓷	青瓷
celestite	天青石	天青石
cell affinity	细胞亲和性	細胞親和性
cell automation method	元胞自动机法	網格自動法
cell differentiation	细胞分化	細胞分化
cell induction	细胞诱导	細胞誘導
cellophane	玻璃纸，赛璐玢	玻璃紙，賽珞玢
cell therapy	细胞治疗	細胞治療
cellular-dendrite interface transition	胞–枝转变	束管狀–樹枝狀界面轉換
cellular interface	胞状界面	細胞狀界面，束管狀界面
cellular structure	胞状结构	細胞狀結構，束管狀結構
cellulose	纤维素	纖維素
cellulose acetate-butyrate (CAB)	醋酸丁酸纤维素	醋酸丁酸纖維素
cellulose acetate (CA)	醋酸纤维素	醋酸纖維素
cellulose acetate fiber	醋酯纤维，醋酸纤维	纖維素醋酸纖維
cellulose acetate-propionate (CAP)	醋酸丙酸纤维素	醋酸丙酸纖維素
cellulose electrode	纤维素型焊条	纖維素型銲條
cellulose nitrate	硝酸纤维素	硝化纖維素
cellulose nitrate plastic (CN plastic)	硝酸纤维素塑料，赛璐珞	硝化纖維素塑膠
cellulosic matrix polysilicic acid fiber	纤维素–聚硅酸纤维	纖維素基聚矽酸纖維
cemented carbide	硬质合金	燒結碳化物
cemented carbide based on carbochronic	碳化铬基硬质合金	碳化鉻基燒結碳化物
cemented carbide based on carbonitride	碳氮化物基硬质合金	碳化氮基燒結碳化物
cemented carbide based on tungsten carbide	碳化钨基硬质合金	碳化鎢基燒結碳化物
cemented carbide without tungsten	无钨硬质合金	無鎢燒結碳化物

英　文　名	大　陆　名	台　湾　名
cemented carbide with tungsten	含钨硬质合金	含鎢燒結碳化物
cemented chromium carbide	烧结碳化铬	燒結碳化鉻
cemented nitrogen carbide	烧结碳化氮	燒結碳化氮
cemented tungsten carbide	烧结碳化钨	燒結碳化鎢
cementite	渗碳体	雪明碳體，雪明碳鐵
cementitious materials	胶凝材料	膠結材料
cement matrix composite	水泥基复合材料	水泥基複材
cement particleboard	水泥刨花板	水泥木屑板
centrifugal atomization	离心雾化	離心霧化
centrifugal casting	离心铸造	離心鑄造
centrifugal casting process	离心浇铸成形	離心鑄造製程
centrifugal cast iron pipe	离心铸铁管	離心鑄鐵管
centrifugal dewatering	离心脱水，离心沈降	離心脫水
centrifugal sedimentation	离心脱水，离心沉降	離心沈降
centrifugal slip casting	离心注浆成型	離心注漿法
ceramal	金属陶瓷	陶金
ceramic color glaze	陶瓷釉	陶瓷彩釉
ceramic electrolyte	电解质陶瓷	陶瓷電解質
ceramic enameled glass	釉面玻璃	陶瓷珐瑯玻璃
ceramic fuel	陶瓷型燃料	陶瓷燃料
ceramic fuel cell	陶瓷燃料电池	陶瓷燃料電池
ceramic-fused-to-metal crown	金属烤瓷粉	陶瓷熔覆金屬牙冠
ceramic matrix composite (CMC)	陶瓷基复合材料	陶瓷基複材
ceramic-metal alloy	烤瓷合金	陶瓷金屬合金
ceramic-metal composite	陶瓷–金属复合材料	陶瓷金屬複材
ceramic powder	烤瓷粉	陶瓷粉
ceramic radar absorbing materials	陶瓷吸波材料	陶瓷雷達[波]吸收材
ceramic rod flame spray coating	陶瓷棒火焰喷涂	陶瓷棒火焰噴塗
ceramics for building material	建筑陶瓷	建材用陶瓷
ceramics for chemical industry	化工陶瓷	化工用陶瓷
ceramics for daily use	日用陶瓷	日用陶瓷
ceramic tooth	瓷牙	陶瓷牙
ceramisite	陶粒	陶瓷粒
cerium fluoride crystal	氟化铈晶体	氟化鈰晶體
cerium-nickel-silicon 2：17：9 type alloy	铈镍硅 2：17：9 型合金	鈰鎳矽 2：17：9 型合金
cermet	金属陶瓷	陶金
cesium chloride structure	氯化铯结构	氯化銫結構
cesium lithium borate crystal	硼酸铯锂晶体	硼酸鋰銫晶體，銫鋰

英 文 名	大 陆 名	台 湾 名
		硼酸鹽晶體
CFRP composite (=carbon fiber reinforced polymer composite)	碳纤维增强聚合物基复合材料	碳纖維強化聚合體複材，CFRP 複材
chain conformation	链构象	鏈構形
chain entanglement	链缠结	鏈纏結
chain-folded lamellae	折叠链晶片	摺鏈片晶
chain growth	链增长	鏈成長
chain initiation	链引发	鏈引發
chain polymerization	链式聚合，连锁聚合	鏈聚合[作用]
chain propagation	链增长	鏈增長
chain segment	链段	鏈段
chain silicate structure	链状硅酸盐结构	鏈狀矽酸鹽結構
chain termination	链终止	鏈終止
chain termination agent	链终止剂	鏈終止劑
chain transfer	链转移	鏈轉移
chain transfer agent	链转移剂	鏈轉移劑
chain transfer constant	链转移常数	鏈轉移常數
chalcedony	玉髓	玉髓
chalcocite	辉铜矿	輝銅礦
chalcogenide glass	硫系玻璃	硫屬玻璃
chalcopyrite	黄铜矿	黃銅礦
chalk	白垩	白堊
chameleon fiber	光敏变色纤维	感光變色纖維，變色龍纖維
chamotte brick	黏土砖	燒粉磚
channeling effect	通道效应，沟道效应	通道效應
channel-section glass	槽形玻璃	槽形玻璃
channel steel	槽钢	槽鋼
characteristic acoustic resistance	特性声阻	特性聲阻
charge	炉料	爐料
charge density wave	电荷密度波	電荷密度波
charge transfer polymerization	电荷转移聚合	電荷轉移聚合[作用]
Charpy impact strength	简支梁冲击强度	沙丕衝擊強度
Charpy impact test	夏比冲击试验	沙丕衝擊試驗
chelate polymer	螯合聚合物	螯合聚合體
chelating ion-exchange resin	螯合型离子交换树脂，螯合树脂	螯合離子交換樹脂
chemical additive	化学外加剂	化學添加劑
chemical admixture	化学外加剂	化學摻合物

英 文 名	大 陆 名	台 湾 名
chemical adsorption	化学吸附	化學吸附
chemical beam epitaxy (CBE)	化学束外延	化學束磊晶術
chemical bonded ceramics	化学结合陶瓷，不烧陶瓷	化學鍵結陶瓷
chemical coloring	化学着色	化學著色
chemical composition of wood	木材化学组分	木材化學成分
chemical conversion film	化学转化膜	化學轉化膜
chemical coprecipitation method	化学共沉淀法	化學共沈[澱]法
chemical coprecipitation process for powdermaking	化学共沉淀法制粉	化學共沈[澱]法製粉
chemical crosslinking	化学交联	化學交聯
chemical-curing denture base polymer	化学固化型义齿基托聚合物	化學固化假牙座聚合體
chemical degradation	化学降解	化學降解
chemical diffusion	化学扩散	化學擴散
chemical expansion	化学发泡法	化學膨脹
chemical fiber	化学纤维	化學纖維
chemical foaming agent	化学发泡剂	化學發泡劑
chemical heat treatment	化学热处理	化學熱處理
chemical heat treatment with rare earth element	稀土化学热处理	稀土元素化學熱處理
chemically activated cementitious materials	化学激发胶凝材料	化學活化膠結材料
chemically controlled drug delivery system	化学控制药物释放系统	化學控制藥物遞送系統
chemical mechanical polishing (CMP)	化学–机械抛光	化學機械拋光
chemical plasticizer	化学增塑剂	化學塑化劑
chemical polishing	化学抛光	化學拋光
chemical potential	化学势	化學勢
chemical precipitation method	化学沉淀法	化學沈澱法
chemical pulp	化学浆	化學漿料
chemical reaction method	化学反应法	化學反應法
chemical vapor deposition (CVD)	化学气相沉积	化學氣相沈積
chemical vapor deposition process for powdermaking	化学气相沉积法制粉	化學氣相沈積法製粉
chemi-mechanical pulping	化学机械浆	化學機械製漿
chemisorption	化学吸附	化學吸附
chert	燧石，火石	燧石，打火石
Chevrel phase [compound] superconductor	谢弗雷尔相[化合物]超导体	謝夫爾相[化合物]超導體

英 文 名	大 陆 名	台 湾 名
chilled cast iron	冷硬铸铁	冷硬鑄鐵，硬面鑄鐵
chilled iron	冷铁	冷淬鐵，冷硬鐵
chill zone	激冷层	冷硬層
china	瓷器	瓷器，瓷
china clay	瓷土	瓷土
china stone	瓷石	瓷石
Chinese lacquer	大漆	中國漆，中國漆器
chipping	崩边	①剝離 ②碎屑
chip spinning	切片纺丝法	塑粒紡絲
chiral polymer	手性聚合物，光活性聚合物	對掌型聚合體
chloridizing metallurgy	氯化冶金	氯化冶金
chlorinated polyethylene (CPE)	氯化聚乙烯	氯化聚乙烯
chlorinated polyethylene elastomer	氯化聚乙烯橡胶	氯化聚乙烯彈性體
chlorinated polypropylene (CPP)	氯化聚丙烯	氯化聚丙烯
chlorinated polyvinylchloride (CPVC)	氯化聚氯乙烯	氯化聚氯乙烯
chlorobutadiene-acrylonitrile rubber	氯腈橡胶	氯丁二烯丙烯腈橡膠，氯腈橡膠
chlorobutadiene rubber latex	氯丁橡胶胶乳	氯丁二烯橡膠乳膠
chlorofiber	含氯纤维	含氯纖維
chlorophenyl silicone oil	氯苯基硅油	氯苯基矽氧油
chloroprene rubber	氯丁橡胶	氯丁二烯橡膠，氯平橡膠
chlorosilane	有机氯硅烷直接法合成	氯矽烷
chlorosulfonated ethylene propylene rubber	氯磺化乙丙橡胶	氯磺化乙烯丙烯橡膠
chlorosulfonated polyethylene	氯磺酰化聚乙烯	氯磺化聚乙烯
chlorosulfonated polyethylene rubber	氯磺化聚乙烯橡胶	氯磺化聚乙烯橡膠
chopped fiber reinforcement	短切纤维增强体	短纖強化體
chromatosome mutagenesis	染色体诱变，染色体畸变	染色體突變誘發
chrome brick	铬砖	鉻磚
chrome-containing aluminosilicate refractory fiber product	含铬硅酸铝耐火纤维制品	含鉻鋁矽酸鹽耐火纖維製品
chromel alloy	镍铬电偶合金	鎳鉻合金，克鉻美合金
chromite	铬铁矿	鉻鐵礦
chromium based cast superalloy	铬基铸造高温合金	鉻基鑄造超合金
chromium based wrought superalloy	铬基变形高温合金	鉻基鍛軋超合金

英　文　名	大　陆　名	台　湾　名
chromium bronze	铬青铜	鉻青銅
chromium-doped calcium lithium aluminum fluoride crystal	掺铬氟铝酸钙锂晶体	鉻摻雜氟化鋁鋰鈣晶體
chromium-doped garnet crystal	掺铬石榴子石晶体	鉻摻雜石榴子石晶體
chromium-doped lithium strontium aluminum fluoride crystal	掺铬氟铝酸锶锂晶体	鉻摻雜氟化鋁鍶鋰晶體
chromium electroplating	电镀铬	鉻電鍍
chromium steel	铬钢	鉻鋼
chronic toxicity	慢性毒性	慢性毒性
chrysoberyl	金绿宝石	金綠寶石
chrysoberyl cat's eye	金绿宝石猫眼，猫眼	金綠寶石貓眼
chuck mark	夹痕	夾痕
CICC (=cable-in-conduit conductor)	导管电缆导体	導管內電纜導體
cine-fluorography	荧光图电影摄影术	電影螢光攝影術
cine-radiography	射线[活动]电影摄影术	電影放射攝影術
cinnabar	辰砂	辰砂
CIP (=cold isostatic pressing)	冷等静压制	冷均壓
CIP molding (=cold isostatic pressing molding)	冷等静压成型	冷均壓模製
circular arc tearing strength	圆弧撕裂强度	圓弧撕裂強度
cis-1,4-polyisoprene rubber	顺式 1,4-聚异戊二烯橡胶，合成天然橡胶	順–1,4-聚異戊二烯橡膠
citrine	黄晶，黄水晶	黄水晶，黄晶
cladding extrusion	包覆挤压	包覆擠製
cladding layer	熔覆层	包覆層
clad steel plate	复合钢板	包層鋼板
clad steel sheet	复合钢板	包層鋼片
clasp	卡环	卡環
clay	黏土	黏土
clay bonded silicon carbide product	黏土结合碳化硅制品	黏土結著碳化矽製品
clay rock	黏土岩	黏土岩
clay sand	黏土砂	黏土砂
clay silicate structure	黏土类硅酸盐结构	黏土類矽酸鹽結構
cleaning	净面	淨面[作用]
cleaning leather	擦拭革	淨面皮革
clean steel	洁净钢	清淨鋼
clean superconductor	干净超导体	清淨超導體
clear glaze	透明釉	透明釉，清釉
cleavage fracture	解理断裂	解理破斷，劈裂破斷

英 文 名	大 陆 名	台 湾 名
cleavage resistance of wood	木材抗劈力	木材抗劈裂性
clinker	熟料	熟料，熔結塊
cloisonne	景泰蓝，铜胎掐丝珐琅，烧青	景泰藍
closed die forging	闭式模锻	閉模鍛造
closed porosity	闭孔孔隙度	閉孔孔隙度，閉孔孔隙率
closed system	封闭系统	封閉系統
cloud point	浊点	濁點
cloud point method	浊点法	濁點法
clustering	原子簇聚，原子偏聚	團簇化
CMC (=ceramic matrix composite)	陶瓷基复合材料	陶瓷基複材
CMP (=chemical mechanical polishing)	化学-机械抛光	化學機械拋光
CMR effect (=colossal magnetoresistance effect)	超巨磁电阻效应	巨磁阻效應
CMR materials (=colossal magnetoresistance materials)	庞磁电阻材料	巨磁阻材料
CN plastic (=cellulose nitrate plastic)	硝酸纤维素塑料赛璐珞	硝化纖維素塑膠
coagulating agent	凝聚剂	凝聚劑
coal	煤	煤
coal series kaolinite	煤系高岭土	煤系高嶺石
coarse grained steel	粗晶粒钢	粗晶粒鋼
coarse grain ring	粗晶环	粗晶環
coarse grain size cemented carbide	粗晶硬质合金	粗晶燒結碳化物
coarse pearlite	粗珠光体	粗波來體，粗波來鐵
coarse powder	粗粉	粗粉
coated art paper	涂布美术印刷纸，铜版纸	塗布美術紙
coated cemented carbide	涂层硬质合金	塗層燒結碳化物
coated fiber	涂层纤维	被覆纖維
coated glass	镀膜玻璃，反射玻璃	鍍膜玻璃
coated ivory board	涂布白卡纸	塗布象牙白紙板
coated paper and coated board	涂布纸和纸板	塗布紙和塗布板
coated particle fuel	包覆颗粒燃料	被覆顆粒燃料
coated steel sheet	涂层钢板，镀层钢板	塗層鋼片
coated stent graft	覆膜支架	被覆支架植體
coated superconductor	涂层超导体，第二代高温超导线[带]材	被覆超導體

英 文 名	大 陆 名	台 湾 名
coated white board	涂布白纸板	塗布白紙板
coating	①涂层 ②涂料 ③涂装	①塗層 ②包覆料，護膜 ③塗佈，包覆
coating internal stress	镀层内应力	塗層內應力
coating of electrode	药皮	銲條塗層
coating paint	涂漆	塗層用漆
coaxial cylinder viscometry	同轴圆筒测黏法	同軸圓柱黏度測定術
cobalt	钴	鈷
cobalt based alloy	钴基合金	鈷基合金
cobalt based axle alloy	钴基轴尖合金	鈷基軸合金
cobalt based cast superalloy	钴基铸造高温合金	鈷基鑄造超合金
cobalt based constant elasticity alloy	钴基恒弹性合金	鈷基恆彈性合金
cobalt based high elasticity alloy	钴基高弹性合金	鈷基高彈性合金
cobalt based magnetic alloy	钴基磁性合金	鈷基磁性合金
cobalt based magnetic recording alloy	钴基磁记录合金	鈷基磁記錄合金
cobalt based noncrystalline magnetic head alloy	钴基非晶态磁头合金	鈷基非晶磁頭合金
cobalt based noncrystalline soft magnetic alloy	钴基非晶态软磁合金	鈷基非晶軟磁合金
cobalt-base heat-resistant alloy	钴基耐热合金	鈷基耐熱合金
cobalt-doped magnesium fluoride crystal	掺钴氟化镁晶体	摻鈷氟化鎂晶體
cobalt high speed steel	含钴高速钢	含鈷高速鋼
co-bonding composite	复合材料共胶接	共接合複材
cochlear implant	人工耳蜗	耳蝸植體
co-curing composite	复合材料共固化	共固化複材
coefficient of acoustic permeability of wood	木材透声系数	木材透聲係數
coefficient of compression and recovery in low temperature	压缩耐温系数	低溫壓縮及回復係數
coefficient of surface resistance	表面电阻系数	表面電阻係數
coefficient of thermal expansion (CTE)	热膨胀系数	熱膨脹係數
coefficient of volume resistance	体积电阻率，体积电阻系数	體積電阻係數
coefficient of wet expansion	湿胀系数	濕脹係數
coercive force	矫顽力	矯頑力，保磁力
coextrusion	共挤出	共擠製
cohenite	陨铁	鈷碳鐵隕石
coherent hardening	共格硬化	契合硬化
coherent interface	共格界面	契合界面，連貫界面
coherent precipitation	共格脱溶	契合析出

英 文 名	大 陆 名	台 湾 名
cohesional entanglement	凝聚缠结，物理缠结	凝聚纏結
cohesive energy of crystal	晶体结合能	晶體內聚能
cohesive failure	内聚破坏	內聚破壞
cohesive force of crystal	晶体结合力	晶體內聚力
coil	螺圈	線圈
coke	焦炭	焦炭
coke charge	焦料	焦料
coke dry quenching	干熄焦	焦炭乾淬法
coke ratio	焦比	焦炭比
coking	炼焦，焦化	煉焦
cold bending test	冷弯试验	冷彎試驗
cold blanking tool steel	冷冲裁模具钢	冷切料工具鋼
cold box process	冷芯盒法	冷匣法
cold cracking	冷裂	冷[破]裂
cold crucible crystal growth method	冷坩埚晶体生长法	冷坩堝晶體成長法
cold deformation	冷变形	冷變形
cold drawing	冷拉	冷抽
cold extrusion	冷挤压	冷擠製
cold extrusion tool steel	冷挤压模具钢	冷擠工具鋼
cold flow	冷流	冷流
cold forging steel	冷[顶]镦钢	冷鍛鋼
cold heading	冷镦	冷作[釘]頭
cold heading steel	铆螺钢	冷作[釘]頭鋼
cold heading tool steel	冷镦模具钢	冷作[釘]頭工具鋼
cold isostatic pressing (CIP)	冷等静压制	冷均壓
cold isostatic pressing molding (CIP molding)	冷等静压成型	冷均壓模製
cold pressing	冷压	冷壓
cold pressure welding	冷压焊	冷壓銲
cold rolled steel	冷轧钢材	冷軋鋼
cold rolled tube	冷轧管材	冷軋管
cold rolling	冷轧	冷輥軋
cold sealing	冷封孔	冷封
cold shut	冷隔	冷接紋
cold stretching	冷拉	冷伸展
cold treatment	冷处理	冷處理
cold wall epitaxy	冷壁外延	冷壁磊晶術
cold working die steel	冷作模具钢	冷作模具鋼
cold working of glass	玻璃冷加工	玻璃冷加工

英　文　名	大　陆　名	台　湾　名
collagen	胶原蛋白	膠原蛋白
collagen fiber	胶原纤维	膠原[蛋白]纖維
collagen grafted modification	接枝胶原蛋白改性	接枝膠原蛋白改質
collapsibility	溃散性	崩潰性
collision	碰撞	碰撞
colloidal forming	胶态成型	膠態成形
colloidal injection moulding	胶态注射成型	膠態射出成型
colophony	松香	松香，松脂
colorant	着色剂	著色劑
color center	色心	發色中心
color coated steel sheet	彩色涂层钢板，彩涂钢板	彩色塗層鋼板
color coating	彩涂	彩色塗層
color concentrate	色母料，色母粒	色母
color difference	色差	顏色差異性
colored glaze	琉璃	色釉
color enamel	瓷胎画珐琅，珐琅彩，古月轩，蔷薇彩	有色琺瑯
color fastness	颜色坚牢度	顏色牢固性，色固性，不褪色性
color fastness to light	耐晒坚牢度	受光色固性
color filter	滤色镜，滤光片，滤色片	濾光片，濾光板
color glass	彩色玻璃	有色玻璃
coloring of anodized film	氧化膜着色	陽極處理膜著色
coloring of glass	玻璃着色	玻璃著色
coloring with inorganic pigment	无机染色	無機顏料著色
coloring with organic dyestuff	有机染色	有機染料著色
colorless optical glass	无色光学玻璃	無色光學玻璃
color painted steel strip	彩色涂层钢板，彩涂钢板	彩色漆塗鋼帶
color spraying	喷彩	著色噴塗
colossal magnetoresistance effect (CMR effect)	超巨磁电阻效应	巨磁阻效應
colossal magnetoresistance materials (CMR materials)	庞磁电阻材料	巨磁阻材料
columbite	铌铁矿	鈮鐵礦
columbium alloy	铌合金	鈮合金
columnar crystal	柱状晶	柱狀晶

英 文 名	大 陆 名	台 湾 名
columnar ferrite	柱状铁素体	柱狀肥粒鐵
columnar structure	柱状组织	柱狀結構
combined sintering	组合烧结	組合燒結
combined wire	复合焊丝	組合[銲]線
comb polymer	梳形聚合物	梳型聚合體
combustion synthesis	燃烧合成	燃燒合成
combustion wave rate	燃烧波速率	燃燒波速率
commercial purity aluminum	工业纯铝	商用純鋁
commercial purity magnesium	工业纯镁	商用純鎂
commercial purity titanium	工业纯钛	商用純鈦
comminuted powder	粉碎粉	粉碎粉
compact	压坯	粉壓坯
compacted graphite cast iron	蠕墨铸铁	縮墨鑄鐵
compact strip production	紧凑带钢生产	緊湊型金屬帶生産
compatibility	相容性	相容性
compatibilization	增容作用	相容[作用]
compatibilizer	相容剂	相容劑
compatible condition	相容性条件	相容條件
compensation	补偿	補償
compensation doping	补偿掺杂	補償摻雜
compensation resistance materials	补偿电阻材料	補償電阻材料
complement activation ability	补体活化能力	補體活化能力
complementary color	互补色	互補色
complement inhibition ability	补体抑制能力	補體抑制能力
complement system	补体系统	補體系統
complete denture	全口义齿	全口假牙
completely alloyed powder	完全合金化粉	完全合金化粉
complete solid solution	连续固溶体	完全固溶體
complex agent	络合剂	錯合劑
complex dielectric constant	复介电常数	複[數]介電常數
complex effect	复合效应	錯合效應
complexing agent	络合剂	錯合劑
complex stabilizer	复合稳定剂	錯合安定劑
compliance invariant	柔度不变量	柔度不變量
compomer	复合体	玻璃離子體複材
component	组元	成分，組件
component of composite	复合材料组分，复合材料组元	複材成分
composite	复合材料	複材

英　文　名	大　陆　名	台　湾　名
composite carbide ceramics	复合碳化物陶瓷	複合碳化物陶瓷
composite coating	复合涂层	複合塗層，複合鍍層，複合被覆
composite cure	复合材料固化	複材固化
composite cure model	复合材料固化模型	複材固化模型
composite damping alloy	复合型减振合金	複合型阻尼合金
composite delamination	复合材料分层	複材脫層
composite fiber	复合纤维	複合纖維
composite interface	复合材料界面	複材界面
composite materials	复合材料	複合材料
composite matrix	复合材料基体	複材基質
composite powder	复合粉	複合粉體
composite release film	复合材料隔离膜	複材離形膜
composite resin filling materials	复合树脂充填材料	複合樹脂充填材料
composite stone	拼合宝石，拼合石	複合石材
composite superconductor	复合超导体	複合超導體
composite tissue	复合组织	複合組織
composition adjustment by sealed argon bubbling	密闭式吹氩成分微调法	密封式吹氬成分調節法
compositional wave	成分波	成分波[動]
composition effect	复合效应	成分效應
compound avalanche photo-diode	化合物雪崩光电二极管	化合物崩潰光二極體
compounding	复合	配料混合
Ⅱ-Ⅵ compound semiconductor	Ⅱ-Ⅵ族化合物半导体材料	Ⅱ-Ⅵ族化合物半導體
Ⅲ-Ⅴ compound semiconductor	Ⅲ-Ⅴ族化合物半导体材料	Ⅲ-Ⅴ族化合物半導體
Ⅳ-Ⅳ compound semiconductor	Ⅳ-Ⅳ族化合物半导体材料	Ⅳ-Ⅳ族化合物半導體
compound semiconductor	化合物半导体	化合物半導體
compound semiconductor materials	化合物半导体材料	化合物半導體材料
compound-silicon materials	化合物–硅材料	化合物–矽材料
compound spinning	复合纺丝	複合紡絲
compound superconductor	化合物超导体	化合物超導體
compressibility	压缩性	[可]壓縮性
compressibility of fiber	纤维可压缩性	纖維[可]壓縮性
compression and low-temperature recovery test	压缩和低温回复试验	壓縮及低溫回復試驗

英 文 名	大 陆 名	台 湾 名
compression and recovery in low temperature test	压缩耐温实验	壓縮及回復在低溫試驗
compression curve	压缩性曲线	壓縮曲線
compression fatigue test	压缩疲劳试验	壓縮疲勞試驗
compression fatigue test with constant load	定负荷压缩疲劳试验	定負荷壓縮疲勞試驗
compression molding	模压成型	壓縮模製
compression molding machine	模压机	壓縮模製機
compression molding press	模压机	壓縮模製壓機
compression ratio	压缩比	壓縮比
compressive strength	抗压强度	抗壓強度
compressive strength after impact of laminate	层合板冲击后抗压强度	積層板衝擊後抗壓強度
compressive strength parallel to the grain of wood	木材顺纹抗压强度	木材順紋抗壓強度
compressive strength perpendicular to the grain of wood	木材横纹抗压强度	木材橫紋抗壓強度
Compton scattering	康普顿散射	康普頓散射
computational materials science	计算材料学，材料计算学	計算材料科學
computer calculation of phase diagram	相图计算技术	相圖電腦計算
computer modeling	计算机建模	電腦建模
computer simulation	计算机模拟，计算机仿真	電腦模擬
computer tomography	计算机断层扫描术	電腦斷層攝影術
concentrated quasi-static indentation force testing of composite	复合材料准静态压痕力试验	複材準靜態集中壓痕力試驗
concentration of solvent vapor in spinning channel	[甬道中]溶剂蒸气浓度	紡絲通道溶劑蒸氣濃度
concrete	混凝土	混凝土
concrete bar steel	钢筋钢	混凝土鋼筋
concrete mixture	新拌混凝土，混凝土拌和物	混凝土混合物
concrete-polymer materials	聚合物混凝土	混凝土聚合體材料
condensation polymerization	缩聚反应，缩合聚合反应	縮合聚合[作用]
condensation type silicone rubber	缩合型硅橡胶	縮合型矽氧橡膠
condensed matter	凝聚体	凝體
condensed matter physics	凝聚体物理学	凝聚體物理[學]，凝態物理[學]

英　文　名	大　陆　名	台　湾　名
condenser paper	电容器纸	電容器紙
conditional fatigue limit	条件疲劳极限	條件疲勞極限
conditioning	回潮	回潮
conditioning heat treatment	预备热处理	預調熱處理
conducting coating	导电涂层	導電塗層
conductive ceramics	导电陶瓷	導電陶瓷
conductive composite	导电复合材料	導電複材
conductive glass	导电玻璃	導電玻璃
conductive polymer	导电高分子	導電聚合體，導電高分子
conductive polymer radar absorbing materials	导电高分子吸波材料	導電聚合體雷達[波]吸收材料
conductivity type	导电类型	導電性型
cone and plate viscometry	锥板测黏法	錐板黏度測定法
cone angle of female die	凹模锥角	凹模錐角
conglomerate	砾岩	礫岩
coniferous wood	针叶树材	針葉樹材
conservation law of crossing angle of crystal plane	晶面交角守恒定律	晶面交角守恆定律
constantan	康铜	康史登銅
constantan alloy	康铜，锰白铜	康史登銅合金
constant displacement specimen	恒位移试样	定位移試片
constant expansion alloy	定膨胀合金，封接合金	恆膨脹合金
constant load specimen	恒载荷试样	定負荷試片，定荷重試片
constant permeability alloy	恒磁导率合金	恆[磁]導率合金
constitutional fluctuation	浓度起伏	組成起伏
constitutional supercooling	组成过冷，组分过冷	組成過冷
constitutional undercooling	成分过冷	組成過冷
constitutional vacancy	组元空位	組成空位
constitutive equation	本构方程	組成方程式，本質方程式
constrained amorphous phase	受限非晶相	受拘非晶相
constrained crystal growth	强制性晶体生长	受拘晶體生長
construction ceramics	建筑陶瓷	營建用陶瓷
contact adhesive	接触型胶黏剂	接觸黏著劑
contact angle	接触角	接觸角
contact fatigue	接触疲劳	接觸疲勞
contact fatigue wear	接触疲劳磨损，表面疲	接觸疲勞磨耗

英 文 名	大 陆 名	台 湾 名
	劳磨损	
contact lens	角膜接触镜，隐形眼镜	隱形眼鏡
contact reaction brazing	接触反应钎焊	接觸反應硬銲
container	挤压筒	容器
contamination area	区域沾污	汙染區
continuous cast extrusion	连续铸挤	連續鑄擠
continuous casting	连续铸造，连铸	連續鑄造法，連續鑄造
continuous casting and rolling	连铸连轧	連續鑄造輥軋
continuous casting steel	连续铸钢	連鑄鋼
continuous cooling transformation (CCT)	连续冷却转变	連續冷卻轉變
continuous cooling transformation diagram (CCT diagram)	连续冷却转变图	連續冷卻轉變圖
continuous directional solidification	连续定向凝固	連續方向性凝固
continuous extrusion	连续挤压	連續擠製
continuous fiber reinforced metal matrix composite	连续纤维增强金属基复合材料	連續纖維強化金屬基複材
continuous fiber reinforced polymer matrix composite	连续纤维增强聚合物基复合材料	連續纖維強化聚合體基複材
continuous fiber reinforcement	连续纤维增强体	連續纖維強化體
continuous filament	长丝	連續長絲
continuous growth	连续生长	連續成長
continuous laser deposition	连续激光沉积	連續雷射沈積
continuous laser welding	连续激光焊	連續雷射銲接
continuous phase transformation	连续相变	連續相變
continuous precipitation	连续脱溶	連續析出
continuous rolling	连轧	連續輥軋
continuous steelmaking process	连续炼钢法	連續煉鋼製程
continuous vulcanization	连续硫化	連續火鍛，連續硫化
continuum approximation	连续体近似方法	連續近似[法]
contour length	伸直链长度	鏈伸直長度
controlled atmosphere heat treatment	可控气氛热处理	控制氣氛熱處理
controlled cooling	控制冷却	控制冷卻
controlled expansion alloy	定膨胀合金，封接合金	可控膨脹合金
controlled radical polymerization	可控自由基聚合	受控自由基聚合[作用]
controlled released membrane	控制释放膜	控制釋放透膜
controlled rolling	控制轧制	控制輥軋
controlled thermal severity test	受控热变试验	受控熱酷試驗

英 文 名	大 陆 名	台 湾 名
control materials	控制材料，中子吸收材料	控制材料
control rod assembly	控制棒组件	控制棒組
control rod guide thimble	控制棒导向管	控制棒導套管
conventional cast superalloy	等轴晶铸造高温合金	等軸晶鑄造超合金，傳統鑄造超合金
conventional drying of wood	木材常规干燥	木材常用乾燥法
converse piezoelectric effect	逆压电效应	逆壓電效應
converter steel	转炉钢	轉爐鋼
converter steelmaking	转炉炼钢	轉爐煉鋼
cooking	[制浆]蒸煮	[製漿]蒸煮
coolant materials	冷却剂材料，载热剂材料	冷卻劑材料
coolant materials of fusion reactor	聚变堆冷却剂材料	融合反應器冷卻劑材料
cooling curve	冷却曲线	冷卻曲線
cooling die extrusion	冷却模挤压	冷卻模擠製
cooling rate	冷却速度	冷卻速率
cooling schedule	冷却制度	冷卻排程
Cooper electron pair	库珀电子对	庫柏電子對
Cooper pair	库珀对	庫柏對
coordinate precipitation	配位沉淀	配位沈澱
coordination number	配位数	配位數
coordination polyhedron of anion	负离子配位多面体	陰離子配位多面體
coordination polymer	配位聚合物	配位聚合體
coordination polymerization	配位聚合	配位聚合[作用]
COP (=crystal originated pit)	晶体原生凹坑	晶體源生微坑
copolyacrylate	共聚芳酯	共聚丙烯酸酯
copolymer	共聚物	共聚體
copolymerization	共聚合	共聚合[反應]
copolymerized epichlorohydrin-ethylene oxide rubber	共聚型氯醚橡胶	共聚表氯醇環氧乙烷橡膠
copper	铜	銅
copper alloy	铜合金	銅合金
copper based friction materials	铜基摩擦材料	銅基摩擦材料
copper based shape memory alloy	铜基形状记忆合金	銅基形狀記憶合金
copper-nickel-iron permanent magnetic alloy	铜镍铁永磁合金	銅鎳鐵永磁合金
copper-oxide superconductor	铜氧化物超导体	銅氧化物超導體

英 文 名	大 陆 名	台 湾 名
copper-oxygen plane	铜氧面	銅氧面
copper-oxygen sheet	铜氧层	銅氧層
copper red glaze	铜红釉	銅紅釉
copper sulfide-cadmium sulfide ceramics solar cell	Cu_2S-CdS 陶瓷太阳能电池	硫化銅–硫化鎘陶瓷太陽能電池
copper to superconductor [volume] ratio	铜–超导体[体积]比	銅–超導體[體積]比
coprecipitation	共沉淀	共沈澱
copying paper	拷贝纸	複印紙
copy paper	复印纸	複印紙
copy skew rolling	仿形斜轧	仿偏斜輥軋
coral	珊瑚	珊瑚
cord-H-pull test	H 抽出试验	簾子線 H 抽出試驗
cordierite	堇青石	堇青石
core	芯[子]，铁芯	芯
core assembly molding	组芯造型	組芯造模
core bar expanding	芯棒扩孔	芯棒擴孔
core bar stretching	芯棒拔长	芯棒伸展
core making	制芯	製芯
core veneer	芯板	芯木薄板
core wire	焊芯	芯線
corium layer	真皮层	真皮層
cork	栓皮，木栓，软木	軟木，軟木塞，瓶塞
corrected grain leather	修面革	修面皮革
correcting	校形	校形，校正
correlation energy	相关能	關聯能量
corrosion	腐蚀	腐蝕
corrosion fatigue	腐蚀疲劳	腐蝕疲勞
corrosion in aqueous environment	水介质[中]腐蚀	水環境腐蝕
corrosion potential	腐蚀电位	腐蝕電位，腐蝕電勢
corrosion potential series	腐蚀电位序	腐蝕電位序
corrosion prevention	腐蚀防护	腐蝕防護
corrosion rate	腐蚀速率	腐蝕速率
corrosion resistance	耐[腐]蚀性	耐蝕性
corrosion resistant bearing steel	耐蚀轴承钢，不锈轴承钢	耐蝕軸承鋼
corrosion resistant cast iron	耐蚀铸铁	耐蝕鑄鐵
corrosion resistant cast steel	耐蚀铸钢	耐蝕鑄鋼
corrosion resistant copper alloy	耐蚀铜合金	耐蝕銅合金
corrosion resistant intermetallic compound	耐蚀金属间化合物	耐蝕介金屬化合物

英　文　名	大　陆　名	台　湾　名
corrosion resistant lead alloy	耐蚀铅合金	耐蝕鉛合金
corrosion resistant magnesium alloy	耐蚀镁合金	耐蝕鎂合金
corrosion resistant nickel alloy	耐蚀镍合金	耐蝕鎳合金
corrosion resistant tantalum alloy	耐蚀钽合金	耐蝕鉭合金
corrosion resistant titanium alloy	耐蚀钛合金	耐蝕鈦合金
corrosion resistant zirconium alloy	耐蚀锆合金	耐蝕鋯合金
corrosion resisting steel	耐蚀钢	耐蝕鋼
corrosion wear	磨蚀，腐蚀磨损	腐蝕磨耗
corrugated containerboard	瓦楞纸板	瓦楞紙板
corrugated fiber board	木纤维瓦楞板	瓦楞纖維板
corrugated steel sheet	瓦楞钢板，波纹板	浪形鋼片
corrugating medium	瓦楞原纸	瓦楞芯[紙]
Corten steel	科尔坦耐大气腐蚀钢，耐候钢	科騰耐候鋼
corundum	刚玉	剛玉，金剛砂
corundum brick	刚玉砖	剛玉磚
corundum ceramics	刚玉瓷	剛玉陶瓷
corundum-chrome brick	铬刚玉砖	剛玉[氧化]鉻磚
corundum-silicon carbide brick	铝硅炭砖	剛玉碳化矽磚
corundum structure	刚玉型结构	剛玉結構
corundum-zirconia brick	锆刚玉砖	剛玉氧化鋯磚
co-solvent	助溶剂	共溶劑
co-solvent method	助溶剂法	共溶劑法
co-spinning	共纺丝	共紡絲
cotton fiber	棉纤维，棉花	棉纖
cotton type fiber	棉型纤维	棉類纖維
Cottrell atmosphere	柯垂尔气团	柯瑞爾氣氛
coumarone-indene resin	古马龙–茚树脂	薰草哢–茚樹脂，苯并呋喃–茚樹脂
counter gravity casting	反重力铸造	反重力鑄造
counter pressure casting	差压铸造	差壓鑄造
coupled growth zone	共生区	耦合成長區
coupled stretching-bending analysis of laminate	层合板拉–弯耦合分析	積層板拉彎耦合分析
coupling agent	偶联剂	耦合劑
coupling agent of composite	复合材料偶联剂	複材耦合劑
coupling compliance of laminate	层合板耦合柔度	積層板耦合柔度
coupling stiffness of laminate	层合板耦合刚度	積層板耦合剛性
coupling termination	偶合终止	耦合終止

英 文 名	大 陆 名	台 湾 名
covalent bond	共价键	共價鍵
covered elastomeric yarn	包覆弹性丝，包缠纱	包覆彈性紗
covered electrode	焊条	包覆銲條
covering power	遮盖力	遮蓋力，覆蓋力
CPE (=chlorinated polyethylene)	氯化聚乙烯	氯化聚乙烯
CPP (=chlorinated polypropylene)	氯化聚丙烯	氯化聚丙烯
CPVC (=chlorinated polyvinylchloride)	氯化聚氯乙烯	氯化聚氯乙烯
cracked gas	裂化气	裂解氣體
cracked glaze	裂纹釉	裂紋釉
crack glaze	裂纹釉	裂紋釉
crack grain of leather	皮革裂面	皮革裂紋
crack growth	裂纹扩展	裂縫成長
crack growth driving force	裂纹扩展动力	裂縫成長驅動力
crack growth rate	裂纹扩展速率	裂縫成長速率
crack growth resistance	裂纹扩展阻力	抗裂縫成長性
cracking	龟裂	龜裂，裂解
cracking strength	折裂强度	龜裂強度
cracking susceptibility	裂纹敏感性	龜裂易感性
crack nucleation	裂纹形核	裂縫成核
crack propagation	裂纹扩展	裂縫擴展，裂縫延伸
crack stress field	裂纹应力场	裂縫應力場
crack susceptibility	裂纹敏感性	裂縫易感性
crack-tip opening displacement	裂纹顶端张开位移	裂縫頂端開口位移
cranial graft	颅骨修复体	顱骨植體
cranial plate	颅骨板	顱骨板
crater	弧坑	凹坑
craze	银纹	裂紋
crazing resistance	抗银纹性	抗紋裂性
creep	蠕变	潛變
creep compliance	蠕变柔量	潛變柔度
creep embrittlement	蠕变脆性	潛變脆化
creep fracture	蠕变断裂	潛變破斷
creep rate	蠕变速率	潛變率
creep resistance	抗蠕变性	抗潛變性
creep rupture life	持久寿命	潛變驟斷壽命
creep strength	蠕变强度，蠕变极限	潛變強度
creep test	蠕变试验	潛變試驗
crevice corrosion	缝隙腐蚀	微間隙腐蝕
crimp index	卷曲度，卷曲率	捲曲指數

英　文　名	大　陆　名	台　湾　名
critical cooling rate	临界冷却速度	臨界冷卻速率
critical crack propagation force	临界裂纹扩展力	臨界裂縫擴展力
critical diameter	临界直径	臨界直徑
critical molecular weight	临界分子量	臨界分子量
critical nucleus radius	临界晶核半径	臨界晶核半徑
critical radius of nucleus	临界晶核半径	[晶]核臨界半徑
critical relative molecular mass	临界相对分子质量	臨界相對分子質量
critical resolved shear stress	临界分切应力	臨界分解剪應力
critical shear rate	临界剪切速率	臨界剪切速率
critical stress intensity factor	临界应力强度因子	臨界應力強度因子
critical temperature	临界温度，临界点	臨界溫度
critical time of non-equilibrium grain boundary segregation	非平衡晶界偏聚临界时间	非平衡晶界偏析臨界時間
cross-breaking strength	横向折断强度	横斷強度
cross grain plywood	横纹胶合板	横紋合板
crosslinkage by equilibrium swelling	平衡溶胀法交联度	平衡溶脹交聯
crosslinked butyl rubber	交联丁基橡胶	交聯丁基橡膠
crosslinked polyethylene	交联聚乙烯	交聯聚乙烯
crosslinked polymer	交联聚合物	交聯聚合體
crosslinking	交联	交聯化
crosslinking agent	交联剂，固化剂	交聯劑
cross-ply laminate	正交层合板	正交積層板
cross rolling	横轧	横輥軋
cross section	横切面	横切面，横截面
cross section density	剖面密度	剖面密度，截面密度
cross section modified fiber	异型截面纤维	修飾截面纖維
cross slip	交滑移	交叉滑動
cross wedge rolling	楔横轧	楔形横輥軋
crow feet	鸦爪	鴉爪[紋]
crown ether polymer	高分子冠醚	冠狀醚聚合體
crude green body	粗坯	粗生坯
crude magnesium	粗镁	粗鎂
crude pottery	粗陶	粗陶
crude rubber	生胶	生膠，天然橡膠
crust	坯革	皮革外層
cryogenic austenitic stainless steel	低温奥氏体不锈钢	低溫沃斯田體不鏽鋼
cryogenic ferritic steel	低温铁素体钢	低溫肥粒體鋼
cryogenic high-strength steel	低温高强度钢	低溫高強度鋼
cryogenic iron-nickel based superalloy	低温铁镍基超合金	低溫鐵鎳基超合金

英　文　名	大　陆　名	台　湾　名
cryogenic maraging stainless steel	低温马氏体时效不锈钢	低溫麻時效不鏽鋼
cryogenic nickel steel	低温镍钢	低溫鎳鋼
cryogenic non-magnetic stainless steel	低温无磁不锈钢	深冷用無磁性不鏽鋼
cryogenic stainless steel	低温不锈钢	深冷用不鏽鋼
cryogenic steel	低温钢	深冷用鋼
cryogenic titanium alloy	低温钛合金	深冷用鈦合金
cryogenic treatment	深冷处理	深冷處理
cryoscopy	冰点下降法	冰點下降測定法
crystal	晶体	晶體
crystal cell	晶胞	[結晶]晶胞
crystal defect	晶体缺陷	晶體缺陷
crystal direction	晶向	晶向
crystal face	晶面	晶體表面
crystal-field theory	晶体场理论	晶體場理論
crystal growth	晶体生长	晶體成長
crystalline glaze	结晶釉	結晶釉
crystalline-like structure	类晶结构	類晶結構
crystalline materials	晶体材料	結晶材料
crystalline polymer	结晶聚合物	結晶型聚合體
crystalline region of cellulose	纤维素结晶区	纖維素結晶區
crystallinity	结晶度	結晶性
crystallinity by density measurement	密度法结晶度	密度量測法結晶度
crystallinity by enthalpy measurement	热焓法结晶度	焓量測法結晶度
crystallinity by X-ray diffraction	X 射线衍射法结晶度	X 光繞射量測法結晶度
crystallinity of cellulose	纤维素结晶度	纖維素結晶度
crystallization	结晶	結晶[作用]
crystallization interface	结晶界面	結晶界面
crystallization of glass	玻璃晶化	玻璃結晶化[作用]
crystal nucleus	晶核	晶核
crystal originated pit (COP)	晶体原生凹坑	晶體源生微坑
crystal plane	晶面	晶面
crystal plastic model	晶体塑性模型	晶體塑性模型
crystal shower	结晶雨	結晶雨
crystal structure	晶体结构	晶體結構
crystal system	晶系	晶系
4C's diamond grading	钻石 4C 分级	鑽石 4C 分級
CTE (=coefficient of thermal expansion)	热膨胀系数	熱膨脹係數

英　文　名	大　陆　名	台　湾　名
cube-on-edge texture	立方棱织构	立方稜織構，立方體對邊織構
cube texture	立方织构，立方面织构	立方織構
cubic boron nitride crystal	立方氮化硼晶体	氮化硼立方晶體
cubic zinc sulphide structure	立方硫化锌结构	硫化鋅立方結構
cubic zirconia crystal	立方氧化锆晶体	氧化鋯立方晶體
cubic zirconia crystal ceramics	立方氧化锆陶瓷	立方氧化鋯陶瓷
cumulative relative molecular mass distribution	相对分子质量累积分布	相對分子質量累積分佈
cunife alloy	库尼非合金	銅鎳鐵合金
Cunninghamia lanceolata oil	杉木油，沙木油，刺杉油	杉木油
cuprate superconductor	铜氧化物超导体	銅氧化物超導體
cupro-nickel	白铜	白銅，銅鎳
cuprous chloride crystal	氯化亚铜晶体	氯化亞銅晶體
cure accelerator	固化促进剂	固化加速劑
cured rubber powder	硫化胶粉	固化橡膠粉
curemeter	硫化仪	固化儀
curemeter without rotator	无转子硫化仪	無轉子固化儀
curemeter with rotator	有转子硫化仪	轉子固化儀
cure reversion	硫化返原	固化回復，固化逆轉
Curie law	居里定律	居里定律
Curie temperature	居里温度	居里溫度
curing	固化	固化，熟化
curing cycle	固化周期	固化週期
curing degree	硫化程度	固化度
curing degree of resin	树脂基体固化度	樹脂固化度
curing shrinkage of composite	复合材料固化收缩	複材固化收縮
curing temperature-curing time-glass transition temperature diagram	三T图	固化溫度–固化時間–玻璃轉換溫度圖
current deep level transient spectroscopy	电流深能级瞬态谱	深能階電流暫態譜術，深能階電流瞬態譜術
cutting	切割	切割
cutting balloon	切割球囊	刀片氣球[裝置]，切割用球囊
CVD (=chemical vapor deposition)	化学气相沉积	化學氣相沈積
CVD process for powdermaking	化学气相沉积法制粉	CVD 法製粉
C-V method (=capacitance-voltage method)	电容电压法	電容電壓法

英　文　名	大　陆　名	台　湾　名
cyanate resin composite	氰酸酯树脂基复合材料	氰酸鹽樹脂複材
cyanide leaching	氰化浸出	氰化瀝浸
cyanoacrylate adhesive	氰基丙烯酸酯胶黏剂	氰基丙烯酸酯黏著劑
cyanoethyl cellulose (CEC)	氰乙基纤维素	氰乙基纖維素
cyclized natural rubber	环化天然橡胶，热戊橡胶	環化天然橡膠
cycloaddition polymerization	环加成聚合，环化加聚	環狀加成聚合[作用]
cyclopolysiloxane	环聚硅氧烷	環狀聚矽氧烷
cyclotron resonance	回旋共振	迴旋[加速器]粒子共振
cytotoxicity	细胞毒性	細胞毒性
Czochralski crystal growth in an axial magnetic field	磁控直拉硅单晶	磁控柴氏長晶法
Czochralski grown monocrystalline germanium	直拉单晶锗	柴氏法成長單晶鍺
Czochralski grown monocrystalline silicon	直拉单晶硅	柴氏法成長單晶矽
Czochralski method	乔赫拉尔斯基法	柴可斯基法，單晶成長直拉法

D

英　文　名	大　陆　名	台　湾　名
dainty enamel	玲珑珐琅，透光珐琅，透底珐琅	玲瓏琺瑯
DAIP (=polydiallylisophthalate)	聚间苯二甲酸二烯丙酯	聚間苯二甲酸二烯丙酯
damage mechanics	损伤力学	損傷力學
damage mechanics of laminate	层合板损伤力学	積層板損傷力學
damage of leather grain	皮革粒面伤残	皮革紋理損傷
damage resistance	损伤阻抗	抗損傷性
damage resistance of composite	复合材料损伤阻抗	複材抗損傷性
damage tolerance	损伤容限	損傷容忍度
damping alloy	减振合金，消声合金，阻尼合金	制震合金，阻尼合金
damping composite	阻尼复合材料	制震複材，阻尼複材
damping copper alloy	减振铜合金	制震銅合金，阻尼銅合金
damping ferromagnetic alloy	铁磁性减振合金	制震鐵磁性合金，阻尼鐵磁性合金
damping zinc alloy	减振锌合金	制震鋅合金，阻尼鋅

英 文 名	大 陆 名	台 湾 名
		合金
dart impact test	落镖冲击试验	鏢錘衝擊試驗
3D cell culture	三维细胞培养	3D 細胞培養
DDS (=deep drawing steel)	深冲钢	深抽鋼
dead burning	死烧	死燒，僵燒
dead zone in extrusion	挤压死区，前端弹性变形区	擠製死角滯區
deaggregating process	解团聚	去團聚製程
debinding	脱脂	脫脂
Debye temperature	德拜温度	德拜溫度
decal	贴花	印花
decalcified bone matrix	脱钙骨基质	脫鈣骨基質
decarburization	脱碳	脫碳
decarburization for iron and steel	钢铁脱碳	鋼鐵脫碳
decarburized depth	脱碳深度	脫碳深度
decarburized layer	脱碳层	脫碳層
decarburized structure	脱碳组织	脫碳[組織]結構
decellularized matrix scaffold	脱细胞支架	去細胞基質支架
decomposition of vapor phase	气体分解法	氣相分解
decorating firing	烤花	彩燒
decoration	彩绘	彩飾
decorative enamel	装饰搪瓷	裝飾琺瑯
decorative glass	饰面玻璃	裝飾玻璃
decorative veneered wood based panel	装饰单板覆面人造板	彩飾薄層木基板
deep drawing	深冲	深抽
deep drawing plate	深冲钢板	深抽板
deep drawing sheet steel	深冲钢板	深抽片鋼
deep drawing steel (DDS)	深冲钢	深抽鋼
deepening agent	增深剂	增深劑
deep level	深能级	深[能]階
deep level impurity	深能级杂质	深[能]階雜質
deep level transient spectroscopy (DLTS)	深能级瞬态谱	深[能]階暫態譜術，深[能]階瞬態譜術
deep undercooling	深过冷	深過冷
deep undercooling rapid solidification	深过冷快速凝固	深過冷快速凝固
defibrating	纤维分离	纖維分離作用
defoamer	消泡剂	消泡劑
deformation	变形	變形
deformation band	形变带	變形帶

英 文 名	大 陆 名	台 湾 名
deformation degree	变形程度	變形[程]度
deformation induced ferrite transformation	形变诱导铁素体相变	變形誘發肥粒體轉變
deformation induced martensite transformation	形变诱导马氏体相变	變形誘發麻田散體轉變
deformation induced phase transition	形变诱导相变	變形誘發相轉換
deformation induced precipitation	形变诱导脱溶	變形誘發析出
deformation orientation	形变取向	變形取向
deformation rate	变形速率	變形速率
deformation resistance	变形抗力	抗變形性
deformation structure	变形组织	變形結構
deformation temperature	变形温度	變形溫度
deformation texture	变形织构	變形織構
deformation twin	形变孪晶	變形雙晶
degaussing curve	退磁曲线	去磁曲線
degradation	降解	降解
degreasing	脱脂，排胶	去脂
degreasing of raw hide	原料皮脱脂	生皮脫脂
degree of birefringence	双折射度	雙折射度
degree of crimp	卷曲度，卷曲率	捲曲度
degree of crosslinking	交联度，网络密度	交聯度
degree of crystallinity	结晶度	結晶度
degree of false twisting	假捻度	假撚度
degree of freedom	自由度	自由度
degree of orientation	取向度	取向度
degree of polymerization (DP)	聚合度	聚合[作用]度
degree of specular gloss	镜面光泽度	鏡面光澤度
degree of swelling	溶胀度	溶脹度
de Haas-van Alphen effect	德哈斯–范阿尔芬效应	德哈斯–凡阿芬效應
dehydrogenation	脱氢	脫氫[作用]
dehydrogenation annealing	脱氢退火	脫氫退火
de-inking	废纸脱墨	脫墨
delayed crack	延迟裂纹	延遲裂紋
delayed fracture	延迟断裂	延遲破斷
delayed hydride cracking	延迟氢脆，延迟氢化开裂	延遲氫化物開裂
Delft tearing strength	德尔夫特型撕裂强度	德夫特撕裂強度
deliming	脱灰	去石灰
delta function-like doping	δ掺杂，原子平面掺杂	類德他函數摻雜
delta iron	δ铁	德他鐵

英 文 名	大 陆 名	台 湾 名
demagnetization curve	退磁曲线	消磁曲線，去磁曲線
demulsifier	破乳剂	去乳化劑
dendrimer	树状高分子	樹枝狀體
dendrite coarsening	枝晶粗化	樹枝狀晶體粗化
dendrite segregation	枝晶偏析	樹枝狀晶體偏析
dendrite spacing	枝晶间距	樹枝狀晶體間距
dendrite tip radius	枝晶尖端半径	樹枝狀晶體尖端半徑
dendritic polymer	树状高分子	[樹]枝狀聚合體
dendritic powder	树枝状粉	[樹]枝狀粉
dense chrome brick	致密氧化铬砖	緻密[氧化]鉻磚
densification	致密化	緻密化
density	密度，[纸张]紧度	密度
density of wood	木材密度	木材密度
density segregation	密度偏析	密度偏析
dental amalgam	牙科银汞合金	牙科用汞齊
dental amalgam alloy	牙科银汞合金	牙科汞齊合金
dental cement	牙科水门汀	牙科黏合劑
dental etching agent	牙科酸蚀剂	牙科蝕劑
dental filling materials	牙科充填材料	牙科充填材料
dental fixed bridge	牙科固定桥	固定牙橋
dental floss	牙线	牙線
dental gold	牙科用金	牙科用金
dental implant	牙科植入体，牙种植体	牙科植體
dental implant materials	口腔植入材料	牙科植體材料
dental impression materials	牙科印模材料	牙科印模材料
dental investment casting materials	牙科铸造包埋材料	牙科用精密鑄造材料
dental materials	牙科材料	牙科材料
dental model materials	牙科模型材料	牙科模型材料
dental restorative materials	牙科修复材料	牙科修複材料
dental separating agent	牙科分离剂	牙科分離劑
dental wax	牙科蜡	牙科用蠟
denture	义齿	假牙
denture base	义齿基托	假牙托
denture base polymer	义齿基托聚合物	假牙基座聚合體
denture base polymer liquid	牙托水	假牙基座聚合體液，牙托水
denture base polymer powder	牙托粉	假牙基座聚合體粉，牙托粉
denture materials	义齿材料	假牙材料

英 文 名	大 陆 名	台 湾 名
denture tooth	人工牙，人造牙	假牙
denuded zone	洁净区	剝蝕區
deodorant	除臭剂	除臭劑
deoxidation	脱氧	脫氧，去氧作用
deoxidized copper by phosphor	磷脱氧铜	磷脫氧銅
deoxidizer	脱氧剂	脫氧劑
deoxyribonucleic acid hybrid materials	脱氧核糖核酸杂化材料，DNA 杂化材料	去氧核糖核酸混成材料
dephosphorization	脱磷	脫磷，去磷作用
depleted uranium	贫化铀	耗竭鈾，耗乏鈾
depletion layer	耗尽层	空乏層
depolymerization	解聚	解聚合[作用]
deposited metal	熔敷金属	沈積金屬，鍍著金屬
deposition efficiency	熔敷系数	沈積效率
deposit protection	镀层保护	鍍層保護
depth of fusion	熔深	熔融深度
descaling	除鳞	除垢，除氧化皮
design allowable of composite	复合材料设计许用值	複材設計容許值
design for composite manufacture	复合材料设计制造一体化	複材製造設計
desorption	脱附	脫附
desquamation	剥离	剝離
desulfurization	脱硫	脫硫，去硫作用
desulfurization for iron and steel	钢铁脱硫	鋼鐵脫硫
desulphurization	脱硫	脫硫，去硫作用
de-tanning	脱鞣	去鞣[作用]
deterministic simulation method	确定性模拟方法	確定型模擬法
detonation flame spraying	爆炸喷涂	爆炸火焰噴塗
deuterium	氘	氘
devitrification of glass	玻璃失透	玻璃失透，玻璃去玻化[作用]
diabase	辉绿岩	輝綠岩
diamagnetism	抗磁性	反磁性
diamond	①金刚石 ②钻石	①金剛石 ②鑽石
diamond composite cutting tool	金刚石复合刀具	鑽石複合切削工具
diamond-like carbon film	类金刚石碳膜	類鑽碳膜
diamond structure	金刚石结构	鑽石結構
diatomite	硅藻土	矽藻土
diatomite brick	硅藻土砖	矽藻土磚

英文名	大陆名	台湾名
diazo-type paper	晒图纸	矖圖紙，重氮類紙
dicalcium silicate	硅酸二钙	矽酸二鈣，二鈣矽酸鹽
dichroscope	二色镜	二色鏡，雙色鏡
dickite	迪开石	狄克石，二重高嶺土
die	压模	模
die casting	压铸	壓鑄
die casting magnesium alloy	压铸镁合金	壓鑄鎂合金
die casting mold	压铸模	壓鑄模
die forging	①模锻 ②模锻件	模鍛
die hardening	加压淬火，模压淬火	模硬化
dielectric	介电体，电介质	介電[質]
dielectric absorption	介电吸收	介電吸收
dielectric breakdown	介电击穿	介電崩潰
dielectric ceramics	介电陶瓷	介電陶瓷
dielectric constant	介电常数，电容率	介電常數
dielectric cure monitoring	介电法固化监测	介電法固化監測
dielectric insulation wafer	介质绝缘晶片	介電絕緣晶片
dielectric loss	介电损耗	介電損失
dielectric phase angle	介电相位角	介電相位角
dielectric relaxation	介电弛豫，介电松弛	介電弛豫
dielectric stress	介电应力	介電應力
die steel	模具钢	模具鋼
die steel for plastic material forming	塑料模具钢	塑料成形模具鋼
die swell	模口膨胀	模頭溶脹
die swelling ratio	挤出胀大比	模頭溶脹率
die zinc alloy	模具锌合金	模具用鋅合金
differential distribution of relative molecular mass	相对分子质量微分分布	相對分子質量示差分佈
differential fiber	差别化纤维	差別化纖維
differential scanning calorimetry	差示扫描量热法，示差扫描量热法	示差掃描卡計
differential thermal analysis	差热分析	示差熱分析
difficult-to-deform superalloy	难变形高温合金	難變形超合金
diffraction	衍射	繞射
diffused interface	①弥散界面 ②漫散界面	瀰散界面
diffused layer	扩散层	擴散層
diffuse-porous wood	散孔材	散孔木材

英　文　名	大　陆　名	台　湾　名
diffusion	扩散	擴散
diffusion activation energy	扩散激活能	擴散活化能
diffusion agent	扩散剂	擴散劑
diffusion alloyed powder	扩散粉	擴散合金粉
diffusional transformation	扩散型转变	擴散[型]轉變
diffusional transition	扩散型转变	擴散[型]轉換
diffusion annealing	扩散退火	擴散退火
diffusion bonding	扩散焊	擴散接合
diffusion boundary layer	扩散边界层	擴散邊界層
diffusion coefficient	扩散系数	擴散係數
diffusion controlled drug delivery system	扩散控制型药物释放系统	擴散控制型藥物遞送系統
diffusion deoxidation	扩散脱氧，间接脱氧	擴散脫氧
diffusionless transformation	非扩散转变	非擴散[型]轉變
diffusionless transition	非扩散转变	非擴散[型]轉換
diffusion metallizing	①渗金属　②渗镀	擴散金屬化
diffusion welding	扩散焊	擴散銲接
difluoroethylene-trifluoroethylene copolymer	偏二氟乙烯–三氟乙烯共聚物	二氟乙烯–三氟乙烯共聚體
difunctional siloxane	双官能硅氧烷	雙官能基矽氧烷
difunctional siloxane unit	双官能硅氧烷单元，D单元	雙官能基矽氧烷單元
Di kiln	弟窑	弟窯
dilatant fluid	膨胀性流体	流變增黏流體，剪力增黏流體
dilatometry method	膨胀计法	膨脹測定術
diluent	稀释剂	稀釋劑
dilute magnetic semiconductor	稀磁半导体	稀磁半導體
dimensional stability	尺寸稳定性	尺寸穩定性
dimensional stability of wood	木材尺寸稳定性	木材尺寸穩定性
dimension stone	石材	石材
dimethyldichlorosilane	二甲基二氯硅烷	二甲基二氯矽烷
dimethyldiethoxysilane	二甲基二乙氧基硅烷	二甲基二乙氧基矽烷
dimethyl silicone oil	二甲基硅油	二甲基矽氧油
dimethyl silicone rubber	二甲基硅橡胶	二甲基矽氧橡膠
dimple	凹坑	[小]凹坑，窩坑
dimple fracture surface	韧窝断口	韌窩斷面
Dingyao	定窑	定窯
diode sputtering	二极溅射	二極體濺鍍[法]

英　文　名	大　陆　名	台　湾　名
diopside	透辉石	透輝石
diorite	闪长岩	閃長岩
dip coating	浸涂	浸漬塗層，浸鍍
diphenyldichlorosilane	二苯基二氯硅烷	二苯基二氯矽烷
direct coagulation casting	直接凝固成型	直接凝聚澆注
direct current arc evaporation	直流电弧放电蒸发	直流電弧蒸鍍
direct current conduction mechanism	直流电导机制	直流導電機制
direct current diode ion deposition	直流二极型离子镀	直流二極體離子沈積
direct current hot cathode plasma chemical vapor deposition	直流热阴极等离子体化学气相沉积	直流熱陰極電漿化學氣相沈積
direct current measurement of photoconductivity decay	直流光电导衰退法	光電導衰退直流電量測法
direct extrusion	正[向]挤压	直接擠製
directionally solidified eutectic reinforced metal matrix composite	定向凝固共晶金属基复合材料	方向性凝固共晶強化金屬基複材
directionally solidified eutectic superalloy	定向凝固共晶高温合金	方向性凝固共晶超合金
directionally solidified superalloy	定向凝固高温合金	方向性凝固超合金
directional recrystallization of oxide dispersion strengthened superalloy	氧化物弥散强化高温合金定向再结晶	氧化物散布強化超合金方向性再結晶[作用]
directional solidification	定向凝固	方向性凝固
direct piezoelectric effect	正压电效应	正壓電效應
direct printed panel	直接印刷人造板	直接印刷板
direct reduction	直接还原	直接還原
direct reduction process	直接还原法	直接還原製程
direct reduction process for ironmaking	直接还原炼铁	直接還原煉鐵製程
direct reduction process in shaft furnace	竖炉直接炼铁	豎爐直接還原[煉鐵]製程
direct spinning	直接纺丝法	直接紡絲法
direct spot welding	双面点焊	直接點銲法
direct steelmaking process	直接炼钢法，一步炼钢法	直接煉鋼製程
direct synthesis of chlorosilane	有机氯硅烷直接法合成	氯矽烷直接合成
direct transition semiconductor materials	直接跃迁型半导体材料	直接躍遷型半導體材料
dirt	[纸张]尘埃	塵埃
dirty superconductor	脏超导体	非純淨超導體

英　文　名	大　陆　名	台　湾　名
discard	挤压残料，压余	殘料
disclination	向错	向錯
discoloration of wood	木材变色	木材變色
discontinuous phase transformation	不连续相变	不連續相轉變
discontinuous phase transition	不连续相变	不連續相轉換
discontinuous precipitation	不连续脱溶	不連續析出，不連續沈澱
disc roll grinding	圆盘磨粉碎	圓盤滾磨法
disiloxane	二硅氧烷	二矽氧烷
dislocation	位错	位錯，差排
dislocation array	位错排	位錯陣列，差排陣列
dislocation cell	位错胞	位錯胞，差排胞
dislocation climb	位错攀移	位錯爬升，差排爬升
dislocation density	位错密度	位錯密度，差排密度
dislocation dynamics method	位错动力学方法	位錯動力學方法，差排動力學方法
dislocation etch pit	位错蚀坑	位錯蝕穴，差排蝕穴
dislocation free monocrystal	无位错单晶	無位錯單晶，無差排單晶
dislocation intersection	位错交割	位錯交叉，差排交叉
dislocation jog	位错割阶	位錯階差，差排階差
dislocation kink	位错扭折	位錯彎折，差排彎折
dislocation line tension	位错线张力	位錯線張力，差排線張力
dislocation loop	位错环	位錯環，差排環
dislocation martensite	位错马氏体	位錯麻田散體，差排麻田散體
dislocation pair	位错对	位錯對，差排對
dislocation pile-up	位错塞积	位錯堆積，差排堆積
dislocation source	位错源	位錯源，差排源
dislocation type damping alloy	位错型减振合金	位錯型阻尼合金，差排型阻尼合金
disordered solid solution	无序固溶体	無序固溶體
disorientation	解取向	無取向，非取向
dispersant	分散剂	分散劑
dispersed phase	弥散相	分散相
dispersing agent	粉体分散剂	分散劑
dispersion fuel	弥散型燃料	散布型燃料
dispersion medium	介质色散率	色散介質

英 文 名	大 陆 名	台 湾 名
dispersion strengthened copper alloy	弥散强化铜合金	散布強化銅合金
dispersion strengthened materials	弥散强化材料	散布強化材料
dispersion strengthening	弥散强化	散布強化[作用]
dispersion strengthening phase	弥散强化相	散布強化相
dispersive power	色散本领	色散[能]力，分散[能]力
dispersive transport	弥散输运	瀰散輸運
displacement precipitation	置换沉淀	置換沈澱
displacive phase transformation	位移型相变	位移型相轉變
displacive phase transition	位移型相变	位移型相轉換
disproportionation termination	歧化终止	歧化[作用]終止，自身氧化還原[作用]終止
dissipative structure	耗散结构	耗散結構
dissolution-precipitation alumina ceramics	重结晶氧化铝陶瓷	溶析氧化鋁陶瓷
dissolution-precipitation silicon carbide ceramics	重结晶碳化硅陶瓷	溶析碳化矽陶瓷
distal protection device	远端保护器	末端保護元件
distance of dispersion strengthening particle	弥散强化质点间距	散布強化顆粒間距
distillation method	蒸馏法	蒸餾法
distributed feedback semiconductor laser	分布反馈半导体激光器	分佈回饋半導體雷射
distributive mixing	分布混合	分佈混合
divorced cementite	分离渗碳体	分離型雪明碳體
divorced eutectic	分离共晶体	分離型共晶
divorced pearlite	断离状珠光体	分離型波來鐵
doctor blading	流延成型	流涎成型，刮刀成型
dolomite	白云石	白雲石
dolomite brick	白云石砖	白雲石磚
dolomite earthenware	白云陶，轻质陶瓷	白雲石土陶器皿
domestic ceramics	日用陶瓷	日用陶瓷
domestic enamelware	日用搪瓷	日用琺瑯器皿
donor impurity	施主杂质，n 型导电杂质	施子雜質
donor level	施主能级	施子[能]階
dopant	掺杂剂	摻雜體，摻雜物
doped bismuth germinate crystal	掺杂锗酸铋晶体	摻雜鍺酸鉍晶體
doped molybdenum powder	掺杂钼粉	摻雜鉬粉
doped molybdenum wire	掺杂钼丝	摻雜鉬線
doped tungsten filament	掺杂钨丝，抗下垂钨	摻雜鎢絲

英 文 名	大 陆 名	台 湾 名
	丝，不下垂钨丝	
doped tungsten powder	掺杂钨粉	摻雜鎢粉
doping	掺杂	摻雜[作用]
δ-doping	δ掺杂，原子平面掺杂	δ摻雜
doping wafer	掺杂片	摻雜晶片
dot welding	点焊	點補銲
double-action pressing	双向压制	雙向壓製
double-channel planar-buried-heterostructure laser diode	双沟道平面隐埋异质结构激光二极管	雙通道平面內埋異質結構雷射二極體
double coated electrode	双药皮焊条	雙塗層銲條
double cross slip	双交滑移	雙交叉滑移
double diffusion convection	双扩散对流	雙擴散對流
double extrusion	二次挤压	雙擠製
double face leather	毛革	雙面皮革
double heterostructure laser diode	双异质结激光二极管	雙異質結構雷射二極體
double heterostructure optoelectronic switch	双异质结构光电子开关	雙異質結構光電開關
double roller quenching	双辊激冷法	雙輥淬火
double source electron beam evaporation	双蒸发蒸镀	雙源電子束蒸鍍
doucai contrasting color	斗彩	鬥彩對比色
DP (=degree of polymerization)	聚合度	聚合[作用]度
draft ratio	拉伸倍数	牽伸比
drag flow	拖曳流，牵引流，顺流	拖曳流，牽引流
drain casting	空心注浆	空鑄法
drawing	①拉长 ②拉拔 ③拉延，拉深	拉製，抽延
drawing by roller	滚模拉拔	輥[模]拉製
drawing die	拉拔模具	拉模
drawing force	拉拔力	抽拉力
drawing paper	制图纸	製圖紙
drawing speed	拉拔速度	抽拉速度
drawing stress	拉拔应力	抽拉應力
draw orientation	拉伸取向	抽延取向
draw ratio	拉伸倍数，拉伸比	抽延比
draw taper	脱模斜度	脫模錐度
draw textured yarn	拉伸变形丝	抽延撚紗
dried skin	干板皮	乾燥[生]皮
drift mobility of amorphous semiconductor	非晶态半导体漂移迁	非晶態半導體漂移遷

英 文 名	大 陆 名	台 湾 名
	移率	移率
drop test	落锤试验	墜落試驗
drug carrier	药物载体	藥物載體
drug controlled delivery	药物控释材料	藥物控制遞送
drug delivery system	药物释放系统，药物控制释放系统	藥物遞送系統
drug eluting stent	药物洗脱支架	藥物流釋支架
drum test	转鼓试验	滚筒試驗
drum type vulcanizer	鼓式硫化机	鼓式硫化器，鼓式火煅器
dry air heat setting	干热空气定型	乾空氣熱定型
dryer	催干剂	乾燥劑，乾燥器
dry heat drawing	干热拉伸	乾熱拉製，乾熱抽延
drying oil	干性油	乾性油，快乾油
drying schedule of wood	木材干燥基准	木材乾燥排程
dry-jet wet spinning	干–湿法纺丝	乾噴濕紡紗
dry-pressing	干压成形	乾壓[成型]
dry-ramming refractory	干式捣打料	乾式搗實耐火材
dry salted skin	盐干皮	乾鹽漬皮
dry sand mold	干[砂]型	乾砂模
dry storage of wood	木材干存法	木材乾存法
dry-vibrating refractory	干式振动料	乾式振動耐火材
dual microstructure heat treatment	双重组织热处理	雙[相]微結構熱處理
dual-phase steel	双相钢	雙相鋼
dual property disk	双性能涡轮盘	雙性能盤
ductile-brittle transition temperature	韧脆转变温度	延脆轉換溫度
ductile fracture	韧性断裂，延性断裂	延性破斷
ductile fracture surface	韧性断口	延性破斷面
dull fiber	消光纤维	無光澤纖維
Dulong-Petit law	杜隆–珀蒂定律	杜隆–珀蒂定律
dummy block	挤压垫	隔塊
dump leaching	堆浸	礦堆瀝浸
duplex stainless steel	双相不锈钢	雙相不鏽鋼
durability design of laminar structure	层合结构耐久性设计	層狀結構耐久性設計
Duralumin	硬铝合金，杜拉铝	杜拉鋁
dushan jade	独山玉，独玉，南阳玉	獨山玉
dyestuff	染料	染料
dynamically vulcanized thermolplastic elastomer	动态硫化热塑性弹性体	動態火煅熱塑性彈性體，動態硫化熱塑

英 文 名	大 陆 名	台 湾 名
		性彈性體
dynamic calorimetry	动态量热法	動態熱量測定法
dynamic cure	动态硫化	動態固化
dynamic dielectric analysis	动态介电分析	動態介電分析
dynamic grain refinement	动力学细化	動態晶粒細化
dynamic mechanical property	动态力学性能	動態機械性質
dynamic mechanical thermal analysis	动态力学热分析	動態機械熱分析
dynamic modulus	动态模量	動態模數
dynamic recovery	动态回复	動態回復
dynamic recrystallization	动态再结晶	動態再结晶
dynamic single mode laser diode	动态单模激光二极管	動態單模態雷射二極體
dynamic solidification curve	凝固动态曲线	動態凝固曲線
dynamic strain aging	动态应变时效	動態應變時效
dynamic viscoelasticity	动态黏弹性	動態黏彈性
dynamic viscosity	动态黏度	動態黏度
dynamic vulcanization	动态硫化	動態火煅，動態硫化
dynamic weathering	动态大气老化	動態風化［作用］

E

英 文 名	大 陆 名	台 湾 名
earing	制耳，凸耳	成耳，凸耳
earthenware	陶器	土器，瓦器
e-beam evaporation	电子束蒸发	電子束蒸發
ebullioscopy	沸点升高法	沸點上升測定法
EC (=ethyl cellulose)	乙基纤维素	乙基纖維素
ecological leather	生态皮革	生態皮革
ecomaterials	生态环境材料	生態材料
EDDS (=extra deep drawing steel)	超深冲钢	超深抽鋼
eddy current testing	涡流检测	渦電流試驗
edge crown	边缘凸起	邊凸
edge-defined film-fed crystal growth method	导模提拉法	限邊薄片續填晶體成長法
edge-defined film-fed growth (EFG)	边缘限定填料法，倒模法	限邊薄片續填成長
edge dislocation	刃[型]位错	刃狀差排
edge effect of laminate	层合板边缘效应	積層板邊緣效應
edge exclusion area	边缘去除区域	邊緣剔除區

英　文　名	大　陆　名	台　湾　名
edge rolling	立轧	輥邊，邊緣輥軋
edge subside	塌边	邊緣下削
effective feeding distance	有效补缩距离	有效供料距離
effective hardening depth	有效淬硬深度	有效硬化深度
effective segregation coefficient	有效分凝系数	有效偏析係數
effective volume of blast furnace	高炉有效容积	高爐有效容積
efficiency of grafting	接枝效率	接枝效率
efficiency of space filling	致密度	空間填充效率
eggshell procelain	薄胎瓷	薄胎瓷，蛋殼瓷
Einstein temperature	爱因斯坦温度	愛因斯坦溫度
elastic alloy	弹性合金	彈性合金
elastic constant	弹性常数	彈性常數
elastic deformation	弹性变形	彈性變形
elastic fiber	弹性纤维	彈性纖維
elastic hysteresis	弹性滞后	彈性遲滯
elasticity	弹性	彈性
elastic limit	弹性限	彈性限
elastic modulus	弹性模量	彈性模數
elastic modulus by sonic velocity method	声速法弹性模量	聲速法[量測]彈性模數
elastic niobium alloy	弹性铌合金	彈性鈮合金
elastic wave	弹性波	彈性波
elastic yarn	弹性丝	彈性紗
elastomeric impression materials	弹性体印模材料	彈性體印模材料
elastomeric state	高弹态	彈性體[狀]態
electrical insulation composite	绝缘复合材料	電絕緣複材
electrically conductive adhesive	导电胶	導電黏合劑，導電膠
electrically fused brick	电熔砖	電熔融磚
electrical resistance alloy	电阻合金	電阻合金
electrical steel	电工钢	電工鋼
electric conductivity	电导率	導電率
electric contact materials	电触头材料	電接點材料，電接觸材料
electric discharge machining of ceramics	陶瓷电火花加工	陶瓷放電加工[處理]
electric furnace steel	电炉钢	電爐鋼
electric furnace steelmaking	电炉炼钢，电弧炉炼钢	電爐煉鋼
electric heating glass	电热玻璃	電[加]熱玻璃
electric impedance	阻抗	電阻抗
electric loss absorber	电损耗吸收剂	電損耗吸收劑

英 文 名	大 陆 名	台 湾 名
electric loss radar absorbing materials	电损耗吸波材料	電損耗雷達[波]吸收材料
electric procelain	电瓷，电工陶瓷，电力陶瓷	電瓷
electric resistance	电阻	電阻
electric resistivity	电阻率	電阻率，電阻係數
electric spark sintering	电火花烧结	電火花燒結
electro-active impurity	电活性杂质	電活性雜質
electrochemical corrosion	电化学腐蚀	電化學腐蝕
electrochemical corrosion wear	电化学腐蚀磨损	電化學腐蝕磨耗
electrochemical reaction	电化学反应法	電化學反應
electrochemical technology	电化学工艺	電化學技術
electrochromic ceramics	电致变色陶瓷	電致變色陶瓷
electrochromic coating	电致变色涂层	電致變色塗層
electrochromic dye	电致变色染料	電致變色染料
electrochromic glass	电致变色玻璃	電致變色玻璃
electroconductive fiber	导电纤维	導電纖維
electrode	焊条	銲條
electrodeposit	电镀层	電鍍層
electrodeposited copper foil	电解铜箔	電解銅箔
electrodeposition	电沉积	電沈積
electrodeposition coating	电泳漆	電沈積塗層，電鍍塗層
electrodialysis membrane	电渗析膜，离子选择性透过膜，离子交换膜	電透析透膜
electro-explosive forming	电爆成形	電爆成形
electrohydraulic forming	液电成形，电液成形	電液壓成形
electroless plating	化学镀	無電鍍
electroluminescent enamel	电致发光搪瓷	電致發光琺瑯
electroluminescent materials	电致发光材料，场致发光材料	電致發光材料
electrolytic aluminum	电解铝	電解鋁
electrolytic capacitor paper	电解电容器纸	電解電容器紙
electrolytic carburizing	电解渗碳	電解滲碳
electrolytic coloring	电解着色	電解著色
electrolytic coloring in nickel salt	镍盐电解着色	鎳鹽電解著色
electrolytic coloring in tin salt	锡盐电解着色	錫鹽電解著色
electrolytic copper	电解铜，阴极铜	電解銅
electrolytic iron	电解铁	電解鐵

英 文 名	大 陆 名	台 湾 名
electrolytic polishing	电解抛光	電解拋光
electrolytic powder	电解粉	電解粉末
electrolytic process	电解法	電解製程
electromagnetic forming	电磁成形	電磁成形
electromagnetic iron	电磁纯铁	電磁[純]鐵
electromagnetic levitation	电磁悬浮	電磁懸浮
electromagnetic shaping	电磁约束成形	電磁形塑
electromagnetic shielding composite	电磁屏蔽复合材料	電磁遮蔽複材
electromagnetic shielding glass	电磁屏蔽玻璃	電磁遮蔽玻璃
electromagnetic stirring (EMS)	电磁搅拌	電磁攪拌
electromagnetic wave absorbing coating	电磁波吸收涂层	電磁波吸收塗層
electromagnetic wave transparent composite	透电磁波复合材料，透波复合材料	電磁波穿透複材
electromechanical coupling factor	机电耦合系数	機電耦合因子
electrometallurgy	电冶金	電冶金學
electromigration	电迁移	電遷移
electron backscattering diffraction	电子背散射衍射	電子背向散射繞射
electron beam cured coating	电子束固化涂料	電子束固化塗層
electron beam curing of composite	复合材料电子束固化	複材電子束固化
electron beam evaporation	电子束蒸发	電子束蒸發
electron beam irradiation continuous vulcanization	电子束辐照连续硫化	電子束輻射連續火煅，電子束輻射連續硫化
electron beam remelting	电子束重熔	電子束重熔
electron beam surface alloying	电子束表面合金化	電子束表面合金化
electron beam surface amorphorizing	电子束表面非晶化	電子束表面非晶化
electron beam surface cladding	电子束表面熔覆	電子束表面包層[處理]
electron beam surface fusion	电子束表面熔凝	電子束表面熔融
electron beam surface modification	电子束表面改性	電子束表面改質
electron beam surface quenching	电子束表面淬火	電子束表面淬火
electron beam welding	电子束焊	電子束銲接
electron bombardment	电子轰击	電子轟擊
electron cyclotron resonance plasma chemical vapor deposition	微波电子回旋共振等离子体化学气相沉积	電子迴旋共振電漿化學氣相沈積
electron diffraction	电子衍射	電子繞射
electron energy loss spectrum	电子能量损失谱	電子能量損失能譜
electro-neutrality impurity	电中性杂质	電中性雜質

英 文 名	大 陆 名	台 湾 名
electron exchange resin	电子交换树脂	電子交換樹脂
electronic ceramics	电子陶瓷	電子陶瓷
electronic cochlear implant	人工耳蜗	電子耳蝸植體
electronic conduction	电子导电性	電子導電性
electronic displacement polarization	电子位移极化	電子位移極化
electronic materials	电子材料	電子材料
electronic relaxation polarization	电子弛豫极化	電子鬆弛極化
electron microprobe analysis	电子微探针分析	電子微探針分析
electron microscopy	电子显微术	電子顯微鏡術
electron-nuclear double resonance	电子-核双共振	電子-核子雙共振
electron-nuclear double resonance spectrum	电子-核双共振谱	電子-核子雙共振譜
electron paramagnetic resonance spectrum	电子顺磁共振谱	電子順磁共振頻譜
electron probe microanalysis (EPMA)	电子探针微区分析	電子探針微區分析
electron spin resonance spectrum	电子自旋共振谱	電子自旋共振頻譜
electron theory of metal	金属电子论	金屬電子理論
electron tunneling effect	电子隧道效应	電子穿隧效應
electron tunneling spectroscopy	电子隧道谱法	電子穿隧譜術
electro-optic ceramics	电光陶瓷	電光陶瓷
electro-optic crystal	电光晶体	電光晶體
electro-optic effect	电光效应	電光效應
electrophoretic forming	电泳成型	電泳成形
electrophoretic painting	电泳涂装	電泳塗裝
electroplating	电镀	電鍍
electroplating bath	电镀浴	電鍍浴
electroplating solution	电镀液	電鍍溶液
electro-polishing	电解抛光	電解拋光
electroslag remelting (ESR)	电渣重熔	電渣重熔
electroslag welding	电渣焊	電渣銲接
electro-spinning	电纺丝，静电纺丝	電紡絲
electrostatic fluidized bed dipping painting	静电流化床浸涂	靜電流體床浸塗裝
electrostatic spraying	静电喷涂	靜電噴塗
electrostriction coefficient	电致伸缩系数	電致伸縮係數
electrostriction materials	电致伸缩材料	電致伸縮材料
electrostrictive ceramics	电致伸缩陶瓷	電致變形陶瓷
electrothermal resistance materials	电热电阻材料	抗電熱性材料
elemental powder	元素粉	元素粉
element macromolecule	元素[有机]高分子	元素巨分子
elimination polymerization	消除聚合	去除聚合[作用]
elinvar	埃尔因瓦合金	恆彈性鋼

英 文 名	大 陆 名	台 湾 名
ELI titanium alloy	ELI 钛合金	ELI 鈦合金
Elmendorf tearing strength	埃尔门多夫法撕裂强度	艾門朵夫撕裂強度
ELO (=epitaxial lateral overgrowth)	侧向外延	磊晶側向延長成長
elongation after fracture	断后伸长率	斷後伸長率
elongational flow	拉伸流动	伸長流動
elongation at fracture	断裂伸长率	斷裂伸長率
elution fractionation	洗脱分级	溶析分餾
elution volume	洗脱体积	溶析體積
elutriation	淘洗	淘析
embolic materials	栓塞剂，栓塞材料	栓塞材料
embossed leather	压花革	壓花皮革
embossing	压花	壓花[加工]，壓紋[加工]
embossing enamel	凹凸珐琅，錾胎珐琅，剔花珐琅	壓花琺瑯
350℃ embrittlement	不可逆回火脆性，第一类回火脆性，低温回火脆性	350℃脆化
embrittlement of materials	[材料]脆性	材料脆性
embryonic stem cell	胚胎干细胞	胚胎幹細胞
emerald	祖母绿	祖母綠
empirical electron theory of solid and molecule	固体与分子经验电子理论，EET 理论	固體與分子經驗電子理論
empirical interatomic potential function	经验势函数	原子間位能經驗函數
EMS (=electromagnetic stirring)	电磁搅拌	電磁攪拌
emulsifier	乳化剂	乳化劑
emulsifier free emulsion polymerization	无乳化剂乳液聚合，无皂乳液聚合	無乳化劑乳化聚合[作用]
emulsion polymerization	乳液聚合	乳化聚合[作用]
emulsion polymerized polybutadiene	乳聚丁二烯橡胶	乳化聚合聚丁二烯
emulsion polymerized styrene-butadiene rubber	乳聚丁苯橡胶	乳化聚合苯乙烯–丁二烯橡膠
emulsion spinning	乳液纺丝	乳化紡絲
enamel	①珐琅 ②瓷漆	琺瑯
enamelled chemical engineering apparatus	化工搪瓷	琺瑯[襯裡]化工裝置
enamelled cooking utensil	搪瓷烧皿	琺瑯[襯裡]廚具
encapsulated agent	覆盖剂	囊封劑
encapsulated materials	覆盖材料	囊封材料

英 文 名	大 陆 名	台 湾 名
end capping	封端	端封，尾封
end group analysis process	端基分析法	端基分析程序
end-member mineral	端员矿物	端元礦物
endothelialization of surface	[生物材料]表面内皮化	表面內皮化
endothermic atmosphere	吸热式气氛	吸熱式氣氛
endothermic glass	吸热玻璃	吸熱型玻璃磚
end quenching test	端淬试验	端面淬火試驗
end-to-end distance	末端距	端距
energy of magnetocrystalline anisotropy	磁晶各向异性能	磁晶異向性能量
energy release rate	能量释放速率	能量釋放速率
energy release rate of crack propagation	裂纹扩展能量释放率	裂縫延伸能量釋放速率
engineered wood product	工程木制品	工程設計木製品
engineering dry specimen	工程干态	工程乾燥試片
engineering plastics	工程塑料	工程用塑膠
engineering stress-strain curve	工程应力–应变曲线	工程應力應變曲線
engobe	化妆土	化粧土，釉底料
engraving	刻划花	刻花[加工]
enriched uranium	富集铀，浓缩铀	濃縮鈾
enthalpy	焓	焓
entrance effect	入口效应	入口效應
entropy	熵	熵
entropy elasticity	熵弹性	熵彈性
envelope paper	信封用纸	信封紙
envelope paper board	封套纸板	封套紙板
environmental compensation factor	环境补偿系数	環境補償因子
environmental fracture	环境断裂	環境破斷
environmental mineral	环境矿物	環境礦物
environmental stress cracking	环境应力开裂	環境應力破裂
environmental stress cracking resistance	耐环境应力开裂	抗環境應力破裂
enzyme painting	包酶	塗酶
epichlorohydrin rubber	氯醚橡胶，氯醇橡胶	表氯醇橡膠，氧氯丙烷橡膠
epidermal growth factor	表皮生长因子	表皮成長因子
epitaxial lateral overgrowth (ELO)	侧向外延	磊晶側向延長成長
epitaxial layer	外延层	磊晶層
epitaxial substrate	外延衬底	磊晶基材，磊晶基板
epitaxial wafer	外延片	磊晶晶圓
epitaxy	外延	磊晶術

英　文　名	大　陆　名	台　湾　名
epitaxy thin film	外延薄膜	磊晶薄膜
EPMA (=electron probe microanalysis)	电子探针微区分析	電子探針微區分析
epoxidized natural rubber	环氧化天然橡胶	環氧化天然橡膠
epoxidized natural rubber latex	环氧化天然胶乳	環氧化天然橡膠乳膠
epoxy adhesive	环氧胶黏剂	環氧黏著劑
epoxy coating	环氧涂料	環氧塗層
epoxy resin	环氧树脂	環氧樹脂
epoxy resin composite	环氧树脂基复合材料	環氧樹脂複材
equal channel angular pressing	等通道转角挤压	等通道轉角壓製
equation of state	物态方程	狀態方程[式]
equiaxed crystal	等轴晶	等軸晶
equiaxed ferrite	等轴状铁素体	等軸肥粒體
equiaxed structure	等轴晶组织	等軸結構
equilibrium cooling epitaxial growth	平衡降温生长	平衡冷卻磊晶成長
equilibrium high elasticity	平衡高弹性	平衡高彈性
equilibrium melting point	平衡熔点	平衡熔點
equilibrium moisture content of wood	木材平衡含水率	木材平衡含水量
equilibrium polymerization	平衡化聚合	平衡聚合[作用]
equilibrium polymerization of cyclopolysiloxane	环聚硅氧烷的平衡化聚合	環聚矽氧烷平衡聚合[作用]
equilibrium potential	平衡电位	平衡電位，平衡勢
equilibrium segregation coefficient	平衡分凝系数	平衡偏析係數
equilibrium solidification	平衡凝固	平衡凝固
equilibrium swelling	平衡溶胀法交联度	平衡溶脹
equilibrium swelling ratio	平衡溶胀比	平衡溶脹比
equivalent design of laminate	层合板等代设计	積層板當量設計
equivalent sphere	等效球	等效球體，當量球體
equivalent thickness	当量厚度	當量厚度，等效厚度
erosion	冲蚀	沖蝕
erosion corrosion	冲蚀腐蚀	沖蝕腐蝕
erosion resistance	耐冲蚀性	抗沖蝕性
erosive wear	冲蚀磨损	沖蝕磨耗
ESR (=electroslag remelting)	电渣重熔	電渣重熔
essential oil	精油，香精油，挥发油，芳香油	精油
etch pit	腐蚀坑	蝕坑
ethyl cellulose (EC)	乙基纤维素	乙基纖維素
ethylene-chlorotrifluoroethylene copolymer (ECTFE)	乙烯–三氟氯乙烯共聚物	乙烯氯三氟乙烯共聚體

英 文 名	大 陆 名	台 湾 名
ethylene-propylene rubber	二元乙丙橡胶	乙烯丙烯橡膠
ethylene terephthalate-3, 5-dimethyl sodium sulfoisophthalate copolymer fiber	聚对苯二甲酸乙二酯–3, 5-二甲酸二甲酯苯磺酸钠共聚纤维，阳离子可染纤维，可染聚酯纤维	對苯二甲酸乙二酯–3, 5-二甲基磺酸異酞酸鈉共聚纖維
ethylene-tetrafluoroethylene copolymer	乙烯–四氟乙烯共聚物	乙烯四氟乙烯共聚體
ethylene-trifluorochloroethylene copolymer fiber	乙烯–三氟氯乙烯共聚纤维	乙烯三氟氯乙烯共聚體纖維
ethylene-vinylacetate copolymer (EVA)	乙烯–醋酸乙烯酯共聚物	乙烯乙酸乙烯酯共聚體
ethylene-vinylacetate copolymer adhesive	EVA 胶黏剂	乙烯乙酸乙烯酯共聚體黏著劑
ethylene-vinylacetate rubber	乙烯–醋酸乙烯酯橡胶	乙烯乙酸乙烯酯橡膠
ethynyl-terminated polyimide	乙炔基封端聚酰亚胺	終端化乙炔基聚醯亞胺
Ettingshausen effect	埃廷豪森效应	艾廷斯豪森效應
ettringite	钙矾石	鈣礬石
eucalyptus oil	桉树油	桉樹油
eucommia ulmoides rubber	杜仲胶	杜仲橡膠
Euler law	欧拉定律	歐拉定律
eutectic cementite	共晶渗碳体	共晶雪明碳體，共晶雪明碳鐵
eutectic copolymer	低共熔共聚物	共熔共聚體
eutectic graphite	共晶石墨	共晶石墨
eutectic point	共晶点	共晶點
eutectic reaction	共晶反应	共晶反應
eutectic solidification	共晶凝固	共晶凝固
eutectic spacing	共晶间距	共晶間距
eutectic transformation	共晶转变	共晶轉變
eutectoid cementite	共析渗碳体	共析雪明碳體，共析雪明碳鐵
eutectoid ferrite	共析铁素体	共析肥粒體，共析肥粒鐵
eutectoid point	共析点	共析點
eutectoid reaction	共析反应	共析反應
eutectoid steel	共析钢	共析鋼
eutectoid structure	共析组织	共析結構
eutectoid transformation	共析转变	共析轉變

英 文 名	大 陆 名	台 湾 名
euxenite	黑稀金礦	黑稀金礦
evacuated die casting	真空压铸	抽空壓鑄
evaporation	蒸发	蒸發
evaporation condensation	蒸发凝聚法	蒸發凝聚[法]
evaporation deposition	蒸镀	蒸鍍
exchange coupling	交换耦合	交換耦合
exchange interaction	交换作用	交換交互作用
excited state lifetime	受激态寿命	激態壽命
exciton	激子	激子
excluded volume	排除体积	排除體積
exo-endothermic atmosphere	放热–吸热式气氛	放熱吸熱式氣氛
exothermic atmosphere	放热式气氛	放熱式氣氛
exothermic mixture	发热剂	發熱混合物
exothermic powder method	发热剂法	發熱粉體法
expansion	扩口	膨脹
expansion factor	扩张因子	膨脹因子
expansion molding	发泡成型	膨脹模製
expansive admixture	膨胀掺合物	膨脹摻合物
expansive agent	膨胀剂	膨脹劑
expert system for materials design	材料设计专家系统	材料設計專家系統
explosion method	爆炸法	爆炸法
explosion sintering	爆炸烧结法	爆炸燒結[作用]
explosive consolidation	爆炸固结	爆炸固結
explosive forming	爆炸成形	爆炸成形
explosive welding	爆炸焊	爆炸銲接
extended-chain crystal	伸展链晶体	伸展鏈晶體
extended dislocation	扩展位错	延伸差排，延伸位錯
extended state	扩展态	擴展態
extended X-ray absorption fine structure	扩展 X 射线吸收精细结构	延伸 X 光吸收精細結構
extensional rheometer	无转子硫化仪	延展[式]流變儀
exterior coating	外墙涂料	外牆塗層
external desiliconization	铁水脱硅	[鐵水]離線脫矽
external plasticization	外增塑作用	離線塑化[作用]
extraction	萃取	萃取
extraction replica	萃取复型	萃取複製模
extractive metallurgy	萃取冶金学	提煉冶金學
extra deep drawing sheet steel	超深冲钢板	超深抽鋼板
extra deep drawing steel (EDDS)	超深冲钢	超深抽鋼

英 文 名	大 陆 名	台 湾 名
extra low carbon stainless steel	超低碳不锈钢	超低碳不鏽鋼
extra low interstitial titanium alloy	超低间隙元素钛合金	超低間隙[元素]鈦合金
extrapolation of creep data	蠕变数据外推法	潛變數據外插法
extrinsic gettering	非本征吸除，外吸除	外質吸氣[作用]
extrudability	可挤压性	可擠製性
extrudate swell	挤出胀大	擠出脹大
extruder	挤出机	擠製機
extrusion	①挤压 ②挤出成型	擠製
extrusion cladding	挤压包覆	擠製包層
extrusion die	挤压模	擠製模
extrusion die cone angle	挤压模角	擠製模錐角
extrusion drawing blow molding	挤出–拉伸吹塑成型	擠抽吹模製
extrusion forging	镦挤	擠鍛
extrusion forming	挤压成型	擠製成形
extrusion funnel	挤压缩尾	擠製漏斗
extrusion lamination	挤出层压复合	擠製積層
extrusion pressure	挤压力	擠製壓力
extrusion ram	挤压杆	擠製椿
extrusion ratio	挤压比	擠製比
extrusion speed	挤压速度	擠製速度
extrusion stem	挤压杆	擠製桿
extrusion without remnant material	无压余挤压，无残余挤压，坯料接坯料挤压	無餘料擠製
eye irritation	眼刺激	眼睛刺激

F

英 文 名	大 陆 名	台 湾 名
fabric areal density	预浸料纤维面密度	織物面密度
fabric reinforced polymer composite	织物增强聚合物基复合材料	織物強化聚合體複材
fabric reinforcement	织物增强体	織物強化體
face-centered cubic structure	面心立方结构	面心立方結構
facet effect	小平面效应	小平面效應，刻面效應
facet growth	小平面生长	小平面成長，刻面成長
facet interface	奇异面，小平面界面	小平面界面，刻面

英 文 名	大 陆 名	台 湾 名
		界面
face veneer	面板	表層薄板
faience pottery	彩陶	彩陶
failure analysis	失效分析	破壞分析，破損分析
failure envelope	失效包线	破損包絡線
failure envelope of laminate	层合板失效包线	積層板破損包絡線
falling ball viscometry	落球测黏法	落球式黏度測定法
falling weight impact test	落重冲击试验	落重衝擊試驗
false twisting	假捻	假撚
false-twist stabilized textured yarn	假捻定型变形丝	假撚定型綿捲紗
false-twist textured yarn	假捻变形丝	假撚綿捲紗
famille rose	瓷胎画珐琅，珐琅彩，古月轩，蔷薇彩	胭脂紅，粉彩
famille rose decoration	粉彩	粉彩裝飾
fancy glaze	花釉	花釉
fan hong	矾红	礬紅
far infrared radiation enamel	远红外辐射搪瓷	遠紅外線輻射琺瑯
fast ion conducting materials	快离子导体材料	快離子導體材料
fast ionic conductor	快离子导体	快離子導體
fast neutron breeder reactor fuel assembly	快中子增殖堆燃料组件	快中子滋生反應器燃料組
fatigue	疲劳	疲勞
fatigue crack growth rate	疲劳裂纹长大速率	疲勞裂縫成長速率
fatigue crack propagation	疲劳裂纹扩展	疲勞裂縫延伸
fatigue failure	疲劳失效	疲勞破損
fatigue fracture	疲劳断裂	疲勞破斷
fatigue life	疲劳寿命	疲勞壽命
fatigue limit	疲劳极限	疲勞限
fatigue strength	疲劳强度	疲勞強度
fatigue test	疲劳试验	疲勞試驗
fatliquoring	加脂	乳狀加脂
fatty polyamide fiber	脂肪族聚酰胺纤维，锦纶，耐纶	脂肪聚醯胺纖維
feeding boundary	补缩边界	補料邊界
feeding channel	补缩通道	補料通道
feeding difficulty zone	补缩困难区	補料困難區
Fe-Fe_3C phase diagram	铁–渗碳体相图	鐵–雪明碳鐵相圖
Fe-graphite phase diagram	铁–石墨相图	鐵–石墨相圖
feldspar	长石	長石

英 文 名	大 陆 名	台 湾 名
feldspar silicate structure	长石类硅酸盐结构	長石類矽酸鹽結構
feldspathic glaze	长石釉	長石釉
feldspathic porcelain	长石质瓷	長石瓷
felt reinforcement	毡状增强体	毛氈強化體
FEM (=finite element method)	有限元法	有限元素法
Fe-Ni-Co controlled-expansion alloy	Fe-Ni-Co 定膨胀合金	鐵鎳鈷可控膨脹合金
fergusonite	褐钇铌矿	褐釔鈮礦
Fermi level	费米能级	費米能階
fermion	费米子	費米子
ferrimagnetism	亚铁磁性	亞鐵磁性
ferrite	铁素体，铁氧体，铁淦氧	鐵氧磁體，肥粒體，肥粒鐵
δ-ferrite	δ 铁素体	δ 肥粒鐵
ferrite-pearlite steel	铁素体–珠光体钢	肥粒體–波來體鋼
ferrite radar absorbing materials	铁氧体吸波材料	鐵氧磁體雷達[波]吸收材料
ferrite stabilized element	铁素体稳定元素，扩大铁素体相区元素	肥粒體穩定元素
ferritic heat-resistant steel	铁素体耐热钢	肥粒體耐熱鋼
ferritic stainless steel	铁素体不锈钢	肥粒體不鏽鋼
ferroalloy	铁合金	鐵合金
ferroalloy with rare earth element	稀土铁合金	含稀土元素鐵合金
ferroboron	硼铁	硼鐵
ferrochromium	铬铁	鉻鐵
ferroelastic ceramics	铁弹陶瓷	鐵彈性陶瓷
ferroelastic effect	铁弹效应	鐵彈[性]效應
ferroelasticity	铁弹性	鐵彈性
ferroelastic phase transformation	铁弹相变	鐵彈[性]相轉變
ferroelastic phase transition	铁弹相变	鐵彈[性]相轉換
ferroelectric ceramics	铁电陶瓷	強介電陶瓷，鐵電陶瓷
ferroelectric domain	铁电畴	強介電域，鐵電域
ferroelectric-ferromagnetics	铁电–铁磁体	強介電磁體，鐵電鐵磁體
ferroelectricity	铁电性	強介電性，鐵電性
ferroelectric liquid crystal polymer	铁电液晶高分子	強介電液晶聚合體，鐵電液晶聚合體
ferroelectrics	铁电体	強介電體，鐵電體
ferromagnetic phase transformation	铁磁相变	鐵磁相轉變

英 文 名	大 陆 名	台 湾 名
ferromagnetic phase transition	铁磁相变	鐵磁相轉換
ferromagnetism	铁磁性	鐵磁性，強磁性
ferromanganese	锰铁	錳鐵
ferromolybdenum	钼铁	鉬鐵
ferroniobium	铌铁	鈮鐵
ferrophosphorus	磷铁	磷鐵
ferrosilicocalcium	硅钙合金	矽鈣鐵
ferrosilicochromium	硅铬合金	矽鉻鐵
ferrosilicomanganese	锰硅合金，锰硅铁合金	矽錳鐵
ferrosilicon	硅铁	矽鐵
ferrotitanium	钛铁	鈦鐵
ferrotungsten	钨铁	鎢鐵
ferrovanadium	钒铁	釩鐵
fiber active carbon	纤维状活性炭	纖維活性碳
fiberboard	纤维板	纖維板
fiberboard for flooring	地板基材用纤维板	地板用纖維板
fiberboard post treatment	纤维板后处理	纖維板後處理
fiber classification	纤维分级	纖維分級
fiber coarseness	纤维粗度	纖維粗[大]度
fiber forming property	成纤性	纖維成形性質
fiber plate	纤维面板	纖維板
fiber preform	纤维预制体	纖維預形體
fiber reinforced cement matrix composite	纤维增强水泥复合材料	纖維強化水泥基複材
fiber reinforced ceramic matrix composite	纤维补强陶瓷基复合材料	纖維強化陶瓷基複材
fiber reinforced concrete	纤维增强混凝土	纖維強化混凝土
fiber reinforced titanium alloy	纤维增强钛合金	纖維強化鈦合金
fiber reinforcement	纤维增强体	纖維強化體
fiber saturation point of wood	木材纤维饱和点	木纖維飽和點
fiber screen classification value	纤维筛分值	纖維篩選分級
fiber separation	纤维分离	纖維分離
fiber separative degree	纤维分离度	纖維分離度
fiber speckle	丝斑	纖斑
fiber spinning	纺丝	纖維紡絲
fiber spinning from crystalline state	液晶纺丝	晶態纖維紡絲
fiber structure	纤维组织	纖維結構
fiber surface modification	纤维表面改性	纖維表面改質
fiber volume content	纤维体积含量	纖維體積含量

英 文 名	大 陆 名	台 湾 名
fiber volume fraction	纤维体积含量	纖維體積分率
fiber wet strength	纤维湿[态]强度	纖維濕強度
fibrid	纤条体，沉析纤维	纖條體
fibril	原纤维	原纖維
fibrillation	纤维帚化	纖維化
fibroblast growth factor	成纤维细胞生长因子	纖維母細胞生長因子
fibrous crystal	纤维晶	纖維狀晶體
fibrous monolithic structural ceramics	纤维独石结构陶瓷材料	纖維整塊結構陶瓷
fibrous powder	纤维状粉	纖維狀粉
Fick law	菲克定律	費克定律
field emission electron microscopy	场发射电子显微术	場發射電子顯微術
field ion microscopy	场离子显微术	場離子顯微術
field of weld temperature	焊接温度场	銲接溫度場
figured porous wood	花样孔材	花樣孔木
filament	长丝	長絲
filament winding	缠绕成型	長絲纏繞成型
filled-hole compression strength of laminate	层合板充填孔抗压强度	積層板填孔壓縮強度
filled-hole tension strength of laminate	层合板充填孔拉伸强度	積層板填孔拉伸強度
filler	①填充剂，填料 ②[造纸]填料	①填充料 ②填料
fillet	胶瘤	填角料
fill factor	装填系数	裝填因子
filling	①填充 ②充型	填充
filling materials of hard tissue	硬组织填充材料	硬組織填充材料
filling materials of soft tissue	软组织填充材料	軟組織填充材料
film adhesive	膜状胶黏剂	膜狀黏著劑
film casting	铸膜	膜鑄造
filter core board	滤芯纸板	濾芯[紙]板
filter paper	滤纸	濾紙
filtration and deaeration	过滤和脱泡	過濾和除氣
filtration combustion	渗透燃烧	滲透燃燒
final forging die cavity	终锻模槽	終鍛模穴
final setting of gypsum slurry	石膏浆终凝	石膏漿終凝
final setting of plaster slip	石膏浆终凝	石膏漿終凝
final transient region	末端过渡区	最終過渡區，最終暫態區

英 文 名	大 陆 名	台 湾 名
fine ceramics	精细陶瓷	精密陶瓷
fine grain cast superalloy	细晶铸造高温合金	細晶鑄造超合金
fine grain cemented carbide	细晶硬质合金	細晶燒結碳化物
fine grained steel	①细晶粒钢 ②本质细晶粒钢	細晶鋼
fineness	纤度	細度
fine porcelain	细瓷	細瓷
fine pottery	①精陶 ②细陶器	精陶
fine powder	细粉	細粉
finger joint wood	指接材	指接木料
finishing	精整	精整，最後加工
finite element analysis	有限元分析	有限元素分析
finite element method (FEM)	有限元法	有限元素法
fire clay	耐火黏土	耐火黏土，火黏土
fire clay brick	黏土砖	火黏土磚
fire-proofing coating	防火涂层	防火塗層
fire-resistance glass	防火玻璃	耐火玻璃
fire-resistant steel (FR steel)	耐火钢	耐火鋼，FR 鋼
fire retardant	阻燃剂	阻燃劑
fire retardant coating	防火涂料	阻燃塗層
fire-retarding treatment of wood	木材阻燃处理，木材滞火处理	木材阻燃處理
firing	烧成	燒成，燒製
firing ring	测温环	[燒成]測溫環
first normal stress difference	第一法向应力差	第一正向應力差
first-order phase transformation	一级相变	一階相轉變
first-order phase transition	一级相变	一階相轉換
first ply failure envelope	最先一层失效包线	第一單層破損包絡線
first ply failure envelope of laminate	层合板最先一层失效包线	積層板第一單層破損包絡線
first ply failure load of laminate	层合板最先一层失效载荷	積層板第一單層破損荷重
first stage tempering	低温回火	第一階段回火
first wall materials	第一壁材料，面向等离子体材料	第一壁材料
first zone of vaporization	起始蒸发区	起始蒸發區
Fisher subsieve size	费氏法	費雪次篩尺寸
fisheye	鱼眼	魚眼
fissile materials	易裂变材料	易裂材料

英 文 名	大 陆 名	台 湾 名
fission fuel	裂变核燃料	分裂燃料
fixed dummy block extrusion	固定垫片挤压	固定墊片擠製
fixed partial bridge	固定桥	固定局部牙橋
fixed partial denture	固定局部义齿，固定义齿	固定局部假牙
fixed quality area (FQA)	合格质量区	合格品質區
flake	白点	白疵，小片
flake reinforcement	片状增强体	片狀強化體
flaky powder	片状粉	片狀粉
flame remelting	火焰重熔	火焰重熔
flame retardant	阻燃剂	阻焰劑
flame retardant composite	阻燃复合材料	阻焰複材
flame retardant fiber	阻燃纤维	阻焰纖維
flame soldering	火焰钎焊	火焰軟銲
flame spraying	火焰喷涂	火焰噴塗
flame spraying gun	火焰喷枪	火焰噴塗槍
flame synthesis of powder	火焰合成法	粉體火焰合成法
flammability	可燃性	可燃性
flanging	翻边	摺緣
flash butt welding	闪光对焊	閃光對銲
flash evaporation	闪蒸蒸镀	閃蒸鍍
flash ignition temperature	骤燃温度	閃燃溫度
flash radiography	闪光射线透照术	閃光放射攝影術
flash welding	闪光对焊	閃銲
flaskless molding	无箱造型	無箱造模法
flat anvil stretching	平砧拔长	平砧伸展
flat anvil upsetting	平砧镦粗	平砧鍛粗
flat die forging	自由锻	開放模鍛造，平模鍛造
flat extrusion	扁坯料挤压，扁挤压筒挤压	扁平[料]擠製，扁坯料擠製
flat glass	平板玻璃	平板玻璃
flatness	平整度	平整度
flatting agent	消光剂	消光劑
flat yarn	原丝	扁平紗，未加撚原絲
flax-like fiber	仿麻纤维	類亞麻纖維
FLD (=forming limit diagram)	成形极限图	成形極限圖
flesh side	肉面	肉面
flex cracking	屈挠龟裂	撓曲破裂

英 文 名	大 陆 名	台 湾 名
flex cracking test	屈挠龟裂试验	撓曲破裂試驗
flex fatigue life	屈挠疲劳寿命	撓曲疲勞壽命
flexible chain	柔性链	可撓鏈
flexible die forming	软模成型	可撓模具成型
flexible multi-point forming	柔性多点成形	可撓多點成型
flexible polyvinylchloride	软聚氯乙烯	可撓性聚氯乙烯
flexible PVC	软聚氯乙烯	可撓性 PVC
flint clay	硬质黏土	燧石黏土
float glass	浮法玻璃	浮製玻璃
floating mandrel tube drawing	浮动芯头拉管	浮動芯管拉製
floating-zone grown silicon	悬浮区熔硅	浮熔帶長矽
floating-zone method	悬浮区熔法	浮熔帶法
Flory-Huggins theory	弗洛利–哈金斯溶液理论	弗洛里–赫金斯理論
flow ability	流动性	流動性
flow birefringence	流动双折射	流動性雙折射
flow mark	流痕	流痕
flow pattern defect (FPD)	流动图形缺陷	流動圖案缺陷
flow soldering	波峰钎焊	熔流軟銲
flow temperature	流动温度	流動溫度
fluff pulp	绒毛浆	絨毛漿
fluid bed vulcanization	流化床硫化	流體床火鍛，流體床硫化
fluidization technology	流态化技术	流體化技術
fluidized bed dip painting	流化床浸涂	流體化床浸塗
fluid resistant composite	复合材料耐介质性	耐流質性複材
fluid sand molding	流态砂造型	流態砂模製
fluorescence analysis	荧光分析	螢光分析
fluorescence conversion efficiency	荧光转换效率	螢光轉換效率
fluorescence energy conversion efficiency	荧光能量转换效率	螢光能量轉換效率
fluorescence lifetime	荧光寿命	螢光壽命
fluorescence materials	荧光材料	螢光材料
fluorescence of wood	木材荧光现象	木材螢光性
fluorescence quantum conversion efficiency	荧光量子效率	螢光量子轉換效率
fluorescent pigment	荧光颜料	螢光顏料
fluorescent whitening agent	荧光增白剂	螢光增白劑
fluorite	萤石	螢石
fluorite structure	萤石型结构	螢石結構
fluoroacrylate rubber	含氟丙烯酸酯橡胶	氟丙烯酸酯橡膠

英　文　名	大　陆　名	台　湾　名
fluoroether rubber	全氟醚橡胶	氟醚橡膠
fluorofiber	含氟纤维	氟纖維
fluoro-phosphazene rubber	氟化磷腈橡胶	氟磷腈橡膠
fluororubber	氟橡胶，氟弹性体	氟橡膠
fluoro-silicone rubber	氟硅橡胶	氟矽氧橡膠
flux	熔剂	①助熔劑，銲劑，熔劑 ②通量
flux cored wire	药芯焊丝	助熔劑芯銲線
fly ash	粉煤灰	飛灰
fly ash brick	粉煤灰砖，漂珠砖	飛灰磚
foam concrete	泡沫混凝土	泡沫混凝土，發泡混凝土
foam core sandwich composite	泡沫夹层结构复合材料	泡芯夾層複材
foamed alumina brick	泡沫氧化铝砖，泡沫刚玉砖	發泡氧化鋁磚
foamed aluminum	泡沫铝	發泡鋁
foamed concrete	泡沫混凝土	泡沫混凝土，發泡混凝土
foamed glass	发泡玻璃	泡沫玻璃，發泡玻璃
foamed magnesium alloy	泡沫镁合金	發泡鎂合金
foamed metal	泡沫金属	發泡金屬
foamed plastics	泡沫塑料	發泡塑膠
foam glass	泡沫玻璃	泡沫玻璃，發泡玻璃
foaming agent	发泡剂	發泡劑
foaming rubber	海绵橡胶	發泡橡膠
foaming slag	泡沫渣	發泡渣
focal plane	焦平面	焦平面
fogging value	雾化值	霧化值
foil	箔材，超薄带	箔
food wrapping paper	食品包装纸	食品包裝紙
force-cooled superconducting wire	迫冷超导线	強制冷卻超導線
forced non-resonance method	强迫非共振法	強制非共振法
forced resonance method	强迫共振法	強制共振法
foreign body reaction	异物反应	異物反應
forgeability	可锻性	鍛造性
forging	锻造	鍛造，鍛件
forging defect	锻件缺陷	鍛件缺陷，鍛造缺陷
forging die	锻造模具	鍛造模

英 文 名	大 陆 名	台 湾 名
forging die steel	锻模钢	鍛模鋼
forging force	锻造力	鍛造力
forging ratio	锻造比	鍛造比
formability	成形性	成形性
formaldehyde emission content from wood based panel	人造板甲醛释放限量	木質板甲醛釋放量
formalized polyvinyl alcohol fiber	聚乙烯醇缩甲醛纤维，维纶	縮甲醛聚乙烯醇纖維
formanite	黄钇钽矿	黃釔鉭礦
formatting	[纸张]成形	版形
formed plywood	成型胶合板	成型合板
formed section	冷弯型材	成型材段
forming	成形	成形
forming limit diagram (FLD)	成形极限图	成形極限圖
forming of glass	玻璃成型	玻璃成形
forsterite	镁橄榄石	鎂橄欖石
forsterite brick	镁橄榄石砖	鎂橄欖石磚
forward and backward extrusion	正反联合挤压	正逆向擠製
forward extrusion	正[向]挤压	順向擠製
forward slip	前滑	向前滑動
foundry	铸造	①鑄造 ②鑄造工場，半導體工廠
foundry coke	铸造焦	鑄造用焦碳
fountain flow	涌泉流动	湧泉流動
Fourier transform infrared absorption spectroscopy	傅里叶变换红外吸收光谱	傅立葉轉換紅外吸收光譜術
four-point bending test	四点弯曲试验	四點彎曲試驗
four-point probe measurement	四点探针法	四點探針量測
four-probe measurement	四探针法	四探針量測
four-probe method	四端电极法	四探針法
FPD (=flow pattern defect)	流动图形缺陷	流動圖案缺陷
FQA (=fixed quality area)	合格质量区	合格品質區
fractional precipitation	分步沉淀	分級沈澱
fractionation	分级	分餾
fraction of surface coverage	表面覆盖率	表面覆蓋分率
fractography analysis	断口分析	斷面相術分析
fracture	断裂	破斷
fracture mechanics	断裂力学	破斷力學，破壞力學
fracture physics	断裂物理学	破斷物理學

英 文 名	大 陆 名	台 湾 名
fracture strength	断裂强度	破斷強度
fracture stress	断裂应力，断裂真应力	破斷應力
fracture toughness	断裂韧度	破斷韌度，破斷韌性，破壞韌性
fracture toughness test	断裂韧度试验	破斷韌度試驗，破壞韌度試驗
framework silicate structure	架状硅酸盐结构	框架狀矽酸鹽結構
Frank partial dislocation	弗兰克不全位错	法蘭克部份差排
Frank-Read source	弗兰克–里德[位错]源	法蘭克–瑞德[差排]源
freckle	黑斑	斑點
free amorphous phase	自由非晶相	自由非晶相
free carbon	游离碳	游離碳
free crystal growth	非强制性晶体生长	自由晶體成長
free-cutting copper alloy	易切削铜合金	易切銅合金
free-cutting hot rolled high strength steel	易切削非调质钢	易切熱軋高強度鋼
free-cutting stainless steel	易切削不锈钢	易切不鏽鋼
free-cutting steel	易切削钢	易切鋼，易削鋼
free decay oscillation method	自由衰减振动法	自由衰減振盪法
free forming	无模成形	無模成形
free lime	游离氧化钙，游离石灰	游離石灰
freely-jointed chain	自由连结链	自由連結鏈
free machining steel	易切削钢	易加工鋼
free radical polymerization	自由基聚合	自由基聚合[作用]
freeze drying	冷冻干燥，升华干燥	冷凍乾燥
freeze drying process	冷冻干燥法	冷凍乾燥製程
Frenkel defect	弗仑克尔缺陷	佛蘭克缺陷
Frenkel pair	弗仑克尔对	佛蘭克對
frequency constant	频率常数	頻率常數
fretting	微动磨损，微动损伤	微動磨損，微動侵蝕
fretting fatigue	微动疲劳	微動磨損疲勞
fretting wear	微动磨损，微动损伤	微動磨耗
friction calendering	擦胶压延	摩擦軋光
friction composite	摩擦复合材料	摩擦複材
friction functional composite	摩擦功能复合材料	摩擦功能性複材
friction stir welding	搅拌摩擦焊	摩擦攪拌銲接
friction welding	摩擦焊	摩擦銲接
frit	熔块	熔塊，玻料
frosted glass	毛玻璃	毛玻璃，噴砂玻璃
frozen casting forming	冷冻浇注成型	冷凍澆注成形

英 文 名	大 陆 名	台 湾 名
FR steel (=fire-resistant steel)	耐火钢	耐火鋼，FR 鋼
fuel assembly	燃料组件	燃料組
fuel cladding	燃料包壳	燃料包覆
fuel element	燃料元件	燃料元件
fuel injection	喷吹燃料	燃料噴射
fuel pellet	燃料芯块	燃料丸，燃料粒
fuel rate	燃料比	燃料耗用率
fuel ratio	燃料比	燃料比
fugacity	逸度	逸壓
full annealing	完全退火	完全退火
full density materials	全致密材料，全密度材料	全密度材料
full denture	全口义齿	全口假牙
fullerene	富勒烯	富勒烯
fullerene [compound] superconductor	富勒烯[化合物]超导体	富勒烯超導體
full grain leather	全粒面革	全紋面皮革
full mold casting	实型铸造	全模鑄造
fullness of leather	皮革丰满性能	皮革充實度
fully bleached pulp	全漂浆	全漂[紙]漿
fully dense materials	全致密材料	全緻密材料
fully drawn yarn	全拉伸丝，FDY 丝	全延伸紗
fully dyed leather	水染革	全染皮革
fully oriented yarn	全取向丝，FOY 丝	全定向紗
fully stabilized zirconia	全稳定氧化锆	全穩定氧化鋯
fully stabilized zirconia ceramics	全稳定氧化锆陶瓷	全穩定氧化鋯陶瓷
fumigation of wood	木材熏蒸处理	木材燻蒸處理
functional ceramics	功能陶瓷	功能性陶瓷
functional composite	功能复合材料	功能性複材
functional fiber	功能纤维	功能性纖維
functional gradient cemented carbide	梯度结构硬质合金	功能梯度燒結碳化物
functional gradient composite	功能梯度复合材料	功能性梯度複材
functionality	官能度	官能度，功能性
functionally graded materials	梯度功能材料	功能性梯度材料
functional materials	功能材料	功能性材料
functional polymer materials	功能高分子材料	功能聚合體材料
functional refractory	功能耐火材料	功能性耐火材
function plywood	功能胶合板	功能夾板
fungus resistance	抗菌性	抗真菌性
fur	毛皮	皮草

英 文 名	大 陆 名	台 湾 名
furan resin	呋喃树脂	呋喃樹脂
furfural	糠醛，呋喃甲醛	糠醛
furfuralcohol-modified urea formaldehyde resin	糠脲树脂	糠醇改質脲甲醛樹脂
furfural resin	糠醛树脂	糠醛樹脂
furfuryl alcohol resin	糠醇树脂	糠醇樹脂
furfuryl polyether	四氢呋喃均聚醚，聚四氢呋喃	糠基聚醚
furnace cooling	炉冷	爐冷
furnace gas drying of wood	木材炉气干燥	木材爐氣乾燥
furskin	细杂皮	毛皮
fused cast brick	熔铸砖	熔鑄磚
fused cast refractory	熔铸耐火材料	熔鑄耐火材
fused cast zirconia corundum brick	熔铸锆刚玉砖，电熔锆刚玉砖	熔鑄氧化鋯剛玉磚
fused quartz ceramics	熔石英陶瓷，石英陶瓷	熔融石英陶瓷
fused quartz product	熔融石英制品	熔融石英製品
fused salt corrosion	熔盐腐蚀	熔鹽腐蝕
fusible alloy	低熔点合金，易熔合金	易熔合金
fusible cone	测温锥，测温三角锥	可熔[測溫]錐
fusible pattern	熔模	可熔模型
fusion electrolysis	熔盐电解	熔融電解
fusion fuel	聚变核燃料，热核燃料	[核]融合燃料
fusion reactor	聚变堆	[核]融合反應器
fusion reactor materials	聚变堆材料	[核]融合反應器材料
fusion reduction	熔融还原	熔融還原
fusion type plasma arc welding	熔透型等离子弧焊，熔透法	熔融式電漿弧銲
fusion welding	熔[化]焊	熔融銲接
fusion zone	熔合区	熔融帶

G

英 文 名	大 陆 名	台 湾 名
gabbro	辉长岩	輝長岩
gadolinium gallium garnet crystal	钆镓石榴子石晶体	釓鎵石榴子石晶體
galena	方铅矿	方鉛礦
galium indium phosphide	镓铟磷	磷化銦鎵
gallium antimonide	锑化镓	銻化鎵

英文名	大陆名	台湾名
gallium antisite defect	镓反位缺陷	鎵反位缺陷
gallium arsenide	砷化镓	砷化鎵
gallium arsenide phosphide	镓砷磷	磷砷化鎵
gallium indium arsenide	镓铟砷	砷化銦鎵
gallium indium arsenide antimonide	镓铟砷锑	銻砷化銦鎵
gallium indium phosphide	镓铟磷	磷化銦鎵
gallium nitride	氮化镓	氮化鎵
gallium phosphide	磷化镓	磷化鎵
gallium vacancy	镓空位	鎵空位
galvanic corrosion	电偶腐蚀，接触腐蚀，异金属腐蚀	電池腐蝕，伽凡尼腐蝕
galvanized sheet	镀锌钢板，白铁皮，镀锌铁皮	鍍鋅鋼片
gamma solid solution	γ 固溶体	伽瑪固溶體
gangue	煤矸石	脈石
gap-filling adhesive	接缝密封胶	填縫黏著劑
garnet	石榴子石	石榴子石
garnet laser crystal	石榴子石型激光晶体	石榴子石雷射晶體
garnet structure	石榴子石型结构	石榴子石結構
gas-assisted injection molding	气体辅助注射成型	氣體輔助射出成型
gas assisted vapor phase deposition	外助气相沉积法	氣體輔助蒸氣相沈積法
gas atomization	气体雾化	氣體霧化[法]
gas bulging forming	气胀成形	氣脹成形
gas carburizing	气体渗碳	氣體滲碳[作用]
gas chromatography-mass spectrometry	气相色谱–质谱法	氣相層析術–質譜術
gas concrete	加气混凝土	充氣混凝土
gas coolant	气体冷却剂	氣體冷卻劑
gas flow levitation	气体悬浮	氣流懸浮
gas handling system	气体输运系统	氣體輸運系統
gas hole	气孔	氣孔
gas hydrate	可燃冰，天然气水合物	可燃冰，[天然]氣水合物
gas permeability	透气度	透氣性
gas permeable brick	透气砖	透氣磚
gas phase doping	气相掺杂	氣相摻雜
gas phase reaction method	气相反应法	氣相反應法
gas phase synthesis	气体合成法	氣相合成
gas pressure sintering	气压烧结，烧结–热等	氣壓燒結

英 文 名	大 陆 名	台 湾 名
	静压	
gas reaction preparation of powder	气相反应法制粉	氣體反應製粉
gas sensitive ceramics	气敏陶瓷	氣敏陶瓷
gas sensitive component	气敏元件	氣敏元件
gas sensitive resistor materials	气敏电阻器材料	氣敏電阻[器]材料
gas sensor	气敏元件	氣體感測器
gas shielded arc welding	气体保护电弧焊，气体保护焊	氣護弧銲
gas source molecular beam epitaxy	气态源分子束外延	氣態源分子束磊晶術
gas valve steel	气阀钢	氣閥用鋼
Gaussian chain	高斯链	高斯鏈
Ge kiln	哥窑	哥窯
gel	凝胶	凝膠
gelatin	凝胶	凝膠
gel casting	凝胶注模成型	凝膠注模成型
gel chloroprene rubber	凝胶型氯丁橡胶	凝膠氯丁二烯橡膠，凝膠氯平橡膠
gel coated resin	胶衣树脂	凝膠塗布樹脂
gel ion exchange resin	凝胶型离子交换树脂	凝膠離子交換樹脂
gelling agent	胶凝剂，絮凝剂	凝膠劑
gel permeation chromatography (GPC)	凝胶渗透色谱法	凝膠滲透層析術
gel point	凝胶点	凝膠點
gel point of prepreg	预浸料凝胶点	預浸體凝膠點
gel spinning	凝胶纺丝	凝膠紡絲
gel time of prepreg	预浸料凝胶时间	預浸體凝膠時間
gem	宝石	寶石
gem diamond	宝石级金刚石	寶石級金剛石，寶石級鑽石
gem refractometer	宝石折射仪	折射儀
gene delivery system	基因传递系统，基因导入系统	基因遞送系統
general corrosion	均匀腐蚀	全面腐蝕，一般腐蝕
general purpose plastics	通用塑料	通用塑膠
gene therapy	基因治疗	基因治療
gene vector	基因载体	基因載體，基因媒介體
genotoxicity	遗传毒性	遺傳毒性
geometrical softening	几何软化	幾何軟化
germanium	锗	鍺

英　文　名	大　陆　名	台　湾　名
germanium collection	锗富集物	鍺富集物
germanium for infrared optics	红外光学用锗	紅外光學用鍺
germanium tetrachloride	四氯化锗	四氯化鍺
getter	吸气剂	吸氣劑
gettering	吸除	吸氣[作用]
giant magnetoresistance effect	巨磁电阻效应	巨磁阻效應
giant magnetoresistance materials (GMR materials)	巨磁电阻材料	巨磁阻材料
giant magnetoresistance semiconductor	巨磁电阻半导体	巨磁阻半導體
Gibbs free energy	吉布斯自由能，自由焓，自由能	吉布斯自由能
Gibbs phase rule	吉布斯相律	吉布斯相律
Gibbs-Thomson factor	吉布斯–汤姆孙系数	吉布斯–湯姆森因子
gilding	镀金	鍍金
glass	玻璃	玻璃
glass bead	玻璃细珠，玻璃微珠	玻璃珠
glass ceramics	玻璃陶瓷	玻璃陶瓷
glass fiber	玻璃纤维	玻璃纖維
glass fiber reinforced polymer composite (GFRP)	玻璃纤维增强聚合物基复合材料	玻璃纖維強化聚合體複材
glass fiber reinforcement	玻璃纤维增强体	玻璃纖維強化體
glass fluxing technique	熔融玻璃净化法	玻璃熔流技術
glass-infiltrated dental ceramics	玻璃浸渗牙科陶瓷	玻璃浸滲牙科陶瓷
glass ionomer cement	玻璃离子水门汀	玻璃離子體膠合劑
glass lubricant extrusion	玻璃润滑挤压	玻璃潤滑[劑]擠製
glass matrix composite	玻璃基复合材料	玻璃基複材
glass microballoon reinforcement	玻璃微球增强体	玻璃微氣球強化體
glass microsphere	玻璃细珠，玻璃微珠	玻璃微球
glass/phenolic ablative composite	玻璃/酚醛防热复合材料	玻璃/酚醛剝蝕複材
glass polyalkenoate cement	玻璃离子水门汀	玻璃聚鏈烯酸鹽膠合劑
glass solder	焊料玻璃，低熔点玻璃	玻璃軟銲料
glass transition	玻璃化转变，α转变	玻璃轉換
glass transition temperature	玻璃化转变温度	玻璃轉換溫度
glassy ion conductor	玻璃态离子导体	玻璃態離子導體
glassy state	玻璃态	玻璃態
glauberite	钙芒硝	鈣芒硝
glauconite	海绿石	海綠石

英 文 名	大 陆 名	台 湾 名
glauconite sand	绿砂	海綠石砂
glauconite sandstone	海绿石砂岩	海綠石砂岩
glauconitic rock	海绿石质岩	海綠石岩
glaze	釉	釉
glaze body interface	胎釉中间层	釉體界面
glazed leather	打光革	上光皮革
glazed tile	琉璃瓦	琉璃面磚，釉面磚
glaze for electric porcelain	电瓷釉	電瓷釉
glaze materials	釉料	釉料
glaze slurry	釉浆	釉漿
glazing	打光	上釉，施釉
globular cementite	球状渗碳体	球狀雪明碳鐵
globular pearlite	球状珠光体	球狀波來鐵
gloss	光泽度	光亮
gloss paint	有光漆	亮光漆
glow discharge carburizing	辉光放电渗碳	輝光放電滲碳
glow discharge deposition	辉光放电沉积	輝光放電沈積
glow discharge heat treatment	离子轰击热处理	輝光放電熱處理
glow discharge nitriding	离子渗氮	輝光放電滲氮
glued laminated timber	胶合木，集成材，层积材	膠合積層木材
glued laminated wood	胶合木，集成材，层积材	膠合積層木材
glue penetration	单板透胶	透膠
glulam	胶合木，集成材，层积材	膠合積層木材
gneiss	片麻岩	片麻岩
gold	金	金
gold based alloy	金基合金	金基合金
gold bonding wire	键合金丝，球焊金丝	金接線
good solvent	良溶剂	優良溶劑
Gor'kov-Eliashberg theory	戈里科夫-耶利亚什贝尔格理论	戈里科夫-伊利埃伯格理論
Goss texture	戈斯织构	戈斯織構
GPC (=gel permeation chromatography)	凝胶渗透色谱法	凝膠滲透層析術
gradient copolymer	梯度共聚物	梯度共聚體
graft	移植物	移植物，接枝
graft copolymer	接枝共聚物	接枝共聚體
grafted natural rubber	接枝天然橡胶	接枝天然橡膠

英　文　名	大　陆　名	台　湾　名
grafting degree	接枝度	接枝度
grafting site	接枝点	接枝點
graft polymer	接枝聚合物	接枝聚合體
graft polypropylene	接枝聚丙烯	接枝聚丙烯
grain	晶粒	晶粒
grain boundary	晶界	晶界
grain boundary energy	晶界能	晶界能
grain boundary layer capacitor ceramics	晶界层电容器陶瓷	晶界層電容器陶瓷
grain boundary scattering	晶界散射	晶界散射
grain growth	晶粒长大	晶粒成長
grain multiplication	晶粒增殖	晶粒增殖
grain of leather	皮革粒纹	皮革紋理
grain refinement	晶粒细化	晶粒細化
grain refinement strengthening	晶粒细化强化	晶粒細化強化[作用]
grain refiner	细化剂	晶粒細化劑
grain size measure	晶粒大小测量	晶粒大小量測法
grain surface	粒面	[皮革]紋理面
granite	花岗岩	花崗岩
granular bainite	粒状贝氏体	粒狀變韌鐵，粒狀變韌體
granular pearlite	粒状珠光体	粒狀波來鐵，粒狀波來體
granular polysilicon	颗粒状多晶硅	粒狀多晶矽
granular powder	粒状粉	粒狀粉
granulation	造粒，制粒	造粒
granulation technology	造粒工艺	造粒工藝
graphite	石墨	石墨
graphite clay brick	石墨黏土砖	石墨黏土磚
graphite electrode	石墨电极	石墨電極
graphite fiber reinforcement	石墨纤维增强体，高模量碳纤维增强体	石墨纖維強化體
graphite for nuclear reactor	核用石墨	核反應器用石墨
graphite schist	石墨片岩	石墨片岩
graphite stabilized element	石墨化元素，促进石墨化元素	石墨安定化元素
graphite structure	石墨结构	石墨結構
graphite whisker reinforcement	石墨晶须增强体	石墨鬚晶強化體
graphitic steel	石墨钢	石墨鋼
graphitizable steel	石墨钢	可石墨化鋼

英 文 名	大 陆 名	台 湾 名
graphitization degree	石墨化度	石墨化程度
graphitization degree of carbon/carbon composite	碳/碳复合材料石墨化度	碳/碳複材石墨化程度
graphitizing annealing	石墨化退火	促石墨化退火
graphitizing element	石墨化元素，促进石墨化元素	促石墨化元素
graphitizing treatment	石墨化退火	促石墨化處理
gravity segregation	重力偏析	重力偏析
grease glazed leather	油光革	脂光皮革
grease proof paper	防油纸	防脂紙
green compact	生坯	生胚
green hide	鲜皮	生皮
green sand mold	湿[砂]型	濕砂模
green skin	鲜皮	生皮
green strength	初始强度	生胚強度，濕砂強度
greisen	云英岩	雲英岩
grevertex	天甲胶乳	天甲乳膠，甲基丙烯酸甲酯接枝天然橡膠乳膠
grey cast iron	灰[口]铸铁	灰鑄鐵
grinding	研磨	研磨[作用]
groove	孔型，坡口	溝槽
groove rolling	孔型轧制	溝槽輥軋
ground glass	毛玻璃	磨砂玻璃
groundwood pulp	磨木浆	磨木漿
group transfer polymerization (GTP)	基团转移聚合	團基轉移聚合[作用]
growth	生长	成長
growth by dislocation	位错生长	差排[促成晶體]成長
growth by two dimensional nucleation	二维形核生长	二維成核成長
growth factor	生长因子	成長因子
growth interface	生长界面	成長界面
growth mechanism by twin	孪晶生长机制	雙晶[促成晶體]成長機制
growth rate	生长速率	生長速率，成長速率
growth ring	生长轮	生長[年]輪
GTP (=group transfer polymerization)	基团转移聚合	團基轉移聚合[作用]
Guangdong decoration	广彩	廣彩
guayule rubber	银菊胶	銀菊[橡]膠
guide and guard	导卫	導護

英　文　名	大　陆　名	台　湾　名
guide wire	导丝	導線
Guinier-Preston zone	G-P 区	G-P 區，紀尼埃–普雷斯頓區
Gunn diode	耿氏二极管	耿恩二極體
gutta percha	古塔波胶	馬來樹膠，硬質橡膠
gypsum	石膏	石膏
gypsum board	石膏纸板	石膏板
gypsum particleboard	石膏刨花板	石膏木屑板

H

英　文　名	大　陆　名	台　湾　名
habit plane	惯析面	晶癖面
hafnium	铪	鉿
hafnium alloy	铪合金	鉿合金
hafnium control rod	铪控制棒	鉿控制棒
hafnium electrode	铪电极	鉿電極
hafnium for nuclear reactor	核用铪	核反應器用鉿
hafnium powder	铪粉	鉿粉
half time of crystallization	半结晶时间	半結晶時間
halide glass	卤化物玻璃	鹵化物玻璃
halite	石盐	岩鹽
Hall coefficient	霍尔系数	霍爾係數
Hall effect	霍尔效应	霍爾效應
Hall mobility	霍尔迁移率	霍爾遷移率
halloysite	埃洛石，多水高岭石，叙永石	多水高嶺石，禾樂石
Hall-Petch relationship	霍尔–佩奇关系	霍爾–貝曲關係
halogenated butyl rubber	卤化丁基橡胶	鹵化丁基橡膠
halogenated ethylene-propylene-diene-terpolymer rubber	卤化乙丙橡胶	鹵化乙烯丙烯二烯三元聚合體橡膠
halogen-flame retardant	卤素阻燃剂	鹵素阻焰劑
hammer blow	锤击	鎚擊
hand lay-up process	手糊成型	手糊製程
hand-pressing	印坯	手壓製
hard aluminum alloy	硬铝合金，硬铝	硬質鋁合金
hard barium ferrite	铁酸钡硬磁铁氧体，钡铁氧体	硬鋇鐵氧體
hard burning	死烧	死燒,僵燒

英 文 名	大 陆 名	台 湾 名
hardenability	淬透性	可硬化性，硬化能力
hardenability band	淬透性带	可硬化帶
hardenability curve	淬透性曲线	可硬化曲線
hardened zone	硬化区	硬化區
hardening capacity	淬硬性	硬化能力
hardface materials	硬面材料	硬面材料
hard ferrite	硬磁铁氧体，永磁铁氧体	硬鐵氧體
hard lead	硬铅	硬鉛
hard lead alloy	硬铅合金	硬鉛合金
hard magnetic materials	硬磁材料	硬磁材料
hard metal	硬质合金	硬金屬
hardness	硬度	硬度
hardness test	硬度试验	硬度試驗
hard porcelain	硬质瓷	硬質瓷
hard rubber	硬质胶	硬橡膠
hard steel wire	硬线钢	硬質鋼線
hardwood	硬材	硬木
Hastelloy alloy	哈氏合金	赫史特合金，耐酸耐熱鎳基超合金
haze	雾度，雾缺陷	霾
HAZ (=heat affected zone)	热影响区	熱影響區
HDPE (=high density polyethylene)	高密度聚乙烯	高密度聚乙烯
heading	顶镦	鍛粗
heap leaching	堆浸	堆集瀝浸
heartwood	心材	心材
heat absorption glass	吸热玻璃	吸熱玻璃
heat accumulating fiber	蓄热纤维	蓄熱纖維
heat affected zone (HAZ)	热影响区	熱影響區
heat capacity	热容[量]	熱容[量]
heat-conducting silicone grease	导热硅酯	熱導矽氧油脂
heat-curing denture base polymer	热固化型义齿基托聚合物	熱固化假牙基座聚合體
heat distorsion temperature	热变形温度	熱變形溫度
heat-induced pore	热诱导孔洞	熱致孔洞
heat insulating refractory	隔热耐火材料	隔熱耐火材
heat insulation coating	隔热涂层	隔熱塗層
heat of crystallization	结晶热	結晶熱
heat of fusion	熔化热	熔解熱

英文名	大陆名	台湾名
heat of hydration	水化热	水合熱
heat of polymorphic transformation	晶型转变热	多型態轉變熱
heat of wetting	润湿热	潤濕熱
heat reflective glass	热反射玻璃	熱反射玻璃
heat regenerable ion exchange resin	热再生离子交换树脂	熱再生離子交換樹脂
heat-resistant alloy	耐热合金	耐熱合金
heat-resistant aluminum alloy	耐热铝合金	耐熱鋁合金
heat-resistant cast iron	耐热铸铁	耐熱鑄鐵
heat-resistant cast steel	耐热铸钢	耐熱鑄鋼
heat-resistant cast titanium alloy	耐热铸造钛合金	耐熱鑄造鈦合金
heat-resistant composite	防热复合材料	耐熱複材
heat-resistant concrete	耐热混凝土	耐熱混凝土
heat-resistant electric insulating paint	高温绝缘漆	耐熱電絕緣漆
heat-resistant magnesium alloy	耐热镁合金	耐熱鎂合金
heat-resistant spring steel	耐热弹簧钢	耐熱彈簧鋼
heat-resistant stealth composite	防热隐身复合材料	耐熱隱形複材
heat-resistant steel	耐热钢	耐熱鋼
heat-resistant tantalum alloy	耐热钽合金	耐熱鉭合金
heat-resistant titanium alloy	耐热钛合金，热强钛合金	耐熱鈦合金
heat resisting temperature	耐热温度	耐熱溫度
heat setting	热定型	熱定[作用]，熱固[作用]
heat setting at constant length	定长热定型	恆長熱定[作用]
heat setting under tension	控制张力热定型	張力下熱定[作用]
heat stabilizer	热稳定剂	熱穩定劑，熱安定劑
heat-strengthened glass	热强化玻璃	熱強化玻璃
heat transport equation	热量输运方程	熱輸送方程
heat treatment	热处理	熱處理
heat treatment cycle	热处理[工艺]周期	熱處理週期
heat treatment in fluidized bed	流态床热处理	流體化床熱處理
heat treatment in protective gas	保护气氛热处理	保護氣氛熱處理
heat treatment of glass	玻璃热处理	玻璃熱處理
α/β heat treatment of titanium alloy	钛合金α/β热处理	鈦合金α/β熱處理
heat treatment protective coating	热处理保护涂层	熱處理保護塗層
heavily-doped monocrystalline silicon	重掺杂硅单晶	重摻雜矽單晶
heavy doping	重掺杂	重摻雜
heavy leather	重革	重皮革
heavy steel plate	厚钢板	重鋼板

英　文　名	大　陆　名	台　湾　名
heavy water	重水	重水
HEC (=hydroxyethyl cellulose)	羟乙基纤维素	羥乙基纖維素
helical crimp	三维卷曲，立体螺旋形卷曲	螺旋捲曲
helium-3	氦–3	氦–3
helium-arc welding	氦弧焊	氦弧銲
Helmholtz free energy	亥姆霍兹自由能	亥姆霍茲自由能
hematite	赤铁矿	赤鐵礦
hematopoietic stem cell	造血干细胞	造血幹細胞
hemicellulose	半纤维素	半纖維素
hemming adhesive	折边胶	摺邊黏著劑
hemo-filtration	血液滤过	血液過濾
hemolysis	溶血	溶血[作用]
hemoperfusion	血液灌流	血液灌洗
Hess law	盖斯定律	赫斯定律
heterochain fiber	杂链纤维	雜鏈纖維
heterochain polymer	杂链聚合物	雜鏈聚合體
heterocyclic polymer	杂环聚合物	雜環聚合體
heteroepitaxy	异质外延	異質磊晶術
heterogeneous materials	非均质材料	非均質材料
heterogeneous nucleation	非均匀形核，异质形核	非均質成核
heterogeneous polymerization	非均相聚合	非均質聚合[作用]，異質聚合[作用]
heterojunction	异质结	異質接面
heterojunction phototransistor	异质结光电晶体管	異質接面光電晶體
heterojunction with intrinsic thin layer solar cell	非晶硅/晶体硅异质结太阳能电池	本質薄層異質接面太陽能電池
heterostructure laser	异质结激光器	異質結構雷射
Hetian jade	和田玉	和闐玉
hexagonal close-packed structure	密排六方结构	六方最密堆積結構
hexagonal diamond	六方金刚石	六方金剛石，六方鑽石
hexagonal zinc sulfide structure	六方硫化锌结构	六方硫化鋅結構
hexamethylcyclotrisiloxane	六甲基环三硅氧烷	六甲基環三矽氧烷
hide substance content	皮质含量	皮質含量
high alkali cement	高碱水泥	高鹼水泥
high alloy cast steel	高合金铸钢	高合金鑄鋼
high alumina brick	高铝砖	高鋁磚，高氧化鋁磚
high alumina cement	高铝水泥	高鋁水泥，高氧化鋁

英　文　名	大　陆　名	台　湾　名
		水泥
high alumina cordierite brick	高铝堇青石砖	高氧化鋁堇青石磚
high alumina refractory	高铝耐火材料	高氧化鋁耐火材
high alumina refractory fiber product	高铝耐火纤维制品	高氧化鋁耐火纖維製品
high basic slag	高碱度渣	高鹼度爐渣
high boron-low carbon superalloy	高硼低碳高温合金	高硼低碳超合金
high carbon chromium bearing steel	高碳铬轴承钢	高碳鉻軸承鋼
high carbon steel	高碳钢	高碳鋼
high-*cis*-1,4-polybutadiene rubber	高顺丁橡胶	高順式 1,4 聚丁二烯橡膠
high damping alloy	高减振合金	高阻尼合金，高減振合金
high damping titanium alloy	高减振钛合金	高減振鈦合金，高阻尼鈦合金
high density polyethylene (HDPE)	高密度聚乙烯	高密度聚乙烯
high density tungsten alloy	高密度钨合金，钨基重合金，高比重合金	高密度鎢合金
high elasticity	高弹性	高彈性
high elasticity copper alloy	高弹性铜合金	高彈性銅合金
high elastic modulus aluminum alloy	高弹性模量铝合金	高彈性模數鋁合金
high elastic plateau	高弹平台区，橡胶平台区	高彈性平坦區
high elastic state	高弹态	高彈性狀態
high electrical conducting composite	高导电复合材料	高電導複材
high energy ball milling	高能球磨	高能球磨
high energy heat treatment	高能束热处理	高能熱處理
high frequency induction heating evaporation	高频感应加热蒸发	高頻感應加熱蒸發
high frequency induction welding	高频焊	高頻感應銲接，高週波感應銲接
high frequency magnetron sputtering	高频磁控溅射	高頻磁控濺鍍，高週波磁控濺鍍
high frequency measurement method of photoconductivity decay	高频光电导衰退法	光電導衰減高頻測量法
high frequency plasma gun	高频等离子枪	高頻電漿槍，高週波電漿槍
high-grade energy welding	高能束焊	高階能銲接
high-gravity solidification	超重力凝固	高重力凝固

英 文 名	大 陆 名	台 湾 名
high heat flux materials	高热流材料	高熱通量材料
high impact polystyrene (HIPS)	高抗冲聚苯乙烯	高衝擊聚苯乙烯
high isotropy die steel	高等向性模具钢	高等向性模具鋼
high lubrication polyoxymethylene	高润滑性聚甲醛	高潤滑聚甲醛
highly conductive composite	高导电复合材料	高導電性複材
high magnetostriction alloy	高磁致伸缩合金	高磁致伸縮合金
high manganese steel	高锰钢	高錳鋼
high molecular weight high density polyethylene (HMWHDPE)	高分子量高密度聚乙烯	高分子量高密度聚乙烯
high molecular weight polyvinylchloride (HMPVC)	高分子量聚氯乙烯	高分子量聚氯乙烯
high order phase transition	高级相变	高階相轉換
high performance ceramics	高性能陶瓷	高性能陶瓷，精密陶瓷
high performance concrete	高性能混凝土	高性能混凝土
high performance fiber	高性能纤维	高性能纖維
high performance permanent magnet	高性能永磁体	高性能永久磁石，高性能永磁
high performance steel	高性能钢	高性能鋼
high permeability alloy	高磁导率合金	高導磁率合金
high phosphorus cast iron	高磷铸铁	高磷鑄鐵
high plasticity low strength titanium alloy	高塑低强钛合金	高塑性低強度鈦合金
high power density welding	高功率密度焊接	高功率密度銲接
high power semiconductor laser	高功率半导体激光器	高功率半導體雷射
high pressure ammonium leaching	高压氨浸	高壓氨瀝浸
high pressure Bridgman method	高压布里奇曼法	高壓布里吉曼法
high pressure hydrometallurgy	高压湿法冶金	高壓濕法冶金，高壓濕冶
high pressure leaching	高压浸出	高壓瀝浸
high pressure molding	高压造型	高壓模製
high pressure solidification	高压凝固	高壓凝固
high-purity alumina ceramics	高纯氧化铝陶瓷	高純度氧化鋁陶瓷
high purity aluminum	高纯铝	高純度鋁
high purity copper	高纯铜	高純度銅
high purity ferritic stainless steel	高纯铁素体不锈钢	高純度肥粒鐵系不鏽鋼
high purity magnesium alloy	高纯镁合金	高純度鎂合金
high purity molybdenum	高纯钼	高純度鉬
high purity tungsten	高纯钨	高純度鎢

英　文　名	大　陆　名	台　湾　名
high radiating coating	高辐射涂层	高輻射塗層
high range water-reducing admixture	高效减水剂	高幅度減水摻合物
high rate solidification method	高速凝固法	高速凝固法
high resistance aluminum alloy	高电阻铝合金	高電阻鋁合金
high resolution electron microscopy	高分辨电子显微术	高解析電子顯微術
high shrinkage fiber	高收缩纤维	高收縮纖維
high-silica glass	高硅氧玻璃	高氧化矽玻璃
high-silica glass/phenolic ablative composite	高硅氧/酚醛防热复合材料	高氧化矽玻璃/酚醛剝蝕複材
high silicon steel	高硅钢	高矽鋼
high solid content coating	高固体分涂料	高固含量塗層
high speed die forging	高速模锻	高速模鍛
high speed forming	高速成形，高能率成形	高速成形
high speed hammer forging	高速锤锻造	高速錘鍛
high speed steel	高速钢	高速鋼
high speed tool steel	高速工具钢	高速工具鋼
high strength aluminum alloy	高强铝合金	高強度鋁合金
high strength and high modulus fiber	高强度高模量纤维	高強度高模數纖維
high strength cast aluminum alloy	高强铸造铝合金	高強度鑄造鋁合金
high strength cast magnesium alloy	高强度铸造镁合金	高強度鑄造鎂合金
high strength cast titanium alloy	高强铸造钛合金	高強度鑄造鈦合金
high strength concrete	高强混凝土	高強度混凝土
high strength diamond	高强度金刚石	高強度金剛石，高強度鑽石
high strength heat resistant aluminum alloy	高强耐热铝合金	高強度耐熱鋁合金
high strength heat resistant cast aluminum alloy	热强铸造铝合金，耐热铸造铝合金	高強度耐熱鑄造鋁合金
high strength high conduction copper alloy	高强高导电铜合金	高強度高導電銅合金
high strength low alloy steel (HSLA steel)	低合金高强度钢	高強度低合金鋼，HSLA 鋼
high strength stainless steel	高强度不锈钢	高強度不鏽鋼
high strength titanium alloy	高强钛合金	高強度鈦合金
high stretch yarn	高弹变形丝，高弹丝	高伸縮紗
high styrenc latex	高苯乙烯胶乳	高苯乙烯乳膠
high technology ceramics	高技术陶瓷	高科技陶瓷
high temperature alloy	高温合金	高溫合金
high temperature alloy for combustion chamber	燃烧室高温合金	燃燒室用高溫合金
high temperature and energy-saving coating	高温节能涂料	高溫節能塗料

英 文 名	大 陆 名	台 湾 名
materials		
high temperature anti-oxidation coating	高温抗氧化涂层	高溫抗氧化塗層
high temperature bearing steel	高温轴承钢，耐热轴承钢	高溫軸承鋼
high temperature bimetal	高温型热双金属	高溫型雙金屬
high temperature constant modulus alloy	高温恒弹性合金	高溫恆模數合金
high temperature corrosion-resistant coating	高温防腐蚀涂层	高溫耐腐蝕塗層
high temperature forced hydrolysis	高温强制水解	高溫強制水解
high temperature insulating paint	高温绝缘漆	高溫絕緣漆
high temperature lubricating coating	高温润滑涂层	高溫潤滑塗層
high temperature magnet	高温磁体	高溫磁石
high temperature niobium alloy	高温铌合金	高溫鈮合金
high temperature oxidation	高温氧化	高溫氧化
high temperature radar absorbing materials	高温吸波材料	高溫雷達[波]吸收材料
high temperature resistant fiber	耐高温纤维	耐高溫纖維
high temperature steam sealing	高温蒸气封孔	高溫蒸氣封孔[作用]
high temperature strength steel	热强钢	高溫高強度鋼
high temperature structural intermetallics	高温结构金属间化合物	高溫結構用介金屬化合物
high temperature superconducting ceramics	高温超导陶瓷	高溫超導陶瓷
high temperature superconducting composite	高温超导复合材料	高溫超導複材
high temperature superconductor	高温超导体	高溫超導體
high temperature tempering	高温回火	高溫回火
high temperature thermal sensitive ceramics	高温热敏陶瓷	高溫熱敏陶瓷
high temperature titanium alloy	高温钛合金	高溫鈦合金
high temperature vulcanized silicone rubber	高温硫化硅橡胶	高溫硫化矽氧橡膠，高溫火煅化矽氧橡膠
high temperature wood drying	木材高温干燥	高溫木材乾燥[法]
high tension insulator	高压电瓷	高壓礙子
high thermal sensitive bimetal	高敏感型热双金属	高熱敏雙金屬
high top-pressure operation	高压操作	高頂壓操作
high *trans*-chloroprene rubber	高反式聚氯丁二烯橡胶，古塔波式氯丁橡胶	高反式氯丁二烯橡膠
high *trans*-styrene-butadiene rubber	高反式丁苯橡胶	高反式苯乙烯丁二烯橡膠
high-vanadium high speed steel	高碳高钒高速钢，高钒	高釩高速鋼

英 文 名	大 陆 名	台 湾 名
	高速钢	
high velocity arc spraying	高速电弧喷涂	高速電弧噴塗
high velocity compaction	高速压制	高速壓實
high-voltage capacitor ceramics	高压电容器陶瓷	高壓電容器陶瓷
high-voltage electric porcelain	高压电瓷	高壓電瓷
high-voltage electron microscopy	高压电子显微术	高電壓電子顯微術
HIPS (=high impact polystyrene)	高抗冲聚苯乙烯	高衝擊聚苯乙烯
histocompatibility	组织相容性	組織相容性
HMPVC (=high molecular weight polyvinylchloride)	高分子量聚氯乙烯	高分子量聚氯乙烯
HMWHDPE (=high molecular weight high density polyethylene)	高分子量高密度聚乙烯	高分子量高密度聚乙烯
holding	静置	靜置
hole	空穴	空穴，電洞，孔
hole conduction	空穴导电性	電洞電導
hole expansion test	扩孔试验	擴孔試驗
hollow casting	空心注浆	空心注漿，空心鑄造
hollow cathode deposition	空心阴极离子镀	空心陰極[離子]沈積
hollow cathode electron-gun	空心阴极电子枪	空心陰極電子槍
hollow cylindrical lumber	空心圆柱积材	空心圓柱木材
hollow drawing	空拉	空心拉製
hollow drill steel	中空钢	中空鑽用鋼
hollowed microballoon reinforcement	空心微球增强体	中空微球強化體
hollow fiber	中空纤维	中空纖維
hollow fiber membrane	中空纤维膜，多孔质中空纤维膜	中空纖維透膜
hollow section extrusion	空心型材挤压	空心型材擠製
holographic testing	全息检测	全像試驗
homoepitaxy	同质外延	同質磊晶術
homogeneity of refractive index	折射指数均匀性	折射係數均勻性
homogeneous deformation	均匀变形	均勻變形
homogeneous materials	均质材料	均質材料
homogeneous nucleation	均匀形核，均质形核	均質成核
homogeneous polymerization	均相聚合	均質聚合[作用]
homogenizing	均匀化(退火)	均質化
homogenizing heat treatment	均匀化热处理	均質化熱處理
homopolymer	均聚物	同質聚合體
homopolymerization	均聚反应	同質聚合[作用]
homopolymerized epichlorohydrin rubber	均聚型氯醚橡胶	同質聚合表氯醇橡膠

英 文 名	大 陆 名	台 湾 名
honeycomb board	蜂窝纸板	蜂巢板
honeycomb core board	蜂窝板	蜂巢芯板
honeycomb core sandwich composite	蜂窝夹层复合材料	蜂巢芯夾層複材
hongmu	红木	紅木
Hook law	胡克定律	虎克定律
hopping conductivity	跳跃电导	跳躍導電率
horizontal Bridgman GaAs single crystal	水平砷化镓单晶	水平砷化鎵單晶
horizontal Bridgman-grown monocrystalline germanium	水平法[生长]锗单晶	水平布里吉曼法生長單晶鍺
horizontal burning method	水平燃烧法	水平燃燒法
horizontal crystal growth method	水平[晶体]生长法	水平晶體成長法
horizontal extrusion	卧式挤压	臥式擠製
horizontal reactor	水平反应室	水平反應器
horizontal shift factor	平移因子，移动因子	水平平移因子
hornblendite	角闪石岩	角閃石岩
hornfels	角岩	角頁岩
horn gate	牛角式浇口	號角形進模口，號角形澆口
host response	宿主反应	宿主反應
hot bending glass	热弯玻璃	熱彎玻璃
hot bending section steel	热弯型钢	熱彎型鋼
hot box process	热芯盒法	熱匣製程
hot corrosion	热腐蚀	熱腐蝕
hot corrosion resistant cast superalloy	抗热腐蚀铸造高温合金	耐熱腐蝕鑄造超合金
hot cracking	热裂	熱裂，熱裂解
hot deformation	热变形	熱變形
hot-dip galvanizing	热镀锌	熱浸鍍鋅
hot dipping	热浸镀	熱浸鍍
hot dip tinning	热镀锡	熱浸鍍錫
hot dip zinc-aluminum alloy	热镀锌铝	熱浸鍍鋅鋁合金
hot drawing	热拉	熱拉製
hot extrusion	热挤压	熱擠製
hot extrusion die steel	热挤压模具钢	熱擠製用模具鋼
hot flashless die forging	无边模锻	熱無閃焰模鍛
hot-humid aging test	湿热老化试验	熱濕老化試驗
hot injection molding	热压铸成型	熱射出成型
hot isostatic pressed silicon carbide	高温等静压烧结碳化硅陶瓷	熱均壓碳化矽

英　文　名	大　陆　名	台　湾　名
hot isostatic pressing (HIP)	热等静压	熱均壓
hot isostatic pressing sintering (HIP sintering)	热等静压烧结	熱均壓燒結
hot-melt adhesive	热熔胶黏剂，热熔胶	熱熔黏著劑，熱熔膠
hot metal charge	铁水热装	熱鐵水進料
hot metal pretreatment	铁水预处理	熱鐵水預處理
hot pressed silicon nitride	热压烧结氮化硅陶瓷	熱壓氮化矽
hot pressing	热压	熱壓製
hot pressing for wood based panel	人造板热压	木基[人造]板熱壓製程
hot pressing of metal matrix composite	[金属基复合材料]热压制备工艺	金屬基複材熱壓製程
hot pressing sintered silicon carbide	热压烧结碳化硅	熱壓製燒結碳化矽
hot press processing	热压成型	熱壓製程
hot press sintering	热压烧结	熱壓燒結
hot pressure welding	热压焊	熱壓力銲接
hot rolled high strength steel	非调质钢	熱軋高強度鋼
hot rolled seamless steel tube	热轧无缝钢管	熱軋無縫鋼管
hot rolled steel	热轧钢材	熱軋鋼
hot rolling	热轧	熱軋
hot shearing tool steel	热剪切工具钢	熱剪切用工具鋼
hot solidification of oxide dispersion strengthened superalloy	氧化物弥散强化合金热固实化	氧化物散布強化超合金熱固化
hot tearing	热裂	熱撕裂
hot-top segregation	热顶偏析	熱頂偏析
hot wall epitaxy (HWE)	热壁外延	熱壁式磊晶術
hot working die steel	热作模具钢	熱作模具鋼
H-pull test	H 抽出试验	H 拉試驗
H-resin	H 树脂	H 樹脂
H-shaped steel	H 型钢	H 型鋼
HSLA steel (=high strength low alloy steel)	低合金高强度钢	高強度低合金鋼，HSLA 鋼
Huang scattering	黄昆散射	黄昆散射，黄氏散射
Huggins parameter	哈金斯参数	赫金斯參數
humidity proof plywood	耐湿胶合板	防潮合板
humidity-sensitive ceramics	湿敏陶瓷	濕敏陶瓷
humidity-sensitive resistance materials	湿敏电阻材料	濕敏電阻材料
humidity-sensitive resistor materials	湿敏电阻器材料	濕敏電阻器材料
Hund rule	洪德定则	洪德定則

英 文 名	大 陆 名	台 湾 名
HVPE (=hydride vapor phase epitaxy)	氢化物气相外延	氫化物氣相磊晶術
HWE (=hot wall epitaxy)	热壁外延	熱壁式磊晶術
hybrid artificial organ	杂化人工器官	混成人工器官
hybrid composite	混杂纤维复合材料	混成複材
hybrid fiber reinforced polymer composite	混杂纤维增强聚合物基复合材料	混成纖維強化聚合體複材
hybrid interface number	混杂界面数	混成界面數
hybrid ratio	混杂比	混成比率
hybrid reinforced metal matrix composite	混杂增强金属基复合材料	混成強化金屬基複材
hydrated calcium silicate	水化硅酸钙	水合矽酸鈣
hydraulic cementitious materials	水硬性胶凝材料	水硬性膠結材料
hydraulic cyclone method	水力旋流法	水力旋流法
hydraulic forming	液压成形	液壓成形
hydrazine-formaldehyde latex	肼–甲醛胶乳	聯胺–甲醛乳膠
hydride-dehydride powder	氢化–脱氢粉	氫化–脱氫粉
hydride vapor phase epitaxy (HVPE)	氢化物气相外延	氫化物氣相磊晶術
hydrocolloid impression materials	水胶体印模材料	水膠體壓印材料
hydrodynamic volume	流体力学体积	流體動力體積
hydrogenated amorphous silicon	氢化非晶硅	氫化非晶矽
hydrogenated microcrystalline silicon	氢化微晶硅	氫化微晶矽
hydrogenated nanocrystalline silicon	氢化纳米晶硅	氫化奈米晶矽
hydrogenated nitrile rubber	氢化丁腈橡胶，高饱和丁腈橡胶	氫化腈橡膠
hydrogen attack	氢蚀	氫侵蝕
hydrogen bond	氢键	氫鍵
hydrogen damage	氢损伤	氫損害
hydrogen embrittlement	氢脆	氫脆性，氫脆化
hydrogen embrittlement susceptibility	氢脆敏感性	氫脆易感性
hydrogen hardening	氢致硬化	氫致硬化
hydrogen induced cracking	氢致开裂	氫致破裂，氫誘導破裂
hydrogen induced ductility loss	氢致塑性损失	氫致延性損失，氫致延性減損
hydrogen precipitation	氢气沉淀	①氫析出 ②氫致沈澱
hydrogen relief annealing	预防白点退火	消氫退火
hydrogen softening	氢致软化	氫致軟化
hydrogen storage alloy	贮氢合金	儲氫合金

英　文　名	大　陆　名	台　湾　名
hydrogen storage materials	贮氢材料	儲氫材料
hydrogen stress cracking	氢致应力开裂	氫應力破裂
hydrogen transfer polymerization	氢转移聚合	氫轉移聚合[作用]
hydrolysis precipitation	水解沉淀	水解沈澱
hydrolysis reaction	水解反应	水解反應
hydrolytic condensation of silane	硅烷水解缩合反应	矽烷水解縮合
hydromechanical forming	液压–机械成形	液壓機械成形
hydrometallurgy	湿法冶金	濕法冶金
hydroplastic forming	液压塑性成型	液壓塑性成形
hydro-rubber forming	液压–橡皮模成形	液壓橡膠[模]成形
hydrosilylation	硅氢加成反应	氫矽化[作用]
hydrostatic extrusion	静液挤压	靜液壓擠製
hydrothermal effect of composite	复合材料湿热效应	複材水熱效應
hydrothermal process for powder making	水热法制粉	水熱法製粉
hydrothermal synthesis	水热合成	水熱合成
hydroxyapatite	羟基磷灰石	氫氧基磷灰石，羥基磷灰石
hydroxyapatite bioactive ceramics	羟基磷灰石生物活性陶瓷	羥基磷灰石生物活性陶瓷
hydroxyapatite coating	羟基磷灰石涂层	羥基磷灰石塗層
hydroxyethyl cellulose (HEC)	羟乙基纤维素	羥乙基纖維素
hydroxyl silicone oil	羟基硅油	羥基矽氧油
hydroxyl-terminated liquid polybutadiene rubber	端羟基液体聚丁二烯橡胶	羥基終端化液態聚丁二烯橡膠
hygroscopic fiber	吸湿纤维	吸濕纖維
hygroscopicity of wood	木材吸湿性	木材吸濕性
hyperbranched polymer	超支化聚合物	超枝化聚合體
hypereutectic	过共晶体	過共晶[混合]體
hypereutectic alloy	过共晶合金	過共晶合金
hypereutectic cast iron	过共晶铸铁	過共晶鑄鐵
hypereutectoid steel	过共析钢	過共析鋼
hypersonic spraying	高超声速喷涂	高超音速噴塗
hypoeutectic	亚共晶体	亞共晶[混合]體
hypoeutectic alloy	亚共晶合金	亞共晶合金
hypoeutectic cast iron	亚共晶铸铁	亞共晶鑄鐵
hypoeutectoid steel	亚共析钢	亞共析鋼
hysteresis loss	磁滞损失	遲滯損失

I

英　文　名	大　陆　名	台　湾　名
I-beam steel	工字钢	工型鋼
IBE (=ion beam epitaxy)	离子束外延	離子束磊晶術
ice glass	冰花玻璃	冰花玻璃
Iceland spar	冰洲石	冰島晶石，透明方解石
IC (=integrated circuit)	集成电路	積體電路
ideal solution	理想溶液，理想溶体	理想溶液
IF steel (=interstitial-free steel)	无间隙原子钢	無填隙[原子]鋼，IF 鋼
igneous rock	火成岩	火成岩
ignitability	灼烧性	可點燃性
ignition temperature	点着温度	點燃溫度
illite	伊利石	伊萊石
illite clay	伊利石黏土	伊萊石黏土
ilmenite	钛铁矿	鈦鐵礦
ilmenite electrode	钛铁矿型焊条	鈦鐵礦銲條
ilmenite structure	钛铁矿型结构	鈦鐵礦結構
image analysis	图像分析	影像分析
imbedded abrasive grain	嵌入磨料颗粒	嵌入磨料顆粒
imbedded crystal	嵌晶	嵌晶
immediate denture	即刻义齿，预成义齿	即時假牙
immunoadsorption	免疫吸附	免疫吸附
immuno-sensor	免疫传感器	免疫感測器
impact damage of laminate	层合板冲击损伤	積層板衝擊損傷
impact damage resistance of laminate	层合板冲击损伤阻抗	積層板耐衝擊損傷性
impact elastometer	冲击式弹性计	衝擊彈性計
impact extrusion	冲击挤压	衝擊擠製
impact resiliometer	冲击式弹性计	衝擊回彈計
impact shear strength of wood	木材冲击抗剪强度	木材衝擊剪強度
impact test	冲击试验	衝擊試驗
impact toughness	冲击韧性	衝擊韌性
impact wear	冲击磨损	衝擊磨耗
imperfect dislocation	不全位错，偏位错	不完全位錯，不完全差排
implant	植入体	植入體
implantation	植入	植入，佈植

英 文 名	大 陆 名	台 湾 名
implant denture	种植义齿，种植牙	植體假牙
implant supported denture	种植义齿，种植牙	植體支撐假牙
impregnation	浸渍	浸漬
impression compound	印模膏	[壓]印模膏
improved zircaloy-4	改进锆–4 合金，低锡锆–4 合金	改良式鋯–4 合金
impulse laser welding	脉冲激光焊	脈衝雷射銲接
impurity concentration	杂质浓度	雜質濃度
impurity photoconductivity	杂质光电导	雜質光導電性
impurity segregation	杂质分凝	雜質偏析
impurity striation	杂质条纹，电阻率条纹	雜質條紋
incipient melting	初熔	初熔
incising decoration	刻划花	雕飾
inclusion	内含物，夹杂物	內含物，夾雜物
incoherent interface	非共格界面	非契合界面
incoherent precipitate	非共格析出物	非契合析出物
incommensurate structure	非公度结构	非正配結構，非相稱性結構
incubation period	孕育期	孕育期，潛伏期
incubation period for nucleation	成核孕育期	成核潛伏期，孕核期
indent	缺口	壓痕，凹痕
indentation hardness	压痕硬度	壓痕硬度
indirect extrusion	反[向]挤压	間接擠製
indirect reduction	间接还原	間接還原
indirect spot welding	单面点焊	單面點銲
indirect transition semiconductor materials	间接跃迁型半导体材料	間接躍遷型半導體材料
indium	铟	銦
indium antimonide	锑化铟	銻化銦
indium arsenide	砷化铟	砷化銦
indium arsenide phosphide	铟砷磷	磷砷化銦
indium gallium nitride	铟镓氮	氮化銦鎵
indium nitride	氮化铟	氮化銦
indium phosphide	磷化铟	磷化銦
indium-silver solder	铟银焊料	銦銀軟銲料
inducing effect of biomaterials	生物材料诱导作用	生物材料誘發效應
induction brazing	感应钎焊	感應硬銲
induction hardening	感应淬火	感應硬化，感應淬火
induction period	诱导期，阻聚期	誘導期

英 文 名	大 陆 名	台 湾 名
induction welding	感应焊接	感應銲接
inductively coupled plasma atomic emission spectrometry (ICP-AES)	感应耦合等离子发射谱	感應耦合電漿原子發射光譜術
industrial alumina	工业氧化铝	工業[級]氧化鋁
industrial mineral	工业矿物	工業礦物
industrial rock	工业岩石	工業岩石
inert atmosphere electron beam welding	惰性气体保护电子束焊	惰性氣氛電子束銲接
inert-gas [arc] welding	惰性气体保护焊	惰性氣[弧]銲接
inertia friction welding	惯性摩擦焊	慣性摩擦銲接
inertial confinement fusion	惯性约束聚变	慣性侷限融合
infiltrated composite	熔浸复合材料	溶滲複材，熔滲複材
infiltration	熔浸，熔渗	溶滲，熔滲
infiltration by pressure	加压熔浸	加壓溶滲，加壓熔滲
infiltration forming	浸渍法成型	溶滲成形，熔滲成形
infiltration process	浸渍法	溶滲製程，熔滲製程
inflammatory reaction	炎性反应	焰性反應
information materials	信息材料	資訊材料
infrared absorption spectrum	红外吸收光谱	紅外線吸收光譜
infrared ceramics	红外陶瓷	紅外線陶瓷
infrared laser glass	红外激光玻璃	紅外線雷射玻璃
infrared radiation coating	红外辐射涂层	紅外線輻射塗層
infrared radiation drying	红外线干燥	紅外線輻射乾燥
infrared spectroscopy	红外光谱法	紅外線光譜術
infrared stealth composite	红外隐身复合材料	紅外線隱形複材
infrared stealth materials	红外隐身材料	紅外線隱形材料
infrared testing	红外检测	紅外線檢測
infrared thermography	红外热成像术	紅外線熱成像術
infrared transmitting silica glass	红外透过石英玻璃	紅外線穿透石英玻璃
ingate	内浇道	進模口
in-glaze decoration	釉中彩	釉中彩[飾]
ingot	钢锭	鑄錠
ingot iron	工业纯铁	工業用純鐵
inherent viscosity	比浓对数黏度	固有黏度
inhibition	阻聚作用	抑制[作用]
inhomogeneous deformation	不均匀变形	非均勻變形
initial condition	初值条件	啟始條件
initial setting of gypsum slurry	石膏浆初凝	石膏漿初凝
initial setting of plaster slip	石膏浆初凝	石膏漿初凝

英　文　名	大　陆　名	台　湾　名
initial tearing strength	直角撕裂强度	啟始撕裂強度
initial transient region	初始过渡区	啟始過渡區
initiator	引发剂	啟始劑
initiator efficiency	引发剂效率	啟始劑效率
initiator-transfer agent	引发–转移剂	啟始轉移劑
initiator- transfer- terminator agent	引发–转移–终止剂	啟始轉移終止劑
injectable dental ceramics	注射成型牙科陶瓷	可射出[成型]牙科陶瓷
injection metallurgy	喷射冶金，喷粉冶金	射出冶金術
injection molding	注射成型	射出成型
injection molding machine	注塑机，注射成型机	射出成型機
injection molding silicone rubber	注射成型硅橡胶	射出成形矽氧橡膠
inkjet printing paper	喷墨打印纸	噴墨列印紙
inkstone	砚石	硯石
inlay	嵌体	嵌體，鑲嵌
inoculant	孕育剂	接種劑
inoculated cast iron	孕育铸铁，变质铸铁	接種鑄鐵
inoculation process	孕育处理	接種製程
inoculation treatment	孕育处理	接種處理
inorganic coating	无机涂层	無機塗層
inorganic layered material reinforcement	无机层状材料增强体	無機層材強化體
inorganic macromolecule	无机高分子	無機巨分子
inorganic nonmetallic materials	无机非金属材料	無機非金屬材料
inorganic sealing	无机物封孔	無機物封孔[作用]
in-plane compliance of laminate	层合板面内柔度	積層板面向柔度
in-plane stiffness of laminate	层合板面内刚度	積層板面向剛性
insert process	镶铸法	鑲嵌製程
in-situ composite	原位复合材料	原位複材，現場反應複材
in-situ growth ceramic matrix composite	原位生长陶瓷基复合材料	原位成長陶瓷基複材
insoluble salt precipitation	难溶盐沉淀法	不溶鹽[類]沈澱法
instability flow	不稳定流动	不穩定流動
insulating composite	绝缘复合材料	絕緣複材
insulating glass	中空玻璃，双层玻璃	隔熱玻璃
insulating magnet	绝缘磁体	絕緣磁石
insulator materials of fusion reactor	聚变堆绝缘材料	[核]融合反應器阻絕體材料
integral rubber	集成橡胶	集成橡膠

英 文 名	大 陆 名	台 湾 名
integral skin polyurethane foam	整皮聚氨酯泡沫塑料	集成皮聚胺甲酸酯[發]泡材
integrated circuit (IC)	集成电路	積體電路
intelligent biomaterials	智能生物材料	智慧生物材料
intelligent ceramics	智能陶瓷	智慧陶瓷
intelligent materials	智能材料	智慧材料
intensity of polarization	极化强度	極化強度
interatomic potential	原子间势	原子間勢，原子間位能
interatomic potential model	原子间作用势模型	原子間勢模型，原子間位能模型
intercalation composite	插层复合材料	插層複材
intercalation polymerization	插层聚合	插層聚合[作用]
intercellular canal	胞间道	細胞間管道
interconnected porosity	连通孔隙度	連通孔隙度，連通孔隙率
intercritical hardening	亚温淬火，亚临界淬火，临界区淬火	臨界間淬火，臨界間硬化
intercrystalline crack	晶间开裂	沿晶破裂，晶間破裂
interdendritic segregation	枝晶间偏析	樹枝狀間偏析
interdiffusion	相互扩散	交互擴散
interface	界面	界面
interface electronic state	界面电子态	界面電子態
interface free energy	界面自由能	界面自由能
interface stability	界面稳定性	界面穩定性
interfacial bonding strength testing of composite	复合材料界面结合力试验方法	複材界面結合強度試驗
interfacial compatibility of composite	复合材料界面相容性	複材界面相容性
interfacial debonding of composite	复合材料界面脱黏	複材界面剝離
interfacial energy	界面能	界面能
interfacial polycondensation	界面缩聚	界面聚縮合[作用]
interfacial polymerization	界面聚合	界面聚合[作用]
interfacial reaction	界面反应	界面反應
interfacial reaction of composite	复合材料界面反应	複材界面反應
interfibrillary substance	纤维间质	原纖維間物質
intergranular corrosion	晶间腐蚀	粒間腐蝕，沿晶腐蝕
intergranular crack	沿晶开裂	沿晶破裂
intergranular fracture	沿晶断裂，晶间断裂	沿晶破斷，粒間破斷
interior coating	内墙涂料	內牆塗層

英 文 名	大 陆 名	台 湾 名
interlaced yarn	交络丝，网络丝，喷气交缠纱	交織絲
interlamellar spacing of pearlite	珠光体片间距	波來鐵層間距
interlaminar shear strength	层间剪切强度	積層間剪強度
interlaminar stress of laminate	层合板层间应力	積層板積層間應力
intermetallic compound	金属间化合物	介金屬化合物
internal energy	内能	內能
internal fixation plate	接骨板	體內接骨板，體內固定板
internal friction	内耗	內耗
internal friction of glass	玻璃内耗	玻璃內耗
internal mixer	密炼机	密封混練機
internal oxidation	内氧化	內氧化[作用]
internal plasticization	内增塑作用	內塑化[作用]
internal pressure forming	内压成形	內壓成形
internal stress	内应力	內應力
internal tin process	内锡法	內錫法
international rubber hardness	橡胶国际硬度	國際橡膠硬度
interpenetrating network polymer composite	互穿网络聚合物复合材料	互穿型網絡聚合體複材
interpenetrating polymer	互穿网络聚合物	互穿型聚合體
interphase of composite	复合材料界面相	複材中間相
interphase precipitation	相间脱溶，相间沉淀	相間析出
interply hybrid composite	层间混杂纤维复合材料	層間混成複材
interstitial atom	间隙原子	填隙原子
interstitial compound	间隙化合物	填隙化合物
interstitial-free steel (IF steel)	无间隙原子钢	無填隙[原子]鋼
interstitial ordering in alloy	合金的填隙有序	合金填隙[原子]序化
interstitial solid solution	间隙固溶体	填隙固溶體
interstitial solid solution strengthening	间隙固溶强化	填隙固溶強化
interventional radiology	介入放射学	介入治療放射學
intervention materials	介入材料	介入治療材料
intracutaneous reactivity	皮内反应	皮內反應性
intragranular ferrite	晶内铁素体	晶粒內肥粒體
intramedullary nail	髓内钉	髓內釘
intraocular lens	人工晶状体	人工水晶體
intraply hybrid composite	层内混杂纤维复合材料	層內混成複材

英 文 名	大 陆 名	台 湾 名
intrinsic coercive force	本征矫顽力	本質矯頑力
intrinsic diffusion coefficient	本征扩散系数	本質擴散係數
intrinsic germanium	本征锗	本質鍺
intrinsic gettering	本征吸除，内吸除	本質吸除
intrinsic photoconductivity	本征光电导	①本質光導電性②本質光導電率
intrinsic scale	内禀性标度	本質尺度
intrinsic semiconductor	本征半导体	本質半導體
intrinsic silicon	本征硅	本質矽
intrinsic viscosity	特性黏度，特性黏数	本質黏度，本質黏滯性
Invar alloy	因瓦合金	恆範合金
Invar effect	因瓦效应	反常低熱膨脹效應
inverse emulsion polymerization	反相乳液聚合	反[相]乳化聚合[作用]
inverse pole figure	反极图，轴向投影图	反極圖
inverse segregation	逆偏析	逆偏析
inverse suspension polymerization	反相悬浮聚合	反[相]懸浮聚合[作用]
investment casting	熔模铸造	精密鑄造
invisible coating	隐身涂层	隱形塗層
invisible glass	①隐形玻璃 ②隐身玻璃	隱形玻璃
iodide-process titanium	碘化法钛	碘化製程鈦
ion assisted deposition	离子辅助沉积	離子輔助沈積
ion beam assisted deposition	离子束辅助沉积	離子束輔助沈積
ion beam doping	离子束掺杂	離子束摻雜
ion beam enhanced deposition	离子束增强沉积	離子束增強沈積
ion beam epitaxy (IBE)	离子束外延	離子束磊晶術
ion beam mixing	离子束混合	離子束混合[作用]
ion beam sputtering	离子束溅射	離子束濺射
ion beam surface modification	离子束表面改性	離子束表面改質
ion bombardment	离子轰击	離子轟擊
ion carburizing	离子渗碳	離子滲碳[作用]
ion channeling backscattering spectrometry	离子沟道背散射谱法	離子通道背向散射譜術
ion etching	离子刻蚀	離子蝕刻[作用]
ion exchange fiber	离子交换纤维	離子交換纖維
ion exchange process	离子交换法	離子交換法
ion exchange resin	离子交换树脂	離子交換樹脂
ionic bond	离子键	離子鍵

英 文 名	大 陆 名	台 湾 名
ionic conduction	离子导电性	離子導電
ionic polarization	离子极化	離子極化
ionic radius	离子半径	離子半徑
ionic relaxation polarization	离子弛豫极化	離子鬆弛極化
ion implantation	离子注入	離子佈植
ion implantation doping	离子注入掺杂	離子佈植摻雜
ion microprobe analysis	离子微探针分析	離子微探束分析
ion nitriding	离子渗氮	離子氮化[作用]
ionography	电离射线透照术	離子[沈積]成像術
ionomer	离子交联聚合物	離子聚合物
ion plating	离子镀	離子鍍
ion scattering analysis	离子散射分析	離子散射分析
ion source	离子源	離子源
iridium alloy	铱合金	銥合金
iron	铁	鐵
α-iron	α 铁	α 鐵
δ-iron	δ 铁	δ 鐵
γ-iron	γ 铁	γ 鐵
iron based cast superalloy	铁基铸造高温合金	鐵基鑄造超合金
iron based elastic alloy	铁基高弹性合金	鐵基彈性合金
iron based friction materials	铁基摩擦材料	鐵基摩擦材料
iron based wrought superalloy	铁基变形高温合金	鐵基鍛軋超合金
iron blue	铁蓝，普鲁士蓝，华蓝	鐵藍
iron-carbon diagram	铁–碳平衡图	鐵碳[平衡]圖
iron-carbon phase diagram	铁–碳相图	鐵碳相圖
iron-chromium-cobalt permanent magnet	铁铬钴永磁体	鐵鉻鈷永久磁石
iron-cobalt-vanadium permanent magnet	铁钴钒永磁合金	鐵鈷釩永久磁石
iron fiber absorber	铁纤维吸收剂	鐵纖維吸收材
ironing	①熨平 ②变薄拉延 ③烫毛	熨平[作用]
iron loss	铁损	鐵損
ironmaking	炼铁	煉鐵
iron-nickel based constant modulus alloy	铁镍基恒弹性合金	鐵鎳基恆模數合金
iron-nickel-cobalt super Invar alloy	铁镍钴超因瓦合金	鐵鎳鈷超恆範合金
iron ore	铁矿石	鐵礦石
iron oxide electrode	氧化铁型焊条	氧化鐵型銲條
iron-phosphide eutectic	铁磷共晶	鐵–磷化物共晶
iron-red glaze	铁红釉	鐵紅釉
irradiation creep	辐照蠕变	輻照潛變

英 文 名	大 陆 名	台 湾 名
irradiation damage	辐照损伤	輻照損傷
irradiation degradation	辐照降解	輻照劣化，輻照降解
irradiation embrittlement	辐照脆化	輻照脆化
irradiation growth	辐照生长	輻照成長
irradiation induced transition	辐照诱发相变	輻照誘發轉換
irradiation swelling	辐照肿胀	輻照腫脹
irradiation test	辐照试验	輻照試驗
irregular powder	不规则状粉	不規則粉
irreversible precipitation	不可逆析出	不可逆析出
irreversible process	不可逆过程	不可逆過程
irritation	刺激	刺激[作用]
Ising model	伊辛模型	伊辛模型
island growth	岛状生长	島狀成長
island growth mode	岛状生长模式	島狀成長模式
island silicate structure	岛状硅酸盐结构	島狀矽酸鹽結構
isobutylene rubber	丁基橡胶	異丁基橡膠
isoelastic alloy	恒弹性合金	等彈性合金
isoelectric point	皮革的等电点	等電點
isoelectronic impurity	等电子杂质	等電子雜質
isoforming	等温形变珠光体化处理	異構重組[作用]
isostatic pressing	等静压制	等均壓
isostiffness design of laminate	层合板等刚度设计	積層板等剛度設計
isotactic poly(1-butene)	等规聚 1-丁烯	同排聚 1-丁烯
isotactic polymer	全同立构聚合物，等规聚合物	同排聚合體
isotactic polypropylene (IPP)	等规聚丙烯	同排聚丙烯
isothermal extrusion	等温挤压	恆溫擠製
isothermal forging	等温锻造	恆溫鍛造
isothermal quenching	等温淬火	恆溫淬火
isothermal thermomechanical treatment (TMT)	等温热机械处理	恆溫熱機處理
isothermal transformation diagram	等温转变图	恆溫轉變圖
isotope	同位素	同位素
isotropic etching	各向同性腐蚀	等向性蝕刻
isotropic materials	各向同性材料	等向性材料
isotropic radar absorbing materials	各向同性吸波材料	等向性雷達波吸收材
ivory	象牙	象牙
Izod impact strength	悬臂梁冲击强度	愛曹特衝擊強度

J

英　文　名	大　陆　名	台　湾　名
jadeite	硬玉，翡翠	硬玉，翡翠
Jahn-Teller effect	杨–特勒效应	楊–泰勒效應
jasper rock	碧玉岩	碧玉岩
jelly	冻胶	凝膠，膠凍
jelly roll process	包卷法	包捲製程
jet	煤精，煤玉	煤精，煤玉
jet mill	气流粉碎	噴射研磨機
jetting phenomenon	喷射现象	噴射現象
jiaobao stone	焦宝石	焦寶石
J-integral	J 积分	J 積分
jog	割阶	差階
joining of ceramics with ceramics	陶瓷与陶瓷焊接	陶瓷接合
joining of ceramics with metal	陶瓷与金属焊接	用金屬接合陶瓷
jolting roll extrusion	振动滚压	振動軋擠製
Jominy test	端淬试验	喬米尼[端面淬火]試驗
Josephson effect	约瑟夫森效应	約瑟夫森效應
Joule effect	焦耳效应	焦耳效應
jun glaze of Guangdong	广钧	廣東鈞釉
jun glaze of Yixing	宜钧	宜興鈞釉
jun porcelain	钧瓷	鈞瓷
jun red glaze	钧红釉	鈞紅釉
juvenile wood	幼龄材	幼齡木材

K

英　文　名	大　陆　名	台　湾　名
kaolin	高岭土	高嶺土
kaolinite	高岭石	高嶺石
Kevlar	凯芙拉	克維拉
Kevlar 49	凯芙拉 49	克維拉 49
kibushi clay	木节土	木節土
killed steel	镇静钢	全靜鋼，淨靜鋼
kiln furniture	窑具	窯具
kimberlite	金伯利岩，角砾云母橄榄岩	金伯利岩

英　文　名	大　陆　名	台　湾　名
kinetically limited growth	动力学限制生长	動力學限制成長
kinetic chain length	动力学链长	動力學鏈長
Kirkendall effect	克肯达尔效应	克根達效應
kneader	捏合机	捏揉機
kneading	捏合	捏揉[作用]
Knoop hardness	努氏硬度	羅普硬度，努氏硬度
knot tenacity	结节强度，打结强度	[纖維]結強度
Kohn-Peierls instability	科恩–派尔斯失稳	科恩–皮爾斯不穩定性
Kovar alloy	可瓦合金	柯華合金
kraft paper	牛皮纸	牛皮紙
K-white gold	K 白金	白色 K 金
kyanite	蓝晶石	藍晶石
Kyropoulus method	泡生法，受冷籽晶法	凱羅波洛斯法，長晶法

L

英　文　名	大　陆　名	台　湾　名
lac	紫胶，虫胶	紫膠，蟲膠
ladder polymer	梯形聚合物	梯式聚合體
ladle degasing	钢包脱气	盛鋼桶脫氣[作用]
ladle powder injection	钢包喷粉	盛鋼桶噴粉[給料]
ladle refining	钢包精炼	盛鋼桶精煉
ladle treatment	钢包处理	盛鋼桶處理
ladle wire feeding	钢包喂丝	盛鋼桶線材給料
lake dye	色淀染料	色澱染料
Lambourn abrasion test	兰伯恩磨耗试验	蘭伯恩磨耗試驗
lamellar eutectic	层状共晶体	層狀共晶
lamellar pearlite	层状珠光体	層狀波來鐵
lamellar powder	片状粉	片狀粉
lamella thickness	片晶厚度	層片厚度
lamina	层，单层，单层板	薄層
laminate	层合板	積層[板]
π/4 laminate	π/4 层合板	π/4 積層板
laminated bamboo sliver lumber	竹篾层压板	積層竹篾板
laminated ceramics	层状陶瓷材料	積層陶瓷
laminated glass	夹层玻璃	積層玻璃
laminated plate theory	经典层合板理论	積層板理論

英文名	大陆名	台湾名
laminated strand lumber	大片刨花定向层积材	積層股木材
laminated veneer lumber	单板层积材	積層薄板木材
laminate family	层合板族	積層[板]族
laminate flooring	浸渍纸层压木质地板，强化地板	積層地板[材料]
lamina thickness of prepreg	预浸料单层厚度	預浸料薄層厚度
lamprophyre	煌斑岩	煌斑岩
Langmuir-Blodgett film	LB 膜	朗謬–布洛傑膜
lanthanum-cobalt 1：13 type alloy	镧钴 1：13 型合金	鑭鈷 1：13 型合金
lanthanum gallium silicate crystal	硅酸镓镧晶体	矽酸鎵鑭晶體
lap joint	搭接接头	搭接接頭
lapping	研磨	精磨
lap shear strength	[搭接接头]拉伸剪切强度	搭接剪強度
lard white of Dehua	德化白瓷，建白，象牙白	德化脂白瓷
large optical cavity laser diode	大光腔激光二极管	大光學[共振]腔雷射二極體
large size diamond	大颗粒金刚石	大尺寸金剛石，大尺寸鑽石
Larson Miller parameter	拉森–米勒参数	拉森–米勒參數
laser	激光	雷射
laser alloying	激光合金化	雷射合金化
laser amorphizing	激光非晶化	雷射非晶化
laser angioplasty	激光血管成形术	雷射血管成形術
laser assisted chemical vapor deposition	激光辅助化学气相沉积	雷射輔助化學氣相沈積
laser assisted plasma molecular beam epitaxy	激光辅助等离子体分子束外延	雷射輔助電漿分子束磊晶
laser atomic layer epitaxy	激光原子层外延	雷射原子層磊晶[術]
laser brazing	激光钎焊	雷射硬銲
laser ceramics	激光陶瓷	雷射陶瓷
laser chemical vapor deposition	激光化学气相沉积	雷射化學氣相沈積
laser cladding	激光熔覆	雷射包覆
laser crystal	激光晶体	雷射晶體
laser diode (LD)	激光二极管	雷射二極體
laser engraving	激光刻蚀	雷射刻蝕
laser enhanced chemical vapor deposition	激光增强化学气相沉积	雷射增強化學氣相沈積

英 文 名	大 陆 名	台 湾 名
laser evaporation deposition	激光蒸发沉积	雷射蒸發沈積
laser fuse	激光熔凝	雷射熔融
laser glass	激光玻璃	雷射玻璃
laser glass fiber	激光玻璃光纤	雷射玻璃纖維
laser glazing	激光上釉	雷射釉化
laser induced chemical reaction	激光诱导化学反应	雷射誘導化學反應
laser induced chemical vapor deposition	气相激光辅助反应法	雷射誘導化學氣相沈積
laser microprobe mass spectrometry	激光微探针质谱法	雷射微探針質譜術
laser molecular beam epitaxy (LMBE)	激光分子束外延	雷射分子束磊晶術
laser phase-transformation hardening	激光相变硬化	雷射相變硬化
laser rapid prototyping	激光快速成形	雷射快速原型製作
laser scattering topography defect	激光散射缺陷	雷射散射形貌缺陷
laser shock forming	激光冲击成形	雷射衝擊成形
laser shock hardening	激光冲击硬化	雷射衝擊硬化
laser sintering	激光烧结	雷射燒結
laser surface adorning	激光表面修饰	雷射表面修飾
laser surface annealing	激光表面退火	雷射表面退火
laser surface cleaning	激光表面清理	雷射表面清潔
laser surface modification	激光表面改性	雷射表面改質
laser surface quenching	激光表面淬火	雷射表面淬火
laser surface tempering	激光表面回火	雷射表面回火
laser thermal chemical vapor deposition	激光热化学气相沉积	雷射熱化學氣相沈積
laser vapor deposition	激光气相沉积	雷射氣相沈積
laser welding	激光焊	雷射銲接
last ply failure envelope of laminate	层合板最终失效包线	最終層失效包絡線
last ply failure (LPF)	最终失效	最終層失效
last ply failure of laminate	层合板最终失效，最后一层失效	積層板最終層失效
latent curing agent	潜伏性固化剂	潛伏性固化劑
latent heat of phase transition	相变潜热	相轉換潛熱
lateral broadening	横向展宽	側向擴寬
lateral-cut shear strength to the grain of wood	木材横纹抗剪强度，横剪强度	木材紋理橫切剪力強度
lateral extrusion	侧[向]挤压	側向擠製
late transition metal catalyst	后过渡金属催化剂	後過渡金屬觸媒
latex adhesive	乳液胶黏剂	乳膠黏著劑
latex paint	乳胶漆	乳膠漆
lath martensite	板条马氏体	板條狀麻田散鐵，板

英　文　名	大　陆　名	台　湾　名
		條狀麻田散體
lattice	晶格，晶体点阵	晶格
lattice distortion	晶格畸变	晶格畸變
lattice gas	点阵气，无相互作用点阵气	晶格氣態
lattice inversion	晶格反演	晶格反轉
lattice mismatch	晶格失配	晶格失配
lattice thermal conduction	点阵热传导	晶格熱傳導
lattice wave	点阵波	晶格波
Laue method	劳厄法	勞厄法
Laves phase [compound] superconductor	拉弗斯相[化合物]超导体	拉弗氏相[化合物]超導體
Laves phase hydrogen storage alloy	拉弗斯相贮氢合金	拉弗斯相儲氫合金
law of conservation of energy	能量守恒定律	能量守恆定律
law of rational index	有理指数定律	有理指數定律
lay	表面织构主方向	撚向
layer-by-layer growth	层–层生长模式	逐層成長
layer design	铺层设计	層面設計
layered silicate structure	层状硅酸盐结构	層狀矽酸鹽結構
layer-island growth	层–岛生长	層–島狀成長
layer-island growth mode	层–岛生长模式	層–島狀成長模式
layer-layer growth mode	层–层生长模式	層–層成長模式
lay up	铺层	鋪層
lay-up design	铺层设计	鋪層設計
LCM (=liquid composite molding)	复合材料液体成型	液態複材成型
LCST (=lower critical solution temperature)	最低临界共溶温度	低臨界溶液溫度；低臨界共溶溫度
LD (=laser diode)	激光二极管	雷射二極體
leaching	浸出	浸濾
leaching of ore	矿石浸出	礦石浸濾
leaching rate	浸出率	瀝浸率
lead	铅	鉛
lead alloy	铅合金	鉛合金
lead antimony alloy	铅锑合金	鉛銻合金
lead based Babbitt	铅基巴氏合金	鉛基巴氏合金，鉛基巴比合金
lead based bearing alloy	铅基轴承合金	鉛基軸承合金
lead-bath treatment	铅浴处理，铅浴淬火	鉛浴處理
lead bullion	粗铅	鉛合金塊

英 文 名	大 陆 名	台 湾 名
lead chrome green	铅铬绿	鉛鉻綠
lead chrome yellow	铅铬黄，铬黄	鉛鉻黃
lead fluoride crystal	氟化铅晶体	氟化鉛晶體
lead-free solder	无铅焊料	無鉛軟銲料
leading phase	领先相	領先相位
lead magnesium niobate-lead titanate-lead zirconate piezoelectric ceramics	铌镁酸铅–钛酸铅–锆酸铅压电陶瓷	鈮酸鎂鉛–鈦酸鉛–鋯酸鉛壓電陶瓷
lead molybdate crystal	钼酸铅晶体	鉬酸鉛晶體
lead oxide	红丹，铅丹	氧化鉛
lead scandium tantanate pyroelectric ceramics	钽钪酸铅热释电陶瓷	鉭酸鈧鉛焦電陶瓷
lead selenide	硒化铅	硒化鉛
lead solder	铅焊料	鉛軟銲料
lead sulfide	硫化铅	硫化鉛
lead telluride	碲化铅	碲化鉛
lead tin telluride	碲锡铅	碲化錫鉛
lead titanate pyroelectric ceramics	钛酸铅热释电陶瓷	鈦酸鉛焦電陶瓷
lead zirconate titanate piezoelectric ceramics	锆钛酸铅压电陶瓷	鋯鈦酸鉛壓電陶瓷
leaf fiber	叶纤维	葉纖維
leaf oil of eucalyptus	桉叶油	桉葉油
leakage flow	泄流	漏流
lean materials	瘠性原料	低黏性原料
leather	皮革	皮革
ledeburite	莱氏体	粒滴斑鐵
ledeburitic steel	莱氏体钢	粒滴斑鐵鋼
LED (=light emitting diode)	发光二极管	發光二極體
LEED (=low-energy electron diffraction)	低能电子衍射	低能量電子繞射
lepidolite	锂云母	鱗雲母
less common metal	稀有金属	稀有金屬
leucite	白榴石	白榴子石
leveling	流平性	整平，調平，均染
leveling agent	①整平剂 ②均染剂	①整平劑，調平劑 ②均染劑
levitation melting	悬浮熔炼法	懸浮熔融法
Liao sancai	辽三彩	遼三彩
life prediction	寿命预测	壽命預測
light aging	光老化	光致老化
light burning	轻烧	輕燒
light emitting diode (LED)	发光二极管	發光二極體

英 文 名	大 陆 名	台 湾 名
light emitting metal materials	金属配合物发光材料	金屬錯合物發光材料
lightfastness of wood	木材耐光性	木材耐光性
light leather	轻革	輕皮革
light metal	轻金属	輕金屬
light-retaining materials	蓄光材料	蓄光材料
light scattering method	光散射法	光散射法
light scattering technique of powder	粉末光散射法	粉體光散射技術
light screener	光屏蔽剂	光屏蔽劑
light sensitive semiconductive ceramics	光敏半导体陶瓷	光敏半導體陶瓷
light stabilizer	光稳定剂	光穩定劑
light-transparent composite	透光复合材料	透光複材
light water	轻水，天然水	輕水
light water reactor fuel assembly	轻水堆燃料组件	輕水反應器燃料組
light weight-aggregate concrete	轻骨料混凝土	輕質骨材混凝土
light weight coated paper	轻量涂布纸	輕量塗布紙
light weight refractory	轻质耐火材料	輕質耐火材
lignin	木[质]素	木[質]素
lime-alkali glaze	石灰碱釉	石灰鹼釉
limed hide	灰皮	[石]灰生皮
limed skin	灰皮	灰皮
lime glaze	石灰釉	石灰釉
limestone	石灰岩，石灰石，青石	石灰岩，石灰石
lime-titania type electrode	钛钙型焊条	鈣鈦型銲條
liming	浸灰	浸[石]灰法，加石灰處理
limit drawing ratio	极限拉延比	極限拉伸比
limiting viscosity	极限黏度	極限黏度
limiting viscosity number	特性黏度，特性黏数	極限黏度數值
Limoges painted enamel	绘画珐琅，绘图珐琅	利摩日彩繪琺瑯
limonite	褐铁矿	褐鐵礦
linalool	芳樟醇	芳樟醇
lineage	系属结构	譜系
linear ablating rate of composite	复合材料线烧蚀速率，烧蚀后退率	複材線性剝蝕速率
linear change on reheating	重烧线变化，残余线变化	重燒線性變化
linear coefficient of thermal expansion	线膨胀系数	線性熱膨脹係數
linear friction welding	线性摩擦焊	線性摩擦銲接
linear growth rate	线长大速度	線性成長速率

英 文 名	大 陆 名	台 湾 名
linear low density polyethylene (LLDPE)	线型低密度聚乙烯	線性低密度聚乙烯
linear polymer	线型聚合物	線性聚合體
linear thickness variation (LTV)	线性厚度变化	線性厚度變異
linear viscoelasticity	线性黏弹性	線性黏彈性
linerboard	箱纸板	掛面紙板，瓦楞紙外層
Li_2O-Al_2O_3-SiO_2 system glass-ceramics	锂铝硅系微晶玻璃	Li_2O-Al_2O_3-SiO_2系玻璃陶瓷
liposome	脂质体	微質體，脂質體
lip runner	压边浇口	壓邊澆口
liquid acrylonitrile-butadiene rubber	液体丁腈橡胶	液態丙烯腈丁二烯橡膠
liquid bath heat setting	浴液定型	液浴熱定型
liquid chloroprene rubber	液体氯丁橡胶	液態氯丁二烯橡膠
liquid composite molding (LCM)	复合材料液体成型	液態複材成型
liquid coolant	液体冷却剂	液體冷凍劑
liquid crystal	液晶	液晶
liquid crystalline polymer in-situ composite	液晶聚合物原位复合材料	液晶聚合體原位複材
liquid crystal materials	液晶材料	液晶材料
liquid crystal polymer	液晶高分子	液晶聚合體
liquid die forging	液态模锻	液態模鍛
liquid embolism agent	液体栓塞剂	液態栓塞劑
liquid encapsulated Czochralski crystal growth	液封覆盖直拉长晶法	液相封蓋柴氏法晶體成長
liquid encapsulated Czochralski-grown gallium arsenide single crystal	直拉砷化镓单晶	液相封蓋柴氏法長成砷化鎵單晶
liquid encapsulated Czochralski method	液封覆盖直拉法	液封柴可斯基法
liquid extrusion	液态挤压	液態擠製
liquid for synthetic polymer tooth	造牙水	合成聚合體牙液，造牙水
liquid fraction	液相分数	液相分率
liquid gold	金水	金水，金液
liquid luster	电光水	電光水，液態光澤顏料
liquid metal coolant	液态金属冷却剂	液態金屬冷却劑
liquid metal cooling method	液态金属冷却法	液態金屬冷却法
liquid metal corrosion	液态金属腐蚀	液態金屬腐蝕
liquid metal corrosion resistant steel	耐液态金属腐蚀不	耐液態金屬腐蝕鋼

英　文　名	大　陆　名	台　湾　名
	锈钢	
liquid metal embrittlement	液态金属致脆	液態金屬脆化
liquid natural rubber	液体天然橡胶，解聚橡胶	液態天然橡膠
liquid-phase epitaxy (LPE)	液相外延	液相磊晶術
liquid-phase reaction	液相反应法	液相反應
liquid-phase sintering	液相烧结	液相燒結
liquid recrystallization sintering	重烧结法	液相再結晶燒結
liquid-solid interface energy	液固界面能	液固界面能
liquid-solid interface morphology	凝固界面形貌	液固界面形貌
liquid styrene-butadiene rubber	液体丁苯橡胶	液態苯乙烯丁二烯橡膠
liquidus	液相线	液相線
liquidus surface	液相面	液相面
listwanite	滑石菱镁片岩，滑石菱镁岩	滑石菱鎂片岩
lithium aluminate for nuclear reactor	核用偏铝酸锂	核反應器用鋰鋁酸鹽，核反應器用鋁酸鋰
lithium borate	三硼酸锂晶体	鋰硼酸鹽，硼酸鋰
lithium-butadiene rubber	丁锂橡胶	鋰丁二烯橡膠
lithium fluoride crystal	氟化锂晶体	氟化鋰晶體
lithium for nuclear reactor	核用锂	核反應器用鋰
lithium ion drift mobility	锂离子漂移迁移率	鋰離子漂移動率
lithium-lead alloy	锂–铅合金	鋰鉛合金
lithium-lead alloy for nuclear reactor	核用锂–铅合金	核反應器用鋰鉛合金
lithium niobate crystal	铌酸锂晶体	鈮酸鋰晶體，鋰鈮酸鹽晶體
lithium niobate structure	铌酸锂结构	鈮酸鋰結構，鋰鈮酸鹽結構
lithium oxide for nuclear reactor	核用氧化锂	核反應器用氧化鋰
lithium tantalate crystal	钽酸锂晶体	鉭酸鋰晶體，鋰鉭酸鹽晶體
lithopone	锌钡白，立德粉	鋅鋇白，立德粉
Litsea cubeba oil	山苍子油，木姜子油	山胡椒油，山雞椒油
LLDPE (=linear low density polyethylene)	线型低密度聚乙烯	線性低密度聚乙烯
LLS (=localized light-scatterer)	局部光散射体，光点缺陷	局部光散射點，表面光點缺陷
LMBE (=laser molecular beam epitaxy)	激光分子束外延	雷射分子束磊晶術

英 文 名	大 陆 名	台 湾 名
LMPE (=low molecular weight polyethylene)	低分子量聚乙烯，聚乙烯蜡	低分子量聚乙烯
load-displacement curve	载荷–位移曲线	荷重– 位移曲線
local heat treatment	局部热处理	局部熱處理
localized corrosion	局部腐蚀	局部腐蝕
localized light-scatterer (LLS)	局部光散射体，光点缺陷	局部光散射點，表面光點缺陷
localized state	定域态	局域態
local nanocrystalline aluminum alloy	局部纳米晶铝合金	局部奈米晶鋁合金
loess	黄土	黄土
log	原木	原木
logarithmic decrement	对数减量	對數減量
logarithmic viscosity number	比浓对数黏度	對數黏度數值
log blue	木材蓝变，青变	木材藍變
long arc foaming slag operation	长弧泡沫渣操作	長弧泡沫渣操作，電弧爐煉鋼
long fiber reinforced polymer composite	长纤维增强聚合物基复合材料	長纖維強化聚合體複材
long grained plywood	顺纹胶合板	順紋合板
longitudinal dimension recovery ratio	纵向尺寸回缩率	縱向維度回復率
longitudinal grain plywood	顺纹胶合板	縱向紋合板，順向紋合板
longitudinal modulus of composite	复合材料纵向弹性模量	複材縱向模數
longitudinal parenchyma of wood	木材轴向薄壁组织	木材軸向薄壁組織
longitudinal rolling	纵轧	縱輥軋
longitudinal strength of composite	复合材料纵向强度	複材縱向強度
longitudinal-transverse shear modulus of composite	复合材料纵横剪切弹性模量	複材縱橫向剪切模數
longitudinal-transverse shear strength of composite	复合材料纵横剪切强度	複材縱橫向剪切強度
Long kiln	龙窑，长窑，蜈蚣窑，蛇窑	龍窯
long oil alkyd resin	长油醇酸树脂	長油醇酸樹脂
long period	长周期	長週期
Longquan ware	龙泉青瓷	龍泉青瓷
long-range intramolecular interaction	远程分子内相互作用	長程分子內交互作用
long-range order parameter	长程有序参量	長程有序參數
long-range structure	远程结构	長程結構

英 文 名	大 陆 名	台 湾 名
loop rolling	活套轧制	迴控輥軋
loop tenacity	钩接强度，互扣强度	環扣強度
loose grain of leather	皮革松面	皮革鬆面
Lorentz force	洛伦兹力	勞倫茲力
loss factor	损耗因子	損耗因子
loss modulus	损耗模量	耗損模數
lost foam casting	消失模铸造	消失泡模鑄造
lost-wax casting	失蜡铸造	脫蠟鑄造
low activation materials	低活化材料	低活化材料
low alloy cast steel	低合金铸钢	低合金鑄鋼
low alloy high speed steel	低合金高速钢，经济型高速钢	低合金高速鋼
low angle dislocation structure	小角度位错结构	低角度差排結構
low angle grain boundary	小角度晶界	低角度晶界
low angle laser light scattering	小角激光光散射法	低角度雷射光散射
low basic slag	低碱度渣	低鹼性渣
low carbon electrical steel	低碳电工钢	低碳電氣用鋼
low carbon steel	低碳钢	低碳鋼
low-cycle fatigue	低周疲劳	低週[期]疲勞
low density ablative composite	低密度防热复合材料，低密度烧蚀材料	低密度剝蝕複材
low density polyethylene (LDPE)	低密度聚乙烯	低密度聚乙烯
low density printing paper	轻型印刷纸	低密度印刷紙
low-dimensional magnet	低维磁性体	低維[度]磁石
low-dimensional materials	低维材料	低維材料
low-emission glass	低辐射镀膜玻璃，低辐射玻璃	低放射玻璃
low-energy electron diffraction (LEED)	低能电子衍射	低能量電子繞射
lower bainite	下贝氏体	下變韌鐵，下變韌體
lower consolute temperature	低共溶温度	低共溶溫度
lower critical solution temperature (LCST)	最低临界共溶温度	低臨界溶液溫度，低臨界共溶溫度
lower yield point	下屈服点	下降伏點
low expansion alloy	低膨胀合金	低膨脹合金
low hardenability steel	低淬透性钢	低硬化能鋼
low hydrogen electrode	低氢型焊条	低氫銲條
low melting enamel	低熔搪瓷，低温搪瓷	低熔[點]琺瑯
low molecular weight polyethylene (LMPE)	低分子量聚乙烯，聚乙烯蜡	低分子量聚乙烯

英 文 名	大 陆 名	台 湾 名
low pressure arc spraying	低压电弧喷涂	低壓電弧噴塗
low pressure casting	低压铸造	低壓鑄造
low pressure chemical vapor deposition (LP-CVD)	低压化学气相沉积	低壓化學氣相沈積
low pressure heat treatment	真空热处理	低壓熱處理
low pressure injection molding	热压铸成型	低壓射出成型
low pressure metalorganic chemical vapor phase deposition	低压金属有机化学气相沉积	低壓金屬有機化學氣相沈積
low pressure metalorganic vapor phase epitaxy (LP-MOVP)	低压金属有机化合物气相外延	低壓金屬有機氣相磊晶術
low segregation cast superalloy	低偏析铸造高温合金	低偏析鑄造超合金
low segregation superalloy	低偏析高温合金	低偏析超合金
low stretch yarn	低弹[变形]丝	低伸縮紗
low temperature barium titanate based thermosensitive ceramics	低温钛酸钡系热敏陶瓷	低溫鈦酸鋇系熱敏陶瓷
low temperature coefficient constant modulus alloy	低温度系数恒弹性合金	低溫度係數恆模數合金
low temperature coefficient magnet	低温度系数磁体	低溫度係數磁石
low temperature duplex stainless steel	低温双相不锈钢	低溫雙相不鏽鋼
low temperature rolling	低温轧制	低溫輥軋
low temperature superconductor	低温超导体	低溫超導體
low temperature superplasticity	低温超塑性	低溫超塑性
low temperature tempering	低温回火	低溫回火
low tension electrical porcelain	低压电瓷	低壓用電瓷
low-voltage electric porcelain	低压电瓷	低[電]壓電瓷
low yield point steel	低屈服点钢	低降伏點鋼
low yield ratio steel	低屈强比钢	低降伏比鋼
LP-CVD (=low pressure chemical vapor deposition)	低压化学气相沉积	低壓化學氣相沈積
LPE (=liquid-phase epitaxy)	液相外延	液相磊晶術
LPF (=last ply failure)	最终失效	最終層失效
lubricant	润滑剂	潤滑劑
lubricant pigment	润滑颜料	潤滑顏料
lubrication extrusion	润滑挤压	潤滑擠製
lubrication technology	工艺润滑	潤滑技術
ludwigite	硼镁铁矿	硼鎂鐵礦
luminescent enamel	发光珐琅	發[冷]光琺瑯，發[冷]光搪瓷
luminescent fiber	发光纤维	發[冷]光纖維

英　文　名	大　陆　名	台　湾　名
luminescent materials	发光材料	發[冷]光材料
luminescent materials with long afterglow	长余辉发光材料	長餘輝發[冷]光材料
luminous fiber	发光纤维	發光纖維
luster color decoration	电光彩	光彩裝飾
lusterless paint	哑光漆	無光澤漆
lustrous fiber	有光纤维	光亮纖維

M

英　文　名	大　陆　名	台　湾　名
machinable all-ceramics materials	可机械加工全瓷材料	可切削[加工]全陶瓷材料
machinable ceramics	可切削陶瓷	可切削[加工]陶瓷
machinable glass-ceramics	可切削微晶玻璃	可切削[加工]玻璃陶瓷
machine stress grading of wood	木材机械应力分等	木材機器應力分級
Mach-Zehnder interferometer (MZI)	马赫–曾德尔干涉仪	馬赫–岑得干涉儀
Mach-Zehnder interferometer electro-optic modulator	马赫–曾德尔电光调制器	馬赫–岑得干涉儀電光調制器
macrodefect-free steel	无宏观缺陷钢	無巨觀缺陷鋼
macroinitiator	大分子引发剂	巨分子啟始劑
macromer	大分子单体	巨分子單體
macromolecular chemistry	高分子化学	巨分子化學
macromolecular isomorphism	高分子[异质]同晶现象	巨分子同構現象
macromolecule	高分子，大分子	巨分子
macromonomer	大分子单体	巨分子單體
macroporous ion exchange resin	大孔型交换树脂	巨孔型離子交換樹脂
macroscale	宏观尺度	巨觀尺度
macro-segregation	宏观偏析	巨觀偏析
macrostructure	宏观组织	巨觀組織
magmatic rock	岩浆岩	岩漿岩
magnaflux inspection	磁力探伤检验	磁力[探傷]檢驗，磁通量[探傷]檢驗
magnesia calcia brick	镁钙砖，高钙镁砖	[氧化]鎂[氧化]鈣磚
magnesia calcia carbon brick	镁钙碳砖	[氧化]鎂[氧化]鈣碳磚
magnesia dolomite carbon brick	镁白云石碳砖	[氧化]鎂白雲石碳磚
magnesia whisker reinforcement	氧化镁晶须增强体	氧化鎂鬚晶強化體
magnesite	菱镁矿	菱鎂礦
magnesite-alumina brick	镁铝砖	菱鎂礦[氧化]鋁磚
magnesite brick	镁砖	菱鎂礦磚

英 文 名	大 陆 名	台 湾 名
magnesite-carbon brick	镁碳砖	菱鎂礦碳磚
magnesite-chrome brick	镁铬砖	菱鎂礦鉻磚
magnesite-dolomite brick	镁白云石砖	菱鎂礦白雲石磚
magnesite-spinel brick	镁尖晶石砖	菱鎂礦尖晶石磚
magnesium	镁	鎂
magnesium alloy casting	镁合金铸件	鎂合金鑄造
magnesium-aluminum-manganese [cast] alloy	镁铝锰系[铸造]合金	鎂鋁錳[鑄造]合金
magnesium-aluminum-rare earth [cast] alloy	镁铝稀土系[铸造]合金	鎂鋁稀土[鑄造]合金
magnesium-aluminum-silicon-manganese [cast] alloy	镁铝硅[锰]系[铸造]合金	鎂鋁矽錳[鑄造]合金
magnesium-aluminum-yttrium-rare earth-zirconium [cast] alloy	镁铝钇稀土锆系[铸造]合金	鎂鋁釔稀土鋯[鑄造]合金
magnesium-aluminum-zinc cast magnesium alloy	镁铝锌系铸造镁合金	鎂鋁鋅[鑄造]鎂合金
magnesium-aluminum-zinc wrought magnesium alloy	镁铝锌系变形镁合金	鎂鋁鋅[鍛造]鎂合金
magnesium based hydrogen storage alloy	镁系贮氢合金	鎂基儲氫合金
magnesium borate whisker reinforcement	硼酸镁晶须增强体	硼酸鎂鬚晶強化體
magnesium chloride cementitious materials	氯镁胶凝材料	氯化鎂膠結材料
magnesium diboride superconductor	二硼化镁超导体	二硼化鎂超導體
magnesium fluoride crystal	氟化镁晶体	氟化鎂晶體
magnesium-lithium alloy	镁锂合金，超轻镁合金	鎂鋰合金
magnesium-manganese-rare earth metal wrought magnesium alloy	镁锰稀土系变形镁合金	鎂錳稀土金屬鍛軋鎂合金
magnesium-manganese wrought magnesium alloy	镁锰系变形镁合金	鎂錳鍛軋鎂合金
magnesium-rare earth alloy	镁稀土合金	鎂稀土合金
magnesium-rare earth-silver-zirconium [cast] alloy	镁稀土银锆系[铸造]合金	鎂稀土銀鋯[鑄造]合金
magnesium silicate crystal	硅酸镁晶体	矽酸鎂晶體
magnesium-zinc-rare earth metal wrought magnesium alloy	镁锌稀土系变形镁合金	鎂鋅稀土金屬鍛軋鎂合金
magnesium-zinc-zirconium wrought magnesium alloy	镁锌锆系变形镁合金	鎂鋅鋯鍛軋鎂合金
magnesium-zirconium-rare earth metal wrought magnesium alloy	镁锆稀土系变形镁合金	鎂鋯稀土金屬鍛軋鎂合金
magnetic alloy	磁性合金	磁性合金
magnetic aluminum alloy	磁性铝合金	磁性鋁合金

英 文 名	大 陆 名	台 湾 名
magnetic biomaterials	磁性生物材料	磁性生物材料
magnetic bubble materials	磁泡材料	磁泡材料
magnetic ceramics	磁性陶瓷	磁性陶瓷
magnetic composite	磁性复合材料	磁性複材
magnetic confinement fusion	磁约束聚变	磁侷限融合
magnetic domain	磁畴	磁域
magnetic energy product	磁能积	磁能[乘]積
magnetic fiber	磁性纤维	磁性纖維
magnetic field Czochralski method	磁场直拉法	磁場柴可斯基法，單晶成長法
magnetic fluid	磁流体	磁流體
magnetic heat treatment	磁场热处理	磁[場]熱處理
magnetic hysteresis loop	磁滞回线	磁滯迴路
magnetic hysteresis loss	磁滞损耗	磁滯損失
magnetic loss absorber	磁损耗吸收剂	磁損吸收劑
magnetic loss radar absorbing materials	磁损耗吸波材料	磁損雷達波吸收材
magnetic materials	磁性材料	磁性材料
magnetic mold casting	磁型铸造，磁丸铸造	磁模鑄造
magnetic particle testing	磁粉检测，磁粉探伤，磁力探伤	磁粒檢測，磁粉探傷
magnetic permeability	磁导率	磁導率
magnetic polarization	磁极化	磁極化
magnetic polymer	磁性高分子	磁性聚合體
magnetic reluctance	磁阻	磁阻
magnetic rubber	磁性橡胶	磁性橡膠
magnetic strictive ceramics	磁致伸缩陶瓷	磁致伸縮陶瓷
magnetic susceptibility	磁化率	磁化率
magnetic thin film	磁性薄膜	磁性薄膜
magnetism	磁性	磁性
magnetite	磁铁矿	磁鐵礦
magnetization	磁化	磁化
magnetization intensity	磁化强度	磁化強度
magnet materials for fusion reactor	聚变堆用磁体材料	融合反應器用磁性材料
magnetocrystalline anisotropy	磁晶各向异性	磁晶異向性
magnetoelectric ceramics	磁电陶瓷	磁電陶瓷
magnetoelectric effect	磁电效应	磁電效應
magnetofluid	磁流体	磁流體
magneto-optical crystal	磁光晶体	磁光晶體

英　文　名	大　陆　名	台　湾　名
magneto-optic effect	磁光效应	磁光效應
magnetoplumbite structure	磁铅石型结构	磁鉛礦結構
magnetoresistance effect	磁电阻效应	磁阻效應
magnetostriction	磁致伸缩	磁致伸縮
magnetostriction coefficient	磁致伸缩系数	磁致伸縮係數
magnetostrictive ceramics	磁致伸缩陶瓷	磁致伸縮陶瓷
magnetostrictive ferrite	磁致伸缩铁氧体	磁致伸縮鐵氧體
magnetostrictive materials	磁致伸缩材料	磁致伸縮材料
magnetostrictive nickel based alloy	磁致伸缩镍合金	磁致伸縮鎳基合金
magnetron sputtering	磁控溅射	磁控濺鍍
magnet steel	磁钢	磁石用鋼
maifan stone	麦饭石	麥飯石
main chain-type ferroelectric liquid crystal polymer	主链型铁电液晶高分子	主鏈型強介電液晶聚合體，主鏈型鐵電液晶聚合體
main metal salt	金属主盐	主金屬鹽
main Poisson ratio of composite	复合材料主泊松比	複材主柏松比
main stress design of laminate	层合板主应力设计	積層板主應力設計
majority carrier	多数载流子	多數載子
malachite	孔雀石	孔雀石
malleable cast iron	可锻铸铁，玛钢	展性鑄鐵，可鍛鑄鐵
malleablizing	可锻化退火	展性化處理
Maltese cross	黑十字花样	馬爾他十字
mandrelless drawing	空拉	無心軸拉製
manganese-bismuth film	锰铋膜	錳鉍膜
manganese bronze	锰青铜	錳青銅
manganese oxide based negative temperature coefficient thermosensitive	氧化锰基负温度系数热敏陶瓷	氧化錳基負溫度係數熱敏陶瓷
manganite	水锰矿	水錳礦
MAO (=methylaluminoxane)	甲基铝氧烷	甲基鋁氧烷
map paper	地图纸	地圖紙
maraging stainless steel	马氏体时效不锈钢	麻時效不鏽鋼
maraging steel	马氏体时效钢	麻時效鋼
marble	大理岩，大理石	大理石，大理岩
marine corrosion	海洋腐蚀	海洋腐蝕，海域腐蝕
mark	痕迹	標記
Mark-Houwink equation	马克–豪温克方程	馬克–豪溫克方程
marl	泥灰岩	泥灰岩
marquenching	分级淬火	麻淬火

英 文 名	大 陆 名	台 湾 名
martempering	分级淬火	麻回火
martensite	马氏体	麻田散體，麻田散鐵
martensite finish temperature	马氏体转变完成温度	麻田散體[變態]完成溫度
martensite start temperature	马氏体转变起始温度	麻田散體[變態]起始溫度
martensitic heat-resistant steel	马氏体耐热钢	麻田散鐵耐熱鋼
martensitic precipitation hardening stainless steel	马氏体沉淀硬化不锈钢	麻田散鐵析出硬化不鏽鋼
martensitic stainless steel	马氏体不锈钢	麻田散鐵不鏽鋼
martensitic steel	马氏体钢	麻田散鐵鋼
martensitic transformation temperature	马氏体相变温度	麻田散體轉變溫度，麻田散體變態溫度
martensitic transition	马氏体相变	麻田散體轉換
masking	蒙囿	遮蔽
masonry cement	砌筑水泥	墁砌水泥
mass ablating rate of composite	复合材料质量烧蚀速率	複材質量剝蝕速率
mass coloring	整体发色，合金发色	整體上色
mass combustion rate	质量燃烧速率	質量燃燒速率
mass concrete	大体积混凝土	巨積混凝土
massive transformation	块形相变，块状转变	整塊[相]轉變
mass polymerization	本体聚合	整體聚合[作用]
mass spectrometry	质谱法	質譜術
mass-tone	主色，本色	主色調
mass-transport equation	质量输运方程	質傳方程
mass-transport-limited growth	质量输运限制生长	質傳限制成長
master alloy	母合金，中间合金	母合金
master alloy powder	母合金粉，中间合金粉末	母合金粉末
master curve	主曲线，组合曲线	主曲線
mastication	塑炼	捏和
materials	①材料 ②材料学	材料
materials design	材料设计	材料設計
materials ecodesign	材料生态设计	材料生態設計
materials for coolant loop	主管道材料	冷卻迴路材料
materials for drug controlled delivery	药物控释材料	藥物控制遞送材料
materials for drug delivery	药物缓释材料	藥物遞送材料
materials for energy application	能源材料	能源應用材料
materials for new energy	新能源材料	新能源材料

英文名	大陆名	台湾名
materials for reactor internal component	堆内构件材料	反應器內構件材料
materials for thermal nuclear fuel container	热核燃料容器材料	熱核燃料容器材料
materials modeling	材料模型化	材料模組化，材料模擬
materials physics and chemistry	材料物理与化学	材料物理與化學
materials processing engineering	材料加工工程	材料加工工程
materials response	材料反应	材料反應
materials science	材料科学	材料科學
materials science and engineering	材料科学与工程	材料科學與工程
materials science and technology	材料科学技术	材料科學與技術
materials simulation	材料模拟，材料仿真	材料模擬
mat forming	铺装成型	鋪墊成型
matrix of composite	复合材料基体	複材基材
matrix [phase]	基体[相]	基材[相]
matrix steel	基体钢	基材鋼
matrix to superconductor [volume] ratio	基–超导体[体积]比	基材–超導體[體積]比
matte	锍	冰銅，鎳銅
matt fiber	消光纤维	無光纖維
matt glaze	无光釉	無光釉
Matthias rule	马蒂亚斯定则	馬替厄斯定則
mature wood	成熟材	成熟材
maxillofacial prosthetic materials	颌面赝复材料，颌面[缺损]修复材料	顱顏面贗復材料
maximum percentage elongation	扯断伸长率	最大伸長百分率
maximum strain failure criteria of laminate	层合板最大应变失效判据	積層板最大應變失效準則
Maxwell model	麦克斯韦模型	馬克士威模型
MBE (=molecular beam epitaxy)	分子束外延	分子束磊晶術
MBS (=methylmethacrylate-butadiene-styrene copolymer)	甲基丙烯酸甲酯-丁二烯-苯乙烯共聚物	甲基丙烯酸甲酯丁二烯苯乙烯共聚體
MC (=methyl cellulose)	甲基纤维素	甲基纖維素
MDPE（=medium density polyethylene）	中密度聚乙烯	中密度聚乙烯
mean dispersion	平均色散	平均色散，平均分散
mean free path of electron	电子平均自由程	電子平均自由徑
mean particle size	平均粒度	平均粒度
mean square end-to-end distance	均方末端距	均方末端距
mean square radius of gyration	均方回转半径	均方迴轉半徑
measurement of Hall coefficient	霍尔系数测量	霍爾係數測量

英 文 名	大 陆 名	台 湾 名
mechanical alloying	机械合金化	機械合金化
mechanical comminution	机械粉碎	機械粉碎
mechanical grain refinement	机械细化	機械晶粒細化
mechanically alloyed powder	机械合金化粉	機械合金化粉
mechanically alloyed superalloy	机械合金化高温合金	機械合金化超合金
mechanically reinforced superconducting wire	机械增强超导线	機械強化超導線
mechanical property	力学性能	機械性質
mechanical pulp	机械浆	機械紙漿
mechanical strength of slice	晶片机械强度	晶片機械強度
mechanical stress defect	机械应力缺陷	機械應力缺陷
mechanical surface strengthening	表面机械强化	機械表面強化
mechanics of composite interface	复合材料界面力学	複材界面力學
mechanochemical degradation	力化学降解	機械化學降解
median surface	中心面	中面
medical fiber	医用纤维	醫用纖維
medicine mineral	医药矿物，矿物药，药用矿物	醫藥礦物
medium alloy ultra-high strength steel	中合金超高强度钢	中合金超高強度鋼
medium carbon steel	中碳钢	中碳鋼
medium density fiberboard	中密度纤维板	中密度纖維板
medium density polyethylene (MDPE)	中密度聚乙烯	中密度聚乙烯
medium strength titanium alloy	中强钛合金	中強度鈦合金
medium temperature tempering	中温回火	中溫回火
MEE (=migration enhanced epitaxy)	迁移增强外延	遷移增強磊晶術
Meissner effect	迈斯纳效应	麥士納效應
melamine formaldehyde resin composite	三聚氰胺甲醛树脂基复合材料	三聚氰胺甲醛樹脂複材
melamine formaldehyde resin (MF)	三聚氰胺甲醛树脂	三聚氰胺甲醛樹脂
meltable polyimide (MPI)	可熔性聚酰亚胺	可熔性聚醯亞胺
melt extraction	熔体拖出法	熔融萃取
melt flow index	熔体流率	熔體流動指數
melt flow rate	熔体流率	熔體流動速率
melt fracture	熔体破裂	熔體破斷
melt growth method	熔体生长法	熔體成長法
melt index	熔体指数，熔体流率	熔體指數
melting	熔化，熔融	熔化[作用]，熔融[作用]
melting back	回熔	回熔

英 文 名	大 陆 名	台 湾 名
melting heat	熔化热	熔解熱
melting point	熔点	熔點
melting prepreg	热熔法预浸料，熔融法预浸料	熔融預浸材
melting temperature	熔融温度	熔解溫度
melting temperature range	熔限	熔解溫度範圍
melt overflow process	溢流法	熔體溢流製程
melt phase polycondensation	熔融缩聚	熔相聚縮合[作用]
melt spinning	单辊激冷法，熔体纺丝，熔法纺丝，熔融纺丝	熔體紡絲[作用]
melt spinning crystallization	熔体纺丝结晶	熔體紡絲結晶
melt spinning orientation	熔体纺丝取向	熔體紡絲取向
melt strength	熔体强度	熔體強度
melt-textured growth process	熔融织构生长法	熔體織構生長製程
membrane	膜	透膜
membrane distillation	膜蒸馏	透膜蒸餾
membrane for hemodialysis	血液透析膜	血液透析[用]透膜
membrane for hemofiltration	血液过滤膜	血液過濾[用]透膜
membrane osmometry	膜渗透法	透膜滲透法
membrane reactor	膜反应器	透膜反應器
memory alloy stent	记忆合金支架，记忆效应自膨胀支架	記憶合金支架
mending	补伤	修補整理
mercury cadmium telluride	碲镉汞	碲化鎘汞
mesoscale	介观尺度	介觀尺度
metal active gas arc welding	活性气体保护电弧焊	金屬活性氣體電弧銲
metal based magnet	金属永磁体	金屬基磁石
metal bearing carbon	烧结金属石墨	含金屬碳
metal bonded diamond	金刚石复合合金，金属–金刚石合金	金屬接合鑽石
metal cementation	渗金属	金屬膠結
metal/ ceramic composite electroplating	金属/陶瓷粒子复合电镀	金屬/陶瓷複合電鍍
metal-ceramic crown	金属烤瓷冠，金瓷冠	金屬陶瓷牙冠
metal ceramic technique	金属陶瓷法	金屬陶瓷技術
metal complex ion electroplating	金属络合离子电镀	金屬錯離子電鍍
metal filament reinforced intermetallic compound matrix composite	金属丝增强金属间化合物基复合材料	金屬絲強化介金屬化合物基複材

英　文　名	大　陆　名	台　湾　名
metal filament reinforced refractory metal matrix composite	金属丝增强难熔金属基复合材料	金屬絲強化耐高溫金屬基複材
metal filament reinforced superalloy matrix composite	金属丝增强高温合金基复合材料	金屬絲強化超合金基複材
metal filament reinforcement	金属纤维增强体	金屬絲強化[體]
metal filter	金属过滤器	金屬濾材
metal foam	泡沫金属	發泡金屬
metal hydride	金属氢化物	金屬氫化物
metal inert-gas arc welding	熔化极惰性气体保护电弧焊	金屬惰性氣體弧銲
metal infiltrated tungsten	金属熔渗钨	金屬熔滲鎢
metallic bond	金属键	金屬鍵
metallic ceramics	金属陶瓷	金屬性陶瓷
metallic conductivity	金属导电性	金屬導電率
metallic fuel	金属型燃料	金屬類型燃料
metallic ion implantation	金属离子注入	金屬離子佈植
metallic materials	金属材料	金屬材料
metallic pigment	金属颜料	金屬[性]顏料
metallic whisker reinforcement	金属晶须增强体	金屬鬚晶強化體
metallocene catalyst	茂金属催化剂	茂金屬觸媒
metallocene linear low density polyethylene (MLLDPE)	茂金属线型低密度聚乙烯	茂金屬[催化]線性低密度聚乙烯
metallographic examination	金相检查	金相檢查
metallography	金相学	金相學
metallurgical coke	冶金焦	冶金級焦碳
metallurgical melt	冶金熔体	冶金熔體
metallurgical solvent	冶金溶剂	冶金用溶劑
metallurgy	冶金学	冶金學
metal matrix composite	金属基复合材料	金屬基複材
metal matrix composite by in situ reaction	金属基复合材料原位复合工艺	臨場反應製作金屬基複材
metal matrix composite green tape preparation method	金属基复合材料预制带制备法	金屬基複材生胚帶製備法
metal matrix composite precursor preparation method	金属基复合材料预制丝制备法	金屬基複材前驅物製備法
metal matrix composite reinforcement preparation method	金属基复合材料增强体表面涂浸处理	金屬基複材強化體製備法
metal melt	金属熔体	金屬熔體
metalorganic atomic layer epitaxy	金属有机化合物原子	金屬有機原子層磊

英 文 名	大 陆 名	台 湾 名
	层外延	晶術
metalorganic compound	金属有机化合物	金屬有機化合物
metalorganic molecular beam epitaxy (MOMBE)	金属有机源分子束外延	金屬有機分子束磊晶術
metalorganic source	金属有机源	金屬有機源
metalorganic vapor phase epitaxy (MOVPE)	金属有机化合物气相外延	金屬有機氣相磊晶術
metal physics	金属物理学	金屬物理學
metal precipitation	金属沉淀法	金屬沈澱[法]，金屬析出[法]
metal-semiconductor-metal photo-detector	金属–半导体–金属光电探测器	金屬–半導體–金屬光偵測器
metal separation membrane	金属分离膜	金屬分離透膜
metamorphic rock	变质岩	變質岩
metastable phase	亚稳相	介穩相
metastable β titanium alloy	亚稳 β 钛合金	介穩 β 鈦合金
meteoric iron	陨铁	隕鐵
methylaluminoxane (MAO)	甲基铝氧烷	甲基鋁氧烷
methyl cellulose (MC)	甲基纤维素	甲基纖維素
methyl hydrogen-dichlorosilane	甲基氢二氯硅烷	甲基氫二氯矽烷
methyl hydrogen silicone oil	甲基含氢硅油	甲基氫矽氧油
methylmethacrylate-butadiene-styrene copolymer	甲基丙烯酸甲酯–丁二烯–苯乙烯共聚物	甲基丙烯酸甲酯丁二烯苯乙烯共聚體
methylmethacrylate-butadiene-styrene copolymer (MBS)	甲基丙烯酸甲酯–丁二烯–苯乙烯共聚物	甲基丙烯酸甲酯丁二烯苯乙烯共聚體
methyl phenyl silicone oil	甲基苯基硅油	甲基苯基矽氧油
methyl silicone rubber	甲基硅橡胶	甲基矽氧橡膠
methyl trichlorosilane	甲基三氯硅烷	甲基三氯矽烷
methyl vinyl silicone rubber	甲基乙烯基硅橡胶	甲基乙烯基矽氧橡膠
methyl vinyl trifluoropropyl silicone rubber	甲基乙烯基三氟丙基硅橡胶，氟硅橡胶	甲基乙烯基三氟丙基矽氧橡膠
Metropolis-Monte Carlo algorithm	米特罗波利斯–蒙特卡罗算法	美特羅波利–蒙地卡羅演算法
MF (=melamine formaldehyde resin)	三聚氰胺甲醛树脂	三聚氰胺甲醛樹脂
MFT (=minimum filming temperature)	最低成膜温度	最低成膜溫度
$MgO-Al_2O_3-SiO_2$ system glass-ceramics	镁铝硅系微晶玻璃	$MgO-Al_2O_3-SiO_2$ 系玻璃陶瓷
mica ceramics	云母陶瓷	雲母陶瓷
mica silicate structure	云母类硅酸盐结构	雲母類矽酸鹽結構

英 文 名	大 陆 名	台 湾 名
microalloy carbonitride	微合金碳氮化物	微合金碳氮化物
microalloyed steel	微合金化钢	微量合金鋼
microalloying	微合金化	微量合金化
microalloying steel	微合金钢	微量合金鋼
micro-arc oxidation	微弧阳极氧化	微弧[陽極]氧化
microbial sensor	微生物传感器	微生物感測器
microcapsule	微胶囊	微膠囊
micro catheter	微导管	微導管
microcavity laser	微腔激光器	微[共振]腔雷射
microchannel plate	微通道板	微通道板
microcrystalline glass	微晶玻璃	微晶玻璃
microcrystalline semiconductor	微晶半导体	微晶半導體
microdefect	微缺陷	微缺陷
micro-emulsion polymerization	微乳液聚合	微乳化聚合[作用]
microencapsulation	微囊化	微囊化[作用]
microenvironment	微环境	微環境
microfibril angle	微纤丝角	微原纖角
microfocus radiography	微焦点射线透照术	微焦放射線攝影術
micro-gravity solidification	微重力凝固	微重力凝固
micro-guide wire	微导丝	微導線
microhardness	显微硬度	微硬度
microleakage	微漏	微漏
micro-macro design of composite	复合材料细观−宏观一体化设计	複材微觀−巨觀設計
micromorph cell	微晶/非晶硅叠层电池	微晶/非晶疊層電池
micro-organism decomposable fiber	微生物分解纤维	微生物可分解纖維
micro-organism resistance	抗菌性	抗微生物性
micro-plasma arc welding	微束等离子弧焊	微電漿弧銲
micro-porosity	疏松，显微缩松	微孔隙度
micro-porous surface of sintered titanium bead	钛珠烧结微孔表面	燒結鈦珠微孔表面
microroughness	微粗糙度	微粗糙度
microscale	微观尺度	微尺度
microscopic reversibility	微观可逆性	微觀可逆性
micro-segregation	微观偏析，显微偏析	微偏析
microstructure	显微组织	微結構
microstructure simulation	微观组织模拟	微結構模擬
microwave curing of composite	复合材料微波固化	複材微波固化[作用]
microwave dielectric ceramics	微波介质陶瓷	微波介電陶瓷

英　文　名	大　陆　名	台　湾　名
microwave drying	微波干燥	微波乾燥[作用]
microwave ferrite	微波铁氧体，旋磁铁氧体	微波鐵氧體
microwave plasma assisted molecular beam epitaxy	微波等离子体辅助分子束外延	微波電漿輔助分子束磊晶術
microwave plasma chemical vapor deposition	微波等离子体化学气相沉积	微波電漿化學氣相沈積
microwave pre-heating continuous vulcanization	微波预热连续硫化	微波預熱連續火鍛，微波預熱連續硫化
microwave sintering	微波烧结	微波燒結[作用]
microwave testing	微波检测	微波試驗
middle part of bamboo culm wall	竹肉	竹肉
mid fiber	中长纤维	中長纖維
midplane curvature of laminate	层合板中面曲率	積層板中平面曲度
midplane strain of laminate	层合板中面应变	積層板中平面應變
Miedema model	米德马模型	米德馬模型
migration enhanced epitaxy (MEE)	迁移增强外延	遷移增強磊晶術
mild steel	软钢	軟鋼
millable polyurethane elastomer	混炼型聚氨酯弹性体	可混煉聚氨酯彈性體
millable polyurethane rubber	混炼型聚氨酯橡胶	可混煉聚氨酯橡膠
milled leather	摔纹革	摔紋皮革
Miller-Bravais indices	米勒–布拉维指数	米勒–布拉維指數
Miller indices	米勒指数，晶面指数	米勒指數
milling	摔纹	摔纹
mineral	矿物	礦物
mineral additive	矿物掺和料	礦物添加劑
mineral admixture	矿物掺和料	礦物摻合物
mineral dressing	选矿	選礦
mineral materials	矿物材料	礦物材料
mineral of sillimanite group	硅线石族矿物	矽線石族礦物
mineral processing	矿物加工	礦物加工，選礦
mineral-tanned leather	矿物鞣革	礦物鞣革
minimum bending radius	最小弯曲半径	最小彎曲半徑
minimum filming temperature (MFT)	最低成膜温度	最低成膜溫度
mining	采矿	採礦
mining steel	矿用钢	採礦用鋼
minority carrier	少数载流子	少數載子
minority carrier diffusion length	少子扩散长度	少數載子擴散長度
minority carrier lifetime	少数载流子寿命	少數載子壽命

英　文　名	大　陆　名	台　湾　名
mint oil	薄荷油，薄荷原油	薄荷油
mirabilite	芒硝	芒硝，硫酸鈉礦
mirror black glaze	乌金釉	烏金釉
miscibility	相溶性	互溶性
miscibility gap	溶解度间隙，混溶间隙	兩相共存區間
misfit dislocation	失配位错	錯合差排
mixed crystal materials	混晶材料	混晶材料
mixed dislocation	混合位错	混合差排
mixed grain microstructure	混晶组织	混合晶粒微結構
mixed in main and side chain of ferroelectric liquid crystal polymer	主侧链混合型铁电液晶高分子	主側鏈混合型強介電液晶聚合體，主側鏈混合型鐵電液晶聚合體
mixed oxide fuel	混合氧化物燃料	混合氧化物燃料
mixed powder	混合粉	混合粉
mixing	混炼	混合[作用]
mixing mill	开炼机	混合粉碎機
MLLDPE (=metallocene linear low density polyethylene)	茂金属线型低密度聚乙烯	茂金屬[催化]線性低密度聚乙烯
Mn-Zn ferrite	锰锌铁氧体	錳鋅鐵氧[磁]體
mobility edge	迁移率边	遷移率邊
mobility gap	迁移率隙	遷移率[能]隙
mobility of current carrier	载流子迁移率	電流載子遷移率
modacrylic fiber	改性聚丙烯腈纤维	改質聚丙烯腈纖維
mode Ⅰ cracking	Ⅰ型开裂，张开型开裂	Ⅰ型開裂
mode Ⅱ cracking	Ⅱ型开裂，滑开型开裂	Ⅱ型開裂
mode Ⅲ cracking	Ⅲ型开裂，撕开型开裂	Ⅲ型開裂
model Ⅰ interlaminar fracture toughness of laminate	层合板Ⅰ型层间断裂韧性	積層板模型Ⅰ層間破裂韌性
model Ⅱ interlaminar fracture toughness of laminate	层合板Ⅱ型层间断裂韧性	積層板模型Ⅱ層間破裂韌性
moderate heat Portland cement	中热水泥	中熱波特蘭水泥，平熱波特蘭水泥
moderate temperature sealing	中温封孔	中溫封口[作用]，中溫封孔[作用]
moderator materials	慢化剂材料	減速劑材料，緩和劑材料
modification	变质处理，改性	改質[作用]，修飾[作用]

英 文 名	大 陆 名	台 湾 名
modification of composite interface	复合材料界面改性	複材界面改質
modified fiber	改性纤维，变性纤维	改質纖維
modified glass	改性玻璃	調質玻璃
modified polyphenyleneoxide (MPPO)	改性聚苯醚	改質聚苯醚
modified PZT pyroelectric ceramics	改性锆钛酸铅热释电陶瓷	改質 PZT 焦電陶瓷
modified rosin	改性松香	改質松香
modifier	变质剂	改質劑
modulation doping	调制掺杂	調制摻雜
modulus of sodium silicate	水玻璃模数	矽酸鈉模數
modulus of volume elasticity	体积弹性模量	容積彈性模數，體積彈性模數
Moh's hardness scale	莫氏硬度	莫氏硬度
mohsite	钛铁矿结构	鉛尖鈦鐵礦
Moh's scale of hardness	莫氏硬度	莫氏硬度
moisture content of composite	复合材料吸湿率	複材含水量
moisture content of oven dry wood	全干材含水率，绝干材含水率	爐乾材含水量
moisture content of wood	木材含水率	木材含水量
moisture equilibrium content of composite	复合材料平衡吸湿率	複材平衡含水量
moisture equilibrium of composite	复合材料吸湿平衡	複材濕度平衡
moisture expansion coefficient	湿膨胀系数	濕膨脹係數
moisture expansion coefficient of composite	复合材料湿膨胀系数	複材濕膨脹係數
moisture-proof agent	防潮剂，防白剂	防潮劑
mold	①铸型 ②模具	模具
moldability of leather	皮革成型性能	皮革成型性
mold cavity	型腔	模腔
molded particleboard	刨花模压制品	模製木屑板
mold filling capacity	充型能力	充模能力
molding	①造型 ②成型	模製
molding by stamping	印坯	衝壓模製
molding compound	模塑料	模塑料
molding sand	型砂	模砂
molding shrinkage	成型收缩，模后收缩	模製收縮
mold powder	保护渣	護模粉
mold release agent of composite	复合材料脱模剂	複材脫模劑
molecular assembly	分子组装	分子組裝
molecular beam epitaxy (MBE)	分子束外延	分子束磊晶術
molecular biocompatibility	分子生物相容性	分子生物相容性

英 文 名	大 陆 名	台 湾 名
molecular dynamics method	分子动力学方法	分子動力學法
molecular layer epitaxy	分子层外延	分子層磊晶術
molecular orientation polarization	分子取向极化	分子取向極化
molecular weight distribution (MWD)	分子量分布	分子量分佈
molten pool	熔池	熔池
molten pool stirring	熔池搅拌	熔池攪拌
molten salt electroplating	熔盐电镀	熔鹽電鍍
molten salt method	熔盐法	熔鹽法
molten steel level control	结晶器液面控制	鋼液面高度控制
molybdenite	辉钼矿	輝鉬礦
molybdenum	钼	鉬
molybdenum alloy	钼合金	鉬合金
molybdenum alloy piercing mandrel	钼顶头	鉬合金穿孔心軸
molybdenum-copper materials	钼铜材料，钼铜复合材料	鉬銅材料
molybdenum filament	钼丝	鉬絲
molybdenum-hafnium-carbon alloy	钼铪碳合金	鉬鉿碳合金
molybdenum high speed steel	钼系高速钢	鉬高速鋼
molybdenum-lanthanum alloy	钼镧合金	鉬鑭合金
molybdenum-rare earth metal alloy	钼稀土合金	鉬稀土[金屬]合金
molybdenum-rhenium alloy	钼铼合金	鉬錸合金
molybdenum-titanium alloy	钼钛合金	鉬鈦合金
molybdenum-titanium-zirconium alloy	钼钛锆合金	鉬鈦鋯合金
molybdenum-titanium-zirconium-carbon alloy	钼钛锆碳合金	鉬鈦鋯碳合金
molybdenum-tungsten alloy	钼钨合金	鉬鎢合金
molybdenum wire	钼丝	鉬線
molybdenum-yttrium alloy	钼钇合金	鉬釔合金
molybdenum-zirconium-hafnium-carbon alloy	钼锆铪碳合金	鉬鋯鉿碳合金
MOMBE (=metalorganic molecular beam epitaxy)	金属有机源分子束外延	金屬有機分子束磊晶術
monazite	独居石	獨居石，磷鈰鑭礦
Monel alloy	莫内尔合金	蒙乃爾合金
monocrystalline germanium	锗单晶	單晶鍺
monocrystalline semiconductor	单晶半导体	單晶半導體
monocrystalline silicon	单晶硅	單晶矽
monofilament	单丝	單絲
monofunctional siloxane unit	单官能硅氧烷单元	單官能矽氧烷單元

英 文 名	大 陆 名	台 湾 名
monolithic drug delivery system	整体型药物释放系统，基质型药物释放系统	整體型藥物遞送系統
monolithic superconducting wire	一体化超导线	整體型超導線
monomer	单体	單體
monomer-casting polyamide	单体浇铸聚酰胺	單體澆鑄聚醯胺
monosilane	甲硅烷	單矽烷
monotectic reaction	偏晶反应，独晶反应	偏晶反應
monotectic solidification	偏晶凝固	偏晶凝固[作用]
Monte Carlo method	蒙特卡罗法	蒙地卡羅法
montmorillonite	蒙脱石	蒙脫石
Mooney scorch	门尼焦烧	慕尼焦化
Mooney viscosity	门尼黏度	慕尼黏度
moon stone	月光石	月長石
morphological fixation	形态结合	形態固定[作用]
mosaic glass	锦玻璃，玻璃锦砖，玻璃纸皮砖	馬賽克玻璃
moso bamboo wood	毛竹材	毛竹材
Mössbauer spectroscopy	穆斯堡尔谱法	梅斯堡譜術
mould	铸型	模具
mound	小丘	小丘
MOVPE (=metalorganic vapor phase epitaxy)	金属有机化合物气相外延	金屬有機氣相磊晶術
MPI (=meltable polyimide)	可熔性聚酰亚胺	可熔性聚醯亞胺
MPPO (=modified polyphenyleneoxide)	改性聚苯醚	改質聚苯醚
mujie clay	木节土	木櫛土
Mullins effect	马林斯效应	默林斯效應
mullite	莫来石	富鋁紅柱石，莫來石
mullite brick	莫来石砖	莫來石磚
mullite fiber reinforced ceramic matrix composite	莫来石晶片补强陶瓷基复合材料	莫來石纖維強化陶瓷基複材
mullite refractory fiber product	莫来石耐火纤维制品	莫來石耐火纖維製品
mullite whisker reinforcement	莫来石晶须增强体	莫來石鬚晶強化體
multi-arc ion plating	多弧离子镀	多弧離子鍍
multicomponent fiber reinforcement	多组分复合纤维增强体	多組成纖維強化體
multicored forging	多向模锻	多芯鍛造
multi-die drawing	多模拉拔	多模拉製
multifunctional laser crystal	多功能激光晶体	多功能雷射晶體

英　文　名	大　陆　名	台　湾　名
multi-function plywood	功能胶合板	多功能性合板
multi-junction solar cell	非晶硅/非晶锗硅/非晶锗硅三结叠层电池	多接面太陽能電池
multilayer blow molding	多层吹塑成型	多層吹模成型
multilayer ceramics	多层陶瓷	多層陶瓷
multilayer coating alloy	多涂层合金	多塗層合金
multilayer extrusion	多层挤塑成型	多層擠製
multilayer injection molding	多层注射成型	多層射出成型
multiphase composite ceramics	多相复合陶瓷	多相陶瓷複材
multiphoton phosphor	多光子发光材料	多光子螢光粉
multi-quantum-well laser diode	多量子阱激光二极管	多量子井雷射二極體
multi-ram forging	多向模锻	多撞鎚鍛造，多向鍛造
multi-scale simulation of materials	材料多尺度仿真	材料多尺度模擬
multi-state Potts Monte Carlo model	多态波茨蒙特卡罗模型	多態博茲蒙地卡羅模型
multiwall nanotube (MWNT)	多壁纳米管	多壁奈米管
Muntz metal	四六黄铜，锌铜合金	六四黃銅，孟慈合金
muscovite	白云母	白雲母
mushy zone	糊状区	糊狀區
mushy zone solidification	糊状凝固	糊狀區域凝固
mutagenicity	突变性，诱变性	突變性
MWD (=molecular weight distribution)	分子量分布，相对分子质量分布	分子量分佈
MZI (=Mach-Zehnder interferometer)	马赫-曾德尔干涉仪	馬赫-岑得干涉儀

N

英　文　名	大　陆　名	台　湾　名
nail and screw holding power of wood	木材握钉力	木材握釘力
nano-artificial bone	纳米人工骨	奈米人工骨
nano-biomaterials	纳米生物材料	奈米生物材料
nano-ceramics	纳米陶瓷	奈米陶瓷
nanocomposite	纳米复合材料	奈米複材
nano-composite scaffold	纳米复合支架	奈米複合支架
nanocrystal	纳米晶体	奈米晶
nanocrystalline composite permanent magnet	纳米晶复合永磁体，交换弹簧永磁体	奈米晶複合永磁
nanocrystalline metal	纳米晶金属	奈米晶金屬

英　文　名	大　陆　名	台　湾　名
nanocrystalline soft magnetic alloy	纳米晶软磁合金	奈米晶軟磁合金
nanomaterials	纳米材料	奈米材料
nano-powder absorber	纳米吸收剂	奈米粉體吸收劑
nanoscale	纳观尺度	奈米尺度
nanosized cemented carbide	纳米晶硬质合金	奈米級黏結碳化物
nanosized powder	纳米粉	奈米級粉
nanotechnology	纳米技术	奈米技術
nanotube	纳米管	奈米管
naphthalene-containing copolyarylate	含萘共聚芳酯	含萘共聚芳酯
nappa leather	纳巴革	納帕皮革
narrow band-gap semiconductor materials	窄禁带半导体材料	窄能隙半導體材料
narrow hardenability steel	窄淬透性钢	窄硬化性鋼
native element minerals	单质矿物	天然元素礦物
natron	泡碱，苏打	泡鹼，天然碳酸鹽混合物
natural biomaterials	天然生物材料	天然生物材料
natural calcium carbonate	大白粉	天然碳酸鈣
natural durability of wood	木材天然耐久性	木材天然耐久性
natural fiber	天然纤维	天然纖維
natural gemstone	天然宝石	天然寶石
natural jade	天然玉石	天然玉石
natural macromolecule	天然高分子	天然巨分子
natural materials	天然材料	天然材料
natural organic gemstone	天然有机宝石	天然有機寶石
natural resin	天然树脂	天然樹脂
natural rubber	天然橡胶	天然橡膠
natural rubber adhesive	天然橡胶胶黏剂	天然橡膠黏著劑
natural rubber hydrochloride	氢氯化天然橡胶	天然橡膠氫氯化物
natural rubber latex	天然胶乳	天然橡膠乳膠
natural storing aging	自然储存老化	自然儲存老化
natural uranium	天然铀	天然鈾
natural weathering aging	自然气候老化，大气老化	自然風化
naval store	松脂	松脂，油脂塗料
NdFeB permanent magnet	钕铁硼永磁体	NdFeB 永久磁石
near-equilibrium solidification	近平衡凝固	近平衡凝固
near-infrared camouflage materials	近红外伪装材料	近紅外線偽裝材料
near-net shape forming	近净成形	近淨型成形
near rapid solidification	近快速凝固	近快速凝固

英 文 名	大 陆 名	台 湾 名
near surface layer	近表面层	近表面層
near α titanium alloy	近 α 钛合金	近 α 鈦合金
near β titanium alloy	近 β 钛合金	近 β 鈦合金
necking	①缩口 ②颈缩现象	頸縮
needle structure	针状组织	針狀結構
Néel temperature	奈尔温度	尼爾溫度
negative correlation energy	负相关能	負關聯能
negative segregation	负偏析	負偏析
negative temperature coefficient thermosensitive ceramics	负温度系数热敏陶瓷	負溫度係數熱敏陶瓷
neodymium-doped calcium fluoride crystal	掺钕氟化钙晶体	摻釹氟化鈣晶體
neodymium-doped calcium fluorophosphate crystal	掺钕氟磷酸钙晶体	摻釹氟磷酸鈣晶體
neodymium-doped calcium tungstate laser crystal	掺钕钨酸钙激光晶体	摻釹鎢酸鈣雷射晶體
neodymium-doped yttrium vanadate crystal	掺钕钒酸钇晶体	摻釹釩酸釔晶體
neodymium-iron-boron permanent magnet	钕铁硼永磁体	釹鐵硼永久磁石
neodymium-iron-boron rapidly quenched powder	钕铁硼快淬粉	釹鐵硼快淬粉
neodymium-iron-titanium 3:29 type alloy	钕铁钛 3：29 型合金	釹鐵鈦 3:29 型合金
neodymium lithium tetraphosphate crystal	四磷酸锂钕晶体	釹鋰四磷酸鹽晶體，四磷酸鋰釹晶體
neodymium magnet	钕永磁体	釹永久磁石
neoprene adhesive	氯丁胶黏剂	聚氯丁二烯黏著劑
nepheline	霞石	霞石
nepheline syenite	霞石正长岩	霞石正長岩
nephrite	软玉	軟玉
Nernst effect	能斯特效应	能斯特效應
nerve growth factor	神经生长因子	神經生長因子
net carrier concentration	净载流子浓度	淨載子濃度
netting design of laminate	层合板准网络设计	積層板網狀設計
network cementite	网状渗碳体	網狀雪明碳體，網狀雪明碳鐵
network density	交联度，网络密度	網絡密度
network polymer	网络聚合物	網絡聚合體
network structure	网状组织	網絡結構
neutral atmosphere	中性气氛	中性氣氛
neutralizing hydrolysis	中和水解	中和水解
neutral paraffin paper	中性石蜡纸	中性石蠟紙

英　文　名	大　陆　名	台　湾　名
neutral refractory	中性耐火材料	中性耐火材
neutral wrapping paper	中性包装纸	中性包裝紙
neutron activation analysis	中子活化分析	中子活化分析
neutron diffraction	中子衍射	中子繞射
neutron multiplier materials	中子倍增材料	中子倍增材料
neutron radiography	中子照相术	中子放射攝影術
neutron testing	中子检测[法]	中子檢測[法]
neutron transmutation doping	中子嬗变掺杂	中子遷變摻雜
new donor defect	新施主缺陷	新予體缺陷
newsprint	新闻纸	新聞用紙
nickel	镍	鎳
nickel alloy	镍合金	鎳合金
nickel alloy for artificial diamond	人造金刚石触媒用镍合金	人造鑽石用鎳合金
nickel anode plate for electroplating	电镀用阳极镍	電鍍用鎳陽極板
nickel based cast superalloy	铸造镍基高温合金	鎳基鑄造超合金
nickel based constant permeability alloy	镍基恒磁导率软磁合金	鎳基恆[磁]導率合金
nickel based elastic alloy	镍基高弹性合金	鎳基彈性合金
nickel based electrical resistance alloy	镍基电阻合金	鎳基電阻合金
nickel based electrical thermal alloy	镍基电热合金	鎳基電熱合金
nickel based expansion alloy	镍基膨胀合金	鎳基膨脹合金
nickel based high electrical conducting and high elasticity alloy	镍基高导电高弹性合金	鎳基高導電高彈性合金
nickel based precision electrical resistance alloy	镍基精密电阻合金	鎳基精密電阻合金
nickel based rectangular hysteresis loop alloy	镍基矩磁合金	鎳基矩型遲滯迴路合金
nickel based single crystal superalloy	单晶镍基高温合金	鎳基單晶超合金
nickel based soft magnetic alloy	镍基软磁合金	鎳基軟磁合金
nickel based strain electrical resistance alloy	镍基应变电阻合金	鎳基應變電阻合金
nickel based superalloy	镍基高温合金	鎳基超合金
nickel based thermocouple alloy	镍基热电偶合金	鎳基熱電偶合金
nickel based wrought superalloy	镍基变形高温合金	鎳基鍛軋超合金
nickel brass	镍黄铜	鎳黃銅
nickel-doped magnesium fluoride crystal	掺镍氟化镁晶体	摻鎳氟化鎂晶體
nickel equivalent	镍当量	鎳當量
Nimonic alloy	[英国牌号]镍铬系高温合金	鎳蒙克合金

英 文 名	大 陆 名	台 湾 名
niobium	铌	鈮
niobium alloy	铌合金	鈮合金
niobium-hafnium alloy	铌铪系合金	鈮鉿合金
niobium-silicon alloy	铌硅系合金	鈮矽合金
niobium-tantalum-tungsten alloy	铌钽钨系合金	鈮鉭鎢合金
niobium-tin superconductor	铌超导体	鈮錫超導體
niobium-titanium alloy	铌钛合金	鈮鈦合金
niobium-titanium superconducting alloy	铌钛超导合金	鈮鈦超導合金
niobium-titanium-tantalum superconducting alloy	铌钛钽超导合金	鈮鈦鉭超導合金
niobium-tungsten-hafnium alloy	铌钨铪系合金	鈮鎢鉿合金
niobium-tungsten-molybdenum-zirconium alloy	铌钨钼锆合金	鈮鎢鉬鋯合金
niobium-tungsten-zirconium alloy	铌钨锆系合金	鈮鎢鋯合金
niobium-zirconium alloy	铌锆系合金	鈮鋯合金
niobium-zirconium superconducting alloy	铌锆超导合金	鈮鋯超導合金
nitride-containing ferroalloy	含氮铁合金	含氮化物鐵合金
nitriding	渗氮，氮化	氮化[法]
nitriding steel	渗氮钢，氮化钢	可氮化鋼
nitrile-butadiene alternating copolymer rubber	交替丁腈橡胶	腈丁二烯交替共聚合體橡膠
nitrile-epoxy adhesive	环氧–丁腈胶黏剂	腈環氧[樹酯]黏著劑
nitrile-modified ethylene propylene rubber	丙烯腈改性乙丙橡胶	腈改質乙烯丙烯橡膠
nitrile-phenolic adhesive	酚醛–丁腈胶黏剂	腈酚醛黏著劑
nitrile silicone rubber	腈硅橡胶	腈矽氧橡膠
nitrocarburizing	氮碳共渗	滲氮碳化[法]
nitrogen containing ferrochromium	氮化铬铁	含氮鉻鐵
nitrogen containing stainless steel	含氮不锈钢	含氮不鏽鋼
nitrogenous silicone rubber	硅氮橡胶	含氮矽氧橡膠
nitronatrite	钠硝石	鈉硝石
nitroso fluororubber	亚硝基氟橡胶	亞硝基氟橡膠
nitroxide mediated polymerization (NMP)	氮氧自由基调控聚合	氮氧媒介聚合[作用]
noble metal	贵金属	貴金屬
noble metal sintered materials	贵金属烧结材料	貴金屬燒結材
nodular corrosion	疖状腐蚀	瘤狀腐蝕
nodular iron	球墨铸铁，球铁	球[狀石]墨鑄鐵
nodularizing treatment of graphite	石墨球化处理	石墨球化處理
nodular powder	瘤状粉	瘤狀粉
nodulizer	球化剂	球化劑

英 文 名	大 陆 名	台 湾 名
Nomex	诺梅克斯	諾梅克斯
non-alloy cast steel	非合金铸钢	非合金鑄鋼
non-carbide forming element	非碳化物形成元素	非碳化物形成元素
non-constrained crystal growth	非强制性晶体生长	無抑制性晶體生長
non-cyanide electroplating	无氰电镀	無氰化物電鍍
non-destructive inspection	无损检测	非破壞性檢驗
non-dry adhesive paper	不干胶纸	非乾膠紙，非乾黏著紙
non-equilibrium polymerization	非平衡化聚合	非平衡聚合[作用]
non-equilibrium polymerization of cyclopolysiloxane	环聚硅氧烷的非平衡化聚合	環聚矽氧烷非平衡聚合[作用]
non-equilibrium solidification	非平衡凝固	非平衡凝固
non-ferrous magnetic Invar alloy	非铁磁性因瓦合金	非鐵磁性恆範合金
non-ferrous metal	有色金属	非鐵金屬
non-halogen-flame retardant	无卤阻燃剂	無鹵阻燃劑
nonhydraulic cementitious materials	气硬性胶凝材料	非水硬性膠結材料
non-ideal solution	非理想溶液，非理想溶体	非理想溶液
nonlinear crystal	非线性晶体	非線性晶體
nonlinear refractivity	非线性折射率	非線性折射率
nonlinear thickness variation (NTV)	非线性厚度变化	非線性厚度變異
nonlinear viscoelasticity	非线性黏弹性	非線性黏彈性
non-magnetic steel	无磁钢，低磁性钢，非磁性钢	非磁性鋼
nonmetallic inclusion	非金属夹杂物	非金屬夾雜物
non-Newtonian flow	非牛顿流动	非牛頓型流動
non-Newtonian index	非牛顿指数	非牛頓型指數
non-oriented electrical steel with low carbon and low silicon	低碳低硅无取向电工钢	低碳低矽無方向性電氣鋼
non-oriented silicon steel	无取向硅钢	無方向性矽鋼
non-oxide ceramics	非氧化物陶瓷	非氧化物陶瓷
non-oxide refractory	非氧化物耐火材料	非氧化物耐火材
non-plastic materials	瘠性原料	非塑性材料
non-pored wood	无孔材	無孔木材
non-quenched and tempered steel	非调质钢	非淬火回火鋼，非調質鋼
non-recrystallization controlled rolling	未再结晶控制轧制	非再結晶控制輥軋
non-recrystallization temperature	无再结晶温度，未再结晶温度	非再結晶溫度

英 文 名	大 陆 名	台 湾 名
non-regular eutectic	非规则共晶体	非規則共晶
nonspontaneous process	非自发过程	非自發過程
non-structure adhesive	非结构胶黏剂	非結構接著劑
non-structure sensitivity	非组织结构敏感性能	非結構敏感性
nontransferred arc	非转移弧，等离子焰	非轉移弧
non-vascular stent	非血管支架	非血管支架
non-wood based board	非木质人造板	非木質板
non-wood based fiberboard	非木材纤维板	非木質纖維板
non-woven fabrics reinforcement	无纺布增强体，非织造布增强体	非織物強化體，不織布強化體
norbornene anhydride-terminated polyimide	降冰片烯封端聚酰亚胺	降莰烯酐終端化聚醯亞胺
normal ferroelectrics	正规铁电体	正規強介電體，正規鐵電體
normal freezing	正常凝固	正常凍結
normal grain growth	正常晶粒长大	正常晶粒成長
normalized steel	正火钢材	正常化鋼
normalizing	正火	正常化
normal process	正常过程，匹规过程	正常過程
normal segregation	正常偏析	正常偏析
normal stress difference	法向应力差	正向應力差
notch on a semiconductor wafer	半导体晶片切口	半導體晶片切口
notch sensitivity	缺口敏感性	缺口敏感度
no twist rolling	无扭轧制	無扭輥軋
NTV (=nonlinear thickness variation)	非线性厚度变化	非線性厚度變異
n-type monocrystalline germanium	n 型锗单晶	n 型單晶鍺
n-type semiconductor	n 型半导体	n 型半導體
nubuck leather	磨砂革	磨砂皮革
nuclear fuel	核燃料	核燃料
nuclear hafnium	原子能级铪	核能用鉿
nuclear magnetic resonance	核磁共振	核磁共振
nuclear materials	核材料	核材料
nuclear reaction analysis	核反应分析	核反應分析
nuclear reactor	[核]反应堆	核反應器
nuclear zirconium	原子能级锆	核能用鋯
nucleating agent	成核剂	成核劑
nucleation	形核	成核，孕核
nucleation rate	形核率	成核率
nucleation substrate	形核基底	成核基材

英　文　名	大　陆　名	台　湾　名
nucleator	成核剂	成核劑
number-average molecular weight	数均分子质量	數均分子量
number of crimp	卷曲数	皺褶數

O

英　文　名	大　陆　名	台　湾　名
oak	橡木	橡木，橡樹
obsidian	黑曜岩	黑曜岩
occluded rubber	吸留胶	吸留橡膠
occluder	心脏封堵器	心臟缺孔封堵器
octahedral interstitial site	八面体间隙	八面體間隙位置
octamethylcyclotetrasiloxane	八甲基环四硅氧烷	八甲基環四矽氧烷
OEIC (=optoelectronic integrated circuit)	光电子集成回路	光電積體電路
off-axis	偏轴	離軸
off-axis compliance	偏轴柔度	離軸柔度
off-axis compliance of lamina	单层偏轴柔度	單層離軸柔度
off-axis elastic modulus	偏轴弹性模量	離軸彈性模數
off-axis elastic modulus of lamina	单层偏轴弹性模量	單層離軸彈性模數
off-axis of lamina	单层偏轴	單層離軸
off-axis stiffness	偏轴刚度	離軸剛度
off-axis stiffness of lamina	单层偏轴刚度	單層離軸剛度
off-axis stress-strain relation	偏轴应力–应变关系	離軸應力應變關係
off-axis stress-strain relation of lamina	单层偏轴应力–应变关系	單層離軸應力應變關係
offensive odour eliminating fiber	消臭纤维	除臭纖維
official kiln	官窑	官窯
off-orientation	晶向偏离	晶向偏離
offset printing paper	胶版印刷纸	平版印刷紙
oil absorbent fiber	吸油纤维	吸油纖維
oil absorption volume	[颜料]吸油量	吸油量
oil content	①油度　②油脂含量	油含量
oil length	油度	油長
oil quenching	油淬火	油淬火
oil shale	油页岩	油頁岩
oil stone	油石	油[磨]石
oil-tanned leather	油鞣革	油鞣皮革
OLED (=organic light emitting diode)	有机发光二极管	有機發光二極體
olefinic thermoplastic elastomer	聚烯烃型热塑性弹性体	烯烴熱塑性彈性體

英 文 名	大 陆 名	台 湾 名
oligomer	低聚物	寡聚體
oligomer light-emitting material	低聚物发光材料	寡聚體發光材料
oligopolymer light-emitting materials	低聚物发光材料，齐聚物发光材料	寡[聚]聚合體發光材料
olivine	橄榄石	橄欖石
olivine silicate structure	橄榄石类硅酸盐结构	橄欖石類矽酸鹽結構
on-axis	正轴	正軸
on-axis compliance	正轴柔度	正軸柔度
on-axis compliance of lamina	单层正轴柔度	單層正軸柔度
on-axis engineering constant of lamina	单层正轴工程常数	單層正軸工程常數
on-axis of lamina	单层正轴	單層正軸
on-axis stiffness	正轴刚度	正軸剛度
on-axis stiffness of lamina	单层正轴刚度	單層正軸剛度
on-axis stress-strain relation of lamina	单层正轴应力-应变关系	單層正軸應力應變關係
opal	①蛋白石 ②欧泊	蛋白石
opal glass	乳白玻璃	乳白玻璃
opal glaze	乳浊釉，盖地釉	蛋白石釉
opaque glaze	乳浊釉，盖地釉	不透明釉
open assemble time	晾置时间	[黏合前]晾置時間
open cure	裸硫化	裸固化
open die forging	①自由锻 ②开式模锻	開模鍛造，開模鍛件
open hearth steel	平炉钢	平爐鋼
open hearth steelmaking	平炉炼钢	平爐煉鋼
open hole compression strength of laminate	层合板开孔抗压强度	積層板開孔壓縮強度
open hole tension strength of laminate	层合板开孔拉伸强度	積層板開孔拉伸強度
open mill	开炼机	開放式混煉機
open porosity	开孔孔隙度	連通孔隙率
open system	开放系统	開放系統
optical ceramics	光学陶瓷	光學陶瓷
optical coupler	光波导耦合器	光耦合器
optical crystal	光学晶体	光學晶體
optical disk storage materials	光盘存储材料	光碟儲存材料
optical emission spectrum	光学发射光谱	光發射光譜
optical fiber	光导纤维，光学纤维	光纖
optical fiber cure monitoring	光导纤维固化监测	光纖固化監測
optical glass	光学玻璃	光學玻璃
optically active polymer	旋光性高分子，光学活性高分子	光學活性聚合體

英文名	大陆名	台湾名
optical metallography	光学金相	光學金相學
optical modulator	光调制器	光調變器
optical modulator/demodulator	光调制解调器	光調變/解調器
optical multiplexer	光传输复用器	光多工器
optical property of mineral	矿物光性	礦物光學性質
optical switch	光开关	光開關
optical switch matrix	光开关阵列	光交換矩陣
optical texture	光学织构	光學織構
optical transient current spectrum	光激发瞬态电流谱	光暫態電流圖譜
optical transistor	光晶体管	光電晶體
optical waveguide coupler	光波导耦合器	光波導耦合器
optimum cure point	正硫化点	最佳固化點
opto-electronic ceramics	光电子陶瓷	光電陶瓷
optoelectronic detector	光电探测器	光電偵測器
optoelectronic device	光电子器件	光電元件
optoelectronic integrated circuit (OEIC)	光电子集成回路	光電積體電路
orange peel	橘皮	橘皮
order-disorder transformation	有序无序转变	有序無序轉變
ordered solid solution	有序固溶体	有序固溶體
ordering	有序化	序化
ordering energy	有序能	序化能
order parameter	序参量	有序參數
ordinary alumina ceramics	普通氧化铝陶瓷	普通氧化鋁陶瓷
ordinary Portland cement	普通硅酸盐水泥，普硅水泥	普通波特蘭水泥
ore charge	矿料	礦料
organic charge transfer complex	有机电荷转移络合物	有機電荷轉移錯合體
organic conductor	有机导体	有機導體
organic electroluminescence materials	有机电致发光材料	有機電致發光材料
organic electron transport materials	有机电子传输材料	有機電子傳輸材料
organic fiber reinforcement	有机纤维增强体	有機纖維強化體
organic-inorganic hybrid semiconductor materials	有机无机复合半导体材料	有機無機混成半導體材料
organic light emitting diode (OLED)	有机发光二极管	有機發光二極體
organic materials sealing	有机物封孔	有機物封孔
organic nonlinear optical materials	有机非线性光学材料	有機非線性光學材料
organic optical waveguide fiber	有机光导纤维，有机光纤	有機光波導纖維
organic optoelectronic materials	有机光电子材料	有機光電材料

英　文　名	大　陆　名	台　湾　名
organic photochromic materials	有机光致变色材料	有機光致變色材料
organic photoconductive materials	有机光导材料	有機光導材料
organic photovoltaic materials	有机光伏材料	有機光伏材料
organic semiconductor	有机半导体	有機半導體
organic semiconductor materials	有机半导体材料	有機半導體材料
organic singlet state luminescent materials	有机单线态发光材料，有机荧光材料	有機單態發光材料
organic superconductor	有机超导体	有機超導體
organic triplet state light-emitting materials	有机三线态发光材料，有机磷光材料	有機三重態發光材料，有機三重態光發射材料
organometallic compound	有机金属化合物	有機金屬化合物
organometallic macromolecule	金属有机高分子	有機金屬巨分子
organosilicon compound	有机硅化合物	有機矽化合物
orientation	取向	取向，指向，方位
oriented silicon steel	取向硅钢	方向性矽鋼
oriented strandboard	定向刨花板	定向刨花板
ornamental copper alloy	装饰铜合金	裝飾用銅合金
Orowan process	奥罗万过程	歐羅萬過程
orpiment	雌黄	雌黃
orthodontic appliance	正畸矫治器	齒顎矯正器[具]
orthodontic materials	正畸材料	齒顎矯正材料
orthodontic wire	正畸丝	齒顎矯正線
orthogonal misorientation	正交晶向偏离	正交錯向
orthosis	矫形器	矯正器[具]
OSF (=oxidation induced stacking fault)	氧化层错	氧化誘發疊差
osmium alloy	锇合金	鋨合金
osmotically controlled drug delivery system	渗透压控制药物释放系统	滲透壓控制藥物遞送系統
osseointegration	骨整合，骨性结合	骨整合[性]
osteoconduction	骨传导	骨傳導[性]
osteoinduction	骨诱导	骨誘導[性]
osteoinduction bioceramics	骨诱导性生物陶瓷	骨誘導性生物陶瓷
Ostwald ripening of secondary phase	第二相聚集长大	第二相奧斯華熟化
oval defect	椭圆缺陷	卵形缺陷
over aging	过时效	過時效
overdenture	覆盖义齿	覆蓋式假牙
over-glaze decoration	釉上彩	釉上彩
overheated structure	过热组织	過熱組織

英 文 名	大 陆 名	台 湾 名
overheated zone	过热区	過熱區
overlay denture	覆盖义齿	[活動]全口假牙
overlaying	堆焊	堆銲，塗覆
overpotential	超电位	過電位
oversintering	过烧	過燒
oxidation	氧化	氧化
oxidation induced stacking fault (OSF)	氧化层错	氧化誘發疊差
oxidation induced time	氧化诱导时间	氧化誘發時間
oxidation precipitation	氧化沉淀	氧化沈澱，氧化析出
oxidation-resistant carbon/carbon composite	抗氧化碳/碳复合材料	抗氧化碳/碳複材
oxidation-resistant steel	抗氧化钢，耐热不起皮钢	耐氧化鋼
oxidation-resistant superalloy	抗氧化高温合金	耐氧化超合金
oxidation wear	氧化磨损	氧化磨耗
oxide based cermet	氧化物基金属陶瓷	氧化物基金屬陶瓷，氧化物基陶金
oxide bonded silicon carbide product	氧化物结合碳化硅制品	氧化物鍵結碳化矽製品
oxide ceramics	氧化物陶瓷	氧化物陶瓷
oxide deficiency	氧化物缺失	氧化物不全
oxide dispersion strengthened copper alloy	氧化物弥散强化铜合金	氧化物散布強化銅合金
oxide dispersion strengthened nickel based superalloy	氧化物弥散强化镍基高温合金	氧化物散布強化鎳基超合金
oxide dispersion strengthened superalloy	氧化物弥散强化高温合金	氧化物散布強化超合金
oxide eutectic ceramics	氧化物共晶陶瓷	氧化物共晶陶瓷
oxide incomplete	氧化物缺失	氧化物不全
oxide semiconductor	氧化物半导体	氧化物半導體
oxide semiconductor materials	氧化物半导体材料	氧化物半導體材料
oxide superconductor	氧化物超导体	氧化物超導體
oxidization-resistant carbon/carbon composite	抗氧化碳/碳复合材料	抗氧化碳/碳複材
oxidizing atmosphere	氧化气氛	氧化氣氛
oxidizing slag	氧化渣	氧化［性爐］渣
oxygenated nanocrystalline silicon	氧化纳米晶硅	摻氧奈米矽晶
oxygen blowing (OB)	氧气吹炼	氧氣吹煉
oxygen enriched blast	富氧鼓风	富氧鼓風
oxygen free copper	无氧铜	無氧銅

英　文　名	大　陆　名	台　湾　名
oxygen index	氧指数	氧指數
oxygen lime process	喷石灰粉顶吹氧气转炉炼钢	噴石灰吹氧轉爐煉鋼法
oxygen permeable membrane	透氧膜	氧氣透過膜
oxymethylene copolymer	共聚甲醛	甲醛共聚體
oxynitride glass	氧氮化物玻璃	氧氮化物玻璃
ozone aging	臭氧老化	臭氧老化

P

英　文　名	大　陆　名	台　湾　名
pacing electrode	起搏电极	[心臟]起搏電極
PAEK (=polyaryletherketone)	聚芳醚酮	聚芳基醚酮
paint	色漆	漆
painted enamel	绘画珐琅，绘图珐琅	彩繪琺瑯
painting with lime	包灰	塗石灰法
PAI (=polyamide-imide)	聚酰胺酰亚胺	聚醯胺醯亞胺
palladium alloy	钯合金	鈀合金
palm fiber	棕榈纤维，棕	棕櫚纖維
palygorskite	坡缕石	軟纖石，坡縷石
panel for construction	混凝土模板	營建用模板
paper	纸	紙
paper air permeance	纸张透气度	紙張透氣度
paper bulk	纸张松厚度	紙張磅數
paper bursting strength	纸张耐破度	紙張迸裂強度
paper dry solid content	纸张绝干物含量	紙張乾固含量
paper folding endurance	纸张耐折度	紙張耐摺度
paper gloss	纸张光泽度	紙張光澤度
paper grammage	纸张定量	紙張克數
paper picking	纸张拉毛	紙張[被]拉毛[作用]
paper printability	纸张印刷适性	紙張可印刷性
paper sizing value	纸张施胶度	紙張施膠值
paper smoothness	纸张平滑度	紙張平滑度
paper stiffness	纸张挺度	紙張勁度
paper tearing resistance	纸张撕裂度	紙張抗撕裂度
papillary layer	乳头层，粒面层，恒温层	乳頭層，粒面層
PA (=polyamide)	聚酰胺	聚醯胺
parallel plate viscometry	平行板测黏法	平行板測黏法

英 文 名	大 陆 名	台 湾 名
parallel strand lumber	单板条定向层积材	平行條材
paramagnetic constant modulus alloy	顺磁恒弹性合金	順磁恆模數合金
paramagnetism	顺磁性	順磁性
para-tellurite crystal	对位黄碲矿晶体	副黃碲礦晶體
paratracheal parenchyma	傍管薄壁组织	包圍狀柔組織
parquet	实木复合地板	嵌木地板
partial dislocation	不全位错，偏位错	部分位錯，部分差排
partial dispersion	部分色散	部分分散
partial heat treatment	局部热处理	局部熱處理
partially alloyed powder	部分合金化粉	部分合金化粉
partially crosslinked nitrile rubber	部分交联型丁腈橡胶	部分交聯腈橡膠
partially oriented yarn	预取向丝，POY 丝	部分定向絲
partially stabilized zirconia ceramics(PSZ ceramics)	部分稳定氧化锆陶瓷	部分穩定氧化鋯陶瓷
partial recrystallization	部分再结晶	部分再結晶
particle	刨花，碎料	刨花，碎料
particle dispersion strengthened ceramics	颗粒弥散强化陶瓷	顆粒散布強化陶瓷
particle grading composition	颗粒级配	顆粒分級
particle reinforced titanium alloy	颗粒增强钛合金	顆粒強化鈦合金
particle reinforcement	颗粒增强体	顆粒強化體
particle size	粒度	粒度
particle size distribution	粒度分布	粒度分佈
particle size range	粒度范围	粒度範圍
particulate filled polymer composite	颗粒增强聚合物基复合材料	顆粒填充聚合體複材
particulate reinforced iron matrix composite	颗粒增强铁基复合材料	顆粒強化鐵基複材
particulate reinforced metal matrix composite	颗粒增强金属基复合材料	顆粒強化金屬基複材
PASF (=polyarylsulfone)	聚芳砜	聚芳基碸
pass	道次	道次
passivation	钝化	鈍化
passivation glass in semiconductor	半导体钝化玻璃	半導體用鈍化玻璃
passivation treatment	钝化处理	鈍化處理
passive film	钝化膜	鈍態膜
passive targeting drug delivery system	被动靶向药物释放系统	被動式標靶藥物遞送系統
paste adhesive	糊状胶黏剂	膏狀黏著劑

英 文 名	大 陆 名	台 湾 名
patenting	铅浴处理，铅浴淬火	韌化退火，韌化
patent leather	漆革	漆皮[革]
path-dependency	路径相关性	路徑相依性
patterned glass	压花玻璃，花纹玻璃，滚花玻璃	壓花玻璃
Pauling rule	鲍林规则	鮑林法則
PBI (=polybenzoimidazole)	聚苯并咪唑	聚苯并咪唑
PBO (=polybenzoxazole)	聚苯并噁唑	聚苯并噁唑
PBT (=①polybenzothiazole ②polybutyleneterephthalate)	聚苯并噻唑	聚苯并噻唑
PCL (=polycaprolactone)	聚己内酯	聚己內酯
PC (=polycarbonate)	双酚 A 聚碳酸酯，聚碳酸酯	聚碳酸酯
PCTFE (=polychlorotrifluoroethylene)	聚三氟氯乙烯	聚氯三氟乙烯
PDAP (=polydiallylphthalate)	聚邻苯二甲酸二烯丙酯	聚苯二甲酸二烯丙酯
PD (=photoelectric diode)	光电二极管	光電二極體
pearl	珍珠	珍珠
pearlescent pigment	珠光颜料	珠光顏料
pearlite	珠光体，珍珠岩	波來體，波來鐵
pearlitic cementite	珠光体渗碳体	波來體雪明碳體
pearlitic heat-resistant steel	珠光体耐热钢	波來體耐熱鋼
peat	泥炭，泥煤	泥炭
pebble	卵石	卵石，小礫
PEB (=propylene-ethylene block copolymer)	丙烯−乙烯嵌段共聚物	丙烯−乙烯嵌共聚體
PEEKK (=polyetheretherketoneketone)	聚醚醚酮酮	聚醚醚酮酮
peeled rotary veneer	旋切单板	旋剝薄板
peeling extrusion	脱皮挤压	剝離擠製
peel strength	剥离强度	剝離強度
peening	喷丸	珠擊
pegmatite	伟晶岩	偉晶花崗岩
Peierls-Nabarro force	派−纳力	皮爾斯−拉巴諾力
PEI (=polyetherimide)	聚醚酰亚胺	聚醚醯亞胺
PEKEKK(=polyetherketoneetherketoneketone)	聚醚酮醚酮酮	聚醚酮醚酮酮
PEK (=polyetherketone)	聚醚酮	聚醚酮
pellet	球团矿	團塊，小丸
pelletizer	切粒机	製粒機
pelletizing process	球团工艺	製粒製程

英 文 名	大 陆 名	台 湾 名
pelt	裸皮	裸皮
Peltier effect	佩尔捷效应	貝爾蒂效應
penetrate testing	渗透检测	滲透 [探傷] 測試
penetration ratio	溶合比	滲透比
penultimate effect	前末端基效应	次末端基效應
PE (=polyethylene)	聚乙烯	聚乙烯
peppermint oil	薄荷油，薄荷原油	薄荷油
percolation	逾渗	滲濾
percutaneous device	经皮器件	經皮器具
percutaneous transluminal angioplasty	球囊血管成形术	球囊血管擴張術
perfluorinated ionomer membrane	全氟离子交换膜	全氟化離子聚合體透膜
perfluorocarbon based substitute-perfluorocarbon emulsion	氟碳代血浆–全氟碳乳剂	全氟碳基替代物–全氟碳乳劑
perfluorocarbon emulsion	全氟碳乳剂	全氟碳乳劑
performance	使用性能	性能
periclase	方镁石	方鎂石
peridotite	橄榄岩	橄欖岩
periodic boundary condition	周期性边界条件	週期性邊界條件
periodic laminate	规则层合板	週期性積層板
periodontal dressing	牙周塞治剂	牙周敷料
periodontal pack	牙周塞治剂	牙周塞治劑
period reverse anodizing	周期换向阳极氧化	週期逆向陽極處理
peripheral indent	周边锯齿状凹痕	周邊壓痕
peritectic point	包晶点	包晶點
peritectic reaction	包晶反应	包晶反應
peritectic solidification	包晶凝固	包晶凝固
peritectic transformation	包晶反应	包晶轉變
peritectoid point	包析点	包析點
peritectoid reaction	包析反应	包析反應
peritectoid transformation	包析转变	包析轉變
permalloy	高磁导率合金	高導磁合金
permanent magnetic composite	永磁复合材料	永磁複材
permanent magnetic ferrite	硬磁铁氧体，永磁铁氧体	永磁鐵氧體
permanent magnetic materials	永磁材料	永磁材料
permanent mold casting	金属型铸造，永久型铸造	永久模鑄
permeability	①透过性 ②渗透率	①滲透性 ②滲

英 文 名	大 陆 名	台 湾 名
		透率
permeability of wood	木材渗透性	木材滲透性
permeability surface area	透过性表面积	滲透率表面積
permeation threshold	逾渗阈值	滲透閾值，滲透門檻值
perovskite [compound] superconductor	钙钛矿[化合物]超导体	鈣鈦礦[化合物]超導體
perovskite structure	钙钛矿结构	鈣鈦礦結構
peroxide initiator	过氧化物引发剂	過氧化物啟始劑
perpendicular to grain plywood	横纹胶合板	橫紋膠合板
persistent luminescent materials	永久性发光材料	持久性發光材料
persulphate initiator	过硫酸盐引发剂	過硫酸鹽啟始劑
perturbed angular correlation	受扰角关联	擾動角關聯
pervaporation membrane	透析蒸发膜，渗透气压膜	滲透蒸發透膜
PESF (=polyethersulfone)	聚醚砜	聚醚碸
PESK (=polyether sulfoneketone)	聚醚砜酮	聚醚碸酮
PET (=polyethylene terephthalate)	聚对苯二甲酸乙二酯	聚對苯二甲酸乙二酯，聚對酞酸乙二酯
petrographic analysis	岩相分析	岩相分析
petroleum resin	石油树脂	石油樹脂
phase	相	相
γ'phase	γ'相	γ'相
δ phase	δ相	δ相
η phase	η 相	η 相
μ phase	μ相	μ相
π phase	π相	π相
phase analysis	相分析	相分析
phase boundary	相界	相界
phase diagram	相图	相圖
phase field kinetics model	相场动力学模型	相場動力學模型
phase field method	相场方法	相場方法
phase interface	相界	相介面
phase-locked epitaxy (PLE)	锁相外延	相位鎖定磊晶[術]
phase locking laser array	锁相激光器阵列	相位鎖定雷射陣列
phase rule	相律	相律
phase separation spinning	相分离纺丝	相分離紡絲
phase splitting in glass	玻璃分相	玻璃中相分離

英　文　名	大　陆　名	台　湾　名
phase transformation	相变	相變
phase transformation induced plasticity	相变诱发塑性	相變誘發塑性
phase transformation toughened zirconia ceramics	氧化锆相变增韧陶瓷	相變增韌氧化鋯陶瓷
phase transition	相变	相轉換
phenol-formaldehyde resin	苯酚–甲醛树脂，酚醛树脂	酚甲醛樹脂
phenolic adhesive	酚醛胶黏剂	酚基黏著劑
phenolic coating	酚醛涂料	酚基塗層
phenolic fiber	酚醛纤维	酚基纖維
phenolic molding compound	酚醛模塑料，电木粉	酚基模塑料
phenolic resin composite	酚醛树脂基复合材料	酚基樹脂複材
phenylene silicone rubber	苯撑硅橡胶	伸苯基矽氧橡膠
phenyl trichlorosilane	苯基三氯硅烷	苯基三氯矽烷
phloem	韧皮部，内树皮	韌皮部
phlogopite	金云母	金雲母
phonon	声子	聲子
phononic crystal	声子晶体	聲子晶體
phonon scattering	声子散射	聲子散射
phonon spectrum	声子谱	聲子頻譜
phosphatic rock	磷块岩，磷质岩	磷塊岩
phosphating	磷化	磷酸鹽處理
phosphor deoxidized copper	磷脱氧铜	磷脱氧銅
phosphorescence of wood	木材磷光现象	木材磷光[現象]
phosphor for black light lamp	黑光灯用发光材料	黑光燈用螢光材料
phosphor for lamp	灯用发光材料	燈用螢光材料
phosphorus bronze	磷青铜	磷青銅
photoacoustic spectroscopy	光声光谱	光聲波頻譜術
photoaging	光老化	光老化
photo chemical vapor deposition	光化学气相沉积	光化學氣相沈積
photochromic composite	光致变色复合材料	光致變色複材
photochromic dye	光致变色染料	光致變色染料
photochromic glass	[光致]变色玻璃	光致變色玻璃
photochromic glaze	变色釉	[光致]變色釉
photoconductive polymer	光［电］导聚合物	光[致]導電聚合體
photoconductive thermoplastic polymer	光导热塑高分子材料	光[致]導電熱塑性聚合體
photoconductivity	光电导性	光電導性
photocrosslinking	光交联	光致交聯[作用]

英 文 名	大 陆 名	台 湾 名
photocrosslinking polymer	光交联聚合物	光交聯聚合體
photodegradable polymer	光降解聚合物	光可降解聚合體
photodegradation	光降解	光降解
photoelastic polymer	光弹性聚合物	光彈性聚合體
photo-elastic stress analysis	光弹性应力分析	光彈[性]應力分析
photoelectric diode (PD)	光电二极管	光電二極體
photoelectric effect	光电效应	光電效應
photoelectric transistor	光电晶体管	光電電晶體
photo-enhanced metalorganic vapor epitaxy	光增强金属有机化合物气相外延	光增強金屬有機氣相磊晶
photo-induced liquid-crystal polymer	光致高分子液晶	光誘發液晶聚合體
photo-initiated polymerization	光引发聚合	光啟始聚合[作用]
photoinitiator	光敏引发剂	光啟始劑
photoluminescence	光致发光	光致發光
photoluminescence of wood	木材光激发	木材光致發光
photoluminescence spectrum	光致发光谱	光致發光譜
photoluminescent composite	光致发光复合材料	光致發光複材
photoluminescent materials	光致发光材料	光致發光材料
photonic crystal	光子晶体	光子晶體
photonic device	光子器件	光子元件
photon multiplication phosphor	光子倍增发光材料	光子倍增螢光材
photo oxidative degradation	光氧化降解	光氧化[性]降解
photopolymerization of composite	复合材料光固化	複材光聚合[作用]
photo-refractive recording materials	光折变记录材料	光折射記錄材
photoresistor	光敏电阻	光敏電阻器
photoresistor materials	光敏电阻器材料	光敏電阻器材料
photosensitive adhesive	光敏胶黏剂	光敏接著劑
photosensitive glass	光敏玻璃	光敏玻璃
photosensitive polymer	光敏聚合物	光敏性聚合體
photosensitive resistance materials	光敏电阻材料	光敏電阻材
photosensitized polymerization	光敏聚合	光敏聚合[作用]
photosensitizer	光敏剂	光敏劑
photostimulated phosphor	光激励发光材料	光激發螢光材
photothermal ionization spectroscopy (PTIS)	光热电离谱	光熱離子化光譜術
photovoltaic effect	光伏效应	光伏效應
phthalocyanine	酞菁染料	酞青素
pH value of wood	木材 pH 值	木材 pH 值
phyllite	千枚岩	千枚岩
physical adsorption	物理吸附	物理吸附

英 文 名	大 陆 名	台 湾 名
physical aging	物理老化	物理老化
physical chemistry	物理化学	物理化學
physical crosslinking	物理交联	物理交聯[作用]
physical entanglement	凝聚缠结，物理缠结	物理纏結
physical expansion	物理发泡法	物理膨脹[法]
physical foaming agent	物理发泡剂	物理發泡劑
physical metallurgy	物理冶金[学]，金属学	物理冶金[學]
physical softening	物理软化	物理軟化[作用]
physical vapor deposition	物理气相沉积	物理氣相沈積
physiological environment	生理环境	生理環境
physisorption	物理吸附	物理吸附
pickled skin	酸皮	浸酸生皮
pickling	①酸洗 ②浸酸	①酸洗 ②浸酸
Pico abrasion test	皮克磨耗试验	皮克磨耗試驗
picture tube glass	显像管玻璃	映像管玻璃
pierced decoration	玲珑瓷	穿孔裝飾
piercer	穿孔针，挤压针	穿孔針，鑽孔器
piercing	穿孔	穿孔
piercing load	穿孔力	穿孔荷重
piezoelectric bioceramics	压电生物陶瓷	壓電生物陶瓷
piezoelectric ceramics	压电陶瓷	壓電陶瓷
piezoelectric composite	压电复合材料	壓電複材
piezoelectric constant	压电常数	壓電常數
piezoelectric crystal	压电晶体	壓電晶體
piezoelectricity	压电性	壓電性
piezoelectric polymer	压电高分子	壓電聚合體
piezoelectrics	压电体	壓電體，壓電學
piezo-resistance	压敏电阻	壓阻
piezo-resistor	压敏电阻	壓阻器
pig iron	生铁	生鐵
pigment	颜料	顏料
pigment binder ratio	颜基比	顏料黏結劑比
pigment volume concentration	颜料体积浓度	顏料體積濃度
pine gum	松脂	松膠
pine needle oil	松针油	松針油
pine tar	松焦油	松焦油
pin hole	针孔	針孔
pinnoite	柱硼镁石	柱硼鎂石
PIN photoelectric diode	PIN 光电二极管	PIN 光電二極體

英 文 名	大 陆 名	台 湾 名
pipe	管材	管
pipe line steel	管线钢	管線鋼
piping of leather	皮革管皱	皮革管[狀皺]紋
PI (=polyimide)	聚酰亚胺	聚醯亞胺
piston-anvil quenching method	锤砧法	錘砧式急冷法
pit	小坑	坑
pit and fissure sealant	窝沟封闭剂	坑隙填封劑
pitch based carbon fiber reinforcement	沥青基碳纤维增强体	瀝青基碳纖維強化體
pitch rock	沥青岩	瀝青岩
pitchstone	松脂岩	松脂岩
PIT (=powder-in tube)	粉末套管[法]	粉體填管[法]
pitting	点蚀	點蝕，孔蝕
plagioclase	斜长石	斜長石
plain steel	普通钢	普通鋼
planar-cellular interface transition	平–胞转变	平面–胞狀界面轉換
planar flow casting	平面流动铸造法	平面流動鑄造法
planar interface	平面界面	平面界面
planar liquid-solid interface	平面液固界面	平面液固界面
Planck constant	普朗克常量	浦朗克常數
plane strain fracture toughness	平面应变断裂韧性	平面應變破斷韌性
planetary rolling	行星轧制	行星式輥軋
plant fiber	植物纤维	植物纖維
plant fiber reinforced polymer composite	植物纤维聚合物基复合材料	植物纖維強化聚合體複材
plant fiber reinforcement	植物纤维增强体	植物纖維強化體
plasma arc	等离子弧	電漿弧
plasma arc remelting	等离子弧重熔	電漿弧重熔
plasma arc spray welding	等离子弧喷焊	電漿弧噴塗銲
plasma arc welding	等离子弧焊	電漿弧銲
plasma assisted chemical vapor deposition	气相等离子辅助反应法	電漿輔助化學氣相沈積
plasma assisted epitaxy	等离子体辅助外延	電漿輔助磊晶術
plasma assisted physical vapor deposition	等离子体辅助物理气相沉积	電漿輔助物理氣相沈積
plasma atomization	等离子雾化	電漿霧化[法]
plasma-beam remelting	等离子束重熔法	電漿束重熔
plasma cold-hearth melting	等离子冷床熔炼	電漿冷床熔煉

英文名	大陆名	台湾名
plasma enhanced chemical vapor deposition	等离子体增强化学气相沉积	電漿增強化學氣相沈積
plasma enhanced metalorganic vapor phase epitaxy	等离子增强金属有机物化学气相外延	電漿增強金屬有機氣相磊晶術
plasma exchange	血浆置换	血漿置換[術]
plasma heat treatment	离子轰击热处理	電漿熱處理
plasma immersion ion implantation	等离子体浸没离子注入，全方位离子注入	電漿浸沒離子佈植
plasma keyhole welding	小孔型等离子弧焊，小孔法	電漿鎖孔銲接
plasma melting	等离子体冶金	電漿熔煉
plasma molten reduction	等离子熔融还原	電漿熔融還原
plasma nitriding	离子渗氮	電漿滲氮
plasma process for powder making	等离子合成法制粉	電漿法製粉
plasma rotating electrode process	等离子旋转电极雾化工艺	電漿旋轉電極製程
plasma sheath ion implantation	等离子鞘离子注入	電漿鞘離子佈植
plasma source ion implantation	等离子源离子注入	電漿源離子佈植
plasma sprayed coating	等离子体喷涂涂层	電漿噴塗塗層
plasma sprayed porous titanium coating	等离子喷涂钛多孔表面	電漿噴塗多孔鈦塗層
plasma spraying	等离子喷涂	電漿噴塗
plasma spraying gun	等离子喷枪	電漿噴塗槍
plaster mold	石膏型	石膏模
plaster mold casting	石膏型铸造	石膏模鑄造
plasticating process	塑化过程	塑化製程
plastic condition diagram	塑性状态图	塑性狀態圖
plastic deformation	塑性变形	塑性變形
plastic diagram	塑性图	塑性圖
plastic electroplating	塑料表面电镀	塑膠電鍍
plastic fluid	塑性流体	塑性流體
plasticity	可塑度	可塑性，塑性
plasticity of metal	金属塑性	金屬塑性
plasticized-powder extrusion	增塑粉末挤压	增塑粉末擠製
plasticizer	增塑剂	塑化劑
plastic optical fiber	塑料光导纤维	塑膠光纖
plastic raw materials	塑性原料	塑膠原料
plastics	塑料	塑料，塑膠
plastic scintillator	塑料闪烁器	塑膠閃爍體

英文名	大陆名	台湾名
plastic strain ratio	塑性应变比，厚向异性系数	塑性應變比
plastic tooth	塑料牙	塑膠牙
plastic welding	塑料焊接	塑膠熔接
plastic whiteness	塑料白度	塑膠白度
plastic working	塑性加工，压力加工	塑性加工
plastic zone	塑性区	塑性區
plastisol	塑溶胶	塑溶膠
plateau cure	硫化平坦期	高原期固化
platelet crystalline reinforcement	片晶增强体	片晶強化體
platelet reinforced metal matrix composite	片晶增强金属基复合材料	片晶強化金屬基複材
plate type fuel element	板状燃料元件	板狀燃料元件
platinum alloy	铂合金	鉑合金
platinum-cobalt magnet	铂钴永磁体	鉑鈷磁石
platinum-iron permanent magnet alloy	铂铁永磁合金	鉑鐵永磁合金
platinum metal	铂族金属	鉑金屬
PLE (=phase-locked epitaxy)	锁相外延	相位鎖定磊晶[術]
pluton	深成岩	深成岩體
ply	层，单层，单层板	[單]層
ply angle	铺层角，纤维取向	[疊]層交角
ply group	铺层组	[疊]層組
ply ratio	铺层比	[疊]層比
ply stacking sequence	铺层顺序	[疊]層堆疊順序
plywood	胶合板	合板
plywood assembly	胶合板组坯	合板組裝
plywood blister	胶合板鼓泡	合板起泡
plywood bump	胶合板鼓泡	合板鼓凸
plywood delamination	胶合板分层	合板剝層
plywood layup	胶合板组坯	合板疊層
plywood prepressing	胶合板预压	合板預壓
PM (=powder metallurgy)	粉末冶金	粉末冶金[學]
P/M superalloy	粉末冶金高温合金	P/M 超合金
pneumatic pressure forming technology	气压成形法，吹塑成形	氣動壓力成形技術
point defect	点缺陷	點缺陷
point group	点群	點群
Poisson ratio	泊松比，横向变形系数	帕松比
Poisson ratio of laminate	层合板泊松比	積層板帕松比
polariscope	偏光镜	偏光鏡

英　文　名	大　陆　名	台　湾　名
polarizability	极化率	極化率
polarization microscope	偏光显微镜	偏光顯微鏡
polarization microscopy	偏光显微镜法	偏光顯微鏡術
polarization potential	极化电位	極化電位
polarography	极谱法	極譜法，極譜術
polaron	极化子	偏極子
polaron conductivity	极化子电导	偏極子電導
pole figure	极图	極圖
polished glass	磨光玻璃	拋光玻璃
polished leather	抛光革	拋光皮革
polished surface	抛光面	拋光面
polished wafer	抛光片	拋光晶片
polyacetal fiber	聚缩醛纤维	聚縮醛纖維
polyacetylene	聚乙炔	聚乙炔
polyacrylamide	聚丙烯酰胺	聚丙烯醯胺
polyacrylate fiber	聚丙烯酸酯纤维	聚丙烯酸酯纖維
polyacrylate rubber	聚丙烯酸酯橡胶	聚丙烯酸酯橡膠
polyacrylonitrile based carbon fiber reinforcement	聚丙烯腈基碳纤维增强体	聚丙烯腈基碳纖維強化體
polyacrylonitrile fiber	聚丙烯腈纤维，腈纶	聚丙烯腈纖維
polyacrylonitrile preoxidized fiber	聚丙烯腈预氧化纤维	聚丙烯腈預氧化纖維
polyalloy	高分子合金	聚合體合金
polyamide (PA)	聚酰胺	聚醯胺
polyamide-6	聚酰胺–6	聚醯胺–6
polyamide-66	聚酰胺–66	聚醯胺–66
polyamide fiber	聚酰胺纤维	聚醯胺纖維
polyamide fiber reinforcement	聚酰胺纤维增强体，尼龙纤维增强体	聚醯胺纖維強化體
polyamide-imide (PAI)	聚酰胺酰亚胺	聚醯胺醯亞胺
polyamide-imide composite	聚酰胺－酰亚胺基复合材料	聚醯胺醯亞胺複材
polyamide-imide fiber	聚酰胺酰亚胺纤维	聚醯胺醯亞胺纖維
polyanilene	聚苯胺	聚苯胺
polyaromatic amide fiber reinforcement	聚芳酰胺纤维增强体	聚芳胺纖維強化體
polyaromatic amide pulp reinforcement	聚芳酰胺浆粕增强体	聚芳胺漿料強化體
polyaromatic ester fiber reinforcement	聚芳酯纤维增强体	聚芳酯纖維強化體
polyaromatic heterocyclic fiber reinforcement	聚芳杂环纤维增强体	聚芳雜環纖維強化體

英　文　名	大　陆　名	台　湾　名
polyarylamide	芳香族聚酰胺	聚芳基醯胺
polyaryletherketone (PAEK)	聚芳醚酮	聚芳基醚酮
polyaryletherketone composite	聚芳醚酮基复合材料	聚芳基醚酮複材
polyarylsulfone (PASF)	聚芳砜	聚芳基碸
poly (*p*-benzamide) fiber	聚对苯甲酰胺纤维，芳纶 14	聚對苯甲醯胺纖維
polybenzoimidazole (PBI)	聚苯并咪唑	聚苯并咪唑
polybenzimidazole composite	聚苯并咪唑基复合材料	聚苯并咪唑複材
polybenzimidazole fiber	聚苯并咪唑纤维，PBI 纤维	聚苯并咪唑纖維
polybenzimidazole fiber reinforcement	聚苯并咪唑纤维增强体	聚苯并咪唑纖維強化體
polybenzothiazole (PBT)	聚苯并噻唑	聚苯并噻唑
polybenzothiazole fiber reinforcement	聚苯并噻唑纤维增强体	聚苯并噻唑纖維強化體
polybenzoxazole (PBO)	聚苯并噁唑	聚苯并噁唑
polybenzoxazole fiber reinforcement	聚苯并噁唑纤维增强体	聚苯并噁唑纖維強化體
poly (benzimidazole-imide)	聚苯并咪唑酰亚胺	聚苯并咪唑醯亞胺
polyblend	聚合物共混物	聚摻合物
polybutadiene rubber	聚丁二烯橡胶	聚丁二烯橡膠
polybutyleneterephthalate (PBT)	聚对苯二甲酸丁二酯	聚對苯二甲酸丁二酯
polybutyleneterephthalate fiber	聚对苯二甲酸丁二酯纤维，PBT 纤维	聚對苯二甲酸丁二酯纖維
polybutyrolactam fiber	聚丁内酰胺纤维，耐纶 4，锦纶 4 纤维	聚丁內醯胺纖維
polycaprolactam fiber	聚己内酰胺纤维，耐纶 6，锦纶 6 纤维	聚己內醯胺纖維
polycaprolactone (PCL)	聚己内酯	聚己內酯
polycarbonate (PC)	双酚 A 聚碳酸酯，聚碳酸酯	聚碳酸酯
polycarboranesiloxane	聚(碳硼烷硅氧烷)，聚(卡硼烷硅氧烷)	聚碳硼烷矽氧烷
polycarbosilane	聚硅碳烷	聚碳矽烷
polychlorotrifluoroethylene (PCTFE)	聚三氟氯乙烯	聚氯三氟乙烯
polychromatic fiber	热敏变色纤维	多色纖維
polycondensation	缩聚反应，缩合聚合	聚縮合反應

英 文 名	大 陆 名	台 湾 名
	反应	
polycrystal	多晶	多晶
polycrystalline compact diamond	聚晶金刚石，多晶体金刚石	多晶鑽石密實體
polycrystalline diamond film	金刚石多晶薄膜	多晶鑽石薄膜
polycrystalline germanium	多晶锗	多晶鍺
polycrystalline semiconductor	多晶半导体	多晶半導體
polycrystalline silicon	多晶硅	多晶矽
polycrystalline silicon by Siemens process	西门子法多晶硅	西門子製程多晶矽
polycrystalline silicon by silane process	硅烷法多晶硅	矽烷製程多晶矽
polycrystal materials	多晶材料	多晶材料
polycyclopentadiene resin	环戊二烯树脂	聚環戊二烯樹脂
polydecamethylene sebacamide	聚酰胺–1010	聚癸亞甲基癸二胺
polydiallylisophthalate (DAIP)	聚间苯二甲酸二烯丙酯	聚間苯二甲酸二烯丙酯
polydiallylphthalate (PDAP)	聚邻苯二甲酸二烯丙酯	聚苯二甲酸二烯丙酯
polydimethylsiloxane	聚二甲基硅氧烷	聚二甲基矽氧烷
polydispersity index of relative molecular mass	相对分子质量多分散性指数	相對分子質量聚合度分佈性指數
polydispersity of relative molecular mass	相对分子质量多分散性	相對分子質量聚合度分佈性
polyelectrolyte	聚电解质	聚合電解質
polyester coating	聚酯涂料	聚酯塗層
polyester fiber	聚酯纤维	聚酯纖維
polyester fiber reinforcement	聚酯纤维增强体	聚酯纖維強化體
polyesterimide	聚酯酰亚胺	聚酯醯亞胺
polyester resin	聚酯树脂	聚酯樹脂
polyether	聚醚	聚醚
polyether based impression materials	聚醚基印模材料，聚醚橡胶印模材料	聚醚基壓印材料
polyether ester elastic fiber	聚醚酯弹性纤维	聚醚酯彈性纖維
polyether ester thermoplastic elastomer	聚酯型热塑性弹性体	聚醚酯熱塑性彈性體
polyetheretherketone (PEEK)	聚醚醚酮	聚醚醚酮
polyetheretherketone fiber	聚醚醚酮纤维，PEEK 纤维	聚醚醚酮纖維
polyetheretherketone fiber reinforcement	聚醚醚酮纤维增强体	聚醚醚酮纖維強化體

英 文 名	大 陆 名	台 湾 名
polyetheretherketoneketone (PEEKK)	聚醚醚酮酮	聚醚醚酮酮
polyetherimide (PEI)	聚醚酰亚胺	聚醚醯亞胺
polyetherimide fiber	聚醚酰亚胺纤维，PEI 纤维	聚醚醯亞胺纖維
polyetherimide resin composite	聚醚酰亚胺树脂基复合材料	聚醚醯亞胺樹脂複材
polyetherketone (PEK)	聚醚酮	聚醚酮
polyetherketoneetherketoneketone (PEKEKK)	聚醚酮醚酮酮	聚醚酮醚酮酮
polyetherketoneketone (PEKK)	聚醚酮酮	聚醚酮酮
polyether-modified silicone oil	聚醚改性硅油	聚醚改質矽氧油
polyethersulfone (PESF)	聚醚砜	聚醚碸
polyethersulfone composite	聚醚砜基复合材料	聚醚碸複材
polyether sulfoneketone (PESK)	聚醚砜酮	聚醚碸酮
polyethylene (PE)	聚乙烯	聚乙烯
polyethylene fiber	聚乙烯纤维，乙纶	聚乙烯纖維
poly (ethylene-2,6-naphthalate) fiber	聚 2,6-萘二甲酸乙二酯纤维，PEN 纤维	聚 2,6-萘二甲酸乙二酯纖維
polyethylene oxide fiber	聚环氧乙烷纤维，聚氧亚乙基纤维	聚環氧乙烷纖維
polyethylene terephthalate (PET)	聚对苯二甲酸乙二酯	聚對苯二甲酸乙二酯，聚對酞酸乙二酯
polyethylene terephthalate fiber	聚对苯二甲酸乙二酯纤维	聚對苯二甲酸乙二酯纖維，聚對酞酸乙二酯纖維
polyformaldehyde composite	聚甲醛树脂基复合材料	聚甲醛複材
polyformalolehyole fiber	聚甲醛纤维，POM 纤维	聚甲醛纖維
polygonal ferrite	多边形铁素体	多邊形肥粒體
polygonization	多边形化	多邊形化
polyhedral oligomeric silsesquioxane (POSS)	笼状聚倍半硅氧烷	多面體寡聚矽倍半氧烷
polyhexamethylene adipamide fiber	聚己二酰己二胺纤维，耐纶 66，锦纶 66 纤维	聚六亞甲己二醯胺纖維
poly (*p*-hydroxybenzoic acid)	聚对羟基苯甲酸	聚對羥基苯甲酸
polyimide (PI)	聚酰亚胺	聚醯亞胺
polyimide adhesive	聚酰亚胺胶黏剂	聚醯亞胺黏著劑

英　文　名	大　陆　名	台　湾　名
polyimide fiber	聚酰亚胺纤维	聚醯亞胺纖維
polyimide fiber reinforcement	聚酰亚胺纤维增强体	聚醯亞胺強化體
polyimide foam	聚酰亚胺泡沫塑料	聚醯亞胺發泡體
polyimide resin composite	聚酰亚胺树脂基复合材料	聚醯亞胺樹脂複材
polyisobutylene rubber	聚异丁烯橡胶	聚異丁烯橡膠
polyisoprene rubber	聚异戊二烯橡胶	聚異戊二烯橡膠
polylauryllactam	聚酰胺–12，聚十二内酰胺	聚十二[基]内醯胺
polymer	聚合物	聚合體
polymer alloy	高分子合金	聚合體合金
polymer blend	聚合物共混物	聚合體混合物
polymer chain structure	高分子链结构	聚合體鏈結構
polymer chemistry	高分子化学	聚合體化學
polymer coating	高分子涂层	聚合體塗層
polymer concrete	聚合物混凝土	聚合體混凝土
polymer electret	高分子驻极体	聚合體駐極體
polymeric additive	高分子添加剂，助剂功能高分子	聚合體添加劑
polymeric catalyst	高分子催化剂	聚合體催化劑
polymeric dense membrane	高分子致密膜	聚合體緻密透膜
polymeric dialysis membrane	高分子透析膜	聚合體透析透膜
polymeric dispersant agent	高分子分散剂	聚合體分散劑
polymeric electro-optical materials	高分子电光材料	聚合體電光材料
polymeric fast ion conductor	高分子快离子导体	聚合體快速離子導體
polymeric gas separation membrane	高分子气体分离膜	聚合體氣體分離透膜
polymeric gel	高分子凝胶	聚合體凝膠
polymeric insulating materials	高分子绝缘材料	聚合體絕緣材料
polymeric intelligent materials	高分子智能材料，高分子机敏材料	聚合體智慧材料
polymeric Langmuir-Blodgett film	聚合物 LB 膜	聚合體 LB 膜，聚合體朗謬–布洛傑膜
polymeric metal complex catalyst	高分子金属络合物催化剂	聚合體金屬錯合物觸媒
polymeric micelle	高分子胶束	聚合體微胞
polymeric microfiltration membrane	高分子微滤膜	聚合體微濾透膜
polymeric microporous sintered membrane	高分子微孔烧结膜	聚合體微孔燒結

英文名	大陆名	台湾名
		透膜
polymeric phase transfer catalyst	高分子相转移催化剂	聚合體相轉移觸媒
polymeric piezodialysis membrane	高分子镶嵌膜	聚合體壓透析透膜
polymeric reverse osmosis membrane	高分子反渗透膜	聚合體逆滲透膜
polymeric semipermeable membrane	高分子半透膜	聚合體半透膜
polymeric separate membrane	高分子分离膜	聚合體分離透膜
polymeric single-ionic conductor	高分子单离子导体	聚合體單離子導體
polymeric stealth materials	高分子隐身材料	聚合體隱形材料
polymeric support membrane	高分子支撑膜	聚合體支撐透膜
polymeric ultrafiltration membrane	高分子超滤膜	聚合體超過濾透膜
polymer impregnated concrete	聚合物浸渍混凝土	聚合體浸漬混凝土
polymer/inorganic layered oxide nanocomposite	聚合物/无机层状氧化物纳米复合材料	聚合體/無機層狀氧化物奈米複材
polymer/intercalated layered inorganic oxide composite	聚合物/无机层状氧化物复合材料	聚合體/插入層狀無機氧化物複材
polymerization	聚合	聚合[作用]
polymer light emitting materials	聚合物电致发光材料	聚合體發光材
polymer materials	高分子材料	聚合體材料
polymer matrix composite	聚合物基复合材料，树脂基复合材料	聚合體基複材
polymer medicine	高分子药物	聚合體藥物
polymer microsphere	高分子微球	聚合體微球
polymer physics	高分子物理学	聚合體物理
polymer pigment	高分子颜料	聚合體顏料
polymer processing	聚合物加工	聚合體加工
polymer semiconductor materials	聚合物半导体材料	聚合體半導體材料
polymer surfactant	高分子表面活性剂	聚合體表面活性劑
polymer with chemical function	化学功能性聚合物	化學功能性聚合體
polymethylmethacrylate (PMMA)	聚甲基丙烯酸甲酯	聚甲基丙烯酸甲酯
polymethylmethacrylate molding materials	聚甲基丙烯酸甲酯模塑料	聚甲基丙烯酸甲酯模製材料
poly (4-methyl-1-pentene)	聚 4-甲基-1-戊烯	聚 4-甲基 1-戊烯
polymorphism	同质多晶现象	多晶型性
polymorphous silicon	含晶粒非晶硅	[同質]多形矽，[同質]異相矽
polyolefin fiber	聚烯烃纤维	聚烯烴纖維
polyolefin fiber reinforcement	聚烯烃纤维增强体	聚烯烴纖維強化體
polyoxymethylene	聚甲醛	聚甲醛
polyoxymethylene fiber	聚甲醛纤维，POM	聚甲醛纖維

英 文 名	大 陆 名	台 湾 名
	纤维	
polyphenol-aldehyde fiber reinforcement	聚酚醛纤维增强体	聚酚醛纖維強化體
polyphenylene	聚苯	聚苯，聚伸苯
poly (*m*-phenylene isophthalamide) fiber	聚间苯二甲酰间苯二胺纤维，芳纶 1313	聚間苯二甲醯間苯二胺纖維
poly (*p*-phenylene benzobisoxazole) fiber	聚对亚苯基苯并双噁唑纤维，PBO 纤维	聚對伸苯基苯雙噁唑纖維
poly (*p*-phenylene benzobisthiazole) fiber	聚对亚苯基苯并双噻唑纤维，PBZT 纤维	聚對伸苯基苯雙噻唑纖維
poly (*p*-phenylene sulfide) fiber	聚对苯硫醚纤维，PPS 纤维	聚對伸苯基硫化物纖維
poly (*p*-phenylene terephthalamide) fiber	聚对苯二甲酰对苯二胺纤维，芳纶 1414	聚對伸苯基對苯二胺纖維
polyphenyleneoxide (PPO)	聚苯醚	聚苯醚，聚伸苯醚
polyphenylene sulfide (PPS)	聚苯硫醚	聚苯硫醚，聚伸苯硫醚
polyphenylene sulfide composite	聚苯硫醚基复合材料	聚苯硫醚複材，聚伸苯硫醚複材
polypropylene (PP)	聚丙烯	聚丙烯
polypropylene composite	聚丙烯基复合材料	聚丙烯複材
polypropylene fiber	聚丙烯纤维，丙纶	聚丙烯纖維
polypropylene fiber reinforcement	聚丙烯纤维增强体	聚丙烯纖維強化體
polypropylene terephthalate (PTT)	聚对苯二甲酸丙二酯	聚對苯二甲酸丙二酯
Poly(*p*-xylylene)	聚对二甲苯	聚對二甲苯
polypyromellitimide (PPMI)	均苯型聚酰亚胺	聚苯四甲酸醯亞胺
polypyrrole	聚吡咯	聚吡咯
polyquinoxaline composite	聚喹噁啉基复合材料	聚喹喔啉複材
polysilane	聚硅烷	聚矽烷
polysilazane	聚硅氮烷	聚矽氮烷
polysiloxane	聚硅氧烷	聚矽氧烷
polysilsesquioxane	聚倍半硅氧烷	聚矽倍半氧烷
polystyrene (PS)	聚苯乙烯	聚苯乙烯
polystyrene fiber	聚苯乙烯纤维	聚苯乙烯纖維
polysulfide based impression materials	聚硫基印模材料，聚硫橡胶印模材料	聚硫基印模材料
polysulfide rubber	聚硫橡胶	聚硫橡膠
polysulfide sealant	聚硫密封胶	聚硫封膠
polysulfone composite	聚砜基复合材料	聚碸複材

英　文　名	大　陆　名	台　湾　名
polyterpene resin	萜烯树脂	聚萜烯樹脂
polytetrafluoroethylene (PTFE)	聚四氟乙烯	聚四氟乙烯
polytetrafluoroethylene composite	聚四氟乙烯基复合材料	聚四氟乙烯複材
polytetrafluoroethylene fiber	聚四氟乙烯纤维	聚四氟乙烯纖維
polytetrafluoroethylene fiber reinforcement	聚四氟乙烯纤维增强体	聚四氟乙烯纖維強化體
polythiophene	聚噻吩	聚噻吩
polytrimethylene terephthalate fiber	聚对苯二甲酸丙二酯纤维，PTT 纤维	聚對苯二甲酸三亞甲基酯纖維
polytrimethyl hexamethylene terephthalamide	聚对苯二甲酰三甲基已二胺	聚對苯二甲醯六亞甲基三甲基酯
polytropism	同质多晶现象	[同質]疊異多形性
polyurethane	聚氨酯，聚氨基甲酸酯	聚氨酯
polyurethane adhesive	聚氨酯胶黏剂	聚氨酯黏著劑
polyurethane coating	聚氨酯涂料	聚氨酯塗層
polyurethane fiber	聚氨酯纤维，氨纶	聚氨酯纖維
polyurethane foam	聚氨酯泡沫塑料	聚氨酯發泡材
polyurethane foam for integral skin	整皮聚氨酯泡沫塑料	集成皮用聚胺甲酸酯泡材
polyurethane resin composite	聚氨酯树脂基复合材料	聚氨酯樹脂複材
polyurethane rubber	聚氨酯橡胶	聚氨酯橡膠
polyurethane sealant	聚氨酯密封胶	聚氨酯封膠
polyvinyl acetal (PVA)	聚乙烯醇缩乙醛	聚乙烯縮醛
polyvinyl alcohol	聚乙烯醇	聚乙烯醇
polyvinyl alcohol fiber	聚乙烯醇纤维	聚乙烯醇纖維
polyvinyl butyral	聚乙烯醇缩丁醛	聚乙烯丁醛
polyvinyl butyral adhesive film	聚乙烯醇缩丁醛胶膜	聚乙烯丁醛黏著膜
polyvinyl chloride (PVC)	聚氯乙烯	聚氯乙烯
poly (*N*-vinyl carbazole) resin	乙烯基咔唑树脂	聚 N-乙烯基咔唑樹脂
poly (vinyl chloride) composite	聚氯乙烯基复合材料	聚氯乙烯複材
poly (vinyl chloride) fiber	聚氯乙烯纤维，氯纶	聚氯乙烯纖維
polyvinyl chloride paste (PVCP)	聚氯乙烯糊	聚氯乙烯膏
polyvinyl fluoride (PVF)	聚氟乙烯	聚氟乙烯
polyvinyl formal (PVF)	聚乙烯醇缩甲醛	聚乙烯甲醛
Poly(vinylidene chloride) (PVDC)	聚偏二氯乙烯	聚二氯亞乙烯
poly (vinylidene chloride) fiber	聚偏二氯乙烯纤维，偏	聚二氯亞乙烯纖維

英 文 名	大 陆 名	台 湾 名
	氯纶	
polyvinylidene fluoride (PVDF)	聚偏二氟乙烯	聚二氟亞乙烯
poor solvent	不良溶剂	不良溶劑
porcelain	①瓷器 ②烤瓷	瓷器，瓷
porcelain clay	瓷土	瓷土
porcelain enamel	搪瓷	瓷質琺瑯
porcelain-fused-to-metal crown	烤瓷熔附金属全冠	瓷熔覆金屬牙冠
porcelain powder	烤瓷粉	瓷粉
pore	毛孔	孔
pored wood	有孔材	有孔木材
pore-enlarging	扩孔处理	擴孔[處理]
pore forming material	造孔剂	造孔材料
pore-free die casting	充氧压铸	無[氣]孔壓鑄法，鋁合金充氧壓鑄法
pore pattern	管孔式	孔圖型
porosity	①疏松，显微缩松 ②孔隙率，气孔率，孔隙度	孔隙率
porous bearing	多孔轴承，含油轴承	多孔軸承
porous ceramics	多孔陶瓷	多孔陶瓷
porous materials	多孔材料	多孔材料
porous pearl-like surface	珍珠面型多孔表面	多孔類珍珠表面
porous plug brick	供气砖	透氣塞磚
porous silicon	多孔硅	多孔矽
porous surface of sintered titanium wire	钛丝烧结多孔表面	燒結鈦線的多孔表面
porous tungsten	多孔钨	多孔鎢
Portland cement	硅酸盐水泥，波特兰水泥	波特蘭水泥
Portland fly-ash cement	粉煤灰[硅酸盐]水泥	波特蘭飛灰水泥
Portland pozzolana cement	火山灰质[硅酸盐]水泥	波特蘭火山灰水泥
Portland slag cement	矿渣[硅酸盐]水泥	波特蘭爐渣水泥
positive segregation	正偏析	正偏析
positive temperature coefficient thermosensitive ceramics	正温度系数热敏陶瓷	正溫度係數熱敏陶瓷
positron annihilation spectroscopy	正电子湮没术	正子消滅能譜術
POSS (=polyhedral oligomeric silsesquioxane)	笼状聚倍半硅氧烷	多面體寡聚矽倍半氧烷
post-and-core crown	桩核冠	樁核牙冠

英 文 名	大 陆 名	台 湾 名
postcombustion	二次燃烧	二次燃燒，後燃燒
post cure	后硫化	後硬化
post-curing of composite	复合材料后固化	複材後固化
post forming	二次成型	後成形
post polymerization	后聚合	後聚合[作用]
post-shrinkage	后收缩率	後收縮
post-sintered reactive bonded silicon nitride ceramics	重烧结氮化硅陶瓷	後燒結反應鍵結氮化矽陶瓷
post-sintering method	重烧结法	後燒結法
potassium dihydrogen phosphate crystal	磷酸二氢钾晶体	磷酸二氫鉀晶體
potassium feldspar	钾长石	鉀長石
potassium iodate crystal	碘酸钾晶体	碘酸鉀晶體
potassium niobate crystal	铌酸钾晶体	鈮酸鉀晶體
potassium titanate fiber reinforcement	钛酸钾纤维增强体	鈦酸鉀纖維強化體
potassium titanate whisker reinforcement	钛酸钾晶须增强体	鈦酸鉀鬚晶強化體
potassium titanium phosphate crystal	磷酸氧钛钾晶体	磷酸鈦鉀晶體
pot life	适用期	適用期限
pot life of prepreg	预浸料适用期	預浸體適用期限
pottery	陶器	陶
pottery clay	陶土	陶土
pouring basin	浇口杯	澆盆，澆槽
pouring cup	浇口杯	澆口杯
pouring temperature	浇铸温度	澆鑄溫度
powder	粉末	粉，粉體
powder binder	粉末黏结剂	粉體黏結劑
powder coating	粉末涂料	粉體塗層
powder coating technique	粉体包覆技术	粉體塗層技術
powder compressibility	粉末压缩性	粉體壓縮性
powder dopant	粉末掺杂剂	粉體添加劑，粉體摻雜劑
powder electrostatic spraying	静电粉末喷涂	粉體靜電噴塗法
powder embedded cure	埋粉硫化	埋粉硬化
powder extrusion	粉末挤压	粉體擠製
powder flame spraying	火焰粉末喷涂	粉體火焰噴塗法
powder flame spray welding	火焰粉末喷焊	粉體火焰噴塗銲接
powder forging	粉末模锻	粉體鍛造
powder formability	粉末成形性	粉體成形性
powder for synthetic polymer tooth	造牙粉	[合成聚合體]造牙粉

英 文 名	大 陆 名	台 湾 名
powder injection molding	粉末注射成形	粉體射出成型
powder-in tube (PIT)	粉末套管[法]	粉體填管[法]
powder making by emulsion process	乳液法制粉	乳化法製粉
powder making by laser inducing gas reaction	激光诱导化学气相反应制粉	雷射誘導氣相反應製粉
powder making by mechanochemistry	机械力化学法制粉	機械化學製粉
powder making by reaction of organic salt	有机盐反应法制粉	有機鹽反應製粉
powder making by sol-gel process	溶胶凝胶法制粉	溶膠凝膠法製粉
powder making by spray pyrolysis	喷雾热分解法制粉	噴霧裂解製粉
powder making by wet chemistry	湿化学法制粉	濕化學製粉
powder melting process	粉末熔化法	粉體熔融法
powder metallurgy (PM)	粉末冶金	粉末冶金[學]
powder metallurgy high speed steel	粉末[冶金]高速钢	粉末冶金[製]高速鋼
powder metallurgy nickel based superalloy	粉末冶金镍基高温合金	粉末冶金[製]鎳基超合金
powder metallurgy superalloy	粉末冶金高温合金	粉末冶金[製]超合金
powder particle	[粉末]颗粒	粉體顆粒
powder prepreg	粉末法预浸料	粉體預浸體
powder rolling	粉末轧制	粉體輥軋
powder sintering	粉末烧结	粉末燒結
powder surface modification	粉体表面修饰	粉體表面改質
power down method	功率降低法	功率降低法，定向凝固法
power factor	功率因子	功率因子
pozzolanic admixture	火山灰质混合材	火山灰摻合物
PPB (=prior particle boundary)	原始粉末颗粒边界	原始顆粒邊界
PPMI (=polypyromellitimide)	均苯型聚酰亚胺	聚苯四甲酸醯亞胺
PPO (=polyphenyleneoxide)	聚苯醚	聚苯醚，聚伸苯醚
PP (=polypropylene)	聚丙烯	聚丙烯
PPS (=polyphenylene sulfide)	聚苯硫醚	聚苯硫醚，聚伸苯硫醚
prealloyed powder	预合金粉	預合金粉
precious metal	贵金属	貴[重]金屬
precious metal catalyst	贵金属催化剂	貴[重]金屬觸媒
precious metal compound	贵金属化合物	貴[重]金屬化合物
precious metal contact materials	贵金属电接触材料	貴[重]金屬接點材料

英 文 名	大 陆 名	台 湾 名
precious metal drug	贵金属药物	貴[重]金屬藥物
precious metal elastic materials	贵金属弹性材料	貴[重]金屬彈性材料
precious metal electrode materials	贵金属电极材料	貴[重]金屬電極材料
precious metal evaporation materials	贵金属蒸发材料	貴[重]金屬蒸鍍材料
precious metal hardware materials	贵金属器皿材料	貴[重]金屬器皿材料，貴[重]金屬五金材料
precious metal hydrogen purifying materials	贵金属氢气净化材料，贵金属透氢材料	貴[重]金屬氫氣純化材料
precious metal lead materials	贵金属引线材料	貴[重]金屬引線材料
precious metal magnetic materials	贵金属磁性材料	貴[重]金屬磁性材料
precious metal matrix composite	贵金属复合材料	貴[重]金屬基複材
precious metal medicine	贵金属药物	貴[重]金屬醫藥
precious metal paste	贵金属浆料	貴[重]金屬膏
precious metal resistance materials	贵金属电阻材料	貴[重]金屬電阻材料
precious metal solder	贵金属钎料	貴[重]金屬軟銲料
precious metal target materials	贵金属靶材	貴[重]金屬靶材
precious metal thermocouple materials	贵金属测温材料	貴[重]金屬熱電偶材料
precipitate	沉积物	沈澱物，析出物
precipitated powder	沉淀粉	沈澱粉體
precipitation	脱溶，沉淀	沈澱[法]，析出
precipitation deoxidation	沉淀脱氧，直接脱氧	沈澱脱氧
precipitation fractionation	沉淀分级	沈澱分級
precipitation hardening stainless steel	沉淀硬化不锈钢	析出硬化型不鏽鋼，PH 不鏽鋼
precipitation hardening superalloy	析出强化高温合金	析出硬化超合金
precipitation polymerization	沉淀聚合	沈澱聚合[作用]
precipitation sequence	脱溶序列	析出順序，沈澱順序
precipitation strengthening	沉淀强化	析出強化
precision die forging	精密模锻	精密模鍛
precision electrical resistance alloy	精密电阻合金	精密電阻合金

英 文 名	大 陆 名	台 湾 名
precoated sand	覆膜砂	預覆砂
precuring of composite	复合材料预固化	複材預固化
precursor cell	前体细胞	前驅細胞
predominance area diagram	优势区图	優勢區圖
preferential etching	择优腐蚀	優選蝕刻
preferred crystallographic orientation	择优取向	優選結晶取向
preferred dissolution	择优溶解	優選溶解
preform	预成形坯	預成形坯
preheating	预热	預熱
preimpregnated fabric	预浸织物	預浸織物
premartensitic transformation	预马氏体相变	先麻田散體轉變
premartensitic transition	预马氏体相变	先麻田散體轉換
pre-oriented yarn	预取向丝	預取向絲
preoxidized polyacrylonitrile fiber reinforcement	预氧化聚丙烯腈纤维增强体	預氧化聚丙烯腈纖維強化體
prepolymer	预聚物	預聚合體
prepolymerization	预聚合	預聚合[作用]
prepreg	预浸料	預浸體
prepreg tack	预浸料黏性	預浸體黏性
prepreg tape	预浸单向带	預浸體帶
presensitized plate	PS[基]板	預敏化板
preservative-treated timber	防腐木	防腐處理木材
presintering	预烧	預燒
press cast zinc alloy	压力铸造锌合金	壓力鑄造鋅合金
press hardening	加压淬火，模压淬火	加壓硬化
pressing	①压制 ②[造纸]压榨	壓製
press-in refractory	耐火压入料，压注料	壓入[型]耐火材
press leaching	挤压脱水	壓浸瀝
pressure filtration	压滤成型	壓濾
pressure head	压头	壓[力]頭
pressureless infiltration fabrication	金属基复合材料无压浸渗制备工艺	無壓滲入製作
pressureless sintered silicon carbide ceramics	无压烧结碳化硅陶瓷，常压烧结碳化硅	常壓燒結碳化矽陶瓷
pressureless sintered silicon nitride ceramics	无压烧结氮化硅陶瓷	常壓燒結氮化矽陶瓷
pressureless sintering	无压烧结	無壓燒結
pressure sensitive adhesive (PSA)	压敏胶黏剂，压敏胶	壓敏黏著劑
pressure sensitive adhesive tape	压敏胶带	壓敏黏著帶

英 文 名	大 陆 名	台 湾 名
pressure sensitive resistance alloy	压敏电阻合金	壓敏電阻合金
pressure slip casting	压力注浆成型	壓力注漿法
pressure vessel steel	压力容器钢	壓力容器鋼
pressure washing	压洗	壓力清洗
pressure window of composite	复合材料加压窗口	複材[製作]加壓範圍
preventive antioxidant	预防型抗氧剂，辅助抗氧剂	預防型抗氧化劑
primary cementite	一次渗碳体，初次渗碳体	初晶雪明碳體，初析雪明碳體
primary color	原色	原色，主色
primary crystallization	主期结晶，初级结晶	初始結晶
primary graphite	一次石墨，初次石墨	一次石墨，初生石墨
primary orientation flat	主[取向]参考面	主取向平邊
primary phase	初生相	初生相
primary plasticizer	主增塑剂	主塑化劑
primer	①底胶 ②底漆	底漆
prime wafer	正片	正規晶片
principal stress design of laminate	层合板主应力设计	積層板主應力設計
principle direction of lamina	单层弹性主方向	單層板主方向
printed leather	印花革	印花皮革
prior particle boundary (PPB)	原始粉末颗粒边界	原始顆粒邊界
probe damage	探针损伤	探針損傷
process annealing	中间退火	中間退火，製程退火
processing control panel	随炉件	隨爐件
processing property	工艺性能	加工性質
proeutectoid cementite	先共析渗碳体	先共析雪明碳鐵
proeutectoid ferrite	先共析铁素体	先共析肥粒鐵
proeutetic cementite	先共晶渗碳体	先共晶雪明碳鐵
progenitor	祖细胞	原[始]細胞
projection welding	凸焊	突點熔接
property variation percentage during aging	老化性能变化率	時效性質變化[百分]率
proportional solidification	均衡凝固	比例凝固
propylene-ethylene block copolymer (PEB)	丙烯–乙烯嵌段共聚物	丙烯–乙烯嵌共聚體
propylene-ethylene random copolymer	丙烯–乙烯无规共聚物	丙烯–乙烯隨機共

英 文 名	大 陆 名	台 湾 名
		聚體
prosthesis	假体	義肢
prosthetic heart valve	人工心脏瓣膜	人工心臟瓣膜
protein fiber	蛋白质纤维	蛋白質纖維
protocrystalline silicon	初晶态非晶硅	初生態結晶矽
proton-induced X-ray emission	质子 X 射线荧光发射	質子誘發 X 光發射
proton radiography	质子照相术	質子放射攝影術
PSA (=pressure sensitive adhesive)	压敏胶黏剂，压敏胶	壓敏黏著劑
pseudoeutectic	伪共晶体	擬共晶
pseudo-pearlite	伪珠光体	擬波來體
pseudoplastic fluid	假塑性流体	擬塑性流體
PS (=polystyrene)	聚苯乙烯	聚苯乙烯
PSZ ceramics(=partially stabilized zirconia ceramics)	部分稳定氧化锆陶瓷	部分穩定氧化鋯陶瓷
PTFE (=polytetrafluoroethylene)	聚四氟乙烯	聚四氟乙烯
PTIS (=photothermal ionization spectroscopy)	光热电离谱	光熱離子化光譜術
PTT (=polypropylene terephthalate)	聚对苯二甲酸丙二酯	聚對苯二甲酸丙二酯
p-type monocrystalline germanium	p 型锗单晶	p 型單晶鍺
p-type semiconductor	p 型半导体	p 型半導體
puddle	熔池	[金屬]熔池
pugging	练泥	捏練
pulling rate	提拉速率	拉取速率
pull off method	撕裂法，拉脱法	拉脫法
pull-up leather	变色革	拉伸[變色]皮革
pulp	纸浆	紙漿
pulp capping materials	盖髓材料	蓋髓材料
pulp freeness value	纸浆游离度值	紙漿游離度值
pulp kappa number	纸浆卡帕值	紙漿卡帕數
pulp reinforcement	浆粕增强体	紙漿強化體
pulsating mixing process	脉冲搅拌法	脈衝攪拌製程
pulse current anodizing	脉冲阳极氧化	脈衝電流陽極處理
pulse current electrolytic coloring	交流电解着色	脈衝電流電解著色
pulsed argon arc welding	脉冲氩弧焊	脈衝氬弧銲
pulsed ion implantation	脉冲注入	脈衝離子佈植
pulsed laser deposition	脉冲激光沉积	脈衝雷射沈積
pulsed magnetron sputtering	脉冲磁控溅射	脈衝磁控濺鍍
pulsed release	脉冲释放	脈衝釋放
pultrusion-filament winding	拉挤–缠绕成型	拉擠–繞線成形

英文名	大陆名	台湾名
pultrusion process	拉挤成型	拉擠成形製程
pulverised coal injection into blast furnace	高炉喷煤	高爐粉煤噴吹
pulverized coal injection rate	喷煤比	粉煤噴吹速率
pumice	浮岩，浮石	浮石
punching	冲压	衝孔
pure copper	纯铜	純銅
pure iron	纯铁	純鐵
pusher kiln	推板窑	推板窯，推式窯
putty	腻子	油灰，補土
PVA (=polyvinyl acetal)	聚乙烯醇缩乙醛	聚乙烯縮醛
PVDC (=polyvinylidene chloride)	聚偏二氯乙烯	聚二氯亞乙烯
PVDF (=polyvinylidene fluoride)	聚偏二氟乙烯	聚二氟亞乙烯
PVF (=①polyvinyl fluoride ②polyvinyl formal)	①聚氟乙烯 ②聚乙烯醇缩甲醛	①聚氟乙烯 ②聚乙烯甲醛
pyramid	棱锥	稜錐
pyrite	黄铁矿	黃鐵礦
pyrochlore	烧绿石	燒綠石，焦綠石
pyrochlore structure	烧绿石结构，焦绿石结构	焦綠石結構
pyroelectric ceramics	热[释]电陶瓷	焦電陶瓷
pyroelectric coefficient	热释电系数	焦電係數
pyroelectric effect	热释电效应	焦電效應
pyroelectric polymer	热电高分子	焦電聚合體
pyrogen	热原	熱原質
pyrolusite	软锰矿	軟錳礦
pyrolysis	热解法	熱裂解
pyrolysis process for powder making	热[分]解法制粉	熱裂解製粉製程
pyrolytic reaction	热解反应	熱解反應
pyrometallurgy	火法冶金	火法冶金學，高溫冶金學
pyrophyllite	叶蜡石	葉蠟石
pyrophyllite brick	[叶]蜡石砖	葉蠟石磚
pyroxene	辉石	輝石類
pyroxene silicate structure	辉石类硅酸盐结构	輝石類矽酸鹽結構
pyroxenite	辉石岩	輝石岩
pyrrhotite	磁黄铁矿	磁黃鐵礦

Q

英 文 名	大 陆 名	台 湾 名
QD (=quantum dot)	量子点	量子點
QD structure (=quantum dot structure)	量子点结构	量子點結構，QD 結構
quadrifunctional siloxane unit	四官能硅氧烷单元，Q 单元	四官能基矽氧烷單元
quality steel	优质钢	優質鋼
quantitative metallography	定量金相	定量金相學
quantum dot (QD)	量子点	量子點
quantum dot structure (QD structure)	量子点结构	量子點結構，QD 結構
quantum microcavity	量子微腔	量子微腔
quantum well (QW)	量子阱	量子井
quantum well infrared photo-detector	量子阱红外光电探测器	量子井紅外光偵測器
quantum well laser diode	量子阱激光二极管	量子井雷射二極體
quantum wire	量子线	量子線
quarry stone	荒料	採石場原石，粗石
quarternary phase diagram	四元相图	四元相圖
quartz	石英	石英
quartz enriched porcelain	高石英瓷	富石英瓷
quartz fiber reinforced polymer composite	石英纤维增强聚合物基复合材料	石英纖維強化聚合物複材
quartz glass	石英玻璃	石英玻璃
quartz glass fiber reinforcement	石英玻璃纤维增强体，熔凝硅石纤维增强体	石英纖維強化體
quartzite	石英岩	石英岩
quartz sand	石英砂	石英砂
quartz sandstone	石英砂岩	石英砂岩
quartz wave-transparent composite	石英纤维/二氧化硅透波复合材料	石英透波複材
quasi-cleavage fracture	准解理断裂	準解理破斷，準劈裂破斷
quasicrystal	准晶	準晶
quasicrystal materials	准晶材料	準晶材料
quasi-isotropic laminate	准各向同性层合板	準等向性積層板

英 文 名	大 陆 名	台 湾 名
quench aging	淬冷时效	淬火時效
quenched and tempered steel	调质钢	淬火回火鋼
quench hardening	淬火硬化	淬火硬化
quenching	淬火	淬火
quenching and high temperature tempering	调质	淬火與高溫回火
quenching intensity	淬冷烈度	淬火強度
quenching method	淬冷法，超速冷却法	淬火法
QW (=quantum well)	量子阱	量子井

R

英 文 名	大 陆 名	台 湾 名
radar absorber	雷达波吸收剂，吸收剂	雷達[波]吸收材
radar absorbing coating	涂覆型吸波材料，吸波涂层	雷達[波]吸收塗層
radar absorbing materials	雷达隐形材料，雷达吸波材料	雷達[波]吸收材料
radar absorbing nano-membrane	纳米吸波薄膜	雷達[波]吸收奈米透膜
radar stealth composite	雷达隐身复合材料	雷達[波]隱形複材
radial forging	径向锻造	徑向鍛造
radial porous wood	辐射孔材	徑向多孔木材
radial resistivity variation	径向电阻率变化	徑向電阻率變異
radial section	径切面	徑向截面
radiation curing of composite	复合材料辐射固化	複材輻射固化
radiation degradation	辐照降解	輻射降解
radiation effect of materials	材料的辐照效应	材料輻射效應
radiationless transition	无辐射跃迁	無輻射躍遷
radiation protection optical glass	耐辐照光学玻璃	防輻射光學玻璃
radiation resistant fiber	抗辐射纤维	抗輻射纖維
radiation resistant optical glass	耐辐照光学玻璃	耐輻射光學玻璃
radiation sensitive materials	射线敏材料	輻射敏感材料
radiation shielding composite	辐射屏蔽复合材料	輻射屏蔽複材
radiation shielding concrete	防辐射混凝土，屏蔽混凝土	輻射屏蔽混凝土
radical copolymerization	自由基共聚合	自由基共聚合[作用]
radical initiator	自由基引发剂	自由基啟始劑

英 文 名	大 陆 名	台 湾 名
radioactive rare metal	稀有放射性金属，稀有放射性元素	放射性稀有金屬
radioactive stent	放射性管腔内支架	放射性支架
radio frequency plasma assisted molecular beam epitaxy	射频等离子体辅助分子束外延	射頻電漿輔助分子束磊晶術
radio frequency plasma chemical vapor deposition	射频等离子体化学气相沉积	射頻電漿化學氣相沈積
radio frequency plasma enhanced chemical vapor deposition	射频等离子体增强化学气相沉积	射頻電漿增強化學氣相沈積
radio frequency sputtering	射频溅射	射頻濺鍍
radioluminescent phosphor	高能粒子发光材料，放射性发光材料	輻射致光螢光體
radiometry	辐射度量学	輻射計量學
radius of gyration	回转半径	迴旋半徑，旋轉半徑
rafting	筏排化	筏排化，筏流化
rail steel	钢轨钢	鐵軌鋼
Raman effect	拉曼效应	拉曼效應
Raman laser diode	拉曼激光二极管	拉曼雷射二極體
Raman scattering	拉曼散射	拉曼散射
Raman spectroscopy	拉曼光谱法	拉曼光譜術
ram extrusion	柱塞挤出成型	柱塞擠製
random coil	无规线团	無規則線團
random copolymer	无规共聚物	隨機共聚體
random simulation method	随机模拟方法	隨機模擬法
ranking design of laminate	层合板排序法设计	積層板排序設計
Raoult law	拉乌尔定律	拉午耳定律
rapidly solidified aluminum alloy	快速冷凝铝合金，急冷凝固铝合金	急速凝固鋁合金
rapidly solidified powder	快速冷凝粉	快速凝固粉體
rapid omnidirectional pressing	快速全向压制	快速全向壓製
rapid prototyping	快速原型	快速原型法
rapid prototyping of biomaterials	生物材料快速成型	生物材料快速原型法
rapid solidification	快速凝固	快速凝固
rapid solidification powder	快速冷凝粉	快速凝固粉體
rare-dispersed metal	稀有分散金属	稀有分散金屬
rare earth 123 bulk superconductor	稀土 123 超导体[块]材	稀土 123 塊狀超導體
rare earth cobalt magnet	稀土钴磁体	稀土鈷磁石

英 文 名	大 陆 名	台 湾 名
rare earth cobalt permanent magnetic alloy	稀土钴永磁合金	稀土鈷永磁合金
rare-earth element thermo-heat treatment	稀土化学热处理	稀土化學熱處理
rare earth ferroalloy	稀土铁合金	稀土合金鐵
rare earth ferrosilicomagnesium	稀土镁硅铁合金	稀土鎂矽鐵
rare earth ferrosilicon	稀土硅铁合金	稀土矽鐵
rare earth metal	稀土金属	稀土金屬
rare earth nickel based hydrogen storage alloy	稀土–镍系贮氢合金	稀土鎳基儲氫合金
rare earth optical glass	稀土光学玻璃	稀土光學玻璃
rare earth permanent magnet used at elevated temperatures	高温应用稀土永磁体	高溫用稀土永磁石
rare metal	稀有金属	稀有金屬
rate of dilution	稀释率	稀釋速率
ratio of dynamic and static stiffness	动静刚度比	動靜剛度比
rattan	藤材	藤
rattan product	藤制品	藤製品
raw cane	原藤，绿藤	原藤莖
rawhide	原料皮	原料皮革
rawhide source	原料皮路分	生皮來源
raw lacquer	生漆	生漆
raw minerals	矿物原料	礦物原材
rawskin	原料皮	原料皮
Rayleigh factor	瑞利因子	瑞立因子
Rayleigh ratio	瑞利比	瑞立比
Rayleigh scattering	瑞利散射	瑞立散射
Raymond milling	雷蒙磨粉碎	雷蒙研磨法
rayon based carbon fiber reinforcement	黏胶基碳纤维增强体	縲縈基碳纖維強化體
RCR (=recrystallization controlled rolling)	再结晶控制轧制	再結晶控制輥軋
reaction bonded silicon carbide ceramics	反应烧结碳化硅陶瓷	反應鍵結碳化矽陶瓷
reaction bonded silicon nitride ceramics	反应烧结氮化硅陶瓷	反應鍵結氮化矽陶瓷
reaction injection molding (RIM)	反应注射成型	反應射出成型
reaction injection molding polyamide	反应注塑成型聚酰胺	反應射出成型聚醯胺
reaction milling	反应研磨	反應研磨
reaction of composite interface	复合材料界面反应	複材界面反應
reaction sintered silicon carbide ceramics	反应烧结碳化硅陶瓷	反應燒結碳化矽陶瓷

英 文 名	大 陆 名	台 湾 名
reaction sintered silicon nitride ceramics	反应烧结氮化硅陶瓷	反應燒結氮化矽陶瓷
reaction sintering	反应烧结	反應燒結
reaction spinning	反应纺丝，化学纺丝[法]	反應紡絲[法]
reaction wood	应力木，偏心材	[應力]反應木
reactive adhesive	反应型胶黏剂	反應黏著劑
reactive evaporation deposition	反应蒸镀	反應蒸鍍
reactive explosion consolidation	反应爆炸固结	反應爆炸固結
reactive fiber	反应型活性纤维	反應性纖維
reactive hot isostatic pressing	反应热等静压	反應熱均壓[法]
reactive hot pressing	反应热压	反應熱壓[法]
reactive powder concrete	活性粉末混凝土	反應性粉末混凝土
reactive species	活性种	活性種
reactive sputtering	反应溅射	反應濺鍍[法]
reactive stabilizer	反应性稳定剂，聚合型稳定剂	反應性安定劑
reactivity ratio	竞聚率	反應速率常數比
ready-mixed paint	调合漆	調合漆
realgar	雄黄	雄黃
reciprocal lattice	倒易点阵	倒[置]晶格
reciprocal lattice vector	倒格矢，倒易矢	倒[置]晶格向量
reclaimed rubber	再生胶	再生橡膠
recombination center	复合中心	復合中心
recombination of electron and hole	电子空穴复合	電子電洞復合
reconstituted decorative veneer	重组装饰单板	重組裝飾薄板
reconstructed stone	再造宝石	再製石
reconstructive phase transformation	重构型相变	重構相轉變
reconstructive phase transition	重构型相变	重構相轉換
recovery	回复	回復
recovery of low temperature irradiation damage	低温辐照损伤回复	低溫輻照損傷回復
recrystallization	再结晶	再結晶
recrystallization controlled rolling (RCR)	再结晶控制轧制	再結晶控制輥軋
recrystallization diagram	再结晶图	再結晶圖
recrystallization temperature	再结晶温度，完全再结晶温度	再結晶溫度
rectangular loop ferrite	矩磁铁氧体	矩形迴路鐵氧磁石
rectorite clay	累托石黏土	累托石黏土

英 文 名	大 陆 名	台 湾 名
recycled pulp	废纸浆	回收紙漿
red clay	红黏土	紅黏土
red copper	紫铜	赤銅，紅銅
redeposited clay	次生黏土	次生黏土，移積黏土
red lead	红丹，铅丹	紅丹，鉛丹
redox exchange resin	氧化还原型交换树脂	氧化還原交換樹脂
redox initiator	氧化还原引发剂	氧化還原啟始劑
redox polymerization	氧化还原聚合	氧化還原聚合[作用]
reduced germanium ingot	还原锗锭，粗锗锭，光谱纯锗	還原鍺錠
reduced powder	还原粉	還原粉體
reduced viscosity	比浓黏度，黏数	比濃黏度
reducing atmosphere	还原气氛	還原氣氛
reducing slag	还原渣	還原渣
reduction of area	断面收缩率	斷[裂]面縮率
reduction precipitation	还原沉淀	還原沈澱
reduction process	还原制粉法	還原製程
reed pulp	苇浆	葦漿
refining	精炼	精煉，精製
reflectance difference spectroscopy (RDS)	反射差分光谱	反射差分光譜術
reflector materials	反射层材料	反射層材料
refractive index	折射率	折射率
refractoriness	耐火度	耐火度，耐火性
refractoriness under load	荷重软化温度，高温荷重变形温度	荷重耐火度
refractory clay	耐火黏土	耐火黏土
refractory concrete	耐火混凝土	耐火混凝土
refractory fiber blanket	耐火纤维毯	耐火纖維毯
refractory fiber felt	耐火纤维毡	耐火纖維氈
refractory fiber product	耐火纤维制品	耐火纖維製品
refractory fiber spraying materials	耐火纤维喷涂料	耐火纖維噴塗材料
refractory gunning mix	耐火喷补料	耐火材噴補料
refractory materials	耐火材料	耐火材料
refractory metal	难熔金属	耐火金屬
refractory metal composite	金属复合耐火材料	耐高溫金屬複材
refractory metal powder	难熔金属粉末	耐火金屬粉
refractory mortar	耐火泥，火泥	耐火泥
refractory plastic	耐火可塑料	耐火塑膠
refractory ramming materials	耐火捣打料	耐火搗實材料

英 文 名	大 陆 名	台 湾 名
refractory raw materials	耐火原料	耐火原料
refrigeration pile	致冷电堆	致冷堆
regenerated cellulose fiber	再生纤维素纤维	再生纖維素纖維
regenerated fiber	再生纤维	再生纖維
regenerated protein fiber	再生蛋白质纤维，人造蛋白质纤维	再生蛋白質纖維
regenerative medicine	再生医学	再生醫學
regional segregation	区域偏析，宏观偏析	區域偏析
regular eutectic	规则共晶体	規則共晶體
regular powder	规则状粉	規則狀粉體
regular solution	正规溶液	正規溶液
reheat crack	再热裂纹	再熱裂紋
reinforcement	增强体	強化體，韌化體
reinforcement volume fraction of composite	复合材料增强体体积分数	複材強化體體積分率
reinforcing agent	增强剂，补强剂	強化劑
reinforcing bar	钢筋	鋼筋
reinforcing bar steel	钢筋钢	鋼筋用鋼
reinforcing fiber	增强纤维	強化纖維
relative density	相对密度	相對密度
relative molecular mass distribution	相对分子质量分布	相對分子質量分佈
relative partial dispersion	相对部分色散	相對部分色散
relative refractive index	相对折射率	相對折射率
relative viscosity	相对黏度，黏度比	相對黏度
relative viscosity increment	相对黏度增量，增比黏度	相對黏度增量
relaxation spectrum	弛豫谱	鬆弛譜
relaxation time	弛豫时间	鬆弛時間
relaxation time spectrum	弛豫时间谱	鬆弛時間譜
relaxed heat setting	松弛热定型	鬆弛熱定型
relaxor ferroelectric ceramics	弛豫铁电陶瓷	弛豫強介電陶瓷
release paper	防粘纸	離型紙
release paper of composite	复合材料离型纸	複材離型紙
relief fiberboard	浮雕纤维板	浮雕纖維板
remanent polarization	剩余极化强度	殘餘極化
removable flask molding	脱箱造型	脱型模製
removable partial denture	可摘局部义齿	局部活動假牙
remover	去漆剂	去除劑
repairing materials of hard tissue	硬组织修复材料	硬組織修復材料

英　文　名	大　陆　名	台　湾　名
repairing materials of soft tissue	软组织修复材料	軟組織修復材料
repair tolerance of composite	复合材料修理容限	複材修復容限
rephosphorization	回磷	復磷作用
replacement design of laminate	层合板等代设计	積層板替代品設計
repolymerization	再聚合	再聚合[作用]
repressing	复压	再壓
reproductive toxicity	生殖毒性	生殖毒性
reservoir drug delivery system	贮库型药物释放系统	儲囊型藥物遞送系統
residence time	保留时间	停留時間
residual dendrite	残留树枝晶组织	殘留枝狀晶
residual mechanical damage	残留机械损伤	殘餘機械損傷
residual resistance	剩余电阻	殘餘電阻
residual stress	残余应力	殘留應力
residual stress model of composite	复合材料固化残余应力模型	殘留應力模型
residual stress of composite interface	复合材料界面残余应力	複材界面殘留應力
resilience	回弹性	回彈
resin	树脂	樹脂
resin content	含胶量	樹脂含量
resin content of prepreg	预浸料树脂含量	預浸體樹脂含量
resin diluent	树脂稀释剂	樹脂稀釋劑
resin film infusion (RFI)	树脂膜浸渍成型	樹脂膜浸漬
resin flow model of composite	复合材料树脂流动模型	複材樹脂流動模型
resin flow of prepreg	浸料树脂流动度	預浸體樹脂流動[度]
resin mass content	含胶量，树脂含量	樹脂質量含量
resin/montmorillonite intercalation composite	树脂插层蒙脱土复合材料	樹脂/蒙脫土插層複材
resin/montmorillonite nanocomposite	树脂插层蒙脱土纳米复合材料	樹脂/蒙脫土奈米複材
resin-rich area of composite	复合材料富树脂区	複材富樹脂區
resin-starved area of composite	复合材料贫树脂区	複材貧樹脂區
resin tooth	树脂牙	樹脂牙
resin transfer molding (RTM)	树脂传递模塑	樹脂轉注模製
resin viscosity model	树脂体系黏度模型	樹脂黏度模型
resistance	电阻	電阻
resistance brazing	电阻钎焊	電阻硬銲

英　文　名	大　陆　名	台　湾　名
resistance heating evaporation	电阻加热蒸发	電阻加熱蒸發
resistance of setting	料垛阻力	料堆阻力
resistance welding	电阻焊	電阻銲
resistivity	电阻率	電阻率，電阻係數
resource-saving stainless steel	经济型不锈钢，资源节约型不锈钢	資源節約型不鏽鋼
restoration	修复体	復原
resulfurization	回硫	復硫
retained austenite	残余奥氏体	殘留沃斯田體，殘留沃斯田鐵
retanning	复鞣	再鞣[作用]
retardation	缓聚作用，延迟作用	阻滯
retardation time	推迟时间	阻滯時間
reticular layer	网状层	網狀層
reticulin fiber	网状纤维	網狀[蛋白]纖維
reticulo-endothelial system	网状内皮系统	網狀內皮系統
reverse bend test	反复弯曲试验	反覆彎曲試驗
reverse transformed austenite	逆转变奥氏体	逆轉變沃斯田體，逆轉變沃斯田鐵
reversible addition fragmentation chain transfer polymerization	可逆加成断裂链转移聚合	可逆加成碎鏈轉移聚合[作用]
reversible process	可逆过程	可逆過程
reversible temper brittleness	可逆回火脆性，第二类回火脆性，高温回火脆性	可逆回火脆性
reversing	回归	逆轉
RFI (=resin film infusion)	树脂膜浸渍成型	樹脂膜浸漬
Rheinstahl-Heraeus degassing process	真空循环脱气法	真空脫氣製程，RH脫氣製程
rhenium	铼	錸
rhenium effect	铼效应	錸效應
rheoforming	流变成形	流變成形
rheological property of wood	木材流变性质	木材流變性質
rheometer	硫化仪	流變儀
rheopectic fluid	震凝性流体	觸變增黏流體
rhodium alloy	铑合金	銠合金
rhodochrosite	菱锰矿	菱錳礦
rhyolite	流纹岩	流紋岩
ribbed grain of leather	皮革肋条纹	皮革肋條紋理

英　文　名	大　陆　名	台　湾　名
rice perforation	玲珑瓷	玲瓏瓷
ridge waveguide laser diode	脊形波导激光二极管	脊形波導雷射二極體
Righi-Leduc effect	里纪–勒迪克效应	瑞紀–勒杜克效應
rigidity factor	刚性因子，空间位阻参数	剛性因子
rigid polyvinylchloride	硬聚氯乙烯	硬質聚氯乙烯
rigid PVC(=rigid polyvinylchloride)	硬聚氯乙烯	硬質 PVC
rigid reaction injection molding polyurethane plastic	硬质反应性注塑成型聚氨酯塑料	硬質反應射出成型聚胺酯塑膠
rimmed steel	沸腾钢	淨面鋼
rimming steel	沸腾钢	淨面鋼
ring laser	环形激光器	環形雷射
ring opening polymerization	开环聚合	開環聚合[作用]
ring porous wood	环孔材	環形多孔材
ripe lacquer	熟漆，棉漆，推光漆	熟漆
riser	冒口	冒口
river pattern on fracture surface	断口河流花样	破斷面河流圖樣
roasting	焙烧	焙燒
rock crystal	水晶	水晶，石英
Rockwell hardness	洛氏硬度	洛氏硬度
roll	轧辊	軋輥
rollaway glaze	滚釉，缩釉	滾釉
roller compacted concrete	碾压混凝土	碾壓混凝土
roller crushing	对辊粉碎	對輥粉碎
roller die drawing	滚模拉拔	輥模抽製
roller forming	滚压成形	輥壓成形
roller hearth furnace	辊道窑，辊底窑	輥平爐
roll forging	辊锻	輥鍛
roll forming	①滚锻，辊形 ②辊弯成形	輥軋成形
roll grinding	轮碾	輥軋研磨
rolling	轧制	輥軋
rolling film forming	轧膜成型	輥軋膜成形
rolling force	轧制力	輥軋力
rolling friction and wear	滚动摩擦磨损	滾動摩擦磨耗
rolling power	轧制功率	輥軋功率
rolling process	搓制成型	輥軋製程
rolling torque	轧制力矩	輥軋扭矩

英 文 名	大 陆 名	台 湾 名
roll peening	滚压	輥軋鎚擊
roll-profiled metal sheet	压型金属板	軋形金屬板
room temperature vulcanized silicone rubber	室温硫化硅橡胶	室溫火煅矽氧橡膠，室溫硫化矽氧橡膠
root canal filling materials	根管充填材料	根管填充材料
root mean square of end-to-end distance	均方根末端距	端距均方根
rose quartz	芙蓉石，蔷薇石英	玫瑰石英
rosin	松香	松香
rosin derivative	松香衍生物	松香衍生物
rosin ester	松香酯	松香酯
rotary die forging	旋转模锻	迴轉模鍛，旋轉模鍛
rotary flex fatigue test	回转屈挠疲劳实验	迴轉撓曲疲勞試驗，旋轉撓曲疲勞試驗
rotary forging	摆辗	迴轉鍛造，旋轉鍛造
rotary forming	回转成形	迴轉成形，旋轉成形
rotary kiln	回转窑	迴轉窯，旋轉窯
rotary swaging	旋转锻造	旋轉型鍛
rotating cup atomization	旋转坩埚雾化	旋轉杯霧化[法]
rotating disk atomization	旋转盘雾化	旋轉盤霧化[法]
rotating electrode atomization	旋转电极雾化	旋轉電極霧化[法]
rotational flex fatigue failure	回转屈挠疲劳失效	迴轉撓曲疲勞失效，旋轉撓曲疲勞失效
rotational molding	滚塑成型，回转成型	旋轉模製
rotational rheometer	有转子硫化仪	旋轉[式]流變儀
rot resist	防腐剂	防腐劑
rough interface	弥散界面	粗糙界面
RTM (=resin transfer molding)	树脂传递模塑	樹脂轉注模製
rubber	橡胶	橡膠
rubber ingredient	橡胶助剂	橡膠原料
rubber reclaiming	橡胶再生	橡膠回收
rubber softener	橡胶软化剂	橡膠軟化劑
rubber-strengthening agent	橡胶补强剂	橡膠強化劑
rubbery elasticity	橡胶弹性	橡膠態彈性
rubbery state	橡胶态	橡膠態狀態
ruby	红宝石	紅寶石
Ru kiln	汝窑	汝窯

英　文　名	大　陆　名	台　湾　名
rule of mixtures of composite	复合材料混合定律	複材混合物定則
runner	横浇道	澆道
rupture	破断	驟斷
ruthenium alloy	钌合金	釕合金
Rutherford backscattering spectrometry	卢瑟福离子背散射谱法	拉塞福背向散射能譜術
Rutherford cable	卢瑟福电缆	拉塞福電纜
rutile	金红石	金紅石
rutile crystal	金红石晶体	金紅石晶體
rutile structure	金红石型结构	金紅石結構

S

英　文　名	大　陆　名	台　湾　名
sacrificial magnesium anode	镁牺牲阳极	鎂犧牲陽極
sacrificial zinc anode	牺牲阳极用锌合金	鋅犧牲陽極
safety glass	安全玻璃	安全玻璃
safety paper	防伪纸	安全紙
saggar	匣钵	匣缽
salt bath cure	盐浴硫化，液体连续硫化	鹽浴固化
salt bath heat treatment	盐浴热处理	鹽浴熱處理
salted hide	盐湿皮	鹽漬生皮
salted skin	盐湿皮	鹽漬皮
salt glaze	盐釉	鹽釉
salt pattern	盐模	鹽模
salt spray test	盐雾试验	鹽霧試驗
samarium-cobalt magnet	钐钴磁体	釤鈷磁石
samarium-(cobalt, M) 1：7 type intermetallic	Sm(Co，M) 1：7 型中间相	釤(鈷合金) 1：7 型介金屬
samarium-cobalt 1：5 type magnet	钐钴 1：5 型磁体	釤鈷 1：5 型磁石
samarium-cobalt 2：17 type magnet	钐钴 2：17 型磁体	釤鈷 2：17 型磁石
samarium-iron-nitrogen magnet	钐铁氮磁体	釤鐵氮磁石
samarskite	铌钇矿	鈮釔礦
samming	挤水	擠水[法]
sand adhering	黏砂	黏砂
sand blasting	喷砂	噴砂
sand casting	砂型铸造	砂鑄
sanded glass	喷砂玻璃	噴砂玻璃，毛玻璃

英 文 名	大 陆 名	台 湾 名
sand hole	砂眼	砂孔
sand inclusion	夹砂	夾砂
sandstone	砂岩	砂岩
sandwich board	夹心板	三夾板
sandwich hybrid composite	夹芯混杂复合材料	夾心混成複材
sandwich molding	夹层模塑	夾心模製
sanitary enamel	卫生搪瓷	衛浴[器皿]琺瑯
sanitaryware ceramics	卫生陶瓷	衛浴[器皿]陶瓷
San Yang Kai Tai porcelain	三阳开泰瓷	三陽開泰瓷
sapphire	蓝宝石	藍寶石
sapwood	边材	邊材
saturated permeability	饱和渗透率	飽和滲透度
saturated polarization	饱和极化强度	飽和極化度
saturated solid solution	饱和固溶体	飽和固溶體
saturating paper	浸渍纸	浸漬紙，飽和紙
saturating paper board	浸渍纸板	浸漬紙板，飽和紙板
saturation magnetization	饱和磁化强度	飽和磁化強度
sawdust milling	滚锯末	鋸屑研磨
sawed timber	锯材	鋸材
saw exit mark	退刀痕	退刀痕，退鋸痕
saw mark	刀痕	刀痕，鋸痕
sawn timber	锯材	鋸材
scaffold for tissue engineering	组织工程支架	組織工程支架
scandium-iron-gallium 1∶6∶6 type alloy	钪铁镓 1∶6∶6 型合金	鈧鐵鎵 1∶6∶6 型合金
scanning electron microscopy	扫描电子显微术	掃描電子顯微術
scanning probe microscopy	扫描探针显微术	掃描探針顯微術
scanning tunnelling microscopy	扫描隧道显微术	掃描穿隧顯微術
scattering topography	红外散射缺陷	散射形貌術
scented porous metal	含香金属	含香多孔金屬
scheelite	白钨矿	白鎢礦
schist	片岩	片岩
Schockley partial dislocation	肖克莱不全位错	肖克萊部分錯位，肖克萊部分差排
Schopper abrasion test	邵坡尔磨耗试验	蕭伯磨耗試驗
Schottky barrier	肖特基势垒	肖特基阻障
Schottky barrier photodiode	肖特基势垒光电二极管	肖特基阻障光電二極體
Schottky defect	肖特基缺陷	肖特基缺陷

英 文 名	大 陆 名	台 湾 名
Schottky disorder	肖特基缺陷	肖特基無序
scintillation crystal	闪烁晶体	閃爍晶體
scintillator	闪烁体	閃爍體
scorching	焦烧	焦化[作用]
scorching time	焦烧时间	焦化時間
scorch retarder	防焦剂	防焦劑，阻焦劑
scoria	火山渣，岩渣	火山渣
scrap steel	废钢	廢鋼
scratch	划伤	刮痕
scratch test method	划痕测试法	刮痕試驗法
screen analysis	筛分析	篩分析
screening	[纸浆]筛选	[紙漿]篩選
screw dislocation	螺[型]位错	螺旋錯位，螺旋差排
screw-thread steel	螺纹钢	螺紋鋼
sea-island composite fiber	海岛型复合纤维，基体–微纤型复合纤维	海島型複合纖維
sealant	密封胶黏剂，密封胶	密封膠
sealed composite	密封功能复合材料	密封複材
sealed functional composite	密封功能复合材料	密封功能性複材
sealing	封孔	封孔，封口，密封
sealing glass	封接玻璃	熔封玻璃
seamless steel pipe	无缝钢管	無縫鋼管
seamless tube	无缝管	無縫管
seam welding	[电阻]缝焊	有縫銲接
seasoning	天然稳定化处理	季化，風乾
seawater corrosion resistant steel	耐海水腐蚀钢	耐海水腐蝕鋼
seawater magnesia	海水镁砂	海水鎂砂
secondary aluminum	再生铝	再生鋁
secondary bonding of composite	复合材料二次胶接	複材二次黏結
secondary cementite	二次渗碳体	二次雪明碳體，二次雪明碳鐵
secondary clay	次生黏土	次生黏土，移積黏土
secondary crystallization	次期结晶，二次结晶	次級結晶，二次結晶
secondary cure	二次硫化	二次固化，次級固化
secondary flat	副参考面	次平面
secondary graphite	二次石墨	二次石墨
secondary hardening	二次硬化	二次硬化
secondary metallurgy	精炼	二次冶煉
secondary order transition	次级转变	二階轉換

英 文 名	大 陆 名	台 湾 名
secondary orientation flat	副参考面，第二参考面	次定向平面
secondary phase	第二相	次生相
secondary plasticizer	辅助增塑剂，非溶剂型增塑剂	次要塑化劑
secondary recrystallization	二次再结晶	二次再結晶
secondary relaxation	次级弛豫	次級鬆弛
secondary transition temperature	次级转变温度	次級轉換溫度
second extrusion	二次挤压	二次擠製
second normal stress difference	第二法向应力差	第二正向應力差
second-order phase transformation	二级相变	二階相變
second-order phase transition	二级相变	二階相轉換
second phase	次生相	第二相
section drawing	型材拉拔	型材抽製，剖面圖
section extrusion	型材挤压	型材擠製
section steel	型钢	型鋼
sedimentary rock	沉积岩	沈積岩
sedimentation method	沉降法	沈降法，沈積法
Seebeck effect	泽贝克效应	席貝克效應
seed cell	种子细胞	種子細胞
seed coat	人工种皮	種皮
seed crystal	晶种	晶種，種晶
seed fiber	种子纤维	種子纖維
seed hair fiber	种毛纤维	種毛纖維
seed polymerization	种子聚合	種子聚合[作用]
segregation	偏析	偏析
selective absorption spectrum coating	光谱选择性吸收涂层	選擇性吸收光譜塗層
selective corrosion	选择性腐蚀	選擇性腐蝕
selective epitaxy growth	选择性外延生长	選擇性磊晶成長
selective light filtering composite	选择滤光功能复合材料	選擇性濾光複材
selective separative polymeric composite	选择分离聚合物膜复合材料	選擇分離聚合體型複材
self adhesion	自黏性	自黏性
self-assembly	自组装	自組裝
self-assembly growth	自组装生长	自組裝成長
self-assembly system	自组装系统	自組裝系統
self-bonded silicon carbide product	自结合碳化硅制品，重结晶碳化硅制品	自結合碳化矽製品

英　文　名	大　陆　名	台　湾　名
self-catalyzed reaction	自催化反应	自催化反應
self-cleaning enamel coating	自洁搪瓷	自潔珐瑯塗層
self-compacting concrete	自密实混凝土，自流平混凝土	自密實混凝土
self-crosslinking	自交联	自交聯
self-curing denture base resin	化学固化型义齿基托树脂	自固化牙托樹脂
self diffusion	自扩散	自擴散
self-doping	自掺杂	自摻雜
self-expandable stent	自膨胀式支架	可自膨脹支架
self-fluxing alloy spray powder	自熔性合金喷涂粉末	自助熔合金噴塗粉體
self-fluxing brazing alloy	自钎剂钎料	自助熔硬銲合金
self-focusing	自聚焦[现象]	自聚焦
self hardening sand	自硬砂	自硬砂
self hardening sand molding	自硬砂造型	自硬砂模製
self-lubricating bearing	自润滑轴承	自潤滑軸承
self-lubrication	自润滑	自潤滑
self-organization	自组织	自組織
self-organization growth	自组织生长	自組織成長
self-propagating combustion high temperature synthesis	自蔓延高温燃烧合成法	自漫延燃燒高溫合成法
self-quench hardening	自冷淬火	自淬火硬化[作用]
self-regulated drug delivery system	自调节药物释放系统	自調節藥物遞送系統
self-resistance heating	垂熔	自電阻加熱
self-shielded welding wire	自保护焊丝	自遮蔽銲線
self-tempering	自回火	自回火
semi-aniline leather	半苯胺革	半苯胺皮革
semi-austenitic precipitation hardening stainless steel	半奥氏体沉淀硬化不锈钢	半沃斯田鐵系析出硬化型不鏽鋼
semi-bleached pulp	半漂浆	半漂漿
semi-chemical pulp	半化学浆	半化學漿
semicoherent interface	半共格界面	半契合界面
semiconducting solid solution material	固溶体半导体材料	半導固溶材料
semiconductive ceramics	半导体陶瓷	半導體陶瓷
semiconductivity	半导体导电性	半導性
semiconductor	半导体	半導體
semiconductor germanium	半导体锗	半導體鍺

英 文 名	大 陆 名	台 湾 名
semiconductor laser	半导体激光器	半導體雷射
semiconductor light sensitive materials	半导体光敏材料	半導體光敏材料
semiconductor magneto-sensitive materials	半导体磁敏材料	半導體磁敏材料
semiconductor materials	半导体材料	半導體材料
semiconductor materials for infrared detector	红外探测器用半导体材料	紅外線探測器用半導體材料
semiconductor materials for infrared optics	红外用半导体材料	紅外線光學用半導體材料
semiconductor materials for transducer	半导体传感器材料，半导体敏感材料	轉換器用半導體材料，傳感器用半導體材料
semiconductor pressure sensitive materials	半导体压敏材料，半导体压力材料	半導體壓敏材料
semiconductor thermosensitive materials	半导体热敏材料	半導體熱敏材料
semi-crystalline polymer	半结晶聚合物，部分结晶聚合物	半結晶聚合體
semidense materials	半致密材料	半緻密材料
semi-diffuse porous wood	半散孔材	半散佈多孔木材
semi-gloss paint	半光漆	半光漆
semi-hard magnetic materials	半硬磁材料	半硬磁材料
semi-insulating gallium arsenide single crystal	半绝缘砷化镓单晶	半絕緣砷化鎵單晶
semikilled steel	半镇静钢	半靜鋼
semimagnetic semiconductor	半磁半导体	半磁半導體
semi-metallic brake material for car	半金属汽车刹车材料	車用半金屬剎車材
semi-ring porous wood	半环孔材	半環多孔木材
semisilica brick	半硅砖	半矽磚
semi-solid die forging	半固态模锻	半固態模鍛
semi-solid extrusion	半固态挤压	半固態擠製
semi-solid forming	半固态成形	半固態成形
semi-synthetic fiber	半合成纤维	半合成纖維
semi-tempered glass	半钢化玻璃	半強化玻璃
sensitive ceramics	敏感陶瓷	敏感陶瓷
sensitization	致敏性	敏化[處理]
separated absorption and multiplication avalanche photodiode	吸收区倍增区分置雪崩光电二极管	分置吸光區及倍增區崩潰光電二極體
separated confinement heterostructure	分离限制异质结构	分離侷限異質結構
separated confinement heterostructure laser	分离限制异质结构激光	分離侷限異質結構雷射

英　文　名	大　陆　名	台　湾　名
separated confinement heterostructure multiple quantum well laser	分离限制异质结构多量子阱激光器	分離侷限異質結構多量子井雷射
separating paper	离型纸	隔離紙
sepiolite	海泡石	海泡石
sepiolite clay	海泡石黏土	海泡石黏土
sequence casting	多炉连浇	序列澆鑄
sequence length distribution	序列长度分布	序列長度分佈
sericite	绢云母	絹雲母
sericite porcelain	绢云母质瓷	絹雲母瓷
sericite schist	绢云母片岩	絹雲母片岩
serpentine	蛇纹石	蛇紋石
serpentinite	蛇纹岩	蛇紋岩
shadowy blue glaze porcelain	影青瓷	影青釉瓷
shadowy blue ware	影青瓷	影青器皿
shale	页岩	頁岩
shallow level	浅能级	淺能階
shallow level impurity	浅能级杂质	淺能階雜質
shaped crystal growth	成形晶体生长	定型晶體成長
shape forming	成型	成型
shape memory polymer	形状记忆聚合物	形狀記憶聚合體
shaping	成型	定型
sharkskin phenomenon	鲨鱼皮现象	鯊魚皮現象
shaving	削匀	刨花
shaving board	刨花板，碎料板	刨花板
shear coupling coefficient of lamina	单层剪切耦合系数，相互影响系数	薄板剪切耦合係數
shear coupling of laminate	层合板拉–剪耦合	積層板剪切耦合
shearing	剪切	剪切[作用]
shear modulus	剪切模量，切变模量，刚性模量	剪切模數
shear modulus of age hardened alloy	时效硬化合金剪力模数	時效硬化合金剪力模數
shear rate	剪切速率	剪切速率
shear strength	抗剪强度	剪切強度
shear thickening	剪切增稠	剪切增稠
shear thinning	剪切稀化	剪切稀化
shear viscosity	切黏度，剪切黏度	剪切黏度
sheath-core composite fiber	皮芯型复合纤维	鞘芯型複合纖維
sheath extrusion	包套挤压	護套擠製

英 文 名	大 陆 名	台 湾 名
sheet metal formability	薄板成形性	薄板金屬成形性
sheet molding compound (SMC)	片状模塑料	薄板模製[塑]料
sheet resistance	薄层电阻	片電阻
shellac	紫胶，虫胶	紫膠，蟲膠
shell core	壳芯	殼芯
shell mold casting	壳型铸造	殼模鑄造
shell solidification	壳状凝固	殼狀凝固
shielding materials	屏蔽材料	遮蔽材料
shift factor	平移因子，移动因子	平移因子
shipbuilding steel	船用钢	船用鋼
shish-kebab structure	串晶结构	烤肉串結構
SHLD (=single-heterostructure laser diode)	单异质结激光器二极管	單異質結構雷射二極體
shock chilling	激冷	驟冷
shock resistant tool steel	耐冲击工具钢	耐衝擊工具鋼
shock resistant tungsten filament	耐震钨丝，抗震钨丝	耐衝擊鎢絲
shock-resisting steel	抗震钢	耐衝擊鋼
Shore hardness	邵氏硬度	蕭氏硬度
Shore hardness A	邵氏硬度 A	蕭氏硬度 A
Shore hardness D	邵氏硬度 D	蕭氏硬度 D
short-beam shear strength	短梁层间剪切强度	短樑剪切強度
short fiber reinforced metal matrix composite	短纤维增强金属基复合材料	短纖強化金屬基複材
short fiber reinforced polymer composite	短纤维增强聚合物基复合材料	短纖強化聚合體複材
short fiber reinforcement	短纤维增强体	短纖維強化體
short oil alkyd resin	短油醇酸树脂	短油醇酸樹脂
short-range intramolecular interaction	近程分子内相互作用	短程分子內交互作用
short-range order parameter	短程有序参量	短程有序參數
short-range structure	近程结构	短程結構
short-time static hydraulic pressure strength	短期静液压强度	短期靜液壓強度
shot blasting	喷丸	噴砂[處理]
shotcrete	喷射混凝土	噴凝土
shoushan stone	寿山石	壽山石
shower gate	雨淋浇口	噴灑式進模口
shrinkage cavity	缩孔	縮孔
shrinkage-compensating concrete	收缩补偿混凝土	收縮補償混凝土
shrinkage in boiling water	沸水收缩	沸水收縮[率]

英 文 名	大 陆 名	台 湾 名
shrink temperature	收缩温度	收縮溫度
shrunk grain leather	缩纹革	縮紋皮革
shuttle kiln	梭式窑	梭子窯
sialon	赛隆陶瓷	賽隆陶瓷
sialon-bonded corundum product	赛隆结合刚玉制品	賽瓏結合剛玉製品
sialon-bonded silicon carbide product	赛隆结合碳化硅制品	賽瓏結合碳化矽製品
α-Si based solar cell on flexible substrate	柔性衬底非晶硅太阳能电池	可撓性基板非晶矽太陽能電池
α-Si based tandem solar cell	非晶硅叠层太阳能电池	非晶矽疊層太陽能電池
side blown converter	侧吹转炉	側吹轉爐
side-by-side composite fiber	并列型复合纤维	並列型複合纖維
side chain-type ferroelectric liquid crystal polymer	侧链型铁电液晶高分子	側鏈型強介電液晶聚合體,側鏈型鐵電液晶聚合體
side extrusion	侧[向]挤压	側向擠製
siderite	菱铁矿	菱鐵礦
sieve analysis	筛分析	篩選分析
silane	硅烷	矽烷
silane coupling agent	硅烷偶联剂	矽烷耦合劑
silanol	硅醇	矽醇
silazane	硅氮烷	矽氮烷
silica brick	硅砖	氧化矽磚
silica fume	硅灰	氧化矽灰
silica gel	硅胶	[氧化]矽凝膠
silica rock	硅石	氧化矽岩
silica sol	硅溶胶	[氧化]矽溶膠
silicate structure zeolite	沸石类硅酸盐结构	矽酸鹽結構沸石
silica wave-transparent composite	二氧化硅透波复合材料	二氧化矽透波複材
silica whisker reinforcement	氧化硅晶须增强体	氧化矽鬚晶強化體
siliceous refractory	硅质耐火材料	矽質耐火材
silicide ceramics	硅化物陶瓷	矽化物陶瓷
silicon	硅	矽
silicon based semiconductor materials	硅基半导体材料	矽基半導體材料
silicon bronze	矽青铜	矽青銅
silicon carbide	碳化硅	碳化矽
α-silicon carbide	α 碳化硅	α 碳化矽

英文名	大陆名	台湾名
β-silicon carbide	β碳化硅	β碳化矽
silicon carbide based radar absorbing materials	碳化硅类吸波材料	碳化矽基雷達[波]吸收材
silicon carbide ceramics	碳化硅陶瓷	碳化矽陶瓷
silicon carbide fiber reinforcement	碳化硅纤维增强体	碳化矽纖維強化體
silicon carbide filament reinforced titanium matrix composite	碳化硅纤维增强钛基复合材料	碳化矽纖絲強化鈦基複材
silicon carbide particle reinforcement	碳化硅颗粒增强体	碳化矽顆粒強化體
silicon carbide particulate reinforced aluminum matrix composite	碳化硅颗粒增强铝基复合材料	碳化矽顆粒強化鋁基複材
silicon carbide particulate reinforced magnesium matrix composite	碳化硅颗粒增强镁基复合材料	碳化矽顆粒強化鎂基複材
silicon carbide platelet reinforced ceramic matrix composite	碳化硅晶片补强陶瓷基复合材料	碳化矽板晶強化陶瓷複材
silicon carbide platelet reinforcement	碳化硅片晶增强体	碳化矽板晶強化體
silicon carbide refractory product	碳化硅耐火制品	碳化矽耐火製品
silicon carbide voltage-sensitive ceramics	碳化硅压敏陶瓷	碳化矽電壓敏感陶瓷
silicon carbide whisker reinforced aluminum matrix composite	碳化硅晶须增强铝基复合材料	碳化矽鬚晶強化鋁基複材
silicon carbide whisker reinforcement	碳化硅晶须增强体	碳化矽鬚晶強化體
silicone based impression materials	聚硅基印模材料，硅橡胶印模材料	聚矽氧基印模材料
silicone coating	硅漆	矽氧樹脂塗層
silicone emulsion	有机硅乳液	矽氧樹脂乳化
silicone gel	硅凝胶	矽氧樹脂凝膠
silicone grease	硅脂	矽氧樹脂油脂
silicone oil	硅油	聚矽氧油
silicone releasing agent	有机硅脱模剂	聚矽氧脫模劑
silicone resin	硅树脂	聚矽氧樹脂
silicone resin composite	有机硅树脂基复合材料	聚矽氧樹脂複材
silicone rubber	硅橡胶	聚矽氧橡膠
silicone sealant	有机硅密封胶，硅酮密封胶	聚矽氧封膠
silicon germanium alloy	硅锗合金	矽鍺合金
silicon ingot	[硅工艺中的]硅晶锭	矽錠
silicon nitride bonded silicon carbide product	氮化硅结合碳化硅制品	氮化矽結合碳化矽製品

英　文　名	大　陆　名	台　湾　名
silicon nitride ceramics	氮化硅陶瓷	氮化矽陶瓷
silicon nitride fiber reinforcement	氮化硅纤维增强体	氮化矽纖維強化體
silicon on insulator (SOI)	绝缘体上硅	矽覆絕緣體
silicon on sapphire (SOS)	蓝宝石上硅	藍寶石基底矽晶[薄膜]
silicon on sapphire epitaxial wafer	SOS 外延片	矽覆藍寶石磊晶片
silicon steel	硅钢	矽鋼
silicon technology	硅工艺技术	矽科技
silicon tetrachloride	四氯化硅	四氯化矽
silk-like fiber	仿丝纤维	類絲纖維
sillimanite	夕线石	矽線石
sillimanite brick	硅线石砖	矽線石磚
silt quartz	粉石英	粉石英
siltstone	粉砂岩	粉砂岩
silver	银	銀
silver [alloy] sheathed Bi-2212 superconducting wire	包银[合金]铋–2212 超导线[带]材，第一代高温超导线[带]材	包銀[合金]鉍–2212 超導線
silver-based alloy	银基合金	銀基合金
silver-indium-cadmium alloy for nuclear reactor	核用银铟镉合金	核反應器用銀銦鎘合金
silylene	二硅烯	二矽烯
similarity criterion	相似准则	相似準則
single-action pressing	单向压制	單動壓製
single-chip optoelectronic integrated circuit	单片光电子集成电路	單晶片光電積體電路
single crystal	单晶	單晶
single crystal materials	单晶材料	單晶材料
single crystal optical fiber	单晶光纤，纤维单晶，晶体纤维	單晶光纖
single crystal superalloy	单晶高温合金	單晶超合金
single crystal X-ray diffraction	单晶 X 射线衍射术	單晶 X 光繞射，單晶 X 射線繞射
single-heterostructure laser	单异质结激光器	單異質結構雷射
single-heterostructure laser diode (SHLD)	单异质结激光器二极管	單異質結構雷射二極體
single longitudinal mode laser diode	单纵模激光二极管	單縱模雷射二極體
single metal electroplating	单金属电镀	單金屬電鍍
single mode laser diode	单模激光二极管	單模雷射二極體

英 文 名	大 陆 名	台 湾 名
single-phase diagram	单元相图	單相位圖
single quantum well laser	单量子阱激光器	單量子井雷射
single roller chilling	单辊激冷法	單輥驟冷[作用]
sink drawing	空拉	空拉
sink mark	收缩痕	縮痕
sinter bonding	烧结连接	燒結結合
sintered all-ceramics dental materials	牙科烧结全瓷材料	燒結全陶瓷牙科材料
sintered alloy	烧结合金	燒結合金
sintered alloy steel	烧结合金钢	燒結合金鋼
sintered alnico magnet	烧结铝–镍–钴磁体	燒結鋁鎳鈷磁石
sintered aluminum	烧结铝	燒結鋁
sintered antifriction materials	烧结减摩材料	燒結抗磨擦材料
sintered brass	烧结黄铜	燒結黃銅
sintered bronze	烧结青铜	燒結青銅
sintered chromium-cobalt-iron magnet	烧结铬钴铁磁体	燒結鉻鈷鐵磁石
sintered copper	烧结铜	燒結銅
sintered electrical contact materials	烧结电触头材料	燒結電接點材料
sintered electrical engineering materials	烧结电工材料	燒結電工材料
sintered friction materials	烧结摩擦材料	燒結摩擦材料
sintered hard magnetic materials	烧结硬磁材料	燒結硬磁材料
sintered iron	烧结铁	燒結鐵
sintered lead bronze	烧结铅青铜	燒結鉛青銅
sintered magnesite	烧结镁砂	燒結鎂砂
sintered magnet	烧结磁体	燒結磁石
sintered neodymium-iron-boron magnet	烧结钕–铁–硼磁体	燒結釹鐵硼磁石
sintered nickel silver	烧结白铜	燒結白銅，燒結德國銀
sintered ore	烧结矿	燒結礦
sintered piston ring	烧结活塞环	燒結活塞環
sintered soft magnetic materials	烧结软磁材料	燒結軟磁材料
sintered stainless steel	烧结不锈钢	燒結不鏽鋼
sintered steel	烧结钢	燒結鋼
sintering	烧结	燒結
sintering atmosphere	烧结气氛	燒結氣氛
sintering distortion	烧结畸变	燒結變形
sintering neck	烧结颈	燒結頸
sintering process	烧结工艺	燒結製程
α-Si/α-SiGe/α-SiGe triple junction solar cell	非晶硅/非晶锗硅/非晶	非晶矽/非晶矽鍺/

英文名	大陆名	台湾名
	锗硅三结叠层太阳能电池	非晶矽鍺三接面太陽能電池
site flatness	局部平整度	部位平整度
$Si_{1-x}Ge_x$/Si heterojunction materials	$Si_{1-x}Ge_x$/Si 异质结构材料	$Si_{1-x}Ge_x$/Si 異質接面材料
sizing	①精整 ②校形 ③[造纸]施胶	①篩選 ②尺度矯正 ③上漿
sizing for fiber reinforcement	增强纤维上浆剂	纖維強化體上漿
skew rolling	斜轧	斜輥軋
skin-coating calendering	贴胶压延	表面塗層壓延
skin-core structure	皮-芯结构	皮-芯結構
skin irritation	皮肤刺激	皮膚刺激
slag	①熔渣 ②渣，炉渣 ③矿渣	①熔渣 ②渣 ③礦渣
slag fluidity	熔渣流动性	熔渣流動性
slag former	造渣材料	造渣劑
slag forming	造渣	成渣[作用]
slag-free tapping	无渣出钢	無渣出鋼
slag glass-ceramics	矿渣微晶玻璃	礦渣玻璃陶瓷
slag making materials	造渣材料	造渣材料
slag-metal reaction	渣-金属反应	渣-金屬反應
slag particleboard	矿渣刨花板	礦渣木屑板
slag ratio	渣比	渣比
slag resistance	抗渣性	抗渣性
slag splashing	溅渣护炉	濺渣護爐
slag system	渣系	渣系
slag to iron ratio	渣铁比	渣鐵比
slate	板岩	板岩
sliced veneer	刨切单板	薄切單板
slide gate nozzle	滑动水口	滑動閥門噴嘴
sliding friction and wear	滑动摩擦磨损	滑動摩擦磨耗
slinging refractory	耐火投射料	投擲耐火材
slip	滑移	滑移
slip band	滑移带	滑移帶
slip casting	注浆成型，浇注成型	注漿成型
slip plane	滑移面	滑移面
slip system	滑移系	滑移系統
slit-film fiber	切膜纤维，扁丝	切割膜纖維
slot gate	缝隙浇口	縫隙澆口

英 文 名	大 陆 名	台 湾 名
slow strain rate tension	慢应变速率拉伸	慢應變速率拉伸
slurry polymerization	淤浆聚合	漿料聚合[作用]
slurry prepreg	浆料法预浸料	漿料預浸料
slushing	[造纸]碎浆	[造紙]碎漿[製程]
small angle laser light scattering	小角激光光散射法	小角度雷射光散射
small molecular organic light-emitting materials	小分子有机电致发光材料	小分子有機發光材料
smart biomaterials	智能生物材料	智慧型生物材料
smart ceramics	智能陶瓷	智慧陶瓷
smart composite	机敏复合材料	智慧型複材
smart drug delivery system	智能型药物释放系统	智慧型藥物遞送系統
smart materials	机敏材料	智慧型材料
smart scaffold	智能支架	智慧[型]支撐架
SMC (=sheet molding compound)	片状模塑料	薄板模製[塑]料
smelting	冶炼	熔煉
smelting reduction process	熔融还原	熔煉還原製程
smelting reduction process for ironmaking	熔融还原炼铁	熔煉還原製鐵法
smithsonite	菱锌矿	菱鋅礦
smoke density	烟密度	煙密度
smoke density test	烟密度试验	煙密度試驗
smoke producibility	烟雾生成性	煙生成性
Sn-coupled solution styrene-butadiene rubber	锡偶联溶聚丁苯橡胶	錫耦合溶液苯乙烯丁二烯橡膠
Snoek effect	斯诺克效应	史諾克效應
soaking of raw hide	原料皮浸水	生皮革浸泡
soda-lime glass	钠钙玻璃	鹼鈣玻璃
soda-lime-silica glass	钠钙玻璃	鹼鈣氧化矽玻璃
soda niter	钠硝石	鈉硝石
sodium-butadiene rubber	丁钠橡胶	鈉丁二烯橡膠
sodium carboxymethyl cellulose	羧甲基纤维素	羧甲基纖維素鈉
sodium chloride structure	氯化钠结构，岩盐型结构	氯化鈉結構
sodium nitrite crystal	亚硝酸钠晶体	亞硝酸鈉晶體
sodium polyacrylate	聚丙烯酸钠	聚丙烯酸鈉
sodium silicate-bonded sand	水玻璃砂	矽酸鈉鍵結砂
SOFC (=solid oxide fuel cell)	固体氧化物燃料电池	固態氧化物燃料電池
soft burning	轻烧	輕度灼燒

英　文　名	大　陆　名	台　湾　名
soft denture lining material	义齿软衬材料	軟假牙襯材
softener of rubber	橡胶软化剂	橡膠軟化劑
softening agent	软化剂，柔软剂	軟化劑
soft magnetic alloy for high temperature application	高温应用软磁合金	高溫用軟磁合金
soft magnetic composite	软磁性复合材料	軟磁性複材
soft magnetic ferrite	软磁铁氧体	軟磁性鐵氧磁體
soft magnetic materials	软磁材料	軟磁性材料
soft matter	软物质	軟物質
soft mode	软模	軟模式
softness of leather	皮革柔软性能	皮革柔性
soft rot of wood	木材软腐	木材軟腐
softwood	软材	軟木
soil corrosion	土壤腐蚀	土壤腐蝕
SOI (=silicon on insulator)	绝缘体上硅	矽覆絕緣體
solar heat enamel collector	太阳热收集搪瓷	太陽熱琺瑯收集器
solderability	钎焊性	軟銲性
soldering	①钎焊 ②软钎焊	軟銲
soldering alloy	钎料	軟銲合金
soldering flux	钎剂	軟銲助劑
soldering of ceramics	陶瓷与陶瓷焊接	陶瓷軟銲
soldering of ceramics with metal	陶瓷与金属焊接	陶瓷以金屬軟銲
sol-gel coating technology	溶胶凝胶涂层工艺	溶膠凝膠塗層技術
sol-gel method	溶胶凝胶法	溶膠凝膠法
solid carbide tool	整体硬质合金工具	實心碳化物工具
solid casting	实心注浆	實心澆注，實心鑄造
solid density	理论密度，全密度，100%相对密度	實體密度，全密度
solid electrolyte	固体电解质	固態電解質
solid fraction	固相分数	固相分率
solidification	凝固	凝固
solidification front	凝固前沿	凝固前沿
solidification interface	液固界面，凝固界面	凝固界面
solidification latent heat	凝固潜热	凝固潛熱
solidification of melt	熔体凝固	熔體凝固
solidification segregation	凝固偏析	凝固偏析
solidification temperature region	结晶温度区间	凝固溫度區間
solid loading	固体粉末含量	固體負載
solid oxide fuel cell (SOFC)	固体氧化物燃料电池	固態氧化物燃料

英 文 名	大 陆 名	台 湾 名
		電池
solid phase epitaxy	固相外延	固相磊晶[術]
solid solubility	固溶度	固溶度
solid solution	固溶体	固溶體
solid solution strengthening	固溶强化	固溶強化[作用]
solid solution strengthening superalloy	固溶强化高温合金	固溶強化超合金
solid solution type vanadium based hydrogen storage alloy	钒基固溶体贮氢合金	固溶型釩基儲氫合金
solid source molecular beam epitaxy	固态源分子束外延	固態源分子束磊晶術
solid state chemistry	固体化学，固态化学	固態化學
solid state ionics	固态离子学	固態離子學
solid state physics	固体物理学	固態物理學
solid state reaction for powder making	固相法制粉	固態反應製粉
solid state reaction method	固相反应法	固態反應法
solid state sintering	固相烧结	固態燒結
solid state welding	固相焊，固态焊接	固態銲接
solidus	固相线	固相線
solidus surface	固相面	固相面
solid wood flooring	实木地板	實木地板
solubility	溶解度	溶解度
solubility parameter	溶解度参数	溶解度參數
solubility product	固溶度积	溶度積
solute concentration	溶质浓度	溶質濃度
solute diffusion coefficient	溶质扩散系数	溶質擴散係數
solute enrichment	溶质富集	溶質增富
solute partition coefficient	分凝因数，溶质再分配系数	溶質分配係數
solute redistribution	溶质再分配	溶質再分佈
solution casting	溶液涂膜	溶液澆注
solution growth	溶液生长	溶液成長
solution polymerization	溶液聚合	溶液聚合[作用]
solution polymerized styrene-butadiene rubber	溶聚丁苯橡胶	溶液聚合苯乙烯丁二烯橡膠
solution prepreg	湿法预浸料，溶液法预浸料	溶液預浸料
solution spinning	溶液纺丝	溶液紡絲
solution treatment	固溶处理	固溶處理
solvent adhesive	溶剂型胶黏剂	溶劑型黏著劑

英 文 名	大 陆 名	台 湾 名
solvent craze resistance	抗溶剂银纹性	抗溶劑裂隙性
solvent debinding	溶剂脱脂	溶劑脫脂，溶劑去黏結
solvent degreasing	溶剂脱脂	溶劑去脂
solvent evaporation method	溶剂蒸发法	溶劑蒸發法
solvent-less paint	无溶剂漆	無溶劑漆
solvent resistance	耐溶剂性	抗溶劑性
solvent stress cracking resistance	耐溶剂–应力开裂性	抗溶劑應力破裂性
solvus	固溶度线	固溶度線
somatic cell nuclear transfer	体细胞核移植	體細胞核轉移
sorbite	索氏体	糙斑體，糙斑鐵
sorption	吸着	吸附
SOS (=silicon on sapphire)	蓝宝石上硅	藍寶石基底矽晶[薄膜]
space charge layer	空间电荷层	空間電荷層
space group	空间群	空間群
space lattice	空间点阵	空間晶格，空間格子
spark plasma sintering (SPS)	放电等离子烧结	火花電漿燒結
spark plug electrode nickel alloy	火花塞电极镍合金	火星塞電極鎳合金
spark source mass spectrometry	火花源质谱法	火花源質譜術
special casting	特种铸造	特殊鑄造
special ceramics	特种陶瓷	特殊陶瓷
special drying of wood	木材特种干燥	木材特殊乾燥[法]
special effect leather	特殊效应革	特效皮革
specialized plywood	专用胶合板	專用合板
special metallurgy	特种冶金	特殊冶金術
special physical functional steel	特殊物理性能钢，功能合金钢	特殊物理功能鋼
special section tube	异型管	特殊型管
special spring steel	特殊弹簧钢	特殊彈簧鋼
special steel	优质钢，特殊钢	特殊鋼
specialty steel	特殊性能钢	特殊鋼
specific acoustic impedance	声阻抗率	比聲阻抗
specific biomaterial surface	特异性[生物材料]表面	特定生物材料表面
specific heat capacity	比热容	比熱容量
specificity	特异性	特異性，特定性，專一性
specific modulus	比模量	比模數
specific modulus of composite	复合材料比模量	複材比模數

英 文 名	大 陆 名	台 湾 名
specific strength	比强度	比強度
specific strength of composite	复合材料比强度	複材比強度
specific surface	比表面	比表面
specific surface area	比表面积	比表面積
specific volume resistance	比体积电阻	比容積電阻
spectroscope	分光镜	光譜儀，光譜鏡
spent fuel	乏燃料	用過[核]燃料
spent liquor	制浆废液	廢液
spew of leather	皮革白霜	皮革白霜
sphalerite	闪锌矿	閃鋅礦
spherical powder	球状粉	球狀粉末
spheroidal agent	球化剂	球化劑
spheroidal structure	球状组织	球狀結構
spheroidizing	球化	球化[處理]
spheroidizing annealing	球化退火	球化退火
spheroidizing graphite cast iron	球墨铸铁，球铁	球狀化石墨鑄鐵
spherulite	球晶	球晶
spinability	可纺性	可紡性
spin dependent scattering	自旋相关散射	自旋依存散射
spin diode	自旋二极管	自旋二極體
spin draw ratio	纺丝牵伸比	紡絲拉伸比
spinel	尖晶石	尖晶石
spin glass	自旋玻璃	自旋玻璃體
spinning	旋压	旋壓[成形]，紡絲
spinning channel	纺丝甬道	紡絲管道
spinning solution	纺丝原液	紡絲溶液
spinodal curve	斯皮诺达线	離相曲線
spinodal decomposition	斯皮诺达分解	離相分解
spinodal point	斯皮诺达点	離相點
spin quantum state	自旋量子态	自旋量子態
spin transistor	自旋晶体管	自旋電晶體
spintronics	自旋电子学	自旋電子學
split fiber	膜裂纤维，裂膜纤维	分裂纖維
split-film fiber	膜裂纤维，裂膜纤维	裂膜纖維
split-flow die extrusion	分流模挤压	分流模擠製
split leather	二层革	次層皮革
split ratio	分流比	分流比
splitting	片皮	片皮，劈裂，撕裂
splitting resistance of wood	木材抗劈力	木材抗劈裂性

英 文 名	大 陆 名	台 湾 名
sponge hafnium	海绵铪	海綿鉿
sponge iron	海绵铁	海綿鐵
sponge powder	海绵粉	海綿粉體
sponge titanium	海绵钛	海綿鈦
sponge zirconium	海绵锆	海綿鋯
spontaneous polarization	自发极化	自發極化
spontaneous process	自发过程	自發過程
spot	斑点	斑點
spot welding	[电阻]点焊	點銲
SPP (=syndiotactic polypropylene)	间规聚丙烯	間規聚丙烯
spray casting	雾化铸造	噴霧鑄造
spray coating	喷涂	噴塗
spray deposition	喷射沉积	噴霧沈積
spray drying	喷雾干燥	噴霧乾燥
spray forming	喷射成形	噴霧成形
spray granulation	喷雾造粒	噴霧造粒
spray welding	喷焊	噴銲
spread	宽展	擴展，塗抹
spread forming	铺装成型	擴展成形
spreading rate	涂布率	擴張速率
spreading resistance	扩展电阻	展佈電阻
spreading resistance profile	扩展电阻法	展佈電阻分佈曲線
spring back	回弹	回彈
spring steel	弹簧钢	彈簧鋼
sprue	直浇道	豎澆道
SPS (=spark plasma sintering)	放电等离子烧结	火花電漿燒結
SPS (=syndiotactic polystyrene)	间规聚苯乙烯	間規聚苯乙烯
spun-dyed fiber	色纺纤维，着色纤维	紡前染色纖維
sputtering cleaning	溅射清洗	濺射清潔
sputtering deposition	溅射沉积	濺射沈積
square	方材	方材
squared stone	料石	角石
square resistance	方块电阻	片電阻
squeeze dehydration	挤压脱水	擰擠脱水
$Sr_{1-x}Ba_xNb_2O_6$ pyroelectric ceramics	铌酸锶钡热释电陶瓷	$Sr_{1-x}Ba_xNb_2O_6$ 焦電陶瓷
stabilized stainless steel	稳定化不锈钢	安定化不鏽鋼
stabilized superconducting wire	稳定化超导线	安定化超導線
stabilizer	稳定剂	穩定劑，安定劑

英　文　名	大　陆　名	台　湾　名
stabilizing	稳定化	穩定作用
stabilizing treatment	稳定化热处理	穩定處理
stable combustion	稳态燃烧	穩定燃燒
α stable element	α 相稳定元素	α 相穩定元素
β stable element	β 相稳定元素	β 相穩定元素
stable β titanium alloy	全 β 钛合金，稳定钛合金	穩定 β 鈦合金
stacking fault	堆垛层错	疊差
stacking fault energy	层错能	疊差能
stacking fault hardening	层错硬化	疊差硬化
stacking fault sequence	堆垛层错序列	疊差序列
stacking sequence	堆垛序列，堆垛层序	疊積序列
stain	色斑	色斑，著色劑
stainless steel	不锈钢	不鏽鋼
stainless steel filament reinforced aluminum matrix composite	不锈钢丝增强铝基复合材料	不鏽鋼絲強化鋁基複材
stainless steel for nuclear reactor	核用不锈钢	核反應器用不鏽鋼
staking	做软	柔化
stamping	冲压	沖壓
stamping tool	冲压模具	沖壓工具
stanch fiber	止血纤维	止血纖維
staple fiber	短纤维	短纖維
staple reinforcement	短纤维增强体	短纖維強化體
star-branched butyl rubber	星形支化丁基橡胶	星狀分枝丁基橡膠
starch adhesive	淀粉胶黏剂	澱粉黏著劑
star polymer	星形聚合物	星狀聚合體
star structure	星形结构	星形結構
star styrenic thermoplastic elastomer	星形苯乙烯热塑性弹性体	星狀苯乙烯熱塑性彈性體
state function	[状]态函数	狀態函數
static pressure head	静压头	靜壓頭
static recovery	静态回复	靜態回復
static recrystallization	静态再结晶	靜態再結晶
static strain aging	静态应变时效	靜態應變時效，靜態應變老化
static viscoelasticity	静态黏弹性	靜態黏彈性
statistic coil	统计线团	統計線團
steady ion implantation	连续离子注入	穩態離子佈植
steady-state liquid phase epitaxy	稳态液相外延	穩態液相磊晶術

英 文 名	大 陆 名	台 湾 名
steady state region	稳定生长区	穩態區
stealth coating	隐形涂料	隱形塗層
stealth composite	隐形复合材料	隱形複材
stealth glass	隐身玻璃	隱形玻璃，雷達波吸波玻璃
stealth materials	隐形材料	隱形材料
steam bath drawing	蒸汽浴拉伸	蒸氣浴拉製
steam heat setting	水蒸气湿热定型	水蒸氣熱定型
steam oxygen decarburization	蒸汽氧脱碳法	水蒸氣氧脫碳法
steam permeability coefficient	水蒸气渗透率	水蒸氣滲透係數
steatite ceramics	滑石陶瓷	滑石陶瓷
steel	钢	鋼
steel ball rolling	钢球轧制	鋼球輥軋
steel bonded carbide	钢结硬质合金	鋼結合碳化物
steel coil	卷材	鋼捲
steel designation	钢号	鋼號
steel fiber	钢纤维	鋼纖[維]
steel for die-casting mold	压铸模用钢	壓鑄模用鋼
steel for high heat input welding	大线能量焊接用钢	高熱入量銲接用鋼
steel grade	钢号	鋼等級
steel group	钢类	鋼類
steelmaking	炼钢	煉鋼
steelmaking pig iron	炼钢生铁	煉鋼用生鐵
steel plate	钢板	鋼板
steel product	钢材	鋼品
steel sheet	薄钢板	鋼片
steel strip	带钢	鋼帶
stellite alloy	司太立特合金，钴基铬钨合金	史泰勒合金，鈷鉻鎢系列合金
stem cell	干细胞	幹細胞
stem fiber	韧皮纤维， 茎纤维	幹纖維， 莖纖維
stent	支架	支架
stent delivery system	支架输送系统	支架遞送系統
stent implanting	支架植入术	支架植入
step bunching	台阶聚集	階褶
step flow	台阶流	階流
step growth polymerization	逐步聚合	階式成長聚合[作用]
stereographic projection	极射赤面投影	立體投影
stereology in materials science	材料体视学	材料科學立體測量

英 文 名	大 陆 名	台 湾 名
		學，材料科學體視學
stereo-regularity	立构规整度	立體規則性
stereoregular polymer	有规立构聚合物	立體規則聚合體
steric hindrance parameter	刚性因子，空间位阻参数	立體阻礙參數
stibnite	辉锑矿	輝銻礦
stick-film glass	贴膜玻璃	貼膜玻璃
sticking coefficient	黏附系数	黏附係數
sticking coefficient of surface	表面黏附系数	表面黏附係數
stiffness invariant	刚度不变量	剛度不變量
stock	纸料	紙料，儲料
stone block yield	成荒料率	成石材率
stone coal	石煤，石炭	無煙煤
stone dislodger	结石收集器	結石收集器
stone process	石材工艺	石材加工
stoneware	炻瓷	石器皿
stop-off agent	阻流剂	阻流劑
stopper rod	塞棒	塞桿
storage modulus	储能模量	儲存模數
stored energy	形变储[存]能	儲存能量
straightening	矫直	矯直
strain aging	应变时效	應變時效，應變老化
strained-layer single quantum well	应变层单量子阱	應變層單量子井
strain energy	应变能	應變能
strain energy of dislocation	位错应变能	差排應變能
strain fatigue	应变疲劳	應變疲勞
strain hardening	应变硬化	應變硬化
strain hardening exponent	加工硬化指数，应变硬化指数	應變硬化指數
strain induced plastic-rubber transition	应变诱发的塑料–橡胶转变	應變誘發塑膠橡膠轉換
strain layer	应变层	應變層
strain rate	应变[速]率	應變速率
strain rate sensitivity exponent	应变速率敏感性指数	應變速率敏感指數
strain resistance materials	应变电阻材料	應變電阻材料
strain softening	应变软化	應變軟化
strand	[连铸]流	[連鑄]流道
straw pulp	草浆	草漿

英文名	大陆名	台湾名
streaming birefringence	流动双折射	流動雙折射
stream line	流线	流線
strength ratio of laminate	层合板强度比	積層板強度比
stress coefficient of optical effect	应力光学系数	光學效應應力係數
stress concentration	应力集中	應力集中
stress corrosion cracking	应力腐蚀开裂	應力腐蝕開裂
stress corrosion cracking susceptibility	应力腐蚀敏感性	應力腐蝕開裂感受性，應力腐蝕開裂易感性
stress cracking	应力开裂	應力開裂
stress fatigue	应力疲劳	應力疲勞
stress intensity factor	应力强度因子	應力強度因子
stress relaxation	应力弛豫	應力鬆弛
stress relaxation modulus	应力弛豫模量	應力鬆弛模數
stress relaxation rate	应力弛豫速率	應力鬆弛速率
stress relaxation test	应力弛豫试验	應力鬆弛試驗
stress relaxation time	应力弛豫时间	應力鬆弛時間
stress relief annealing	去应力退火	應力釋放退火
stress relieving	去应力退火	應力釋放[作用]
stress rupture strength	持久强度	應力驟斷強度
stress rupture test	持久强度试验	應力驟斷試驗
stress-solvent craze	应力–溶剂银纹	應力–溶劑裂紋
stress-strain curve	应力–应变曲线	應力應變曲線
stress whitening	应力发白	應力致白[作用]
stretching	伸展	伸展
stretch textured yarn	伸缩性变形丝	伸縮變形紗
stretch-wrap forming	拉弯成形	拉伸纏繞成形
stripe-geometry structure laser	条形结构激光器	條形幾何結構雷射
stripping agent	脱色剂	脫色劑，剝除劑
strip steel	带钢，钢带	帶鋼
strong carbide forming element	强碳化物形成元素	強碳化物形成元素
strontianite	碳酸锶矿，菱锶矿	菱鍶礦
strontium barium niobate crystal	铌酸锶钡晶体	鈮酸鋇鍶晶體
strontium yellow	锶铬黄	鍶黃
structural adhesive	结构胶黏剂	結構[用]黏著劑
structural alloy steel	合金结构钢	結構用合金鋼
structural carbon steel	碳素结构钢	結構用碳鋼
structural ceramics	结构陶瓷	結構陶瓷
structural composite	结构复合材料	結構[用]複材

英　文　名	大　陆　名	台　湾　名
structural damping composite	结构阻尼复合材料	結構性阻尼複材
structural fluctuation	结构起伏	結構起伏
structural materials	结构材料	結構[用]材料
structural panel	结构人造板	結構板
structural phase transformation	结构相变	結構性相變
structural phase transition	结构相变	結構性相轉換
structural stealth composite	结构隐身复合材料	結構性隱形複材
structural steel	结构钢	結構鋼
structural superplasticity	组织超塑性，细晶超塑性，恒温超塑性	結構超塑性
structure of liquid metal	液态金属结构	液態金屬結構
structure of rock	岩石构造	岩石構造
structure of wood	木材构造	木材結構
structure sensitivity	组织结构敏感性能	結構敏感性
structure unit of silicate	硅酸盐结构单位	矽酸鹽結構單位
styrene-acrylonitrile copolymer	苯乙烯-丙烯腈共聚物	苯乙烯丙烯腈共聚合體
styrene-butadiene latex	丁苯胶乳	苯乙烯丁二烯乳膠
styrene-butadiene rubber	丁苯橡胶	苯乙烯丁二烯橡膠
styrene-rich styrene-butadiene rubber	高苯乙烯丁苯橡胶	高苯乙烯-苯乙烯丁二烯橡膠
styrenic thermoplastic elastomer	苯乙烯类热塑性弹性体	苯乙烯類熱塑性彈性體
sub-acute toxicity	亚急性毒性	亞急性毒性
subchronic toxicity	亚慢性毒性	亞慢性毒性
subcritical annealing	亚相变点退火	次臨界退火
subgrain	亚晶[粒]	次晶粒
subgrain boundary	亚晶界	次晶界
sublaminate	子层合板	次積層板
sublimate recrystallization method	升华再结晶法	昇華再結晶法
sublimation crystal growth	升华-凝结法	昇華晶體成長
submerged-arc welding	埋弧焊	潛弧銲接
submicron powder	亚微粉	次微米粉末
subsolvus heat treatment	亚固溶[热]处理	亞固溶度熱處理
substitutional solid solution	置换固溶体	置換型固溶體
substitutional solution strengthening	间隙固溶强化	置換型[固]溶體強化
substrate	①衬底 ②基片	基材，基板
subzero treatment	冷处理	深冷處理，零下處理

英 文 名	大 陆 名	台 湾 名
successive ply failure	逐层失效	逐層失效
successive ply failure of laminate	层合板逐层失效	積層板逐層失效
suede leather	绒面革	絨面皮革，麂皮
sulfate pulp	硫酸盐浆，牛皮浆	硫酸鹽漿料
sulfide ceramics	硫化物陶瓷	硫化物陶瓷
sulfide precipitation	硫化沉淀	硫化物沈澱[作用]
sulfur concrete	硫黄混凝土	硫磺混凝土
sulfur donor	给硫剂	供硫劑
sulphate resisting Portland cement	抗硫酸盐水泥	抗硫酸鹽波特蘭水泥，抗硫水泥
sulphurizing	渗硫	滲硫[作用]
sulphur print	硫印法	硫印[法]
sunstone	日光石	日長石
super absorbent polymer	高吸水性树脂	超吸收性聚合體
superabsorbent resin	高吸水性树脂	超吸收性樹脂
superalloy	高温合金，超合金	超合金
super clean steel	超洁净钢	超清淨鋼
superconducting element	超导元素	超導元素
superconducting filament	超导[细]丝，超导芯丝	超導絲
superconducting film	超导膜	超導膜
superconducting functional composite	超导复合材料	超導功能複材
superconducting magnet	超导磁体	超導磁石
superconducting material for fusion reactor	聚变堆用超导材料	融合反應器用超導材料
superconducting materials	超导材料	超導材料
superconducting wire	超导[电]线	超導線
superconductivity	①超导性 ②超导电性	超導性
superconductor	超导体	超導體
supercooling	过冷	過冷
supercooling degree	过冷度	過冷度
supercritical drying	超临界干燥	超臨界乾燥
supercritical extraction debinding	超临界萃取脱脂	超臨界萃取脫脂
supercritical extraction degreasing	超临界萃取脱脂	超臨界萃取去脂
superdislocation	超位错	超差排
superfine fiber	超细纤维	超細纖維
super hard ceramics	超硬陶瓷	超硬陶瓷
superhard crystal	超硬晶体	超硬晶體
super hard high speed steel	超硬高速钢	超硬高速鋼
superheating	过热处理	過熱[作用]

英　文　名	大　陆　名	台　湾　名
superheating temperature	过热度	過熱溫度
superheat treatment	过热处理	過熱處理
super high brightness light emitting diode	超高亮度发光二极管	超高亮度發光二極體
super high pressure water atomization	超高压水雾化	超高壓水霧化[法]
super high temperature isothermal annealing of oxide dispersion strengthened superalloy	氧化物弥散强化合金超高温等温退火	氧化物散布強化超合金超高溫等溫退火
super high temperature zone annealing of oxide dispersion strengthened superalloy	氧化物弥散强化合金超高温区域退火	氧化物散布強化超合金超高溫區域退火
super hybrid composite	超混杂复合材料	超混成複材
superionic conductor	超离子导体	超離子導體
superlattice	超晶格	超晶格
super luminescent diode	超辐射发光二极管	超發光二極體
supermalloy	高磁导率合金	高導磁率合金，高磁化合金
super molecular structure	超分子结构，聚集态结构	超分子結構
super oil absorption polymer	高吸油性聚合物	超吸油性聚合體
super paramagnetism	超顺磁性	超順磁性
superplastic forming	超塑性成形	超塑性成形
superplasticity	超塑性	超塑性
superplasticity instability	超塑性失稳	超塑不穩定性
superplastic performance index	超塑性能指标	超塑性能指標
superplastic steel	超塑性钢	超塑性鋼
superplastic zinc alloy	超塑锌合金	超塑性鋅合金
super quality steel	特殊质量钢	超品質鋼
supersaturated solid solution	过饱和固溶体	過飽和固溶體
supersaturated solution	过饱和溶液	過飽和溶液
supersaturation	过饱和度	過飽和度
supersaturation ratio	过饱和比	過飽和比
super smooth guide wire	超滑导丝	超滑導線
supersolidus liquid phase sintering	超固相线烧结	超固相線液相燒結
supersolvus heat treatment	超固溶[热]处理	超固溶線熱處理
supersonic plasma spray	超音速等离子喷涂	超音速電漿噴塗
superstructure	超晶格	超結構
surface	表面	表面
surface acoustic wave	声表面波	表面聲波

英　文　名	大　陆　名	台　湾　名
surface active agent	表面活性剂	表面活性劑
surface and interface tension by pendant drop method	悬滴法表面张力和界面张力	懸滴法[計算]表面和界面張力
surface biological modification	表面生物化	表面生物性改質
surface crack	表面裂纹	表面裂紋
surface decorated wood based panel with paper impregnated thermosetting resin	浸渍胶膜纸覆面人造板	熱固樹脂浸漬紙覆面木質板
surface decorated wood based panel with polyvinyl chloride film	聚氯乙烯薄膜覆面人造板	聚氯乙烯膜覆面木質板
surface defect	表面微缺陷	表面缺陷
surface degradation	表面降解	表面降解
surface electronic state	表面电子态	表面電子態
surface energy	表面能	表面能
surface finishing of wood based panel	人造板表面装饰	木基板表面整飾
surface grinding	表面研磨	表面研磨
surface heat treatment	表面热处理	表面熱處理
surface layer	表面层	表面層
surface metallization	表面金属化	表面金屬化
surface modification	表面改性	表面改質
surface modification technique	表面改性技术	表面改質技術
surface modified fiber	表面改性纤维	表面改質纖維
surface nanocrystallization	表面纳米化	表面奈米結晶[作用]
surface of materials	材料表面	材料表面
surface plasma polymerization	表面等离子体聚合	表面電漿聚合[作用]
surface processing of wood based panel	人造板表面加工	木基板表面加工
surface quenching	表面淬火	表面淬火
surface reconstruction	表面重构，表面再构	表面重構
surface relaxation	表面弛豫	表面鬆弛
surface roughness	表面粗糙度	表面粗糙度
surface segregation	表面偏析，表面偏聚	表面偏析
surface state of electron	表面电子态	電子表面態
surface strengthening	表面强化	表面強化
surface stress	表面应力	表面應力
surface tension	表面张力	表面張力
surface texture	表面织构	表面織構
surface treatment	表面处理	表面處理
surface treatment of carbon fiber	碳纤维表面处理	碳纖表面處理

英　文　名	大　陆　名	台　湾　名
surface treatment of carbon fiber by anodizing	碳纤维阳极氧化表面处理	碳纖陽極氧化表面處理
surface treatment of carbon fiber by electrolytic oxidation	碳纤维电解氧化表面处理	碳纖電解氧化表面處理
surface treatment of carbon fiber by gas phase oxidation	碳纤维气相氧化表面处理	碳纖氣相氧化表面處理
surface treatment of carbon fiber by plasma	碳纤维等离子体表面处理	碳纖電漿表面處理
surface treatment of carbon fiber by pyrolytic carbon coating	碳纤维热解碳涂层表面处理	碳纖熱解碳塗層表面處理
surface treatment of glass	玻璃表面处理	玻璃表面處理
surfacing	堆焊	堆銲
surgical suture	外科手术缝合线	手術縫合線
susceptor	基座	基座
suspension polymerization	悬浮聚合	懸浮聚合[作用]
swelling	溶胀	溶脹
swelling-controlled drug delivery system	溶胀控制药物释放系统	溶脹控制藥物遞送系統
swelling ratio	溶胀比	溶脹比
swing forging	摆锻	擺鍛
swirl defect	旋涡缺陷	漩渦缺陷
syderolite	陶土	土陶器皿
syenite	正长岩	正長岩
sylvite	钾盐	鉀鹽
symmetric laminate	对称层合板	對稱積層板
symmetric membrane	高分子各向同性膜，高分子对称膜	對稱透膜
symmetric-unbalanced laminate	对称非均衡层合板	對稱非平衡積層板
symmetry of crystal	晶体的对称性	晶體對稱性
synchronous powder feeding	同步送粉	同步送粉
syndiotactic polymer	间同立构聚合物，间规聚合物	間規聚合體
syndiotactic polypropylene (SPP)	间规聚丙烯	間規聚丙烯
syndiotactic polystyrene (SPS)	间规聚苯乙烯	間規聚苯乙烯
synergistic toughening	协同增韧	協同增韌，加乘增韌
synthetic cubic zirconia	合成立方氧化锆，方晶锆石	合成立方氧化鋯
synthetic diamond	人造金刚石	合成金剛石，合成鑽石

英　文　名	大　陆　名	台　湾　名
synthetic fiber	合成纤维	合成纖維
synthetic gemstone	合成宝石	合成寶石
synthetic quartz	人工水晶	合成石英
synthetic resin	合成树脂	合成樹脂
synthetic resin tooth	合成树脂牙	合成樹脂牙
systemic toxicity	系统毒性	全身性毒性
szaibelyite	硼镁石	硼鎂石

T

英　文　名	大　陆　名	台　湾　名
Taber abrasion test	泰伯磨耗试验	塔柏磨耗試驗
tack	接触黏性	黏性
tackifier	增黏剂	增黏劑
tacticity	立构规整度	立體異構性
tactic polymer	有规立构聚合物	立體異構聚合物
take-up tension	卷绕张力	捲取張力
take-up velocity	卷绕速度	捲取速度
talc	滑石	滑石
talc ceramics	滑石陶瓷	滑石陶瓷
talc schist	滑石片岩	滑石片岩
tandem rolling	连轧	連軋，串列輥軋
tangential section	弦切面	正切截面
tangent of dielectric loss angle	介电损耗角正切	介電損耗角正切
tangled yarn	交络丝，网络丝，喷气交缠纱	糾纏紗
Tang tricolor	唐三彩	唐三彩
tannin based adhesive	单宁胶黏剂	丹寧基黏著劑
tannin extract	栲胶	丹寧萃取物
tanning	鞣制	鞣製
tanning extract	栲胶	丹寧萃取物
tantalite	钽铁矿	鉭鐵礦
tantalum	钽	鉭
tantalum alloy	钽合金	鉭合金
tantalum based dielectric film	钽基介电薄膜	鉭基介電膜
tantalum based resistance film	钽基电阻薄膜	鉭基電阻膜
tantalum for capacitor	电容器用钽	電容器用鉭
tantalum-niobium alloy	钽铌合金	鉭鈮合金
tantalum target	钽靶材	鉭靶材

英 文 名	大 陆 名	台 湾 名
tantalum-titanium alloy	钽钛合金	鉭鈦合金
tantalum-tungsten alloy	钽钨合金	鉭鎢合金
tantalum-tungsten-hafnium alloy	钽钨铪合金	鉭鎢鉿合金
tantalum wire for capacitor	电容器用钽丝	電容器用鉭線
tap density	振实密度	敲實密度
tape casting	流延成型	刮刀成型
taper	锥度，平行度	錐度
tapping	出钢	出鋼，攻螺絲
target	靶材	靶材
target chamber	靶室	靶腔室
targeting drug delivery system	靶向药物释放系统	標靶藥物遞送系統
taw	硝皮	硝皮
TCP bioceramics	磷酸三钙生物陶瓷	TCP 生物陶瓷
TD nickel	氧化钍弥散强化镍合金，TD 镍	TD 鎳
tearing strength	撕裂强度	撕裂強度
tearing strength of leather	皮革撕裂强度	皮革撕裂強度
teflon fiber reinforcement	特氟纶纤维增强体	鐵氟龍纖維強化體
telechelic polymer	遥爪聚合物	遙螯聚合體
tellurium dioxide crystal	二氧化碲晶体	二氧化碲晶體
temperature coefficient of refractive index	折射率温度系数	折射率溫度係數
temperature coefficient of resistivity	电阻率温度系数	電阻率溫度係數
temperature compensation alloy	磁温度补偿合金，热磁合金，热磁补偿合金	溫度補償合金
temperature control coating	温控涂层	溫控塗層
temperature difference method	温差法	溫差法
temperature rise by constant load compression fatigue	定负荷压缩疲劳温升	定荷重壓縮疲勞溫升
temperature rise by fatigue	疲劳温升	疲勞溫升
temperature rise by rotating flex fatigue	回转屈挠疲劳温升	迴轉撓曲疲勞溫升
temperature-sensitive polymer	温度敏感高分子	溫感聚合體
temperature-sensitive resistance material	感温电阻材料	溫敏電阻材料
temperature treatment	温度处理	溫度處理
temperature variation method	变温法	變溫法
temper brittleness	回火脆性	回火脆性
tempered bainite	回火贝氏体	回火變韌鐵，回火變韌體
tempered glass	钢化玻璃，强化玻璃	回火玻璃
tempered martensite	回火马氏体	回火麻田散鐵，回火

英文名	大陆名	台湾名
		麻田散體
tempered martensite embrittlement	不可逆回火脆性	回火麻田散體脆化
tempered sorbite	回火索氏体	回火糙斑體
tempered troostite	回火屈氏体	回火吐粒散體
tempering	回火	回火
tempering brittleness	回火脆性	回火脆性
tempering resistance	回火稳定性	耐回火性
temper resistance	耐回火性	耐回火性
temper rolling	平整	回火輥軋，調質整平
template polymerization	模板聚合	模板聚合[作用]
tensile strength	抗拉强度	抗拉強度
tensile strength parallel to the grain of wood	木材顺纹抗拉强度，顺拉强度	木材順紋抗拉強度
tensile strength perpendicular to the grain of wood	木材横纹抗拉强度，横拉强度	木材横紋抗拉強度
tensile stress at specific elongation	定伸强度	特定伸長拉伸應力
tensile test	拉伸试验	抗拉試驗，拉伸試驗
tensile viscosity	拉伸黏度	拉伸黏度
tensile viscosity of film melt	薄膜熔体拉伸黏度	膜熔體拉伸黏度
tensile viscosity of isothermal spinning	等温纺丝拉伸黏度	等溫紡絲拉伸黏度
terafluoroethylene-propylene rubber	四丙氟橡胶	四氟乙烯丙烯橡膠
teratogenicity	致畸性	致畸胎性
terbium-copper 1∶7 type alloy	铽铜 1∶7 型合金	鋱銅 1∶7 型合金
ternary phase diagram	三元相图	三元相圖
terne coated sheet	镀铅–锡合金钢板	鍍鉛錫合金鋼片
terne sheet	镀铅–锡合金钢板	[鍍]鉛錫合金鋼片
terpilenol	松油醇，萜品醇	松油醇
terpineol	松油醇，萜品醇	松油醇
terrace-ledge-kink growth	台阶生长	臺面臺階扭折成長
tertiary cementite	三次渗碳体	三次雪明碳體，三次雪明碳鐵
tertiary recrystallization	三次再结晶	三次再結晶
test of bond strength	表面膜结合强度测试	結合強度測試
test wafer	测试片	測試晶片
tetracalcium aluminoferrite	铁铝酸四钙，钙铁石	鋁鐵氧四鈣
tetraethoxysilane	四乙氧基硅烷，正硅酸乙酯	四乙氧矽烷
tetrafluoroethylene-hexafluoropropylene copolymer	四氟乙烯六氟丙烯共聚物	四氟乙烯六氟丙烯共聚體

英文名	大陆名	台湾名
tetrafluoroethylene-hexafluoropropylene copolymer fiber	四氟乙烯六氟丙烯共聚纤维，全氟乙丙共聚物纤维	四氟乙烯六氟丙烯共聚體纖維
tetrafluoroethylene-perfluorinated alkylvinylether copolymer fiber	四氟乙烯–全氟烷基乙烯基醚共聚纤维	四氟乙烯全氟烷基乙烯基醚共聚體纖維
tetragonal zirconia polycrystals (TZP)	四方氧化锆多晶体	正方氧化鋯多晶體
textile fiber	纺织纤维	織物纖維
texture	织构	織構
textured fiber	变形纤维	織構纖維
texture of rock	岩石结构	岩石織構
TFT (=α-Si：H thin film transistor)	非晶硅薄膜晶体管	薄膜電晶體
thallium-doped cesium iodide crystal	掺铊碘化铯晶体	摻鉈碘化銫晶體
thallium-doped sodium iodide crystal	掺铊碘化钠晶体	摻鉈碘化鈉晶體
thallium-system superconductor	铊系超导体	鉈系超導體
thenardite	无水芒硝	無水芒硝
theoretical density	理论密度，全密度，100%相对密度	理論密度
therapeutic cloning	治疗性克隆	治療性複製
thermal activation	热激活	熱活化
thermal analysis	热分析	熱分析
thermal barrier coating	热障涂层	熱障塗層
thermal barrier coating materials	隔热涂料	熱障塗層材料
thermal boundary layer	温度边界层，热边界层	熱邊界層
thermal chemical vapor deposition	热化学气相沉积	熱化學氣相沈積
thermal conductivity	热导率	熱傳導率，熱傳導度
thermal control coating	热控涂层	熱控塗層
thermal couple cure monitoring	热电偶法固化监测	熱電偶固化監測
thermal curing of composite	复合材料热固化	複材熱固化
thermal debinding	热脱脂	熱脫脂
thermal decomposition method	热分解法	熱分解法
thermal decomposition reaction	热分解反应	熱分解反應
thermal deformation	热变形	熱變形
thermal degradation	热降解	熱降解
thermal degreasing	热脱脂	熱去脂
thermal diffusivity	热扩散系数	熱擴散係數
thermal donor defect	热施主缺陷	熱施體缺陷，熱予體缺陷
thermal electron emission	热电子发射	熱電子發射

英 文 名	大 陆 名	台 湾 名
thermal emissivity	辐射率，热辐射功率	熱發射率
thermal explosion	热爆	熱爆炸
thermal fatigue	热疲劳	熱疲勞
thermal insulation composite	隔热复合材料	熱絕緣複材
thermally grown oxide	热生长氧化物	熱成長氧化物
thermally stimulated capacitance spectrum	热激电容谱	熱激電容譜
thermally stimulated current spectrum	热激电流谱	熱激電流譜
thermal neutron control aluminum alloy	热中子控制铝合金	熱中子控制鋁合金
thermal neutron reactor	热中子反应堆，热堆	熱中子反應器
thermal-oxidative aging	热氧老化	熱氧化老化
thermal-oxidative degradation	热氧化降解	熱氧化降解，熱氧化劣化
thermal polymerization	热聚合	熱聚合[作用]
thermal probe method	热探针法	熱探針法
thermal reflective coating	热反射涂层	熱反射塗層
thermal resistance	热阻	熱阻
thermal resistivity	热阻率	熱阻率
thermal-sensitive paper	热敏纸	熱敏紙
thermal shock resistance	抗热震性	抗熱震性
thermal spray	热喷涂	熱噴塗
thermal spray powder	热喷涂粉末	熱噴塗粉體
thermal stimulated discharge current	热释电流	熱激放電電流
thermal stimulated discharge current method	热释电流法	熱激放電電流法
thermal stress	热应力	熱應力
thermal stress of composite interface	复合材料界面热应力	複材界面熱應力
thermistor	热敏电阻	熱敏電阻
thermistor materials	热敏电阻材料	熱敏電阻材料
thermit welding	热剂焊，铝热焊	鋁熱劑熔接，鋁熱劑銲接
thermo-chemical heat treatment	化学热处理	熱化學熱處理
thermo-chemical model of composite	复合材料热化学模型	複材熱化學模型
thermochromic colorant	热致变色染料	熱致變色著色劑
thermocouple materials	热电偶材料	熱電偶材料
thermodynamic assessment	热力学评估	熱力學評價
thermodynamic equilibrium	热力学平衡	熱力學平衡
thermodynamic evaluation	热力学评估	熱力學評估
thermodynamic optimization	热力学优化	熱力學最佳化
thermodynamic process	热力学过程	熱力學過程
thermodynamics of alloy	合金热力学，固体热	合金熱力學

英 文 名	大 陆 名	台 湾 名
	力学	
thermodynamics of materials	材料热力学	材料熱力學
thermoelastic phase transformation	热弹性相变	熱彈性相變
thermoelastic phase transition	热弹性相变	熱彈性相轉換
thermoelectric conversion	温差电转换	熱電轉換
thermoelectric cooling	温差电制冷,热电致冷	熱電致冷
thermoelectric effect	热电效应	熱電效應
thermoelectric figure of merit	温差电优值，品质因数，优化系数	熱電優值
thermoelectric materials	热电体，温差电材料，热电材料	熱電材料
thermoelectric module	温差电模块,热电模块	熱電模組
thermoelectric power generation	热电发电	熱電發電
thermoelectromotive force	温差电动势	熱電動勢
thermoforming	热成型	熱成形
thermogram	热谱图	熱譜圖
thermo-infrared camouflage materials	热红外伪装材料	熱紅外線偽裝材料
thermoluminescence	热致发光	熱致發光
thermoluminescence phosphor	热释光发光材料	熱致發光螢光體
thermomechanical control process	热机械控制工艺	熱機控制製程
thermomechanical treatment	形变热处理	熱機處理
thermo-optical effect	热光效应	熱光效應
thermo-optical stable optical glass	热光稳定光学玻璃	熱光穩定光學玻璃
thermo-optic switch	热光开关	熱光開關
thermoplastic composite	热塑性树脂基复合材料	熱塑性複材
thermoplastic elastomer	热塑性弹性体	熱塑性彈性體
thermoplastic polyurethane elastomer	热塑性聚氨酯弹性体	熱塑性聚氨酯彈性體
thermoplastic polyurethane rubber	热塑性聚氨酯橡胶	熱塑性聚氨酯橡膠
thermoplastic polyurethane (TPU)	热塑性聚氨酯	熱塑性聚胺酯
thermoplastic resin	热塑性树脂	熱塑性樹脂
thermoplastic resin composite	热塑性树脂基复合材料	熱塑性樹脂複材
thermosensitive ceramics	热敏陶瓷	熱敏陶瓷
thermosensitive device	热敏器件	熱敏元件
thermosetting composite	热固性树脂基复合材料	熱固性複材
thermosetting resin	热固性树脂	熱固性樹脂

英文名	大陆名	台湾名
thermosetting resin composite	热固性树脂基复合材料	熱固性樹脂複材
theta solvent	θ溶剂	θ溶劑
theta state	θ态	θ態
theta temperature	θ温度	θ溫度
thickening agent	增稠剂	增稠劑
thick film	厚膜	厚膜
thick film resistance materials	厚膜电阻材料	厚膜電阻材料
thickness expansion rate of water absorbing	吸水厚度膨胀率	吸水[導致]厚度膨脹速率
thickness of epitaxial layer	外延层厚度	磊晶層厚度
thickness of slice	晶片厚度	切片厚度
thin film giant magnetoresistance materials	薄膜巨磁电阻材料	薄膜巨磁阻材料
thin film resistance materials	薄膜电阻材料	薄膜電阻材料
thin slab continuous casting and rolling	薄板坯连铸连轧技术	薄扁胚連鑄及輥軋
thixo-forming	触变成形	觸變成形
thixotropic agent	触变剂	觸變減黏劑
thixotropic fluid	触变性流体	觸變減黏流體
Thomson effect	汤姆逊效应	湯姆森效應
Thomson heat	汤姆逊热量	湯姆森熱
thoria dispersion hardened nickel	氧化钍弥散硬化镍	氧化釷散布硬化鎳
thoria dispersion nickel	氧化钍弥散强化镍合金，TD 镍	氧化釷散布鎳
thorianite	方钍石	方釷石
thorium	钍	釷
thorium-manganese 1：12 type alloy	钍锰 1：12 型合金	釷錳 1：12 型合金
three-component superconducting wire	三组元超导线	三[組]元超導線
three-dimensional crimp	三维卷曲，立体螺旋形卷曲	三維捲曲
three-dimensional laser forming	激光三维成形	三維雷射成形
three-dimensional polycondensation	体型缩聚	三維縮聚
three-dimensional polymer	体型聚合物	三維聚合體
three-point bending test	三点弯曲试验	三點彎曲試驗
three-probe measurement	三探针法	三探針量測法
threshold stress	门槛应力	門檻應力，閾應力
threshold stress intensity factor	门槛应力强度因子	門檻應力強度因子，閾應力強度因子
through hardening	透淬	透實硬化
throwing	拉坯	拉坯

英 文 名	大 陆 名	台 湾 名
tianhuang stone	田黄	田黄石
tianmu glaze	天目釉	天目釉
time-resolution photoluminescence spectrum	时间分辨光致发光谱	時間解析光致發光譜
time-temperature equivalent principle	时–温等效原理，时–温叠加原理	時溫等效定理
time-temperature superposition principle	时–温等效原理，时–温叠加原理	時溫疊加定理
time-temperature-transformation diagram	时间–温度–转变图，TTT 图	時間–溫度–轉變圖，TTT 圖
tin	锡	錫
tin alloy	锡合金	錫合金
tin based Babbitt	锡基巴氏合金	錫基巴氏合金
tin based bearing alloy	锡基轴承合金	錫基軸承合金
tin based white alloy	锡基白合金	錫基白[色]合金
tin brass	锡黄铜	錫黃銅
tin bronze	锡青铜	錫青銅
tin-free steel sheet	无锡钢板	無錫鋼片
tin oxide gas sensitive ceramics	氧化锡系气敏陶瓷	氧化錫氣敏陶瓷
tinplate	镀锡钢板，马口铁	鍍錫鋼片，馬口鐵
tin-plated sheet	镀锡钢板，马口铁	鍍錫鋼片，馬口鐵
tin selenide	硒化锡	硒化錫
tin telluride	碲化锡	碲化錫
tinting strength	着色力	著色強度
tissue compatible materials	组织相容性材料	組織相容性材料
tissue engineering	组织工程	組織工程
tissue inducing materials	组织诱导性材料	組織誘導性材料
tissue reconstruction and repair	组织构建与修复	組織重構與修復
titania electrode	[氧化]钛型焊条	氧化鈦型銲條
titanic iron ore structure	钛铁矿结构	鈦鐵礦結構
titanium	钛	鈦
titanium & titanium alloy cold-mold arc melting	钛及钛合金冷坩埚熔炼	鈦及鈦合金冷模電弧熔煉
titanium & titanium alloy laser rapid forming	钛及钛合金快速激光成形	鈦及鈦合金雷射快速成形
titanium alloy	钛合金	鈦合金
α-β titanium alloy	α-β 钛合金	α-β 鈦合金
titanium alloy cold-hearth melting	钛合金冷床炉熔炼	鈦合金冷爐床熔煉
titanium alloy double annealing	钛合金双重退火	鈦合金雙退火

英 文 名	大 陆 名	台 湾 名
titanium alloy isothermal forging	钛合金等温锻造	鈦合金恆溫鍛造
titanium alloy powder	钛合金粉	鈦合金粉
titanium alloy β fleck	钛合金 β 斑	鈦合金 β 斑
titanium aluminide powder	粉末钛铝[基]合金	鈦鋁[介金屬]粉末，鋁化鈦粉末
titanium aluminum carbide ceramics	碳化钛铝陶瓷，钛铝碳陶瓷	碳化鋁鈦陶瓷
titanium-aluminum intermetallic compound	钛铝金属间化合物	鈦鋁介金屬化合物
γ titanium-aluminum intermetallic compound	γ 钛铝金属间化合物	γ 鈦鋁介金屬化合物
titanium boride fiber reinforcement	硼化钛纤维增强体	硼化鈦纖維強化體
titanium boride particle reinforcement	硼化钛颗粒增强体	硼化鈦顆粒強化體
titanium boride whisker reinforced titanium matrix composite	硼化钛晶须增强钛基复合材料	硼化鈦鬚晶強化鈦基複材
titanium boride whisker reinforcement	硼化钛晶须增强体	硼化鈦鬚晶強化體
titanium bronze	钛青铜	鈦青銅
titanium carbide particle reinforced aluminum matrix composite	碳化钛颗粒增强铝基复合材料	碳化鈦顆粒強化鋁基複材
titanium carbide particle reinforcement	碳化钛颗粒增强体	碳化鈦顆粒強化體
titanium-doped sapphire	掺钛蓝宝石晶体	摻鈦藍寶石
titanium-iron hydrogen storage alloy	钛铁贮氢合金	鈦鐵儲氫合金
titanium-nickel shape memory alloy	钛镍系形状记忆合金	鈦鎳形狀記憶合金
titanium nitride whisker reinforcement	氮化钛晶须增强体	氮化鈦鬚晶強化體
titanium oxide	钛白粉	氧化鈦，鈦白
titanium silicon carbide ceramics	碳化钛硅陶瓷，钛硅碳陶瓷	碳化矽鈦陶瓷
TMT (=isothermal thermomechanical treatment)	等温热机械处理	恆溫熱機處理
toe of weld	焊趾	銲趾
toggling	绷板	繃緊[作用]
tool steel	工具钢	工具鋼
top and bottom combined blown converter steelmaking	复合吹炼转炉炼钢	頂底複合吹[氧]轉爐煉鋼
topaz	黄玉，托帕石	黃晶
top blown converter steelmaking	顶吹转炉炼钢	頂吹轉爐煉鋼
top blown oxygen converter steelmaking	氧气顶吹转炉炼钢	頂吹氧轉爐煉鋼
top coating	面漆	面塗層，面漆
top gas	高炉煤气	高爐煤氣
top-pressure recovery turbine	高炉余压回收	高爐餘壓回收渦輪機

英　文　名	大　陆　名	台　湾　名
torsional modulus	扭转模量	扭轉模數
torsional strength	抗扭强度	扭轉強度,抗扭強度
torsion-braid method	扭辫法	扭辮法
torsion-pendulum method	扭摆法	扭錘法
total indicator reading (TIR)	总指示读数	總指示[器]讀數
total thickness variation (TTV)	总厚度变化	總厚度變異[值]
toughener	增韧剂，抗冲击剂	增韌劑
tourmaline	电气石，碧玺	電氣石
tow	丝束	纖維束，絲束
TPU (=thermoplastic polyurethane)	热塑性聚氨酯	熱塑性聚胺酯
tracheid	管胞	管胞
trachyte	粗面岩	粗面岩
tracing paper	描图纸	描圖紙
traditional ceramics	传统陶瓷，普通陶瓷	傳統陶瓷
traditional fusion method	传统熔融法	傳統融合法
transfer coating leather	移膜革	轉塗皮革
transferred arc	转移弧	轉移弧
transformation hardening	相变硬化	轉變硬化
transformation induced plasticity steel	相变诱发塑性钢	轉變誘發塑性鋼
transformation strengthening	相变强化	轉變強化
transformation stress	相变应力	轉變應力
transformation superplasticity	相变超塑性	轉變超塑性
transformation toughening	相变韧化	轉變韌化
transgranular fracture	穿晶断裂	穿晶破斷
transient liquid phase diffusion bonding	瞬时液相扩散焊,过渡液相扩散焊	暫態液相擴散接合
transient liquid phase epitaxy	瞬态液相外延	暫態液相磊晶術
transient liquid phase sintering	过渡液相烧结,瞬时液相烧结	暫態液相燒結
transitional titanium alloy	过渡型钛合金	過渡型鈦合金
transition metal catalyst	过渡金属催化剂	過渡金屬催化劑
translucent paper	半透明纸	半透明紙
transluminal extraction-atherectomy therapy	血管腔内斑块旋切术	血管腔內斑塊旋切術
transmission electron microscopy	透射电子显微术	穿透式電子顯微術
transparent agent	透明剂，增透剂	透明劑
transparent alumina ceramics	透明氧化铝陶瓷	透明氧化鋁陶瓷
trans-1,4-polybutadiene rubber	反式 1, 4-聚丁二烯橡胶	反式 1, 4-聚丁二烯橡膠

英　文　名	大　陆　名	台　湾　名
trans-1,4-polyisoprene rubber	反式 1, 4-聚异戊二烯橡胶	反式 1, 4-聚異戊二烯橡膠
transportation agent	输运剂	輸送劑
transverse flow	横流	横向流
transverse modulus of composite	复合材料横向弹性模量	複材横向模數
transverse rolling	横轧	横向輥軋
transverse section	横截面	横向截面
transverse strength of composite	复合材料横向强度	複材横向強度
trap	陷阱	陷阱
travertine	洞石	石灰華，鈣華
tree-length	原条	原木長度
tremolite	透闪石	透閃石
tricalcium aluminate	铝酸三钙	鋁酸三鈣
tricalcium phosphate bioceramics	磷酸三钙生物陶瓷	磷酸三鈣生物陶瓷
tricalcium silicate	硅酸三钙	矽酸三鈣
trichlorosilane	三氯硅烷，硅氯仿	三氯矽烷
tri-color glazed pottery of the Tang dynasty	唐三彩	唐三彩
trifunctional siloxane unit	三官能硅氧烷单元，T 单元	三官能基矽氧烷單元
tri-iron aluminide based alloy	铁三铝基合金	鋁化三鐵基合金
trimethyl chlorosilane	三甲基氯硅烷	三甲基氯矽烷
trimming	修边	修邊
tri-niobium aluminide compound superconductor	铌三铝化合物超导体	鋁化三鈮化合物超導體
triniobium-tin compound superconductor	铌三锡化合物超导体	鈮三錫化合物超導體
TRIP steel	相变诱发塑性钢	TRIP 鋼
tri-titanium aluminide based alloy	钛三铝基合金	鋁化三鈦基合金
tri-titanium aluminide intermetallic compound	钛三铝金属间化合物	鋁化三鈦介金屬化合物
tritium	氚	氚
tritium fertile materials	氚增殖材料	氚增殖材料
tritium-permeation-proof material	防氚渗透材料	防氚滲透材料
tri-vanadium gallium compound superconductor	钒三镓化合物超导体	鎵化三釩化合物超導體
trona	天然碱	天然鹼
troostite	屈氏体，细珠光体	吐粒散體，吐粒散鐵
trousers tearing strength	裤形撕裂强度	褲形撕裂強度

英 文 名	大 陆 名	台 湾 名
true density	真密度	真密度
true stress-strain curve	真应力–应变曲线	真應力應變曲線
Tsai-Hill failure criteria	蔡–希尔失效判据	蔡–希爾破壞準則
Tsai-Wu failure criteria of laminate	层合板蔡–吴失效判据	積層板蔡–吳破壞準則
TTV (=total thickness variation)	总厚度变化	總厚度變異[值]
tube	管材	管材
tube and pipe rolling	管材轧制	管材輥軋
tube cold drawing	管材冷拔	管材冷抽
tube drawing with mandrel	芯棒拉管	芯棒抽管
tube extrusion	管材挤压	管材擠製
tube process	管式法	管材製程
tunable laser crystal	可调谐激光晶体	可調雷射晶體
tungsten	钨	鎢
tungsten alloy	钨合金	鎢合金
tungsten-cerium alloy	钨铈合金，铈钨	鎢鈰合金
tungsten-copper gradient materials	钨铜梯度材料	鎢銅梯度材料
tungsten-copper materials	钨铜材料	鎢銅材料
tungsten-copper pseudoalloy	钨铜假合金	鎢銅擬合金
tungsten filament	钨丝，非合金化钨丝，纯钨丝	鎢絲
tungsten filament reinforced uranium matrix composite	钨丝增强铀金属基复合材料	鎢絲強化鈾基複材
tungsten high speed steel	钨系高速钢	鎢系高速鋼
tungsten inert gas arc welding	钨极惰性气体保护电弧焊，TIG 焊	鎢[極]惰性氣體弧焊
tungsten-lanthanum alloy	钨镧合金，镧钨	鎢鑭合金
tungsten-molybdenum alloy	钨钼合金	鎢鉬合金
tungsten-nickel-copper alloy	钨镍铜合金	鎢鎳銅合金
tungsten-nickel-iron alloy	钨镍铁合金	鎢鎳鐵合金
tungsten rare earth metal alloy	钨稀土合金，稀土钨	鎢稀土金屬合金
tungsten-rhenium alloy	钨铼合金	鎢錸合金
tungsten-silver materials	钨银材料	鎢銀材料
tungsten steel	钨钢	鎢鋼
tungsten-thorium alloy	钨钍合金，钍钨	鎢釷合金
tungsten-thorium cathode materials	钨钍阴极材料	鎢釷陰極材料
tungsten wire	钨丝，非合金化钨丝，纯钨丝	鎢線
tungsten-yttrium alloy	钨钇合金	鎢釔合金

英　文　名	大　陆　名	台　湾　名
tunnel effect of electron	电子隧道效应	電子穿隧效應
tunnel kiln	隧道窑	隧道窯
tunnel magnetoresistance effect	隧道磁电阻效应	穿隧磁阻效應
turpentine	松节油	松節油
turquoise	绿松石	綠松石
turret network	六角网络	塔晶網絡
twin	孪晶	雙晶，孿晶
twin deformation	孪生变形	雙晶變形，孿晶變形
twin electrode	双芯焊条	雙芯銲條
twin martensite	孪晶马氏体	雙晶麻田散體，孿晶麻田散體
twinning	孪生	雙晶化，孿晶化
twin roller casting	双辊激冷法	雙輥鑄造法
twin targets magnetron sputtering	孪生靶磁控溅射	雙靶磁控濺鍍
twin type damping alloy	孪晶型减振合金	雙晶型阻尼合金
twist	捻度	撚度，扭轉
twisted superconducting wire	扭转超导线	絞撚超導線
twisting	加捻	加撚，扭轉[作用]
two-probe measurement	二探针法	雙探針量測[法]
two-step calcination	二步煅烧	二階段煅燒
type metal alloy	铅字合金，印刷合金	活字合金，鑄字合金
type Ⅰ superconductor	第Ⅰ类超导体	第一型超導體
type Ⅱ superconductor	第Ⅱ类超导体	第二型超導體
tyre cord	帘子线	輪胎簾布
TZP (=tetragonal zirconia polycrystals)	四方氧化锆多晶体	正方氧化鋯多晶體

U

英　文　名	大　陆　名	台　湾　名
UCST (=upper critical solution temperature)	最高临界共溶温度	上臨界溶解溫度
UF resin (=urea-formaldehyde resin)	脲甲醛树脂	脲甲醛樹脂
UHMWPE (=ultrahigh molecular weight polyethylene)	超高分子量聚乙烯	超高分子量聚乙烯
ULDPE (=ultralow density polyethylene)	超低密度聚乙烯	超低密度聚乙烯
ulexite	钠硼解石	硼酸鈉方解石
ultrabasic rock	超基性岩	超基性岩
ultracentrifugal sedimentation equilibrium method	超离心沉降平衡法	超離心沈降平衡法
ultracentrifugal sedimentation velocity method	超离心沉降速度法	超離心沈降速度法

英 文 名	大 陆 名	台 湾 名
ultrafine cemented carbide	超细晶粒硬质合金	超細[晶粒]燒結碳化物
ultrafine fiber	超细纤维	超細纖維
ultrafine grained steel	超细晶钢	超細晶粒鋼
ultrafine powder	超细粉	超細粉體
ultrafine silver powder	超细银粉	超細銀粉
ultrahard ceramics	超硬陶瓷	超硬陶瓷
ultrahigh molecular polyethylene fiber reinforcement	超高分子量聚乙烯纤维增强体	超高分子量聚乙烯纖維強化體
ultrahigh molecular weight polyethylene (UHMWPE)	超高分子量聚乙烯	超高分子量聚乙烯
ultrahigh molecular weight polyethylene fiber	超高分子量聚乙烯纤维，超高强度聚乙烯纤维	超高分子量聚乙烯纖維
ultrahigh molecular weight polyethylene fiber reinforced polymer composite	超高分子量聚乙烯纤维增强聚合物基复合材料	超高分子量聚乙烯纖維強化聚合體複材
ultra high purity stainless steel	超高纯度不锈钢	超高純度不鏽鋼
ultra-high strength aluminium alloy	超硬铝	超高強度鋁合金
ultra-high strength high alloy steel	高合金超高强度钢	超高強度高合金鋼
ultra-high strength low alloy steel	低合金超高强度钢	超高強度低合金鋼
ultra-high strength steel	超高强度钢	超高強度鋼
ultra-high strength titanium alloy	超高强钛合金	超高強度鈦合金
ultra-low carbon bainite steel	超低碳贝氏体钢	超低碳變韌鋼
ultralow density polyethylene (ULDPE)	超低密度聚乙烯	超低密度聚乙烯
ultra-low thermal expansion glass ceramics	超低膨胀微晶玻璃陶瓷	超低熱膨脹玻璃陶瓷
ultra-low thermal expansion quartz glass	超低膨胀石英玻璃，低膨胀石英玻璃	超低熱膨脹石英玻璃
ultramarine	群青，云青，洋蓝	群青
ultrasonic comminution	超声粉碎法	超音波粉碎法
ultrasonic C-scan inspection	超声 C 扫描检验	超音波 C 掃描檢驗
ultrasonic C-scan inspection of composite	复合材料超声 C-扫描检验	複材超音波 C-掃描檢驗
ultrasonic gas atomization	超声气体雾化	超音波氣體霧化[法]
ultrasonic machining of ceramics	陶瓷超声加工	陶瓷超音波加工
ultrasonic rolling extrusion	超声波滚压	超音波輥軋擠製
ultrasonic testing	超声波检测	超音波測試法
ultrasonic vibration atomization	超声振动雾化	超音波振動霧化[法]

英　文　名	大　陆　名	台　湾　名
ultrasonic welding	超声波焊	超音波銲接
ultraviolet curing	紫外光固化	紫外線固化
ultraviolet curing coating	紫外光固化涂料	紫外線固化塗層
ultraviolet curing of composite	复合材料紫外线固化	複材紫外線固化
ultraviolet high transmitting optical glass	紫外高透过光学玻璃	紫外線高穿透光學玻璃
ultraviolet photoelectron spectroscopy	紫外光电子能谱法	紫外線光電子能譜術
ultraviolet-resistant fiber	抗紫外线纤维	抗紫外線纖維
ultraviolet transmitting silica glass	紫外透过石英玻璃	紫外線穿透氧化矽玻璃
umklapp process	倒逆过程	拍轉過程
unalloyed steel	非合金钢	非合金鋼
unbalanced magnetron sputtering	非平衡磁控溅射	非平衡磁控濺鍍
unbleached pulp	未漂浆	未漂白紙漿
undercooling	过冷	過冷
undercooling austenite	过冷奥氏体，亚稳奥氏体	過冷沃斯田體
undercooling degree	过冷度	過冷度
undercooling epitaxial growth	分步降温生长	過冷磊晶成長
under-glaze decoration	釉下彩	釉下彩
under-glaze red	釉里红	釉裡紅
undersintering	欠烧	欠燒，燒結不足
undertone	底色	底色
unedged lumber	毛边材	帶[毛]邊材
unfired refractory brick	不烧耐火砖，不烧砖	未燒耐火磚
unhairing	脱毛	脱毛
uniaxial magnetic anisotropy	单轴磁各向异性	單軸磁異向性
uniaxial orientation	单轴取向	單軸定向
uniaxial oriented film	单轴取向膜	單軸定向膜
unidirectional laminate	单向板	單向積層板
uniform corrosion	均匀腐蚀	均勻腐蝕
uniform deformation	均匀变形	均勻變形
uniform elongation	均匀伸长率	均勻伸長率
uniform structure cemented carbide	均匀结构硬质合金	均勻結構燒結碳化物
unimolecular termination	单分子终止	單分子終止
unitary phase diagram	单元相图	單元相圖
universal calibration	普适标定	通用校正

英 文 名	大 陆 名	台 湾 名
unoriented yarn	未取向丝	無定向紗
unperturbed dimension	无扰尺寸	無擾維度,無擾尺度
unsaturated permeability	非饱和渗透率	不飽和滲透率
unsaturated polyester molding compound	不饱和聚酯模塑料	不飽和聚脂模料
unsaturated polyester resin	不饱和聚酯树脂	不飽和聚酯樹脂
unsaturated polyester resin composite	不饱和聚酯树脂基复合材料	不飽和聚酯樹脂複材
unsaturated polyester resin decorative plywood	不饱和聚酯树脂装饰胶合板	不飽和聚酯樹脂裝飾合板
unsaturated polyester resin foam	不饱和聚酯树脂泡沫塑料	不飽和聚酯樹脂發泡體
unshaped refractory	不定形耐火材料,散状耐火材料	不定形耐火材
unstable combustion	非稳态燃烧	非穩態燃燒
unsupported adhesive film	无衬胶膜	無支撐黏著膜
untwisting	解捻	解撚
up-and-down draught kiln	倒焰窑	倒焰窯
up-conversion phosphor	上转换发光材料	上轉換螢光體
upper bainite	上贝氏体	上變韌體
upper critical solution temperature (UCST)	最高临界共溶温度	上臨界溶解溫度
upper yield point	上屈服点	上降伏點
upsetting	镦粗	鍛粗，開放模鍛造
upsetting extrusion	镦挤	鍛粗擠製
upset welding	电阻对焊	[端壓]對頭銲接
uraninite	晶质铀矿	瀝青鈾礦
uranium	铀	鈾
uranium alloy	铀合金	鈾合金
uranium dioxide	二氧化铀	二氧化鈾
uranium hexafluoride	六氟化铀	六氟化鈾
uranium nitride	氮化铀	氮化鈾
urea-formaldehyde adhesive	脲甲醛胶黏剂	脲甲醛黏著劑
urea-formaldehyde foam	脲甲醛泡沫塑料	脲甲醛發泡體
urea-formaldehyde resin	脲甲醛树脂	脲甲醛樹脂
urea-formaldehyde resin composite	脲甲醛树脂基复合材料	脲甲醛樹脂複材
urea-formaldehyde resin (UF resin)	脲甲醛树脂	脲甲醛樹脂
urea melamine formaldehyde resin	脲三聚氰胺甲醛树脂	脲三聚氰胺甲醛樹脂
urushi tallow	漆蜡，漆脂	漆樹脂

英　文　名	大　陆　名	台　湾　名
urushi wax	漆蜡，漆脂	漆樹蠟
utilization coefficient of blast furnace	高炉利用系数	高爐利用係數

V

英　文　名	大　陆　名	台　湾　名
vacancy	空位	空位
vacancy cluster	空位团	空位團簇
vacancy-solute complex	空位–溶质原子复合体	空位–溶質錯合體
vacuum arc degassing (VAD)	真空电弧脱气法	真空電弧脫氣
vacuum arc melting	真空电弧熔炼	真空電弧熔煉
vacuum atomization	真空雾化	真空霧化
vacuum bag molding	真空袋成型	真空袋模製
vacuum brazing	真空钎焊	真空硬銲
vacuum carburizing	真空渗碳	真空滲碳[作用]
vacuum debinding	真空脱脂	真空脫脂[作用]
vacuum degassing	真空脱气	真空脫氣[作用]
vacuum degreasing	真空脱脂	真空去[油]脂
vacuum deoxidation	真空脱氧	真空脫氧，真空去氧
vacuum die casting	真空压铸	真空壓鑄
vacuum distillation	真空蒸馏	真空蒸餾
vacuum drying	真空干燥	真空乾燥[作用]
vacuum electric resistance melting	真空电阻熔炼	真空電阻熔煉
vacuum electron beam melting	真空电子束熔炼	真空電子束熔煉
vacuum electroslag melting	真空电渣熔炼	真空電渣熔煉
vacuum electroslag remelting	真空电渣重熔	真空電渣重熔
vacuum evaporation deposition	真空蒸镀，真空镀膜	真空蒸鍍
vacuum filtration	真空抽滤	真空過濾
vacuum forming	真空成型	真空成形
vacuum forming technology	真空成型法	真空成形技術
vacuum glass	真空玻璃	真空玻璃
vacuum heat treatment	真空热处理	真空熱處理
vacuum infiltration	真空熔浸	真空溶滲，真空熔滲
vacuum melting	真空熔炼	真空熔煉
vacuum metallurgy	真空冶金	真空冶金學
vacuum oxygen decarburization (VOD)	真空吹氧脱碳法	真空[吹]氧脫碳
vacuum plasma spraying	真空等离子喷涂	真空電漿噴塗[作用]
vacuum pressure infiltration	真空辅助渗透成型	真空壓力浸滲

英 文 名	大 陆 名	台 湾 名
vacuum refining	真空精炼	真空精煉
vacuum sealed molding	负压造型，真空密封造型	真空密封模製
vacuum suction casting	真空吸铸	真空吸鑄
vacuum suction casting of metal matrix composite	金属基复合材料真空吸铸	金屬基複材真空吸鑄
VAD (=vacuum arc degassing)	真空电弧脱气法	真空電弧脫氣
valve steel	阀门钢	閥用鋼
vanadium	钒	釩
vanadium alloy	钒合金	釩合金
vanadium intermetallic compound	钒金属间化合物	釩介金屬化合物
vanadium nitrogen alloy	钒氮合金	釩氮合金
van der Waals bond	范德瓦尔斯键	凡得瓦鍵
vapor condensation	蒸发凝聚法	蒸氣凝聚[法]
vapor grown carbon fiber reinforcement	气相生长碳纤维增强体	[蒸]氣相長成碳纖強化體
vapor growth	气相生长	[蒸]氣相成長
vaporization with decreasing velocity	降速蒸发区	減速蒸發
vaporization with invariable velocity	恒速蒸发区	定速蒸發
vapor-liquid-solid growth method	气液固法	氣液固成長法
vapor oxygen decarburization	蒸汽氧脱碳法	蒸氣氧脫碳法
vapor permeability	透水气性	蒸氣滲透性，透氣性
vapor phase doping	气相掺杂	[蒸]氣相摻雜
vapor phase epitaxial growth	气相外延生长	[蒸]氣相磊晶成長
vapor phase epitaxy	气相外延	[蒸]氣相磊晶術，氣相磊晶
vapor phase synthesis	气体合成法	[蒸]氣相合成
vapor pressure osmometry	蒸汽压渗透法	蒸氣壓滲透術
variability of wood	木材变异性	木材變異性
variable optical attenuator	可变光衰减器	可變光[學]衰減器
variable range hopping conductivity	变程跳跃电导	變程跳躍導電率
variable section extrusion	变断面挤压	可變型材擠製
varistor ceramics	压敏陶瓷	變阻器陶瓷
varnish	清漆	清漆
vascular cambium	维管形成层	維管形成層
vascular prosthesis	人工血管	人工血管
vascular stent	血管支架	血管支架
vat leaching	槽浸	槽瀝浸
VCSEL (=vertical cavity surface emitting	垂直腔面发射激光器	垂直[共振]腔面射

英 文 名	大 陆 名	台 湾 名
laser)		型雷射
VC-VAC (=vinylchloride vinylacetate copolymer)	氯乙烯-醋酸乙烯酯共聚物	氯乙烯-醋酸乙烯酯共聚體
vegetable glue	植物胶	植物膠
vegetable-tanned leather	植鞣革	植鞣皮革
vegetable tanning materials	植物鞣料	植物鞣料
vehicle	漆料	漆料
vein filter	静脉滤器	靜脈濾器
vein mark of leather	皮革血筋	皮革經脈痕
vein quartz	脉石英	脈石英
vein rock	脉岩	脈岩
velocity boundary layer	速度边界层	速度邊界層
veneer	单板	薄板
veneer assembly time	单板陈化时间	薄板[膠合]陳置時間
veneer clipping	单板剪裁	薄板剪裁
veneer finger joint	单板指接	薄板指接,薄板榫接
veneer gap	芯板离缝	薄板間縫
veneer open joint	芯板离缝	薄板留縫接合,薄板開口接合
veneer overlap	单板叠层	薄板疊合,薄板疊層
veneer patching	单板修补	薄板補修
veneer scarf joint	单板斜接	薄板嵌接,薄板斜接
veneer sealing edge	单板封边	薄板封邊
veneer splicing	单板拼接	薄板拼接
veneer tenderizing	单板柔化处理	薄板柔化處理
vermicular graphite cast iron	蠕墨铸铁	蠕蟲狀石墨鑄鐵
vermiculite	蛭石	蛭石
vermiculite brick	蛭石砖	蛭石磚
vermiculizer	蠕化剂	蠕化劑
Verneuil method	熔焰法	伐諾伊法,火焰熔融長晶法
vertex model	顶点模型	頂點模型
vertical burning method	垂直燃烧法	垂直燃燒法
vertical cavity surface emitting laser (VCSEL)	垂直腔面发射激光器	垂直[共振]腔面射型雷射
vertical extrusion	立式挤压	立式擠製
vertical gradient freeze method	垂直梯度凝固法	垂直梯度凝固法
vertical pulling method	直拉法	[垂]直拉法，長晶法

英 文 名	大 陆 名	台 湾 名
vertical reactor	立式反应室	立式反應器
vertical shear strength of wood	木材垂直剪切强度	木材垂直剪切強度
vertical shift factor	垂直移动因子	垂直移位因子
vessel	导管	導管
vibrathermography	振动热成像术	振動熱成像術
vibration-assisted compaction	振动压制	振動輔助壓實
vibration mill	震动磨	振動磨機
vibration mode	振动模	振動模式
vibratory squeezing molding	微振压实造型	振動壓擠模製
vicalloy	维加洛合金	維凱合金
Vicat softening temperature	维卡软化温度	菲卡軟化溫度
Vickers hardness	维氏硬度	維氏硬度，維克氏硬度
vinylchloride vinylacetate copolymer (VC-VAC)	氯乙烯–醋酸乙烯酯共聚物	氯乙烯–醋酸乙烯酯共聚體
vinyl phenolic adhesive	酚醛–缩醛胶黏剂	乙烯酚醛黏著劑
vinyl polybutadiene rubber	乙烯基聚丁二烯橡胶，1, 2-聚丁二烯橡胶	乙烯聚丁二烯橡膠
vinyl polymer	烯类聚合物	乙烯基聚合體
vinyl silicone oil	乙烯基硅油	乙烯基矽氧油
Virial coefficient	位力系数	維里係數
viscoelasticity	黏弹性	黏彈性
viscoelastic mechanics	黏弹性力学	黏彈性力學
viscoelastic mechanics of composite	复合材料黏弹性力学	複材黏彈性力學
viscose fiber	黏胶纤维	黏液纖維
viscose rayon	黏胶纤维	黏液嫘縈
viscosity	黏度	黏度
viscosity-average molar mass	黏均分子量，黏均相对分子质量	黏度平均莫耳質量
viscosity-average molecular weight	黏均分子量，黏均相对分子质量	黏度平均分子量
viscosity-average relative molecular mass	黏均相对分子质量	黏度平均相對分子質量
viscosity coefficient	黏滞系数，黏度系数	黏度係數
viscosity method	黏度法	黏度法
viscosity number	比浓黏度，黏数	黏度數
viscosity ratio	相对黏度，黏度比	黏度比
viscous flow state	黏流态	黏流態
visible light-emitting diode	可见光发光二极管	可見[光]發光二

英文名	大陆名	台湾名
		極體
visible light laser diode	可见光激光二极管	可見光雷射二極體
visible light semiconductor laser	可见光半导体激光器	可見光半導體雷射
visible light stealth materials	可见光隐形材料，可见光伪装材料	可見光隱形材料
visualization simulation	可视化仿真	視覺化模擬
visual optical testing	目视光学检测	目視光學檢測
vitrification	玻化	玻化
VOD (=vacuum oxygen decarburization)	真空吹氧脱碳法	真空[吹]氧脱碳
void	孔洞，空洞	孔洞，空隙
void content	空隙率	空隙含量
void content model	空隙率模型	空隙含量模型
void content model of composite	复合材料空隙率模型	複材空隙含量模型
void content of composite	复合材料空隙率	複材空隙含量
Voigt-Kelvin model	沃伊特–开尔文模型	佛伊格特–凱文模型
volatile content of prepreg	预浸料挥发分含量，预浸料挥发物含量	預浸料揮發物含量
volatile oil	精油，香精油，挥发油，芳香油	揮發油
volatile organic compound content	挥发有机化合物含量，VOC 含量	揮發性有機化合物含量
volatile organic compound, VOC	挥发有机化合物	揮發性有機化合物
volcanic ash	火山灰	火山灰
volcanic rock	火山岩，喷出岩	火山岩
volume diffusion	体扩散	體擴散
volume fraction	体积分数	體積分率，容積分率
volume modulus	体积模量	體積模數
volume outflow	吐液量	體積流出量
volume resistivity	体积电阻率	體積電阻率
volume stability at elevated temperatures	高温体积稳定性	高溫體積穩定性
volumetric viscosity	体积黏度	體積黏度
volume viscosity	体积黏度	體積黏度
vulcameter	硫化仪	硫化儀，火煅儀
vulcameter without rotator	无转子硫化仪	無轉子火煅儀，無轉子硫化儀
vulcameter with rotator	有转子硫化仪	有轉子火煅儀，有轉子硫化儀
vulcanization	硫化	火煅，硫化

英　文　名	大　陆　名	台　湾　名
vulcanization accelerator	硫化促进剂	火煅加速劑,硫化加速劑
vulcanization activator	硫化活性剂	火煅活化劑,硫化活化劑
vulcanization by drum type vulcanizer	鼓式硫化机硫化	鼓式火煅器火鍛,鼓式硫化器硫化
vulcanizator	硫化剂	火煅劑，硫化劑
vulcanized paper	钢纸	硬化紙板，剛紙
vulcanized rubber	硫化胶	硫化橡膠,火煅橡膠

W

英　文　名	大　陆　名	台　湾　名
waferboard	华夫刨花板，大片刨花板	[大片]刨花板
wall paper	壁纸	壁紙
wall slip effect	壁滑效应	壁滑效應
warble hole of raw hide	原料皮虻眼	原料皮虻眼
warm compaction	温压	溫壓實
warm deformation	温变形	溫變形
warm drawing	温拉	溫拉製
warm extrusion	温挤压	溫擠製
warm pressing	温压	溫壓製
warm rolling	温轧	溫輥軋
warp	翘曲度	翹曲度
warpage	翘曲	翹曲
washing	[纸浆]洗涤	[紙漿]洗滌
washing fastness	耐洗性能	耐洗性
water-absorbing capacity of wood	木材吸水性	木材吸水量
water absorbing fiber	高吸水纤维	吸水纖維
water absorption	吸水率	吸水[性]
water atomization	水雾化	水霧化[法]
water borne adhesive	水基胶黏剂	水媒黏著劑
water borne coating	水性涂料	水媒塗層
water cooled furnace roof	水冷炉盖	水冷爐頂
water cooled furnace wall	水冷炉壁	水冷爐壁
water glass	水玻璃，硅酸钠，泡花碱	水玻璃
waterproof coating	防水涂料	防水塗層

英　文　名	大　陆　名	台　湾　名
waterproof concrete	防水混凝土	防水混凝土
waterproof leather	防水革	防水皮革
water reducing admixture	减水剂	減水摻合物
water repellent agent	拒水剂	撥水劑
water rinse	水洗	水洗
water sealed extrusion	水封挤压	水封擠製
water soluble fiber	水溶性纤维	水溶性纖維
watertight concrete	防水混凝土	不透水混凝土
water toughening	水韧处理	水韌化
wave	波纹	波紋，波
wavelength dispersion X-ray spectroscopy	波长色散 X 射线谱法	波長色散 X 光光譜術
wave soldering	波峰钎焊	波峰軟銲,熔錫波銲
wax pattern	蜡模	蠟模
weak carbide forming element	弱碳化物形成元素	弱碳化物形成元素
wear	磨损	磨耗
wear and corrosion resistant superalloy	耐磨耐蚀高温合金	耐磨耐蝕超合金
wear coefficient	磨耗系数	磨耗係數
wear rate	磨损率	磨耗率
wear resistance	耐磨性	耐磨性
wear-resistant aluminum alloy	耐磨铝合金,低膨胀耐磨铝硅合金	耐磨鋁合金
wear-resistant cast iron	耐磨铸铁，减磨铸铁	耐磨鑄鐵
wear-resistant cast steel	耐磨铸钢	耐磨鑄鋼
wear-resistant coating	耐磨涂层	耐磨塗層
wear-resistant copper alloy	耐磨铜合金	耐磨銅合金
wear-resistant rapidly solidified aluminum alloy	快速冷凝耐磨铝合金	耐磨快速凝固鋁合金
wear-resistant zinc alloy	耐磨锌合金	耐磨鋅合金
wear test	磨损试验	磨耗試驗
weather exposure test	气候曝露试验	氣候曝露試驗
weathering of wood	木材风化	木材風化
weathering steel	耐候钢,耐大气腐蚀钢	氣候鋼，耐候鋼
weather proof plywood	耐候胶合板	耐候合板
web	纸幅	紙捲，紙筒
web silicon crystal	蹼状硅晶体，蹼晶	蹼狀矽晶體
wedge test	楔子试验	楔形試驗
Weibull modulus	韦伯模数	維布模數
weight-average molar mass	重均分子量	重量平均莫耳質量

英 文 名	大 陆 名	台 湾 名
weight-average molecular weight	重均分子量	重量平均分子量
weight per area of fiber	预浸料纤维面密度	纖維單位面積重
Weissenberg effect	韦森堡效应	威森堡效應
weldability	焊接性	可銲接性
weldable aluminum alloy	可焊铝合金	可銲鋁合金
weld crack	焊接裂纹	銲接裂痕
welded pipe	焊接管	銲接管
welded steel pipe	焊接钢管	銲接鋼管
welded tube	焊接管	銲接管
welding	焊接	銲接
welding-crack free steel	焊接无裂纹钢	無銲接裂痕鋼
welding deformation	焊接变形	銲接變形
welding flux	焊剂	助銲劑
welding residual stress	焊接残余应力	銲接殘留應力
welding wire	焊丝	銲線
weld intercrystalline corrosion	焊缝晶间腐蚀	銲接[晶]粒間腐蝕
weld junction	熔合线	銲接接面
wet blue	蓝湿革	藍濕[皮革]
wet heat drawing	湿热拉伸	濕熱抽製
wet spinning	湿法纺丝，湿纺	濕式紡絲，濕紡
wet storage of timber	木材水存法	木材濕存法
wet storage of wood	木材湿存法	木材濕存法
wettability	润湿性	潤濕性
wetting	润湿	潤濕
wetting agent	润湿剂	潤濕劑
wetting angle	润湿角	潤濕角
wetting layer	浸润层，润湿层	潤濕層
wet white leather	白湿革	濕白皮革
whisker	晶须	鬚晶
whisker reinforced ceramic matrix composite	晶须补强陶瓷基复合材料	鬚晶強化陶瓷基複材
whisker reinforced metal matrix composite	晶须增强金属基复合材料	鬚晶強化金屬基複材
whisker reinforcement	晶须增强体	鬚晶強化體
white cast iron	白口铸铁	白鑄鐵
white marble	汉白玉	漢白玉，白色大理石
whiteness	白度	白度
white porcelain from Xing kiln	邢窑白瓷	邢窯白瓷
white rot of wood	木材白腐	木材白腐

英 文 名	大 陆 名	台 湾 名
white spot	白斑	白斑
whole-tree utilization	全树利用	全樹利用
wide anvil forging	宽砧锻造	寬砧鍛造
wide bandgap semiconductor	宽禁带半导体	寬能隙半導體
wide bandgap semiconductor materials	宽带隙半导体材料	寬能隙半導體材料
widening effect	致宽效应	寬化效應
Widmanstätten structure	魏氏组织	費德曼組織
Williams-Landel-Ferry equation	WLF 方程	威廉斯–藍道–費利方程式
Williams plasticity tester	威氏塑性计	威廉斯塑性試驗機
winding yarn	卷绕丝	纏繞紗
wire	钢丝	線
wired glass	夹丝玻璃，防碎玻璃	夾網玻璃
wire drawing	线材拉拔	線材拉製
wire rod	线材，盘条	線棒
witherite	碳酸钡矿，毒重石	碳酸鋇礦，毒重石
wolframite	黑钨矿，钨锰铁矿	鎢錳鐵礦
wollastonite	硅灰石	矽灰石
wood	木材	木材
wood anti-mold	木材防霉	木材防霉
wood ash	木材灰分	木材灰分
wood based composite	木基复合材料	木基複材
wood based panel	人造板	木基板
wood bleaching	木材漂白	木材漂白
wood cell wall	木材细胞壁	木材細胞壁
wood cement board	水泥木丝板	木材膠合板
wood ceramics	木材陶瓷	木紋陶瓷
wood coloring	木材着色	木材著色
wood decay	木材腐朽	木材腐敗
wood defect	木材缺陷	木材缺陷
wood discoloration controlling	木材变色防治	木材變色防治
wood drying	木材干燥	木材乾燥
wood drying with superheated steam	木材过热蒸气干燥	過熱蒸氣木材乾燥法
wood dyeing	木材染色	木材染色
wood extractive	木材抽提物	木材萃取物
wood fiber	木纤维	木材纖維
wood figure	木材花纹	木材花紋
wood finishing	木材涂饰	木材塗飾

英 文 名	大 陆 名	台 湾 名
wood grain	木材纹理	木材紋理
wood hydrolysis	木材水解	木材水解
wood identification	木材识别	木材識別
wood laminated plastic board	木材层积塑料板	木材積層塑膠板
wood liquidation	木材液化	木材液化
wood modification	木材功能性改良，木材改性	木材改質
wood plastic composite	木塑复合材料	木材塑膠複材
wood preservation	木材防腐	木材防腐
wood processing	木材加工	木材加工
wood pulp	木浆	木漿
wood pyrolysis	木材热解	木材熱解
wood ray	木射线	木質部放射紋組織
wood rot	木材腐朽	木材腐朽
wood seasoning	木材干燥	木材乾燥
Wood’s metal	伍德合金	伍氏金屬，低熔點合金
wood softening	木材软化	木材軟化
wood stain	木材变色	木材色斑
wood structure	木材构造	木材構造
wool-like fiber	仿毛纤维	類羊毛纖維
wool type fiber	毛型纤维	羊毛型纖維
workable magnet	可加工磁体，可变形磁体	可加工磁石
work hardening	加工硬化	加工硬化
work of fracture	断裂功	破斷功
work softening	加工软化	加工軟化
woven-mat plybamboo	竹编胶合板	竹編合板
wrapped cure	包布硫化	包裝固化
wrinkling	起皱	起皺[作用]
writing paper	书写纸	書寫紙
wrought aluminum alloy	变形铝合金，可压力加工铝合金	鍛軋鋁合金
wrought copper alloy	变形铜合金，加工铜合金	鍛軋銅合金
wrought iron	熟铁，软铁，锻铁	熟鐵，鍛軋鐵
wrought lead alloy	变形铅合金	鍛軋鉛合金
wrought magnesium alloy	变形镁合金	鍛軋鎂合金
wrought nickel based superalloy	变形镍基高温合金	鍛軋鎳基超合金

英 文 名	大 陆 名	台 湾 名
wrought superalloy	变形高温合金	鍛軋超合金
wrought tin alloy	变形锡合金	鍛軋錫合金
wrought titanium alloy	变形钛合金	鍛軋鈦合金
wrought titanium aluminide alloy	变形钛铝合金	鍛軋鋁化鈦合金
wrought zinc alloy	变形锌合金	鍛軋鋅合金
wurtzite structure	纤锌矿型结构	纖鋅礦結構

X

英 文 名	大 陆 名	台 湾 名
xenograft	异种移植物	異種移植體
xeroradiography	静电射线透照术	乾式放射攝影術,靜電放射攝影術
xiuyan jade	岫玉	岫玉
XPS (=X-ray photoelectron spectroscopy)	X 射线光电子能谱法	X 光光電子能譜術
X-ray absorption near edge structure	X 射线吸收近边结构	X 光吸收近緣結構
X-ray absorption spectroscopy	X 射线吸收谱法	X 光吸收光譜術
X-ray analysis	X 射线检测	X 光分析
X-ray diffraction	X 射线衍射	X 光繞射
X-ray diffuse scattering	X 射线漫散射	X 光漫散射
X-ray energy dispersive spectrum	能量色散 X 射线谱	X 光能量散布能譜
X-ray fluorescence spectroscopy	X 射线荧光谱法	X 光螢光光譜術
X-ray photoelectron spectroscopy (XPS)	X 射线光电子能谱法	X 光光電子能譜術
X-ray powder diffraction	X 射线粉末衍射术	X 光粉末繞射
X-ray radiography	X 射线照相术	X 光放射攝影術
X-ray testing	X 射线检测	X 光檢測
X-ray tomography	层析 X 射线透照术	X 光斷層攝影術
X-ray topography	X 射线形貌术	X 光形貌術
X-ray transparent composite	透 X 射线复合材料	透 X 光複材
xuan paper	宣纸	宣紙
xylem	木质部	木質部
xylem parenchyma	木薄壁组织	木質部薄壁組織
xylooligosaccharide	低聚木糖	木質寡醣

Y

英 文 名	大 陆 名	台 湾 名
year ring	年轮	年輪
yellowcake	黄饼	黃餅

英 文 名	大 陆 名	台 湾 名
yellow index	黄色指数	黃色指數，黃化指數
yellowing	黄变	黃化
yellowness index	黄色指数	黃色指數，黃化指數
yield criterion	屈服准则	降伏準則
yield effect	屈服效应，屈服点现象	降伏效應
yield elongation	屈服伸长	降伏伸長
yield point	屈服点	降伏點
yield ratio	屈强比	降伏比
yield strength	屈服强度	降伏強度
yohen tenmoku	曜变天目釉	曜變天目釉
Young modulus	杨氏模量	楊氏模數
yttrium aluminum garnet crystal	钇铝石榴子石晶体	釔鋁石榴子石晶體，YAG 晶體
yttrium lithium fluoride crystal	氟化钇锂晶体	氟化鋰釔晶體
yttrium-system superconductor	钇系超导体，1-2-3 超导体	釔系超導體，釔鋇銅氧超導體

Z

英 文 名	大 陆 名	台 湾 名
Z-average molar mass	Z 均分子量，Z 均相对分子质量	Z 平均莫耳質量
Z-average molecular weight	Z 均分子量，Z 均相对分子质量	Z 平均分子量
Z-average relative molecular mass	Z 均分子量，Z 均相对分子质量	Z 平均相對分子質量
Z-direction steel	Z 向钢，抗层状撕裂钢	Z 向鋼，抗層狀撕裂鋼
zeolite	沸石	沸石
zero dislocation monocrystal	零位错单晶	零差排單晶
zero-order release	零级释放，恒速释放	零級釋放
zero resistivity	零电阻特性	零電阻率
zero shear viscosity	零剪切速率黏度	零剪切黏度
zero thermal expansion glass ceramics	零膨胀微晶玻璃	零熱膨脹玻璃陶瓷
Zhao hardness	赵氏硬度	趙氏硬度
Ziegler-Natta catalyst	齐格勒–纳塔催化剂	齊格勒–納他催化劑
zinc	锌	鋅
zinc blende structure	闪锌矿型结构	閃鋅礦結構

英 文 名	大 陆 名	台 湾 名
zinc cadmium telluride	碲锌镉	碲化鎘鋅
zinc cupronickel	锌白铜	鋅白銅,銅鎳鋅合金
zinc-mercury amalgam	锌汞合金，锌汞齐	鋅汞合金，鋅汞齊
zinc oxide	氧化锌	氧化鋅
zinc oxide eugenol cement	氧化锌丁香酚水门汀	氧化鋅丁香酚膠結劑
zinc oxide voltage-sensitive ceramics	氧化锌压敏陶瓷	氧化鋅電壓敏感陶瓷
zinc oxide whisker reinforcement	氧化锌晶须增强体	氧化鋅鬚晶強化體
zinc phosphate cement	磷酸锌水门汀	磷酸鋅水泥
zinc-plated steel sheet	镀锌钢板，白铁皮，镀锌铁皮	鍍鋅鋼片
zinc polycarboxylate cement	聚羧酸锌水门汀，聚丙烯酸锌水门汀	聚羧酸鋅水泥
zinc-rich primer	富锌底漆	富鋅底漆
zinc selenide	硒化锌	硒化鋅
zinc sulfide	硫化锌	硫化鋅
zinc sulfide crystal	硫化锌晶体	硫化鋅晶體
zinc sulphide	硫化锌	硫化鋅
zinc white	锌白	鋅白
zinc yellow	锌铬黄，锌黄	鋅黃
Zircaloy	锆合金	鋯合金
Zircaloy-2	锆-2 合金	鋯錫系合金-2
Zircaloy-4	锆-4 合金	鋯錫系合金-4
zircon	锆石	鋯石，鋯英石
zircon brick	锆砖	鋯[英]石磚
zirconia-alumina brick	氧化锆氧化铝砖	氧化鋯氧化鋁磚，鋯鋁磚
zirconia-carbon brick	锆炭砖	氧化鋯碳磚
zirconia ceramics	氧化锆陶瓷	氧化鋯陶瓷
zirconia composite refractory	氧化锆复合耐火材料	氧化鋯複合耐火材
zirconia fiber reinforcement	氧化锆纤维增强体	氧化鋯纖維強化體
zirconia gas sensitive ceramics	氧化锆系气敏陶瓷	氧化鋯氣敏陶瓷
zirconia phase transformation toughened ceramics	氧化锆相变增韧陶瓷	氧化鋯相變增韌陶瓷
zirconia toughened alumina ceramics (ZTA ceramics)	氧化锆增韧氧化铝陶瓷	氧化鋯增韌氧化鋁陶瓷
zirconia toughened mullite ceramics (ZTM ceramics)	氧化锆增韧莫来石陶瓷	氧化鋯增韌莫來石陶瓷

英 文 名	大 陆 名	台 湾 名
zirconia toughened silicon nitride ceramics	氧化锆增韧氮化硅陶瓷	氧化鋯增韌氮化矽陶瓷
zirconia whisker reinforcement	氧化锆晶须增强体	氧化鋯鬚晶強化體
zirconite brick	锆英石砖	鋯石磚
zirconium	锆	鋯
zirconium alloy	锆合金	鋯合金
zirconium alloy for nuclear reactor	核用锆合金	核反應器用鋯合金
zirconium bronze	锆青铜	鋯青銅
zirconium copper	锆铜合金	鋯銅
zirconium-niobium alloy	锆–铌系合金	鋯鈮合金
zirconium-niobium-oxygen alloy	锆–铌–氧合金	鋯鈮氧合金
zirconium-niobium-tin-iron alloy	锆铌锡铁合金	鋯鈮錫鐵合金
zisha ware	紫砂陶	紫砂器皿
zone-refined germanium ingot	区熔锗锭	區域精煉鍺錠
zone refining	区熔精炼	區域精煉
ZTA ceramics (=zirconia toughened alumina ceramics)	氧化锆增韧氧化铝陶瓷	氧化鋯增韌氧化鋁陶瓷
ZTM ceramics (=zirconia toughened mullite ceramics)	氧化锆增韧莫来石陶瓷	氧化鋯增韌莫來石陶瓷